全国高等学校自动化专业系列教材
教育部高等学校自动化专业教学指导分委员会牵头规划

Building Intelligentized System
(Second Edition)

建筑智能化系统
（第2版）

章 云　许锦标　主编
Zhang Yun, Xu Jinbiao

谷刚　曾珞亚　宋亚男　参编
Gu Gang, Zeng Geya, Song Yanan

清华大学出版社
北京

内 容 简 介

本书全面而又系统地论述建筑智能化系统技术。全书共 14 章,内容包括信息传输网络基础原理、计算机网络、智能化建筑内电话网、控制信号网络、综合布线技术、建筑基本设备及其控制特性、建筑设备自动化技术、安全防范技术和消防与联动控制技术、智能建筑声频应用技术、智能建筑有线电视及视频应用技术、系统集成的平台和开发技术、智能建筑系统集成技术和建筑智能化项目管理方法等。

本书可作为高等学校自动化专业"建筑智能化系统"及其相似课程的本科教材,也可作为相关专业研究生教材使用。

图书在版编目(CIP)数据

建筑智能化系统/章云,许锦标主编. —2 版. —北京:清华大学出版社,2017(2023.1重印)
(全国高等学校自动化专业系列教材)
ISBN 978-7-302-45590-5

Ⅰ.①建… Ⅱ.①章… ②许… Ⅲ.①智能化建筑—自动化系统—高等学校—教材
Ⅳ.①TU855

中国版本图书馆 CIP 数据核字(2017)第 055697 号

责任编辑:王一玲 战晓雷
封面设计:傅瑞学
责任校对:李建庄
责任印制:朱雨萌

出版发行:清华大学出版社
　　　　网　　　址:http://www.tup.com.cn,http://www.wqbook.com
　　　　地　　　址:北京清华大学学研大厦 A 座　　　　邮　　编:100084
　　　　社 总 机:010-83470000　　　　　　　　　　　邮　　购:010-62786544
　　　　投稿与读者服务:010-62776969,c-service@tup.tsinghua.edu.cn
　　　　质量反馈:010-62772015,zhiliang@tup.tsinghua.edu.cn
　　　　课件下载:http://www.tup.com.cn,010-62795954

印 装 者:三河市科茂嘉荣印务有限公司
经　　销:全国新华书店
开　　本:175mm×245mm　　　印　张:37.75　　　字　　数:827 千字
版　　次:2007 年 8 月第 1 版　　2017 年 5 月第 2 版　　印　次:2023 年 1 月第 6 次印刷
定　　价:99.00 元

产品编号:042343-02

出版说明

《全国高等学校自动化专业系列教材》

为适应我国对高等学校自动化专业人才培养的需要,配合各高校教学改革的进程,创建一套符合自动化专业培养目标和教学改革要求的新型自动化专业系列教材,"教育部高等学校自动化专业教学指导分委员会"(简称"教指委")联合了"中国自动化学会教育工作委员会"、"中国电工技术学会高校工业自动化教育专业委员会"、"中国系统仿真学会教育工作委员会"和"中国机械工业教育协会电气工程及自动化学科委员会"四个委员会,以教学创新为指导思想,以教材带动教学改革为方针,设立专项资助基金,采用全国公开招标方式,组织编写出版了一套自动化专业系列教材——《全国高等学校自动化专业系列教材》。

本系列教材主要面向本科生,同时兼顾研究生;覆盖面包括专业基础课、专业核心课、专业选修课、实践环节课和专业综合训练课;重点突出自动化专业基础理论和前沿技术;以文字教材为主,适当包括多媒体教材;以主教材为主,适当包括习题集、实验指导书、教师参考书、多媒体课件、网络课程脚本等辅助教材;力求做到符合自动化专业培养目标、反映自动化专业教育改革方向、满足自动化专业教学需要;努力创造使之成为具有先进性、创新性、适用性和系统性的特色品牌教材。

本系列教材在"教指委"的领导下,从 2004 年起,通过招标机制,计划用 3～4 年时间出版 50 本左右教材,2006 年开始陆续出版问世。为满足多层面、多类型的教学需求,同类教材可能出版多种版本。

本系列教材的主要读者群是自动化专业及相关专业的大学生和研究生,以及相关领域和部门的科学工作者和工程技术人员。我们希望本系列教材既能为在校大学生和研究生的学习提供内容先进、论述系统和适于教学的教材或参考书,也能为广大科学工作者和工程技术人员的知识更新与继续学习提供适合的参考资料。感谢使用本系列教材的广大教师、学生和科技工作者的热情支持,并欢迎提出批评和意见。

《全国高等学校自动化专业系列教材》编审委员会

2005 年 10 月于北京

自动化学科有着光荣的历史和重要的地位,20世纪50年代我国政府就十分重视自动化学科的发展和自动化专业人才的培养。五十多年来,自动化科学技术在众多领域发挥了重大作用,如航空、航天等,两弹一星的伟大工程就包含了许多自动化科学技术的成果。自动化科学技术也改变了我国工业整体的面貌,不论是石油化工、电力、钢铁,还是轻工、建材、医药等领域都要用到自动化手段,在国防工业中自动化的作用更是巨大的。现在,世界上有很多非常活跃的领域都离不开自动化技术,比如机器人、月球车等。另外,自动化学科对一些交叉学科的发展同样起到了积极的促进作用,例如网络控制、量子控制、流媒体控制、生物信息学、系统生物学等学科就是在系统论、控制论、信息论的影响下得到不断的发展。在整个世界已经进入信息时代的背景下,中国要完成工业化的任务还很重,或者说我们正处在后工业化的阶段。因此,国家提出走新型工业化的道路和"信息化带动工业化,工业化促进信息化"的科学发展观,这对自动化科学技术的发展是一个前所未有的战略机遇。

机遇难得,人才更难得。要发展自动化学科,人才是基础、是关键。高等学校是人才培养的基地,或者说人才培养是高等学校的根本。作为高等学校的领导和教师始终要把人才培养放在第一位,具体对自动化系或自动化学院的领导和教师来说,要时刻想着为国家关键行业和战线培养和输送优秀的自动化技术人才。

影响人才培养的因素很多,涉及教学改革的方方面面,包括如何拓宽专业口径、优化教学计划、增强教学柔性、强化通识教育、提高知识起点、降低专业重心、加强基础知识、强调专业实践等,其中构建融会贯通、紧密配合、有机联系的课程体系,编写有利于促进学生个性发展、培养学生创新能力的教材尤为重要。清华大学吴澄院士领导的《全国高等学校自动化专业系列教材》编审委员会,根据自动化学科对自动化技术人才素质与能力的需求,充分吸取国外自动化教材的优势与特点,在全国范围内,以招标方式,组织编写了这套自动化专业系列教材,这对推动高等学校自动化专业发展与人才培养具有重要的意义。这套系列教材的建设有新思路、新机制,适应了高等学校教学改革与发展的新形势,立足创建精品教材,重视实践性环节在人才培养中的作用,采用了竞争机制,以激励和推动教材建设。在此,我谨向参与本系列教材规划、组织、编写的老师致以诚挚的感谢,并希望该系列教材在全国高等学校自动化专业人才培养中发挥应有的作用。

吴幼迪 教授

2005 年 10 月于教育部

　　《全国高等学校自动化专业系列教材》编审委员会在对国内外部分大学有关自动化专业的教材做深入调研的基础上，广泛听取了各方面的意见，以招标方式，组织编写了一套面向全国本科生（兼顾研究生）、体现自动化专业教材整体规划和课程体系、强调专业基础和理论联系实际的系列教材，自2006年起将陆续面世。全套系列教材共50多本，涵盖了自动化学科的主要知识领域，大部分教材都配置了包括电子教案、多媒体课件、习题辅导、课程实验指导书等立体化教材配件。此外，为强调落实"加强实践教育，培养创新人才"的教学改革思想，还特别规划了一组专业实验教程，包括《自动控制原理实验教程》、《运动控制实验教程》、《过程控制实验教程》、《检测技术实验教程》和《计算机控制系统实验教程》等。

　　自动化科学技术是一门应用性很强的学科，面对的是各种各样错综复杂的系统，控制对象可能是确定性的，也可能是随机性的；控制方法可能是常规控制，也可能需要优化控制。这样的学科专业人才应该具有什么样的知识结构，又应该如何通过专业教材来体现，这正是"系列教材编审委员会"规划系列教材时所面临的问题。为此，设立了《自动化专业课程体系结构研究》专项研究课题，成立了由清华大学萧德云教授负责，包括清华大学、上海交通大学、西安交通大学和东北大学等多所院校参与的联合研究小组，对自动化专业课程体系结构进行深入的研究，提出了按"控制理论与工程、控制系统与技术、系统理论与工程、信息处理与分析、计算机与网络、软件基础与工程、专业课程实验"等知识板块构建的课程体系结构。以此为基础，组织规划了一套涵盖几十门自动化专业基础课程和专业课程的系列教材。从基础理论到控制技术，从系统理论到工程实践，从计算机技术到信号处理，从设计分析到课程实验，涉及的知识单元多达数百个、知识点几千个，介入的学校50多所，参与的教授120多人，是一项庞大的系统工程。从编制招标要求、公布招标公告，到组织投标和评审，最后商定教材大纲，凝聚着全国百余名教授的心血，为的是编写出版一套具有一定规模、富有特色的、既考虑研究型大学又考虑应用型大学的自动化专业创新型系列教材。

　　然而，如何进一步构建完善的自动化专业教材体系结构？如何建设基础知识与最新知识有机融合的教材？如何充分利用现代技术，适应现代大学生的接受习惯，改变教材单一形态，建设数字化、电子化、网络化等多元形态、开放性的"广义教材"？等等，这些都还有待我们进行更深入的研究。

　　本套系列教材的出版，对更新自动化专业的知识体系、改善教学条件、创造个性化的教学环境，一定会起到积极的作用。但是由于受各方面条件所限，本套教材从整体结构到每本书的知识组成都可能存在许多不当甚至谬误之处，还望使用本套教材的广大教师、学生及各界人士不吝批评指正。

吴澄 院士

2005 年 10 月于清华大学

第2版前言

《建筑智能化系统》自出版以来已被众多高校选作教材。从第1版问世至今已有近十个年头，建筑智能化技术日新月异，"智能楼宇/智能建筑"是当前的热门产业，因为楼宇智能化/建筑智能化技术已经成为绿色可持续发展的主要支撑技术。一大批新技术、新产品、新工艺应用在建筑智能化工程实践中，使人们对"建筑智能化"学科有了新的认识。随着物联网技术和云计算技术的成熟，物联网、云计算等新一代信息技术在智能建筑领域的应用越来越广泛。智能建筑向"绿色建筑""智慧建筑"发展，是构建智慧城市的核心单元。为了尽可能将这些新的进展与成果纳入教材内容中，使得读者能够更好地学以致用，我们根据本学科发展的规律更新内容，同时吸收众多高校用户意见对第1版进行了修订，最终使得第2版与读者见面。

第2版修订工作的指导原则是：把握学科发展方向，努力造就精品教材。力求做到把新的认识融入教材中，体现学科发展的方向和行业发展的方向；站在全局的高度，从综合集成应用的视角来组织教材的内容；紧跟行业和市场发展动态，将新技术和新标准及时纳入教材；揭示建筑智能化工程的复杂性和技术内在的系统性关系；将编者丰富的教学经验结合到教材中，体现教材特色。编者根据上述原则进行修订编写工作。

本书的内容涉及多个学科领域，覆盖面非常广，要在一个学期的教学中全面地讲深学透是不太容易的，同时还要配合大量的综合性实验教学环节。因此，我们对选用本教材的教师提出一个建议，可以根据实际的教学条件和教学要求对教学内容进行取舍。本书提供配套的电子教案供大家参考。

本书第1章由章云编写，第3章由曾珞亚编写，第8章由宋亚男编写，第12章由谷刚编写，第2、4、5、6、7、9、10、11、13、14章由许锦标编写，全书由章云组织、修改和定稿。限于时间和水平，书中必有不妥之处，敬请读者指正。

广东工业大学校部和自动化学院在本书修订工作中给予了大力支持和帮助，鲍鸿、万频、谢胜利、罗小燕、王银河、陈玮、余荣、蔡述庭、杜玉晓、史育群、李学聪、唐雄民、王春茹为本书的出版提供了许多的帮助，在此一并致谢！

编者
2017 年 3 月

　　建筑智能化系统是一门新的、交叉性的、多学科性的应用技术,它是近年来建筑业和信息技术产业飞速发展的综合性产物,是"建筑电气"学科的最新发展方向。本书作为电工及自动化类专业建筑电气及智能建筑专业方向的主干专业课程教材,将着重介绍国内外"智能建筑"这一高科技产业最新的、成熟的技术成果以及当前在这一领域的研究动向,是一部理论与应用相结合的教材。

　　本书也是为适应拓宽专业、优化整体教学体系的教学改革形势,面向高等学校人才培养需要而编写的一本新编教材,本教材全面系统地论述建筑智能化的最新技术,包括现代通信网络技术、计算机技术、现代控制技术、消防与安全防范技术、声频与视频应用技术、综合布线和系统集成技术。体现了宽口径专业学生应具备的综合知识和能力。本教材适用对象为高等学校自动化专业本科生、相关专业研究生。

　　学生通过本教材课程的学习,应掌握建筑智能化系统技术的基本概念、基本原理和基本技术。能够进行一般建筑物的智能化开发设计工作。在修学本教材课程时,应先修有关计算机原理及应用、自动控制原理、通信与网络、电气设备等课程。

　　本教材属于多学科综合交叉性课程,其目的在于帮助克服建筑智能化系统的复杂性所带来的困难,致力于概念和原理,避免不必要的细节,只要可能,本书将使用图表和类比以保证解释简明易懂。

　　在本书的结构编排上力求易教易学,适应不同专业的学时取舍,同时也便于学生自学与思考,启发学生理解和运用所学的知识,增强学生在工程现场应用所学知识的能力。

　　本教材组织深入浅出、逻辑严谨、内容准确、文笔流畅、叙述清晰。各章之间具有相对的独立性,便于教师和学生取舍,以适应不同教学学时的需要(若作为重点课程,学时数可为 48;若作为选修课,学时数可为 32。内容可根据教学需要选择)。各章内容按基本知识、综合性较强的知识和深入讨论的 3 个层次编写。

1. 本教材的主要特色

　　(1) 新的系统框架。本书根据建筑智能化系统的内在关系分成三个部分:第一部分(即第一篇)智能建筑信息传输网络技术,这是智能建筑最基本的横向层面；第二部分(即第二篇)建筑设备自动控制技术，这是建筑智能化系统结构的纵向基础；第三部分(即第三篇)建筑智能化综合应用技术和系统集成，这是在第一、二部分技术基础上的提高或集成。这样的系统框架既反映了建筑智能化系统中的内在关系，也符合教与学的逻辑思维规律。

(2) 内容精选。在内容取舍方面，本书舍弃了一些传统的或者是不适用的技术原理内容，对新技术、新观点积极加以吸取，如 VoIP、CTI、宽带接入、网络视频、网络音响等。本书还专门编写了一章内容，对本行业项目管理方面的问题加以阐述，务求使学生具备在实际工程项目中应用所学知识的综合能力。在本书的写作方面，致力于概念和原理，避免不必要的细节。在内容的编排方面，本书的章节之间具有相对的独立性，便于教师和学生取舍。

(3) 各章均有了本章导读和复习与思考，有利于教和学。

2. 本教材的体系结构、教学组织方式、教学设计思想

本书的体系结构是经过作者几年的教学和科研实践总结研究、消化吸收国内优秀教材的长处而确定的，作者认为，本教材的体系结构应注重建筑智能化系统的内在关系，注重建筑智能化行业的技术工程管理规范，注重学生应用教学知识解决实际问题的意识与能力的培养，注重教材便于施教与自学。

(1) 本书根据建筑智能化系统的内在关系分成 3 篇 15 章，这样的系统框架既反映了建筑智能化系统中的内在关系，也符合教与学的逻辑思维规律。

(2) 抓住课程本质，选择合理的教材内容，在保证教材内容科学性的前提下，本书安排由浅入深的内容次序。

(3) 增加章节数量，压缩每章的内容，做到少而精，章节之间具有相对的独立性，便于教师和学生取舍。

(4) 精选许多应用实例，对于提高学生学习兴趣，培养学生应用所学知识的意识和能力，都会起一定的作用。

(5) 当本教材用于本科 48 学时教学时，可安排 42 学时理论教学＋6 学时实验教学，42 学时的理论教学大约讲授 70％的内容，其余留给学生预习和自学，考试建议采用开卷方式。当本教材用于研究生 40 学时教学时，可安排 30 学时理论教学＋6 学时实验教学＋4 学时讨论教学，研究生 30 学时理论教学可采用专题方式进行，讨论教学安排一些当前技术热点话题，考试建议采用专题报告方式进行。学时分配的建议见下表。

课 程 内 容	本科 48 学时	本科 32 学时	研究生 40 学时
第 1 章 导论	2	2	2
第 2 章 智能建筑信息传输网络基础原理	2	*	*
第 3 章 智能化建筑内计算机网络	6	4	4
第 4 章 智能化建筑内电话网	2	2	2
第 5 章 智能化建筑内控制信号网络	2	2	2

续表

课 程 内 容	本科 48 学时	本科 32 学时	研究生 40 学时
第 6 章 智能化建筑的综合布线技术	2	2	2
第 7 章 建筑基本设备及其控制特性	4	4	2
第 8 章 建筑设备自动化技术	4	4	2
第 9 章 智能建筑的安防技术	4	4	2
第 10 章 消防及联动控制技术	4	2	2
第 11 章 智能建筑声频应用技术	2	2	2
第 12 章 智能建筑有线电视及视频应用技术	2	2	2
第 13 章 系统集成的平台和开发技术	2	2	2
第 14 章 智能建筑系统集成技术	4	*	2
第 15 章 建筑智能化项目管理方法	*	*	2
实验及讨论	6	*	10

  本书第 1 章由章云教授编写,第 3 章由曾珞亚讲师编写,第 8 章由宋亚男副教授编写,第 12 章由谷刚副教授编写,第 2、4、5、6、7、9、10、11、13、14、15 章由许锦标副教授编写,全书由章云教授组织、修改和定稿。华南理工大学胥布工教授逐字逐句审阅了全书并提出了宝贵意见。

  十分感谢《全国高等学校自动化专业系列教材》编审委员会的指导和帮助,感谢广东工业大学和自动化学院的大力支持。汪仁煌教授、王钦若教授、鲍鸿教授、万频副教授为本书的出版提供了许多帮助,广东省建筑研究院的陈建飚教授、庄孙毅高工、龚仕伟工程师为本书提供了最新的工程案例资料,周慧君、吴煜林、庞文铸、黄俊、廖勇等研究生为本书的出版做了资料收集的工作,在此一并致谢!

  本书参考了有关建筑智能化的大量书刊资料,并引用了部分材料,在此向这些书刊资料的作者表示衷心谢意!

编者

2007 年 1 月于广州

目录

CONTENTS ▶▶▶

第 1 章

导　论

本章导读

　　什么是智能建筑？什么是建筑智能化系统？智能建筑有些什么功能特征？如何理解建筑智能化系统的技术内涵？本书的内容结构和编排如何？相信这些问题一定是读者最先想了解的，本章的内容就是探讨和阐述这些基本问题。

1.1　建筑智能化的基本概念

1.1.1　智能建筑的基本含义

　　建筑智能化系统起源于 20 世纪 80 年代，90 年代初才逐渐被人们所认同。智能建筑系统是建筑技术、信息技术、自动化技术、电子技术等诸多方面的综合体。在三十多年的发展中，智能建筑概念的内涵和外延一直在随着这些技术的发展而发生着重大变化。

　　早期的智能建筑的概念实际上是现代自动控制技术的充分体现，只是因为当时普通人对这个技术比较陌生，感觉系统所提供的功能和服务很神奇，才将其理解为智能建筑。从严格意义上说，21 世纪前的智能建筑都是自动化建筑。当然，自动化是一切人工智能应用的前提，建筑自动化也是实现建筑智能化的前提。进入 21 世纪，人类跨入信息社会，才从信息资源的角度重新审视了智能建筑的需求，提出了建筑"可持续发展"的概念，建筑才真正进入了智能化发展阶段。

　　何谓智能建筑？国际上尚无统一的定义。美国智能建筑学会（AIBI）认为："智能建筑是将建筑、设备、服务和经营四要素各自优化、互相联系、全面综合并达到最佳组合，以获得高效率、高功能、高舒适与高安全的建筑物。"日本智能大厦研究会认为："智能建筑就是高功能大楼，是方便有效地利用现代信息与通信设备并采用楼宇自动化技术、具有高度综合管理功能的大楼。"中国国家标准《智能建筑设计标准》（GB/T 50314—2015）将智能建筑定义为"以建筑物为平台,基于对各类智能化信息的综合应用,集架构、系统、应用、管理及优化组合为一体,具有感知、传输、记忆、推理、判断和决策的综合智慧能力,形成以人、建筑、环境互为协调的整合体,为人们提供安全、高效、便利及可持续发展功能环境的建筑。"

上述定义互有差异,但也有共性的地方。一方面,智能建筑一定是一个集建筑、结构、给排水、采暖与通风、电气、自动化、通信等技术为一体的系统化工程,其实现技术一定是多技术领域的高度综合。另一方面,无论采用什么方式去实现,智能建筑的实现目标一定是提供安全、高效、舒适、便利的建筑环境,当然,从可持续发展的角度,还应考虑"节能环保"。此外,建筑的"智能"一定体现为"人性化"。通俗地讲,智能建筑不仅是一个遮风挡雨、保暖防寒的庇护所,而且是一个有感觉、能反应、能传递信息、能判断决策,特别是能适应各种变化条件的一个高质量的生活与工作场所。

综上所述,以信息技术为基础,充分应用和综合建筑、控制、人工智能等领域的先进技术,构建一个覆盖整个建筑的一体化的、具有自学习能力的智能平台,向人们提供一个具有可持续完善功能的高效、舒适、便利、安全、环保的建筑环境,实现建筑价值的最大化,是智能建筑的基本含义所在。

1.1.2　智能建筑的体系结构

智能建筑的定义是从实现技术和实现目标两个宏观层面给出描述,但其内涵——智能建筑的功能需求,会随着时代的发展和实现技术的进步而不断丰富和深入。建筑智能化不会是一个终极状态,而是一个不断完善的过程。尽管如此,还是有必要建立智能建筑的体系结构,着重从逻辑和功能上描述智能建筑的构成,作为智能建筑理论研究与实际应用的基本框架。

智能建筑首先是一个建筑;其次,是含有若干多功能、高性能、可编程等不同种类设备的建筑;再者,这些设备与建筑以及周边环境的融合将呈现出"智能"的特性,即建筑物能"知道"建筑内外所发生的一切,能"确定"并"采取"最有效的方式为业主提供高质量的生活与工作环境,能迅速"响应"和在最大程度上满足业主的各项需求。为此,智能建筑应有三大方面的功能特征:建筑基本功能、设备自动化功能和服务智能化功能。

下述智能建筑体系结构参考模式(Intelligent Building Architecture Reference Model,IBA-RM)描述了智能建筑的逻辑构成,如图1-1所示。

1、2层属于建筑技术范畴,实现建筑的基本功能。3~6层属于信息、控制、人工智能等技术范畴,习惯上统称其为建筑智能化部分,其中2~5层与设备自动化功能关联,5、6层与服务智能化功能关联。各层的功能分述如下。

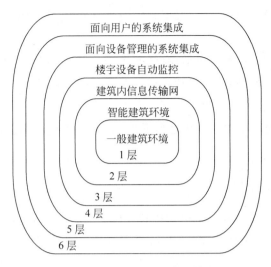

图 1-1　智能建筑体系参考模式

1. 一般建筑环境

该层的功能如下：

（1）建筑空间体量组合，即建筑体型组合和立面处理、平面及空间布局、内部及外部装修等。

（2）建筑结构，包括建筑物支撑承重、内外维护结构（基础、柱、梁、板、墙）及材料。

（3）建筑机电设备及设施，它们为建筑物内人们生活和生产提供必需的环境，如照明、动力、采暖空调、给水排水、电话、电梯、煤气、消防、安全防范等设备及设施。

2. 智能建筑环境

智能建筑环境指建筑智能化部分所需的特殊空间和环境，包括如下功能：

（1）提供建筑智能化部分的使用空间、建筑平面、空间布局，这与一般建筑有所不同。

（2）使建筑智能化部分镶嵌到建筑物中所需的特殊结构及材料。

（3）保证建筑智能化部分的运行条件，并为住户提供更方便、更舒适的工作、生活环境。这将使建筑物在声、光、色、热、安全、交通、服务等方面具有某些新特点。

3. 建筑内信息传输网

建筑内信息传输网是建筑智能化部分的基础功能，包括如下功能：

(1) 支持建筑设备监控、面向设备管理的系统集成、面向用户的系统集成等业务需求的数据通信。

(2) 支持建筑物内部有线电话、有线电视、电信会议等话音和图像通信。

(3) 支持各种广域网连接,包括具有与计算机互联网、公用电话网、公用数据网、移动通信网、视频通信网等的接口。

(4) 支持建筑物内部多种业务通信需求,支持多媒体通信需求,具备相当的面向未来传输业务的冗余。

4. 楼宇设备自动监控

楼宇设备自动监控将建筑机电设备和设施作为自动控制和管理的对象,实现单机级、分系统级或系统级的自动控制、监视和管理。通常将楼宇设备自动监控按功能划分为7个子系统:

(1) 电力供应与管理监控子系统(高压配电、变电、低压配电、应急发电)。

(2) 照明控制与管理子系统(工作照明、事故照明、艺术照明、障碍灯等特殊照明)。

(3) 环境控制与管理子系统(空调及冷热源、通风环境监测与控制、给水、排水、卫生设备、污水处理)。

(4) 消防报警与控制子系统(自动监测与报警、灭火、排烟、联动控制、紧急广播)。

(5) 安保监控子系统(防盗报警、电视监控、出入查证确认分析、电子巡更)。

(6) 交通运输监控子系统(电梯、停车场、车队)。

(7) 公用广播子系统(背景音乐、事故广播)。

5. 面向设备管理的系统集成

面向设备管理的系统集成包括两个方面:

(1) 各类应用系统的集成,使建筑的使用功能达到智能化的程度,例如智能安防系统、智能会议系统、智能消防系统等。

(2) 各个应用系统之间的相互联动控制、信息共享、综合自动化、管理智能化的集成。例如,智能安防与智能消防联动,可以实现消防报警时通过实时图像监视画面进行确认;楼宇设备自动监控与物业管理集成,可以实现水、电、气、空调、供热的自动计费管理。

到这一层次,智能化建筑已能提供适合于各用户建立各自的专用信息处理系统所需的建筑环境和设施,同时也具备了一般智能建筑所应有的功能特征。

6. 面向用户的系统集成

针对不同用户的智能建筑向用户最终提供的功能应该是有差别的。例如，一个智能化体育比赛场馆和一个智能化医院各自有不同的业务需求。面向用户的系统集成就是为了满足最终用户的功能细分而进行的。这个层次最复杂，专业性最强。

以上各个功能层并非每一幢智能建筑都必须全部具有，每个层次的各种功能也并非每一幢智能建筑都必须齐备，每一项功能的强弱也有很大的范围，这些差异只说明智能建筑的智能化程度。

为了简要地刻画智能建筑的智能化程度或水平，可以用实现各层功能的典型设备作为参照，视其装备的数量或费用，或者就其相对数量或相对费用来定量地加以描述。例如，在规范设计时，可分为三级设计标准，即 A 级标准——智能建筑物管理系统、B 级标准——建筑管理自动化系统和 C 级标准——3A（Communication Automation System、Building Automation System、Office Automation System）独立子系统等。这样标准化以后，有利于业主方做计划时有明确的选择，也利于业主和设计者取得共识。

1.1.3　建筑智能化系统工程架构

建筑智能化系统工程架构是开展智能化系统工程整体技术行为的顶层设计。建筑智能化系统工程的顶层设计是以智能楼宇的应用功能为起点，"由顶向下，由外向内"的整体设计，表达了基于工程建设目标的正向逻辑程序，不仅是工程建设的系统化技术路线依据，而且是工程建设意图和项目实施之间的"基础蓝图"。

建筑智能化系统工程架构图参见图 1-2，建筑智能化系统工程架构是一个层次化的结构形式，分别以基础设施、信息服务设施及信息化应用设施为设施分项展开。与基础设施层相对应，基础设施为公共环境设施和机房设施；与信息服务层相对应，信息服务设施为应用信息服务设施的信息应用支撑设施部分；与信息化应用设施层相对应，信息化应用设施为应用信息服务设施的应用设施部分。

智能化系统工程的建设方案应以设计等级和系统架构为依据，以应用功能为工程设计主导目标，进行各智能化系统的分项配置及整体集成构架，从而实现建筑智能化信息一体化集成功能。智能化系统工程从基础系统开始，是一个"由底向上，由内向外"的信息服务及信息化应用功能逐渐达到设计目标的建设过程。

智能化系统工程系统配置分项分别以信息化应用系统、智能化集成系统、信息设施系统、建筑设备管理系统、公共安全系统、机房工程为系统技术专业划分方式和

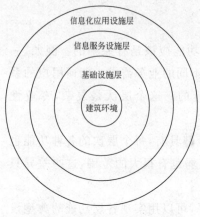

(a) 智能化系统工程架构的层次模型

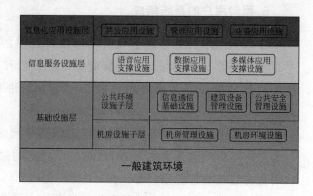

(b) 智能化系统工程的层次架构

图 1-2　建筑智能化系统工程架构

设施建设模式进行展开,并作为后续设计要素分别作出技术要求的规定,智能化系统工程系统配置分项如下:

(1) 信息化应用系统。系统配置分项包括公共服务系统、智能卡系统、物业管理系统、信息设施运行管理系统、信息安全管理系统、通用业务系统、专业业务系统、满足相关应用功能的其他信息化应用系统等。

(2) 智能化集成系统。系统配置分项包括智能化信息集成(平台)系统、集成信息应用系统。

(3) 信息设施系统。系统配置分项包括信息接入系统、布线系统、移动通信室内信号覆盖系统、卫星通信系统、用户电话交换系统、无线对讲系统、信息网络系统、有线电视系统、卫星电视接收系统、公共广播系统、会议系统、信息导引及发布系统、时钟系统、满足需要的其他信息设施系统等。

(4) 建筑设备管理系统。系统配置分项包括建筑设备监控系统、建筑能效监管系统等。

(5) 公共安全系统。系统配置分项包括火灾自动报警系统、入侵报警系统、视频安防监控系统、出入口控制系统、电子巡查系统、访客对讲系统、停车库(场)管理系统、安全防范综合管理(平台)、应急响应系统、其他特殊要求的技术防范系统等。

(6) 机房工程。系统配置分项包括信息接入机房、有线电视前端机房、信息设施系统总配线机房、智能化总控室、信息网络机房、用户电话交换机房、消防控制室、安防监控中心、应急响应中心和智能化设备间(弱电间)、其他所需的智能化设备机房等。

智能化系统工程的系统配置的分项展开见表 1-1。

表 1-1　智能化系统工程的系统配置分项

信息化应用设施	应用信息服务设施	信息化应用系统	公共应用设施	公共服务系统
				智能卡应用系统
			管理应用设施	物业管理系统
				信息设施运行管理系统
				信息安全管理系统
			业务应用设施	通用业务系统
				专业业务系统
		智能化集成系统	智能信息集成设施	智能化信息集成(平台)系统
				集成信息应用系统
信息服务设施		信息设施系统	语音应用支撑设施	用户电话交换系统
				无线对讲系统
			数据应用支撑设施	信息网络系统
			多媒体应用支撑设施	有线电视系统
				卫星电视接收系统
				公共广播系统
				会议系统
				信息导引及发布系统
				时钟系统
基础设施	公共环境设施		信息通信基础设施	信息接入系统
				布线系统
				移动通信室内信号覆盖系统
				卫星通信系统
		建筑设备管理系统	建筑设备管理系统	建筑设备监控系统
				建筑能效监管系统
		公共安全系统	公共安全管理设施	火灾自动报警系统

安全技术防范系统：
- 入侵报警系统
- 视频安防监控系统
- 出入口控制系统
- 电子巡查系统
- 访客对讲系统
- 停车库(场)管理系统
- 安全防范综合管理(平台)系统
- 应急响应系统

机房设施	机房工程	机房环境设施	信息接入机房
			有线电视前端机房
			信息设施系统总配线机房
			智能化总控室
			信息网络机房
			用户电话交换机房
			消防监控室
			安防监控中心
			智能化设备间(弱电间)
			应急响应中心
		机房管理设施	机房安全系统
			机房综合管理系统

1.1.4 建筑信息模型(BIM)技术

1. BIM 基本概念

BIM(Building Information Modeling,建筑信息模型)是全生命周期工程项目或其组成部分物理特征、功能特性及管理要素的共享数字化表达,如图 1-3 所示。BIM 技术是建筑智能化工程设计建造管理的首选工具,通俗地说,BIM 是用 3D 图形工具对建筑工程进行建模,类似于已经在机械工程中广泛应用的 3D 建模工具(例如 Pro/Engineer, SolidWorks),相比机械工程 3D 建模,BIM 要复杂许多。

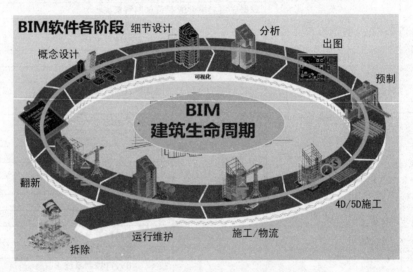

图 1-3   BIM 包含工程项目全生命周期

BIM 通过参数模型整合各种项目的相关信息,在项目策划与规划、勘察与设计、施工与监理、运行与维护、改造与拆除的全生命周期过程中建立、共享和应用,并保持协调一致。使工程技术人员对各种建筑信息作出正确理解和高效应对,为设计团队以及包括建筑运营单位在内的各方建设主体提供协同工作的基础,在提高生产效率、节约成本和缩短工期方面发挥重要作用。

BIM 包含工程项目全生命周期中一个或多个阶段的多个任务信息模型及相关的共性模型元素和信息,并可在项目全生命周期各个阶段、各个任务和各个相关方之间共享和应用,如图 1-4 所示。

模型通过不同途径获取的信息应具有唯一性,采用不同方式表达的信息应具有一致性。用于共享的模型及其组成元素应在工程项目全生命周期内被唯一识别。模型应具有可扩展性。工程项目各个阶段包含如下信息模型:

(1)策划与规划阶段包含项目策划、项目规划设计、项目规划报建等信息模型。

(2)勘察与设计阶段包含工程地质勘察、地基基础设计、建筑设计、结构设计、给水排水设计、供暖通风与空调设计、电气设计、智能化设计、幕墙设计、装饰装修设

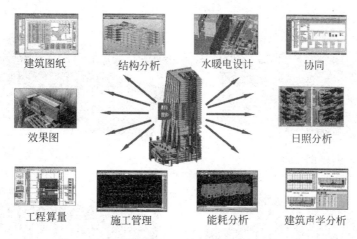

图 1-4　BIM 的任务内容

计、消防设计、风景园林设计、绿色建筑设计评价、施工图审查等信息模型。

涉及工程造价的信息模型包含工程造价概算信息，工程造价概算按工程建设现行全国统一定额及地方相关定额执行。

BIM 在规划与设计阶段的价值体现在以下几点：

① 可视化。3D 图形方便进行更好的沟通、讨论与决策。

② 协调性。土建、管道与结构冲突分析。

③ 模型分析。针对建设项目方案进行分析、模拟，从而为整个项目的建设降低成本、缩短工期并提高质量。

图 1-5 和图 1-6 是两个 BIM 设计方案的例子。

（3）施工与监理阶段包含地基基础施工、建筑结构施工、给水排水施工、供暖通风与空调施工、电气施工、智能化施工、幕墙施工、装饰装修施工、消防设施施工、园林绿化施工、屋面施工、电梯安装、绿色施工评价、施工监理、施工验收等信息模型。

涉及工程造价的信息模型包含工程造价预算及决算管理信息，工程造价预算按工程建设现行全国统一定额及地方相关定额执行；涉及现场施工的信息模型包含施工组织设计信息。

（4）运行与维护阶段包含建筑空间管理、结构构件与装饰装修材料维护、给水排水设施运行维护、供暖通风与空调设施运行维护、电气设施运行维护、智能化设施运行维护、消防设施运行维护、环境卫生与园林绿化维护等信息模型。

（5）改造与拆除阶段包含结构工程改造、机电工程改造、装饰工程改造、结构工程拆除、机电工程拆除等信息模型。

2. BIM 软件

BIM 是一套社会技术系统，中国建筑工程管理模式与国外不同，因此，中国 BIM 工作方式必定有别于国外。国内有相当数量的应用软件在中国工程建设大潮中已

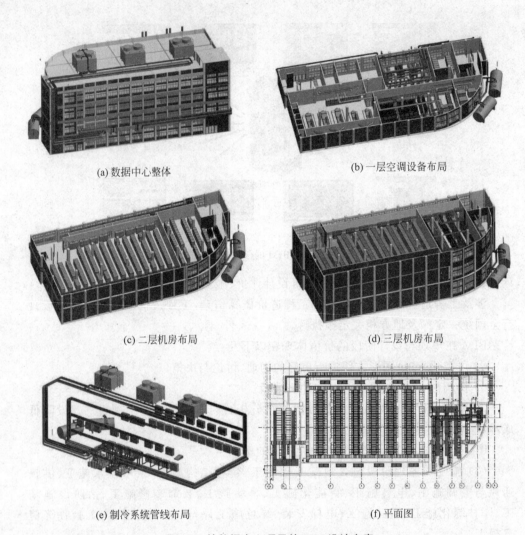

(a) 数据中心整体　　　　　　　　　　(b) 一层空调设备布局

(c) 二层机房布局　　　　　　　　　　(d) 三层机房布局

(e) 制冷系统管线布局　　　　　　　　(f) 平面图

图 1-5　某数据中心项目的 BIM 设计方案

经被证明是有效的,离开这些软件,各类企业就没法正常工作。目前没有一个软件或一家公司的软件能够满足项目全生命周期过程中的所有需求,短期内不可能出现一批可以代替所有中国专业应用软件的其他三维软件;无论是经济上还是技术上,建筑业企业都没有能力在短期内更换所有专业应用软件。

建立各任务目标软件技术标准及信息模型间数据直接互用标准,并按此标准改造国内外现有任务(专业和管理)应用软件,开发其他任务软件,逐步完善项目全生命周期所需任务信息模型。

1) BIM 核心建模软件

BIM 核心建模软件主要有 Autodesk 公司的 Revit 建筑、结构和机电系列, Bentley 建筑、结构和设备系列以及 ArchiCAD。Digital Project 是 Gery Technology 公司在 CATIA 基础上开发的一个面向工程建设行业的应用软件(二次开发软件)。

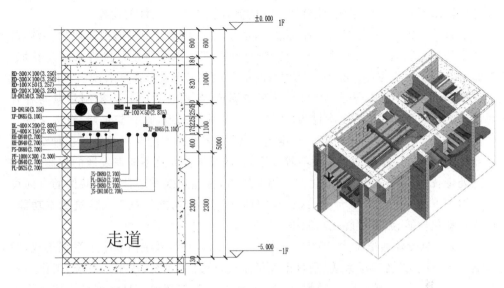

图 1-6 某商务办公大楼地下一层管线的 BIM 设计方案

2）BIM 方案设计软件

BIM 方案设计软件有 Onuma Planning System 和 Affinity 等。

3）BIM 结构分析软件

BIM 结构分析软件有 ETABS、STAAD、Robot 等国外软件以及 PKPM 等国内软件。

4）BIM 可视化软件

常用的 BIM 可视化软件包括 3ds Max、Artlantis、AccuRender 和 Lightscape 等。

5）BIM 模型综合碰撞检查软件

常见的 BIM 模型综合碰撞检查软件有鲁班软件、Autodesk Navisworks、Bentley Projectwise Navigator 和 Solibri Model Checker 等。

6）BIM 造价管理软件

国外的 BIM 造价管理有 Innovaya 和 Solibri，鲁班软件是国内 BIM 造价管理软件的代表。

7）BIM 运营软件

美国运营管理软件 ArchiBUS 是最有市场影响的软件之一。

1.2 建筑智能化的实现技术

从智能建筑的体系结构知，一个智能建筑需要配电、照明、电梯、安防、通信等多个自动化系统。这些系统的实现技术涉及建筑、控制、信息、人工智能等多个领域，内容庞杂而且处在快速发展之中。另外，每个自动化系统的功能需求随着建筑规模和应用要求不同而多种多样，因此采用的技术也会千差万别。在这个技术快速发展和应用需求不断更新的年代,建筑智能化的实现技术有无共性的规律?

随着计算机,特别是网络的日益普及,信息化的思想逐步渗透到其他学科领域。从技术的逻辑层面看,无论是通信、控制或管理,其技术本质都是围绕着信息获取、存储、传输、加工等方面。只是不同领域的信息化在以下 4 个方面表现出不同:信息表征形式不同,如数据、语音与图像,数字与模拟,各种设备的状态控制信息与各种协议格式的数据包等;信息存储方式不同,如就地与远地,临时与长期,数据文件与数据库等;信息的传输方法不同,如电缆与光缆,多种类型的现场总线与多种结构的计算机网络等;信息的加工手段与程度不同,涉及丰富并且不断在发展的控制技术、信息处理技术、集成技术、智能化技术等。所以,智能建筑实现技术的共性的方面可以归结到下面三个技术平台上,这也与智能建筑三大功能特征——建筑基本功能、设备自动化功能、服务智能化功能是一致的。

(1)信息传输通道平台,即综合布线系统。综合布线系统由 6 个子系统组成,即建筑群子系统、设备间子系统、垂直干线子系统、管理子系统、水平子系统、工作区子系统。它使机电、传感、语音、数据、图像、交换等设备与其他信息管理系统彼此物理或电气相连,也能使这些设备与建筑物外部相连。它是一种模块化的、灵活性极高的建筑物内或建筑群之间的信息传输通道。

(2)信息采集与处理的自动化平台。在综合布线的基础上,通过节点模块与交换设备,组成各种通信网、局域网、控制网,将各类设备产生的信息汇集到相关的数据库中,在相关软件支撑下形成一体化的实时测控管系统。这个平台既涉及硬件也涉及软件,是建筑智能化的重要基础;应能接驳各种终端设备,满足各种功能应用的需求;具有可裁剪性,满足不同的建筑规模;具备良好的实时性、可靠性、扩展性、易用性和可维护性。

(3)信息综合的智能化平台。"智能化平台"的概念是随着人们对智能建筑要求的不断提高而产生的,是一个尚未成熟,有待进一步发展的概念。这个平台偏向于软件,偏向于用户的需求;应具备良好的开放性,同外来系统有良好的接口;数据属性应该标准化,支持将来的未知应用;应具备自学习性、自适应性,具有知识发现的辅助分析工具,能实时调整组态和平台构成,实现智能建筑群的可持续发展。

上述三个技术平台的实现涉及综合布线技术、信息传输技术、接口与控制技术、数据库与集成技术、综合自动化与智能化技术等。

1.2.1　综合布线技术

传统的布线是对不同的语音、数据、电视设备采用不同类别的电缆线、接插件、配线架,它们分别设计和施工布线,互不兼容,重复投资。各弱电系统彼此相互独立、互不兼容,造成使用者极大的不便。设备的改变、移动都会使最终用户无法改变原有的布线,无法适应各自的需求,这就要求用户对布线系统进行重新设计施工,造成不必要的浪费和损坏,难于维护和管理,同时在扩展时给原建筑物的美观造成很大的影响。

　　综合布线将语音、数据、图像、监控等设备都看成是信息设备并将它们的接口标准化，这样一来，各线可以综合配置在一套标准的布线系统上，统一布线设计、安装施工和集中管理维护。

　　综合布线采用分层星形结构，以无屏蔽双绞线和光缆为传输媒介，传送速率高。

　　综合布线能够满足灵活应用的要求，即任一信息点能够连接不同类型的设备，如计算机、打印机、终端或电话、传真机。计算机网络应可随意划分网段，对网络内部资源可动态地进行分配。

　　综合布线是模块化的，所有的接插件都是积木式的标准件，方便管理和使用。

　　综合布线是可扩充的，以便将来有更大的发展时很容易将设备扩充进去。系统具有良好的可扩充和可升级性，使本期建设的投资在未来升级与扩充时能得到保护。

　　综合布线具有足够的可靠性冗余、后援存储能力和容错能力。可保证系统能长期稳定地运行，使故障的影响局部化。

1.2.2　信息传输技术

　　实现信息传递所需的一切技术设备和传输媒质的总和称为信息传输系统。以基本的点对点通信为例，信息传输系统的一般模型如图 1-7 所示。

图 1-7　信息传输一般模型

　　图中的信道是指传输信号的通道，是信息传输系统的核心。信道怎样实现，以什么方式组成，信号在其中怎样传输；同一信道能否同时传输语音、数据、图像等不同类型的信号以提高通信效率；为使不同用户、不同性质的信息传输能同步地、有序地进行，应该建立怎样的通信协议；怎样监测不同用户使用信道的情况以提高通信的质量，等等，这些都是信息传输技术需要解决的问题。

　　信道有有线和无线之分，除了短距离采用点到点直接连接外，信道一般都是由各种汇聚、交换等硬件设备以及相关的支撑软件构成的有线或无线网络实现的。其中，电话通信网络和计算机网络是两个基本实现方式。

　　电话通信网是进行交互型语音通信的专业网，由终端设备、传输链路和交换设备三要素构成，运行时还应辅之以信令系统、通信协议以及相应的运行支撑系统。过去电话通信网只传递语音信息，现在在各种数字化技术应用下，可以连接计算机、终端、传感器等数字设备，还可以方便地与公用数据网等广域网连接，实现集语音与数字一体的综合业务，真正让电话通信网成为全球性的信息传输平台。

　　从用户接入看，电话通信网的数字化经历了普通调制解调器、ISDN、xDSL 三个阶段。

利用传统的 PSTN(Public Switched Telephone Network,公共交换电话网),通过普通模拟调制解调器拨号上网进行数据传输,虽然网络内部也实现了数字化,但由于电话局到用户这段线路之间采用的仍是模拟传输方式,这就不可避免地会出现噪声积累而引起失真,而且数据与语音通信不能同时进行,数据传输率偏低,最好也只达到 56kbps。

ISDN(Integrated Service Digital Network,综合业务数字网,俗称"一线通")比现有的 PSTN 传输速度快很多,能够真正实现 PSTN 的数字化,能使未压缩的数字信息在全球范围内以 128kbps 的速率进行传输,而且通过现有的电话线路即可完成所有工作。ISDN 调制解调器与普通模拟调制解调器不同的是,数据联接可以实现真正瞬间完成,数据与语音通信可以同时进行。

尽管 ISDN 的数据传输率可达到 128kbps(比 56kbps 调制解调器的拨号上网要快得多),但是也应该承认那只是它的最佳工作状态,实际使用过程中也会有所下降。而且从发展趋势看,ISDN 的频宽毕竟比较窄,面对未来的宽频网络时代,ISDN 同样会面临捉襟见肘的尴尬。

xDSL(Digital Subscriber Line,数字用户线路)是以铜电话线为传输介质的点对点传输技术。这种方案最大的特点是不需要改造信号传输线路,完全可以利用普通铜质电话线作为传输介质,只要配上专用的调制解调器即可实现数据高速传输。xDSL 中的 x 代表着不同种类的数字用户线路技术,主要分为对称和非对称两大类。HDSL 是对称 DSL 技术中最成熟的一种,利用两对双绞线传输,上下行速率一致,支持 $N\times64$kbps 各种速率,最高可达 E1 速率。HDSL 是 TI/E1 的一种替代技术,主要用于数字交换机的连接、高带宽视频会议、远程教学、蜂窝电话基站连接、专用网络建立等。ADSL 是不对称 DSL 技术中最成熟的一种,利用一对双绞线传输,其上行速率从 64kbps 到 1.5Mbps,下行速率从 640kbps 到 6Mbps,同时在同一根线上可以仿真提供语音电话服务。非对称 DSL 技术非常适用于对双向带宽要求不一样的应用,如 Web 浏览、多媒体点播、信息发布等,因此适用于 Internet 接入、VOD 系统等。

计算机网络最初的想法只是将同一区域的计算机互联以达到共享资源的目的。现在计算机网络的发展已从局域网到广域网,从局部的资源共享到全球的资源共享,并且随着 IP 电话、数字视频、流媒体等技术的发展,计算机网络也已成为实现集数据与语音、视频等多媒体综合业务的全球性的信息传输平台。

一个典型的计算机网络主要由计算机系统、数据通信系统、网络软件及协议三大部分组成。

计算机系统由主机、存储设备和终端构成,完成数据信息的收集、存储、处理和输出任务,并存储和提供各种网络资源。在局域网中主机与存储设备以服务器(server)代替;终端以 PC 代替,既能作为终端使用,又可作为独立的计算机使用。

数据通信系统由通信控制处理机、传输介质和网络连接设备等组成。通信控制处理机主要负责主机与网络的信息传输控制,主要功能是线路传输控制、差错检测与恢复、代码转换以及数据帧的装配与拆装等。网络互连设备是用来实现网络中各计算机之间的连接、网与网之间的互联、数据信号的变换以及路由选择等功能,主要包括中继器(repeater)、集线器(hub)、调制解调器(modem)、网桥(bridge)、路由器(router)、网关(gateway)和交换机(switch)等。在局域网中,一般不需要单独配备通信控制处理机,但需要安装集线器等网络连接设备,用来实现通信部分的功能。

网络软件是网络的组织者和管理者,在网络协议的支持下,为网络用户提供各种服务。网络软件一般包括网络操作系统、网络协议、通信软件以及管理和服务软件等。

目前,计算机网络与电话通信网络逐步在走向融合。首先,所处理的业务都向着多媒体综合业务发展;其次,所采用的设备板卡都是以计算机(微处理器)为核心;再次,都是在信息数字化的基础上制订不同的编码、分组、交换、传输控制等通信协议,然后根据不同的目的选用不同的协议来实现信息的传输。因此,了解计算机网络和电话通信网络的各种通信协议,掌握数字通信的各种交换技术和与之配套的各种交换连接设备板卡的性能,是在智能建筑中应用好信息传输技术的关键。

1.2.3　接口与控制技术

建筑设备自动控制系统按其自动化程度可以分为 3 种情况:

(1) 单机自动化。指单个设备配上自动检测、自动调节的装置。它是形成自动化系统的基础。

(2) 分系统自动化。指建筑中设备和设施按功能划分的各个子系统,诸如电力供应与管理、照明控制与管理、消防报警与控制、安保监控等子系统分别实现自动监控。

(3) 综合自动化。指上述多个子系统组合为一个整体,实现全局的优化控制和管理。

单机设备的自动控制一般都随机配备,或作为附件购买安装即可。常用的控制规律有继电型、PID、模糊控制等。控制器的给定一般由上层控制系统按某种规则给出,或经优化、智能化处理后给出。建筑设备自动化关键是如何将单机互联以实现分系统自动化和综合自动化。

从逻辑层面看,不同功能的传感器或机电设备,它们的信号要么是表达状态的开与关,要么是在一定范围内取值的模拟量,要么是某种协议格式的数据串,等等。这些信号都可以标准化,如化为 TTL 电平信号、0～5V 电压信号、4～20mA 电流信号等。这样,就可以生产出众多的 DI/DO、AD/DA、RS232 等标准的节点模块,用以将不同功能的传感器或机电设备互联。

节点模块是实现分系统自动化和综合自动化的基础。它有很多类型,有 I/O、计数器、继电器,有单通道与多通道,有可编程和不可编程,有光隔和无光隔,等等。国内外有众多的厂家生产数以万计的节点模块,这就为智能建筑分系统自动化的实现提供了很多种解决方案。

节点模块解决了接口的标准化问题。如何连接形成一个自动化系统还需解决控制结构问题。建筑中的传感器和机电设备散落在建筑的各个地方,因此其控制系统一般采用集散式结构,实现集中监视、分散控制。为了把分散的接口连接起来,目前一般采用 RS485 总线、现场总线等总线技术和模块,以形成一个控制网络平台。

在要求通信距离为几十米到上千米时,可采用 RS485 收发器。RS485 收发器采用平衡发送和差分接收,因此具有抑制共模干扰的能力。RS485 支持半双工或全双工模式,一对双绞线就能实现多站联网,构成分布式系统,设备简单,价格低廉。但是,RS485 的网络拓扑一般采用终端匹配的总线型结构,不支持环形或星形网络。另外,当传输距离较远,传输速率太高时,传输准确性有较大影响。

现场总线(fieldbus)是 20 世纪 80 年代末、90 年代初国际上发展形成的,用于过程自动化、制造自动化、楼宇自动化等领域的现场设备互连通信网络。它作为控制系统数字通信网络的基础,沟通生产过程现场及控制设备之间及其与更高控制管理层次之间的联系。这项以智能传感、控制、计算机、数字通信等技术为主要内容的综合技术,已经受到世界范围的关注,成为自动化技术发展的热点,并将导致自动化系统结构与设备的深刻变革。

按功能比较,现场总线连接自动化最底层的现场控制器和现场智能仪表设备,网线上传输的是小批量数据信息,如检测信息、状态信息、控制信息等,传输速率低,但实时性高。简而言之,现场总线是一种实时控制网络。局域网用于连接局域区域的各台计算机,网线上传输的是大批量的数字信息,如文本、声音、图像等,传输速率高,但不要求实时性。从这个意义而言,局域网是一种高速信息网络。控制网络与局域网有各自不同的功能,但经过现场总线与局域网(如以太网)交换模块,可以实现控制网络与局域网信息相互传输,把底层设备的状态信息传输到局域网中的数据库,也可以把上层的控制信息传输到底层的设备上,从而建立起测、控、管一体化的自动化系统。

现场总线技术在历经了群雄并起,分散割据的初始阶段后,尽管已有一定范围的磋商合并,但至今尚未形成完整统一的国际标准。其中有较强实力和影响的有Foundation Fieldbus(FF)、LonWorks、Profibus、HART、CAN、EIB 等。它们具有各自的特色,在不同应用领域形成了自己的优势。

1.2.4　数据库与集成技术

信息传输技术、接口与控制技术侧重于信息处理自动化平台的硬件方面。通过控制网络、计算机局域网、电话通信网,可以把底层传感器和设备的信息以及人机交互的信息存于数据库之中,这样通过对数据库的操作,可实现对底层设备的监测、控制以及优化管理,真正实现分系统的自动化。

在智能建筑系统中应用的数据库有关系数据库和实时数据库两大类。关系数据库已经十分成熟,在各类管理信息系统中得到广泛的应用。实时数据库是数据库系统发展的一个分支,它适用于处理不断更新的快速变化的数据及具有时间限制的事务处理。实时数据库技术是实时系统和数据库技术相结合的产物,它利用数据库技术来解决实时系统中的数据管理问题,同时利用实时技术为实时数据库提供时间驱动调度和资源分配算法。尽管实时数据库与关系数据库在概念上不同,但在用户使用层面上有许多相通之处,如根据条件定位记录,对记录进行增删改,对记录统计分析等。

智能建筑中分系统自动化都是一种集散控制系统,可以分为两层。一层是通过节点模块和控制网络,将底层设备信息传递到数据库中;另一层是通过人机界面对数据库进行各种读写操作,实现集中监控。数据库是这两层的软件接口,人机界面体现了技术的集成。

人机界面的实现通过组态软件完成。组态软件是"应用程序生成器"。利用组态软件,用户可以根据应用对象及控制任务的要求,以搭积木式的方式灵活配置、组合各功能模块,构成用户应用软件。组态软件的设计思想是面向对象,它模拟控制工程师们在进行过程控制时的思路,围绕被控对象及控制系统的要求构造"对象",从而生成适用于不同应用系统的用户程序。组态软件的原理是将系统软件的基本部分和工具固定,而与具体应用有关的部分变成参数型的数据文件,这些数据文件由组态工具在屏幕上编辑而成。组态软件是数据采集与过程控制的专用软件,是在自动控制系统监控层一级的软件平台和开发环境。组态软件能支持各种工控设备和常见的通信协议,并且提供分布式数据管理和网络功能。

1.2.5 综合自动化与智能化技术

智能建筑的最高层次是要建立"智能化"的平台,这是一个发展中的内容。建筑智能化首先应是综合集成化。将各个分系统集成到相互关联的、协调的统一系统之中,使资源达到充分共享,实现集中、高效、便利的管理。应采用功能集成、网络集成、软件界面集成等多种集成技术。实现的关键在于解决系统之间的互连和互操作性问题,它是一个多厂商、多协议和面向各种应用的体系结构,需要解决各子系统间的接口、协议、系统平台、应用软件等集成的问题。

为了实现自学习、自适应,能实时调整综合集成的组态构成,需要建立标准的数据属性,引入数据挖掘技术、控制规则与管理规则的智能化学习技术等目前正处于研究热点的智能控制与信息处理技术。将这些技术与建筑智能化的需求相结合,就会达到智能建筑所定义的目标。

1.3　建筑智能化的分类

按建筑的使用特征来分类,智能建筑可分为智能住宅、智能办公建筑(通用智能办公建筑、智能行政办公建筑)、智能旅馆建筑、智能文化建筑(智能图书馆、智能档案馆、智能文化馆)、智能博物馆建筑、智能观演建筑(智能剧场、智能电影院、智能广播电视业务建筑)、智能会展建筑、智能教育建筑(智能高校、智能高级中学、智能初级中学和小学)、智能金融建筑、智能交通建筑(智能民用机场航站楼、智能铁路客运站、智能城市轨道交通站、智能汽车客运站)、智能医疗建筑(智能综合医院、智能疗养院)、智能体育建筑、智能商店建筑、通用智能工业建筑等。

1.3.1　智能住宅小区

智能住宅小区是城市的基本单元,是在智能化大楼的基本含义中扩展和延伸出来的,它已成为建筑行业中又一个热点。与智能大厦相比,智能住宅小区的基本功能更注重满足住户在安全性、舒适的居住环境、便利的社区服务和社区管理、具有增殖应用效应的网络通信等方面的个性化需求。智能住宅小区基本功能有宽带多媒体信息服务、社区安全防范系统、社区物业服务与管理系统和家居智能化系统。

(1)完善的综合物业管理系统。包括小区物业与房产管理、小区房屋维修保养管理、小区收费管理等。

(2)在小区内建立集中的安全防范体系。实现小区周界(四周围墙)防卫,在小区围墙上安装红外对射报警探测器,当发生非法闯入时,可进行实时报警。在小区的大门外、主干道、小区周界、公共场所、停车场入口处以及公寓楼入口门厅安装闭路电视监控系统(CCTV)摄像机,并可与24小时安全防范监视与报警系统联动,完成录像记录功能。在小区各主要出入口通道和公寓楼入口处设置巡更点,以强化保安值勤人员的防盗与安全巡视的责任感,同时提供值勤巡查保安人员的人身安全措施。在每幢公寓入口处安装可视对讲系统,访客需经主人确认后方可进入公寓内。实现家庭内部的防盗与紧急求助报警信息的联网。当在家庭内发生盗警或安全报警时,报警信息可以传送到小区物业管理中心。

(3)小区内公共机电设备的监控与运行维护管理。采用楼宇设备自控系统(BAS)的方式,实施小区内公共机电设备(电梯、水箱、水泵和低压配电设备)运行状态的监视以及故障报警的处理与相关的控制。提供公共机电设备的运行与维护的资料,建立设备维修、维护文档,确保小区公共机电设备始终处于完好状态。实现小区内广播系统的综合管理,可提供广播通知、紧急广播和背景音乐。建立小区内综合信息(含小区通知、气象等内容)的电子广告显示屏。

(4)小区内停车场出入与保安管理。在小区内的停车场采用非接触IC卡车辆管理系统,对进入小区的车辆进行控制和管理。在停车场内设置车牌识别电视监视系统,通过影像记录方式复核出入停车场车辆的车型和车牌号码,以达到停车场保安管理的要求。

(5) 小区内所有住户单位的三表(水表、电表、气表)的集中数据采集和统计收费管理。在小区的物业管理中心,可以完成对小区内每一个住户单位进行远程的三表数据采集和按月统计收费金额,达到自动化管理的功能。在小区内可实现采用 IC 卡的付费(含三表 IC 卡储值与交费)和财务结算的功能,并可以实现与停车场管理、公寓楼出入口安全识别与控制的一卡制功能。

(6) 建立小区内综合信息服务数据库。建立小区内基于 Intranet 网络的 Web 服务器(ISP),可实现服务收费网上公开、发布通知通告、综合信息查询与 Web 发布、电子邮件服务(E-mail)、电子新闻与报刊服务。

(7) 建立电话、电视和数据"三网合一"的 HFC 综合通信接入网平台,可实现以下服务功能:小区内免费电话服务功能,提供交互式电视服务,如 VOD 点播,提供宽带接入,实现可视电话、电视会议以及家庭办公等多媒体综合业务服务功能。

1.3.2 智能校园

随着教育事业的发展,有不少学校对校园建设提出了智能化的要求。1994 年国家建立了中国教育和科研计算机网络(CERNET)。很多人认为智能校园是建设 21 世纪校园的必由之路。一般来说,智能校园有以下几个功能特征:

(1) 为学生提供良好的学习环境,在教学中普遍使用计算机,如电子化教室。

(2) 提供信息服务,有完善的通信网络。在校园建筑物中设置计算机网络和电话通信线路,能实现远程教学。

(3) 为提高教学管理水平,实现办公自动化。

(4) 为达到节能和环境保护的目的,而且能提供舒适教学科研环境,能够对建筑物中各种设备进行遥控和自动控制,提高物业管理水平。

(5) 为保证学校教育科学研究工作的安全性、稳定性,应具有确保安全的设施、设备及保安系统,如火灾自动报警系统及保安系统等。

(6) 为满足师生自由交流信息、知识、思想的环境需要,以便最大限度地开发学生的智力,在校园中设置各种宽敞、舒适的公共空间。为建筑物之间联系方便,建筑物的设计采用集中式布局,建筑群体也多以成组成团的形式,使其能通畅联络。单体建筑结构系统及房间分割更通用化,建筑设施能满足教学、科研需求,并采用通用性设施,如网络地板、对讲系统。

(7) 室外有良好的环境,如绿化、背景音乐、电子布告牌。

要建设智能校园,一般来说要有计算机网络,实现办公自动化。具有网络化的建筑物自动控制系统能为用户提供舒适环境。还应该提供良好的通信系统,如电话、电视、广播设施。通过各个系统的网络综合实现预定的要求。

1.3.3　智能医院

在一座现代化医院里有大量的机电设备及相应的自动管理设备，涉及大量的不同专业，不可避免会增加管理者操作的复杂性，缺乏统一管理的功能，使设备运行效率低下，能源及人力的浪费惊人，加之建筑内人流、物流、信息流交错，各种人员情况非常复杂，只有采取最具有时代特征的智能化系统，使之与医院建筑环境有机结合统一，才能更好地建立以人为本的智能化医疗环境，同时提升医院管理水平，提高医护人员工作效率，降低能源消耗，节约医院的运行成本。

智能医院相对于其他智能建筑，除了具有一些共通的智能系统，如火灾自动报警及消防联动控制系统、应急广播兼公共广播系统、通信网络及综合布线系统、有线电视系统、视频监控系统、建筑设备监控系统、出入管理系统、电子巡更系统、停车库管理系统等外，还有一些医院专用的智能化系统，能使医院管理更为完善，为病人提供更好的医疗服务。下面简单介绍其中几种：

（1）门诊及药房排队管理系统。作为特殊的服务行业，医院的门诊收费、分诊及药房是人员最集中的地方，也是排队最多的地方。通过排队管理系统将门诊挂号、分诊、划价收费、化验检查、取药等各个主要环节联系起来，使病人能免去不断排队等待的痛苦，能够很好地改善普通医院服务窗口常见的混乱、无序等弊端，使医院环境变得和谐，服务质量和工作效率得到提高。

（2）病房呼叫对讲系统。相对传统护士呼叫系统，智能医院的呼叫系统还和医院信息管理系统（HIS）相连接，当病人发病呼叫时，不仅能及时通知护士和相关主治医师，而且自动通过访问 HIS 数据库把病人的病史资料及时传给护士、医生参考，同时把病房呼叫作业过程记录下来存档以供后面治疗使用。

（3）手术室视频示教系统。现代医院集医疗、教学和研究于一体，手术的观摩和指导是必不可少的内容。通过手术室的高清晰摄像机把手术过程传送到示教会议室以供学生学习，同时手术过程均可保存记录，方便家属查找和医院信息资料留存。

（4）婴儿保护系统。这在芝加哥医学院已经安装使用，是一种高技术婴儿保护系统。婴儿一出生就在脚部系上唯一标识，每个标识是一种微型的 RF 发射器，一旦婴儿被非法抱走或标识被剪断或拉长，就会发生报警，在控制台显示其位置，相应门锁也会自动关闭。

（5）触摸屏信息查询和电子公告牌系统。为给病人提供各种咨询服务，使病人方便、快捷地了解医院各种信息（如医疗动态、各分诊室分布情况、专家介绍及出诊时间、药品收费标准等），在医院各相应楼层设置人机对话设备——触摸信息查询一体机和大屏幕显示公告牌，其信息均来自医院信息管理系统。

1.3.4　智能体育馆

随着中国经济的腾飞和国民健康意识的提高，各类体育活动得到蓬勃发展，广大民众积极参与各项体育锻炼,而北京 2008 年奥运会的成功举办,也为我国体育事业注入了巨大活力。但我国现有体育场馆普遍存在管理模式落后、设施陈旧及功能单一等问题,为解决这些问题,各地纷纷对体育场馆进行智能化建设,以适应现代体育事业的发展。

智能体育馆从使用需求来讲一般要满足以下要求。

(1) 满足运动员高水平发挥竞技能力的要求:具体内容涉及空调设备的智能控制、送排风设备智能控制、照明的智能控制、池水过滤及消毒系统的控制、对室外场地喷洒和排水系统的控制、空气监测系统等。

(2) 满足比赛组织的要求:具体内容涉及安全控制及防范、火灾自动报警、场地扩声和背景音乐、计时记分、现场成绩处理、售检票和通道控制、比赛指挥调度等。

(3) 满足媒体报道的要求:如考虑电视转播、媒体记者、数字会议系统、网络发稿、互联网站的需要。

(4) 满足现场观众的要求:如舒适的场馆环境,良好的视野和清晰的图像,及时得到各种信息,方便地购票和入场,方便停车等。

(5) 场馆运营维护的需求:包括节约能源、场馆的管理、赛后运营等。

从功能模块来讲一般有以下子系统。

(1) 场馆日常运行基础子系统:包括综合布线系统(GCS)、计算机信息网络系统(CIS)(包括临时性的现场计算机信息系统(VCIS)及体育中心日常电子政务办公系统(OAS))、程控交换机通信系统(CAS)、卫星接收及有线电视系统(CATV)、楼宇自控系统(BAS)、不间断集中供电系统(UPS)、防雷接地系统等。

(2) 场馆安全保障子系统:包括闭路电视监控系统(CCTV)、门禁管理系统(ACS)、防盗报警系统(SAS)、保安电子巡更系统、消防报警系统(FAS)等。

(3) 为竞赛和大型活动服务的子系统:包括场地灯光系统(LAS)、音响扩声系统(PAS)、公共广播系统等。

(4) 为赛事和大型活动信息服务的子系统:包括计时记分系统(TSS)、电视转播及评论系统(BTCS)、多媒体电视会议系统(VCS)、新闻中心(PCS)、场地 LED 大屏幕显示系统(DAS)、多功能触摸屏查询系统等。

1.3.5 智能博物馆

智能博物馆是随着现代计算机技术、自动控制技术、通信技术以及集成技术的发展而诞生的,是博物馆的高级阶段。现代的博物馆,其功能较之传统博物馆有了很大扩展,它不再仅仅是一个文物的"珍宝箱",而成为一个集文物收藏、陈列展出、学术研究、科学普及、对外展示文化于一体的多功能文化、教育、科研中心。这其中博物馆的智能化系统为上述功能的实现起到了很重要的作用。

智能博物馆重要的智能化系统如下:

(1) 安全技术防范系统。博物馆不同于一般商业或民用建筑,其收藏的文物非常贵重,甚至价值连城,因此,对博物馆来说,安全防范是博物馆智能化工作的重中之重,通过防盗报警系统、闭路电视监视系统、出入口管制系统、声音图像复核系统、巡更系统,能为文物的安全保管和展出提供可靠的保证。

(2) 火灾自动报警和联动控制系统。火灾自动报警及联动控制系统也是博物馆智能化系统的重要组成部分,通常由火灾探测、报警控制和联动控制三部分组成。由于博物馆内大部分文物既怕火又怕水,因此消防系统要更多地立足于预防,提早报警非常重要。同时要注意采用水灭火、二氧化碳灭火、卤代烷灭火、泡沫灭火和烟烙尽(Inergen)灭火等多种灭火手段,以确保文物和观众的共同安全性问题,不对文物和人员产生物理和化学的二次伤害。

(3) 陈列展示服务系统。文物的价值全在于利用。博物馆不仅是人类历史遗存物的保存研究单位,而且是以文物为基础对公众进行终身教育的机构,是弘扬民族优秀文化的艺术殿堂。因此,博物馆要通过现代各种高科技手段,如背景音乐、触摸屏导览、电脑讲解、虚拟陈列、自控背景幕墙和观众参与模拟,从听觉、视觉、触觉的特殊形态将博物馆展览主题精确而生动地表达出来,以增加观众了解文物、学习历史的兴趣。

(4) 楼宇设备自动控制系统。它是保障博物馆建筑及其设备正常运行的管理系统,以中央计算机为核心,采用集散控制系统,对楼宇设备进行集中监视、操作、管理和分散安装设备。一般包括通风空调监控、照明设备监控、给排水监控、电梯停车场监控和变配电及自发电设备监控系统。

(5) 通信网络系统。通信网络系统是为博物馆内用户提供易于连接、方便快捷的各类通信服务以及畅通的音频电话、数字信号、视频图像等各类传输渠道。通常包括博物馆内的局域网和对外联络的广域网及远程网,可分为语音通信、图文通信及数据通信 3 个子系统。

1.3.6　智能宾馆酒店

宾馆、酒店是集居住、饮食、娱乐、休闲、会议及各种商务活动于一体的场所,作为以提供多功能和全方位服务为主的行业,吸引客户是酒店生存的重要条件。提高酒店的综合服务水平,确保各种设施的稳定运行,大幅度降低其日常运营成本,已成为酒店经营管理的关键。为此,现代化的酒店无一例外地采用了各种智能化技术,以提升酒店的档次。

宾馆、酒店的智能化系统主要是以计算机智能化信息处理、宽带交互式多媒体网络技术为核心的信息网络系统,是现在酒店建设和改造的核心内容,是增强酒店竞争力的重要条件。宾馆、酒店的智能化可分为三大应用领域:

(1) 直接为客人提供优质服务的智能化技术。如 VOD 视频点播系统,让客人能按需点播影片,浏览各类网上信息,进行信息查询;酒店一卡通系统,用于客人身份识别,进行门锁控制,能自动对客人的各种消费进行记账管理及打折优惠管理;另外还有前台计算机管理系统,等等。这一切目的都是要使客人住得更舒适和方便。

(2) 为酒店管理者提供高质量经营管理手段的智能化技术。如酒店智能预订及连锁经营网络系统、后台计算机管理系统、办公自动化 OA 系统等,目的是使宾馆、酒店的经营和管理更高效、先进、科学。

(3) 为降低酒店经营成本提供高质量管理手段的智能化技术。在酒店经营中,"开源节流"是不变的宗旨:收入取决于客源量的多少,而成本则由酒店运营及管理中的所有支出构成。通过智能节能技术、智能采购网络、智能人员管理、智能物耗管理等智能系统,将使酒店在满足客人居住质量和舒适度要求的前提下,最大限度地降低物耗、能耗和人员成本,为酒店经营创造最大的经济效益。

1.3.7　智能办公写字楼

在日常生活中,可以看到许多办公写字楼的广告中都有"5A 智能大厦"这样的宣传语。的确,5A 是对办公写字楼在智能化上的评判标准,所谓 5A,包括以下几方面内容。

(1) BAS(楼宇自动化系统):通常包括冷热源系统、空调系统、变配电系统、照明系统、给排水系统、电梯管理系统、停车库系统等。

(2) CAS(通信自动化系统):包括双向电视电话会议、共用天线电视系统、公共广播系统、数字式用户交换机系统、楼内移动电话系统、综合布线系统等。

(3) OAS(办公自动化系统):包括计算机网络系统、会计中心系统、门厅多媒体查询系统、物业管理计算机系统等。

(4) SAS(安保自动化系统):包括监视电视系统、通道控制系统、防盗报警系统、巡更系统等。

(5) FAS(消防自动化系统):主要有火警自动化报警系统、自动喷淋灭火系统等。

通过 5A 智能化系统的实施,使办公写字楼充满了"智慧"。它不但实现了大厦水、电、空调等设备和消防、安保的监测和控制,而且通过语言、数据的高速通信接入,使在大厦内办公的企业能真正完成与世界各地的快速沟通和信息传输,并实现企业的办公自动化,从而大大提高企业的办公效率和与世界接轨。

近几年来,写字楼智能化有了许多新的概念,如节能写字楼、效率写字楼以及绿色生态写字楼等。其实这也是运用 5A 智能系统更人性化地为人们办公创造一种安全、舒适、高效、环保的环境。例如,采用新风系统,在大厦里空调采用独立送回风系统,对进入写字楼的空气进行除菌除异味处理,以保证办公区域的空气清新,减少许多白领的职业病——空调病;使用中空玻璃保温节能,在写字楼采用通体透明的 Low-E 玻璃幕墙,提高透光率,降低辐射,能很好地保持室内温度,同时减少对周围环境的光污染,达到保温节能的效果;采用节水系统,通过收集一次用水并经过高楼层的中水处理器回收处理,用于冲洗卫生间马桶,从而大大提高水资源的利用率。

1.4　建筑智能化技术的发展

　　智能建筑的发展是科学技术和经济水平的综合体现,已成为一个国家、地区和城市现代化水平的重要标志之一。在我国步入信息社会和国内外正加速建设信息高速公路的今天,智能建筑将成为城市中的"信息岛"或"信息单元",它是信息社会最重要的基础设施之一。随着社会的进步、科技的腾飞以及人类的需求,会出现越来越多的智能住宅、智能小区、智能医院、智能学校等。建筑智能化技术是随着智能建筑的发展而进步的,一方面,它对智能化技术提出了更多更高的要求;另一方面,它也需要智能化技术的全面支持。可以预计,我国的建筑智能化技术发展必将呈现专业细分和全面加速的势态。

1. 建筑智能化技术的发展目标是开创新一代的生活方式

　　新一代的生活方式是和知识经济、信息时代相适应的,是一种和工业时代大物流、大量人员流动、高耗能生活方式截然不同的,以信息流动来最大限度地减少无谓的人、车辆与物资的流动。新一代的生活方式以"消费信息"为特征,是一种低碳、绿色生态、可持续、更高文明的生活方式。关键点是让信息和载体分离(信息生产和制造技术),这样才能以信息流动替代载体的流动,才能让信息可消费。智能家居(家电)要承担起对家居环境信息及人们的生活信息、知识信息进行生产和制造的任务,这样就可能实现相当一部分的生活(食、住、玩)和工作的知识信息通过信息网络流动,从而减少人和物的流动。

2. 绿色城市是绿色智能建筑发展的必然趋势

　　绿色城市是以新一代的生活方式为重要标志的。一个地区发展的先进与落后的差别就在于此。

　　对单个智能建筑而言,许多可再生能源的应用技术,如太阳能发电、太阳能热泵、风力发电、江水源热泵、地源热泵、雨污水综合利用、中水回用、生物质发电、垃圾无害化处理与能量回收等技术,由于不能达到专业化、集约化与规模化的条件,最终因不能获得经济可行性而放弃使用。

　　实践证明,可再生能源的集约化利用、废弃物质的综合利用、道路交通的规划管理、能源综合监测管理、综合通信与监控等,都是节能、环保与减排的重要组成部分,这些设施应该是城市的基础设施,要为城市的每一幢建筑物服务。因此,需要从绿色城市的角度来审视和规划未来的建设行为。智能建筑的建设要服从绿色城市的建设规划,绿色城市的建设基础是绿色智能建筑。

3. 智能建筑系统集成与绿色城市管理联成一体

　　智能建筑是现代城市的基础,是绿色城市的"信息岛"或"信息单元",智能建筑系统集成与绿色城市管理有机地联系起来,将会给城市管理带来真正的信息化和智能化方式。

4. 智能化楼宇的功能朝着多元化方向发展

针对不同用途、不同人群、不同地域、不同宗教文化信仰等的差别,智能化建筑将以人为本,提供个性化的服务。例如,为老年人提供医疗健康等个性化服务的智能老年公寓,适合于地震多发区的智能防震建筑等。

对智能建筑的新功能可以作如下展望:

(1) 系统集成技术向专家系统、人工智能方向发展,会有全新的"智能功能"。

(2) 娱乐的功能会大大增强。

(3) 虚拟实现技术会给智能建筑带来随心所欲的视听空间环境效果。

(4) 满足人类求知欲的功能会加强。

(5) 数字家庭、智能家居已经成为市场和技术的热点。其主要技术路线是,以智能家庭网关为中心构建家居泛在网,以 EIB/KNX、DALI、BACNET 等开放协议构建家居自动化系统实现对基础设备的控制管理,以新型智能家电/传统家电设备构建新一代生活方式的服务功能环境,以智能家具动态构造所需的空间环境,以 3C 设备(计算机、通信和消费电子产品)智能互联、资源共享、协同运行为人们提供家居智能服务功能。

(6) 智能家居技术以动态构造所需的空间环境为首要发展方向(以功能换空间),充分运用智能化技术/新材料技术创造新功能,与家电设备和建筑结构融合,必将成为数字家庭、智能家居的支撑技术。

(7) 舒适性进一步提高,使人们在智能化楼宇中生活和工作(包括公共区域),无论是心理上还是生理上均感到更加舒适,为此,空调、照明、噪音、绿化、自然光及其他环境条件应达到最佳状态。

(8) 安全性、可靠性进一步加强。除了要保证生命、财产、建筑物安全外,还要考虑信息的安全性,防止信息网中发生信息泄露和被干扰,特别是防止信息数据被破坏、被篡改,防止黑客入侵。

5. 需要加快发展建筑智能化学科

建筑智能化学科的发展和国家的发展策略是高度吻合的,绿色环保智能化楼宇更加符合可持续发展国策。建筑智能化学科加快发展的目的是要在这个领域尽快缩小与国外的技术差距,进而取得自主创新的技术成果,形成中国的核心竞争力。

习题与思考题

1. 实现建筑智能化的目的是什么？智能建筑具有哪些基本功能？

2. 何谓智能建筑？

3. 简述智能建筑的体系结构。

4. 建筑智能化系统主要的技术基础是什么？

5. 你认为智能学校应有的功能特征有哪些？

6. 你认为智能家居应有的功能特征有哪些？

7. 你认为智能医院应有的功能特征有哪些？

8. 你认为智能体育场馆应有的功能特征有哪些？

9. 简述你对未来智能建筑发展的构想。

第2章

智能建筑信息传输网络基础原理

本章导读

　　智能建筑的信息传输网络是建筑智能化的基础,它有什么需求? 有什么功能? 有哪些传输对象? 有什么特征? 这些问题是我们首先要搞清楚的。这就是本章的重点内容之一。

　　其次,任何一个智能建筑的信息传输网络都不能孤立地运作,它必须与外界进行通信(通常要连到 Internet)。连通外界的桥梁就要靠公用电信网。电信网的用户遍及世界各地,各个国家的公用电信网络通过互联提供国际通信业务,因此,我们有必要了解公用电信网。这也是本章的重点内容之一。

2.1　智能建筑网络功能及传输对象

　　智能建筑的信息传输网络是建筑智能化的基础,它的需求如下:

　　(1) 支持建筑设备监控、面向设备管理的系统集成、面向用户的系统集成等业务需求的数据通信。

　　(2) 支持建筑物内部有线电话、有线电视、电信会议等话音和图像通信。

　　(3) 支持各种广域网连接,包括具有与计算机互联网、公用电话网、公用数据网、移动通信网、视频通信网等的接口。

　　(4) 支持建筑物内部多种业务通信需求,支持多媒体通信需求,具备面向未来传输业务的适当冗余。

　　因此,智能建筑的信息传输网络必须具有完善的通信功能,具体如下:

　　(1) 能与全球范围内的终端用户进行多种业务的通信功能。支持多种媒体、多种信道、多种速率、多种业务的通信,如(可视)电话、互联网、传真、计算机专网、VOD、IPTV、VoIP 等。

　　(2) 完善的通信业务管理和服务功能。例如,可以应对通信设备增减、搬迁、更换和升级的综合布线系统,保障通信安全可靠的网管系统等。

　　(3) 信道冗余,在应对突发事件、自然灾害时能够保障通信可靠。

（4）新一代基于 IP 的多媒体高速通信网、光通信网是未来新的通信业务支撑平台。

2.1.1 智能建筑网络的功能和分类

智能建筑的信息传输网络从技术的角度可以分为电话网和计算机网两大类，从互联的角度可分为内部专用网、保密网和公用网，从应用功能角度又可以分为现场控制网、集中管理网、消防网、安防网、公用信息网、音视频网等，从传输信号的角度可分为模拟传输网和数字传输网，其分类如图 2-1 所示。

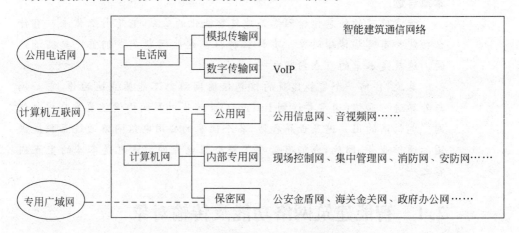

图 2-1 智能建筑的信息传输网络的分类

1. 电话网

智能建筑内的电话网是公用电信网的延伸，公用电信网是全球最大的网络，在不发达的地区可能没有计算机网络，但是一般会有电话网，因此通过电话网可以与世界各地的人们联系。不仅如此，通过调制与解调技术可以在模拟电话网上进行数据传输（计算机通信）。智能化建筑内的电话网一般是以程控用户交换机（Private Automatic Branch eXchange，PABX）为中心构成一个星形网，为用户提供话音通信是其基本功能。建筑内的用户之间是分机对分机的免费通信。电话网既可以连接模拟电话机，也可以连接计算机、终端、传感器等数字设备和数字电话机，不仅要保证建筑内的语音、数据、图像的传输，而且要方便地与外部的通信网络（如公用电话网、公用数据网、用户电报网、无线移动电话网等）连接，与国内外各类用户实现话音、数据、图像的综合传输、交换、处理和利用。

2. 计算机网

智能建筑内的计算机网是通信系统的核心，是大量信息传输、交换、处理的基础。计算机网的实质是高速的数据通信网，由于 TCP/IP 已经是计算机网的传输标准,因此又称之为 IP 网络。智能建筑内的计算机网络技术是局域网,传输速率最大可达 10Gbps,目前的技术主流可保证到端点的传输速率为 100Mbps,因此,智能化建筑内的计算机网络是一个高速的 IP 网络。

计算机网可以实现数字设备之间的高速数据通信,也可以实现语音和视频信号的数字化传输,或者说可以实现多媒体通信。例如,VoIP 可以支持传统的电话通信业务,IPTV 可以支持有线电视业务。

通过局域网上的网关/路由器就可以实现与互联网和各种广域计算机网的连接。

在一个智能建筑内实际上构建了多个局域网,每一个局域网完成一类通信服务,这样做的原因是:隔离带来了安全,降低了网络通信流量,如图 2-2 所示。局域网和局域网之间可以有目的地互联起来,使网络的安全性得到了控制。计算机网络系统为管理与维护提供相应的网络管理系统,并提供高密度的网络端口,可满足用户数量增加的需求。

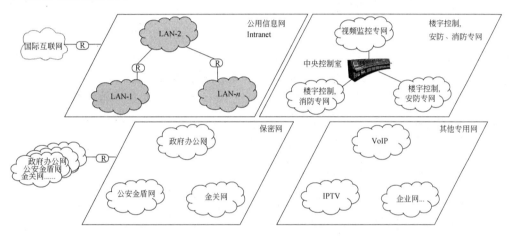

图 2-2　一个建筑内多个局域网并存

随着通信技术的飞速发展,从数据和信号的角度来看,目前的各种模拟传输业务均可能经过数字化后在计算机网上传输。也就是说,只需要建一个高速 IP 网络,就能实现多种业务的传输。当前的 IP 网络的带宽已经能满足多种业务传输的需求(100Mbps 到端点的带宽能同时传输 80 路 DVD 品质的视频,或者同时提供 10 000路电话),但是,IP 网络的可靠性和安全性没有得到很好的解决。所以,目前在智能建筑内还是必须构建电话网。

2.1.2　智能建筑网络的传输对象与特征

数据的定义为有意义的实体。数据涉及事物的形式,而信息涉及的是这些数据的内容和解释。信号是数据的电磁或电子编码。信号发送是指沿传输介质传播信号的动作。传输指传播和处理信号的数据通信。

数据通信的一个任务就是把数据信号发送出去,但是不同形式的数据以不同的传输方式在不同的传输介质上传输,它所能达到的最大传输速率、传输距离是有明显区别的。因此,有必要了解数据的形式、传输的方式及其特点。

1. 模拟数据和数字数据

数据可以分为模拟数据和数字数据两种形式。模拟数据是连续的值。例如,声音和电视图像就是强度连续变化的。大多数用传感器搜集的数据,例如温度和压力,都是连续取值的,它们都是模拟数据。数字数据是离散的值,不仅在时间上离散,而且在幅度上也是离散的值(即幅度只取有限个离散的值),例如文本信息、整数、开关的状态。

模拟数据可以通过数字化处理转变成数字数据,例如,对声音进行等间隔采样及 A/D 转换,可以用数码序列来表示原先的声音数据。

2. 模拟信号和数字信号

模拟信号是电磁波,这种电磁波可以按照不同频率在各种介质上传输。例如,话音经过声-电转换器变成一个模拟电信号。数字信号是一系列的电脉冲。例如,用恒定的正电压来表示二进制数 1,用恒定的负电压来表示二进制数 0。

模拟数据可以用模拟信号来表示,如温度、压力模拟数据经过传感器可转换成温度、压力的模拟信号。数字数据可以用数字信号表示,如二进制码的序列可以用高/低电平的数字信号来表示。

3. 模拟传输和数字传输

模拟信号和数字信号都可以在合适的传输介质上进行传输,但模拟信号和数字信号之间最终还是有差别的。模拟传输是传输模拟信号的方法。信号可以表示模拟数据(例如声音)或表示数字数据(例如通过调制解调器发送的数据)。无论是哪种情况,在传输一定的距离之后,模拟信号都将衰减。为了实现长距离传输,模拟传输系统都设有放大器,使信号中的能量得到增加。遗憾的是,放大器也使噪声分量增加,如果通过串联放大器实现长距离传输,那么信号就越来越畸形。对于模拟数据,例如声音,可以允许许多位发生变形,对方仍然能听懂。但是,对于数字数据来说,串联的放大器将会产生数据传输错误。

数字传输是传输数字信号的方法,数字信号可以表示模拟数据(例如声音经过数字化处理)或表示数字数据(例如计算机文件)。数字传输的基本优点是比发送模拟信号更便宜,而且很少受噪声干扰的影响。其最主要的缺点是数字信号比模拟信号易衰减。数字传输中的衰减会危及数据的完整性,数字信号只能在一个有限距离内传输。为了获得更大的传输距离,可以用中继器。中继器接收衰减了的数字信号,把数字信号恢复到 1 和 0 的标准电平,然后重新传输这种新的信号,这样就克服了衰减。

4. 智能建筑网络的传输对象

在智能建筑中,需要传输的对象当然是各种模拟和数字数据(信息)。模拟数据有音视频数据、控制系统中的各类传感器输出数据、执行器输入数据等。数字数据主要是各类数字设备终端的输入输出数据、控制指令数据等。这些传输对象可以根据其不同的应用特征进行分类,如图 2-3 所示。

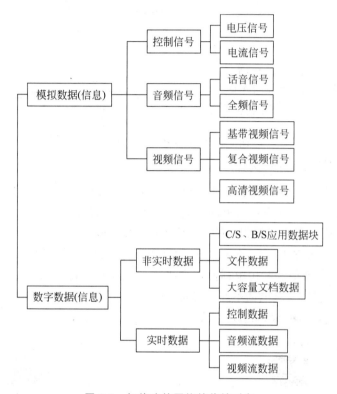

图 2-3 智能建筑网络的传输对象

5. 智能建筑网络数据传输特征

1) 模拟控制信号传输特征

模拟控制信号在楼宇自动化系统中的品种和布点数是最多的一类,主要有温度、压力、流量、电压、电流、功率、照度、阀门开度、转速、湿度、烟尘含量、CO 含量等。经过传感器或变送器转变成 $0\sim5V$、$0\sim10V$ 电压信号或 $4\sim20mA$ 电流信号。

模拟控制信号频率不高,在直流到几百赫低频范围,既可以采用模拟传输,也可以采用数字传输。用模拟信号传输时,最大的障碍是干扰。一般只能在短距离范围内采用屏蔽抗干扰传输技术,就近送到控制单元。如果在现场经数字化采样后用数字方式传输,则可以有效解决信号干扰,传输距离仅受数字信道的限制。现场总线(例如 LonWorks、FF、Profibus、HART、CAN、RS485 等)就是为模拟控制信号的数字传输而发明的技术,如图 2-4 所示。

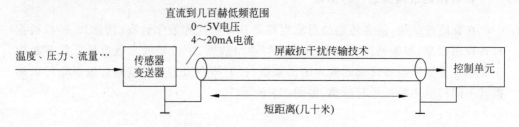

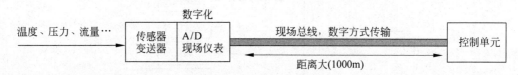

图 2-4　模拟控制信号传输特征

2) 模拟话音信号传输特征

智能建筑中的电话通信系统涉及模拟话音信号传输。话音信号的标准频谱为 300~3400Hz,所以电话通信信道的带宽只要达到 4000Hz 就行。

话音信号既可以采用模拟传输,也可以采用数字传输,如图 2-5 所示。通常话音信号采用模拟传输方式,在一对 0.4mm 线径的铜质双绞线上,传输 4km 距离时衰减约 7dB(这个衰减数值和我国电话网用户线路允许最大衰减值相当)。话音信号在采用数字传输方式时,一路电话不经压缩时(PCM 编码)需要 64kbps 的传输带宽。若对 PCM 数据进行压缩编码传输(例如 G.729 协议),则传输带宽可下降到 8kbps。

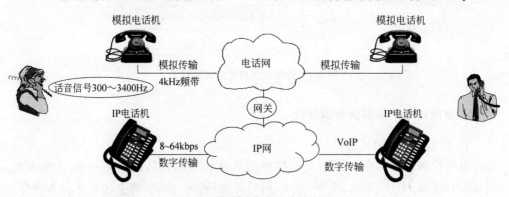

图 2-5　模拟话音信号传输方式

3) 模拟音频信号传输特征

智能建筑中的广播音响系统涉及音频信号传输。音频数据的频率范围在 20Hz~20kHz 之间,既可以采用模拟传输,也可以采用数字传输。

音频数据采用模拟传输方式时,信道的带宽要达到 20kHz,3 类双绞线可以很好地传输音频数据,传输 1km 时衰减低于 6dB。

模拟音频信号采用数字传输方式时,按 44kHz/16b 采样,则不经压缩时需要 704kbps 的传输带宽。若对音频数据进行压缩编码传输(例如 MP3 协议),则传输带宽可下降到 100kbps。

4) 模拟基带视频信号传输特征

智能建筑中的闭路监视系统涉及基带视频信号传输。一路基带视频信号的带宽为 6MHz,既可以采用模拟传输,也可以采用数字传输,如图 2-6 所示。

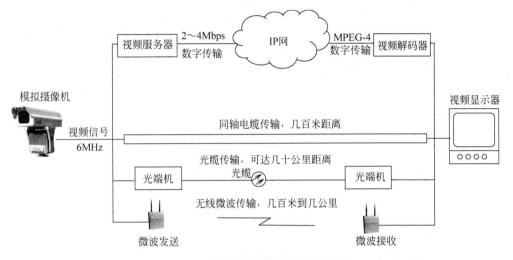

图 2-6 模拟基带视频信号传输方式

基带视频信号采用模拟传输方式时,信道的带宽要达到 8MHz,用同轴电缆一般可传输 100~300m,距离再长就需要增加信号放大器。采用调制解调技术用铜质双绞线可传输 100~1000m 距离。如果用光纤传输,则可达 20km。

基带视频信号采用数字传输方式时,一般对视频数据进行压缩编码传输。例如,采用 MPEG-4 压缩编码标准传输一路标清(720×480)视频信号,带宽可下降到 2Mbps;采用 H.264 压缩编码标准传输一路 HD1080P(1920×1080)的视频信号,带宽可下降到 3.5Mbps。

5) 模拟复合视频信号传输特征

智能建筑中的有线电视网涉及复合视频信号传输。采用频分多路复用技术,将多套电视节目的基带视频信号调制到不同的频带,最终复合成一个宽带的信号在一条信道上传输。通常,复合视频信号的带宽为 300~860MHz。

复合视频信号通常采用模拟传输方式,信道的带宽要达到 900MHz,用同轴电缆一般可传输 100m,距离再长就需要增加信号放大器。干线通常采用光纤传输,无须信号放大可达 20km 距离。复合视频信号目前不能直接用数字方式传输,需要先将各个频道的视频信号分离出来,再利用单路视频信号数据压缩传输的方法分时传输。例如,IPTV 就是这种方式。

6) 非实时数据传输特征

在智能建筑中有许多非实时数据传输的需求,例如以数据库为平台,形成以电子数据流转为核心的、覆盖整个业务的集成信息系统等。

从信息应用方式的角度来分析传输特征,各种主要应用系统可归结为 B/S 和 C/S 两种方式,传输网络模型如图 2-7 所示。数据传输的需求主要是实时性要求不高的块数据和文档数据,每个用户终端对计算机网络的带宽并无明确的要求,有 1Mbps 的传输容量即可满足需求。系统的数据传输负担集中在服务器端以及靠近服务器的干线上。理论上,干线的传输带宽最大值是所有下属端线带宽需求之和,服务器干线的传输带宽最大值是所有端线带宽需求之和。在实际运行中,由于各用户的应用是异步和突发的,因此干线的传输带宽远小于所有下属端线带宽需求之和,一般有 15%～20% 的容量即可。对于服务器干线,则希望应有足够的带宽以满足大量客户的并发需求。

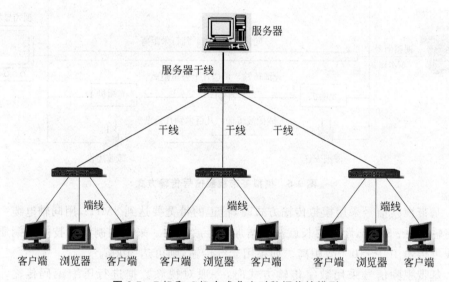

图 2-7　B/S 和 C/S 方式非实时数据传输模型

有一些需要传输大容量文件的应用,例如,1GB 级音视频文档,为了提高工作效率,计算机网络的传输速率应尽可能高,网络也必须十分稳定和安全(因为大容量文件的重发开销是巨大的),端线传输速率应达到 1000Mbps。

7) 实时控制数据传输特征

在智能建筑的设备监控系统中,有许多有实时性要求的控制数据传输需求。这类数据传输的特点是:数据传输速率不高,关键是不确定时延要小于一定数值。现场总线和工业以太网技术都能够很好地满足其传输要求。

8) 实时音视频数据传输特征

音频和视频数据的传输需求有两个方面:其一是音频和视频信号的数字传输,其二是音频和视频数据文档的在线播放(即视频点播)。这时对计算机网络系统的传输有实时性要求。每传输一路 DVD 品质(720×480)的视频数据流,采用 MPEG-4 编码标准传输速率大致为 1～2Mbps 的带宽。每传输一路高清视频(1920×1080)的视频数据流,采用 H.264 压缩编码标准传输速率大致为 2～4Mbps。传输一路电话数据流,大约只需 8kbps 的带宽。对于音乐数据,达到高品质 CD 效果的传输速率只需要大约 100kbps 带宽。

表 2-1 对智能建筑网络的传输对象与特征进行了总结。

表 2-1　智能建筑网络的传输对象与特征

传输对象	对象特征	模拟传输		数字传输	
		传输方式	带宽	传输方式	带宽
模拟控制信号	0～5V、0～10V 电压信号或 4～20mA 电流信号,直流到几百赫低频范围	采用屏蔽抗干扰传输技术,就近传输,几十米距离	几百赫	现场总线,确定性传输。几百米至 1km 距离	最高 12Mbps
模拟话音信号	电话通信中话音信号的标准频率为 300～3400Hz	双绞线上基带传输,4km 距离(模拟电话网)	4000Hz	PCM 编码(ISDN)、压缩编码(VoIP)	64kbps
模拟音频信号	音频数据的频率范围为 20Hz～20kHz	双绞线上基带传输,1km 距离	20kHz	PCM 编码(CobraNet)、压缩编码(IP 网络)	704kbps
模拟基带视频信号	闭路监视系统等,一路基带视频信号的带宽为 6MHz	同轴电缆基带传输,300m 距离。双绞线加调制/解调技术传输,1km 距离。光纤传输可达 20km	8MHz	MPEG-4 压缩编码标准(IP 网络)	2Mbps
模拟复合视频信号	多套电视节目的复合视频信号的带宽为 300～860MHz	同轴电缆基带传输,100m 距离。光纤传输可达 20km 距离(模拟有线电视网络)	900MHz	不使用	
非实时数据	块数据和文档数据	双绞线加调制/解调技术传输(通过电话网)	4000Hz	IP 网络	不明确,越高越好
实时控制数据	测控数字设备间的控制数据传输,对传输时延有确定要求	不使用		现场总线和工业以太网	1Mbps,越高越好
实时音频数据	音频信号的数字传输及音频数据文档的在线播放	不使用		IP 网络,压缩编码	100kbps
实时视频数据	视频信号的数字传输及视频数据文档的在线播放	不使用		IP 网络,压缩编码(IPTV)	标清 2Mbps,高清 4Mbps

2.2　智能建筑网络传输介质

2.2.1　信道与传输损耗

信道是任何信息传输系统不可缺少的组成部分。所谓传输信道指的是以传输介质为基础的信号通路。具体地说,它是由有线或无线电路提供的信号通路;抽象地说,它是指定的一段频带。它允许信号通过,又给信号以限制与损害。

1. 信道分类

信道的主要分类方法有以下几种:

(1) 按信道的用途分。例如用于电话的称为电话信道,用于电报的称为电报信道,用于电视的称为电视信道等。

(2) 按传输介质分。可分为有线信道和无线信道,有线信道还可分为双绞线、同轴电缆和光纤,无线信道还可分为无线微波接力和卫星中继通信系统。

(3) 按传输信号的频谱分。可分为基带传输信道和载波信道。基带信道用于近距离的传输,它是由有线信道组成的。用于长途的数据、话务、报务传输的信道均属载波信道,它包括有线和无线信道。

(4) 按允许通过的信号分。可分为模拟信道和数字信道。模拟信道允许通过取值连续的模拟信号,目前大部分的信道均属此类。数字信道只允许通过取值离散的数字信号。需要指出,传输介质的性质是模拟的,加上某些设备才构成数字信道,数字信道的输入和输出均为比特流,因此数字信道更便于传输数据,只要解决数据终端与数字信道的接口即可。利用模拟信道也可以传输数字数据,但要用调制解调器,以便原始的数据信号与信道相匹配。

(5) 按使用的方法分。可分为专用(租用)信道和公共(交换)信道。专用信道是指两点或多点之间的固定线路,尽管它可能是从电信局租用的,但与公共交换网不发生关系。公共信道是通过交换机转接为大量用户服务的信道。

需要注意的是,前面定义的信道,即信号的传输介质,称作狭义信道,而传输介质和传输设备构成的信道称作广义信道。狭义信道和广义信道的关系如图 2-8 所示。一般从广义信道角度论述通信的原理,但是传输介质是广义信道的重要组成部分,传输介质的特性往往决定信道的特性。

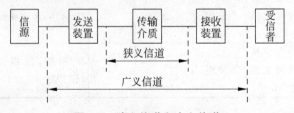

图 2-8　狭义信道和广义信道

2. 信道容量

在给定信道的条件下,如果要求误码率任意地小(即趋近于零),那么信息传输速率的极限值就是信道容量。

香农导出了一个公式来计算理论上的带宽限于 ω 的理想低通滤波器二进制信道容量 C(单位为 bps),它与信道带宽以及分布于该有限带宽上的信噪比有关。该公式如下:

$$C = \omega \times \log_2(1 + S/N)$$

在这个公式中,S 是信号通过信道的功率,以 W 为单位;N 是信道上噪声的功率,单位为 W;而 ω 则是信道的带宽,单位为 Hz。

忽略所有其他的衰减,用于传输数据的语音级模拟电路(电话线路)的一些典型参数为:$\omega = 3000\mathrm{Hz}$,$S = 0.0001\mathrm{W}$($-10\mathrm{dBm}$),而 $N = 0.0000004\mathrm{W}$($-34\mathrm{dBm}$)。根据香农定律,C 的取值应为

$$3000 \times \log_2(1 + 250) \approx 24\,000(\mathrm{bps})$$

按照香农的公式计算出的 C 值一般是达不到的,因为在每条实际的信道中都有许多香农定律没有考虑到的衰减因素。不过,香农定律提供了二进制信道的理论上限。应该特别注意的是,由于函数 $\log_2$ 的特性,在公式中增加 ω 的值比增加 S/N 更容易提高 C 的取值。

3. 传输损耗

信号在信道中传输时面临许多损耗,其中最重要的是衰减、延迟畸变和噪声。

2.2.2　双绞线

双绞线(twisted pair wire)是最常用的一种传输介质,既可用来传输模拟信号(通过电话网传输视频信号),又是局域网中常用的一种传输介质,特别是在星形拓扑网络中。

1. 物理描述

双绞线由两条扭绞成规则的螺旋状的绝缘铜导线组成,一对线作为一条通信线路。通常,一定数量这样的线对捆成一个电缆,外面包着硬保护性护套。根据是否有屏蔽层,双绞线可分为非屏蔽双绞线(Unshielded Twisted Pair,UTP)和屏蔽双绞线(Shielded Twisted Pair,STP)。最常用的是 4 对线 UTP,如图 2-9 所示。

2. 传输特性

虽然双绞线主要是用来传输模拟信号的,但同样适用于数字信号的传输,特别适用于较短距离的数字信号传输。与其他传输介质相比,双绞线的传输距离、带宽

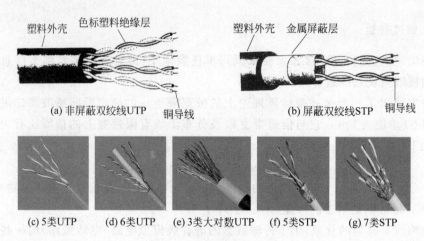

图 2-9　双绞线传输介质

和数据传输速率有限。当频率增高时,信号衰减增大。例如,5 类标准的 UTP 传输100MHz 信号 100m 时衰减的典型值是 21dB,大约衰减为 1/10。

可以采取一些措施来减少损耗。如用金属编织网作为屏蔽层,可减少干扰;线的绞扭可减少低频干扰,相邻的线对采用不同的绞扭长度可减少串音。另一个技术是使用平衡传输线。对于非平衡线路,双绞线的一条是地电位;而对于平衡传输,两条线都高于地电位,它们携带信号(例如表示二进制 0 和 1)的幅度相同,但相位相反,接收端是用相位差来判断而不是用幅度差来判断,因而可有效降低加性噪声的干扰,增加传输距离。

双绞线最常用于电话声音的模拟传输。虽然语音的频率为 20Hz～20kHz,但是进行可理解的语音传输所需要的带宽却窄得多。一条全双工音频通道的标准带宽是 300Hz～4kHz。在一根双绞线上,使用频分多路复用技术可以进行多个音频通道的多路复用。

在智能建筑中常用 3 类标准的 UTP 为电话网的传输介质,其线径为 0.5mm,用作单个电话用户线路最大可传输 5km 的距离(国家标准规定,用户电缆线路传输损耗不大于 7.0dB(800Hz))。一般情况下,建筑内的电话用户线路长度(从 PABX 到电话机的布线长度)不会超出 5km,所以,电话网的干线和端线都是用 UTP。如果用户线路长度不超出 500m,则一对 3 类标准的 UTP 采用频分多路复用技术可同时传输 24 路电话。

双绞线用来传输数字信号时,信号的衰减比较大,并且产生波形畸变,只能用于较短距离的传输。目前双绞线主要用于局域网的传输,距离被限制在 100m 的范围内,用 2 对线 5 类标准的 UTP 数据传输率达到 100Mbps,用 4 对线 5 类标准的 UTP数据传输率达到 1000Mbps。

3. 应用

到目前为止,用于模拟和数字通信中非常普遍的传输介质仍是双绞线。它是电

话系统的支柱,也是局域网的传输介质,双绞线常见的有 3 类线、5 类线、超 5 类线以及最新的 6 类线:

(1) 3 类线。传输频率 1～16MHz,用于语音传输及最高传输速率为 10Mbps 的数据传输。

(2) 5 类线。传输频率 1～100MHz,用于语音传输和最高传输速率为 100Mbps 的数据传输,主要用于 100BASE-T 和 10BASE-T 网络。这是最常用的以太网电缆。也可以用于闭路监视系统中的视频信号传输。

(3) 超 5 类线。衰减小,串扰少,并且具有更高的衰减与串扰的比值和信噪比、更小的时延误差,性能得到很大提高。超 5 类线主要用于 100Mbps 的数据传输和吉位以太网(1000Mbps)。

(4) 6 类线。该类电缆的传输频率为 1～250MHz,它提供的带宽是超 5 类的 2 倍。6 类布线的传输性能远远高于超 5 类标准,最适用于 1000Mbps 的数据传输。

各类双绞线的衰减极限如表 2-2 所示。

表 2-2　各类双绞线的衰减极限

频率/MHz	衰减极限/dB						NEXT 衰减极限/dB					
	信道/100m			链路/90m			信道/100m			链路/90m		
	3 类	4 类	5 类	3 类	4 类	5 类	3 类	4 类	5 类	3 类	4 类	5 类
1	4.2	2.6	2.5	3.2	2.2	2.1	39.1	53.3	60.0	40.1	54.7	60.0
4	7.3	4.8	4.5	6.1	4.3	4.0	29.3	43.3	50.6	30.7	45.1	51.8
8	10.2	6.7	6.3	8.8	6.0	5.7	24.3	38.2	45.6	25.9	40.2	47.1
10	11.5	7.5	7.0	10.0	6.8	6.3	22.7	36.6	44.0	24.3	38.6	45.5
16	14.9	9.9	9.2	13.2	8.8	8.2	19.3	33.1	40.6	21.0	35.3	42.3
20		11.0	10.3		9.9	9.2		31.4	39.0		33.7	40.7
25			11.4			10.3			37.4			39.1
31.25			12.8			11.5			35.7			37.6
62.5			18.5			16.7			30.6			32.7
100			24.0			21.6			27.1			29.3

2.2.3　同轴电缆

1. 物理描述

像双绞线一样,同轴电缆也是由两个导体组成的,但其结构不同。它能在一个较宽的频率范围内工作。同轴电缆的基本结构如图 2-10 所示。它由一个空心的外圆柱面导体包着一条内部线形导体组成。外导体可以是整体的或金属编织的,内导体是整体的或多股的。用均匀排列的绝缘环或整体的绝缘材料将内部导体固定在

合适的位置,外部导体用绝缘护套覆盖。单根同轴电缆的直径大约为 0.5～2.5cm,
几个同轴电缆线往往套在一个大的电缆内,有些里面还装有 2 芯扭绞线或 4 芯线组,
用于传输控制信号。同轴电缆的外导体是接地的,由于它的屏蔽作用,外界噪声很
少进入其内。

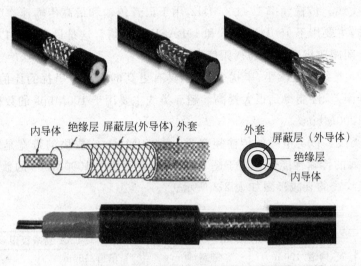

图 2-10　同轴电缆的基本结构

2. 传输特性

同轴电缆可以传输模拟和数字信号。同轴电缆比双绞线有着优越的频率特性,
因而可以用于较高的频率和数据传输率。由于其屏蔽的同轴心结构,比起双绞线
来,它对于干扰和串音就不敏感。影响其性能的主要因素是衰减、热噪声和交调噪
声。对于模拟信号的长途传输,每隔几千米就需要设置一个放大器。如果使用的频
率较高,则此距离还要缩短。模拟信号传输的可用频率大约可达到 400MHz,对于长
距离的数字信号传输来说,每 1km 左右需设置转发器,而要达到较高的传输速率,转
发器的间隔还要近些。在实验室里,转发器间距为 1～6km 时,传输数据率可达到
800Mbps。

3. 应用

宽带同轴电缆用于频分多路复用的模拟信号传输,也可用于不使用频分多路复
用的高速数字信号和模拟信号传输。传输带宽可达 1GHz,例如 RG213 型同轴电
缆,在传输 1000MHz 信号时的衰减值是 0.3dB/m。目前闭路电视常用 CATV 电缆
的传输带宽为 750MHz。常用的同轴电缆型号如表 2-3 所示。在智能楼宇中,同轴
电缆主要用于有线电视网的传输介质,在它上面可以开通视频图像通信和交互式信
息服务。在闭路电视监控系统中,也大量使用同轴电缆传输视频信号。

表 2-3　常用的同轴电缆型号

规格名称	类型	阻抗/Ω	说明
RG-58 U	细缆,基带	50	实心铜线
RG-58 A/U	细缆,基带	50	绞合线
RG-58 C/U	细缆,基带	50	军用级
RG-59	CATV,宽带	75	有线电视用
RG-8	粗缆,基带	50	直径约 0.4 in,(1in=2.54cm)
RG-11	粗缆,基带	50	直径约 0.4 in
RG-62	基带	90	应用范围很少
SYV-75	同轴射频,宽带	75	有线电视用
SYWV-75	同轴射频,宽带	75	有线电视用

2.2.4　光纤

光纤具有传输容量大(目前可达 6400Gbps)、损耗低、线径细、重量轻、不受电磁干扰等优点,在智能建筑中,光纤是计算机网络的干线传输介质。

1. 光纤的物理描述及光纤传光原理

光纤是能传导光线的一种媒质。多种玻璃和塑料可用于制造光纤。超纯纤维制造成本高,损耗稍高的多成分玻璃纤维也能达到较好的传输性能,并且成本低。塑料纤维更是便宜,可用作短距离的传输媒质。

图 2-11 是目前已经实用化的一种多模光纤的结构。它由直径为 $50\sim75\mu m$ 的玻璃纤维芯线和适当厚度的玻璃包层构成。芯线的折射率 n_1 略大于包层的折射率 n_2,在芯与包层之间形成良好的光学界面。

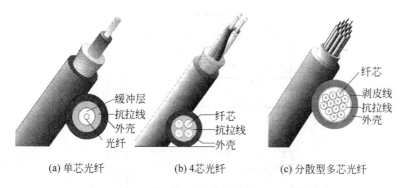

缓冲层
抗拉线
外壳
光纤

纤芯
抗拉线
外壳

纤芯
剥皮线
抗拉线
外壳

(a) 单芯光纤　　(b) 4芯光纤　　(c) 分散型多芯光纤

图 2-11　光纤的结构

当光以某一角度射到纤维端面时,光的传播情形取决于入射角的大小,如图 2-12 所示。入射光线与纤维轴线夹角 θ 称为端面入射角。光线入芯线后又射到包层与芯线的界面上,而入射光线与包层法线夹角 ψ 称为包层界面入射角。由于

$n_1 > n_2$,当 ψ 大于某一临界角 ψ_a 时,光线在包层界面上发生全反射。与此 ψ_a 对应的端面临界入射角为 θ_a,当 $\theta > \theta_a$,即 $\psi < \psi_a$ 时,不会产生全反射,这部分光线将射入包层而跑到光纤维外面去,如图中射线①所示。如果 $\theta < \theta_a$,满足全反射条件,那么,入射到芯线的光线将在包层界面上不断地发生全反射,从而向前传播,如图中的射线②、③所示。

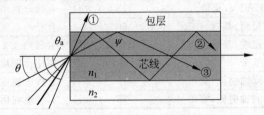

图 2-12 光在光纤中的传播

光纤有 3 种基本的传输模式,如图 2-13 所示,其中:

(1)多模方式。指的是多条满足全反射角度的光线在光纤里传播。由于存在多条传播路径,每一条路径长度不等,因而光线传过光纤的时间不同。这就造成信号码元在时间上分散开,从而限制了数据率。

(2)单模方式。如果光纤芯体减小,必须减小入射角才能入射而向前传播。当芯体半径减小到波长数量级时,可以在光纤里传播的只有一个角度的光波。图中画的只是轴向射线,实际上也是要经过反射向前传播的。

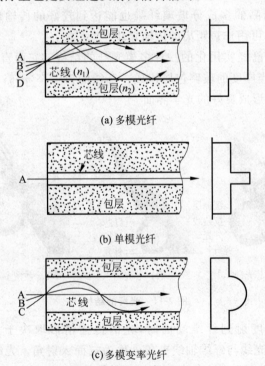

(a) 多模光纤

(b) 单模光纤

(c) 多模变率光纤

图 2-13 光纤传输模式示意图

（3）多模变率方式。是多模方式的一种，即芯体的折射率是变化的，光线传播的路径像正弦曲线。与不变折射率多模方式比较，它具有更有效的射线聚焦效果，因而性能有较大的改善。这种形式的光纤应用较多，因为它的性能介于单模与多模方式之间，而传播系统的费用较单模便宜得多。

2. 光纤信道的组成

光纤信道由光源、光纤线路和光探测器三个基本部件组成，其简化框图如图 2-14 所示。

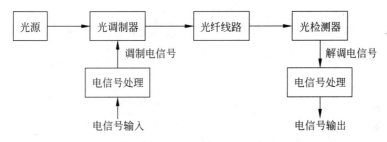

图 2-14 光纤信道的简化框图

光纤信道可以传送模拟和数字信息。但目前由于光源特别是激光器的非线性比较严重，模拟光纤系统用得较少，而广泛采用的是数字光纤信道，即用光载波脉冲的有无来代表二进制数据。光纤信道是典型的数字信道。

要传送的电信号（可以是模拟信号）经处理变成可以对光进行调制的电信号，例如二进制电信号。从光源发出的光和该电信号输入光调制器，输出已调光信号反映电信号的变化。并耦合到光纤线路中去。在接收端的光检测器检测到光波，并转换（解调）成相应的电信号，经处理，输出用户可以接收的信号方式。

3. 传输特性

光纤利用光的全反射来传输携带电信号的光线，光波覆盖可见光频谱和部分红外频谱。与其他信道一样，光纤信道也存在传输损耗，而且有时延失真。

1）时延失真（畸变）

时延失真表现为输入的信号脉冲经光纤传输后，输出的脉冲展宽，限制了传输数据率，因为高的数据率使脉冲间距减小，输出脉冲就会重叠，发生码间串扰现象。导致时延失真的原因是色散和时散。

2）传输损耗

产生传输损耗的主要原因是瑞利散射和材料吸收。如果光纤发生弯曲，还可能带来附加的损耗，这是由介质不均匀以及光入射角度的变化引起的。但实测表明，当弯曲半径大于 8cm 时，其损耗可以忽略。

光导纤维的连通性不如电缆线，普遍用于点到点的链路。总线拓扑结构的实验性多点系统已建成，但是价格太贵。原则上讲，由于光导纤维功率损失小、衰减少的特性以及有较大的带宽潜力,因此,一段光导纤维能够支持的分接头数比双绞线或同轴电缆多得多。

目前有一种多点使用光导纤维的方法,它在商业上是实用的,称为无源星形耦合器。这种构形在物理上是星形结构,但是在逻辑上是总线结构,如图 2-15 所示。无源星形耦合器实际上是许多光导纤维熔化在一起制造而成的。任何输入到耦合器一边的一条纤维上的光线都被等分,并从另一边的所有纤维上输出。这样,每一台设备需要有两条纤维连接到耦合器。

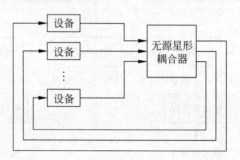

图 2-15　光导纤维无源星形结构

3) 光波分复用

光波分复用(Wavelength-Division Multiplex,WDM)能使光纤通信的容量成几十倍的提高,目前 32×2.5Gbps 的 WDM 已开始应用。WDM 的基本原理参见图 2-16 所示。

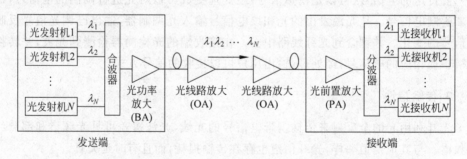

图 2-16　光纤传输中的光波分复用技术

光波分复用是将单模光纤的可用带宽(波长)划分成多个独立的波长,每个波长是一个信道,信道速率为 52Mbps～20Gbps。

光波分复用技术就是采用波分复用器(合波器),在发送端将不同规定波长的信号光载波合并起来并送入一根光纤进行传输。在接收端,再由波分复用器(分波器)将这些不同波长、承载不同信号的光载波分开的复用方式。根据波分复用器的不同,可以复用的波长数也不同,从 2 个到 132 个不等,取决于所允许的光载波波长的间隔大小。

发送端的光发射机发出波长不同且精度和稳定度满足一定要求的光信号,经过合波器(光波长复用器)后送入掺铒光纤功率放大器(主要用来弥补合波器引起的功率损失和提高光信号的入纤功率)。放大后的多路光信号送入光纤传输,中间可根据情况设置或不设置光线路放大器。到达接收端经光前置放大器(用于提高接收灵敏度,以便延长传输距离)放大以后,送入分波器分解出原来的各路光信号。再经过光接收机得到各个信道的数据。

4. 应用及特点

实用的光纤通信系统已在国内外普遍应用。单模光纤不仅适用于长距离大容量点到点的通信,在广域网和局域网中的应用尤为乐观,许多厂家推出了光纤局域网产品。光纤分布式数据接口(FDDI)标准、快速以太网标准支持 100Mbps 的数据率,千兆以太网标准支持 1000Mbps 的数据率。万兆以太网标准支持 10Gbps 的数据率。同双绞线和同轴电缆相比,光纤具有下列优点:

(1) 较大的带宽。在几十千米距离上,光纤的数据速率可达 10Gbps(同轴电缆在约 1km 距离上,实际的数据率的最大值为几百个 Mbps,而双绞线在 1km 距离上仅为几个 Mbps)。

(2) 尺寸小而重量轻。光纤比同轴电缆和双绞线要小得多。对于建筑物内和沿公用道路下面的布线管道,尺寸小的优越性值得重视。重量轻可以减轻结构的支撑要求。

(3) 较低的衰减。光纤衰减也比同轴电缆和双绞线的衰减低得很多。

(4) 电磁隔离。光纤系统不受外界电磁场影响,因此系统不易受外界干扰、脉冲噪声的影响。出于同样的原因,光纤不散射电磁能量,对其他设备几乎不造成干扰,且能提供防泄漏的高度安全性,另外,光纤本质上难以搭接窃听,因此,光纤通信的保密性极好。

(5) 较大的转发器间距。转发器较少,意味着成本较低且错误源较少。贝尔实验室已成功地测试了一条 119km 无转发器线路,其数据率为 420Mbps,而比特误码率为 10^{-9}。

由于光纤通信具有损耗低、频带宽、数据率高、抗电磁干扰强等特点,对高速率、距离较远的局域网也适用。

在智能建筑中,光纤可用来传输模拟信号(如多路视频信号),也可用于数字信号的传输。在计算机网络中,光纤主要用于构建网络的干线(用两根光纤,一来一去)传输系统。由于光纤的传输距离长(10Gbps,10km),用它作为干线所组成的一个计算机网络在逻辑上仍然是一个局域网,但是其覆盖的区域可以是一个建筑群、一个园区,已经不是传统意义上的局域网了。例如,用光纤可以将分散在几公里范围内的多个分校区互连起来,组成一个校园网。目前,在宽带接入网技术领域,光纤接入(FTTx)已经是主流,PON 无源光网络在智能小区、智能社区、数字城市等方面具有广阔的应用前景。

2.2.5　无线传输介质

随着智能手机、平板电脑等移动计算终端的普及,无线网络的重要性显而易见。基于蜂窝电话网技术的 3G/4G 移动通信网、无线局域网(WiFi)、ZigBee、蓝牙(Bluetooth)以及红外线是当今主要的无线网络技术。另外,在物联网技术中广泛应用的 RFID 也使用了无线网络技术。所有的无线网络都是采用无线传输介质构建的。

无线通信的介质是无线电磁波,存在于人们周围的空间。无线传输所使用的频段很广,人们现在已经利用了好几个波段进行通信,如图 2-17 所示。紫外线和更高的波段目前还不能用于通信。无线通信的介质可分为无线电波、微波和红外线。

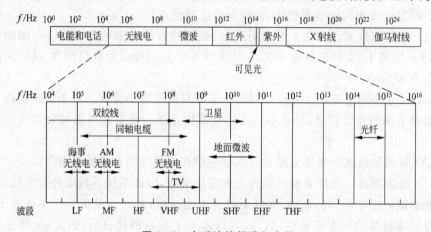

图 2-17　电磁波的频谱和应用

无线频率资源是受控的,不得随意使用,我国依照《中华人民共和国无线电管理条例》对无线频率资源进行管理,无线频率资源的分配体系如表 2-4 所示。

表 2-4　无线频率资源的分配体系

名称	符号	频　率	波　长	传播特性	主　要　应　用
甚低频	VLF	3～30kHz	10～100km	空间波为主	海岸潜艇通信,远距离通信,超远距离导航
低频	LF	30～300kHz	1～10km	地波为主	越洋、中距离、地下岩层通信,远距离导航
中频	MF	0.3～3MHz	100m～1km	地波与天波	船用通信,业余无线电通信,移动通信
高频	HF	3～30MHz	10～100m	天波与地波	远距离短波通信,国际定点通信
甚高频	VHF	30～300MHz	1～10m	空间波	电离层散射,流星余迹通信,移动通信
超高频	UHF	0.3～3GHz	0.1～1m	空间波	中小容量微波中继

名称	符号	频　率	波　长	传播特性	主　要　应　用
特高频	SHF	3～30GHz	1～10cm	空间波	大容量微波中继,卫星通信,海事卫星通信
极高频	EHF	30～300GHz	1～10mm	空间波	再入大气层时的通信,波导通信

通常用频率(或波长)作为无线电波最有表征意义的参量。因为频率(波长)相差较远的无线电波往往具有不同的特性。例如,从传播方式来说,中长波(30Hz～3MHz)沿地面传播,绕射能力较强;短波(3～30MHz)以电离层反射方式传播,传输距离很远;而微波(1～30GHz)只能在大气对流层中直线传播,绕射能力很弱。电磁波的传播方式如图 2-18 所示。

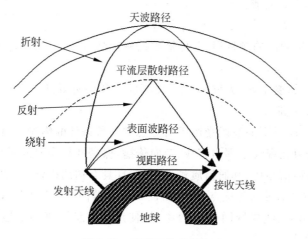

图 2-18　电磁波的传播方式

现在广泛应用的 IEEE 802.11 无线局域网(WiFi)使用微波信道(2.4～11GHz)来传输数据。蓝牙(Bluetooth)以 TDM 方式工作于 2.4GHz,能够提供高达 4Mbps 的数据率。ZigBee 是一种经济、高效、低数据速率(<250kbps)、工作在 2.4GHz 和 868/928MHz 的无线技术,用于个人区域网和对等网络,用于近距离无线连接。

RFID(Radio Frequency IDentification,射频识别技术)是一种无线通信技术,可通过无线电信号识别特定目标并读写相关数据,而无须识别系统与特定目标之间建立机械或光学接触。ISO/IEC 制定了低频 125kHz、高频 13.56MHz、超高频 433MHz、超高频 915MHz、微波 2.45GHz 这 5 种频段的通信协议。

近场通信(Near Field Communication,NFC),是一种短距高频的无线电技术,在 13.56MHz 频率运行于 20cm 距离内。其传输速度有 106Kbps、212Kbps 或者 424Kbps。NFC 由非接触式射频识别(RFID)及互连互通技术整合演变而来,通过在单一芯片上集成感应式读卡器、感应式卡片和点对点通信的功能,利用移动终端实现移动支付、电子票务、门禁、移动身份识别等应用。

1. 微波信道

微波是指波长为 1m～1mm(相应的频率为 300MHz～300GHz)的电磁波,是分米波、厘米波、毫米波的统称。微波的波长很短,它具有类似光的传播特性。对于玻璃、塑料和瓷器,微波几乎直接穿越而不被吸收,水和食物等会吸收微波而使自身发热,而金属类物体则会反射微波。微波的通信应用主要是卫星通信和常规的中继通信。

由于微波具有类似光的传播特性,要通过微波在更远距离传输信息,就需要采用"接力"方式。另外,由于无线电波在空间传输过程中,能量要受到损耗(对于微波来说,损耗随距离的平方变化),因此也需要在收发两地之间设置"接力"(或称中继站)站,逐段收发放大。中继站间的距离一般为 50km 左右,终端站之间的通信依靠中继站以接力的方式完成。

微波信道具有如下特点:

(1) 微波信道频段的频带很宽,传输数据率较高,可以容纳同时工作的无线电设备较多。

(2) 在高频段,受工业、无线电(中、长、短波)和宇宙等外部干扰的影响小,可使其传输能力大大提高。

(3) 在 10GHz 以下的波段受风雨雪等恶劣气象条件的影响小,稳定度高。

(4) 发射波束在视线范围内直线、定向传播,保密性较全向的无线电波高。

(5) 与电缆通信相比,其通信质量相当,并且具有初期投资少、建设速度快、便于穿越自然障碍和机动灵活等优点,但保密性和日常维护的便利性不及电缆通信。

在智能楼宇的无线局域网(WiFi)中,均使用微波信道来传输数据,其技术标准等数据可参见表 2-5。

表 2-5　无线局域网(WiFi)所使用的微波信道

技 术 标 准	有效距离	频段/GHz	最高速率/Mbps	调制技术
IEEE 802.11	10m	2.4	2	FHSS
IEEE 802.11b	200m	2.4	11	DSSS
IEEE 802.11a	50m	5	54	OFDM
IEEE 802.11g	200m	2.4	54	DSSS
IEEE 802.16a	30～50km	2～11	70	LMDS

2. 卫星中继信道

卫星中继构成的信道可视为无线接力信道的一种特殊形式,它是以距地面 35 860km 的同步卫星为中继站,实现地球上 18 000km 范围内的多点之间的连接。

卫星通信信道中传输的最佳频率范围是 1～10GHz,低于 1GHz 时,会有相当大的噪声来自自然界,包括银河系、太阳系及大气层的噪声,还有来自各种电子装置的人为噪声。高于 10GHz 时,由于大气吸收和降雨,信号严重衰减。

现在提供点到点业务的大多数卫星用 $5.925 \sim 6.425\text{GHz}$ 的频带从地面向卫星（上行线路）传输，用 $3.7 \sim 4.2\text{GHz}$ 的带宽从卫星到地面（下行线路）传输。这是 $4/6\text{GHz}$ 卫星使用频率波段。上下行线路频率是不同的，以提供全双工通信方式。

$4/6\text{GHz}$ 波段属于最佳频率范围 $1 \sim 10\text{GHz}$ 之内，但随着用户数的增多，此波段已经饱和。现在发展的 $12/14\text{GHz}$ 频段上的上行线路和下行线路分别使用 $14 \sim 14.5\text{GHz}$ 和 $11.7 \sim 12.2\text{GHz}$ 频带，在这一频率范围必须解决衰减问题。预计这一频段也会饱和，因此正规划使用 $19/29\text{GHz}$ 的频段，其上行和下行线路分别使用 $21.5 \sim 31\text{GHz}$ 和 $11.7 \sim 21.2\text{GHz}$ 的频带。这一频段会遭受更大的衰减问题。

通信卫星用于处理长距离的电话、用户电报及电视业务。另外，地面上的计算机通信网络可以由卫星覆盖网加以补充，这种大型网络提供跨越国家、跨越洲际的联网通信服务功能。

应该注意到，由于卫星离地面很远，从一个地面站传输到另一个地面站有 $240 \sim 330\text{ms}$ 的传播延迟，这种延迟在普通电话对话中可以觉察到。

3. 红外线

红外线是指波长为 $0.75 \sim 1000\mu\text{m}$ 的电磁波，是众多不可见光线中的一种。红外线通信链路只需一对发送/接收器组成，这对发送/接收器调制不相干的红外线。红外线通信的特点如下：

（1）收发器须处于视线范围内，或者经反射可达的视线范围内，且传播受天气的影响。

（2）红外线通信有很强的方向性和隐蔽性，不易被人发现和截获、插入数据，保密性强。

（3）几乎不会受到电气、无线电波、人为的电磁干扰，抗干扰性强。

安装这种系统不需要经过特许，而且只需很短时间就可以安装好。在几百米范围内，数据传输率可达几个 Mbps。在不能架设有线线路，而使用无线电又怕暴露的情况下，使用红外线通信是比较好的。在智能楼宇的会议系统中，常用红外线进行同声传译信号的传输。

2.2.6　传输介质的选择

传输介质的选择是设计信息传输网络整个任务的一部分。传输介质的选择是由许多因素决定的，它受网络拓扑结构的约束。

双绞线是一种众所周知的价格便宜的介质，在智能建筑中使用量最大。典型的用法是用 5 类或超 5 类双绞线作为语音和数据传输的介质，提供优质的电话网和 100Mbps 到桌面的以太网服务。对于绝大多数局域网来说，可以选择超 5 类双绞线电缆。

同轴电缆在智能建筑中主要用于视频信号的传输，如有线电视系统、闭路监控系统等的应用。

目前,通信网络广泛采用数字传输技术,以得到高质量的传输性能。选用光缆作为传输介质与采用同轴电缆和双绞线相比有一系列优点:更宽的频带、体积小、重量轻、衰减小、电磁兼容性能好、误码率低等。随着光纤通信技术的发展和成本的降低,光缆用于局域网的传输介质(1000Mbps 高速以太网就是一例)也将得到普遍采用,光纤到户、光纤到桌面也为时不远了。

平板电脑、智能手机等移动计算终端已开始普及,因此无线网的需求将日益增加。无线局域网类似移动电话网,人们随时随地可将平板电脑、智能手机接入网内,发送和接收数据,无线局域网/无线城域网的发展前景是十分乐观的。

2.3　通信网络技术

2.3.1　公用电信网简介

至今为止,最大的交换网络还是公用电信网。电信网的用户遍及世界各地,各个国家的公用电信网络互联提供国际通信业务。尽管当初设计和建造这些网络是为模拟电话用户和数字电报用户服务的。但在其上已连接了许多的 DTE 终端设备开通数据通信业务,并且这种网络正逐渐变为数字网络。因此,我们有必要了解公用电信网。

电信网是由传输、交换、终端设备和信令过程、协议以及相应的运行支撑系统组成的综合系统,网内位于不同地点的用户可以通过它来交换信息。图 2-19 是一个由两级交换中心组成的电信网。端局至汇接局的传输设备一般称为中继电路,端局至终端用户的传输设备称为用户线路。端局用户既可通过端局交换设备与本局范围内的用户相互接续,也可通过端局和汇接局交换设备与本地区任一端局的用户完成接续。一般将这种类型的网称为汇接式的星形网。

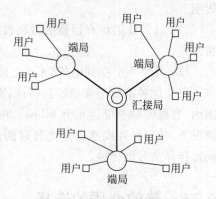

图 2-19　电信网的基本组成

构成电信网的设备主要有 3 类:终端设备、传输设备和交换设备。终端设备一般装在用户处,例如电话机、传真机、计算机等,它们将语音、文字、图像和数据等原始信息转变成电信号发送出去,或把接收到的电信号还原成可辨认的信息。对终端设备的一个重要要求是必须符合进网的接口规定,否则就不能与网络连接。

传输设备包括通信线路设备在内,是信息传递的通道。它将用户终端与交换系统或交换系统与交换系统连接起来,形成网路。其作用是将电信号以尽可能低的代价(即以最有效的方式来保持尽可能低的失真)从一地传至另一地。

交换设备是为了使网络的传输设备能为全网用户所公用而加入的,处于电信网的枢纽位置,是各种信息的集散中心,是实现信息交换的关键环节。它包括各种电话交换机、电报交换机、数据交换机、移动电话交换机、分组交换机、宽带异步转移模式(ATM)交换机等。通过它可根据用户的需要将两地用户间的传输通路接通,或者为用户的传送信息选择一条通路。加入交换设备后,就可以大大提高网络中传输设备和通信线路的利用率。对于交换设备来说,基本要求是处理速度快、可靠,不带来信号的附加失真,同时应使网络内资源得到合理的利用。

除了终端、传输和交换这 3 种主要设备外,在一个大规模的电信网中还需要一些其他设备,如网络监控设备,它担负网络的集中监测与控制任务。

电信网也可按功能分为传送网、业务网、支撑网、用户终端设备。传送网是由线路设施、传输设施等组成的为传送信息业务提供所需传送承载能力的通道,长途传输网、本地传输网、接入网均属于传送网。业务网是指向用户提供诸如电话、电报、图像、数据等电信业务的网路。电话交换网、移动交换网、智能网、数据通信网均属于业务网。支撑网是指能使电信业务网路正常运行,起支撑作用的网路,时钟同步网、七号信令网、网管网均属于支撑网。用户终端设备是指用户侧的设备,如电话机、传真机、ISDN 数字电话机、PC 等。

2.3.2　公用交换电话网

公用交换电话网(Public Switched Telephone Network,PSTN)是规模最大的通信业务网,而且是各种通信业务的基础,例如,电话网和电报网可以直接被利用来开放数据传输业务。事实上,在未出现专用于数据业务的公用数据网以前,大量的数据业务均集中在电话网上,因此电话网的传输质量与服务质量对于数据通信的发展影响甚大。

对于电话网来说,按服务区域划分,可分为国际、国内长途电话网、和市话网(本地网)。按照网络上传送信息所采用的信号形式,又可分为数字网和模拟网,前者以数字信号形式传送信息,后者采取模拟信号形式。

1. 市话通信网

在一个中小城市或一个县,只设一个交换局,为全网所有用户服务,构成单局制电话网络,如图 2-20 所示。图中距交换局较近的用户直接接入局内,距离较远且比较集中的用户则接入远端模块。远端模块是将交换局用户单元移出到远端用户集中地,相当于一个支局,所以有时也称作遥控支局。接入远端模块的用户内部呼叫和对外呼叫的接续均需经交换母局完成。例如,对于一个县,就经常在县城设一个交换局,而在各乡镇设远端模块,完成全县的电话交换任务。

图 2-20 表明用户程控交换机(PABX)也通过中继线接到市交换机上。此外,市交换机还有特种业务中继线接各种业务台,另有长途中继线接长话交换机,通过长

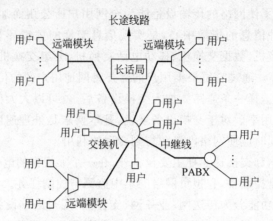

图 2-20　单局制电话网络

途通信网络与其他城市的用户进行交换接续。

值得注意的是,目前我国在智能建筑中引入远端模块替代 PABX 的做法越来越普遍,这是因为,邮电通信基础设施经过多年的投资建设,现在已进入相对过剩时期,由于采用远端模块在一定条件下电信业可取得经济效益,同时又免除了大楼业主在建筑内电话网上的投资,因此在智能建筑中经常使用。

单局制网一般只适用于发展初期,在城市(地区)用户不断发展,服务范围不断扩大的情况下,将会出现多个交换局,这时的网络结构如图 2-21 所示,从图中可以看出,各交换局为网状网,每个交换局根据各自具体情况都接几个远端模块。上述单局制网和多局制网由于只有一级交换中心,所以称单级式网络结构。

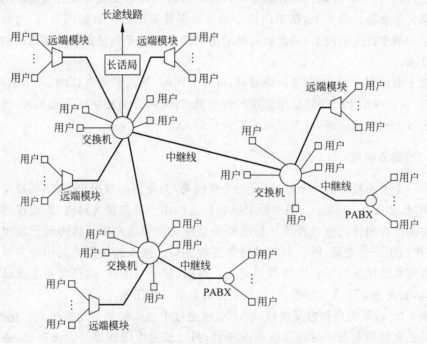

图 2-21　多局制电话网络

对于大城市来说,电话用户多且分布很广,最终网络容量可达数十万或几百万用户,也就是说可能采用 6、7 位或 8 位数字的编号计划。如果仍用单局制,线路投资势必很大,传输质量也难以保证,交换系统的容量也有限制。因此这时的网络结构将为两级式,即除端局外还要设一个或多个汇接局,一般组成集中式汇接网,如图 2-22 所示。图为单汇接局集中式汇接网,在端局之间话务流量不很大情况下,各端局的用户间接续均需经汇接局完成。当话务量较大时,可在端局间设高效直达电路或低呼损直达电路,在高效直达电路情况下溢出话务量可经汇接局迂回接续,这样可保证端局间话务量有效合理地传送。

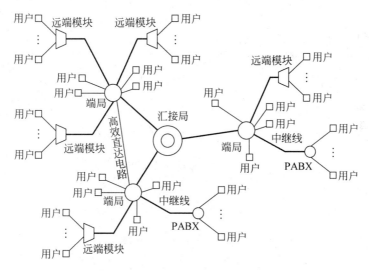

图 2-22　单汇接局集中式汇接网

当网中用户容量继续增长,端局增多时,就要实行分区汇接制,即设多个汇接局,其网络结构如图 2-23 所示。图中汇接局相连成为网状网,各端局的用户间接续一般要经两次汇接才能完成,但为了减少汇接次数可用来话汇接或去话汇接加以解决,只是每个端局需增加许多中继路由。

2.国家电话网结构

我国电话网原来的网络等级为五级,为了简化网络结构,"九五"期间,我国电话网的等级结构由五级演变为三级,如图 2-24 所示。

(1) 本地电话网。一个长途编号区的范围就是一个本地电话网的服务范围。本地电话网络结构可分为网状网(端局间网状连接)和汇接网(由汇接局和端局组成)两类,如图 2-25 所示。

(2) 长途电话网。承担疏通本地电话网以外相互间的长途电话业务,其中一个或几个一级交换中心直接与国际出入口局连接,完成国际来去话业务的接续。

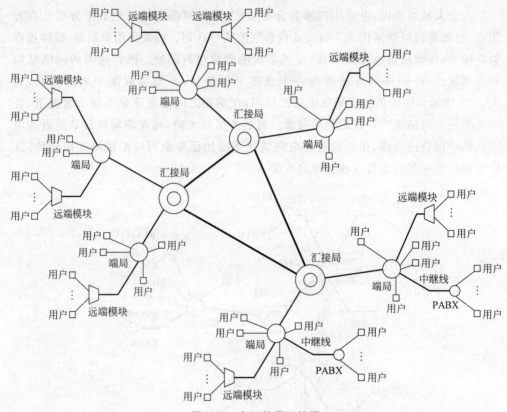

图 2-23　多汇接局汇接网

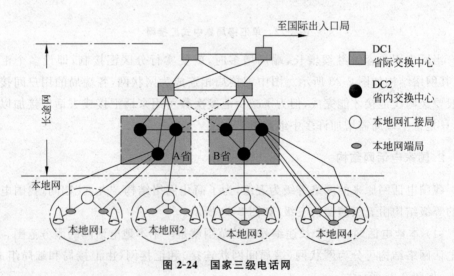

图 2-24　国家三级电话网

3. 电话网开放的业务

当前电话网中开放的业务主要有电话、数据、传真、电视电话会议、各类移动通信、遥控遥测报警等,如图 2-26 所示。

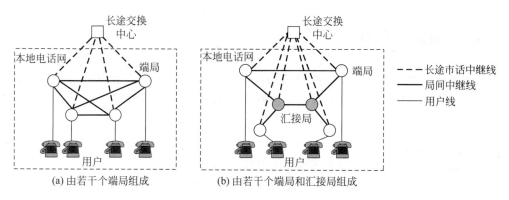

图 2-25　本地电话网网络结构

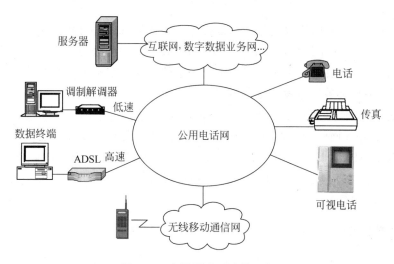

图 2-26　电话网中开放的业务

　　数据业务是与计算机的发展密切结合的一种通信业务,发展很快。目前,国内外已建立起许多专用数据网。这些网大都租用公用通信网的电路,也有少数由专用部门自建电路。在公用网中的数据业务一部分利用电话网传输,另一部分在公用分组数据交换网中传输。从传输速率来看,低中速数据多在电话网中传输,高速数据多在数字信道或在分组网中传输。

　　可视电话业务是同时传送图像和话音的业务,当前有些国家已使用,但因费用较高,还不能普及。可视电话有两种类型:一种是双方用户通话的同时可看到对方的活动头部图像,有时也称电视电话,另一种是双方用户通话时可看对方的头部静止图像。但每过一分钟换一次画面。在可视电话基础上又开放了电视会议电话,这种业务专为召开会议的用户单位提供服务,除会议主会场外可设多个远地的分会场,各会场间不仅可听到发言人的话音,还可看到发言人的图像及会场的场景。

2.3.3　数据通信网

数据通信网是为提供公用数据通信业务而组成的通信网。数据通信是指计算机与计算机之间或计算机与终端之间的通信,通信中传送的是数据信号。

1. 业务种类

在公用数据通信网中有3种形式的数据传输业务:

(1) 电路交换数据传输业务。在数据终端设备间传送数据之前必须先建立电路交换连接。该项业务可在电路交换公用数据网和综合业务数字网(ISDN)的电路交换部分提供。

(2) 分组交换数据传输业务。以带有寻址信息的形式进行数据传送。该项业务可在分组交换网、帧中继网和综合业务数字网(ISDN)中的分组交换功能部分提供。

(3) 租用电路数据传输业务。提供公用网的一条或多条电路给用户进行数据传送。该项业务可在数字数据网中提供。

在公用电话网和用户电报网中也可提供数据传输业务,但不属于公用数据通信网的范畴,而是该网的增值业务。目前向公众提供数据基础业务的通信网有数字数据网(Digital Data Network,DDN)、分组交换网(Packet Switched Public Data Network,PSPDN)、帧中继网(Frame Relay,FR)、无线数据网(Cellular Digital Packet Data,CDPD)。

2. 数字数据网(DDN)

DDN 是采用数字信道(如光缆、数字微波和卫星信道等)传输数据信号的数据传输网,为用户提供全数字、全透明、高质量的网络连接,传递各种数据业务。

DDN 的组成如图 2-27 所示,由数据用户终端、用户线传输系统、复用及交叉连接系统、局间传输及同步时钟供给系统、网络管理系统组成。

DDN 有许多优点:全数字透明传输,传输质量高,误码率极小,网络可靠性高;通信速率可根据需要在 2.4kbps～2.048Mbps 之间任意选择;通信时延小,网络处理速度快。

DDN 适用于业务量大、实时性强的数据通信用户使用,如金融业、证券业、外资机构等各种固定用户的联网通信;为各种电信增值业务(各种专用网、无线寻呼系统等)用户提供中继或用户数据通道;为局域网间提供中继连接。

3. 分组交换网(PSPDN)

分组交换网是以分组交换方式向用户提供数据传输业务的电信网。在网络内部是以分组的一种格式进行传输与交换,而在外部接口间可能是另外一种分组格式,必要时可以通过分组装拆设施来完成转换。将数据信息分割成若干个数据段,

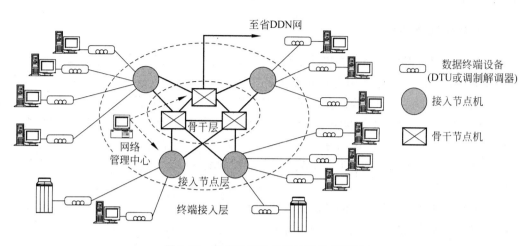

图 2-27　数字数据网（DDN）结构示意图

加上分组头，以"存储-转发"的方式传送，到达收信端，再把数据段组合还原成原数据信息，这一过程称为分组交换。分组交换方式与邮政服务体系非常类似。PSPDN的组成如图 2-28 所示，由分组交换机、远程集中器、分组拆装设备、网络管理中心、传输设备组成。

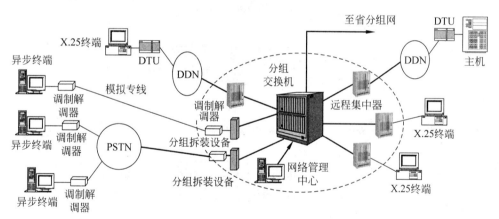

图 2-28　分组数据交换网 PSPDN 的组成

　　PSPDN 的特点是：可实现多方通信，线路利用率高；可满足不同速率、不同类型终端的互通；信息传递安全、可靠；检错、纠错能力强；收费与距离无关，按信息量、使用时间收费；端到端数据传送时延大。

　　PSPDN 适用于银行、保险、证券、海关、税务、零售业等机构以及需实现计算机联网的公司、企事业单位。

　　PSPDN 提供的业务分为基本业务和可选业务。基本业务有两种：交换型虚电路（SVC），可同时与不同用户进行通信；永久型虚电路（PVC），可建立一个或多个用户间的固定连接。可选业务有 VPN（虚拟专网）、闭合用户群等。

4. 帧中继网(FR)

帧中继网是以帧为单位在网络上传输数据,并将流量控制等功能全部交由智能终端设备处理的一种新型高速网路接口技术。

帧中继网的特点是:按需分配带宽,网络资源利用率高,网络费用低;采用虚电路技术,适用于突发性业务的使用;不采用存储转发技术,时延小,传输速率高,数据吞吐量大;兼容 X.25、TCP/IP 等多种网络协议,可为各种网络提供快速、稳定的连接。

帧中继网用于局域网互联、局域网与广域网的联接、组建虚拟专用网、电子文件传输。

CHINAFRN 是中国电信经营管理的中国公用帧中继网。目前网络已覆盖到全国所有省会城市、绝大部分地市和部分县市,是我国的中高速信息国道。帧中继网提供的基本业务有永久虚电路(PVC)和交换虚电路(SVC)。利用 CHINAFRN 进行局域网互联是帧中继业务最典型的一种应用。图 2-29 展示了某商业银行利用 CHINAFRN 构建其广域网的组成结构。

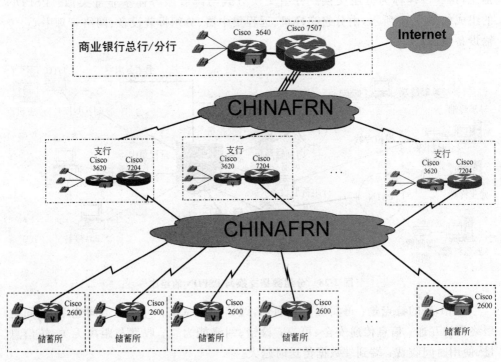

图 2-29 某商业银行的广域网组成结构

5. 无线数据网(CDPD)

无线数据网是以无线方式提供无线终端与中心主机或无线终端与无线终端之间数据传输的电信网,如图 2-30 所示。CDPD 是以数字分组数据技术为基础,以蜂窝移动通信为组网方式的移动无线数据通信技术。它将开放式接口、高传输速度、空中数据加密、标准 IP 寻址模式结合在一起,成为公认的最佳无线数据通信规范。上行频率为 821～825MHz,下行频率为 866～870MHz,空中信道速率为 19.2kbps。

CDPD 的特点是:数据安全;支持越区切换与漫游通信;网络开放性强,对 TCP/IP 协议透明,应用开发容易;可与 X.25 网、Chinanet 网互联。

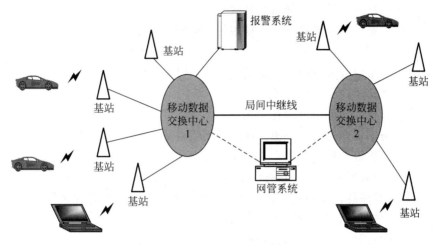

图 2-30　无线数据网(CDPD)示意图

6. 中国公用计算机互联网(Chinanet)

Chinanet 是中国电信经营管理的中国公用互联网,其核心层由北京、上海、广州三地的节点组成,并与国际互联网相连,如图 2-31 所示。Chinanet 提供的业务功能有信息浏览(WWW)、电子邮件(E-mail)、文件传输(FTP)、网上商业应用、新闻讨论组(Newsgroup)、实时聊天、网上实时广播、在线游戏、企业主页、虚拟专用网等。

用户可通过电话网、分组网、数字数据网、帧中继网等接入。

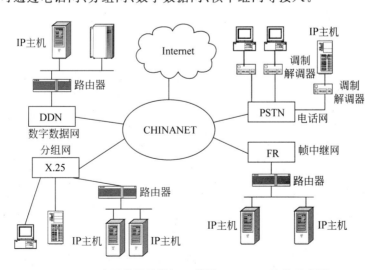

图 2-31　中国公用计算机互联网(Chinanet)连接示意图

习题与思考题

1. 智能建筑的信息传输网络有哪些需求?
2. 智能建筑的信息传输网络有哪些分类?
3. 智能建筑网络的传输对象有哪些? 请举例说明。
4. 什么是模拟传输和数字传输? 两者各有什么特点?
5. 模拟控制信号传输有什么特点?
6. 什么是实时数据传输? 请举例说明。
7. 音频和视频数据的传输有什么需求?
8. 什么是信道? 有哪些分类? 什么是信道容量?
9. 常用的传输介质有哪些? 它有什么特点?
10. 双绞线有哪些分类? 它有什么特点?
11. 光纤有哪些传输模式? 光纤信道有哪些组成部分? 它有什么特点?
12. 无线信道有哪些分类? 它有什么特点?
13. 简述公用电信网的组成和分类。
14. 什么是 PSTN? 它有哪些分类和特点? 它开放哪些业务?
15. 简述国家电话网的组成结构。
16. 什么是数据通信网? 它有哪些分类和特点?
17. 什么是 DDN? 它有哪些特点?
18. 什么是帧中继网? 它有哪些特点?
19. 什么是 Chinanet? 它有哪些业务功能?

第3章 智能建筑内的计算机网络

本章导读

  智能建筑内的计算机网络是高速的数据通信网,可以实现数字设备之间的高速数据通信,也可以实现语音和视频信号的数字化传输,或者说,可以实现多媒体通信。它是智能建筑系统集成的平台,是信息传输网的核心。

  智能建筑内的计算机网络技术是局域网,传输速率已达10Gbps,目前的技术可保证到端点的传输速率为1000Mbps,因此,智能建筑内的计算机网络是一个高速的IP网络。通过局域网上的网关/路由器就可以实现与互联网和各种广域计算机网的联接。

  在一个智能建筑内实际上构建了多个局域网,每一个局域网完成一类通信服务,如控制专网、安防专网、涉密办公网、公用信息网等。这样做的原因是:隔离带来了安全,降低了网络通信流量。局域网和局域网之间可以有目的地互联起来,使网络的安全性受到控制。计算机网络系统为管理与维护提供相应的网络管理系统,并提供高密度的网络端口,可满足用户容量分批增加的需求。

  随着网络技术的飞速发展,从数据和信号的角度来看,目前的各种模拟传输业务均可能经过数字化后在计算机网络上传输。例如,VoIP可以支持传统的电话通信业务,IPTV可以支持有线电视业务。也就是说,将来只需要建一个高速IP网络,就能实现多种业务的传输。

  本章主要介绍当前主流局域网技术以及局域网互联、宽带接入技术,然后介绍计算机网络平台及构建方案,最后对网络管理和安全进行简介。

  本章的重点和难点是在所学的网络技术基础上进行智能建筑内的计算机网络方案设计和集成。

3.1 智能建筑内的计算机局域网技术

  在智能建筑内构建计算机网络主要是应用局域网以及局域网互联技术。局域网是一组由计算机和其他网络设备互联在一起而形成的系统,其覆盖区域限于建筑物内或建筑群内,允许网络内部的用户之间相互高速通信,并共享计算机的软硬件资源。局域网通常由网络接口卡、电缆(光缆)系统、交换机、服务器以及网络操作系统等部分组成。决定局域网特性的技术要素包括网络拓扑结构、传输介质类型、介质的访问控制以及安全管理等。当前的技术主流是以太网。

3.1.1　局域网标准

1. 局域网体系结构

IEEE 802是局域网的技术标准。局域网在通信方面有自己的特点:第一,其数据是以帧为单位传输的。第二,局域网内部一般不需中间转接,所以也不要求路由选择。因此,局域网的参考模型对应于OSI参考模型中的最低两层,如图3-1所示,实现了OSI模型最低两层的功能。其中,物理层用来建立物理连接,数据链路层把数据构成帧进行传输,并实现帧顺序控制、错误控制及流控制功能,使不可靠的链路变为可靠的链路。

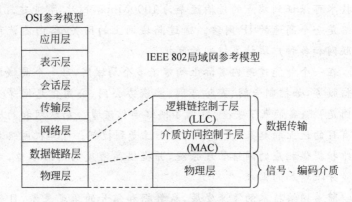

图 3-1　IEEE 802 局域网参考模型与 OSI 参考模型

(1) 物理层。负责在物理层实体间发送和接收位流,提供发送和接收信号的能力、对宽带的频道分配和对基带信号的调制等。

(2) 数据链路层。该层又细分为两个功能子层:逻辑链控制(Logical Link Control,LLC)子层和介质访问控制(Media Access Control,MAC)子层。这种功能分解主要是为了使数据链功能中与硬件有关的部分和与硬件无关的部分分开。

MAC子层与物理层相邻,为物理层访问提供接口。MAC子层负责对介质的访问控制,为用户分配信道使用权,具有管理多个源和目的链路的功能。IEEE 802制定了几种介质访问控制方法,同一个LLC子层能与其中任一种访问方法接口,目前这些介质访问控制方法包括载波监听冲突检测多重访问(CSMA/CD)、令牌总线(token-bus)及令牌环(token-ring)等访问方法。

LLC子层在MAC子层的支持下向网络层提供服务。LLC子层与具体的传输介质无关,这种独立于介质的访问控制方法屏蔽了各种IEEE 802网络连接之间的差别,向网络层提供一个统一的格式和接口。LLC 子层的功能包括数据帧的组装与拆卸、帧的收发、差错控制、数据流控制和发送顺序控制等,并为网络层提供两种类型的服务——面向连接服务和无连接服务。

2. IEEE 802 标准

IEEE 802 是一个标准系列,包含多个协议,其组成如图 3-2 所示。

图 3-2 IEEE 802 协议栈

3.1.2 以太网和快速以太网

1. 以太网

以太网(Ethernet)是当今最流行的局域网,采用 CSMA/CD 介质访问方式进行通信访问,网络的速率是 10Mbps。虽然现在构建的局域网几乎已不再应用 10Mbps 以太网技术,但是考虑到与以前所建系统的兼容性,我们仍有必要了解 10Mbps 以太网技术 10BASE-T。

10BASE-T 以太网所采用的传输介质为 3 类、4 类和 5 类 UTP,其相关标准见表 3-1。网络结构为以集线器(hub,现在采用交换机)为节点的星形拓扑结构。

表 3-1 以太网(IEEE 802.3)UTP 介质标准

标准要求	10BASE-T	100BASE-TX	100BASE-T4	100BASE-T2	1000BASE-T
数据速率	10Mbps	100Mbps	100Mbps	100Mbps	1000Mbps
介质要求	3 类 100m 4 类 140m 5 类 150m	5 类 100m	3 类 100m 4 类 100m 5 类 100m	3 类 100m 4 类 100m 5 类 100m	5 类 100m
使用电缆对数	2	2	4	2	4
插座接线模式	1.2 和 3.6	1.2 和 3.6	全部线对	1.2 和 3.6	全部线对

10BASE-T 要求每台计算机都有一块网络接口卡与一条从网卡到集线器的直接连接。图 3-3 表明了 10BASE-T 布线方案。尽管所有集线器都能容纳多台计算机，但集线器还是有许多种尺寸。一个典型的小型集线器有 24 个端口，每个提供一条连接。这样，一个集线器能在一个小组中连接所有计算机(如在一个部门中)。较大的集线器能容纳几百条连接。

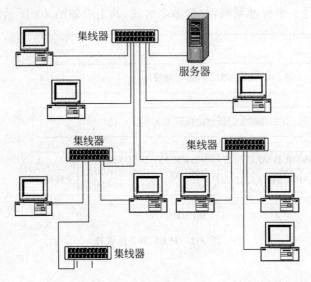

图 3-3　10BASE-T 以太网

2. 100BASE-T 快速型以太网

可以说，100BASE-T 是双绞线以太网的 100Mbps 速率版，它的标准为 IEEE 802.3u，它是现行 IEEE 802.3 标准的补充。有 3 个不同的 100BASE-T 物理层规范，其相关标准见表 3-2，其中两个物理层规范支持长度为 100m 的无屏蔽双绞线，第三个规范支持单模或多模光缆。与 10BASE-T 和 10BASE-F 一样，100BASE-T 要求有中央集线器的星形布线结构。

表 3-2　不同 100Mbps 快速以太网介质标准

标准要求	100BASE-TX	100BASE-T4	100BASE-FX
距离/m	100	100	2000
拓扑结构	星形	星形	星形
介质	5 类 UTP 或 STP	3/4/5 类 UTP	多模或单模光缆
要求线对数	2	4	2
编码方法	4B/5B	8B/6T	4B/5B
信号频率/MHz	125	25	125

100BASE-T 的 MAC(介质访问方式)与 10Mbps"经典"以太网 MAC 几乎完全一样，正如前面所述，IEEE 802.3 CSMA/CD MAC 具有固有的可缩放性，即它可以

以不同速度运行,并能与不同物理层连接。

100BASE-TX 物理层支持快速以太网运行在 5 类 2 对 UTP 或 1 类 STP 上。100BASE-T4 物理层支持快速以太网运行在 3 类、4 类或 5 类的 4 对 UTP 上。100BASE-FX 支持多模或单模光缆布线,这样快速以太网就能在 2km 的距离内传输信息。

100BASE-T4 是为完全迎合庞大的 3 类音频级布线安装需要而设计的。100BASE-T4 使用 4 对音频级或数据级无屏蔽 3 类、4 类或 5 类电缆。由于信号频率只有 25MHz,也可使用音频级 3 类线缆。100BASE-T4 使用所有的 4 对无屏蔽双绞线,3 对线用来同时传送数据,而第 4 对线用来作为冲突检测时的接收信道。与 10BASE-T 和 100BASE-TX 不同,它没有单独专用的发送和接收线,所以不可能进行全双工操作。

100BASE-T4 为目前大量的 10Mbps 以太网向 100Mbps 快速以太网过渡提供了极大方便,大多数情况下只需要更换网卡和集线器,而不需要重铺电缆线。

3.1.3 千兆以太网

1. 千兆以太网标准

千兆以太网是建立在以太网标准基础之上的技术,它与快速以太网和标准以太网完全兼容,并利用原以太网标准所规定的全部技术规范,其中包括 CSMA/CD 协议、帧格式、流量控制以及 IEEE 802.3 标准中所定义的管理对象等。为了实现高速传输,千兆以太网定义了千兆介质专用接口(GMII),从而将介质子层和物理层分开,使得当物理层的传输介质和编码方式变化时不会影响到介质子层。千兆以太网技术有两个标准——IEEE 802.3z 和 IEEE 802.3ab。IEEE 802.3z 为光纤和同轴电缆的全双工链路方案的标准,IEEE 802.3ab 为非屏蔽双绞线的半双工链路标准。

2. 千兆以太网介质

千兆以太网可采用 4 类介质:1000BASE-SX(短波长光纤)、1000BASE-LX(长波长光纤)、1000BASE-CX(短距离铜缆)、1000BASE-T(100m 4 对 6 类 UTP),其介质标准如表 3-3 所示。

表 3-3 千兆以太网介质标准

标准要求	1000BASE-SX	1000BASE-LX		1000BASE-CX	1000BASE-T
介质	多模光纤(62.5μm 或 50μm)	多模光纤(62.5μm 或 50μm)	单模光纤(9μm 或 10μm)	150Ω STP	5 类 UTP,4 对
工作波长/nm	770~860	1270~1355	1270~13 550		
距离/m	220~550	550	5000	25	100

其中,1000BASE-SX 使用短波长(850nm)激光的多模光纤,1000BASE-LX 使用长波长(1300nm)激光的单模和多模光纤。使用长波长和短波长的主要区别是传输距离和费用。不同波长传输时信号衰减程度不同。短波长传输衰减大,距离短,但节省费用;长波长可传输更长的距离,但费用高。1000BASE-CX 为 150Ω 平衡屏蔽的特殊电缆集合,线速为 1.25Gbps,使用 8B/10B 编码方式。

3. 1000BASE-T

1000BASE-T 是 100BASE-T 的自然扩展,与 10BASE-T、100BASE-T 完全兼容。1000BASE-T 规定可以在 5 类 4 对平衡双绞线上传送数据,传输距离最远可达 100m。1000BASE-T 的重要性在于:可以直接在 100BASE-TX 快速以太网中通过升级交换机和网卡实现千兆到桌面,而不需要重铺电缆线。

1000BASE-T 是专门为在 5 类双绞线上传送数据而设计的。1000BASE-T 与 100BASE-T 采用相同的传送时钟频率(125MHz),但是利用了一种更加复杂的信号传输和编/解码机制——PAM-5 码,每个符号(5 级脉冲幅度调制,取 +2,+1,0,-1,-2 之一)对应两位二进制信息(其中 4 级表示两位,一级用于前向纠错码)。1Gbps 的传送速率可以等效地看作分布在 4 对双绞线上(4×125Mbps×2 = 1Gbps)。

4. 千兆以太网应用

千兆以太网的光纤连接方式解决了楼层干线的高速连接,1000BASE-T 千兆以太网技术用来解决桌面之间的高速连接。

千兆以太网可用于高速服务器之间的连接、建筑物的高速主干网、内部交换机的高速链路以及高速工作组网络。

由于千兆以太网采用大家熟悉的技术,是一种从目前普遍采用的以太网技术平滑过渡到千兆以太网的技术,是 10Mbps 和 100Mbps 以太网技术的自然扩展,因此有很好的应用前景。图 3-4 所示是某高校图书馆计算机网络系统集成方案。

3.1.4 万兆以太网

1. 万兆以太网的标准

2002 年,IEEE 802 委员会通过了万兆以太网(10Gigabit Ethernet)标准 IEEE 802.3ae,定义了 3 种物理层标准:10GBASE-X、10GBASE-R、10GBASE-W。

1) 万兆物理层标准

10GBASE-X 为并行的局域网物理层标准,采用 8B/10B 编码技术,只包含一个规范:10GBASE-LX4。为了达到 10Gbps 的传输速率,使用稀疏波分复用(CWDM)技术,在 1310nm 波长附近以 25nm 为间隔,并列配置了 4 对激光发送器/接收器组成的 4 条通道,每条通道的 10B 码的码元速率为 3.125Gbaud。10GBASE-LX4 使用

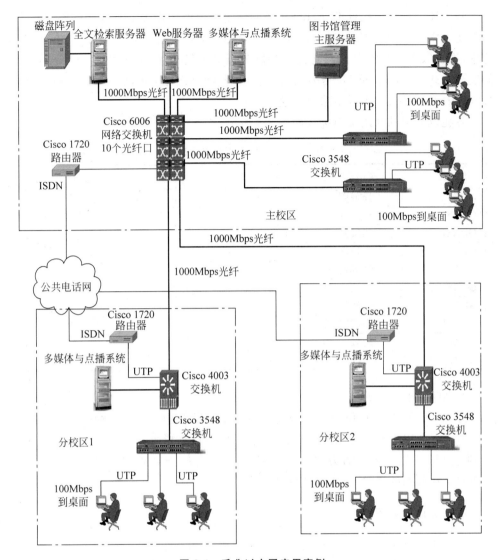

图 3-4　千兆以太网应用案例

多模光纤和单模光纤的传输距离分别为 300m 和 10km。

　　10GBASE-R 为串行的 LAN 类型的物理层标准,使用 64B/66B 编码格式,包含 3 个规范:10GBASE-SR、10GBASE-LR、10GBASE-ER,分别使用 850nm 短波长、1310nm 长波长和 1550nm 超长波长。10GBASE-SR 使用多模光纤,传输距离一般为几十米;10GBASE-LR 和 10GBASE-ER 使用单模光纤,传输距离分别为 10km 和 40km。

　　10GBASE-W 为串行的 WAN 类型的物理层,采用 64B/66B 编码格式,包含 3 个规范:10GBASE-SW、10GBASE-LW 和 10GBASE-EW,分别使用 850nm 短波长、1310nm 长波长和 1550nm 超长波长。10GBASE-SW 使用多模光纤,传输距离一般为几十米;10GBASE-LW 和 10GBASE-EW 使用单模光纤,传输距离分别为 10km 和 40km。

　　除上述 3 种物理层标准外,IEEE 还制定了一项使用铜缆的称为 10GBASE-CX4 的万兆以太网标准 IEEE 802.3ak,可以在双芯同轴电缆上实现 10Gbps 的信息传输速率,提供数据中心的以太网交换机和服务器群的短距离(15m 之内)10Gbps 连接的经济方式。10GBASE-T 是另一种万兆以太网物理层,通过 6/7 类双绞线提供100m 内的 10Gbps 的以太网传输链路。

　　万兆以太网的介质接口标准如表 3-4 所示。

表 3-4　万兆以太网介质标准

接口类型	应用范围	传送距离	波长	介 质 类 型
10GBASE-LX4	局域网	300m	1310nm	多模光纤
10GBASE-LX4	局域网	10km	WDM	单模光纤
10GBASE-SR	局域网	300m	850nm	多模光纤
10GBASE-LR	局域网	10km	1310nm	单模光纤
10GBASE-ER	局域网	40km	1550nm	单模光纤
10GBASE-SW	广域网	300m	850nm	多模光纤
10GBASE-LW	广域网	10km	1310nm	单模光纤
10GBASE-EW	广域网	40km	1550nm	单模光纤
10GBASE-CX4	局域网	15m	—	4 根 Twinax 线缆
10GBASE-T	局域网	25~100m	—	双绞铜线

2) MAC 子层标准

万兆以太网仍采用 IEEE 802.3 数据帧格式,维持其最大、最小帧长度。

由于万兆以太网只定义了全双工方式,所以不再支持半双工的 CSMA/CD 的介质访问控制方式,也意味着万兆位以太网的传输不受 CSMA/CD 冲突域的限制,从而突破了局域网的概念,进入广域网范畴。

2. 万兆以太网优势

与千兆以太网相比,万兆以太网有哪些优势? 过去有时候需采用数个千兆以太网捆绑以满足交换机互连所需的高带宽,因而浪费了更多的光纤资源,现在可以采用万兆以太网互连,甚至 4 个万兆以太网捆绑互连,达到 40Gbps 的宽带水平。

在愈来愈多的服务器改采用千兆以太网作为上连技术后,数据中心或群组网络的骨干带宽相应增加,以千兆以太网或千兆以太网捆绑作为平台已不能满足需求,升级到万兆以太网在服务质量及成本上都将占有相对的优势。万兆以太网也可以在其他多媒体应用,如 VOD 视频点播或多媒体制作领域寻找更多的应用空间。

万兆以太网在技术上基本承续过去的以太网、快速以太网及千兆以太网的技术,因此在用户的普及率、使用的方便性、网络的互操作性及简易性上皆占有极大的优势,在升级到万兆以太网解决方案时,用户不需担心既有的程序或服务受到影响,因此升级的风险是非常低的,这可以从过去以太网一路升级到千兆以太网中得到证明,同时在未来升级到万兆以太网,甚至四万兆以太网(40G)、十万兆以太网(100G),这都将是一个很明显的优势。

以太网采用 CSMA/CD 机制,即带碰撞检测的载波监听多重访问。千兆以太网接口基本应用在点到点线路,不再共享带宽。碰撞检测、载波监听和多重访问已不再重要。千兆以太网与传统低速以太网最大的相似之处在于采用相同的以太网帧结构。万兆以太网与千兆以太网类似,仍然保留了以太网帧结构。通过不同的编码方式或波分复用提供 10Gbps 传输速度。所以就其本质而言,万兆以太网仍是以太网的一种类型。万兆以太网与千兆以太网的比较如表 3-5 所示。

表 3-5　万兆以太网与千兆以太网的比较

对比项目	千兆以太网	万兆以太网
应用方面	汇聚、接入层	核心层,具有 SDH 接口
工作模式	CSMA/CD＋全双工	只支持全双工
编码方式	8B/10B	新的 64B/66B
传输媒介	光纤/铜线	只支持光纤(将来支持铜线)
传输距离/km	5	40

3. 40G/100G 以太网标准

40G/100G 以太网标准是 IEEE 802.3ba,将包含这两个速度的规范。每种速度将提供一组物理接口:40Gbps 将有 1m 交换机背板链路、10m 铜缆链路和 100m 多模光纤链路标准;100Gbps 将有 10m 铜缆链路、100m 多模光纤链路和 10km、40km 单模光纤链路标准。

4. 400Gbps 带宽的下一代以太网传输标准

2013 年 4 月 2 日,IEEE 宣布组建新的 IEEE 802.3 Standard for Ethernet 工作组,探讨制定 400Gbps 带宽的下一代以太网传输标准,400Gbps 以太网标准是 IEEE P802.3bs,尚未获批发布。工作组近期主要工作是制定 100m 多模光纤、500m 单模光纤、2km 单模光纤、10km 单模光纤的相关标准。

5. 万兆以太网应用

图 3-5 是某大学城校园计算机网络系统集成方案,采用万兆以太网作为建筑群网络主干,实现接入层(楼层)与网络中心的高速数据交换。还可通过链路汇聚技术实现主干交换机之间、主干交换机和接入层交换机之间更高的网络带宽,以满足不同的应用系统要求。楼层内可通过快速以太网技术实现 100Mbps 交换到桌面,完全满足当前及将来的计算机应用需求。

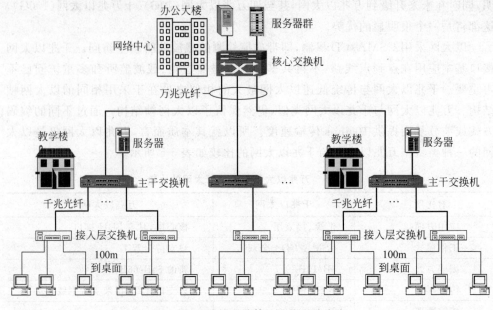

图 3-5　万兆校园计算机网络系统方案

3.1.5　交换式局域网及三层交换技术

1. 交换式局域网的特点和工作原理

交换式局域网以不同于传统共享式局域网所采用的竞争方式来使用信道,而是采用了交换机制,以网络交换机为中心,每一个站点都与交换机相连,站点间可以并行地实现一对一通信的局域网。交换机为数据帧从一个端口到另一个任意端口的转发提供了低时延、低开销的通路。由于交换式局域网中的节点在进行通信时,数据信息是点对点传递的,这些数据并不向其他站点进行广播,所以网络的安全性较高,同时各节点可以独享带宽,如图 3-6 所示。

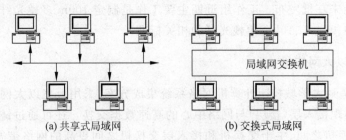

(a) 共享式局域网　　　　　　(b) 交换式局域网

图 3-6　共享式局域网与交换式局域网参考模型

传统共享式局域网上的所有节点(如主机、工作站)共享同一带宽,当网上两个任意节点交换数据时,其他节点只能等待。而交换式局域网利用网络交换机在不同网段之间建立多个独享连接(就像电话交换机可同时为众多的用户建立对话通道一样),采用按目的地址的定向传输,为每个单独的网段提供专用的频带(即带宽独享),增大了网络的传输吞吐量,提高了传输速率,其主干网上无碰撞问题。交换式局域网克服了共享式局域网的缺点,并借助于 IP 技术的新发展,如 IP Multicast、IP QoS 等技术的推出,使得交换式局域网可以支持多媒体技术等多种业务服务。

交换式局域网的核心是局域网交换机,目前普遍使用的局域网交换设备是以太网交换机(switch),也称为交换式集线器。以太网交换机可以看作是一种改进了的多端口网桥,除了提供存储转发(store-and-forward)功能外,还提供了如直通(cut through)方式等其他桥接技术。以太网交换机的工作原理如下:首先检测节点计算机送至端口的数据帧中的源和目的 MAC 地址,然后与交换机内部动态维护的 MAC 地址对照表进行比较,将数据发送至与目的地址对应的目的端口,将新发现的 MAC 地址及其端口的对应关系记录到地址对照表中。

使用局域网交换机,可以实现高速与低速网络间的转换和不同网络的协同。许多以太网交换机提供 10Mbps 和 100Mbps 的自适应端口,使得配备不同网络通信速率网卡的计算机可以在同一个网络中协同工作。交换式局域网允许不同入网计算机间同时进行传送,如一个 24 端口的以太网交换机最多允许 24 个节点计算机在 12 条链路间同时通信,且每个节点的计算机可以独享所连接交换机端口提供的全部带宽。

2. 三层交换技术

三层交换技术(也称多层交换技术,或 IP 交换技术)是相对于传统交换概念而提出的。传统的交换技术是在 OSI 参考模型中的第二层——数据链路层进行操作的,而三层交换技术是在网络模型中的第三层实现数据包的高速转发。简单地说,三层交换技术就是二层交换技术加三层转发技术。三层交换技术的出现,解决了局域网中网段划分之后,网段中子网必须依赖路由器进行管理的问题,突破了传统路由器低速、复杂所造成的网络瓶颈。

一个具有三层交换功能的设备并不是路由器和第二层交换机的简单堆叠,而是把三层路由模块直接叠加在二层交换的高速背板总线上,突破了传统路由器的接口速率限制,能够实现数据的高速转发。下面简单描述三层交换机的技术原理和工作过程。

假设两个使用 IP 协议的站点 A、B 通过第三层交换机进行通信,发送站点 A 在开始发送时把自己的 IP 地址与 B 站的 IP 地址比较,判断 B 站是否与自己在同一子网内。若目的站 B 与发送站 A 在同一子网内,则进行二层的转发。若两个站点不在同一子网内,如发送站 A 要与目的站 B 通信,发送站 A 要向"默认网关"发出 ARP (地址解析)封包,而"默认网关"的 IP 地址其实是三层交换机的三层交换模块。当发送站 A 对"默认网关"的 IP 地址广播一个 ARP 请求时,如果三层交换模块在以前的通信过程中已经知道 B 站的 MAC 地址,则向发送站 A 回复 B 的 MAC 地址。否则三层交换模块根据路由信息向 B 站广播一个 ARP 请求,B 站得到此 ARP 请求后向三层交换模块回复其 MAC 地址,三层交换模块保存此地址并回复给发送站 A,同时将 B 站的 MAC 地址发送到二层交换引擎的 MAC 地址表中。从这以后,当 A 向 B 发送的数据包便全部交给二层交换机处理,信息得以高速交换。由于仅仅在路由过程中才需要三层交换机处理,绝大部分数据都通过二层交换机转发,因此三层交换机的速度很快,接近二层交换机的速度,同时比相同路由器的价格低很多。

三层交换机并不等于路由器,同时也不可能取代路由器。三层交换机与路由器之间还是存在着非常大的本质区别的。第三层交换机无法适应网络拓扑各异、传输协议不同的广域网络系统。第三层交换机主要用于局域网环境,而路由器主要用于广域网环境。

3. 第三层交换在虚拟局域网规划中的应用

在第三层交换机面世之前,交换机所提供的虚拟局域网(VLAN)划分方式只有两种:基于端口划分方式和基于 MAC 地址划分方式。基于端口的 VLAN 提供了把某个或某几个端口上的机器划分为一个 VLAN 的方法,缺点在于无法实现位置无关的虚拟网配置;基于 MAC 地址的 VLAN 将子网以 MAC 地址来划分,可实现位置无关的虚拟网,缺点在于子网中节点的增删不方便。第三层交换技术提供了一种全新的 VLAN 划分法:基于 IP 及策略的 VLAN,即不管节点处于哪一个物理网段,都可以以它们的 IP 地址为基础或根据报文协议不同来划分子网,这使得网络管理和应用变得更加方便。

例如,在某校园网 VLAN 的划分中,利用第三层交换技术,使得校园网的 VLAN 划分很容易和校内各部门一致起来,尽管校内某一部门站点分布在不同物理位置,但基于 IP 地址划分子网,能使得同一部门在不同物理网段的节点可被设为同一逻辑子网,实现与物理位置无关的特性;对于网络中心、财务部门等要害部门可采用基于传统的 MAC 地址的 VLAN 划分技术,以防止非授权节点在该子网中出现;对于学生宿舍等比较分散,物理子网比较多,难以有效管理的地方可采用混合策略,如在同一端口细分不同的逻辑虚拟子网或基于 MAC 地址划分子网,以尽量减少 IP 地址盗用和其他安全问题。

3.1.6　无线局域网

无线局域网(Wireless LAN,WLAN)是利用无线通信技术在一定的局部范围内建立的网络,是计算机网络与无线通信技术相结合的产物,它以无线多址信道作为传输媒介,提供传统有线局域网的功能,能够使用户真正实现随时、随地、随意的宽带网络接入。WLAN 作为有线局域网络的延伸,提供了局部范围内高速移动计算的条件。随着应用的进一步发展,WLAN 正逐渐从传统意义上的局域网技术发展成为"公共无线局域网",成为国际互联网宽带接入手段。WLAN 具有易安装、易扩展、易管理、易维护、高移动性、保密性强、抗干扰等特点。

1. 无线局域网标准

无线局域网标准是 IEEE 802.11X 系列(IEEE 802.11a、IEEE 802.11b、IEEE 802.11g、IEEE 802.11n)、HIPERLAN、HomeRF、IrDA 和蓝牙等标准。表 3-6 是 IEEE 802.11 无线局域网标准,也是当前常用的 WLAN 标准。

表 3-6 IEEE 802.11 无线局域网标准

标准要求	IEEE 802.11b	IEEE 802.11a	IEEE 802.11g	IEEE 802.11n
每子频道最大的数据速率	11Mbps	54Mbps	54Mbps	300Mbps
调制方式	CCK	OFDM	OFDM 和 CCK	MIMO-OFDM
每子频道的数据速率	1,2,5.5,11Mbps	6,9,12,18,24,36,48,54Mbps	CCK:1,2,5.5,11Mbps OFDM:6,9,12,18,24,36,48,54Mbps	
工作频段	2.4~2.4835GHz	5.15~5.35GHz 5.725~5.875GHz	2.4~2.4835GHz	2.4/5GHz
可用频宽	83.5MHz	300MHz	83.5MHz	
不重叠的子频道	3	12	3	13

1) IEEE 802.11b

IEEE 802.11b 工作在 2.4~2.4835GHz,采用 CCK(Complementary Code Keying,补码键控)技术提供高达 11Mbps 的数据通信带宽,最多可提供 3 个互不重叠的子频道。WiFi 认证保证不同厂家产品之间的兼容。由于 IEEE 802.11b 工作的 2.4GHz 频带是免费的,因此一经推出便得到了用户的认可。

2) IEEE 802.11a

IEEE 802.11a 工作在 5GHz,采用 OFDM(Orthogonal Frequency Division Multiplexing,正交频分复用)技术提供 54Mbps 的数据通信带宽,最多可提供 12 个互不重叠的子频道。由于 IEEE 802.11a 标准工作在更高的频段,具有更多不重叠的子频道和更高的数据通信带宽,因此也得到了较为广泛的应用。

IEEE 802.11a 和 IEEE 802.11b 工作在两个完全不同的频带,采用完全不同的调制技术,因此两者是完全不兼容的。但两者可以共存于同一区域当中而互不干扰。

3) IEEE 802.11g

IEEE 802.11g 有两个最为主要的特征:高传输速率和兼容 IEEE 802.11b。高速率是由于其采用 OFDM 调制技术可得到 54Mbps 的数据通信带宽。兼容 IEEE 802.11b 是由于其仍然工作在 2.4GHz 并且保留了 IEEE 802.11b 所采用的 CCK 技术,因此可与 IEEE 802.11b 的产品保持兼容。也就是说,基于 IEEE 802.11g 的无线接入点(AP)可与基于 IEEE 802.11b 的无线网卡相连接,而基于 IEEE 802.11g 的无线网卡也可与基于 IEEE 802.11b 的无线接入点(AP)相连接。IEEE 802.11g

标准是主流的无线局域网标准。它提供了高速的数据通信带宽,并以较为经济的成本提供了对原有主流无线局域网标准的兼容。

4) IEEE 802.11n

使用2.4GHz频段和5GHz频段,传输速度为300Mbps,最高可达600Mbps。IEEE 802.11n采用智能天线技术,其传播范围更广,且能够以不低于108Mbps的传输速率保持通信。它可以作为蜂窝移动通信的宽带接入部分,与无线广域网更紧密地结合。一方面,IEEE 802.11n可以为用户提供高数据率的通信服务(比如视频点播VOD,在线观看HDTV)。另一方面,无线广域网为用户提供了更好的移动性。和以往的IEEE 802.11标准不同,IEEE 802.11n协议为双频工作模式(包含2.4GHz和5.8GHz两个工作频段)。这样IEEE 802.11n保证了与以往的IEEE 802.11a/b/g标准兼容。

5) IEEE 802.11ac

IEEE 802.11ac是IEEE 802.11n的继承者。它采用并扩展了源自IEEE 802.11n的空中接口(air interface)概念,其特性包括更宽的RF带宽(提升至160MHz)、更多的MIMO空间流(增加到8),多用户的MIMO以及更高阶的调制(达到256QAM)。理论上,IEEE 802.11ac可以为多个站点服务提供1Gbps的带宽,或是为单一连接提供500Mbps的传输带宽。

2. 无线局域网拓扑结构

根据无线接入点(Access Point,AP)的功用不同,WLAN可以实现不同的组网方式。目前有基础架构模式、点对点模式、多AP模式、无线网桥模式和无线中继器模式5种组网方式。

1) 点对点模式(Ad-hoc)

点对点模式由无线工作站组成,用于一台无线工作站和另一台或多台其他无线工作站的直接通信,该网络无法接入到有线网络中,只能独立使用。无需AP,安全由各个客户端自行维护。因此对等网络只能用于少数用户的组网环境。点对点模式的组网如图3-7所示。

2) 基础架构模式

这种方式以星形拓扑为基础,以访问点AP为中心,所有的无线工作站通信要通过AP接转。AP主要完成MAC控制及信道的分配等功能。AP通常能够覆盖几十至几百用户,覆盖半径达百米。覆盖的区域称基本服务区(Basic Service Set,BSS)。

由于AP有以太网接口,这样,既能以AP为中心独立组建一个无线局域网,当然也能将AP作为一个有线网的扩展部分,用于在无线工作站和有线网络之间接收、缓存和转发数据。由于对信道资源分配、MAC控制采用集中控制的方式,这样使信道利用率大大提高,网络的吞吐性能优于分布式对等方式。基础架构模式的组网如图3-8所示。

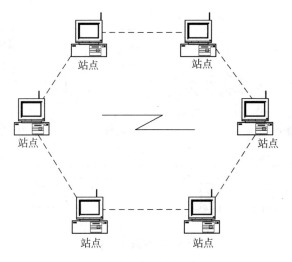

图 3-7　点对点模式

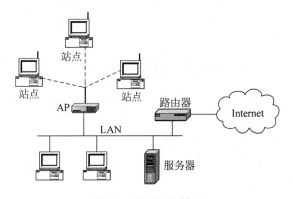

图 3-8　基础架构模式

3) 多 AP 模式

多 AP 模式是指由多个 AP 以及连接它们的分布式系统(有线的骨干 LAN)组成的基础架构模式网络,也称为扩展服务区(Extend Service Set,ESS)。扩展服务区内的每个 AP 都是一个独立的无线网络基本服务区(BSS),所有 AP 共享同一个扩展服务区标示符(ESSID)。分布式系统在 IEEE 802.11 标准中并没有定义,但是目前大多是指以太网。可以在相同 ESSID 的无线网络间进行漫游,不同 ESSID 的无线网络形成逻辑子网。多 AP 模式的组网如图 3-9 所示。

4) 无线网桥模式

无线网桥模式利用一对 AP 连接两个有线或者无线局域网网段。无线网桥模式的组网如图 3-10 所示。

5) 无线中继器模式

无线中继器用来在通信路径的中间转发数据,从而延伸系统的覆盖范围。无线中继器模式的组网如图 3-11 所示。

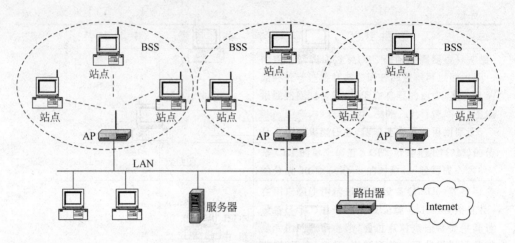

图 3-9　扩展服务区 ESS

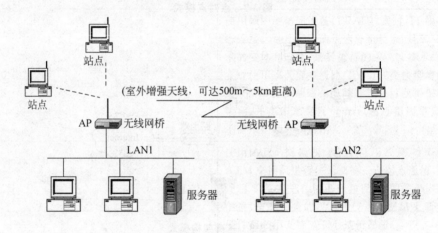

图 3-10　无线网桥模式

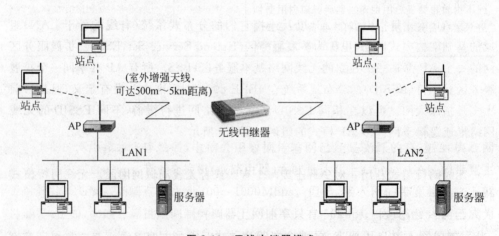

图 3-11　无线中继器模式

应用上述 5 种不同的工作模式,可以灵活方便地组建各种无线网络结构以满足各种需求。

3. 无线局域网安全技术

由于无线局域网采用公共的电磁波作为载体,电磁波能够穿过天花板、玻璃、楼层、砖、墙等物体,因此,在一个无线访问点所服务的区域中任何一个无线客户端都可以接收到网络中传输的数据,包括并不希望其接收数据的客户端。因此在无线局域网中,只要有和无线局域网设备工作在同一个频段的设备,任何人都有条件窃听或干扰信息,为了阻止非授权用户访问无线网络,以及防止对无线局域网数据流的非法侦听,在无线局域网的应用当中引入了相应的安全技术。

通常网络的安全性主要体现在访问控制和数据加密两个方面。访问控制保证敏感数据只能由授权用户进行访问,而数据加密则保证发送的数据只能被所期望的用户接收和理解。无线局域网采用如下安全技术。

1) 物理地址(MAC)过滤

每个无线工作站网卡都由唯一的物理地址标示,该物理地址编码方式类似于 48 位以太网物理地址。可在无线访问点(AP)中手工维护一组允许访问的 MAC 地址列表,实现物理地址过滤。

2) 服务区标识符(SSID)匹配

无线工作站必须出示正确的 SSID,与无线访问点(AP)的 SSID 相同,才能访问 AP。如果出示的 SSID 与 AP 的 SSID 不同,那么 AP 将拒绝该站通过本服务区上网。因此可以认为 SSID 是一个简单的口令,从而通过口令认证机制实现一定的安全。

3) 有线等效保密(WEP)

有线等效保密(WEP)协议是由 IEEE 802.11 标准定义的,用于在无线局域网中保护链路层数据。WEP 使用 40 位密钥、采用 RSA 开发的 RC4 对称加密算法在链路层加密数据。

WEP 加密采用静态的保密密钥,各 WLAN 终端使用相同的密钥访问无线网络。WEP 也提供认证功能,当加密机制功能启用,客户端要尝试连接上 AP 时,AP 会发出一个 Challenge Packet 给客户端,客户端再利用共享密钥将此值加密后送回 AP 以进行认证比对,如果正确无误,才能获准存取网络的资源。40 位 WEP 具有很好的互操作性,所有通过 WiFi 组织认证的产品都可以实现 WEP 互操作。现在的 WEP 也一般支持 128 位的密钥,提供更高等级的安全加密。

4) 端口访问控制技术(IEEE 802.1x)和可扩展认证协议(EAP)

该技术也是用于无线局域网的一种增强性网络安全解决方案。当无线工作站与无线访问点(AP)关联后,是否可以使用 AP 的服务要取决于 IEEE 802.1x 的认证结果。如果认证通过,则 AP 为无线工作站打开这个逻辑端口,否则不允许用户上网。

IEEE 802.1x 要求无线工作站安装 IEEE 802.1x 客户端软件,无线访问点要内嵌 IEEE 802.1x 认证代理,同时它还作为 RADIUS 客户端,将用户的认证信息转发给 RADIUS 服务器。

5) VPN Over Wireless 技术

目前已广泛应用于局域网及远程接入等领域的 VPN(Virtual Private Networking,虚拟专网)安全技术也可用于无线局域网,与 IEEE 802.11b 标准所采用的安全技术不同,VPN 主要采用 DES、3DES 等技术来保障数据传输的安全。对于安全性要求更高的用户,将现有的 VPN 安全技术与 IEEE 802.11b 安全技术结合起来,这是目前较为理想的无线局域网的安全解决方案。

6) IEEE 802.11i

为了进一步加强无线网络的安全性和保证不同厂家之间无线安全技术的兼容,IEEE 802.11 工作组开发作为新的安全标准的 IEEE 802.11i,致力于从长远角度考虑解决 IEEE 802.11 无线局域网的安全问题。IEEE 802.11i 标准主要包含加密技术 TKIP(Temporal Key Integrity Protocol)和 AES(Advanced Encryption Standard)以及认证协议 IEEE 802.1x。

WLAN 应用中,对于家庭用户、公共场景安全性要求不高的用户,使用 VLAN 隔离、MAC 地址过滤、服务区域认证 ID(ESSID)、密码访问控制和 Wi-Fi 保护访问(Wi-Fi Protected Access,WPA)可以满足其安全性需求。但对于公共场景中安全性要求较高的用户,WLAN 仍然存在着安全隐患,需要将有线网络中的一些安全机制引进到 WLAN 中,在无线接入点(AP)实现复杂的 IEEE 802.11i 标准加密解密算法,通过无线接入控制器(AC),利用 PPPoE 或者 DHCP+WEP 认证方式对用户进行第二次合法认证,对用户的业务流实行实时监控。

4. HomeRF

HomeRF 是专门为家庭用户设计的一种无线局域网技术标准,利用跳频扩频方式,既可以通过时分复用支持语音通信,又能通过 CSMA/CA 协议提供数据通信服务。HomeRF 还提供了与 TCP/IP 协议良好的集成,支持广播、多播和 IP 地址。目前,HomeRF 标准工作在 2.4GHz 的频段上,跳频带宽为 1MHz,最大传输速率为 2Mbps,传输范围超过 100m。

美国联邦通信委员会(FCC)已经允许下一代 HomeRF 无线通信网络传送的最高速度提升到 10Mbps。这个速度是目前该网络速度的 5 倍,将使 HomeRF 的带宽与 IEEE 802.11b 标准所能达到的 11Mbps 的带宽相差无几,并使 HomeRF 更加适合在无线网络上传输音乐和视频信息。美国联邦通信委员会还接受了 HomeRF 工作组的要求,将 HomeRF/SWAP(Shared Wireless Access Protocol,共享无线访问协议)使用的 2.4GHz 频段中的跳频带宽增加到 5MHz。

5. IrDA 技术

IrDA 是红外数据标准协会(Infrared Data Association)的简称,成立于 1993 年,

是非营利性组织,致力于建立无线传播连接的国际标准,目前其来自全世界的 160 个会员中包括计算机与通信设备厂商、软件公司及电信公司机构。

IrDA 是一种利用红外线进行点对点通信的技术,软件和硬件技术比较成熟,主要优点是体积小、功率低,适合设备移动的需要;传输速率高,可达 16Mbps;成本低,应用普遍。目前全世界 95% 的笔记本电脑安装了 IrDA 接口,最近市场上还出现了可以通过 USB 接口与 PC 相连接的 USB-IrDA 设备。使用 IrDA 技术组建无线局域网被认为是一种很有发展潜力的领域。

但是 IrDA 技术也有局限性。首先它是一种视线传输技术,两个具有 IrDA 端口的设备在传输数据时,中间不能有阻挡物。这对于两个设备不难实现,但对于多个设备组网通信,就必须彼此调整位置和角度(传统的 IrDA 接收角度只有 30°,现在扩展到 120°)。这是 IrDA 技术组网的致命弱点。其次,IrDA 设备使用红外线 LED 器件作为核心部件,不十分耐用。如果经常用 IrDA 端口联网,可能不堪重负。

6. 蓝牙技术

蓝牙(Bluetooth)技术是一种近距离无线通信连接技术,用于各种固定与移动的数字化硬件设备之间通信,具有连接稳定、无缝和低成本的优点。蓝牙技术将通信驱动软件固化在微型芯片上,可以方便地嵌入设备之中,使得它能够被广泛应用于日常生活中。

蓝牙技术同样采用了跳频技术,但与其他工作在 2.4GHz 频段上的系统相比,蓝牙跳频更快,数据包更短,这使蓝牙比其他系统都更稳定。蓝牙技术理想的连接范围为 0.1～10m,但是通过增大发射功率可以将距离延长至 100m。

蓝牙基带协议是电路交换与分组交换的结合。在被保留的时隙中可以传输同步数据包,每个数据包以不同的频率发送。一个数据包名义上占用一个时隙,但实际上可以被扩展到占用 5 个时隙。蓝牙可以支持异步数据通道、多达 3 个同步话音信道,还可以用一个信道同时传送异步数据和同步话音。异步信道可以支持一端最大速率为 721kbps 而另一端速率为 57.6kbps 的不对称连接,也可以支持 43.2kbps 的对称连接。

蓝牙技术面向的是移动设备间的小范围连接,本质上说,它是一种代替线缆的技术,可以应用于任何可以用无线方式替代线缆的场合,适合用在手机、掌上型电脑等简易数据传递中。

7. 某酒店会议中心无线局域网设计方案

某酒店会议中心为四层楼,一楼为大厅,二至四层各有两个会议室和若干客房。构建一个能覆盖整个酒店的无线局域网络,系统结构如图 3-12 所示。

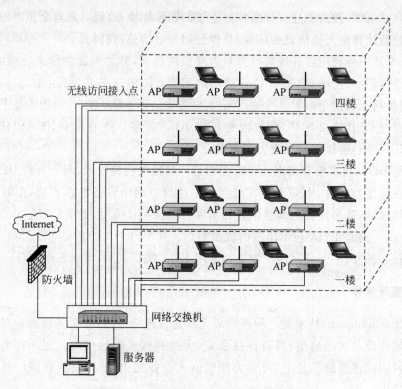

图 3-12　某酒店会议中心无线局域网结构图

3.2　局域网扩展与网络互联

3.2.1　局域网扩展

扩展局域网常用的方法包括光纤扩展、中继器扩展和网桥扩展等。

最简单的局域网扩展是光纤扩展,如图 3-13 所示,在外围计算机和局域网之间使用光纤和一对光纤收发器(例如 10/100Mbps 以太网光纤收发器)。因为光纤的延迟短、带宽大,使得计算机能和远处的网络连接。当然,必须提供双向通信功能以使计算机能收发帧。实际使用中用一对光纤,使之能双向同时传送数据。光纤收发器的主要优点是能连接远处的局域网,而不改变原来的局域网和计算机。一般用它来把一幢大楼内的计算机连接到另一幢大楼内的局域网中。

中继器是扩展共享介质本身的硬件设备。每个中继器连接两个网段。中继器能侦听一个网段的所有信号并转发到另外一个网段,反之亦然。中继器的缺点是既传播有效信号也传播电子干扰。

网桥能连接几个局域网从而扩大局域网的规模。每个网桥连接两个网段,并能转发一个网段的帧到另外一个网段,反之亦然。网桥像计算机一样连到局域网上。

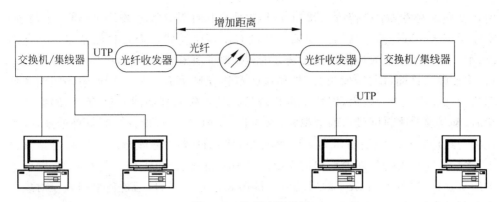

图 3-13　使用光纤扩展

网桥以混合模式侦听每个网段,这样可以保证网桥能收到每个穿越网段的帧。然后网桥发送帧副本到另外一个网段上。网桥系统可用铜缆、光纤、租用串行线路或租用卫星频道来连接近距离或远距离的局域网网段。网桥检查所收到每个帧的帧头中的物理地址。网桥用源地址来判断计算机连到哪个网段上,并用目标地址来判断是否要转发该帧。由于网桥在不需要时就不转发帧,所有桥接网允许各自网段中的计算机间的通信可以同时进行。因此,桥接局域网的性能要优于简单的共享型局域网。

3.2.2　局域网互联

如果几个计算机网络只是在物理上连接在一起,它们之间并不能进行通信,这种"互联"并没有什么实际意义。因此通常在谈到"互联"时,是指这些相互连接的计算机是可以进行通信的,也就是说,从功能上和逻辑上看,这些计算机网络已经组成了一个大型的计算机网络,或称为互联网络。将网络互联起来要使用一些中间设备(或中间系统),称为中继(relay)系统。根据中继系统所在的层次,可以有以下 5 种中继系统:

（1）物理层(第一层)中继系统,即转发器(repeater)。

（2）数据链路层(第二层)中继系统,即网桥或桥接器(bridge)。

（3）网络层(第三层)中继系统,即路由器(router)。

（4）网桥和路由器的混合物——桥路器(brouter),兼有网桥和路由器的功能。

（5）在网络层以上的中继系统,即网关(gateway)。

当中继系统是转发器时,一般不称之为网络互联,因为这仅仅是把一个网络扩大了,而其仍然是一个网络。高层网关由于比较复杂,目前使用得较少。因此一般讨论网络互联时都是指用交换机和路由器进行互联的网络。

1. 网桥

网桥(bridge)工作在数据链路层的 MAC 子层,其基本功能是在不同局域网段之间转发帧。网桥从端口接收该接口所连接网段上的所有数据帧,每收到一个帧,就存在缓存区并进行差错效验。如果该帧没有出现传输错误而且目的站属于其他网段,则根据目的地址通过查找存有端口-MAC 地址映射的桥接表,找到对应的转发端口,将该帧从该端口上转发出去,如果该帧有错误则丢弃该帧。如果数据帧的源站和目的站在同一个网段内,网桥不进行转发。其工作原理如图 3-14 所示,网络初始化时,网桥接收来自网段 1 的数据帧(对应接收端口为 1),检查其源物理地址,并将此物理地址和对应的端口号写入工作表中,将目的站的物理地址广播到连接网段上,然后将响应者的物理地址和接收端口号写入桥接表中,工作一段时间后,网段上的所有站都和端口号形成了映射关系。桥接表建立好以后,网桥就根据表中对应关系判断数据帧是否需要转发。

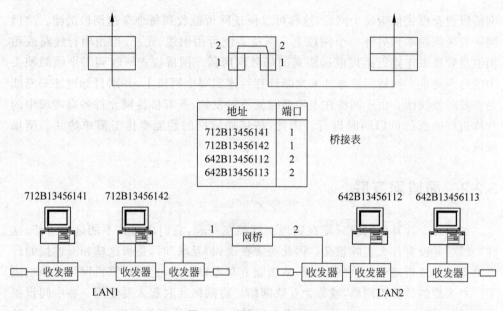

图 3-14　网桥工作原理图

2. 二层交换机

二层交换机是具备桥接功能的网络设备。可以这样理解:它等同于网络交换机上堆叠了网桥,但是,转发速度要比网桥快很多。二层交换机是数据链路层的设备,它能够读取数据包中的 MAC 地址信息并根据 MAC 地址来进行交换。交换机内部有一个地址表,这个地址表标明了 MAC 地址和交换机端口的对应关系。当交换机从某个端口收到一个数据包,它首先读取包头中的源 MAC 地址,这样它就知道源MAC 地址的机器是连在哪个端口上的,它再去读取包头中的目的 MAC 地址,并在地址表中查找相应的端口,如果表中有与该目的 MAC 地址对应的端口,则把数据包直接复制到这端口上,如果在表中找不到相应的端口,则把数据包广播到所有端口上,当目的机器对源机器回应时,交换机又可以学习到目的 MAC 地址与哪个端口对应,在下次传送数据时就不再需要对所有端口进行广播了。二层交换机就是这样建立和维护它自己的地址表。由于二层交换机一般具有很宽的交换总线带宽,所以可以同时为很多端口进行数据交换。如果二层交换机有 N 个端口,每个端口的带宽是 M,而它的交换机总线带宽超过 $N \times M$,那么这个交换机就可以实现线速交换。二层交换机对广播包是不做限制的,把广播包复制到所有端口上。二层交换机一般都含有专门用于处理数据包转发的 ASIC(Application Specific Integrated Circuit)芯片,因此转发速度可以做到非常快。

3. 路由器

路由器是在第三层的分组交换设备(或网络层中继设备),路由器的基本功能是把数据(IP 报文)传送到正确的网络,包括以下功能:IP 数据报的寻径和传送;子网隔离,抑制广播风暴;维护路由表,并与其他路由器交换路由信息;IP 数据报的差错处理及简单的拥塞控制;实现对 IP 数据报的过滤和日志。

对于不同规模的网络,路由器的侧重点有所不同。在主干网上,路由器的主要作用是路由选择。在地区网中,路由器的主要作用是网络连接和路由选择,同时负责下层网络之间的数据转发。在园区网内部,路由器的主要作用是子网间的报文转发和广播隔离。路由器每一接口连接一个子网,广播报文不能经过路由器广播出去,连接在路由器不同接口的子网属于不同子网,子网范围由路由器物理划分。

4. 三层交换机与路由器的区别

三层交换机也具有路由功能,能够执行传统路由器的大多数功能。虽然如此,三层交换机与路由器还是存在着相当大的本质区别。

(1)适用的环境不一样。

三层交换机的路由功能通常比较简单,路由路径远没有路由器那么复杂。它主要用在局域网中子网间的连接,提供快速数据交换功能,满足局域网不同子网数据交换频繁的应用特点。

而路由器则不同,它主要是为了满足不同类型的网络互联。虽然也适用于局域网子网之间的互联,但它的路由功能更多地体现在不同类型网络之间的互联上,如局域网与广域网之间的互联、不同协议的网络之间的互联(如以太网和令牌环网的互联)等。解决好各种复杂路由路径网络的互联就是路由器的最终目的,所以路由器的路由功能通常非常强大。为了与各种类型的网络互联,路由器的接口类型非常丰富,而三层交换机则一般仅有同类型的局域网接口,非常简单。

(2)性能体现不一样。

路由器和三层交换机在数据包交换操作上存在着明显区别。路由器一般由基于微处理器的软件路由引擎执行数据包交换,而三层交换机通过硬件执行数据包交换。三层交换机在对第一个数据流进行路由后,它将会产生一个 MAC 地址与 IP 地址的映射表,当同样的数据流再次通过时,将根据此表直接从二层通过而不是再次路由,从而消除了路由器进行路由选择而造成网络的延迟,提高了数据包转发的效率。同时,三层交换机的路由查找是针对数据流的,它利用缓存技术,很容易利用ASIC技术来实现,因此,可以大大节约成本,并实现快速转发。而路由器的转发采用最长匹配的方式,实现复杂,通常使用软件来实现,转发效率较低。

从整体性能上比较,三层交换机的数据包转发性能要远优于路由器,非常适用于数据交换频繁的局域网中。而路由器虽然路由功能非常强大,但它的数据包转发效率远低于三层交换机,更适合于数据交换不是很频繁的不同类型网络的互联。所以,如果把路由器,特别是高档路由器用于局域网中,则在相当大程度上是一种浪费(就其强大的路由功能而言),而且还不能很好地满足局域网通信性能需求,影响子网间的正常通信。

三层交换机具有以下优势:

(1) 子网间传输带宽可任意分配。传统路由器每个接口连接一个子网,子网通过路由器进行传输的速率被接口的带宽所限制。而三层交换机则不同,它可以把多个端口定义成一个虚拟网(VLAN),把多个端口组成的虚拟网作为虚拟网接口,该虚拟网内信息可通过组成虚拟网的端口送给三层交换机,由于端口数可任意指定,子网间传输带宽没有限制。

(2) 合理配置信息资源。由于访问子网内资源速率和访问全局网(子网外的跨网段网络)中资源速率没有区别,子网设置单独服务器的意义不大,通过在全局网中设置服务器群不仅节省费用,更可以合理配置信息资源。

(3) 降低成本。通常的网络设计用交换机构成子网,用路由器进行子网间互联。目前采用三层交换机进行网络设计,既可以进行任意虚拟子网划分,又可以通过交换机三层路由功能完成子网间通信,为此节省了价格昂贵的路由器。

(4) 交换机之间连接灵活。在计算机网络通信设备中,作为交换机,它们之间是不允许存在任何回路的,而作为路由器,又可以采用多条通路(如主、备路由)来提高网络的可靠性和平衡负载。为了解决这类矛盾,在三层交换机中,一方面采用生成树算法来阻塞造成回路的端口,在进行路由选择时,又能依然把阻塞的通路作为可以选择的路径来参与路由选择,从而极大地提高了交换机连接的灵活性。

综上所述,三层交换机与路由器之间存在着非常大的本质区别。无论从哪方面来说,在局域网中进行多子网连接,最佳方案是选用三层交换机。在智能建筑的计算机网络设计中,通常用三层交换机来组建建筑内计算机网络,再用路由器与各种广域网相连。

5. 网关

网关工作在OSI参考模型的最高层——应用层。从一个网络向另一个网络发送信息,必须经过网关。网关实质上是一个网络通向其他网络的IP地址。如图3-15所示,有网络A和网络B,网络A的IP地址范围为192.168.1.1~192.168.1.254,子网掩码为255.255.255.0;网络B的IP地址范围为192.168.2.1~192.168.2.254,

子网掩码为 255.255.255.0。在没有路
由器的情况下，两个网络之间是不能进行
TCP/IP 通信的，即使是两个网络连接在
同一台交换机（或集线器）上，TCP/IP 协
议也会根据子网掩码(255.255.255.0)判
定两个网络中的主机处在不同的网络里。
而要实现这两个网络之间的通信，则必须
通过网关。如果网络 A 中的主机发现数

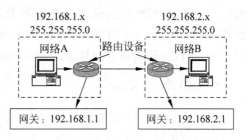

图 3-15　网关工作原理

据包的目的主机不在本地网络中，就把数据包转发给它自己的网关，再由网关转发
给网络 B 的网关，网络 B 的网关再转发给网络 B 的某个主机。网络 B 向网络 A 转发
数据包的过程也是如此。

6. 远程网络互联

通过电信网可实现远程局域网互联，如图 3-16 所示。

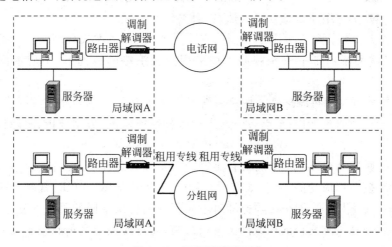

图 3-16　远程局域网互联

3.2.3　校园网、园区网设计

1. 校园网的特点

校园网实际上是特大型建筑群的计算机网络系统，是大规模的局域网，其特点
如下：校园都是占地面积很大的建筑楼群，少则几座，多则几十座建筑分布在很大的
区域内。从地域范围来论，校园网已经远远超出传统的局域网的范畴。所以说，校
园网是一个大局域网。其次，校园网的站点数量非常大，可达上万个计算机终端，涉
及的部门和人员众多，因此存在大量的子网。

校园网负担着整个校园的所有数据通信业务，几乎涵盖了 Internet 所有的应用

类型。因此,校园网应具有极高性能和带宽、面向应用的网络服务、极大的灵活性、极高的可靠性、高度可管理性和极强的安全性。

综上所述,校园网一个高速的、大范围的、大规模的局域网。

2. 校园网设计原则

校园网是一个以 IP 应用为基础的多业务综合平台,在这一网络平台上集成的应用包括数据传输、数据库查询、Web 应用、视频会议、视频点播和 VoIP 等多媒体应用。其应用的复杂性要求网络的规划设计和建设在总体上应该满足以下原则:

(1) 先进性。采用国际先进并代表发展方向的技术和设备,满足目前及可预见的将来的业务需求。

(2) 高可靠性/可用性。作为承载学校内部多种业务的网络系统,要求具有极高的可靠性,同时也要求具有很高的可用性。需要充分考虑冗余、备份和负载均衡等技术的应用。

(3) 开放性。系统必须具有良好的开放性,必须支持国际标准,能够实施网络内部及与其他外部网络系统的互联互通,资源共享。

(4) 高安全性。应充分考虑到网络安全性,不仅要考虑来自网络外部的安全威胁,也要考虑网络内部的安全威胁。在采用安全策略的情况下,不应给网络带来瓶颈。

(5) 可管理性和可维护性。网络系统具有可管理的工具和界面,网络管理工具应具有很全面的管理功能,能够方便地进行各种性能监测、数据分析、故障排除和日常维护。

(6) 高性能及 QoS。网络应具备足够的容量和处理性能,支持大容量的数据传输与交换。同时因应用的不同,如有时延敏感型应用 VOD、VoIP、视频会议和非时延敏感型应用 FTP 等,网络必须能够对不同的应用提供不同的服务优先级,这种保证措施不仅要在带宽充裕的局域网上可以实施,而且要在带宽资源较少的广域网上也可以实施。

(7) 可扩展性和可升级性。由于网络应用总是不断在增长的,必须保证网络具有很强的可扩展能力,包括带宽、容量和规模的扩展,网络的升级和扩展不应对现有业务造成影响,即必须保证升级扩展是平滑的。同时,网络的升级和扩展要能够保护现有投资。

3. 万兆校园网解决方案

万兆校园网结构如图 3-17 所示。

该方案采用当今主流的层次化结构——星形的网络拓扑。系统分为三层:核心层、汇聚层和接入层。核心层是网络中心,主要是进行高速的数据交换和服务器组的高速接入。汇聚层的主要目的是进行高速的数据交换,同时还进行安全策略的实施。接入层用于用户终端的接入。网络结构采用完全的星形结构,即以主机房核心

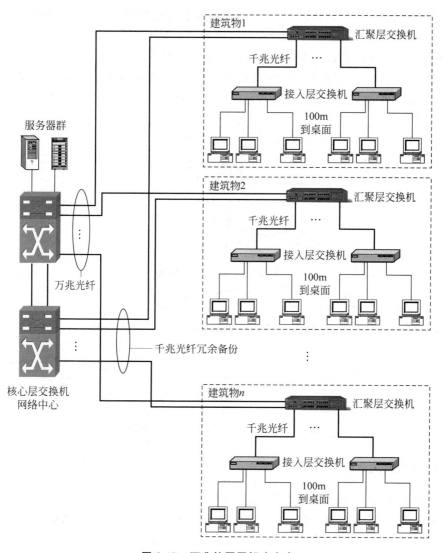

图 3-17　万兆校园网解决方案

交换机为中心,各座建筑设备间的汇聚层交换机直接以光纤通路与核心交换机进行连接,各楼层的接入层交换机可通过光纤或 UTP 与汇聚层交换机相接,形成三级的星形网络结构。这种系统结构具有相当高的灵活性,当网络规模扩展时,不会影响原有网络的正常运行。

　　核心层由两台万兆交换机组成,交换机之间由两条万兆线路连接,通过 IEEE 802.3ad 进行链路捆绑,从而把整个网络提升到万兆骨干,同时具有充分的扩展能力。汇聚层通过万兆线路分别连接到两台核心交换机上,然后采用千兆线路进行冗余备份,以防万兆线路万一失效,千兆线路立刻可以启用,达到 100% 的线路安全和可靠性。

　　通过双核心技术,不但可以让设备进行冗余备份,而且可以进行中心数据通信负载均衡，从而让中心设备减轻负荷，保证核心层的稳定性和可靠性。同时，运用两台核心交换机通过 IEEE 802.3ad 进行链路聚合，达到了 40Gbps 带宽。

核心层、汇聚层和接入层都需要采用三层交换机。

对于稳定性和安全性要求特别高的场合，可以采用如图 3-18 所示的三层冗余结构，汇聚层和核心层交换机冗余配置，接入层、汇聚层和核心层交换机之间采用冗余链路连接。

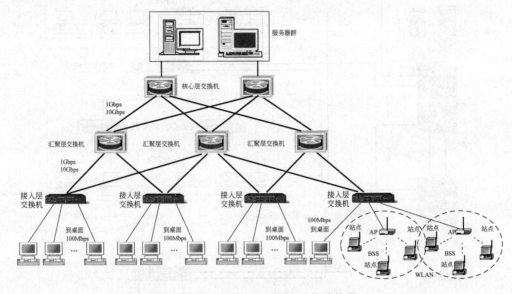

图 3-18　以太网的三层冗余网络结构图

4. 以太网的全连接拓扑网络结构

数据中心（IDC 或云数据中心）容纳了数千至数十万台服务器主机，支持多种云计算应用，是当今息信社会的基础设施。主机一般采用所谓刀片式结构（包括 CPU、内存和磁盘存储的主机）堆叠在机架上，每个机架一般堆放 20～40 台刀片。在机架顶部有一台交换机，又称机架顶部交换机（Top of Rack，TOR），它们与机架上的主机互联，并与数据中心的其他交换机互联。

数据中心网络需要支持外部客户与内部主机之间的高速数据流量，也要支持内部主机之间互联的高速数据流量，因此，对数据中心网络结构需要进行全新的思考。传统的分层结构体系存在不同机架内主机到主机流量受限的问题，一种解决方案是采用全连接拓扑网络结构，如图 3-19 所示。在这种方案中，每台第一层交换机都与所有第二层交换机相连，因此主机到主机的流量不会超过第一层交换机层次。

图 3-19 所示的网络结构可以支持内部任意主机之间互联的 1Gbps 数据流量，网络主干为 10Gbps 以太网，机架交换机到主机终端速率为 1Gbps。

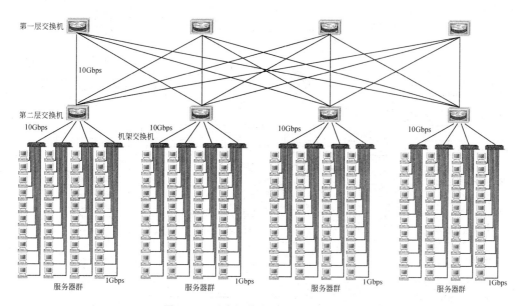

图 3-19 以太网的全连接拓扑网络结构

5. 某大学校园网设计案例

某大学的校园网始建于 1999 年,随着学校的扩展,网络业务种类和用户接入数量呈几何级数增长,原有校园网在带宽、稳定性、覆盖率、管理手段和业务提供上存在不足。新校区包括教学行政区和学生公寓的网络建设,新校区和两处老校区之间距离为 8km,各校区需要通过校园网高速互联,实现统一的教学和办公系统。根据新校园网的整体需求,结合学校的发展,建立一个以先进的多层交换机与多条万兆以太网构成核心体系的高性能、高可靠的三校区互联网络成为校园网的整体目标。校园网系统方案如图 3-20 所示。

核心设备采用两台万兆核心路由交换机 ProCurve 9408sl 和一台万兆核心路由交换机 ProCurve 9308m。

汇聚层设备采用 3 台万兆汇聚三层交换机 ProCurve 3400cl;9308m 和 3400cl 通过万兆线路分别接到两台 9408sl,然后采用千兆线路进行冗余备份。而中心的两台 9408sl 通过一条万兆线路和一条千兆线路互相连接,使用 VRRP 和生成树协议。其余汇聚交换机 5308xl 和 2824 采用冗余千兆线路接入到核心设备。

接入交换机使用 2626 和 2650,采用冗余千兆线路接入到汇聚交换机,实现百兆到桌面。

采用 ProCurve 的 IDM 解决方案,实现中心控制,边缘交换机支持 IEEE 802.1x 或基于 MAC 地址、基于 Web 的用户认证。

通过这种组网方案,保持全面的网络控制,并将控制和智能推至连接用户的网络边缘,使得网络基础设施架构将以网络为中心转变到以用户为中心成为可能。交换机提供智能化的边缘控制,如 IEEE 802.1x 接入认证,解决了全网用户的安全认

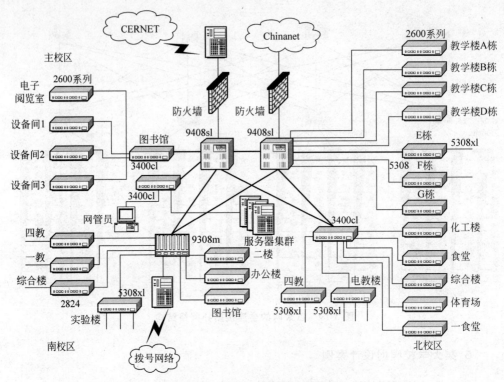

图 3-20　某大学校园网系统方案

证要求,能根据用户的特征由网络管理人员给予个性化的服务,实施针对用户的安全策略,而且不用考虑用户处在校园网中的哪个位置,接入到哪个交换机的端口上。对于教学机房的网络接入,可将非智能化的交换机接入到 5308xl,5308xl 每个端口支持并发的多个 IEEE 802.1x 用户认证。5308xl 系列交换机中集成 IPS(入侵保护系统)技术组件,具有病毒抑制功能,这种技术并不是依靠病毒特征码进行病毒的识别,它无须外置 IPS 模块,而是根据类似蠕虫病毒的特性来进行病毒的划分,识别可路由 VLAN 上的数据特性,可智能地进行病毒的抑制、阻断、防御。

　　核心交换机具备高密度的万兆端口,汇聚交换机有万兆上联端口,交换机满配置也能实现线速转发,硬件实现 ACL、QoS 以及组播等功能;核心、汇聚、接入都采用冗余连接,确保物理层、链路层、网络层运营稳定、可靠。

3.3　宽带接人技术

3.3.1　接入网和接入技术

　　接入网是用来将本地的用户端数据设备(通常就是计算机)连接到公用电信网(PSTN、DDN、PSPDN、帧中继网等)的传输线路。类似于传统电话网的用户线路,如图 3-21 所示。从应用的角度理解,接入网是将用户主机连接到 ISP(Internet

Service Provider,互联网服务提供商)/ ICP(Internet Content Provider,互联网内容提供商)的通信链路。

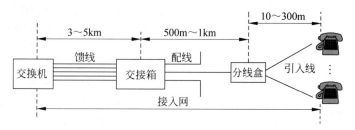

图 3-21　典型的电话用户接入网结构图

用户端数据设备只有接入公用电信网才能够与全球的用户进行信息传输交换,就好像一部电话机只有连接入 PSTN 才可能与全球的电话用户通信,否则只能是局部范围的内部通话。

从计算机网络技术的角度看,接入网要解决的是网络间互联的一段传输介质(信道)问题,在这里的互联是指全球范围的互联,必须借用公用数据传输网而不是自行构建的专线,如图 3-22 所示。

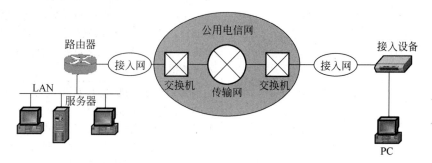

图 3-22　接入网是网络间互联的一段传输介质

从应用的角度,接入网广义是指将 LAN 或单台计算机连接到各种广域网的传输线路,狭义是指将 LAN 或单台计算机连接到 Internet 的传输线路。

国际电联(ITU-T)定义接入网为(公用数据传输网的)本地交换机与用户端设备之间的实施系统。接入网可使用各种传输媒体(如金属双绞线、光纤、同轴电缆、无线系统等),可支持不同的接入类型和业务。

所谓的接入技术就是指各种接入网的构建技术。其中又有宽带接入技术之说。楼宇智能化工程中常用的接入技术如表 3-7 所示。

表 3-7　常用的接入技术应用特性

连接类型	传 输 速 率	使 用 价 格	特 性 描 述
PSTN	最高为 45kbps	最便宜	使用电话线通过调制解调器拨号连接
ISDN	基本速率(BRI):128 kbps,群速率(PRI):2Mbps	BRI 比 ADSL 贵,比帧中继便宜	使用电话线通过 ISDN 终端适配器拨号连接,拨号后始终处于连接状态。同时提供语音和数据的可靠数字通信。是一种临时性连接,按需使用带宽,按时、按实际使用带宽付费

续表

连接类型	传 输 速 率	使 用 价 格	特 性 描 述
ADSL	下行：1.544～8.448Mbps，上行：640kbps～1.544Mbps	便宜	使用电话线通过 ADSL 调制解调器拨号连接。始终处于连接状态。语音和数据可以通过同一根线路同时传输，只能在有限的地方(离 ISP 约5km 距离内)获得接入服务。上行速率慢，不适合上传密集型任务，传输速率不能得到保证
CE1	64kbps	较便宜	是 CE1 的单个信道。CE1 就是把 E1(2M)的传输分成 30 个 64kbps 的时隙，一般写成 N×64
DDN	2.048Mbps	是 ADSL 的 10～20 倍，比 ISDN 贵，比帧中继便宜	在用户端使用信道服务设备(CSU)/数据服务设备(DSU)通过铜缆或光缆与 ISP 线路连接，是专用的数字电路，通过点对点连接提供高速数据、语音、音频、视频通信。可获得保证的带宽(比 ADSL 贵的原因)
帧中继	56kbps～44.736Mbps	较贵	使用帧中继访问设备(FRAD)，通过 T1 线路动态连接。是比较新的快速分组技术，是 X.25 技术的变体和改良，是最流行的 WAN 技术之一。实现使用永久虚拟线路(PVC)或交换型虚拟线路(SVC)提供始终在线的连接。可获得保证的带宽，并在信息突发(burst)超过租用带宽时，不需承担额外的费用
光纤	25.6Mbps～2.46Gbps	昂贵	使用 ATM 交换机，通过租用线路与 ISP 的 ATM 交换机进行信元交换。点对点通信，支持使用 SVC 高速传输语音和视频、图像等多媒体信息，是最完美的 WAN 技术。网络上所有的硬件都必须支持 ATM，造价昂贵
以太网接入	10Mbps～10Gbps	较贵	使用网络交换机，通过租用线路与 ISP 相连，有时使用协议转换器。依照用户需要可提供不同的带宽，以满足多种需要。网络设备的额外投资不太大，线路费用稍高

3.3.2　宽带接入技术

当前的网络技术飞速发展，电信公用数据传输网已经是光纤的高速网，核心网通道带宽达到百 Gbps，节点交换机(或路由器)吞吐量达几十 Gbps。LAN 的带宽主干达到几十 Gbps，到端点可达到 100～1000Mbps。但是，接入网的带宽相比之下就过低了，比如，家庭计算机用调制解调器上网速率只有 56kbps。因此，接入网已成为网络的瓶颈。宽带接入的目标就是为了突破这个瓶颈，实现用户接入网的数字化、宽带化，提高用户上网速度。从业务需求来看，单一业务越来越少，语音、数据、图像等综合的多媒体业务需求在增长。宽带接入网按传输介质不同可分为铜线接入技术(xDSL)、光纤接入网技术(FTTx)、无线接入技术、光纤/同轴混合接入网技术。

3.3.3　铜线接入技术

铜线接入技术即数字用户线(Digital Subscriber Line,DSL)技术。它以普通电话线和 3 类/5 类线等铜质双绞线作为传输媒质。由于它采用了全新的数字调制解调技术,所以传输速率比采用音频调制技术、电话拨号的方式快得多。DSL 技术有一个庞大的家族,统称 xDSL,主要有 HDSL、SDSL、ADSL 等,其技术特性如表 3-8 所示。这些方案都是通过一对调制解调器来实现的,其中一个调制解调器放置在电信局,另一个调制解调器放置在用户侧。它们主要的区别就是体现在信号传输速度和距离的不同以及上行速率和下行速率对称性的不同这两个方面。

表 3-8　xDSL 技术特性比较

DSL 类别	下行速率	上行速率	可用距离	应用范围	双绞线数量	语音数据分离器
HDSL	2Mbps	2Mbps	最大 5km,增加中继设备可达 12km	蜂窝通信,T1/E1 连接	2	无
HDSL2	2Mbps	2Mbps	最大 5km	类似 HDSL,互联网接入,远程视频会议,网间连接	1	无
ADSL	最大 8Mbps	最大 768kbps	最高速度下最大距离 3.6km	互联网接入,远程视频会议,交互多媒体,视频点播,网间连接	1	有
RADSL	最大 8Mbps	最大 768kbps	最大 6km	互联网接入,远程视频会议,交互多媒体,视频点播,网间连接	1	有
IDSL	最大 2Mbps	最大 2Mbps	最大 5km	互联网接入,远程视频会议,交互多媒体,视频点播,网间连接	1	有
SDSL	768kbps	768kbps	最大 4km	互联网接入,远程视频会议,交互多媒体,视频点播,网间连接	1	有
VDSL	13/26/52Mbps	6/13Mbps	最大 1.5km	互联网接入、远程视频会议、交互多媒体、视频点播、网间连接、HDTV 高清电视传送	1	有

3.3.4　光纤接入网技术

光纤接入网(FTTx)是指用光纤作为主要传输介质来实现信息传输的接入网。它具有可用带宽宽、传输质量高、传输距离长、抗干扰能力强、网络可靠性高、节约管道资源等优点。光纤接入网从技术上可分为两大类：有源光网络(Active Optical Network，AON)和无源光网络(Passive Optical Network，PON)。FTTx 技术代表 FTTB(Fiber To The Building，光纤到大楼)、FTTH(Fiber To The Home，光纤到户)、FTTC(Fiber To The Curb，光纤到配线盒/路边)等。除了 FTTH 外，其他方式都需通过铜芯线作接入转换，组成混合接入网络。

1. 有源光网络

有源光网络(AON)比无源光网络(PON)容易实现，AON 的传输距离和容量均大于 PON，传输带宽易于扩展。图 3-23 是用 AON 实现智能建筑计算机网络高速接入的原理图。AON 的缺点是需要进行光电、电光转换，要使用专门的场地和机房，远端供电问题不易解决，日常维护工作量较大。AON 包括基于 ATM、SDH、PDH 和 LAN 的有源光网络，目前 AON 主要采用 SDH 环形网络结构和 ATM 技术，因而具有环形网络结构的自愈功能。ATM 信元在 SDH 环形网络中传输，其带宽由环形网络上的所有节点所共享。针对接入网中用户数量多、带宽需求不确定等情况，AON 能够根据环形网络上各节点所需的业务质量级别(QoS)和需要传输的实际业务量，动态地按需分配带宽到各节点和各用户，所以 AON 既能够适应高 QoS 业务的传输，也能够适应突发性业务的传输。

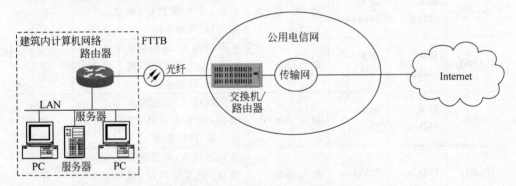

图 3-23　FTTB 智能建筑计算机网络高速接入

2. 无源光网络

无源光网络(PON)不需要在外部站点安装有源电子设备，如图 3-24 所示。PON 由局端的 OLT(Optical Line Terminal，光线路终端)、用户端的 ONT/ONU (Optical Network Terminal/Optical Network Unit，光网络终端/光网络单元)、连接

前两种设备的光纤和无源分光器（splitter）组成的 ODN（Optical Distribution Network，光分配网络）以及网管系统组成。PON 的"无源"是指 ODN 全部由分光器等无源器件组成，不含有任何电子器件及电源。PON 包括 ATM-PON（APON，即基于 ATM 的无源光网络）和 Ethernet-PON（EPON，即基于以太网的无源光网络）两种。

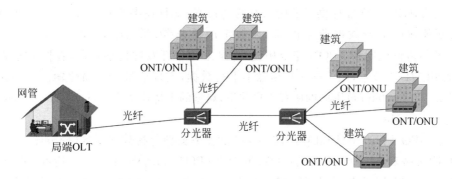

图 3-24　无源光网络（PON）的组成结构

3. EPON 以太网无源光网络

EPON 的结构如图 3-25 所示。局端 OLT 与用户 ONT/ONU 之间仅有光纤、分光器等光无源器件，无须租用机房，无须配备电源，无须有源设备维护人员，因此，可有效节省建设和运营维护成本。

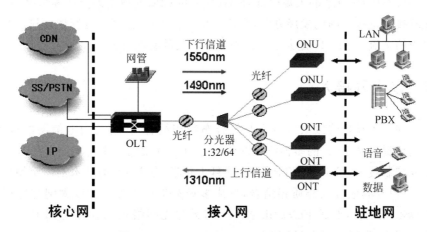

图 3-25　EPON 以太网无源光网络结构

EPON 采用单纤波分复用技术（下行 1490nm，上行 1310nm），仅需一根主干光纤和一个 OLT，传输距离可达 20km。在 ONU 侧通过光分路器分送给最多 32 个用户，因此可大大降低成本压力。每个节点可提供 1～1000Mbps 的接入带宽，真正实现"千兆到桌面"的带宽接入。

TDM 数据（语音业务）和 IP 数据采用 IEEE 802.3 以太网的格式进行传输，辅以电信级的网管系统，足以保证传输质量。通过扩展第三个波长（通常为 1550nm）即可实现视频业务广播传输。

4. GPON 千兆无源光网络

GPON(Gigabit PON)是最新一代宽带无源光综合接入标准，对于其他的 PON 标准而言，GPON 标准提供了前所未有的高带宽，下行速率高达 2.5Gbps，其非对称特性更能适应宽带数据业务市场（如数字广播业务、VOD、IPTV、文件下载等）。GPON 的传输机制和 EPON 完全相同，都是采用单纤双向传输机制，在同一根光纤上，使用 WDM 技术，用不同波长传输上下行数据，实现信号的双向传输。一根光纤可以被中心站 20km 范围内的所有用户共享，典型的支持速率是上行 1.244 16Gbps、下行 2.488 32Gbps。

在 GPON 标准中，明确规定需要支持的业务类型包括数据业务（Ethernet 业务，包括 IP 业务和 MPEG 视频流）、PSTN 业务（POTS，ISDN 业务）、专用线（T1、E1、DS3、E3 和 ATM 业务）和视频业务（数字视频）。GPON 中的多业务映射到 ATM 信元或 GEM 帧中进行传送，对各种业务类型都能提供相应的 QoS 保证。

GPON 承载有 QoS 保证的多业务和强大的 OAM 能力等优势很大程度上是以技术和设备的复杂性为代价换来的，从而使得相关设备成本较高。GPON 比 EPON 带宽更大，它的业务承载更高效，分光能力更强，可以传输更大带宽的业务，实现更多用户接入，更注重多业务和 QoS 保证，但实现更复杂，这也导致其成本相对 EPON 较高。随着 GPON 技术的大规模部署，GPON 和 EPON 成本差异在逐步缩小。

光纤接入是接入网的发展方向，当前应用中，FTTB 已经成为智能建筑计算机网高速接入的主流。FTTH 是家庭用户网今后发展的必然方向。

3.3.5　以太网接入

以太网接入是指将以太网技术与综合布线相结合，作为公用电信网的接入网，直接向用户提供基于 IP 的多种业务的传送通道。以太网技术的实质是一种两层的介质访问控制技术，可以在 UTP 铜缆/光纤上传送，是 LAN 的技术推广至城域网的结果，也可以与其他接入介质相结合，形成多种宽带接入技术。以太网与电话铜缆上的 VDSL 相结合，形成 EoVDSL 技术；与无源光网络相结合，产生 EPON 技术；在无线环境中，发展为 WLAN 技术。

3.3.6　无线接入

只要在交换节点到用户终端部分地或全部地采用了无线传输方式，就称为无线接入。有两种应用方式：固定无线接入方式和移动无线接入方式。固定无线接入方式是指固定用户以无线的方式接入到固定电信网的交换机，又称为无线本地环路

（WLL）。移动无线接入方式是指移动的用户以无线的方式接入到固定电信网的交换机。

无线接入可以理解为公用数据网应用 WLAN 技术，将服务区覆盖到本地固定用户，如图 3-26 所示。无线接入不是在现有的移动通信网平台上，而是应用 WLAN 技术，构建的是一个高速无线数据传输网，传输速率达到 54Mbps，将来会达到 300Mbps 的速率。无线接入技术是继 FTTH 之后又一个值得期待的接入技术，由于它无须布线，又支持移动计算，因此有巨大的应用前景。

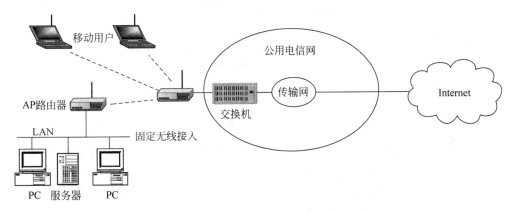

图 3-26　无线网高速接入

3.4　建筑内的 Intranet

3.4.1　Internet 网络技术

从一般的意义而言，Internet 这个词可指由多个不同的网络通过网络互联设备连接而成的大网络，人们常把这类网络称为网际网。本书所讨论的 Internet 是指开始在美国建立，现在已连接到世界各国的一个特定的大网络，尽管它也是一种网际网，但人们都称之为 Internet（因特网），从而 Internet 成了这个特定网际网的名字。

1. Internet 的概念

从网络的角度，Internet 就是一个分布式的全球性的计算机网络，如图 3-27 所示。这个网络的互联基础就是 TCP/IP，各个子网有一个唯一的地址（IP 地址），相互之间通过路由器连接，数据的传输和交换都是在 IP 数据包中遵守 TCP 协议进行的。

图 3-27 中的主机 A 可能是在中国大学的一台计算机，主机 B 可能是在英国大学的一台计算机，它们都接入 Internet，相互之间就可以进行数据通信。如果仅此而已，则 Internet 好似国际电话网，主机 A 和主机 B 好似两部电话机一般，Internet 可以为两台计算机提供通信信道。实际上，Internet 的作用远不是这些，它的价值不在于为两台计算机提供通信信道，而是开创了所谓"信息服务"的时代。

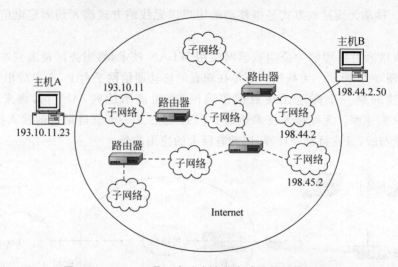

图 3-27　Internet 是一个分布式的全球性的计算机网络

所以,我们在理解 Internet 的时候必须换一个角度。从信息服务功能角度来看,Internet 是这样的一个信息系统及平台:Internet 是由许多提供各类服务的主机(服务器)所组成的集合,用户向它们提出请求(访问),它们就会响应请求而提供服务,这一切对用户而言是透明的,如图 3-28 所示。

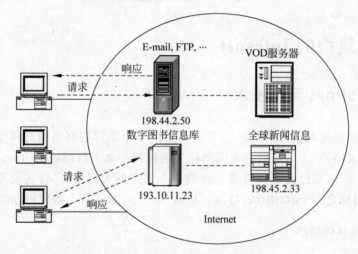

图 3-28　Internet 是信息系统及平台

所谓的透明,是指用户在向某个主机提出服务请求时,并不关心该主机在何地,它是如何连接到 Internet 的,它的硬件是什么,它运行何种 NOS 等等,只需要知道该主机的 IP 地址(或域名)。

Internet 用 C/S 和 B/S 方式来提供信息服务,向所有用户提供标准的请求响应。只要一台主机愿意提供某种服务,在遵守这一规则的前提下,就可以融入 Internet 的信息系统中,所以,Internet 也为所有用户提供了一个信息服务的平台。

　　Internet 所提供的信息服务绝大多数是免费的,只要支付一定数量的通信费用,用户就可以获得巨大的信息。这是 Internet 成功的根本保证。

　　Internet 是由分散在世界各国的大量网络互联而成的网络集合,这些网络的规模各异,有各国的国家级网络,有各部门的专业网络、校园网、企业网等,它们归属于不同的组织和部门,由各单位和部门负责使用和管理。因此,严格意义上,Internet 是一个松散的大集体,没有统一的管理机构。这也是 Internet 取得成功的重要原因。

　　经过二十多年的发展,Internet 获得了巨大的成功。Internet 是目前世界上规模最大、用户最多、资源最丰富的网络互联系统,是全球信息高速公路的雏形和未来信息社会的蓝图。

2. Internet 提供的主要服务

　　当前的 Internet 所能提供服务实在是太多了,并且,每一时刻都有新的服务出现。这里只能介绍一些常见服务类型,目的是帮助读者进一步理解 Internet 的技术内涵。

　　Internet 的资源涉及人们从事的各个领域、行业以及社会公共服务等方面,包括自然科学、社会科学、技术科学、农业、气象、医学、军事等。Internet 的信息资源是分布在整个网络中的,没有统一的组织和管理,也没有统一的目录。但对于用户来说,Internet 提供了以下一些基本信息服务。

　　1) 远程登录服务(Telnet)

　　远程登录(remote login)是 Internet 提供的最基本的信息服务之一。Internet 用户的远程登录是在网络通信协议 Telnet 的支持下,使自己的计算机暂时成为远程计算机仿真终端的过程。要在远程计算机上登录,首先应给出远程计算机的域名或 IP 地址。登录成功的用户可以实时使用远程计算机对外开放的功能和资源。许多大学图书馆都通过 Telnet 对外提供联机检索服务,一些政府部门、研究机构也将它们的数据库对外开放,便于用户通过 Telnet 进行查询。

　　2) 文件传输服务(FTP)

　　FTP 与 Telnet 类似,也是一种实时的联机服务。在进行工作时,用户首先要登录到对方的计算机上,登录后用户只能进行与文件搜索和文件传送等有关的操作。使用 FTP 几乎可以传送任何类型的文件,如文本文件、二进制文件、图像文件、声音文件、数据压缩文件等。

　　3) 电子邮件服务(E-mail)

　　电子邮件是 Internet 上使用最广泛、最受欢迎的服务之一。它是网络用户之间进行快速、简便、可靠且低成本联络的现代通信手段。电子邮件使网络用户能够发送或接收文字、图像和语音等多种形式的信息。

　　4) 网上浏览服务(万维网服务 WWW)

　　网上浏览服务通常是指 WWW(World Wide Web)服务,它是 Internet 信息服务的核心,也是目前 Internet 上使用最广泛的信息服务。WWW 是一种基于超文本文件的交互式多媒体信息检索工具。WWW 服务采用 B/S(浏览器/服务器)工作模式,由 WWW 客户端软件(浏览器)、Web 服务器和 WWW 协议组成。WWW 的信息资源以页面(也称网页、Web 页)的形式存储在 Web 服务器中,用户通过客户端的浏览器向 Web 服务器(通常也称为 WWW 站点或 Web 站点)发出请求,服务器将用户请求的网页返回给客户端,浏览器接收到网页后对其进行解释,最终将一个文字、图片、声音、动画、影视并茂的画面呈现给用户。

5) 搜索引擎服务

搜索引擎是目前最好的信息查询服务,它帮助用户利用某些关键词在 Internet 上查找自己所需要的资料。在搜索引擎出现以前,常见的信息查询工具有 Archie、WAIS、Gopher 和 WWW 等。常见的搜索引擎网站有 www.baidu.com,www.google.com 等。

除了上述服务外,Internet 上还提供诸如新闻组(Usenet)、电子公告板(BBS)、网上聊天、网上寻呼、网络会议、网上购物、网上教学和娱乐等功能。这些功能很多都可以通过网络应用软件来实现,例如,Microsoft Chat 可以实现网上聊天;Internet Explorer 可以实现网上购物;Microsoft NetMeeting 可以实现网络会议;Microsoft NetShow 可以实现网上教学和娱乐功能等。

3.4.2　Intranet 网络技术

1. Intranet 的概念与模型

Intranet 又称为企业内部网,是 Internet 技术在企业 LAN 或 WAN 上的应用。它的基本思想是:在内部网络上采用 TCP/IP 作为通信协议,利用 Internet 的 Web 模型作为标准平台,同时建立防火墙把内部网和 Internet 隔开。当然,Intranet 并非一定要和 Internet 连接在一起,它完全可以自成一体为一个独立的网络。

Intranet 基于 Internet 的 Web 模型,这一模型称为 B/S 模型(Browser/Server,浏览器/服务器模型)。Web 平台是一种先进的计算平台。Web 的 B/S 计算模式是一种三层结构的 C/S 计算,它把传统 C/S 模型中的服务器分解为一个应用服务器(Web 服务器)和一个或多个数据服务器。在服务器端集中了所有应用逻辑。所有的开发与维护工作都可集中在服务器端。在客户机上通过直观、易于使用的浏览器来从 Web 服务器上获取信息。Web 服务器通过 HTTP 建立了内部页面和各相关后端数据库的超文本链接,所以最终可以用浏览器查询所有网络服务器上的信息。

2. Intranet 的系统结构

Intranet 的一般系统结构如图 3-29 所示。如果 Intranet 只是一个单纯的企业 LAN,就不需要和 Internet 连接起来,建立这样的 Intranet 相对简单,只需配置 Intranet 服务器,并在工作站上安装 Intranet 客户端软件即可。如果 Intranet 需要和 Internet 连接,为了保证 Intranet 的安全,需要在 Intranet 内部数据区与外部

Internet 之间构筑一道防火墙，Intranet 主机可以拥有 IP 地址以便外部 Internet 访问。和 Internet 相连的 Intranet 一般都有一个 Internet 服务器作为公共 Web 服务器和 E-mail 服务器。Web 服务器可作为企业 Intranet 对外发布信息的窗口，允许任何 Internet 用户自由地访问。Intranet 服务器包括一个内部 Web 服务器和一个或多个数据库服务器。

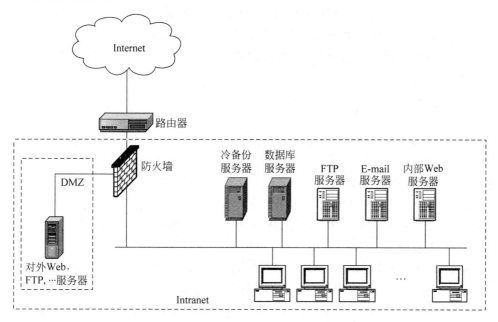

图 3-29 Intranet 的一般系统结构

3. Intranet 的特点

与过去的企业网相比较，Intranet 虽然还是企业内部的局域网（或多个局域网局部相连的广域网），但它与传统局域网 C/S（客户机/服务器）模式又有不同。简单地说，在网络拓扑结构上采用传统的构网理论，但在技术上，以 Internet 协议和 Web 技术为基础。可实现任意的点对点通信。而且依赖 Web 服务和其他 Internet 网络服务完成以往无法实现的功能。Intranet 具有以下特点：

（1）Intranet 归企业的内部使用，因此对用户有严格的权限控制，并设置防火墙等安全机制。外部用户只能访问企业的 Web 站点，未经授权无法进入 Intranet 获取企业其他内部资源。

（2）Intranet 的动态页面能实时反映数据库的内容，用户可以查询数据，还可以增加、修改和删除数据库的数据。

（3）采用 TCP/IP 作为网络的传输协议。基于 TCP/IP 协议，它可以跨越当前几乎所有的平台。任何平台上只要安装一个浏览器，就可以访问 Web 服务器。用 HTML、Java 开发的应用系统可以简单地移植到任何平台上。克服了传统企业的网络因平台的不同而必须改变已开发的应用系统的缺点。

4. Intranet 的功能

Intranet 除了能提供 Internet 上提供的基本服务（例如 E-mail、WWW、FTP 等）外，Intranet 最重要的特点是网络安全功能和企业多种应用信息系统的功能。

Intranet 的服务类型可分为基本服务、可选服务和特殊服务。Intranet 提供的基本服务包括 DNS、E-mail 和 WWW 服务；提供的可选服务包括 FTP、Telnet 等，用于网络文件的传输、网络的远程管理操作；某些企业构建的 Intranet 还提供一些为本企业服务的特殊服务，如数据库、事务处理、CIS、CAD、视频会议、网络电话、网络 Fax、远程教育等。

5. Intranet 安全管理

企业内部网在经过几年的发展后，逐渐从封闭走向开放，各单位纷纷加入 Intranet。为保护内部网络的安全性，在规划网络时，应统一考虑和建立网络安全措施。与 Internet 相比，Intranet 网络的最大优势也是其安全性。

网络安全措施可分为加密技术和防火墙技术。加密技术对于网络中传输的数据进行加密处理，在达到目的地址后，解密还原为原始数据，以此防止非法用户对信息的截取和盗用。

防火墙技术通过对网络的隔离和限制访问的方法来控制网络的访问权限，从而保护网络资源。防火墙技术是一种访问控制技术，它用于加强两个或多个网络间的边界防卫能力。其工作方法是：在公共网络和专用网络之间设立隔离墙，在此检查进出专用网络的信息是否被允许通过，或用户的服务请求是否被允许，从而防止对信息资源的非法访问和非法用户的进入，它属于一种被动型防卫技术。由于防火墙只能对跨越网络边界的信息进行监测、控制，而对网络内部人员的攻击不具备防范能力，因此单纯依靠防火墙保护网络的安全性是不够的，还必须与其他安全措施综合使用，才能达到目的。

3.4.3　Web 服务器

Web 是传送文档，包括文件、图形甚至是语音和视频图像给远程访问者的平台。Web 采用 B/S 模式进行信息的传输：客户 Web 浏览器通过 HTTP 协议将特定的 URL（Uniform Resource Location，统一资源定位符）发送到 Web 服务器来请求页面，Web 服务器使用 URL 中的信息来定位和返回页面内容。与传统的 C/S 模式不同的是，这里 Web 服务器不需要保留与客户端浏览器连接的信息，当客户通过 HTTP 协议连接到 Web 服务器并提出文档请求，Web 服务器响应请求，将文档提交给客户便立即关闭连接。

Web 服务器中除提供它自身的独特信息服务之外，还"指引"着存放在其他服务器上的信息，而那些服务器又"指引"着更多的服务器。这样，全球范围的信息服务器互相指引而形成信息网络。这也是将其称之为 World Wide Web 的原因。

Web 服务器应能支持和响应多种请求。从 Web 服务器返回的页面可以是 3 种类型：静态 HTML 页面、动态 HTML 页面或目录列表页面。

1. 基于 Web 的信息管理模式

当前流行的企业信息管理模式是一种分布式的基于 Web 的管理模式，如图 3-30 所示。在这种信息管理模式下，企业中可有多台 Web 服务器和数据库服务器，用户可在浏览器上通过 Web 服务器实现对各数据库的访问。其中客户机端只需要安装相应的浏览器软件，而 Web 服务器上需要开发对各数据库的访问接口。

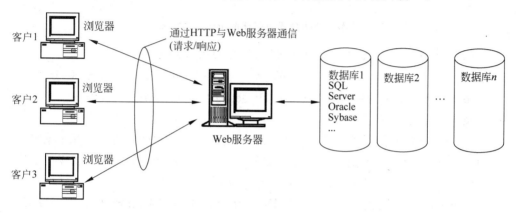

图 3-30　基于 Web 的管理模式

与传统的 C/S 方案相比，基于 Web 的信息系统可以给应用开发者和管理者带来以下好处：用户只需在一种界面上（浏览器）就可访问所有类型的信息，而不用操作多种多样的、经常不相容的传统应用和数据库界面。同时具有传统的 C/S 系统的可用性和灵活性，用户访问权力和限制的集中管理，使得基于 Web 的 B/S 应用更易于扩充，更易于管理。

现在，XML Web Services 已经使应用程序服务器和 Web 服务器的界线混淆了。通过传送一个 XML 有效载荷（payload）给服务器，Web 服务器现在可以处理数据和响应（response）的能力与以前的应用程序服务器同样多了。

2. 组建 Web 服务器平台

虽然从客户端的浏览器来看，所有的 Web 服务器都是透明的，但是 Web 服务器平台实际上是有多种构建方案和选择的。B/S 方式将开发工作全部转移到 Web 服务器端，因此，在组建 Web 服务器平台时的就应考虑开发环境及工具。

1）操作系统

任何 Web 服务器都是运行在网络操作系统上的，如图 3-31 所示。实际上 Web 服务器就是网络操作系统的一个应用。相类似的还有数据库服务等。

目前，网络操作系统可分为两大类：UNIX 系统和 Windows 系统。对应这两大

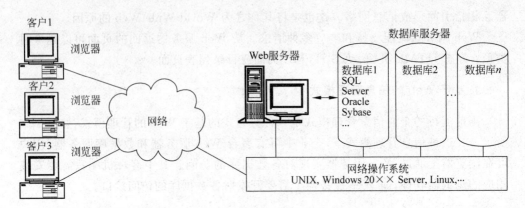

图 3-31　Web 服务器建在网络操作系统之上

类操作系统,Web 的开发平台构架分别是 J2EE 和 ASP. NET。

运行在 Windows 操作系统上的 Web 服务器主要是 IIS,IIS 是 Internet Information Services 的缩写,是 Microsoft 公司的 Web 服务器,Gopher 服务器和 FTP 服务器全部包容在里面。

Apache 是世界使用排名第一的 Web 服务器软件。它可以运行在几乎所有广泛使用的计算机平台上,由于其跨平台和安全性而被广泛使用,是最流行的 Web 服务器端软件之一。

Nginx 是一款轻量级的 Web 服务器/反向代理服务器及电子邮件(IMAP/POP3)代理服务器,其特点是占用内存少,并发能力强。

2) ASP. NET 开发平台

ASP. NET 的前身是 ASP 技术,ASP(Active Server Pages)是早先 Windows 系统上开发 Web 应用的技术。ASP. NET 不能只被看作是 ASP 的下一个版本,它是一种建立在通用语言上的优秀程序架构,而且可以运行于多种平台的 Web 服务器之上。ASP . NET 在 2.0 版时功能已大致确定,成为 Web 应用程序的基础架构,Microsoft 公司开始在 ASP. NET 2.0 上开发扩充的功能,包括 AJAX 的支持、MVC 架构的支持以及更容易开发出数据库应用的架构。目前的 ASP. NET 4.0 版与 Visual Studio 2010 一起发布,配合. NET Framework 4.0 让 Web 应用程序具有如并行运算库(parallel library)等新功能。

因为 ASP. NET 是基于通用语言的编译运行的程序,其实现完全依赖于虚拟机,所以它拥有跨平台性,ASP. NET 构建的应用程序可以运行在几乎全部的平台上。ASP. NET 开发的首选语言是 C♯及 VB. NET,同时也支持多种语言的开发,例如 Java/J♯、Python、JScript 等。

IIS 是 Microsoft 公司的 Web 服务器,包含了对 ASP. NET、JSP 和 PHP 的支持。ADO. NET 是一种能够让用户采用 SQL 语言与数据库进行交互的编程模型。是一组用于和数据源进行交互的面向对象类库。通常情况下,数据源是数据库,但它同样也可以是文本文件、Excel 表格或者 XML 文件。Windows 系统上的 ASP.

NET 开发平台如图 3-32 所示。

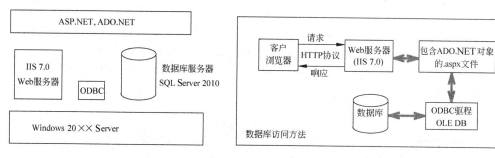

图 3-32　Windows 系统上的 ASP. NET 开发平台

3) J2EE 开发平台

J2EE(Java 2 Platform Enterprise Edition)是建立在 Java 2 平台上的企业级应用的解决方案。Java 本身的跨平台性使得 J2EE 有许多优点,例如"编写一次、随处运行"的特性、方便存取数据库的 JDBC API、CORBA 技术以及能够在 Internet 应用中保护数据的安全模式等,同时还提供了对 EJB(Enterprise JavaBeans)、Java Servlets API、JSP(Java Server Pages)以及 XML 技术的全面支持。其最终目标是成为一个支持企业级应用开发的体系结构,简化企业解决方案的开发、部署和管理等复杂问题。J2EE Web Services 开发模型如图 3-33 所示。

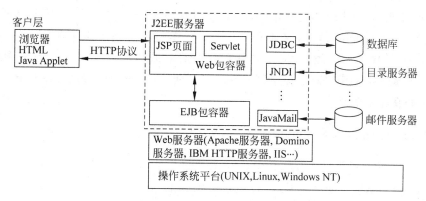

图 3-33　J2EE Web Services 开发模型

3.4.4　建立楼宇内的 Intranet 网

建立智能楼宇的 Intranet 网,实质就是在智能楼宇内的计算机局域网络环境下构建 B/S 方式的运行和开发平台。在实现 Intranet 方案时,要考虑到系统的可靠性、安全性和扩展性。客户端的方案首选是 Windows+IE,也可以采用 Linux+Netscape。对 Web 服务器端,目前的技术提供了多个可选方案,但是,根据所采用的主机操作系统大致可分为三类:低端的 Linux 架构、性价比优良的 Windows 20xx Server 架构和高端的 UNIX 架构。

1. Linux 架构

Linux 是免费的操作系统，在其上构建 Web 服务器平台是廉价的解决方案。在 Linux 系统下，Apache 是最好、最普及的 Web 服务器，后台数据库可根据实际情况选择 Oracle、Sybase、DB2 或 Informax、MySQL 等。图 3-34 所示的是一种 Linux 架构解决方案——Linux＋Apache＋Tomcat＋MySQL，该方案支持 JSP 技术。

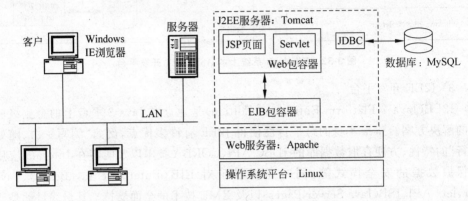

图 3-34　一种 Linux 架构解决方案：Linux＋Apache＋Tomcat＋MySQL

Apache 和 Tomcat 都可以作为独立的 Web 服务器来用，Apache 功能强大、高效，但并不能支持 JSP 及 Servlet。Tomcat 能支持 JSP，但是当处理静态页面时 Tomcat 不如 Apache 迅速，又不如 Apache 一样强壮。基于以上原因，使用一个 Apache 作为 Web 服务器，为网站的静态页面请求提供服务。使用 Tomcat 服务器作为一个 Servlet/JSP 插件，显示网站的动态页面。Apache＋Tomcat 结构具有更好的可扩展性和安全性。

2. Windows 20×× Server 架构

这是当前应用最广泛的 Intranet 方案架构：Windows 20×× Server＋IIS＋SQL Server＋ASP. NET，如图 3-35 所示。实际上，Windows 20×× Server 已经将一整套的 Web 服务器应用集成到操作系统中，其中就包括了服务功能强大的 Web 服务器 IIS（Internet Information Server）。

3. UNIX 构架

对于大型企业而言，选用 UNIX 系统构建 Intranet 更为合适。UNIX 本身具备丰富的网络功能，易于配置成为企业内部的 Web 服务器，利用客户端的浏览器软件就可实现 WWW 的各项功能。同时 UNIX 良好的稳定性和安全性对企业网也是至关重要的。

Apache 仍然是 UNIX 系统下最好的 Web 服务器之一，对于支持 J2EE 的 Web 服务器，大型的企业级网站可采用 IBM WebSphere Application Server、BEA

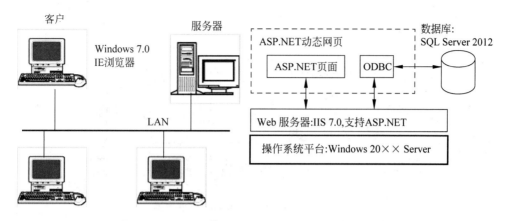

图 3-35　Intranet 的 Windows 20×× Server 构架方案

Weblogic Application Server 和 SUN iPlanet Enterprise Web Server 等作为 Web 服务器。图 3-36 是 UNIX 架构的一种方案：UNIX＋Apache＋WebSphere＋J2SDK＋Oracle。

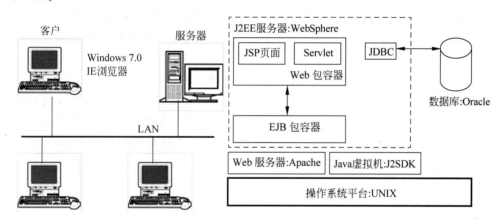

图 3-36　UNIX 构架的一种方案

4. Internet/Intranet 的互联

图 3-37 是一个 Internet/Intranet 互联方案。Intranet 到 Internet 的连接之间应设置防火墙进行安全控制。同时根据不同服务器的安全级别不同，把它们安装在不同的位置。其中的对外 Web 服务器和 DNS/E-mail 服务器安装在 DMZ 区（防火墙的中立区），网管工作站等安装在网络内部。所有对数据库的访问都必须经过二级防火墙，确保数据库服务器的安全。使用一台路由器通过宽带接入 Internet。

一级防火墙为隔离 Internet 与 Intranet 的第一道屏障。

DMZ 是英文 Demilitarized Zone 的缩写，中文名称为"隔离区"，也称"非军事化区"。它是为了解决安装防火墙后外部网络不能访问内部网络服务器的问题而设立的一个非安全系统与安全系统之间的缓冲区，这个缓冲区位于企业内部网络和外部

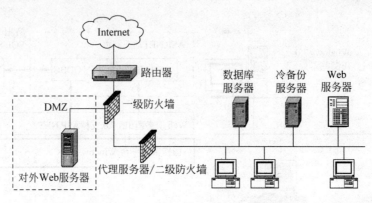

图 3-37　一个 Internet/Intranet 互联方案

网络之间的小网络区域内,在这个小网络区域内可以放置一些必须公开的服务器设施,如企业 Web 服务器、FTP 服务器和论坛等。另一方面,通过这样一个 DMZ 区域,更加有效地保护了内部网络,对攻击者来说,因为这种网络部署比一般的防火墙方案又多了一道关卡。

二级防火墙是网络的第二道安全防线,在一级防火墙被攻破时,它还可以保护中心数据库的安全不受影响。而 Intranet 内部对于 Internet 的访问由代理服务器控制。

对于系统可靠性要求很高的场合,建议在系统中再配置一台冷备份服务器。这台服务器中同时存有数据库系统和 Web 系统的备份。此服务器定期从数据库服务器和 Web 服务器上备份新的资料与数据。平时这台服务器处于关机状态,使它完全没有被攻击的可能。当第二道防火墙被攻破,数据库系统也被破坏时,可以用这台服务器及时恢复数据库服务器和 Web 服务器中的内容。冷备份服务器是本系统最后的保障。

3.5　网络的管理与安全运行

一个安全的计算机网络应该具有可靠性、可用性、完整性、保密性和真实性等特点。不仅要保护计算机网络设备安全和计算机网络系统安全,还要保护数据安全等。因此针对计算机网络本身可能存在的安全问题,必须实施网络安全保护方案以确保计算机网络自身的安全性。

1. 网络安全隐患

计算机网络面临的安全威胁大体可分为两种：一是对网络本身的威胁,包括对网络设备和网络软件系统平台的威胁;二是对网络中信息的威胁,其中包括对网络中数据的威胁,还包括对处理这些数据的信息系统及应用软件的威胁。对网络安全的威胁主要来自人为的管理失误、恶意攻击、网络软件系统的漏洞和"后门"。

（1）技术性缺陷导致的安全隐患。计算机网络中总会存在一些安全缺陷,如路由器配置错误、保留匿名 FTP 服务、开放 Telnet 访问及口令文件缺乏安全保护等。技术性的网络安全隐患主要表现在 3 个方面：一是以传统宏病毒、蠕虫等为代表的入侵性病毒传播；二是以间谍软件(spyware)、广告软件(adware)、网络钓鱼软件(phishing)、木马程序(trojan)为代表的恶意代码威胁；三是以黑客为首的有目标的专门攻击或无目标的随意攻击为代表的网络侵害。

(2) 安全管理漏洞导致的安全隐患。除技术性缺陷外，发生最频繁的网络安全威胁实际上来自安全管理漏洞，只有把安全管理制度与安全管理技术手段相结合，整个网络系统的安全性才有保证。

网络攻击经常能够得逞，主要有以下几个方面的原因：一是现有的网络系统具有内在的安全脆弱性；二是管理者思想麻痹，对网络入侵造成的严重后果重视不够，舍不得投入必要的人力、财力、物力来加强网络的安全；三是没有采取正确的安全策略和安全机制。

2. 网络安全应对方法

网络的安全策略应是针对各种不同的威胁和脆弱性提出的全方位解决方案，这样才能确保网络和信息的机密性、完整性、可用性、可控性和不可否认性。计算机网络的安全策略可以分为物理安全策略、访问控制策略、攻击防范策略、加密认证策略和安全管理策略等。

(1) 物理安全策略。其目的是保护计算机网络通信系统和网络服务器等硬件基础设施免受自然灾害、人为破坏和搭线攻击，确保网络系统有良好的工作环境。抑制和防止电磁泄露是物理安全策略要解决的一个主要问题。

(2) 访问控制策略。是网络安全防范和保护的核心策略之一，其任务是保证网络资源不被非法使用和非法访问。访问控制策略包括入网访问控制策略、操作权限控制策略、目录安全控制策略、属性安全控制策略、网络服务器安全控制策略、网络监测和锁定控制策略以及防火墙控制策略。

(3) 攻击防范策略。是为了对来自外部网络的攻击进行积极的防御。积极防御有两种情况：及时发现外部对网络的攻击并且进行抵御；努力寻找网络自身的安全漏洞进行弥补。

(4) 加密认证策略。信息加密是保障网络安全的有效策略之一。一个加密的网络不但可以防止非授权用户的搭线窃听和入网，而且也是对付恶意软件的有效方法之一。网络加密常用的方法有链路加密、端到端加密和节点加密 3 种。链路加密的目的是保护链路两端网络设备间的通信安全，节点加密的目的是对源节点计算机到目的节点计算机之间的信息传输提供保护，端到端加密的目的是对源端用户到目的端用户的应用系统通信提供保护。用户可以根据需求酌情选择上述加密方式。

(5) 安全管理策略。在网络安全中，除了诸如访问控制、攻击防范、加密认证等技术措施之外，加强网络的安全管理，制定有关规章制度，对于确保网络安全、可靠地运行将起到十分有效的作用。

从安全技术保障手段上来讲,应当采用先进的网络安全技术、工具、手段和产品,同时采取先进的备份手段。这样,一旦防护手段失效时,可以迅速进行系统和数据的恢复。

3.5.1　网络管理

网络管理就是对网络进行规划、配置、监视及控制,以便更好地利用网络资源,确保网络高效、可靠和安全地运行。实现的管理功能为故障管理、性能管理、配置管理、安全管理和计费管理。网络管理的通俗理解就是对网络的设备运行进行监控。但是,能否对网络设备进行管理还要看它是否提供管理接口,是否内嵌符合国际标准的代理(agent)程序。目前,主要有两个网络管理协议:SNMP 和 CMIP。SNMP是基于 TCP/IP 的,几乎所有路由器和交换机厂商都提供基于 SNMP 的网络管理功能。

1. SNMP 协议

SNMP(Simple Network Management Protocol,简单网络管理协议)是由一系列协议和规范组成的,它包含 4 个组成部分。

(1) SNMP NMS (SNMP 管理站):利用 SNMP 协议对网络设备进行管理和监控的系统。

(2) SNMP Agent (SNMP 代理):是运行在被管设备上的软件模块,用于维护被管设备的信息数据(即 MIB),还负责接收、处理、响应来自 NMS 的请求报文,也可以主动发送一些通知报文给 NMS。

(3) SNMP 协议:规定 NMS 和 Agent 之间是如何交换管理信息的应用层协议,以 GET、SET 方式替代了复杂的命令集,实现网管需求。

(4) MIB (管理信息库):每个 Agent 都有自己的 MIB 库。MIB 是一种对象数据库,由设备所维护的被管理对象组成。它们提供了一种从网络上的设备中收集网络管理信息的方法。从被管理设备中收集数据有两种方法:一种是轮询(polling-only)方法,另一种是基于中断(interrupt-based)的方法。

SNMP 使用嵌入到网络设备中的代理(agent)软件来收集网络的通信信息和有关网络设备的统计数据。代理软件不断地收集统计数据,并把这些数据记录到 MIB中。网管中心通过向代理的 MIB 发出查询信号可以得到这些信息,这个过程就称为轮询(polling),如图 3-38 所示。网管员可以使用 SNMP 来评价网络的运行状况,并揭示出通信的趋势,例如,哪一个网段接近通信负载的最大能力或通信出错等。

轮询方法的缺陷在于无法保证信息的实时性,尤其是错误的实时性,因为不合适的轮询间隔和顺序将影响轮询结果。与之相比,当有异常事件发生时,基于中断的方法可以立即通知网络管理工作站,其优点在于实时性很强,缺点在于产生错误或自陷需要系统资源,从而影响网管功能。

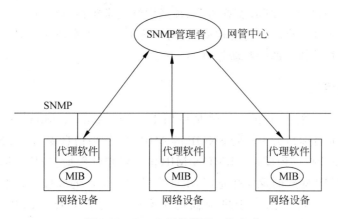

图 3-38　SNMP 网络管理工作方式

面向自陷的轮询方法(trap-directed polling)是上述两种方法的结合：网络管理工作站轮询在被管理设备中的代理来收集数据，并且在控制台上用数字或图形的表示方法来显示这些数据。被管理设备中的代理可以在任何时候向网络管理工作站报告错误情况，而并不需要等到管理工作站为获得这些错误情况而轮询它的时候才会报告。

2. CMIP 协议

CMIP(Common Management Information Protocol，公共管理信息协议)是由 ISO 制定的国际标准。CMIP 主要针对 OSI 七层协议模型的传输环境而设计，采用报告机制，具有许多特殊的设施和能力，需要能力强的处理机和大容量的存储器，因此目前支持它的产品较少。但由于它是国际标准，因此发展前景很广阔。

CMIP 采用面向对象的方法来描述被管资源，用事件驱动的方法管理被管对象。在网络管理过程中，CMIP 通过事件报告进行工作，由网络中的各个设备监测设施在发现被检测设备的状态和参数发生变化后及时向管理进程进行事件报告。管理进程一般都对事件进行分类，根据事件发生时对网络服务影响的大小来划分事件的严重等级，网络管理进程很快就会收到事件报告，具有及时性的特点。

CMIP 和 SNMP 这两种管理协议各有所长。SNMP 是 Internet 组织用来管理 TCP/IP 互联网和以太网的，由于实现、理解和排错很简单，所以受到很多产品的广泛支持，但是安全性较差。CMIP 是一个更为有效的网络管理协议，把更多的工作交给管理者去做，减轻了终端用户的工作负担。此外，CMIP 建立了安全管理机制，提供授权、访问控制、安全日志等功能。但由于 CMIP 是由国际标准化组织指定的国际标准，因此涉及面很广，实施起来比较复杂且花费较高。

3.5.2　网络管理新技术

在过去的十几年中，通信技术快速发展，网络正在向智能化、综合化、标准化发展，先进的计算机技术、ATM 交换技术、神经网络技术正在不断应用到网络中来，给网络管理提出了新的挑战。与之相适应，网络管理也在逐渐成熟并日臻完善。下面简单介绍网络管理技术的一些新趋势。

1. 远程网络监控

网络管理技术的一个新的趋势是使用 RMON（Remote Monitor，远程网络监控）。RMON 的目标是为了扩展 SNMP 的 MIB-Ⅱ（管理信息库），使 SNMP 更为有效、积极主动地监控远程设备。RMON MIB 由一组统计数据、分析数据和诊断数据构成，是对 SNMP 框架的重要补充，利用许多供应商生产的标准工具都可以显示出这些数据，因而它具有独立于供应商的远程网络分析功能。RMON 探测器和 RMON 客户机软件结合在一起在网络环境中实施 RMON。RMON 的监控功能是否有效，关键在于其探测器要具有存储统计数据历史的能力，这样就不需要不停地轮询才能生成一个有关网络运行状况趋势的视图。当一个探测器发现一个网段处于一种不正常状态时，它会主动与网络管理控制台的 RMON 客户应用程序联系，并将描述不正常状况的捕获信息转发给 RMON 客户应用程序。RMON 的强大之处在于它完全与 SNMP 框架兼容。

2. 基于 Web 的网络管理技术

基于 Web 的网络管理模式（Web-Based Management，WBM）就是通过 Web 浏览器进行网络管理，有两种实现方式。第一种方式是代理方式，即在一个内部工作站上运行 Web 服务器（代理）。这个工作站轮流与端点设备通信，浏览器用户与代理通信，同时代理与端点设备之间通信。在这种方式下，网络管理软件成为操作系统上的一个应用。它介于浏览器和网络设备之间。在管理过程中，网络管理软件负责将收集到的网络信息传送到浏览器（Web 服务器代理），并将传统管理协议（如 SNMP）转换成 Web 协议（如 HTTP）。第二种实现方式是嵌入式。它将 Web 功能嵌入到网络设备中，每个设备有自己的 Web 地址，管理员可通过浏览器直接访问并管理该设备。在这种方式下，网络管理软件与网络设备集成在一起。网络管理软件无须完成协议转换。所有的管理信息都是通过 HTTP 协议传送。

3. 面向业务的网络管理

新一代的网络管理系统，已开始从面向网络设备的管理向面向网络业务的管理过渡。这种网管思想把网络服务、业务作为网管对象，通过实时监测与网络业务相关的设备、应用，通过模拟客户实时测量网络业务的服务质量，通过收集网络业务的业务数据，实现全方位、多视角监测网络业务运行情况的目的，从而实现网络业务的故障管理、性能管理和配置管理。

网络管理本身是一项极其复杂的工作，无论网络管理技术进步到何种程度，我们都不能奢望出现让网管人员一劳永逸的网管工具。即使有了带有人工智能的网管工具,它也仅仅让网络管理变得容易一些,而不会全部代替人的工作。

3.5.3　VLAN 管理

VLAN(Virtual LAN,虚拟局域网)是通过路由器和交换设备在局域网的基础上建立的一个或多个逻辑结构。每个逻辑网络可看成是一个虚拟工作组,它也是一组网段和站点的集合。它们可以不受物理位置的限制,而好像处于同一局域网那样,能方便地进行通信和资源共享。

1. VLAN 的作用

VLAN 基于交换技术,通过不同的划分方法把原来一个大的广播区的局域网从逻辑上划分为若干个"子广播区",一个子广播区的广播包只能在该子广播区传送,而不会送到其他广播区中。处于不同 VLAN 上的主机不能进行直接通信,不同 VLAN 之间的通信要引入第三层交换技术才可以解决。网络设备通过 VTP 协议以及 ISL 或 IEEE 802.1q 协议允许一个 VLAN 跨越多个交换机,从而提高 VLAN 划分的灵活性。以太网交换机上通过引入 VLAN,具有以下优点:

(1) 限制了局部的网络流量,在一定程度上可以提高整个网络的处理能力。

(2) 通过灵活的 VLAN 设置,把不同的用户划分到虚拟的工作组内。

(3) 一个 VLAN 内的用户和其他 VLAN 内的用户不能互访,提高了安全性。

2. VLAN 的管理方法

VLAN 的管理主要涉及 VLAN 的划分和 VLAN 的配置。VLAN 的划分即确定 VLAN 成员(站点和服务器)的方法。VLAN 的划分方式大致划分为 5 类。

1) 基于端口划分的 VLAN

这是常用的 VLAN 划分方法,这种划分方法比较简单,通过交换机配置命令将交换机端口划分到一个指定的 VLAN 中,所有连接到这个端口的工作站和服务器(包括通过这个端口级联)都属于这个 VLAN。这种方式的特点就是管理比较简单,但是灵活性不高。

2) 基于 MAC 地址划分 VLAN

这种划分 VLAN 的方法是根据每个主机的 MAC 地址来划分,即对每个 MAC 地址的主机都配置为属于某个组,它实现的机制就是每一块网卡都对应唯一的 MAC 地址,VLAN 交换机跟踪属于 VLAN MAC 的地址。这种方式的 VLAN 允许网络用户从一个物理位置移动到另一个物理位置时自动保留其所属 VLAN 的成员身份。这种方式特点在于灵活性很高,桌面工作站的移动变化都不需要对交换机重新配置。缺点在于其管理比较复杂,需要做出每个 MAC 地址与 VLAN 的对应表。

3) 基于网络层协议划分 VLAN

VLAN 按网络层协议来划分,可分为 IP、IPX、DECnet、AppleTalk、Banyan 等

VLAN 网络。这种按网络层协议组成的 VLAN 可使广播域跨越多个 VLAN 交换机。这对于希望针对具体应用和服务来组织用户的网络管理员来说是非常具有吸引力的。而且，用户可以在网络内部自由移动，但其 VLAN 成员身份仍然保留不变。

4）根据 IP 多播划分 VLAN

IP 多播实际上也是一种 VLAN 的定义，即认为一个 IP 多播组就是一个 VLAN。这种划分的方法将 VLAN 扩大到了广域网，因此这种方法具有更大的灵活性，而且也很容易通过路由器进行扩展，主要适合于不在同一地理范围的局域网用户组成一个 VLAN，但不适合局域网，主要是效率不高。

5）基于用户的 VLAN 划分方式

在这种方式中，VLAN 的划分根据用户登录到 NT 域的用户名来动态划分交换机端口的 VLAN，这种方式对客户机的要求是用户端必须要登录到 NT 域上，并且其 IP 地址设置为动态分配方式。同时，需要配置基于 Windows NT 的管理软件实现。这种方式可管理性和灵活性非常高，用户可在任何地方获得其特有的权限。缺点就是需要额外投资。

3.5.4 防火墙技术

防火墙技术是建立在现代通信网络技术和信息安全技术基础之上的一种安全技术，用于抵御黑客对计算机网络的侵扰，常用于专用网络与公用网络的互联环境之中。以防火墙为代表的被动防卫型安全保障技术已被证明是一种较有效的防止外部入侵的措施。

1. 什么是防火墙

防火墙形象地讲与建筑物中的防火墙类似，它可以防止外部网络（例如 Internet）上的危险（黑客）在内部网络上的蔓延。如图 3-39 所示，用专业语言来说，所谓防火墙就是一个或一组网络设备（计算机或路由器等），可用来在两个或多个网络间加强相互的访问控制。内部网上设立防火墙的主要目的是保护自己不受来自另外一个网络的攻击，要保护的是内部网络，而要防备的则是外部网络。对网络的保护包括拒绝未授权的用户访问，同时允许合法用户不受妨碍地访问网络资源。防火墙的职责就是根据本单元的安全策略，对外部网络与内部网络交流的数据进行检查，符合安全规定的通过，不符合安全规定的拒绝。

2. 防火墙的组成与基本结构

防火墙一般由以下两部分组成：包过滤路由器（packet filtering router）和应用网关（application gateway）。

防火墙能根据一定的安全规定检查、过滤网络之间传送的报文分组，以确定它们的合法性。这项功能一般是通过具有分组过滤功能的路由器来实现的，通常把这

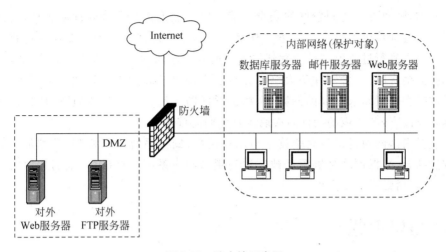

图 3-39　防火墙示意图

种路由器称为分组过滤路由器,也称为筛选路由器(screening router)。

　　分组过滤路由器一般是作为系统的第一级保护,它与普通的路由器在工作机理上有较大的不同。普通的路由器工作在网络层,可以根据网络层分组的 IP 地址决定分组的路由;而分组过滤路由器要对 IP 地址、TCP 或 UDP 分组头进行检查与过滤。通过分组过滤路由器检查过的报文,还要进一步接受应用网关的检查。因此,从协议层次模型的角度看,防火墙应覆盖网络层、传输层与应用层。

　　根据物理特性,防火墙分为两大类,软件防火墙和硬件防火墙。

　　软件防火墙是一种安装在负责内外网络转换的网关服务器或者独立的个人计算机上的特殊程序。软件防火墙工作于系统接口与 NDIS(Network Driver Interface Specification,网络驱动接口规范)之间,用于检查过滤由 NDIS 发送过来的数据,在无须改动硬件的前提下便能实现一定强度的安全保障,但是由于软件防火墙自身属于运行于系统上的程序,不可避免地需要占用一部分 CPU 资源维持工作,而且由于数据判断处理需要一定的时间,在一些数据流量大的网络里,软件防火墙会使整个系统工作效率和数据吞吐速度下降,甚至有些软件防火墙会存在漏洞,导致有害数据可以绕过它的防御体系,给数据安全带来损失,因此,许多企业并不会考虑用软件防火墙方案作为公司网络的防御措施,而是使用看得见摸得着的硬件防火墙。

　　硬件防火墙是一种以物理形式存在的专用设备,通常架设于两个网络的驳接处,直接从网络设备上检查并过滤有害的数据报文。硬件防火墙一般是通过网线连接于外部网络接口与内部服务器或企业网络之间的设备,它可分为两种结构。一种是普通硬件级别防火墙,此类防火墙拥有标准计算机的硬件平台和一些功能经过简化处理的 UNIX 系列操作系统和防火墙软件,这种防火墙措施相当于专门拿出一台计算机安装了软件防火墙,除了不需要处理其他事务以外,它毕竟还是一般的操作系统,因此有可能会存在漏洞和不稳定因素,安全性并不能达到最好。另一种是所谓的"芯片"级硬件防火墙,它采用专门设计的硬件平台,在上面搭建的软件也是专门开发的,因而可以达到较好的安全性能保障。但无论是哪种硬件防火墙,管理员都可以通过计算机连接上去设置工作参数。由于硬件防火墙的主要作用是把传入的数据报文进行过滤处理后转发到位于防火墙后面的网络中,因此它自身的硬件规格也是分档次的,尽管硬件防火墙已经足以实现比较高的信息处理效率,但是在一些对数据吞吐量要求很高的网络里,档次低的防火墙仍然会形成瓶颈,所以对于一些大企业而言,芯片级的硬件防火墙才是他们的首选。

企业内部网通过将防火墙技术与用户授权、操作系统安全机制、数据加密等多种方法结合,来保护网络资源不被非法使用与网络系统不被破坏,全面地执行网络安全策略,增强系统安全性。

习题与思考题

1. 简述局域网体系结构。
2. 什么是快速以太网?它有哪几种介质标准?
3. 什么是千兆以太网?它有哪几种介质标准?
4. 什么是万兆以太网?它有哪几种介质标准?
5. 什么是 100BASE-T?什么是 1000BASE-T?
6. 与千兆以太网相比,万兆以太网有哪些优势?
7. 名词解释:LAN,CSMA/CD,ADSL,HDSL,FTTB。
8. 简述交换式局域网的特点和工作原理。
9. 什么是三层交换技术?它有何特点?
10. 什么是无线局域网?它有哪些介质标准?
11. 什么是 IEEE 802.11g?什么是 IEEE 802.11b?
12. 无线局域网有哪些组网方式?有何特点?
13. 什么是 HomeRF?什么是 IrDA?
14. 扩展局域网有哪些常用的方法?
15. 局域网互联有哪些常用的方法?
16. 三层交换机与路由器有哪些区别?
17. 计算机网络系统设计有哪些原则?
18. 简述万兆校园网解决方案。
19. 什么是宽带接入网?有哪些宽带接入技术?
20. 什么是 xDSL?有哪些 DSL 技术?
21. 什么是 FTTx?它有何特点?
22. 有哪些网络操作系统?它们各有何特点?
23. 什么是 Internet?它有哪些信息服务?
24. 什么是 Intranet?它有何特点?
25. 在计算机网络中,网络协议的作用是什么?

26. 简述中继器、网桥、交换机、路由器和网关的功能及特点。
27. 基于电话线的接入技术主要有哪几种？各自的特点是什么？
28. 采用光纤的接入技术主要有哪几种？各自有何特点？
29. 什么是 Web？Web 服务器有何功能？
30. 有哪些 Web 服务器平台？如何组建？
31. 建立智能建筑的 Intranet 有哪些方案？
32. 什么是网络管理？它有哪些功能？
33. 什么是 SNMP？什么是 CMIP？
34. 什么是 RMON？什么是 WBM？
35. 什么是 VLAN？它有哪些功能？
36. VLAN 有哪些划分方式？各自有何特点？
37. 什么是防火墙？防火墙的组成与基本结构是什么？

第 **4** 章　智能建筑内的电话网

本章导读

　　在人与人的交往中电话仍是首要的通信工具。智能建筑内的电话网是公用电信网的延伸,公用电信网是全球最大的网络,在不发达的地区可能没有计算机网络,但是一般会有电话网,因此通过电话网可以与世界各地的人们联系。不仅如此,我们通过调制与解调技术可以在模拟电话网上进行数据、图像的传输。智能建筑内的电话网与外部的通信网络如公用电话网、公用数据网、用户电报网、无线移动电话网等连接,与国内外各类用户实现话音、数据、图像的综合传输、交换、处理和利用。

　　本章主要介绍智能建筑内的电话网以及与其相关的新技术,内容包括PABX 技术、VoIP 技术和 CTI 技术。

　　PABX 是当前构建智能建筑内电话网的主流技术。VoIP 是利用计算机网络进行语音(电话)通信的技术,是一种有广阔前景的数字化语音传输技术。

　　CTI 技术有十分广泛的应用:呼叫中心、报警中心、求助中心、自动语音应答系统、自动语音信箱、自动语音识别系统、故障服务、声讯台等。

4.1　PABX 通信网络

　　电话网可以支持多种通信业务,如图 4-1 所示,由此可见智能建筑内电话网的重要性。智能建筑内的电话网一般是以程控用户交换机 PABX (Private Automatic Branch eXchange)为核心构成一个星形网,为用户提供话音通信是其基本功能。建筑内的用户之间是分机对分机的免费通信。它既可以连接模拟电话机,也可以连接计算机、终端、传感器等数字设备和数字电话机,不仅要保证建筑内的语音、数据、图像的传输,而且要方便地与外部的通信网络如公用电话网、公用数据网、用户电报网、无线移动电话网等连接,与国内外各类用户实现话音、数据、图像的综合传输、交换、处理和利用。

　　智能建筑内的电话网也可以由当地的电信部门投资建造,这时的系统结构是以电信交换机(当地公网的交换机)的远端模块或端局级的交换机为核心构成一个星形网,建筑内的用户直接成为当地电话网的用户,没有分机的概念。这两种组成方式如图 4-2 所示。

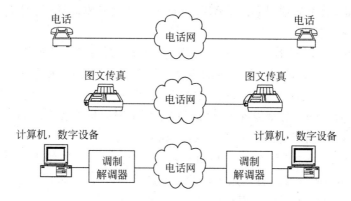

图 4-1　电话网支持多种通信业务

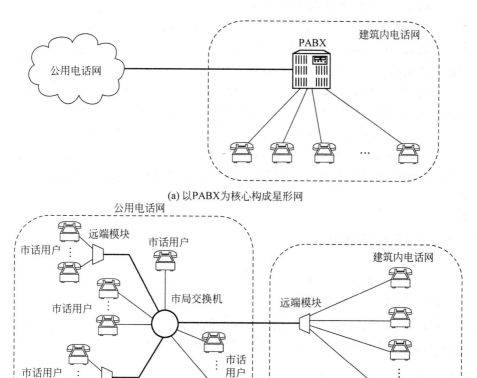

(a) 以PABX为核心构成星形网

(b) 以市局交换机的远端模块为核心构成星形网

图 4-2　智能建筑内电话网的两种组成方式

以 PABX 为核心组成以语音为主,兼有数据通信的建筑内通信网,可以连接各类办公设备。适用于智能建筑的 PABX 有以下特点:

（1）PABX 能为租用者提供廉价服务，租用者使用 PABX 后的通信费用应比不使用 PABX 时的通信费用低（如楼内通信免费）。与其由各租用者各自占用电信公司的少量线路，就不如通过租用 PABX 共同使用所有这些线路，这是 PABX 有可能提供廉价服务的原因。

（2）租用者可以利用 PABX 自由地构造各自的通信系统，换句话说，智能建筑中同一台 PABX 应能满足多个租用者的各种通信需求，包括适应租用者发生变化和同一租用者通信需求发生变化的情况。PABX 可按照建筑物内各个使用单位的需要，通过修改软件数据库，分割成许多个"虚拟"用户小交换机。各个"虚拟"用户小交换机分别具有各自的话务台、中继线（外线）、编号方案，各自的呼叫及功能相互隔离，互不干扰。各个"虚拟"用户小交换机中用户之间的呼叫需通过局间 DID（Direct Inward Dialling）中继或由各使用单位的话务员转换（即同虚拟用户小交换机内的用户之间可直拨通话，不同虚拟用户小交换机中的用户间的呼叫相当于出局呼叫），以保证各使用单位通信业务的独立性。

（3）建筑内同一条传输线应当复用，既可传输话音也可传输数据或图像，而不必为电话和数据通信分别配线，此外，PABX 的电缆布局应当能够适应电话机和终端机位置的随意变动。

面向智能建筑的 PABX 目前已有不少产品，容量从几百门至上万门，以适应不同规模的智能建筑。一些 PABX 产品采用分布式结构，包括一个本体部分和若干远端模块，后者可安装在靠近用户的地方，这样可提高电缆布设的灵活性，也可能减少电缆费用。远端模块和本体部分之间可用光缆连接，保证交换机系统内部的高速性。有的 PABX 产品还可直接连接简易无线网、卫星线路、高速数字专线、模拟专线等。

4.1.1　PABX 基本原理

PABX 采用先进的微处理器作为控制核心，主处理器热备份运行，全分散的控制方式，模块化程序设计，以及大规模 TTL、COMS 数字集成电路的选用，使整机具有较高的稳定性、可靠性。PABX 的硬件一般由控制设备、数字交换网络、外围接口电路、信号设备、话务台及维护终端（计算机）组成，如图 4-3 所示。

1. 控制设备

控制设备主要由处理器和存储器组成。处理器运行交换机软件，指示硬件、软件协调操作。存储器用来存放软件程序及有关永久和中间数据。控制设备有单机配置和多机配置，其控制方式可分为集中控制和分散控制两种。

2. 数字交换网络

数字交换网络的基本功能是根据用户的呼叫请求，通过控制部分的接续命令，

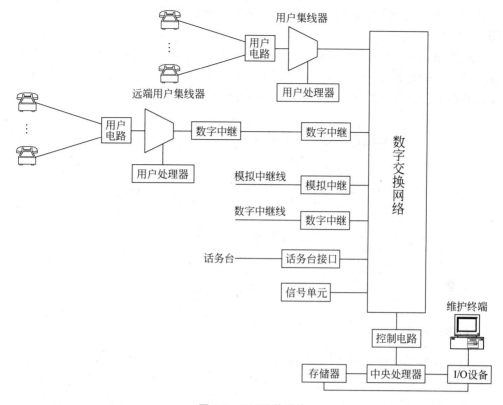

图 4-3　PABX 的结构

建立主叫与被叫用户之间的连接通路。目前主要采用由电子开关阵列构成的空分交换网络和由存储器等电路构成的时分接续网络。

3. 外围接口电路

外围接口电路是交换系统中的交换网络与用户设备、其他交换机或通信网络之间的接口。根据所连设备及其信号方式的不同,外围接口电路有多种形式。

(1) 模拟用户接口电路。这种电路所连接的设备是传统的模拟话机,它是一个 2 线接口,线路上传送的是模拟信号。

(2) 模拟中继电路。数字交换机和其他交换机(步进式、纵横式、程控模拟式、程控数字式等)之间可以使用模拟中继线相连。模拟接口(包括中继和用户电路)的主要功能是对信号进行 A/D(或 D/A)转换、编码、解码及时分复用。

(3) 数字用户电路。是数字交换机和数字话机、数据终端等设备的接口电路,其线路上传输的是数字信号,它可以是 2 线或 4 线接口,使用 2B+D 信道传送信息。

(4) 数字中继电路。是两台数字交换机之间的接口电路,其线路上传送的是 PCM 基群或者高次群数字信号,基群接口通常使用双绞线或同轴电缆传输信号,而高次群接口则正在逐步采用光缆传输方式。

我国采用 PCM30,即 2.048Mbps 作为一次群(基群)的数据速率,它同时传输 30

个话路，又称一个 E1 中继接口，其传输介质有 3 种：同轴电缆、电话线路、光纤，如图 4-4 所示。

在使用同轴电缆时，其传输距离一般不超出 500m，当距离较远时可采用光纤，这时需要两端配置光端机。也可用 HDSL（High-data-rate Digital Subscriber Line）设备在两对普通电话线路上传输 E1 数字中继信号。

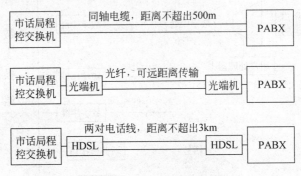

图 4-4　三种数字中继线路

4. 信号设备

信号设备主要有回铃音、忙音、拨号音等各种信号音发生器，双音多频信号接收器和发送器等。

由于现在的 PABX 功能非常多，参数设置、校验、通话计费等操作一般通过配置一台专用的系统维护管理计算机来完成，所有的参数设置和功能配置均可在 Windows 图形化操作界面下进行。许多产品具有多 PC 终端维护与控制功能。用户可以通过本地 LAN 进行终端维护、话费查询等各种操作，也可以通过 Internet 联网，进行远程维护与话费查询等操作。典型的方案如图 4-5 所示。

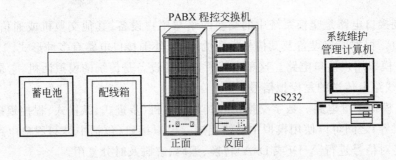

图 4-5　PABX 的系统维护由一台计算机完成

4.1.2　PABX 的主要功能

PABX 的典型功能分述如下。

1. 内部呼叫功能

内部分机用户之间的呼叫,在主叫用户摘机听到拨号音后,拨被叫分机号码,用户交换机自动完成接续。当被叫分机用户听到话机振铃后,摘机应答,内部分机用户间接续完成。

2. 出局呼叫功能

(1) PABX 从市话局用户级入网的中继方式。分机用户摘机听到拨号音后,拨出局字冠 0 或 9,用户交换机自动将分机用户与一个空闲的出中继器接通。分机用户听到二次拨号音后,再拨本地网用户号码、国内长途(人工台、半自动台)号码、国际长途(人工台、半自动台)号码、特种业务号码等,经接口市话局配合完成通话接续。

(2) PABX 从市话局选组级入网的中继方式。分机用户摘机听到拨号音后,拨出局字冠 0 或 9 后直拨本地网用户号码、国内长途(人工台、半自动台)号码、国际长途(人工台、半自动台)号码、特种业务号码等,经接口市话局配合完成通话接续。

3. 非话音业务

PABX 能满足分机用户非话音业务要求,可以在话路频带内开放传真和数据业务,并能保证非话音业务不被其他呼叫插入或中断。

4. 话务台主要接续功能

(1) 话务员能将市话局的呼入转接至本局分机用户。遇该分机用户为忙时,能插入通知,并送通知音。

(2) PABX 在接续过程中,如遇空号、临时改号、无权呼叫等情况时,能自动将呼叫转接至话务台,由话务员代答或录音辅导。

(3) 设有值班用户,在话务台无人值守时,可由值班用户代为转接市话呼入至所需分机用户。

(4) 在较大容量用户交换机设置多个话务台的情况下,交换机有均匀呼入话务量功能以及话务台之间互助代接功能。

(5) 可用"电脑话务员"替代人工话务员。

5. 维修测试功能

(1) 设备状态的指示。在操作命令控制下,PABX 的用户线、中继线、信号设备及公共控制设备的状态能在显示屏上显示出来,必要时可定期打印输出,作为维护人员的维护依据资料。

(2) 设备的闭塞和启用。在操作命令控制下,实现用户交换机的用户线、中继线、各种接口、信号设备及冗余的公共设备的闭塞、倒换及应用。闭塞的设备应有信号显示,中继线的闭塞信号必须送到与之直接的对方局,避免误占。

（3）追查通话路线。在操作命令控制下，能对 PABX 处于接续状态的路线的设备号码，主、被叫号码通话日期、时间等信息进行查询，并可经打印机输出。

（4）测试设备。能对系统中各种电话功能进行自动例行测试，在自动例行测试通过以后，自动投入运行，发现故障能显示告警，并打印输出全部测试结果。

6. 故障检测功能

PABX 中有故障诊断程序和故障检测、报警硬件，用以自动检测系统运行中的软件、硬件故障，并将故障信息通过报警设备和输出系统显示输出。

（1）硬件故障定位。用户交换机故障诊断系统要保证硬件故障定位的精度，应 70％定位至一块插件，90％定位至三块插件，使维护人员不需要查阅维护手册即可作出判断和处理。

（2）软件故障定位。用户交换机故障诊断系统对软件故障有检测和寻找的手段，并指示存储器中的地址和故障类别，在输出设备上及时输出，以帮助维护人员通过查阅维护手册确定故障的危害和影响范围，作出处理方法的选择。

7. 其他功能

（1）PABX 具有电源故障转接功能。在市电断电或电源系统发生故障时，PABX 通过转接继电器将市话局的中继线转接至指定的分机用户。需要时也可以人工进行这种转接，以保证在发生电源故障的情况下，保证用户交换机内重要分机用户对外通信能力。

（2）时间监视。用户交换机系统应有时间监视功能，以保证各项设备不被虚占，例如摘机不拨号监视、两位间不拨号监视、久叫不应监视、再应答时间监视、听忙音久不挂机监视等。各项时间监视应能通过操作命令加以调整。

4.1.3　PABX 的入网方式

PABX 接入公用电话网的中继方式可有多种，其选择的依据是设备容量的大小、与公用网话务密切程度、智能建筑的业务类型（通用型、办公自动化型、旅馆型等）以及接口端局的设备制式等因素。选择入网方式的原则是：有利于长远发展；节约投资；提高接口端局和设备的利用率；保证信号传输指标等达到技术要求，从而保证全程全网通话质量。

智能建筑中 PABX 接公用电话交换网的中继方式最好为全自动接入方式，但根据我国公用电话交换网上的现有交换技术及计费技术，还不能大量地开设全自动接入方式。除全自动接入方式之外还有半自动接入方式、混合接入方式等。

1. 全自动直拨中继方式

（1）DOD1＋DID 中继方式，如图 4-6 所示。这种是直拨呼出/呼入中继方式。

DOD1(Direct Outward Dialling-one)即直拨呼出中继方式 1,1 为只听一次拨号音之意。DID(Direct Inward Dialling)即直拨呼入中继方式。

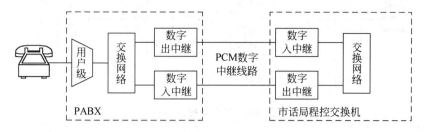

图 4-6　DOD1＋DID 中继方式

采用 DOD1＋DID 中继方式接入的用户单位相当于当地电话局中的一个电话支局(这时的 PABX 相当于当地电话交换局的一个远端模块),其各个分机用户的电话号码要纳入当地电话网的编号中。这种中继方式无论是呼出或呼入都是接到电话局的选组级上,并根据规定,在 PABX 和电话局相连的数字中继线路(E1)上要求使用中国 1 号信令方式。全自动接入方式的最大优点是为实现综合业务数字网打下了基础,为非话业务通信创造了条件。

(2) DOD2＋DID 中继方式,如图 4-7 所示。这是直拨呼出听二次拨号音、直拨呼入中继方式。DOD2(Direct Outward Dialling-two)即直拨呼出听二次拨号音方式,2 为听二次拨号音之意。呼出的中继方式是接到电话局的用户电路而不是选组级上,所以出局呼叫要听二次拨号音(PABX 通过设定在机内可以消除从电话局送来的二次拨号音)。呼入时仍采用 DID 方式。这种中继方式在出局呼叫公用电话网时要加拨一个字冠,一般都用 9 或 0。

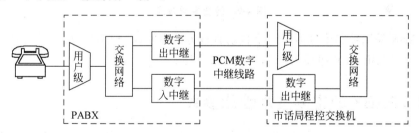

图 4-7　DOD2＋DID 中继方式

2. 半自动中继方式

DOD2＋BID 中继方式,如图 4-8 所示。

呼出采用 DOD2 方式,呼入采用半自动中继方式,即 BID(Board Inward Dialling)方式。DOD2＋BID 中继方式的特点是,呼出时接入电话局的用户级,听二次拨号音(现 PABX 在机内可消除从电话局送来的二次拨号音,直接加拨字冠号进入公用电话网)。呼入时经电话局的用户级接入到 PABX 的话务台上,由话务员转接至各分机(现 PABX 在机内可送出附加拨音号或语音提示以及附加电脑话务员来

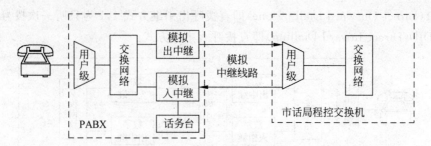

图 4-8　半自动接入方式

实现外线直接拨打被叫分机号码）。

3. 混合中继方式

DOD1＋DID＋BID 中继方式，如图 4-9 所示。

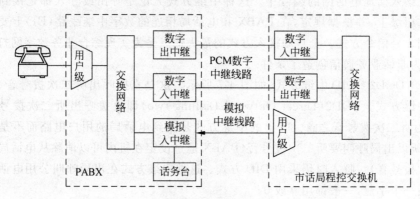

图 4-9　混合中继方式

PABX 采用数字中继电路以全自动直拨方式（DOD1＋DID）为主，同时辅以半自动接入方式（BID），增加呼入的灵活性和可靠性。

4.1.4　PABX 的主要技术性能参数

PABX 的主要技术性能参数有以下几个。

1. 容量

（1）内线容量。表明可装设的内线户用数量，一般从几十线（门）到几千线（门）不等，这是作为选型的重要指标，同时要考虑是否能进行扩充。

（2）外线（中继）容量。表明连接其他交换机的中继线路数量，这是作为选型的重要指标，同时要考虑是否能进行扩充。其中又分环路中继数量、载波中继数量、E&M 中继数量、E1 中继数量（E1 中继信令应符合中国 1 号信令、7 号信令、R2 信令或 Q.931 协议）等。

2. 话务量

话务量是描述电话利用率的指标,也是设计电话系统容量的依据。话务量的单位为爱尔兰(Erl),它是平均 1 小时内所有呼叫需占用信道的总小时数,1Erl 表示平均每小时内用户要求通话的时间为 1 小时。一个信道能完成的话务量必定小于1Erl,也就是说信道的利用率不可能是 100%。一般而言,我国每个用户的话务量为0.1Erl,每条中继线的话务量为 0.7Erl,每次呼叫平均占用时长为用户 60s、中继 90s。

(1) 用户线话务量。用户线的利用率,典型值是 0.2Erl。

(2) 中继线话务量。中继线的利用率,典型值是 0.7Erl。

3. 呼损

在信道公用的情况下,通信网无法保证每个用户的所有呼叫都能成功,必然有少量的呼叫会失败,即发生呼损。呼损等于单位时间内呼叫失败次数与总呼叫次数之比,用百分数表示。

4. 中继接口类型

(1) 环路中继。是模拟中继线路,它是用市话的用户线路作为 PABX 连接市话网的中继线路,每路中继端口含有铃流检测、音频通道及反极信号检测、脉冲发码回路等。入中继时,接收对方端局的振铃信号,完成入中继功能,出中继时提供用户环路,转发号盘脉冲,并对 a、b 线环路极性进行监视,以提供计费起始时间。环路中继接收主叫号码有两种制式,即双音多频(DTMF)方式和频率键控调制(FSK)方式。

(2) E1 中继。是数字中继线路,它有中国 1 号信令、中国 7 号信令、R2 信令、ISDN 多种信令之分,在选用时要与当地的电信网交换机相配合。一个 E1 中继包含30 路中继线路,可以指定其中每一条中继线路的方向(作为入中继、出中继还是双向中继)。一个 E1 的传输速率是 2.048Mbps。其传输介质有 3 种:同轴电缆、电话线路、光纤,参见图 4-4。

(3) E&M(Ear and Mouth)中继。也是模拟中继线路,一般用于与专网的连接,例如将高频无线对讲机连接到电话网以实现互通。

4.1.5　PABX 网络设计要点和实例

智能建筑的 PABX 网络是一个星形拓扑结构通信网,如图 4-10 所示。网络的中心即是 PABX,端点是各类用户终端设备:模拟/数字电话机、传真机、DTE 设备等。为了保证信道的传输性能以及数字化发展的要求,PABX 网络的用户线路介质应至少采用 3 类 UTP,有条件的可用 5 类或超 5 类 UTP。

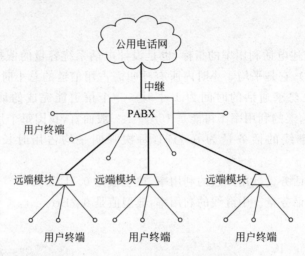

图 4-10　PABX 网络结构

1. 西钢企业通信系统方案

设计目标：方便内部通话，节省长途、郊区、手机话费。

要求：路由设置灵活，组网方便，计费准确。

方案：系统方案如图 4-11 所示。

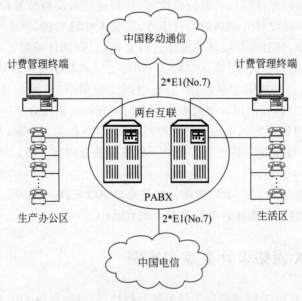

图 4-11　西钢企业通信系统方案

配置：2 台 JSY-2000H，2048 用户，5 个 E1 口（7 号信令）。2 台机器所分号码分别为 5181×××和 5182×××，呼入呼出为等位拨号（DID＋DOD1）。市话出入走中国电信。拨打手机 130～139 走中国移动网络。长途电话目前与中国移动签约，走中国移动网络。长途前自动加 IP 接入号 17951。当第一 E1 网络遇忙时，可迁回到另一台交换机汇接出局。

使用情况：原只接中国电信时，生产办公区每月的通话费在 7～8 万元。现长途改走 IP 后，降为 2～3 万元，仅生产办公电话费每年即可节省 50～60 万元。

2. 某市公安局电话通信系统方案

系统方案如图 4-12 所示，与上级公安局程控交换机的连接采用 E&M 中继方式。

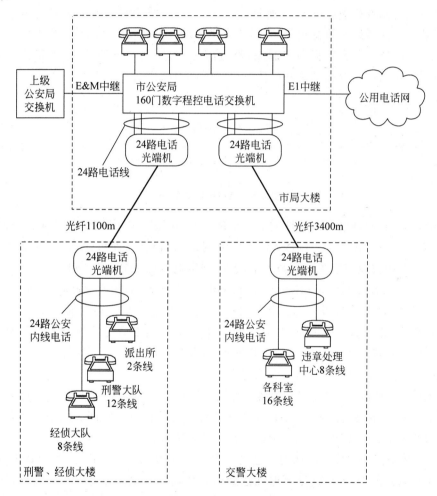

图 4-12　某市公安局电话通信系统方案

350Mbps 无线集群可通过 E&M 中继与程控交换机联网，实现有线与无线的无缝连接。

通过 2Mbps 的 PCM 数字中继（30 路）与当地邮电公网连接。110 占用 12 外线（6 进 6 出）、6 内线（接警热线）。其余的外线供办公和生活区电话使用。

由于交警大队、刑警大队、经侦大队不在市局大楼办公，分别在 3km 和 1km 之外的建筑内办公,为了方便公安工作,需要将公安内线电话延伸到这些单位部门。解决的方案是采用电话光端机加光缆传输的技术来扩展用户线路。

4.2　建筑内的 VoIP 系统

VoIP(Voice over IP,又称 IP 网络电话)是利用计算机网络进行语音(电话)通信的技术。它不同于一般的数据通信,对传输有实时性的要求,是一种建立在 IP 技术上的分组化、数字化语音传输技术。

VoIP 的基本原理如图 4-13 所示,通过语音压缩算法对语音数据进行压缩编码处理,然后把这些语音数据按 IP 等相关协议进行打包,经过 IP 网络把数据包传输到接收地,再把这些语音数据包串起来,经过解包、解压和解码处理后,恢复成原来的语音信号,从而达到由计算机网络传送语音(电话)的目的。

图 4-13　VoIP 基本原理

最初的 IP 网络电话以软件的形式呈现,同时仅限于 PC 到 PC 间的通话,换句话说,人们只要分别在两端不同的 PC 上安装网络电话软件,即可经由 IP 网络进行对话。随着宽频普及与相关网络技术的演进,网络电话也由单纯 PC 到 PC 的通话形式发展出 IP 到 PSTN(Public Switched Telephone Network,公共交换电话网)、PSTN 到 IP、PSTN 到 PSTN 及 IP 到 IP 等各种形式,当然它们的共通点就是以 IP 网络为传输媒介,如此一来,电信业长久以 PSTN 电路交换网络为传输媒介的惯例及独占性也逐渐被打破。人们从此不但可以享受到更便宜甚至完全免费的通话及多媒体增值服务,电信业的服务内容及面貌也为之剧变。

虽然 VoIP 拥有许多优点,但绝不可能在短期内完全取代已有悠久历史并发展成熟的 PSTN 电路交换网,所以现阶段两者势必会共存一段时间。网络电话若要走向符合企业级营运标准,必须达到以下几个基本要求:

(1) 服务品质(QoS)的保证。这是由 PSTN 过渡到 VoIP、IP PBX 取代 PBX 的最基本要求。所谓 QoS 就是要保证达到语音传输的最低延迟率(400ms)及封包遗失率(5%~8%),如此通话品质才能达到现在 PSTN 的基本要求及水准,否则 VoIP 的推行将成问题。

(2) 99.9999%的高可用性(High Available,HA)。虽然网络电话已成今后的必然趋势,但与发展已久的 PSTN 相较,其成熟度、稳定度、可用性、可管理性乃至可扩充性等方面仍有待加强。尤其在电信级的高可用性上,VoIP 必须像现在的 PSTN一样,达到 6 个 9(99.9999%)的基本标准。目前 VoIP 是以负载平衡、路由备份等技术来解决这方面的要求及问题,总而言之,HA 是 VoIP 必须达到的目标之一。

(3) 开放性及兼容性。传统 PSTN 属于封闭式架构,但 IP 网络则属于开放式架构,如今 VoIP 的最大课题之一就是如何在开放架构下,能够达到各家厂商 VoIP 产品或建设的互通与兼容。目前的解决方法是通过国际电信组织不断拟定及修改标准协议来达到不同产品间的兼容以及 IP 电话与传统电话的互通性。

(4) 可管理性与安全性问题。电信服务包罗万象,包括用户管理、异地漫游、可靠计费系统、认证授权等,所以管理上非常复杂,VoIP 营运商必须有良好的管理工具及设备才能满足服务需求。同时 IP 网络架构技术完全不同于过去的 PSTN 电路交换网,而且长久以来其开放性的 IP 网络一直有着极其严重的安全性问题,这也是网络电话今后发展上的重大障碍与首先要解决的目标。

(5) 多媒体应用。与传统 PSTN 相比,网络电话今后发展上的最大特色就在多媒体的应用上。在可预见的未来,VoIP 将可提供交互式电子商务、呼叫中心、企业传真、多媒体视讯会议、智能代理等应用及服务。过去,VoIP 因为价格低廉而受到欢迎及注目,但多媒体应用才是 VoIP 今后蓬勃发展的首要因素,也是各家积极参与的最大动力。

4.2.1　VoIP 原理和构架

VoIP 就是一种可以在 IP 网络上互传模拟音频的一种技术。VoIP 大致通过 5 道程序来传输语音信号,首先是将发话端的模拟语音信号进行数字编码,目前主要是采用 ITU-T G.711 语音编码标准来进行。然后是将语音数据包加以压缩,并同时添加地址及控制信息,如此便可以在第三阶段,也就是传输 IP 数据包阶段中,在 IP 网络中寻找到传送的目的端。到了目的端,IP 数据包会进行译码还原的作业,最后转换成喇叭、听筒或耳机能播放的模拟语音信号。

目前 IP 语音的应用领域主要有 3 种协议分支的语音产品,包括 H.323、SIP、MGCP(H.248)。H.323 是 ITU 组织标准化的一个协议簇,主要给出 IP 语音及视频的应用协议规范,H.323 应该是一个相对全面、对于提供电信级运营、维护、管理等应用有着较好的体现的协议。

SIP 是针对互联网的特点发展起来的一个协议,由于 SIP 简单,预先考虑到一些互联网语音应用,所以有着许多优点,在兼容、可扩展、支持"个人移动"等方面有显著特点,目前在美国、日本及欧洲国家,SIP 已成为主流。

MGCP 主要是在软交换的体系中提出并采用的一种协议,它实际上是软交换体系中分离出来的元素间的控制协议,目前在终端产品上并没有获得较好的发展。

H.323 目前在国内仍是主流,SIP 目前在国内同样发展较快。而 MGCP 作为终端产品的应用将逐步被淘汰。

H.323 标准提供了基于 IP 网络(包括 Internet)传送声音、视频和数据的基本标准,它是一个框架协议,与之相关的传输、控制及声音、视频压缩等标准见表 4-1,表中还包含了多媒体在其余网络中(如 ISDN、PSTN)的系列协议。

表 4-1　H.323 框架协议

协议	H.323	H.320	H.321	H.322	H.324
批准时间	1996	1990	1995	1995	1996
网络	不保证带宽分组交换网络	窄带交换数字 ISDN	宽带 ISDN, ATM LAN	保证带宽分组交换网络	PSTN 或 POTS, 模拟电话系统
视频	H.261,H.263	H.261, H.263	H.261, H.263	H.261,H.263	H.261, H.263
音频	G.711, G.722, G.728, G.723, G.729	G.711, G.722, G.728	G.711, G.722, G.728	G.711, G.722, G.728	G.723
多路复用	H.225.0	H.221	H.221	H.221	H.223
控制	H.245	H.230,H.242	H.242	H.242,H.230	H.245
多点	H.323	H.231,H.243	H.231,H.243	H.231,H.243	
数据	T.120	T.120	T.120	T.120	T.120
通信接口	TCP/IP	I.400	AAL I.363, AJM I.361, PHY I.400	I.400 & TCP/IP	V.34 Modem

H.323 定义了网络传输系统中的 4 种基本的构成单元:终端(Terminal)、网关(Gateway)、网守(GateKeeper)和多点控制单元(Multipoint Control Unit,MCU)。

终端指 IP 网络上的客户终端,它提供了实时的双向传输用以传送声音等。终端必须支持声音传送,可选择支持视频和数据传送。同时,H.323 定义了能传送的声音标准(G.711、G.723 和 G.729 等),它们的互操作也在终端实现。所有的 H.323 终端都必须支持通信控制协议 H.245,同时支持呼叫控制协议 Q.931。另外,和 GateKeeper 进行通信的 RAS(Registration/Admission/Status)协议模块也包含在内。最后,终端支持 RTP/RTCP 用以进行声音和视频的打包传送。

网关主要提供了 H.323 会议终端与其余的 ITU-T 系列终端(如 ISDN H.320 终端)间的互联接口。主要包括传输格式的转换(如 H.225.0 到 H.221)和通信控制过程的转换(如 H.245 到 H.242)。另外还完成音视频格式的转换和呼叫建立。因此,如果要建立异种网络间的通话(如 PSTN 到 IP),网关是必需的,否则网关可以省略。

网守相当于 PSTN 中的电话交换机,完成集中用户管理、计费管理、认证管理、通话管理、号码管理等任务。当两台 PC 需要通话时,需连接至网守,经过认证确认后再进行通话,使用者需预先在网守上登记,使用时就可按照 PSTN 的一些规则(诸如,按人名、电话号码而不是 IP 地址等)进行呼叫通话等。网守主要提供了如下一些功能:

(1)地址翻译。将一个地址的别名翻译成传输地址。H.323 终端可能有电话号码(或其余名称)、别名、传输地址等多种名称,管理、更新和翻译地址表是非常重要的。

(2) 访问控制。设定访问者的权限,提供允许或拒绝访问等管理。

(3) 带宽控制。根据网络带宽,网守控制访问的人数以确保通道顺畅。

(4) 区域管理。网守提供区域内的终端、MCU 和网关的注册、更新、管理等功能。

H.323 提供了多点会议的能力,多点控制单元(MCU)即提供了支持三点或多点的功能。MCU 包含一个多点控制器,有时也包含一个多点处理器。如果一个网络不需要进行多点会议,那么可以不含 MCU。

在语音压缩编码技术方面,主要有 ITU-T 定义的 G.729、G.723 等技术,其中 G.729 提供了将原有 64kbps PSTN 模拟语音压缩到只有 8kbps,而同时符合不失真需求的能力。

在实时传输技术方面,目前网络电话主要支持 RTP 传输协议。RTP 协议是一种能提供端点间语音数据实时传送的标准。该协议的主要工作在于提供时间标签和不同数据流同步化控制作业,收话端可以经过 RTP 重组发话端的语音数据。除此之外,在网络传输方面,还包括 TCP、UDP、网关互联、路由选择、网络管理、安全认证及计费等相关技术。

4.2.2　IP 电话网关(中继网关)

IP 电话网关提供 IP 网络和电话网之间的接口,用户通过 PSTN 本地环路连接到 IP 网络的网关,网关负责把模拟信号转换为数字信号并压缩打包,成为可以在计算机网络上传输的 IP 分组语音信号,然后通过计算机网络传送到被叫用户的网关端,由被叫端的网关对 IP 数据包进行解包、解压和解码,还原为可被识别的模拟语音信号,再通过 PSTN 传到被叫方的终端。这样,就完成了一个完整的电话到电话的 IP 电话的通信过程。

电话网关的工作原理如图 4-14 所示,PSTN 和 ISDN 用户可通过 E1 或 T1 中继呼入 IP 电话网关,IP 电话网关首先处理信令,然后根据送来的被叫号码,通过网守查询出该电话号码所对应的对端电话网关的服务器的 IP 地址(如果是和 PC 通信,则是 PC 的地址),然后,通过网守服务器查询相应信息,向对端 IP 电话网关发起 IP 电话呼叫,建立 Internet 上的虚拟话路通道(一个 TCP 连接通道,2 个 UDP 通道)。如果被叫方是 PC,那么对端(即 PC)收到 Internet 呼叫,选择接通后就可以通话了。如果被叫方是电话用户,那么对端 IP 电话网关收到 Internet 呼叫后,选择一个话路时隙呼叫被叫方电话用户,当被叫方接通后,整个电话就接通了;当两边的呼叫接续成功后,IP 电话网关提取呼入的信息包,对数据进行压缩/解压缩后,或者直接输出到 E1/T1 中继上,或者交给路由协议处理模块处理后,通过以太网接口(10/100BASE-T)发送到对端 IP 电话网关。

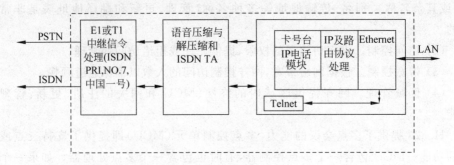

图 4-14　电话网关的工作原理

IP 电话网关基本组网如图 4-15 所示。

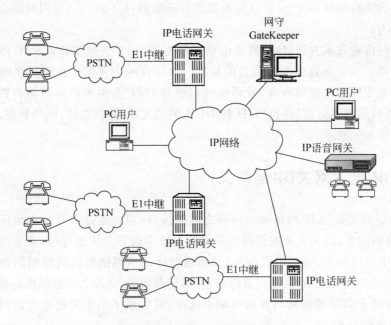

图 4-15　IP 电话网关基本组网

IP 电话网关支持的业务如下:

(1) 传统的 Internet 电话业务,即通话双方均是普通电话用户。用户 A 拨打 Internet 电话接入码后,在进行用户验证后,再拨打用户 B 的电话号码,A 端的电话网关将根据 B 的电话号码查找出 B 端用户所在的电话网关的 IP 地址。然后,A 端电话网关将与 B 端电话网关建立 Internet 电话连接,然后 B 端电话网关将呼叫用户 B,这样整个呼叫就接通了。

(2) Click to Dial。当用户 A 上网时(如上 Internet 浏览),如果 A 想和电话用户 B 通话,A 只需点击 B 的热点,PC 将通过 Internet 拨打 B 的电话,进行通话。另外,该功能还包括 PC 用户可在上网期间通过 PC 接收电话 A 的呼叫及 PC 用户和 PC 用户间的通话。该功能目前需要完成一个 PC 端的软件。

（3）来电指示及呼叫等待。假设 PC 用户 A 正在上网或通话，如果用户 B 呼叫 A，那么屏幕上将显示一个信息表示 A 收到来话，这时 A 可通过点击鼠标选择接收还是拒绝接收来话。如果接收，那么来话将被转移到用户 B 的电话或 PC 上。

4.2.3　IP 语音网关

IP 语音网关是一种智能接入设备，一般是指有电话及网络接口的设备，是传统电话网和 IP 电话网的桥梁，一般位于传统电话机、公用电信网（PSTN/ISDN）与 IP 网的接口处，图 4-16 为 IP 语音网关基本组网原理。它将电话机、PSTN 线路传来的时分话音或传真信息进行分组和压缩，并将分组转换成 IP 数据包传送到 Intranet/Internet，再通过路由器路由到目的地。

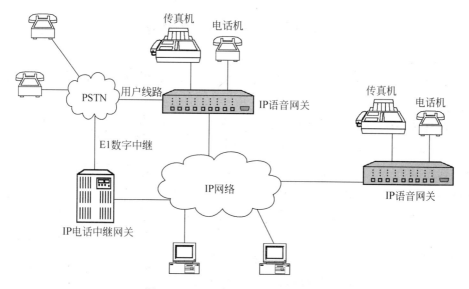

图 4-16　IP 语音网关基本组网原理

IP 语音网关不同于 IP 电话机，也不同于 IP 电话网关（中继网关）。IP 语音网关支持语音在 IP 上及 PSTN 上的双重保护，自由切换。即语音网关 FXS 接电话机，FXO 接 PSTN 用户线，正常情况下拨打市话可以仍然走 PSTN，当拨打长途时可以根据号码智能地选择 IP 网。如果断电或是 IP 网络中断，网关可以自动切换至 PSTN 或通过配置选择拨打 PSTN。另一方面，每一台电话机都被赋予两个电话号码：PSTN 电话号码及 IP 语音电话号码，用户可以从容接听来自 IP 网及原 PSTN 的来电，形成一机双号。一机双号本质上是在完全不改变用户习惯的基础上完成 IP 网上电话同 PSTN 传统电话的自由使用，同时让用户真正安全地使用 IP 电话，其路由方式如图 4-17 所示，其中：

- 用户 A（833110）拨打用户 B（822880）通过 PSTN 完成，无需 VoIP。
- 用户 A（833110）拨打用户 C（17022）通过 PSTN-IP 电话中继网关-IP 网络-IP

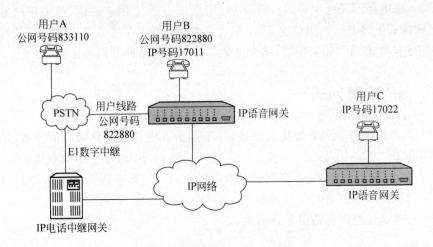

图 4-17　IP 语音网关一机双号原理

语音网关完成。

- 用户 B(17011)拨打用户 C(17022)通过 IP 语音网关-IP 网络-IP 语音网关完成,无需 PSTN。

目前国内有众多品牌的 IP 语音网关产品,在选用时应注意以下几点:

(1) 能支持的协议。目前在国内电信市场,H. 323 仍是主流,SIP 发展较快,所以在选择 IP 语音网关产品时,最好兼顾眼前利益和长远利益,选择同时支持 H. 323 和 SIP 的语音网关产品。

(2) IP 语音网关的功能是否完善。功能较差的语音网关一般不支持传真,或在互联网上传真质量不高,包括不能连续传真,工业和信息化部的测试明确要求需要 7 页纸的连发来验证传真质量。另外,还要注意其是否具备一些电话领域的功能,包括来电显示、来电识别、反极检测、反极识别、轮选、热线等,是否有较好的忙音检测及识别能力等。

(3) IP 语音网关的性能是否优良。各种语音网关的性能严格来说还是有比较大的差异,包括接续速度,各种压缩算法的语音质量,在丢包、抖动、延时等情况下的语音质量等。另外,对于回音消除的能力参数,语音网关稳定性,电源是否能支持瞬间断电,对雷击、电磁干扰的防护能力等,均须作认真的判断及检查。

4.2.4　VoIP 网络设计

智能建筑内的 VoIP 电话网根据功能的区别有两类系统方案。其一是建筑内不设 PABX,完全通过 VoIP 网络实现话音通信功能,方案如图 4-18 所示。其二是在建筑内已设有 PABX 网络的前提下,再构建一个 VoIP 网络作为 PABX 网的补充和改进,达到大幅降低通信费用的目的,方案如图 4-19 所示。

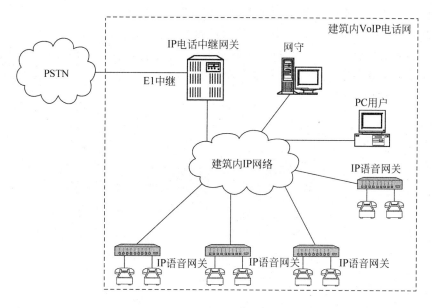

图 4-18　建筑内 VoIP 网络实现话音通信功能

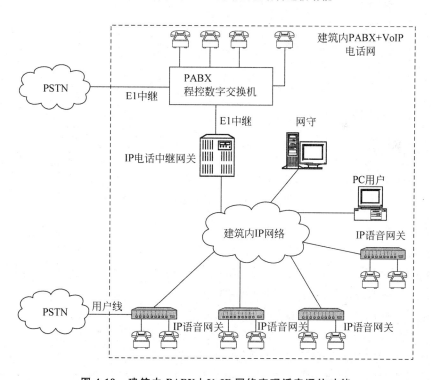

图 4-19　建筑内 PABX＋VoIP 网络实现话音通信功能

　　VoIP 电话网络是借助智能建筑内的 IP 网络(计算机网络)来实现话音通信功能的,可以认为它是建筑内的 IP 网络的增值业务,它只需占用十分有限的带宽。相比 PABX 电话网络,VoIP 电话网络有一个十分明显的优势:增加一个话音通信用户可能不需布线或者仅需少量的工作区子系统布线。

以下是某市公安局 VoIP 语音网络系统设计的实例。

该系统建设的主要任务和目标是通过采用 VoIP 技术和产品在数据网上实现各乡镇派出所与市局公安电话通信系统的互联。VoIP 语音网络系统结构如图 4-20 所示。

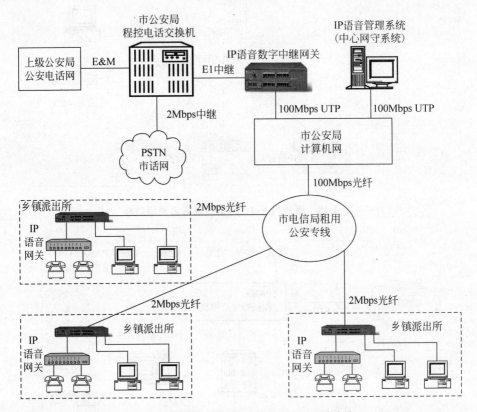

图 4-20　某市公安局 VoIP 语音网络系统方案

在市局使用 IP 语音数字中继网关通过 E1 与 PABX 连接,实现通信网的互通和延伸。派出所的语音网关全部要求支持电话和传真,能够实现分机与分机、分机与市话(包括移动)的语音通话和 FAX 功能。另外,为了网络的安全性、可靠性、可管理性,整个 VoIP 系统配置网守和网络管理系统。

市局下面的各个县支局根据需求可以配置 4 或 8 口或更高密度的 IP 语音网关,通过已有的 IP 网络与市局中心节点的 IP 语音数字中继网关实现互联。

在派出所安装模拟接口的语音网关,派出所使用 2 至 8 口的 IP 语音网关,端口号码编号方案遵照原有内部通信系统的编号方案。除了在 VoIP 系统内部可以呼叫其他网关的端口外,还可以拨打原有通信网的各分机的电话,并且实现等位拨号功能。

4.3　CTI 系统

CTI(Computer Telephony Integration,计算机电话集成,现已发展为 Computer Telecommunication Integration,计算机通信集成)是一种能提供人与计算机之间通过电话系统进行通信的技术,如图 4-21 所示。电话网是提供人-人通信的网络,IP 网络是提供机-机通信的网络,有了 CTI 技术,就为用户提供了人-机通信的桥梁。CTI 使用计算机来处理许多以往需要人工处理的电话通信业务,从而开辟了一类广泛而且是新型的应用领域。例如采用 CTI 技术的 114 查号台、电话银行、电话委托股票交易系统、高考查分系统、110 公安报警接警系统、电视台的有奖竞答比赛电话系统等。

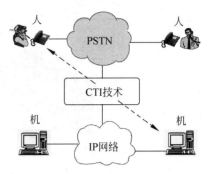

图 4-21　CTI 是人-机通信的桥梁

CTI 技术内容十分广泛,但概括起来,至少有如下一些应用技术和内容:电子商务,呼叫中心(客户服务中心),客户关系管理(CRM)与服务系统,自动语音应答系统,自动语音信箱及自动录音服务,基于 IP 的语音、数据、视频的 CTTI 系统,综合语音、数据服务系统,自然语音识别 CTI 系统,有线、无线计费系统,专家咨询信息服务系统,传呼服务、故障服务、秘书服务,多媒体综合信息服务等。

4.3.1　CTI 基本技术原理

CTI 是电信与计算机相结合的技术,它们的结合点就是电话语音卡。各类电话语音卡是 CTI 应用系统的硬件基础,其作用就相当于计算机针对 PSTN 的专用接口,如图 4-22 所示。

电话语音卡大致分为 3 类:模拟接口语音卡、数字中继语音卡、其他专用功能卡。

1. 模拟接口语音卡

模拟接口语音卡是通过用户线路与 PSTN 公用电话网接口的,一般模拟语音卡根据用户线路接口容量有二线、四线、八线、十六线之分,模拟语音卡之间可通过互联线连接,从而实现多达 128 路之间的交换(可以组成一台 PABX)。每一块卡都具有互相独立的多个通道,每个通道可根据需要配置成内线或外线;每一通道都可由软件编程完成如下基本功能:

- 自动检测外线用户打进时的振铃信号和内线用户摘挂机动作。
- 可控制外线的摘挂机,内线的馈电或振铃。

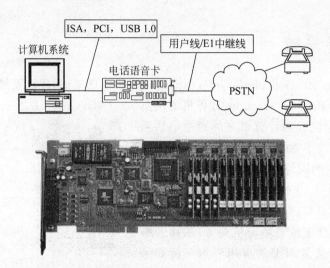

图 4-22　电话语音卡相当于计算机针对 PSTN 的专用接口

- 将数字化计算机语音文件放送到电话线上。
- 将电话语音录制成数字化计算机语音文件。
- 接收用户的电话机按键信号（双音多频码）。
- 检测电话线路返回的各种信号音状态，如拨号音、忙音、回铃音等。
- 电话卡上任意两通道可连接并相互通话。当卡上同时配有内外线时，内外线间也可连接并通话，可实现程控机的所有功能。
- 软件可调语音压缩比 1∶1～1∶4。

模拟电话语音卡一般采用标准程控机模块厚膜电路，主板则采用全数字化电路设计，使得整卡工作性能稳定可靠，其电话线接口指标应完全达到工信部入网规范。数字化语音采用电话通信领域的国际标准 A 律 PCM 编码。压缩编码则采用符合 CCITT 标准的 ADPCM 编码方式。模拟电话语音卡与电话网的接口配置灵活，各通道根据不同的需求可选用不同的模块。目前主要有以下几种功能的模块：外线、内线、录音、放音、搭线模块、声控录音模块等。

- 外线：用于接从电话局来的模拟电话线，相当于一部电话机，可以检测电话线来的振铃，完成摘挂机动作，收发 DTMF 码。
- 内线：直接接电话机，如果使用内线则需要接馈电电源，以驱动电话机。
- 录音：模块类型属于内线，作为一种模拟音频输入口，用于录音，不需要外接电源。
- 放音：模块类型属于内线，提供喇叭或耳机接口，作为一种模拟音频输出口，不需要外接电源。
- 搭线：一种用于并接外线电话的模块，模块类型属于内线，并接在外线电话上，能检测到外线电话的摘挂机状态，当外线电话摘机时，能录下通话声音，主要用于电话记录系统，不需要外接电源。
- 声控录音：功能同搭线模块，只是检测到电话线上有声音时就认为摘机，可启动录音,没有声音时认为挂机,从而停止录音。不需外接电源,属内线类型。

从模块类型看只有两种:外线和内线。以上几种功能的模块可以按系统的要求不同而互相灵活配置。

模拟电话语音卡支持 FSK、DTMF 的两种送主叫号码方式。每一通道都可同时进行录音、放音和接收用户电话机按键码。

模拟电话语音卡提供丰富的软件支持,包括 DOS、UNIX、XENIX、Windows NT/XP/7/8 环境下的驱动程序及各种工具软件。

2. 数字中继语音卡

数字中继语音卡是通过 E1 数字中继线路与 PSTN 公用电话网接口的。通过数字中继卡将计算机作为 PSTN 上的一个节点,从而拓展出一系列新的电信业务,如 168 声讯服务、语音信箱、带留言功能的无线寻呼业务、200 号密码记账长途业务、电话银行、证券交易与查询等。数字语音中继卡的功能如下:

(1) E1 数字中继接口。单块数字中继接口提供了 30 路 PCM 通道,出中继、入中继可以通过软件设定。利用连接电缆可将多块卡连在一起,实现多路的无阻塞交换。中继接口满足国家通信行业关于数字中继接口的标准。信令符合多种方式(中国 1 号、7 号信令)。每一通道可以拥有一个独立的 MFC 收发器,以适应各种应用场合。

(2) 话路语音的压缩与还原。在声讯服务系统中,语音数据的存储量是系统设计的关键,数字中继卡提供了 30 路的语音压缩通道,可以实现符合 CCITT G.726 建议的 32Kbps、16Kbps 的压缩速率。

(3) 全通道的 DTMF 收发器。考虑到在通话过程中能随时响应用户的按键请求,数字语音中继卡对每个 PCM 通道都配置一个独立的 DTMF 收发器。

(4) 全通道的传真(FAX)检测。对于非语音电信业务,如传真(Fax),数字语音中继卡对每一个 PCM 通道设置一个独立的 Fax 检测器,这样可以实现语音业务与非语音业务的共存。

(5) 交换功能。单卡可以实现 30 路的无阻塞交换,多卡可以实现多路的无阻塞交换。

(6) 用户话路终端接口(SLIC)。数字语音中继卡提供用户接口,可以与模拟接口语音卡直接相连,从而实现诸如排队机、人工服务话务员座席等功能。

(7) 软件支持。驱动程序包括 DOS、Windows NT/XP/7/8、UNIX 下的底层驱动程序。程序接口包括 C 语言 API、Visual Basic、Visual C、Delphi、PB 等使用动态连接库的语言。具有丰富的编程范例及演示程序、语音文件的编辑工具等。

3. 其他专用功能卡

在其他专用功能卡中最主要的是传真卡,其性能特点是:实现 G3 类传真收发,支持 CCITT 传真协议;卡上自动识别传真信号;多路传真可以同时收发;与模拟接口语音卡、数字中继语音卡配合使用,实现多路语音与传真共享。

4. TTS 技术

TTS(Text To Speech,文本到语音合成)是语音合成应用的一种,它将计算机中的文本数据转换成自然流畅的语音输出(可以合成到声卡/文件),实现计算机能朗读文本的功能,支持包括 PCM Wave、μ-law/A-law Wave、ADPCM、Dialogic Vox 等语音格式,支持主流语音板卡,支持 GBK、BIG5 字符集的文本阅读。

优秀的 TTS 不是对文字到语音的简单映射,还包括了对文字的理解以及对语音的韵律处理,其目的是为合成语音规划出音段特征,如音高、音长和音强等,使合成语音能正确表达语意,听起来更加自然悦耳。关键的问题是中文韵律处理、符号数字、多音字、构词方面,需要不断研究使得中文语音合成的自然化程度提高。

TTS 使计算机具有了人工智能的"说话"功能,应用这项技术后,CTI 可以实现"机"和人在语音层次的交互,从而提供诸如电话听 E-mail、语音查询天气、股票行情查询、航班查询等多种通过语音取代按键操作的自动语音播放信息查询业务。

5. ASR 技术

ASR(Automatic Speech Recognition,自动语音识别)是一种将人的语音转换为文本的技术,它使计算机具有了人工智能的"听"功能。语音识别是一个多学科交叉的领域,它与声学、语音学、语言学、数字信号处理、信息论、计算机科学等众多学科紧密相连。由于语音信号的多样性和复杂性,目前的语音识别系统只能在一定的限制条件下获得满意的性能,或者说只能应用于某些特定的场合。

由于中文同音字很多,人们的发音千差万别,再加上方言和习语等因素,ASR 要比 TTS 困难许多,目前还达不到实用的水平。有一些对普通话有较好的识别率。应用 ASR 技术有广泛的前景。综合应用 ASR 和 TTS 的技术,可望在不久的将来使CTI 能实现机器语音在线翻译,如图 4-23 所示。

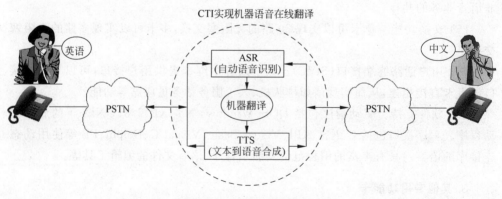

图 4-23　CTI 实现在线翻译

4.3.2　多通道电话数字录音系统

　　多通道电话数字录音系统是一种能同时进行多路电话实时录音及语音播放的系统,是计算机技术与电话语音卡技术的完美结合。由于采用了先进的数码录音技术,配以功能强大、可靠的软件,并借助大容量计算机硬盘作为存储介质,完全突破了传统的电话录音概念。通过电话录音系统可实现自动记录主叫号码和被叫号码,同时提供了对多路语音通道录音或监听、自动备份以及灵活的录音查询方式等功能。

　　多通道电话数字录音系统已广泛应用在电力、交通、石油等行业的指挥调度部门以及机场、港口、公安、安全、司法、军事等要害部门,为及时查询和发现事故原因以及提供准确可靠的原始录音记录发挥了巨大作用。

　　多通道电话数字录音系统由多通道电话语音卡、计算机系统和应用软件组成,如图 4-24 所示。

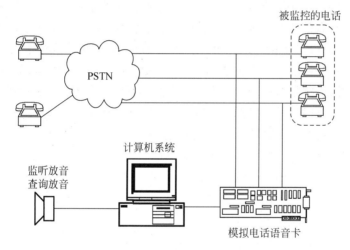

图 4-24　多通道电话数字录音系统的组成

数字录音系统具有如下功能:

* 可同时为多路电话录音,而且各通道之间互不干扰,对通话质量没有影响。
* 可以全自动录音(采用声控或压控),也可手动录音(键控)。
* 能自动识别和记录主叫号码、被叫号码。
* 可以对所有通话进行录音,也可选择特定号码进行录音。自动识别通话与上网,不对上网用户录音(如拨打 163 上网,录音系统不启动录音)。
* 可实时监听每一条线路的通话内容,并可随时调节音量。
* 可采用多种方式对录音文件进行查询,通过网络,用户可利用 Intranet 远程查听。
* 可设置自动备份的时间、备份介质(如硬盘、CD-R、MO 等数据存储设备)。
* 支持多种压缩方式:A-law、μ-law、ADPCM。采用 ADPCM 压缩方式,录音时间

比无压缩方式的录音时间长 4 倍。一个 100GB 硬盘大约可保存 17 000h 的录音。

- 为增加系统使用弹性,除选择 24h 录音外,系统可设定多个工作时段,在工作时段录音,在非工作时段系统停止录音。
- 电话录音系统可采用标准的 WAV 录音文件,可在多媒体计算机上直接播放,也可通过网络远程播放。
- 语音压缩处理在录音卡上完成,大大减少了对计算机资源的占用,由于采用先进的语音处理技术,录制的语音清晰、噪音小。

4.3.3　IVR 系统

IVR(Interactive Voice Response,交互式语音应答)是一种通过电话实现人-机交互的系统,机器的一端是具有人工智能的能“说”和能“听按键数字”的 CTI 应用系统,有时又称之为自动语音系统。用户只要通过普通双音频电话、手机,即可随时得到最新信息。查询条件的输入可以通过查询系统的语音引导来实现。常见的 IVR 系统有声讯台、股市行情和电话委托系统、电话预约系统、考试成绩电话查询系统等。

自动语音系统是由电话语音卡、TTS、ASR、数据库、自动语音应答软件组成的。系统通过电话网络接收电话用户指令,并通过 CTI 服务器将接收到的指令传递给信息处理服务器,信息处理服务器返回客户所需的文字信息给语音处理服务器,语音处理服务器将这些文字信息转换成语音信息,然后回送给 CTI 服务器,CTI 服务器将语音信息播报给用户。IVR 系统的结构如图 4-25 所示。

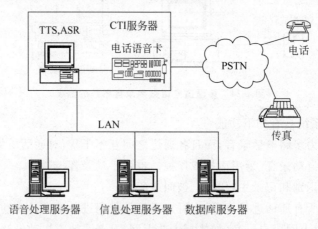

图 4-25　IVR 系统的结构

1. 自动语音应答

用户访问 IVR 系统,可以通过电话从该系统中获得预先录制的语音信息或系统通过 TTS 技术动态合成的语音信息。自动语音应答功能可以实现全天候自助式服务。通过系统的交互式应答服务,用户可以很容易地通过电话机键盘输入他们的选择,从而得到 24 小时的服务。

2. 自动传真系统

用户可以通过电话按键选择某一特定的传真服务,传真服务器会自动根据客户的输入动态地生成传真文件(包括根据数据库资料动态生成的报表),并自动发送传真给用户,而不需要人工的干预。

3. 查询的统计分析

企业需要有效地测定自己客户服务的数据,因此,客户服务中需要能够对呼叫及响应的实时存储、统计、输出并且生成各种报表的功能。强大的统计分析功能包括对各时期(实时、天、月、年)的话务特征的统计,对各时期、各专项业务特征的统计,对各业务代理的工作特征的实时或历史的统计,对统计数据的分析等。

4. 语音信箱功能

用户在查询信息的同时也可留言。将用户的需求和建议录下来,以便对查询系统的内容进一步改进与提高。

4.3.4　呼叫中心系统

呼叫中心(call center)是指以电话接入为主的呼叫响应中心,又称客户服务中心(customer service center),为客户提供各种电话响应服务。呼叫中心是 CTI 技术的一项重要应用。目前,呼叫中心已经广泛地应用在市政、公安、交管、邮政、电信、银行、保险、证券、电力、IT 和电视购物等行业以及所有需要利用电话进行产品营销、服务与支持的大型企业,使企业的客户服务与支持和增值业务得以实现,并极大地提高了相应行业的服务水平和运营效率。典型的呼叫中心应用有"110/119/122"三台合一指挥调度系统、城市应急联动系统或城市公共安全指挥中心系统、12345 政府热线系统、12315 消费者投诉热线系统等。

1. 呼叫中心系统组成

中小型呼叫中心一般以电话语音卡为基础构建,系统组成如图 4-26 所示。大型呼叫中心一般以数字调度机为核心,系统组成如图 4-27 所示。呼叫中心的建设首先是构建基础框架,然后在基础框架之上建立实际的应用系统。基础框架包括那些提供基本服务的子系统,如 ACD、IVR 辅助处理、Fax、录音、外拨、呼叫管理监控等。这些子系统的功能独立于业务系统,在实际应用中按需配置后即可运行并提供其功能服务。而系统中的 IVR 业务受理、座席子系统、后台业务系统访问、客户信息管理、业务统计分析等,则与实际业务密切相关,这些子系统应根据不同呼叫中心的需要进行应用生成和功能扩展。

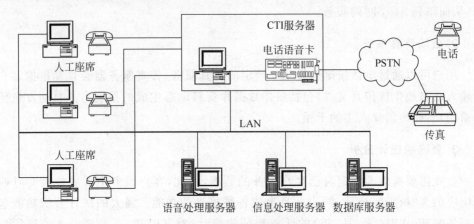

图 4-26　呼叫中心系统的组成

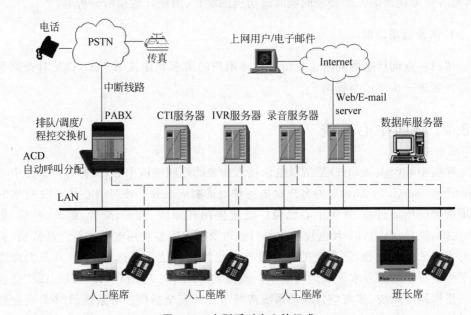

图 4-27　大型呼叫中心的组成

2. 呼叫中心系统功能

1) CTI 呼叫处理子系统

CTI 呼叫处理子系统实现呼叫控制。提供所有的对外通信所需功能,实现屏幕弹出,使客户的信息显示在话务员的屏幕上;呼叫跟踪管理;呼叫与信息的同步转移;基于计算机的电话智能路由选择;个性化问候语;来话和去话管理;座席终端的"软电话"功能;呼叫录音的精确控制等。

智能话务排队(automatic call distribution):实现自动话务分配功能,它将需要人工接听服务的电话按照话务员通话次数和已挂断时间最久两种条件作话务分配。

2）电话数字录音功能

- 打入打出电话均可数字录音。
- 录音文件支持声卡 ∗．WAV 格式。
- 座席计算机、局域网计算机查询、播放电话录音。
- 可在通电话过程中播放以前的相关电话录音给用户听。
- 也可在通电话过程中播放事先录制好的某段声音给用户听。

3）IVR 自动语音应答子系统

IVR 自动语音应答子系统主要用于为用户电话来访提供语音提示，引导用户选择服务内容和输入电话事务所需的数据，并接收用户在电话拨号键盘输入的信息，实现对计算机数据库等信息资料的交互式访问。IVR 提供 24 小时的自动语音服务，可完成信息咨询、信息查询、费用查询、业务受理、语音留言等各种功能，并作为自动语音报工号、人工服务的辅助和引导。

4）座席/班长席服务子系统

座席/班长席服务子系统实现人工话务员的座席应用功能，可完成信息咨询、信息查询、费用查询、业务受理、投诉/建议/预约受理等各种功能。

座席应用子系统的功能包括软电话功能、注册/退出、人工业务受理窗口等功能模块。利用语音播放、报读、按键输入、录音、录音调听等实现与用户全方位的交互和信息服务，大大提高座席的工作效率。班长席还可对业务代表进行监听、录音。

5）呼叫中心的工作时段

呼叫中心可分为多个工作时间段：

（1）上班时间内，打入电话可进入 IVR 自动应答，也可进入座席人工接听。如果客户要找的人员外出，可人工或者自动进行电话跟随呼叫（将客户电话和外出办公人员的电话连接，保证客户一次呼入就能解决问题，通话过程有录音）。

（2）休息时间（午休时间，晚上下班后睡觉前时间），打入电话可进入 IVR 自动应答，也可进入电话跟随呼叫流程（将电话自动转到指定的值班电话或移动电话上，通话过程有录音）。

（3）下班时间（晚上睡觉时间，节假日时间），启动夜间/节假日服务功能。电话打入时，可进入自动留言，或者进入 IVR 自动应答。

6）其他功能

其他功能包括语音留言功能、自动传真、呼叫/业务处理统计数据的分析等。

习题与思考题

1. 智能建筑内电话网可支持哪些通信业务？请举例说明。
2. 什么是 PABX？适用于智能建筑的 PABX 有什么特点？
3. PABX 有哪些组成部分？有哪些功能？
4. PABX 有哪些入网方式？有什么特点？

5. 数字中继线路有哪些传输介质？有什么特点？

6. PABX 有哪些主要技术性能参数？

7. 什么是 VoIP？有哪些通话形式？

8. 简述 VoIP 的工作原理和基本特点。

9. 什么是 IP 电话网关？什么是 IP 语音网关？

10. 智能建筑内的 VoIP 电话网有哪些系统方案？

11. 什么是 CTI？有哪些应用？请举例说明。

12. 什么是电话语音卡？有哪些种类？

13. 什么是 TTS？什么是 ASR？

14. 简述多通道电话数字录音系统的构成和特点。

第 **5** 章 智能建筑内控制信号网络

本章导读

  智能建筑内的控制信号传输网有别于一般的信息网。本章首先就控制信号传输特征、控制信号传输的噪声和抗干扰、控制信号传输的方式等基本问题进行讨论；其次，对当前主流的控制信号传输网络协议体系和现场总线技术进行介绍，内容包括 BACnet 标准、LonWorks 总线、CAN 总线、Modbus 总线等。

5.1 控制信号网络传输特征

  楼宇自动化系统(Building Automation System,BAS)是自动控制技术应用的一个分支，它的发展也随着自动控制技术的不断进步与完善而日趋成熟。随着现场总线技术(FCS)在工业控制领域应用的日趋成熟，FCS 也逐渐被应用于 BAS。无论是 ASHRAE 的 BACnet 通信协议还是 LonWorks 技术的应用，都是追求开放的通信接口和高速、可靠的信息传输，以便及时地获得更多的信息对建筑设备进行全面的监控与管理。同时数据库技术、多媒体技术等的发展使 BAS 在数据处理分析上的能力日益增强，人机界面更加友好，从而为建筑物设备提供更为强大的控制与管理平台。随着工业以太网、基于 Web 控制方式等新技术的涌现以及人们对节能管理、数据分析挖掘等高端需求的深化，BAS 仍然处在一个不断自我完善和发展的过程中。

  以下两种典型网络结构在目前的 BAS 中应用比较广泛。

  (1) 典型的两层网络构架。这种网络采用两层网络架构，适用于大多数 BAS。上层网络处理信息管理，现场控制总线层网络完成设备实时控制，两层网络之间通过通信控制器连接。这种网络结构是许多现场总线产品厂商主推的网络架构，如开发 LonWorks 现场总线技术的美国 Echelon 公司等。

  (2) 三层网络结构的 BAS。这种网络结构的 BAS 增加了中间层控制网络。这种网络结构在以太网等上层网络与现场控制总线之间又增加了一层中间层控制网络，以连接大型通用控制器，用于完成较为复杂的控制功能,其结构如图 5-1 所示。

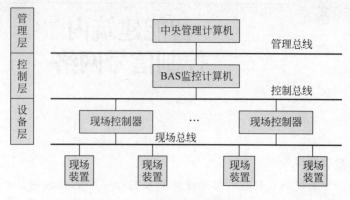

图 5-1　三层网络结构的 BAS

在 BAS 产品的设计、开发过程中,越来越多的厂商在上层协议方面更倾向于遵循开放性的 BACnet 标准。

传统上将 BAS 的网络分为管理层、控制层、设备层。也可以将 BAS 分两层网络架构,一层是控制网络架构,二层是信息网络架构。在控制网络架构层面上分布了若干被监控的弱电子系统。目前用户对系统集成的要求越来越多,也越来越迫切。各弱电子系统来自不同厂商的产品,为了使这些产品可以集成到一个平台,需要有一个开放的通信协议。BACnet 就是这样一个标准。

BACnet 是各设备厂商遵守的协议,是专门为楼宇自动控制制定的标准,它对DDC 的数字/模拟量、输入输出量都加以定义,使其外部特性统一,目的是解决控制设备与被控设备间的通信问题,而与 CPU 的选择无关,对实现该标准的技术手段无任何要求,也就是说 BACnet 标准的应用对硬件不加以限制。但为了保证有效地互操作,BACnet 不仅定义了通信过程,也定义了控制设备内部数据的格式。

从实现的复杂程度而言,BACnet 标准是比较复杂的通信协议,但一个特定功能的控制设备不需要实现全部的 BACnet 标准。也就是说,对于特定的应用范围,BACnet 是可裁剪的。因此生产商不依赖特定的开发器、芯片或软件,可以自由选择硬件、软件实现方案(例如单片机、单板机+嵌入系统、PC+桌面系统等),并可以把精力集中在发展自己领先的技术。同时,BACnet 也适合一些低成本的应用。

楼宇自动化是对智能建筑内所有动力设备、楼宇设备进行自动监测和控制的系统,它通常是由中央管理站、通信控制器、DDC、传感器和执行器等组成的分散式控制系统,也是一个开放的网络通信系统。同样是基于对系统集成的市场需求,LonWorks 技术作为另一种开放总线技术,也成为人们关注的焦点。它与 BACnet的不同在于:BACnet 定义的是设备的外部特性,而 LonWorks 定义的是控制器内部的指令集。LonWorks 的核心内容是 LonTalk 通信协议,各种产品只要严格按照LonTalk 协议操作并通过 LonMark 认证,原则上都可以实现互通、互操作,不受来自不同厂家的影响。

据有关数据报道,目前使用 LonWorks 技术的生产厂商已有 3000 多家,并安装了 4000 万个节点。同时在世界各地形成了大量 OEM 生产商,生产出大量 LonWorks 技术产品,其中多数是为 BAS 配套的产品。

5.1.1　噪声和抗干扰

在理想情况下,一个系统的性能仅由系统的结构来决定。然而在许多场合,系统却达不到额定的性能指标,有的甚至不能正常工作。究其原因常常是噪声干扰造成的。所谓噪声是指系统中出现的非期望电信号。噪声对系统产生的不良影响称为干扰。在检测系统中,噪声干扰会使测量指示产生误差;在控制系统中,噪声干扰可能导致误操作。因此,为使测控系统正常工作,必须研究抗干扰技术。

测控系统中的干扰按作用方式可分为串模干扰、共模干扰和长线传输干扰。

串模干扰是指叠加在被测信号上的干扰噪声,它串联在信号源回路中,与被测信号相加输入系统,如图 5-2(a)所示,图中 U_s 为被测信号电压,U_n 为干扰信号电压。产生串模干扰的原因主要有分布电容的静电耦合、空间的磁场耦合、长线传输的互感、50Hz 的工频干扰以及信号回路中元件参数的变化等。

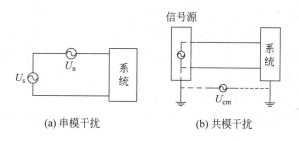

(a) 串模干扰　　　　　　(b) 共模干扰

图 5-2　串模干扰和共模干扰

串模干扰信号和有效信号是相串联,叠加在一起作为输入信号,因此,对于串模干扰的抑制较为困难。对于串模干扰的特性和来源分别采用不同的措施来抑制。如根据串模干扰频率与被测信号的频率的分布特性,可采用相应的滤波器,使指定频段的信号通过,将其余频段的信号衰减、滤除。

共模干扰是指系统的两个信号输入端上所共有的干扰电压,也称为共态干扰。由于计算机控制系统是对分散的现场设备进行测控,计算机、数据采集板与被控对象相距一定的距离,从而使得计算机的地、信号源放大器的地与现场信号源的地相隔一段距离。当两个接地点之间流过电流,虽然接地点之间的电阻极小,也会在两地之间产生一个电位差 U_{cm},如图 5-2(b)所示。U_{cm} 是系统信号输入端上共有的干扰电压,会对系统产生共模干扰。

共模干扰产生的原因主要是不同地之间存在共模电压,以及模拟信号系统对地的漏阻抗。共模干扰的抑制方法主要有 3 种:变压器隔离、光电隔离和浮地屏蔽。

在计算机系统中,现场信号到控制计算机以及控制计算机到现场执行机构都经过一段较长的线路进行信号传输,即长线传输。对于高速信号传输的线路,取决于电路信号频率的大小,在有些情况下,可能1m左右的线就应作为长线看待。长线传输干扰主要有外界干扰、信号延时干扰、信号反射干扰。

长线传输干扰主要是空间电磁耦合干扰和传输线上的波反射干扰,因此可采用以下方法来抑制干扰:采用同轴电缆或双绞线作为传输线;采用终端或始端阻抗匹配的方法来消除长线的反射现象。

楼宇自控系统普遍采用集散式控制系统(DCS),DCS中的现场控制级由现场控制主机、传感器以及执行器组成,主要负责现场信号的采集、计算、控制输出、信号报警及数据通信等功能。

5.1.2　模拟控制信号传输方式

模拟量的采集是通过模拟量输入通道经滤波、采样、量化、编码后输入现场控制器的过程。模拟量输入通道一般由I/V变换电路、多路转换器、采样保持器、A/D转换器及接口逻辑电路组成。由传感器或变送器输出的电流信号经过I/V变换电路转换成标准的电压信号,经过多路开关的切换后,由采样保持器进行采样、量化,经A/D转换器转换成数字信号,由接口逻辑电路连接到控制器总线。

模拟量输出通道是楼宇自控系统实现控制输出的关键,通过模拟量输出通道,把计算机输出的数字信号通过D/A转换器转换成模拟信号来驱动相应的执行机构,从而达到对楼宇内某些参数进行自动调节的目的。

模拟量的输出可以为电压信号,也可以为电流信号。工业上的标准信号范围是0~5V,1~5V,0~10mA和4~20mA等。

电压信号的实现较为简单,因为仪表中的电路一般都是以电压信号来进行处理的,D/A转换和运算放大器的输出一般都是电压信号。但电压信号容易受到地电平不一致和空间噪声干扰,从而影响其精度和可靠性,因此不适宜远距离传输。

电流信号则不然,由于其输出具有恒流源的特性,在传输路径上不易受到噪声的干扰。而在接收端需经电流/电压转换器转换为电压信号,对系统中的地电平没有太高的要求,因此电流输出适合信号的远距离传输。

5.1.3　数字控制信号传输方式

数字量的采集主要是指对开关状态量通过数字量输入通道到现场控制器的传递过程。数字量的输入通道包括调理电路、输入缓冲器以及地址译码器。现场的状态信号通过输入调理电路、输入缓冲器经端口地址译码后通过三态门送到控制器的总线,其中数字调理电路是对现场的状态信号进行转换、隔离、滤波,将信号转换成计算机能够接收的逻辑信号。输入缓冲器是用来隔离输入输出电路,在二者之间起到缓冲的作用。

　　数字量信号的输出是指由控制器 CPU 发出控制信号对现场的控制元件进行驱动。数字量的输出通道由输出锁存器、输出驱动电路及输出口地址译码电路组成。

　　测控系统中的公共数字传输通道称为总线，总线按其所在位置有片间总线（如芯片的数据总线和地址总线等）、仪表内部总线（或底板总线，如 ISA、PCI、CAMAC、VME 和 VXI 等）和仪表外部总线之分。按其数据传输的特点分为并行总线和串行总线。

　　对数字信号不加调制，以其基本形式进行的传输称为基带传输。基带传输的数字信号覆盖相当宽广的频谱，其传输受到介质（电缆）分布参数和外界噪声的影响而易产生畸变，而分布参数和外界噪声的影响是与传输距离成正比的。为了在接收端能从信号中还原出信息，传输通道必须保证将信号的畸变限制在一定的范围以内。这一限制体现为数字通信中传输距离与传输速率之间的矛盾，导致对传输速率和传输距离的限制。仪器内部总线采用基带传输一般没有什么问题，而为了保证在仪表外部总线上的基带传输的可靠性，则往往需要采用一定的技术措施。

　　在距离有限的设备之间，用多条电缆线同时传输多位数据的并行通信方式是可行和合算的，例如在设备分布范围很小的实验室仪器系统中，多台仪表之间可采用 GPIB 总线的并行通信标准。由于采用基带传输，其通信距离视通信速率而变，传输速率为 1Mbps 时，电缆总长度不得超过 20m。

　　将并行数据通过某种机制转换为串行数据，经由通信介质逐位发送出去，而在接收方通过某种机制将串行数据恢复为并行数据的串行通信方式，可以大量地节约电缆导线。例如，采用 RS485 标准的半双工串行通信只需两条电缆线。所以对于过程控制系统中的数据通信，采用串行方案几乎是唯一选择。串行总线的代表有 RS232C、RS485 和目前方兴未艾的现场总线等。

　　在采用基带传输的串行总线中仍存在传输距离与传输速率之间的矛盾，但是可以在其中采用一些电气措施以提高其抗干扰能力并增加其传输距离。例如，采用差分技术传输数据的 RS485 总线的传输距离可达 1.2km。

　　对于更远距离的数据传输，基带传输已无能为力，因此需要采用对基带信号加以调制的方法来进行传输。调制的本质是将频带宽度无限的数字信号转换为频带宽度有限的调制信号，这样可以大大增加其可靠传输距离。然后，在接收端通过解调将其恢复为原先的数字信号。这一过程称为调制和解调，所涉及的关键设备为调制解调器（modem）。

5.2　BACnet 协议

　　由于楼宇智能化技术发展的历史原因和商业竞争的现实，目前楼宇自控的产品呈现多种协议标准各自为政的格局。强势的协议有 Ethernet、LonWorks、MODBUS、CAN、EIB/KNX、PROFIBUS、DeviceNet、DALI 等。除此之外，还存在许多非标准的内部协议(RS232/RS485通信接口)。这些协议在各自的领域均有自己的优势,占据一定的市场,所以要在短时期内将楼宇自控系统统一到一种协议标准上是不现实的。在可以预料的相当时期内,多种协议并存、相互融合借鉴将仍是不争的事实。各厂商的技术和产品没有依据统一的标准进行开发和应用,造成了各系统互相封闭运行,无法实现互联、互换和互操作。BACnet 协议的出现能很好地解决以上这些问题。BACnet 提供了开放性的规范和标准,使智能建筑的自动控制设备和系统能够实现信息的交换和共享,从而达到互联和互操作的目的。

5.2.1　BACnet 协议简介

BACnet(Building Automation and Control Network)是一种专门为楼宇自动控制网络制定的数据通信协议。2003 年被接纳为正式的国际标准(ISO 16484-5)。BACnet 标准的诞生满足了用户对楼宇自动控制设备互操作性的广泛要求,即将不同厂家的设备组成一个兼容的自控系统,从而实现互联互通。BACnet 建立了一个楼宇自控设备数据通信的统一标准,从而使得按这种标准生产的设备都可以进行信息交换,实现互操作。BACnet 标准只规定了楼宇自控设备之间要进行"对话"所必须遵守的规则,并不涉及如何实现这些规则。各厂商可以用不断进步的技术来开发各自的产品,从而使得整个领域的技术不断进步。BACnet 有如下优点:

(1) 节约初投资。由于建筑设备的多样性,一方面可以在多厂商中实现竞标,择优选用价格合理、技术先进可靠的设备和系统,避免专用协议设备和系统的垄断。另一方面,厂商可以在生产车间按照 BACnet 的标准生产自己的专用控制设备,现场安装时,只是简单地进行连接,减少现场安装费用。

(2) 改造、升级和扩展费用低。由于 BACnet 采用开放性策略,使众多厂商可以遵循 BACnet 标准进行技术开发并参与竞争,从而使原有设备系统的改造、升级和扩展费用降低。

(3) 节省运行费用。楼宇控制系统不仅要降低初投资,而且应降低维护费用。采用 BACnet 时,有众多厂商可以提供维护服务,使运行费用降低。

(4) 技术先进可靠。任何楼宇设备生产厂商的设备均有其优缺点,利用 BACnet 控制系统就有很大的灵活性,可以选用最优的控制设备和系统,从而使整个控制系统技术先进、可靠。

5.2.2　BACnet 体系结构

BACnet 作为一种开放性协议,遵照 OSI 的 7 层标准协议模型,并根据控制系统本身的特点,对其进行了简化和改进,建立在包含 4 个层次的简化分层体系结构上,如图 5-3 所示。这 4 个层次的分层体系结构对应 OSI 参考模型中的物理层、数据链路层、网络层和应用层。BACnet 标准定义了自己的应用层和简单的网络层,对于其数据链路层和物理层,提供了 5 种选择方案。

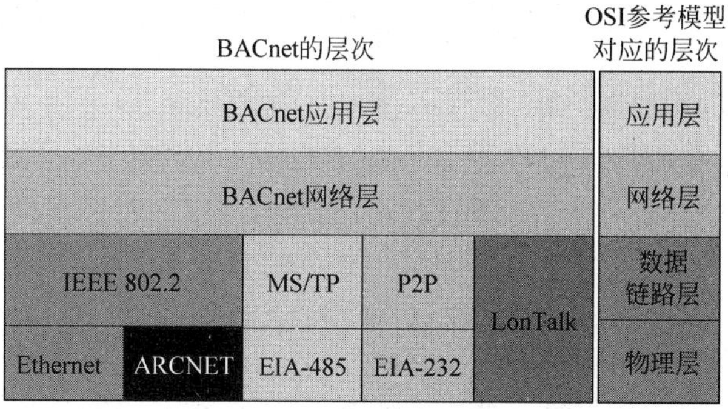

图 5-3　BACnet 体系结构

这 5 种类型的网络分别是 ISO 8802-3(以太网)局域网、ARCNET 局域网、主从/令牌传递(MS/TP)局域网、点到点(P2P)连接和 LonTalk 局域网。BACnet 选择这些局域网技术的原因是从实现协议的硬件的可用性、数据传输速率、与传统楼宇自控系统的兼容性和设计的复杂性等几个方面考虑的。这些选择都支持主/从 MAC、确定性令牌传递 MAC、高速争用 MAC 以及拨号访问。拓扑结构上,支持星形和总线型拓扑。物理介质上,支持双绞线、同轴电缆、光缆。

BACnet 协议的基本特点如下:

(1) BACnet 协议继承了 OSI 参考模型所具有的高度抽象性、概括性和一般性的特征,同时比 OSI 参考模型具有更高的效率和更低的开销。

(2) BACnet 协议标准并未限定于某一种特定的网络拓扑结构,它提供了 5 种可选方案,这样可以灵活地适应各种已有的应用。

(3) BACnet 协议标准制定时,出于安全考虑,不仅定义了用来提供对实体、数据来源以及对操作员身份鉴别的服务,而且还为厂家在设置人机界面密码、跟踪记录以及保护密钥属性等方面保留了软件开发的自由度。

(4) BACnet 协议只是规定了自控设备之间进行通信所应遵循的规则,而并未规定如何实现这些规则,实现方法留给各厂商自主开发,以利于技术的多元化发展。

因此,BACnet 协议的制定在网络通信的层面上解决了不同楼宇自控系统厂家的产品的标准各异、互不兼容的问题,同时它也留给各个厂家自由创造和发展的空间。

5.2.3　BACnet 的物理层和数据链路层协议

BACnet 标准目前将 5 种类型的数据链路/物理层技术作为自己所支持的数据链路/物理层技术进行规范,形成其协议。这 5 种类型的网络分别是:

(1) ISO 8802-3 类型 1 定义的逻辑链路控制(LLC)协议,加上 ISO 8802-3 介质访问控制(MAC)协议和物理层协议 ISO 8802-2 类型 1 提供的无连接不确认的服务，ISO 8802-3 则是著名的以太网协议的国际标准。

（2）ISO 8802-2 类型 1 定义的逻辑链路控制(LLC)协议，加上 ARCNET(ATA/ANSI 878.1)。

（3）主从/令牌传递(MS/TP)协议加上 EIA-485 协议。其中 MS 的含义Master/Slave(主/从)，TP 的含义是 Token Passing(令牌传递)。MS/TP 协议是专门针对楼宇自控设备设计的，它通过控制 EIA-485 的物理层向网络层提供接口。BACnet MS/TP 是建立在主从通信基础上的无主从通信，令牌传递为关键，令牌传到谁的手里，谁就做主，没有令牌的做从。MS/TP 协议有一个 8 位地址空间，分为 3个部分：地址 FF 预留给广播，地址 128～254 预留给从节点，地址 0～127 主从节点都可用。这样的地址配置可满足具体工程应用。

（4）点对点(P2P)协议加上 EIA-232 协议，为拨号串行异步通信提供了通信机制。

（5）LonTalk 协议。LonTalk 协议是美国 Echelon 公司开发的专用协议，在一块神经元芯片上完全实现了 ISO/OSI 模型的全部 7 层通信协议。该公司的产品在我国应用较为广泛，不仅在工业控制领域，而且在智能建筑中也较为常见。但在BACnet 中，LonTalk 仅作为传输服务的工具，其作用与其他 4 种标准协议相同，楼宇设备间的相互通信仍是利用 BACnet 的网络层和应用层来实现。LonWorks 与BACnet 是不兼容的，在网络互联时，必须通过网关才能互联。

以上这些都支持主/从 MAC、确定性令牌传递 MAC、高速争用 MAC 以及拨号访问。拓扑结构上，支持星形和总线型拓扑，物理介质上，支持双绞线、同轴电缆、光缆。

5.2.4　BACnet 的网络层协议

BACnet 网络层的目的是向应用层提供统一的网络服务平台，屏蔽异类网络的差异，实现异类网的互联和报文路由功能。人们将那些使用不同数据链路层技术的局域网称为异类网络。例如，以太网、ARCNET 网络和 LonWorks 网络等就是异类网络。实现异类网络连接的设备称为 BACnet 路由器。图 5-4 展示了 BACnet 互联网结构。为了适应各种应用，BACnet 并没有规定严格的网络拓扑结构。BACnet 设备可以直接连接到 4 种局域网中的一种网络上，也可以通过专线或拨号异步串行线连接起来。这几种局域网可以通过 BACnet 路由器进一步互联。

按照局域网拓扑的观点，每个 BACnet 设备与物理介质相连，物理介质称为物理网段。一个或多个物理网段通过中继器在物理层连接，便形成了一个 BACnet 网段。而一个 BACnet 网络则是由一个或多个 BACnet 网段通过网桥互联而成。每个BACnet 网络都形成一个单一的介质访问控制(MAC)地址域，这些在物理层和数据链路层上连接各个网段的设备，可以利用 MAC 地址实现报文的过滤。将使用不同LAN 技术的多个网络用 BACnet 路由器互联起来，便形成了一个 BACnet 互联网

（见图 5-4）。在一个 BACnet 互联网中，任意两个节点之间恰好存在着一条报文通路。

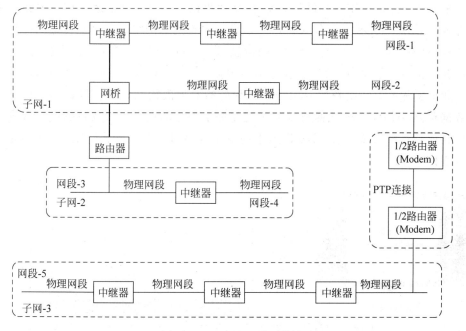

图 5-4　BACnet 互联网结构

BACnet 网络层提供将报文直接传递到一个远程的 BACnet 设备，广播到一个远程的 BACnet 网络，或者广播到所有的 BACnet 网络中的所有 BACnet 设备的功能。一个 BACnet 设备被一个网络号码和一个 MAC 地址唯一确定。BACnet 网络层向应用层提供的服务是不确认的无连接形式的数据单元传送服务。

5.2.5　BACnet 的应用层协议

BACnet 应用层的主要功能有两个：一是定义了描述楼宇自控设备的信息模型，即 BACnet 对象模型；二是定义面向应用（设备间的互操作）的通信服务。BACnet 采用面向对象分析和设计的方法，在 BACnet 协议中定义了一组标准的对象类型，给出一种抽象的数据结构，作为建立 BACnet 协议中应用层服务的一种框架。大部分应用层服务设计成对这些标准对象类型的属性进行访问与操作。网络中的每个设备用对象进行描述。因此，对象（object）、属性（property）和服务（service）构成了 BACnet 的要素。

1. BACnet 对象模型

BACnet 网络的节点是各种各样的楼宇自控设备，如何用统一的模型来描述这些设备，并使之成为在 BACnet 网络中相互可以"识别和访问的实体"，就成为实现楼宇自控设备互操作的关键。

BACnet 的最成功之处就在于采用了面向对象的技术，定义了一组具有属性的对象来表示任意的楼宇自控设备的功能，从而提供了一种标准的表示楼宇自控设备的方式，如图 5-5 所示。在 BACnet 中，所谓对象就是在网络设备之间传输的一组数据结构，对象的属性就是数据结构中的信息，设备可以从数据结构中读取信息，可以向数据结构写入信息，读写信息就是对对象属性的操作。BACnet 网络中的设备之间的通信实际上就是设备的应用程序将相应的对象数据结构装入设备的应用层协议数据单元（APDU）中，按照特定的规范传输给相应的设备。对象数据结构中携带的信息就是对象的属性值，接收设备中的应用程序对这些属性进行操作，从而完成信息通信。

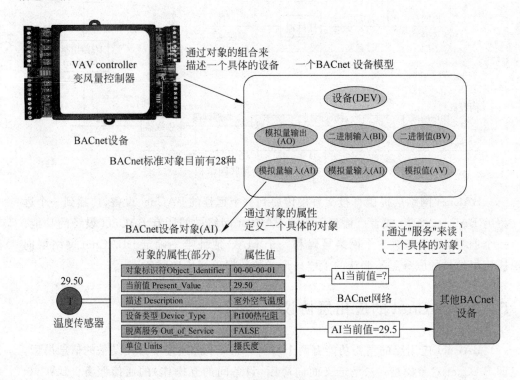

图 5-5　BACnet 的应用层协议原理图

通过对楼宇自控设备的功能进行分解，形成众多具有代表性和可重复应用的"标准功能单元"，并分别用一定的数据结构进行表示。BACnet 将描述"标准功能单元"的数据结构定义为"标准 BACnet 对象"。当定义了具有复用功能的标准 BACnet 对象后，就可以用标准对象进行不同的组合来表示实际的楼宇自控设备（BACnet 设备）。这种用标准对象元素组合描述楼宇自控设备的方法具有一般性，可以适用于各种各样楼宇自控设备的表示。BACnet 目前定义了 28 个对象，表 5-1 给出了 BACnet 定义的对象及应用实例。

表 5-1　BACnet 定义的对象及应用实例

序号	BACnet 对象名称	应 用 示 例
1	Accumulator,累加器(ACC)	对脉冲信号进行累加和计数处理
2	Analog Input,模拟量输入(AI)	传感器输入(如温度测量仪表)
3	Analog Output,模拟量输出(AO)	控制器输出(如温度控制器)
4	Analog Value,模拟值(AV)	设定点或其他模拟控制系统参数
5	Averaging,平均值(AVG)	某个模拟量的统计值(包括均值、最小值、最大值和方差等)
6	Binary Input,二进制输入(BI)	开关输入
7	Binary Output,二进制输出(BO)	继电器输出
8	Binary Value,二进制值(BV)	开关的设定值等
9	Calendar,日历(CAL)	如一年中的节假日等
10	Command,命令(CMD)	与日期和时间有关的一系列控制过程
11	Device,设备(DEV)	标识某个楼宇自控设备节点以及该节点所包含的其他标准 BACnet 对象和支持的服务等。一个 BACnet 设备节点必须包含且只能包含一个 Device 对象
12	Event Enrollment,事件注册(EE)	定义事件的各种属性(如类型、发生时间、接收者、事件状态等)
13	Event Log,事件日志(ELOG)	记录事件的状态变化及变化时间等
14	File,文件(FIL)	描述文档数据的大小、类型、创建时间、读写属性、访问方法等
15	Global Group,全局组(GGRP)	楼宇自控系统中所有对象的输入分组
16	Group,组(GRP)	楼宇自控系统中某个节点的输入分组
17	Life Safety Point,生命安全点(LSP)	定义检测生命安全信息的单个检测设备(如探测火灾的烟感器)
18	Life Safety Zone,生命安全区(LSZ)	定义生命安全区域信息的检测(如由多个烟感器形成的生命安全区域信息处理过程)
19	Loop,环(LP)	定义闭环控制过程的各个环节属性及其参数值
20	Multi-State Input,多态输入	检测多稳定状态的仪表
21	Multi-State Output,多态输出	操作多个稳定状态的控制器
22	Multi-State Value,多态值	存在于软件中的多态制值
23	Notification Class,通告类(NC)	只定义事件的接收者和事件的状态
24	Program,程序(PR)	描述程序运行的各种状态(如运行、中止、等待、挂起、暂停等)
25	Pulse Converter,脉冲转换器(PC)	脉冲测量和计量仪表(如脉冲计量电表)
26	Schedule,日程计划(SCHED)	对楼宇自控系统的操作运行进行计划和安排,以便在计划的时间内自动运行
27	Trend Log,趋势记录(TLOG)	记录和存储某个运行数据,或作为运行数据库,以供查询和审计
28	Trend Log Multiple,多趋势记录(TLOGM)	记录和存储多个运行数据,或作为运行数据库,以供查询和审计

随着 BACnet 标准应用的深入和应用范围的扩大，BACnet 标准不断增加新的标准 BACnet 对象类型。例如，为了更好地应用于门禁安防系统，新增了消防与生命安全有关的对象（Life Safety Point 对象和 Life Safety Zone 对象）。BACnet 标准具有不断增加新对象类型的扩展特性是该标准面向对象信息模型所支持的特性。

一个 BACnet 设备应包括哪些对象取决于该设备的功能和特性。BACnet 标准并不要求所有 BACnet 设备都包含全部的对象类型，例如，控制 VAV 箱的 BACnet 设备可能具有几个模拟输入和模拟输出对象。而 Windows 工作站既没有传感器输入也没有控制输出，因而不会有模拟输入和模拟输出对象。每个 BACnet 设备都必须有一个 DEV 设备对象，该对象的属性用于描述该设备在网络中的特征。例如，设备对象的对象列表属性提供该设备中包含的所有对象的列表。销售商名、销售商标识符和型号名称等属性提供该设备制造商以及设备型号的数据。另外，BACnet 允许生产商提供专用对象，专用对象不要求可被其他厂商的设备访问和理解。但是，专用对象不得干扰标准 BACnet 对象。

在 BACnet 标准中，按上述规则用 BACnet 对象表示的设备就称为 BACnet 设备（BACnet Device），BACnet 网络自控系统就是由 BACnet 设备为网络节点所组成的自控系统。全部由符合 BACnet 标准的 BACnet 设备组成的系统称为纯 BACnet 系统，如图 5-6 所示。

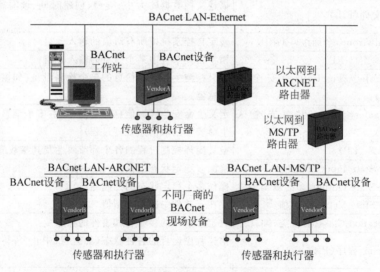

图 5-6　纯 BACnet 系统提供设备到设备的互操作

2. BACnet 对象的属性

BACnet 对象的属性是描述 BACnet 对象的方法，每一个 BACnet 对象用一组属性来定义，实际上，BACnet 对象的属性就是它的数据结构。大部分应用层服务设计成对这些标准对象的属性进行访问与操作。

BACnet 标准确立了所有对象可能具有的总共 123 种属性。每种对象都规定了不同的属性子集。

BACnet 规范要求每个对象必须包含某些属性,还有一些属性则是可选的。两种情况下,实现的属性都具有明确的作用,该作用由 BACnet 规范定义。尤其针对报警或事件通知属性以及对控制值或状态有影响的属性。BACnet 规范要求几个标准属性是可写的,而其他一些属性由厂商决定是否可写。所有属性在网络中都是可读的。BACnet 允许生产商增加专用属性,但这些专用属性可能不被其他厂商的设备理解和访问。

下面以 Analog Input 对象的属性为例来说明对 BACnet 标准对象的定义方法。

Analog Input 对象可代表一种模拟传感器输入,如 Pt100 热电阻。图 5-7 是一个 Analog Input 对象的示意图,该对象在网络上用 6 个属性表征。对象标识符、描述、设备类型、单位 4 个属性在系统安装时设定。当前值、脱离服务这两个属性则提供传感器输入的在线状态。还有一些属性(一个模拟输入对象最多可具有 25 个属性)可以由设备生产商设定。在这个例子中,对 Analog Input 对象当前值属性的查询将会得到一个回答:29.50。

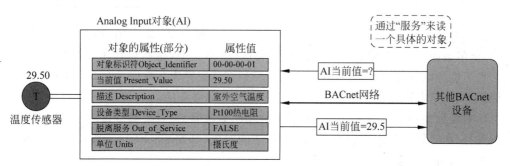

图 5-7　一个 Analog Input 对象的示意图

Analog Input 对象代表直接与控制元件相关的对象,它的许多属性都反映出这一特性。表 5-2 列出了 Analog Input 对象的属性以及应用举例。

表 5-2　Analog Input 对象的属性

属　　性	BACnet 规范	举　　例
对象标识符 Object_Identifier	必需	模拟输入♯1(Analog Input ♯1)
对象名称 Object_Name	必需	AI 01
对象类型 Object_Type	必需	模拟输入
当前值 Present_Value	必需	68.0
描述 Description	可选	室外空气温度
设备类型 Device_Type	可选	10kΩ 热敏电阻
状态标志 Status_Flags	必需	报警出错强制脱离服务标志
事件状态 Event_State	必需	正常(加上各种情况报告状态)
可靠性 Reliability	可选	未检测到出错(加上各种出错条件)
脱离服务 Out_of_Service	必需	否

续表

属　　性	BACnet 规范	举　　例
更新间隔 Update_Interval	可选	1.00(秒)
单位 Units	必需	华氏度
最小值 Min_Pres_Value	可选	－100.0(最小可靠读数)
最大值 Max_Pres_Value	可选	＋300.0(最大可靠读数)
分辨率 Resolution	可选	0.1
COV 增量 COV_Increment	可选	0.5(如当前值变化量达到增量值则发出通知)
通知类 Notification_Class	可选	发送 COV 通知给通知类对象：2
高值极限 High_Limit	可选	＋215.0(正常范围上限)
低值极限 Low_Limit	可选	－45.0(正常范围下限)
死区 Deadband	可选	0.1
极限使能 Limit_Enable	可选	高值极限报告和低值极限报告使能
事件使能 Event_Enable	可选	反常、出错、正常状态改变报告使能
转变确认 Acked_Transitions	可选	接收到上述变化的确认标志
通知类型 Notify_Type	可选	事件或报警

例如状态标志、事件状态、可靠性、脱离服务、最小值、最大值、通知类、高值极限、低值极限、极限使能、事件使能、转变确认、通知类型，这些属性用于处理检测异常和可能危险的传感器条件，并发出适当的通知或报警作为响应。前 3 个属性(对象标识符、对象名称和对象类型)是每个 BACnet 对象必备的。

对象标识符是一个 32 位二进制码，它指明对象类型(对象类型属性也作指定)和器件号，两者结合起来确定 BACnet 设备中的对象，如图 5-8 所示。理论上，BACnet 设备可具有 400 多万个特定类型的对象。

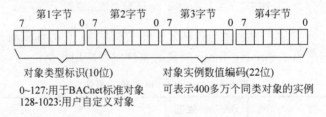

图 5-8　BACnet 对象的 Object_Identifier 对象标识符

对象名称是一个文本字符串，它具有单一功能。BACnet 设备可以广播查询包含特定对象名称的 BACnet 设备。这一功能可大大简化工程项目设置。

从表 5-2 可以看出，Analog Input 对象的属性基本上全面表示了一个"标准功能单元-模拟量测量设备"各个方面的状态和功能。尽管这个标准功能单元在硬件和软件设计上有不同的内部结构和设计参数，但是 Analog Input 对象只是从互操作性和系统集成的角度对该对象所代表的标准功能单元进行外部"可见和可访问"属性的描述和定义。或者说，任意模拟量测量设备用 Analog Input 对象进行描述是可以完全满足互操作和系统集成的功能要求的。同理可以推出，其他 BACnet 对象(及其属性)所描述的内容也分别是对应标准功能单元所具有的与互操作功能和系统集成有关的外部状态和功能。

由于 BACnet 对象只是描述对应楼宇自控系统"功能单元"属性的集合,因此,用户可以从如下两个方面进行对象扩展:一是根据对象的定义规则定义自己的对象类型,以产生非标准 BACnet 对象;二是在标准 BACnet 对象中加入与用户有关的属性项。如果用户定义的非标准对象或在标准 BACnet 对象中加入的属性项具有普遍性和非常好的适用性,一旦经 SSPC 135 委员会讨论和接纳后,就可以成为正式的标准 BACnet 对象或 BACnet 标准的正式内容。

通过对 Analog Input 对象的具体分析,不难理解 BACnet 对象是 BACnet 协议中最为核心的内容,并具有如下的特点和作用:

(1) BACnet 对象是描述楼宇自控设备的外部互操作特性,不涉及设备的内部结构和实现过程。也就是说,BACnet 对象描述的是从外部的互操作角度所看到的楼宇自控设备的"功能模型",这个模型包含了设备的状态参数和功能的控制参数,这些参数构成了对象的属性,并且这个属性集合是可以在网络上进行访问的。

(2) 由于 BACnet 对象只是有关状态和控制参数的集合,因而访问对象的操作只需"读"和"写"两种方式。因此 BACnet 对象模型极大地简化了 BACnet 标准对互操作功能的定义,使复杂的互操作行为最终简化为"读"和"写"两种最基本的操作。

(3) BACnet 网络中的设备之间的通信,就是设备的应用程序将相应的对象数据结构装入设备的应用层协议数据单元(APDU)中,按照一定的规范传输给相应的设备。对象数据结构中携带的信息就是对象的属性值,接收设备中的应用程序对这些属性进行操作,从而完成信息通信的目的。从理论上讲,只要能进行数据通信的网络均可以作为 BACnet 协议的通信工具或系统。事实上,正是这种先进的设计方法使 BACnet 协议不仅可以建立在现有通信技术的基础之上,如以太网等,而且还可以建立在其他通信技术之上,如 IP 网络等。这种扩展技术还可以很容易将 BACnet 通信系统扩展到 ATM、ISDN 等通信网络,甚至可以扩展到未来的通信技术之上。

(4) BACnet 对象使 BACnet 标准具有良好的扩展机制。BACnet 对象提供的扩展机制不仅是通信网络的扩展,而且本身也具有良好的扩展特性。

3. BACnet 应用层服务

在 BACnet 中,如果说对象和属性提供了通信的共同语言,那么服务则提供了信息传递的手段或方法。通过这些方法,一个 BACnet 设备可从另一个设备中获取信息,可命令另一设备执行某动作或向一个或多个设备发布某种事件已发生的通知。每个发出的服务请求和返回的服务应答都是一个报文分组。该报文分组通过网络从发送端传输到接收端。实现服务的方法就是在网络中的设备之间传递服务请求和服务应答报文。BACnet 设备接收服务请求和进行服务应答的示意图如图 5-9所示。

BACnet 定义了 35 种服务,划分为 6 类:报警和事件服务、文件访问服务、对象

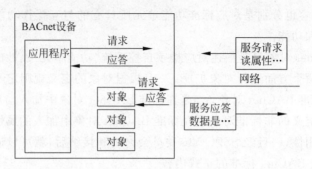

图 5-9　BACnet 设备接收服务请求和进行服务应答的示意图

访问服务、远程设备管理服务、网络安全服务和虚拟终端服务。

　　这些服务又分为两种类型:一种是确认服务,另一种是不确认服务。发送确认服务请求的设备,将等待一个带有数据的服务应答。而发送不确认服务请求的设备并不要求有应答返回。BACnet 设备不必实现所有服务功能,只有一个"读属性"服务是所有 BACnet 设备必备的。根据设备的功能和复杂性,可以增加其他服务功能。

　　(1) 报警和事件服务(Alarm and Event Service)用于处理 BACnet 设备监测的条件变化。BACnet 定义了 3 种报警或事件监测机制:值改变报告、内省(intrinsic)报告和算法改变报告。

　　(2) 文件访问服务(File Access Service)提供对文件读/写操作的功能,可用于监控程序的远程下载、运行历史数据库的保存等管理功能。BACnet 标准没有规定文件的物理形式,不论是流式文件还是记录文件,均可以用此类服务来访问。

　　(3) 对象访问服务(Object Access Service)提供了读出、修改和写入属性的值以及增删对象的功能。这类服务是 BACnet 标准实现楼宇自控系统互操作的基础,并且是 BACnet 楼宇自控系统运行时最常用的服务。因此,为了满足应用的灵活和提高读/写操作的效率,除了基本的读/写服务(ReadProperty 和 WriteProperty)外,还定义了另外 3 个功能强大的读/写服务。为了将对一个 BACnet 设备中的多个属性的读出和写入操作结合到一个单一的报文中,提供了读多个属性和写多个属性服务(ReadPropertyMultiple 和 WritePropertyMultiple)。条件读属性(ReadPropertyConditional)提供了更复杂的服务,设备根据包含在请求中的准则来测试每个相关的属性,并且返回每个符合准则的属性的值。

　　(4) 远程设备管理服务(Remote Device Management Service)提供对 BACnet 设备进行维护和故障检测的工具,如表 5-3 所示。

　　(5) 安全服务(Security Service)。BACnet 标准的安全体系只提供一些有限的安全措施,如数据完整性、操作员认证等。

　　(6) 虚拟终端服务(Virtual Terminal Service)提供了一种实现面向字符的数据双向交换的机制。操作者可以用虚拟终端服务建立 BACnet 设备与一个在远程设备上运行的应用程序之间的基于文本的双向连接,使得这个设备看起来就像是连接在远程应用程序上的一个终端。

表 5-3 远程设备管理服务

服 务	BACnet	描 述
设备通信控制 DeviceCommunicationControl	确认	通知一个设备停止或开始接收网络报文
确认的专用信息传递 ConfirmedPrivateTransfer	确认	向一个设备发送一个厂商专用报文
不确认的专用信息传递 UnconfirmedPrivateTransfer	不确认	向一个或多个设备发送一个厂商专用报文
重新初置设备 ReinitializeDevice	确认	命令接收设备冷启动或热启动
确认的文本报文 ConfirmedTextMessage	确认	向另一个设备发送一个文本报文
不确认的文本报文 UnConfirmedTextMessage	不确认	向一个或多个设备发送一个文本报文
时间同步 TimeSynchronization	不确认	向一个或多个设备发送当前时间
Who-Has	不确认	询问哪个 BACnet 设备含有某特定对象
I-Have	不确认	肯定应答 Who-Has 询问,广播
Who-Is	不确认	询问某些特定 BACnet 设备的存在
I-Am	不确认	肯定应答 Who-Is 询问,广播

5.2.6 BIBB 和标准 BACnet 设备

引入 BIBB 和"标准 BACnet 设备"概念的目的是让众多工程技术人员(如工程项目系统方案设计人员、工程项目系统集成人员)从 BAS 工程项目应用的角度理解 BACnet 协议标准的原理,从而根据实际工程项目的需求,说明和设计 BACnet 网络自控系统的方案,并选用合适的产品构建实际的 BACnet 网络自控系统。

1. BIBB(BACnet Interoperability Building Blocks,BACnet 互操作基本模块)

BIBB 可以理解为 BACnet 互操作功能基本构造块,其作用与"对象"类似,是描述 BACnet 网络自控系统互操作功能的。当描述复杂的互操作功能时,就可以由多个 BIBB 进行组合来表示。每一个 BIBB 代表一个特定的互操作功能单元,并与一个 BACnet 应用层服务相对应。为了反映 BACnet 标准互操作过程所具有的"请求/响应"对应关系,BIBB 分别用"A 设备"和"B 设备"代表互操作过程的双方。当 A 设备和 B 设备需要实现某个 BIBB 所表示的互操作功能时,A 设备通常表示互操作功能的请求方或发起方,是互操作过程的客户或用户;相应地,B 设备则表示互操作功能的响应方或执行方,是互操作过程的服务器或提供者。

由于 BIBB 是描述互操作功能的最小单元,并且与 BACnet 应用层服务相对应,因而 BACnet 标准定义了数量较多的 BIBB。为了易于使用,BACnet 对 BIBB 进行了分组,划分为 5 个 IA(Interoperability Area,互操作域),如表 5-4 所示。

表 5-4　BACnet 标准设备与 BIBB

互操作域	标准 BACnet 设备类型					
	B-OWS BACnet 操作员工作站	B-BC BACnet 建筑设备控制器	B-AAC BACnet 高级应用控制器	B-ASC BACnet 专用控制器	B-SA BACnet 智能执行器	B-SS BACnet 智能传感器
DS 数据共享	DS-RP-A,B	DS-RP-A,B	DS-RP-B	DS-RP-B	DS-RP-B	DS-RP-B
	DS-RPM-A	DS-RPM-A,B	DS-RPM-B	DS-WP-B	DS-WP-B	
	DS-WP-A	DS-WP-A,B	DS-WP-B			
	DS-WPM-A	DS-WPM-B	DS-WPM-B			
		DS-COVU-A,B				
ES 事件与报警管理	AE-N-A	AE-N-I-B	AE-N-I.B			
	AE-ACK-A	AE-ACK-B	AE-ACK-B			
	AE-INFO-A	AE-INFO-B	AE-INFO-B			
	AE-ESUM-A	AE-ESUM-B				
SCHED 时间安排	SCHED-A	SCHED-E-B	SCHED-I-B			
T 趋势	T-VMT-A	T-VMT-I-B				
	T-ATR-A	T-ATR-B				
DM 设备与网络管理	DM-DDB-A,B	DM-DDD-A,B	DM-DDB-B	DM-DDB-B		
	DM-DOB-A,B	DM-DOB-A,B	DM-DOB-B	DM-DOB-B		
	DM-DCC-A	DM-DCC-B	DM-DCC-B	DM-DCC-B		
	DM-TS-A	DM-TS-B 或 DM-UTC-B	DM-TS-B 或 DM-UTC-B			
	DM-UTC-A					
	DM-RD-A	DM-RD-B	DM-RD-B			
	DM-BR-A	DM-BR-B				
	DM-CE-A	DM-CE-A				

（1）数据共享（DS—Data Sharing）：定义共享数据的类型、表示方式以及操作等内容。

（2）报警与事件管理（AE—Alarm and Event Management）：定义报警与事件的产生条件、显示与确认方式、内容摘要以及相关参数调整等内容。

（3）日程控制（SCHED—Scheduling）：定义设备的时间安排表、"启/停"次数显示和修改时间安排表等内容。

（4）趋势（T—Trending）：定义趋势与日志列表、数据存储与检索以及参数设置等内容。

（5）设备与网络管理（DM—Device and Network Management）：定义设备与网络的运行状态显示、远程控制、路由表查询与修改等内容。

例如，当 A 设备（请求方或客户）需要读取 B 设备（响应方或服务器）的数据时，A 设备就向 B 设备发出 ReadProperty 服务请求。随后如果 B 设备收到 A 设备的

ReadProperty 服务请求报文,并正确进行响应时,就向 A 设备返回包含读取数据值的响应报文。上述互操作功能属于数据共享(DS)互操作域,并且与 ReadProperty 应用层服务相对应,因而就可以用一对名为 DS-RP-A、DS-RP-B 的 BIBB 进行描述,分别表示这两个设备在实现该互操作功能时各自必须具备的互操作功能。

DS 表示两个设备进行的互操作功能属于"数据共享(DS)"互操作域,RP 是 ReadProperty 服务的简称,A 和 B 分别表示 A 设备和 B 设备。因此,DS-RP-A 表示是 A 设备具有发出 ReadProperty 服务请求的互操作能力,DS-RP-B 表示 B 设备具有响应 ReadProperty 服务请求的互操作能力。由此可见,BIBB 概念在描述互操作功能时具有非常直观和清晰的特点。

2. 标准 BACnet 设备

由于 BIBB 的定义直接与应用层服务有关,并且数量较多,因此,如果直接利用 BIBB 来进行工程项目的互操作功能设计,则过于复杂,更不便于选型。BACnet 提供了另外的方法,采用"设备行规"(Profile of Devices)的方式给一般工程项目应用人员提供应用 BACnet 标准的方法。

任何 BAS 系统实际上是由传感器、变送器、执行器、控制器和工作站等几类设备组成的。如果根据 BACnet 标准定义的互操作功能将上述各类设备的最小功能标准化,那么一般工程项目应用人员就可以直接选用标准化的设备进行 BAS 系统的设计。基于这种应用方式,BACnet 标准用 BIBB 定义了 6 类标准 BACnet 设备,并对每类标准 BACnet 设备的最小互操作功能进行了限定,如表 5-4 所示。

(1) BACnet 操作员工作站(BACnet Operator Workstation,B-OWS)。B-OWS 则是一个功能极为强大的控制和管理设备,它完全支持 5 个 IA 规定的所有 A 类设备的互操作功能。

(2) BACnet 建筑设备控制器(BACnet Building Controller,B-BC)。B-BC 是控制功能最强大和编程资源最丰富的控制器,这类设备不单纯是 B 类设备,而具有部分 A 类设备的主动发起服务的互操作功能,从而使该类控制器具有一定的管理功能,可以独立满足小型系统控制和管理需求。

(3) BACnet 高级应用控制器(BACnet Advanced Application Controller,B-AAC)。B-AAC 是比 B-ASC 强大而比 B-BC 弱小的控制器,同样属于 B 类设备。该类标准设备具有较多的控制功能和较为丰富的编程资源等。

(4) BACnet 专用控制器(BACnet Application Specific Controller,B-ASC)。B-ASC 是专用类型控制器,属于 B 类设备。该标准设备可以是编程资源和控制功能非常有限的 DDC。

(5) BACnet 智能执行器(BACnet Smart Actuator,B-SA)。B-SA 是功能极为有限的简单执行器,只属于 B 类设备,必须支持 DS-RP-B 和 DS-WP-B 两个 BIBB。DS-RP-B 表示其他 A 设备可以读取该执行器的状态等参数,而 DS-WP-B 则表示其他 A 设备可以对该执行器的参数进行控制。

（6）BACnet 智能传感器(BACnet Smart Sensor,B-SS)。B-SS 是资源极为有限的传感器设备，只属于 B 类设备，必须支持一个 BIBB：DS-RP-B，即允许其他 A 设备访问该设备包含的对象属性值。

从上述标准 BACnet 设备的互操作功能可以看出，各类标准 BACnet 设备由于资源配置和控制功能不同，支持 BIBB 也是不同的。B-OWS 功能最为丰富，几乎支持所有互操作域的功能，其余次之，直到 B-SS 功能最为简单。其中，B-ASC、B-ACC、B-BC 这 3 个类别的控制器只是为了合理地区分不同资源和控制功能的 DDC，以满足工程项目最优性能价格比的要求。

需要说明的是，表 5-4 所示的 BIBB 集合是标准 BACnet 设备的最小互操作功能，实际产品一般多于相应类别的最小互操作功能。

3. 产品认证与 PICS 文档

为了实现不同厂家设备互联和互操作的目标，必须要保证不同厂家开发和生产的 BACnet 设备符合应用行规的要求。因此，就必须进行互操作测试，并实施产品认证制度。目前 BACnet 产品测试和认证的标准为 ANSI/ASHRAE 135.1—2003：Method of Test for Conformance to BACnet，该标准也是 ISO 标准(ISO 16484-6)。当产品经过测试和认证后，就必须提供一个技术文档，以便工程项目应用人员在选用实际设备时参考，这个技术文档就是 PICS(Protocol Implementation Conformance Statement)，即协议实现一致性说明文档。BACnet 对其内容和格式有严格的规范。PICS 文档只是描述 BACnet 设备所具有的 BACnet 互操作功能的说明性文件，是进行产品选型时的重要参考资料。

4. BACnet 标准与生产商

全世界各大楼宇自控生产商都已经加入了 BMA（BACnet Manufacturers Association）联盟，其产品须经 BTL (BACnet Testing Laboratories) 测试和认证，并将符合标准的产品和厂家在全球范围内发布列表(http://www.bacnetinternational.net/btl/)，既便于用户选用 BACnet 标准产品，又维护了生产商的利益。

BACnet 是国际标准，对实现该标准的技术手段无任何限制，生产商可以自由选择实现技术方案，把精力集中在发展自己领先的技术上。生产商对 BACnet 组织无任何依赖，唯一的关联就是其产品须经 BTL 测试认证，只有通过 BTL 认证的产品才能够以 BACnet 标准产品在市场上销售，否则就是"非标产品"，得不到市场的认可。而生产商只有在能够生产 BACnet 标准产品的条件下才有资格加入 BMA。

BACnet 不是一种全新的技术，它是建立在其他标准基础上的。生产商如果已经有自己的成型产品，多数情况下不需要重新设计硬件，只要更新嵌入软件就可以成为 BACnet 产品。例如，有 RS485 接口的控制器可以支持 BACnet MS/TP，有以太网接口的设备可以支持 BACnet Ethernet 等等。

5.3　现场总线

5.3.1　现场总线基本概念

现场总线是 20 世纪 80 年代中后期随着计算机、通信、控制和模块化集成等技术发展而出现的一门新兴技术,目前流行的现场总线已达 40 多种,在不同的领域各自发挥着重要的作用。关于现场总线的定义有多种。IEC 对现场总线(fieldbus)一词的定义为:现场总线是一种应用于生产现场,在现场设备之间、现场设备与控制装置之间实行双向、串行、多节点数字通信的技术。现场总线是当今自动化领域发展的热点之一,被誉为自动化领域的计算机局域网。它作为工业数据通信网络的基础,沟通了生产过程现场级控制设备之间及其与更高控制管理层之间的联系。它不仅是一个基层网络,而且还是一种开放式、新型全分布式的控制系统。这项以智能传感、控制、计算机、数据通信为主要内容的综合技术已受到世界范围的关注而成为自动化技术发展的热点,并将导致自动化系统结构与设备的深刻变革。

5.3.2　LonWorks 总线

1. LonWorks 总线简介

LonWorks 总线技术由美国 Echelon 公司开发,是适合楼宇自动化系统的局域网络。控制网络各部分子系统、设备运行于同一 LonWorks 网络平台,各子系统间互连互动,同时,可随时更改网上设备,具有很强的可扩展性。LonWorks 采用 LonTalk 通信协议,提供 OSI 参考模型定义的 7 层服务,协议采用短帧报文,可靠性高,实时性好。采用面向对象设计方法,通过网络变量把网络通信设计简化为参数设计,将节点间输出输入网络变量绑定,即可实现两个网络变量之间的数据交换,方便实现点对点控制。

2. LonWorks 神经元芯片

LonWorks 的每个控制节点包括一片神经元芯片(NeuronChip)、传感器和控制设备、收发器和电源。神经元芯片是节点的核心部分,它包括一套完整的 LonTalk 协议,确保智能系统中各智能设备之间使用可靠的标准进行通信,实现各智能设备之间的互操作。神经元芯片内部含有 3 个 8 位的 CPU,在存储单元中固化了 7 层通信协议中的 6 层内容,用户只需编写应用层程序,无须考虑网络底层细节,如网络媒介占用控制、通信同步、纠错编码、优先控制等,大大简化了复杂的分布式应用的编程。神经元芯片可以作为执行 LonTalk 网络协议中网络通信的一部分,形成传感器和执行器与 LonWorks 网络之间的网关。同时,任何微控制器、微处理器、PC、工作站或计算机都可以成为 LonWorks 网络上的节点,并且可以与其他 LonWorks 节点进行通信。LonWorks 网络使用透明支持多种介质的智能路由器,可用于控制网络业务量,将网络分段,增加网络总通过量和容量。使用穿越路由器,LonWorks 系统连接到因特网实现远程控制。其基本控制节点原理图如图 5-10 所示。

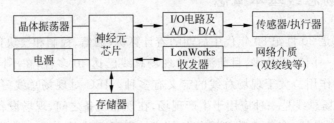

图 5-10　LonWorks 基本控制节点原理图

3. LonWorks 通信协议 LonTalk

LonTalk 协议遵循 ISO 定义的开放系统互连(OSI)参考模型,并提供了 OSI 参考模型所定义的全部 7 层服务。它具有以下的特点:

(1) LonTalk 协议支持包括双绞线、电力线、无线、红外线、同轴电缆和光纤在内的多种传输介质。

(2) LonTalk 应用可以运行在任何主处理器(host processor)上。主处理器(微控制器、微处理器、计算机)管理 LonTalk 协议的第六层和第七层并使用 LonWorks 网络接口管理第一层到第五层。

(3) LonTalk 协议使用网络变量与其他节点通信。网络变量可以是任何单个数据项,也可以是结构体,并都有一个由应用程序说明的数据类型。网络变量的概念大大简化了复杂的分布式应用的编程,大大降低了开发人员的工作量。

(4) LonTalk 协议支持总线型、星形、自由拓扑等多种拓扑结构型,极大地方便了控制网络的构建。LonTalk 通信协议采用以太网载波侦听多址访问(CSMA)技术作为避免碰撞的解决方案,在网络负担很重时不至于造成网络瘫痪。LonTalk 通信协议支持双绞线、同轴电缆、光纤等多种通信介质,网络拓扑结构可以使用总线型、星形等。最大通信速率 1.252Mbps(有效距离 130m),支持非屏蔽双绞线(UTP)的通信距离达 2700m(通信速率 728.125kbps)。LonWorks 连接图如图 5-11 所示。

LonWorks 技术是我国较早引入和消化的总线技术。它有诸多卓越的优点,例如 LonTalk 协议开放,应用开发简单,网络拓扑灵活,编程易于掌握,媒介选择多样,无主结构能够实现真正分布控制系统等等。目前我国的 LonWorks 网络产品品种已经发展到百种以上,应用领域也已打开。在研究和消化 LonWorks 技术的基础上,我国的科技工作者正着力解决其存在的具体问题,推进 LonWorks 网络的国产化发展。

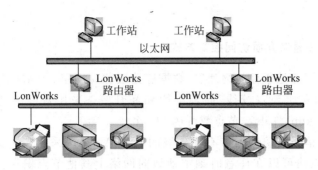

图 5-11　LonWorks 连接图

5.3.3　CAN 总线

1. CAN 总线简介及其特点

CAN(Controller Area Network)是现场总线技术的一种,它是一种架构开放、广播式的新一代网络通信协议,称为控制器局域网现场总线。CAN 网络原本是德国 Bosch 公司为欧洲汽车市场所开发的。CAN 推出之初是用于汽车内部测量和执行部件之间的数据通信,例如汽车刹车防抱死系统、安全气囊等。对机动车辆总线和对现场总线的需求有许多相似之处,即能够以较低的成本、较高的实时处理能力在强电磁干扰环境下可靠地工作,因此 CAN 总线可广泛应用于离散控制领域中的过程监测和控制,特别是工业自动化的底层监控,以解决控制与测试之间可靠和实时数据交换。

CAN 总线有如下基本特点:

(1) CAN 协议最大的特点是废除了传统的站地址编码,代之以对数据通信数据块进行编码,可以多主方式工作。

(2) CAN 采用非破坏性仲裁技术,当两个节点同时向网络上传送数据时,优先级低的节点主动停止数据发送,而优先级高的节点可不受影响地继续传输数据,有效避免了总线冲突。

(3) CAN 采用短帧结构,每一帧的有效字节数为 8 个(CAN 技术规范 2.0A),数据传输时间短,受干扰的概率低,重新发送的时间短。

(4) CAN 的每帧数据都有 CRC 校验及其他检错措施,保证了数据传输的高可靠性,适于在高干扰环境中使用。

(5) CAN 节点在错误严重的情况下具有自动关闭总线的功能,切断它与总线的联系,以使总线上其他操作不受影响。

(6) CAN 可以点对点、一点对多点(成组)及全局广播集中方式传送和接收数据。

(7) CAN 总线直接通信距离最远可达 10km/5kbps,通信速率最高可达 1Mbps/40m。

(8) 采用不归零码(Non Return to Zero,NRZ)编码/解码方式,并采用位填充

(插入)技术。

2. CAN 总线通信介质访问控制方式

CAN 采用了 3 层模型:物理层、数据链路层和应用层。CAN 支持的拓扑结构为总线型,传输介质为双绞线、同轴电缆和光纤等。采用双绞线通信时,速率为 1Mbps/40m,50kbps/10km,节点数可达 110 个。

CAN 的通信介质访问为带有优先级的 CSMA/CA。采用多主竞争方式结构:网络上任意节点均可以在任意时刻主动地向网络上其他节点发送信息,而不分主从,即当发现总线空闲时,各个节点都有权使用网络。在发生冲突时,采用非破坏性总线优先仲裁技术:当几个节点同时向网络发送消息时,运用逐位仲裁原则,借助帧中开始部分的表示符,优先级低的节点主动停止发送数据,而优先级高的节点可不受影响地继续发送信息,从而有效地避免了总线冲突,使信息和时间均无损失。例如,规定 0 的优先级高,在节点发送信息时,CAN 总线做与运算。每个节点都是边发送信息边检测网络状态,当某一个节点发送 1 而检测到 0 时,此节点知道有更高优先级的信息在发送,它就停止发送信息,直到再一次检测到网络空闲。

CAN 的传输信号采用短帧结构(有效数据最多为 8B),和带优先级的 CSMA/CA 通信介质访问控制方式,对高优先级的通信请求来说,在 1Mbps 通信速率时,最长的等待时间为 0.15ms,完全可以满足现场控制的实时性要求。CAN 拥有突出的差错检验机制,如 5 种错误检测、出错标定和故障界定;CAN 传输信号为短帧结构,因而传输时间短,受干扰概率低。这些保证了出错率极低,剩余错误概率为报文出错率的 4.7×10^{-11}。另外,CAN 节点在严重错误的情况下具有自动关闭输出的功能,以使总线上其他节点的操作不受其影响。因此,CAN 具有高可靠性。

CAN 的通信协议主要由 CAN 总线控制器完成。CAN 控制器主要由实现 CAN 总线协议部分和微控制器接口部分电路组成。通过简单的连接即可完成 CAN 协议的物理层和数据链路层的所有功能,应用层功能由微控制器完成。CAN 总线上的节点既可以是基于微控制器的智能节点,也可是具有 CAN 接口的 I/O 器件。

3. 应用技术

CAN 总线用户接口简单,编程方便。CAN 总线属于现场总线的范畴。

1) 系统拓扑结构

网络拓扑结构采用总线式结构。这种网络结构简单,成本低,并且采用无源抽头连接,系统可靠性高。通过 CAN 总线连接各个网络节点,形成多主机控制器局域网(CAN)。信息的传输采用 CAN 通信协议,通过 CAN 控制器来完成。各网络节点一般为带有微控制器的智能节点完成现场的数据采集和基于 CAN 协议的数据传输,节点可以使用带有在片 CAN 控制器的微控制器,或选用一般的微控制器加上独立的 CAN 控制器来完成节点功能。传输介质可采用双绞线、同轴电缆或光纤。如果需要进一步提高系统的抗干扰能力,还可以在控制器和传输介质之间加接光电隔离,电源采用 DC-DC 变换器等措施。这样可方便构成实时分布式测控系统。

2）CAN 总线的系统设计

基于 CAN 总线的现场总线控制系统(FCS)硬件设计一般可以按如下步骤进行：

（1）定义各节点的功能,确定各节点测控量的数目、类型、信号特征等。

（2）选择节点控制器和适配元件。

（3）根据 CAN 总线物理层协议选择传输介质,设计布线方案,组成总线网络,如图 5-12 所示。考虑系统的可靠性,进行适当的冗余设计,传输介质可设两套,同时传输信息。若通信距离较长,在适当的地方加接中继站,以扩展总线的通信距离。

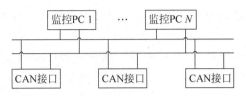

图 5-12　CAN 总线网络

3）应用软件设计

现场总线系统软件要追求软件的继承性和可维护性,尽可能延长产品的生命周期,提高同类或相似产品的开发效率,从而形成软件积累。一个良好的具有通用性的软件,在硬件更新换代方面要尽量把与硬件相关联的程序独立出来,而且涉及的面越小越好；在硬件功能的差异性方面要以“对象”和需求划分功能模块,把功能选择和实现分离开,这类似于基于 COM 模型的软件集成技术把 AciveX 控件的实现和各种各样的 ActiveX 控件的组合分离。按上述原则设计的 CAN 总线系统软件在一定程度上具有很高的稳健性,在一定范围内能够适应硬件的发展和更替。

总之,基于 CAN 总线的数据通信具有突出的可靠性、实时性和灵活性。CAN 作为现场设备级的通信总线,和其他总线相比,具有很高的可靠性和性能价格比,其总线规范已经成为国际标准,被公认为几种最有前途的总线之一。目前,CAN 接口芯片的生产厂家众多,协议开放,价格低廉,且使用简单,CAN 总线可广泛应用于工业测量和控制领域。

5.3.4　Modbus 总线

1. Modbus 协议简介

Modbus 协议已经成为开放式的,有众多支持厂商的广泛应用的工业协议。Modbus 协议是应用于电子控制器上的一种通用语言。通过此协议,控制器之间、控制器经由网络(例如以太网)和其他设备之间可以通信。它已经成为一通用工业标准。有了它,不同厂商生产的控制设备可以连成工业网络,进行集中监控。虽然

Modbus 协议不是最强有力的协议,但它足够简单并且有很高的灵活性,能够应用于任何工业场合。

此协议定义了一个控制器能认识并使用的消息结构,而不管它们是经过何种网络进行通信的。它描述了一控制器请求访问其他设备的过程,如何回应来自其他设备的请求以及怎样检测错误并记录。它制定了消息域格局和内容的公共格式。

2. Modbus 网络

标准的 Modbus 口使用 RS232C 兼容串行接口,它定义了接口的针脚、电缆、信号位、传输波特率、奇偶校验。控制器能直接或经由调制解调器组网。

控制器通信使用主-从技术,即仅一台设备(主设备)能初始化传输(查询),其他设备(从设备)根据主设备查询提供的数据作出相应反应。典型的主设备是 DDC 和可编程仪表。典型的从设备是可编程控制器。

主设备可单独和从设备通信,也能以广播方式和所有从设备通信。如果单独通信,从设备返回一个消息作为回应;如果是以广播方式查询的,则从设备不作任何回应。Modbus 协议建立了主设备查询的格式:设备(或广播)地址、功能代码、所有要发送的数据、错误检测域。

从设备回应消息也由 Modbus 协议构成,包括确认要行动的域、任何要返回的数据和一错误检测域。如果在消息接收过程中发生一错误,或从设备不能执行其命令,从设备将建立一错误消息并把它作为回应发送出去。

3. 在其他类型网络上传输

在其他网络上,控制器使用对等技术通信,故任何控制器都能初始化和其他控制器的通信。这样在单独的通信过程中,控制器既可作为主设备也可作为从设备。提供的多个内部通道可允许同时发生的传输进程。

Modbus/TCP 协议是 Modbus/RTU 协议的扩展,它定义了 Modbus/RTU 协议如何在基于 TCP/IP 的网络中传输和应用。Modbus/TCP 与 Modbus/RTU 协议一样简单灵活。

在消息位,Modbus 协议仍提供了主-从原则,尽管网络通信方法是"对等"。如果一个控制器发送一个消息,它只是作为主设备,并期望从从设备得到回应。同样,当控制器接收到一个消息,它将建立一个从设备回应格式并返回给发送的控制器。

4. 查询-回应周期

(1)查询。查询消息中的功能代码告知被选中的从设备要执行何种功能。数据段包含了从设备要执行功能的任何附加信息。例如,功能代码 03 是要求从设备读保持寄存器并返回它们的内容。数据段必须包含要告知从设备的信息:从哪个寄存器开始读及要读的寄存器数量。错误检测域为从设备提供了一种验证消息内容是否正确的方法。

（2）回应。如果从设备产生一个正常的回应,在回应消息中的功能代码是在查询消息中的功能代码的回应。数据段包括了从设备收集的数据,如寄存器值或状态。如果有错误发生,功能代码将被修改以用于指出回应消息是错误的,同时数据段包含了描述此错误信息的代码。错误检测域允许主设备确认消息内容是否可用。

5. 两种传输方式

控制器能设置为两种传输模式（ASCII 或 RTU）中的任何一种在标准的 Modbus 网络中通信。用户选择想要的模式,包括串口通信参数（波特率、校验方式等）,在配置每个控制器的时候,在一个 Modbus 网络上的所有设备都必须选择相同的传输模式和串口参数。

1）ASCII 帧

使用 ASCII 模式,消息以冒号（:）字符开始,以回车换行符结束。其他域可以使用的传输字符是十六进制的 0～9、A～F。网络上的设备不断检测":"字符,当有一个冒号被接收到时,每个设备都解码下一个域（地址域）来判断它是否发给自己的。

消息中字符间发送的时间间隔最长不能超过 1s,否则接收的设备将认为出现了传输错误。一个典型的消息帧如图 5-13 所示。

起始位	设备地址	功能代码	数据	LRC 校验	结束符
1 个字符	2 个字符	2 个字符	n 个字符	2 个字符	2 个字符

图 5-13　ASCII 消息帧格式

2）RTU 帧

使用 RTU 模式,消息发送至少要以 3.5 个字符时间的停顿间隔开始。传输的第一个域是设备地址。可以使用的传输字符是十六进制的 0～9、A～F。网络设备不断检测网络总线,包括在停顿间隔时间内。当第一个域（地址域）接收到,每个设备都进行解码以判断是否发往自己的。在最后一个传输字符之后,一个至少 3.5 个字符时间的停顿标定了消息的结束。一个新的消息可在此停顿后开始。

整个消息帧必须作为一个连续的流传输。如果在帧完成之前有超过 1.5 个字符时间的停顿,接收设备将刷新不完整的消息并假定下一字节是一个新消息的地址域。同样地,如果一个新消息在小于 3.5 个字符时间内接着前一个消息开始,接收设备将认为它是前一消息的延续。这将导致一个错误,因为在最后的 CRC 域的值不可能是正确的。一个典型的消息帧如图 5-14 所示。

起始位	设备地址	功能代码	数据	CRC 校验	结束符
T1-T2-T3-T4	8b	8b	n 个 8b	16b	T1-T2-T3-T4

图 5-14　RTU 消息帧格式

6. 错误检测方法

标准的 Modbus 串行网络采用两种错误检测方法。奇偶校验对每个字符都可用，帧检测（LRC 或 CRC）应用于整个消息。它们都是在消息发送前由主设备产生的，从设备在接收过程中检测每个字符和整个消息帧。

用户要给主设备配置一个预先定义的超时时间间隔，这个时间间隔要足够长，以使任何从设备都能作为正常反应。如果从设备检测到一个传输错误，将不会接收消息，也不会向主设备作出回应。这样，超时事件将触发主设备来处理错误。发往不存在的从设备的地址也会产生超时。

Modbus 网络是一个工业通信系统，由带智能终端的可编程序控制器和计算机通过公用线路或局部专用线路连接而成。其系统结构既包括硬件也包括软件。它可应用于各种数据采集和过程监控。表 5-5 是 Modbus 的功能码定义。

表 5-5　Modbus 功能码

功能码	名　　称	作　　用
01	读取线圈状态	取得一组逻辑线圈的当前状态（ON/OFF）
02	读取输入状态	取得一组开关输入的当前状态（ON/OFF）
03	读取保持寄存器	在一个或多个保持寄存器中取得当前的二进制值
04	读取输入寄存器	在一个或多个输入寄存器中取得当前的二进制值
05	强置单线圈	强置一个逻辑线圈的通断状态
06	预置单寄存器	把具体二进制值装入一个保持寄存器
07	读取异常状态	取得8个内部线圈的通断状态，这8个线圈的地址由控制器决定，用户逻辑可以定义这些线圈，以说明从机状态，短报文适合迅速读取状态
08	回送诊断校验	把诊断校验报文送从机，以对通信处理进行评鉴
09	编程（只用于484）	使主机模拟编程器作用，修改 PC 从机逻辑
10	探询（只用于484）	可使主机与一台正在执行长程序任务的从机通信，探询该从机是否已完成其操作任务，仅在含有功能码9的报文发送后，本功能码才发送
11	读取事件计数	可使主机发出单询问，并随即判定操作是否成功，尤其是该命令或其他应答产生通信错误时
12	读取通信事件记录	可是主机检索每台从机的 Modbus 事务处理通信事件记录。如果某项事务处理完成，记录会给出有关错误
13	编程（184/384 484 584）	可使主机模拟编程器功能修改 PC 从机逻辑
14	探询（184/384 484 584）	可使主机与正在执行任务的从机通信，定期探询该从机是否已完成其程序操作，仅在含有功能13的报文发送后，本功能码才发送
15	强置多线圈	强置一串连续逻辑线圈的通断
16	预置多寄存器	把具体的二进制值装入一串连续的保持寄存器
17	报告从机标识	可使主机判断编址从机的类型及该从机运行指示灯的状态
18	（884 和 MICRO 84）	可使主机模拟编程功能，修改 PC 状态逻辑

功能码	名　称	作　用
19	重置通信链路	发生非可修改错误后,使从机复位于已知状态,可重置顺序字节
20	读取通用参数(584L)	显示扩展存储器文件中的数据信息
21	写入通用参数(584L)	把通用参数写入扩展存储文件,或修改之
22～64	保留	留作扩展功能
65～72	保留	留作用户功能的扩展编码
73～119	非法功能	
120～127	保留	留作内部作用
128～255	保留	用于异常应答

Modbus 网络只是一个主机,所有通信都由其发出。网络可支持 247 个远程从属控制器,但实际所支持的从机数要由所用的通信设备决定。

Modbus 通信协议是工业自动化控制系统中一种重要的通信协议,由于其构筑的硬件平台是 RS485 总线,并且得到多种通用工控组态软件的支持,因此其应用将越来越广泛。

5.3.5　EIB/KNX 总线

EIB (Electrical Installation Bus,电气安装总线)/KNX(Konnex 的缩写) 是具有开放性、互操作性和灵活性的现场总线标准。1999 年,欧洲三大总线协议 EIB、BatiBus 和 EHSA 合并成立了 Konnex 协会,提出了 KNX 协议。该协议以 EIB 为基础,兼顾了 BatiBus 和 EHSA 的物理层规范,并吸收了 BatiBus 和 EHSA 中配置模式等优点,提供了智能楼宇家居控制系统的完整解决方案,并成为 ISO/IEC 14543-3 标准,这也是在住宅与楼宇领域中唯一的国际标准。2007 年,该标准正式被国家标准化管理委员会认证为 GB/Z 20965—2007"控制网络 HBES 技术规范—住宅和楼宇控制系统"国家标准。

EIB/KNX 是一个分布式现场总线标准,被广泛应用于智能建筑、现代住宅中的灯光、窗帘、空调、电器、安防等设备的控制。其网络组织结构包括线路(Line)、区域(Area)以及系统(System),如图 5-15 所示。线路是最小的组成单元,每条线路最多 64 个设备,每个区域最多 15 条线路,而每个系统最多 15 个区域。EIB/KNX 网络支持多种拓扑结构,如图 5-16 所示。介质访问方式为 CSMA/CA 方式,物理介质是 4 芯屏蔽双绞线,其中 2 芯为总线使用,另外 2 芯备用。所有元件均采用 DC 24V 工作电源,DC 24V 供电与电信号复用总线如图 5-17 所示。

EIB/KNX 在家居智能化方面的主要应用如下:

(1) 智能照明控制。开关、调光控制,灯光场景组合控制,移动感应控制,恒照度控制,光感控制,局部与总开关控制,周期、季节、假日定时控制,主从控制等。

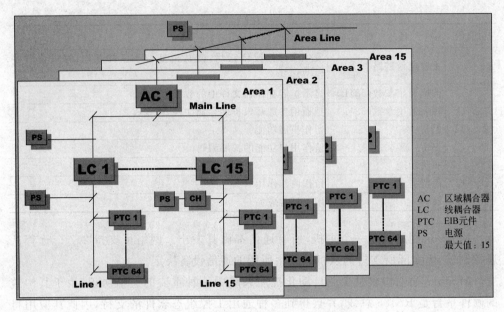

图 5-15　EIB/KNX 总线网络组织结构图

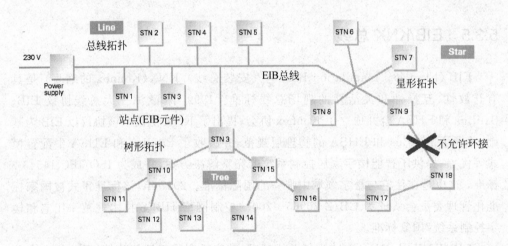

图 5-16　EIB/KNX 总线网络拓扑结构

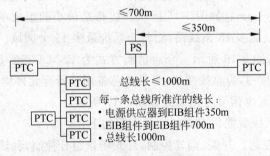

图 5-17　EIB/KNX 总线电气规范

（2）窗帘控制。窗帘、投影幕布上下控制，百叶窗、调角、夏日挡斜阳、冬季取日光，根据天气自动控制。

（3）空调和采暖控制。风机盘管、分体式空调的控制，风速、流速、模式的控制，无人自动关闭功能的控制等。

（4）远程监控。座机电话、手机远程监控，自动远程报险、报警，中央计算机控制等。

（5）与门禁、安保系统、BA 系统、消防系统等其他系统的集成。

EIB/KNX 是一个在欧洲占据主导地位的楼宇自动化标准，它的统一管理机构为 EIBA，共有 100 多个会员，它们相继推出了符合 EIB 协议的产品。如 ABB 的 i-Bus EIB、西门子的 Instabus EIB、Hager 的 Tebis EIB/KNX 等。随着网络技术和局域网（LAN）的普及，KNX 标准中提出了 EIBnet/IP 的概念，通过 EIBnet/IP 协议，KNX 总线可以直接与 TCP/IP 系统连接（见图 5-18），总线信号可以在高速以太网上传输。EIBnet/IP 协议的出现，使得系统的扩展不再受传输距离的影响，而数据的传输量和传输速度也不再成为 KNX 系统的问题。

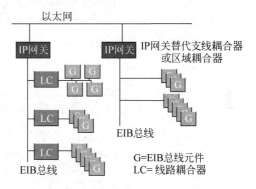

图 5-18　EIB/KNX 总线与以太网连接

5.3.6　DALI 协议

DALI(Digital Addressable Lighting Interface 数字可寻址照明接口)是一种是国际标准的灯光调光控制协议。与 DALI 有关的研究工作始于 20 世纪 90 年代中期。在初期，DALI 被称为 DBI(Digital Ballast Interface)，意为数字式电子镇流器接口，它是利用数字化控制方式调节荧光灯输出光通量来调光的一种控制技术。在欧洲 Osram、Philips、Tridonic、Trilux、Helvar 等电子镇流器制造商都已经研究开发出符合 DALI 标准的产品。该标准支持"开放系统"的概念，不同厂商的产品只要遵循 DALI 标准就可以即插即用，以保证不同制造厂生产的 DALI 设备能全部兼容。

DALI 系统是分布式系统，主控单元可以与各从控模块单元进行数字通信并控制通过 DALI 总线传输命令，实现对从控单元的开关、调光、系统设置等。各从控模块存储单元都存储有地址、分组、场景、灯具状态等信息。

一个 DALI 系统能够控制单一照明设备或设备组，而不需要进行平行布线。不仅如此，在主电源上切换负荷的所有规划工作都可以省略，因为这些配件可以由 DALI 来进行开关。在规划期间，实际上并没有必要考虑开关、控制板和传感器等配件的分配，因为这可以用追溯的方式而不是重新布线的方式来完成。连接配置也可以以后再考虑，因为 DALI 允许进行星形组合、串行连接或者是混合连接，如图 5-19

所示。串行连接可能是一个更加简单的电缆布线,星形配置在电缆长度方面具有优势。

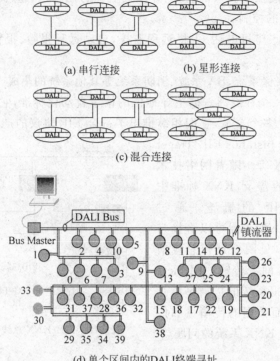

(a) 串行连接　　　　　(b) 星形连接

(c) 混合连接

(d) 单个区间内的DALI终端寻址

图 5-19　DALI 系统的连接方式和布线图

DALI 系统中传感器/开关与控制装置之间的连接有两种方法。方法一:通过分别连接的方式将传感器和开关直接连接到控制装置上。这种方法便于元件的使用,这也是行业中的标准做法。方法二:用 DALI 电缆将传感器和开关连接到控制装置上。在这种情况下,不需要用另外的导线将传感器/开关与控制装置连接在一起。这两种解决方案各有优点,具体的应用视情况而定,其应用对选择方法一或方法二具有决定性影响,如图 5-20 所示。

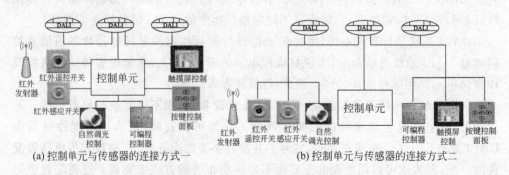

(a) 控制单元与传感器的连接方式一　　　　(b) 控制单元与传感器的连接方式二

图 5-20　DALI 系统控制模式

DALI 系统可以独立运行,也可以与楼宇自动化的其他子系统实现无缝集成,作为 BMS(建筑管理系统)的子系统,通过网关进行双向通信。DALI 系统使用数字技术,有着明显的节能效果,与其他非智能照明系统相比可节省 30% 以上的能耗,非常适用于家居、会议厅、仓库、音乐厅、办公楼和医院等建筑的智能照明控制。

1. DALI 系统的电气特性

DALI 系统通过双绞线进行双向通信,根据两条线之间的电压差来判断高电平或低电平,当电压差在 9.5～22.5V 范围内时认为是高电平,位于 -6.5～6.5V 认为是低电平,而电压差在 6.5～9.5V 的区间则没有定义。一般情况下,系统在闲置状态时,DALI 接口电压为高电平状态。DALI 总线上传输的信号,上升时间和下降时间在 10～100μs 之间。具体的 DALI 信号电压示意图如图 5-21 所示。

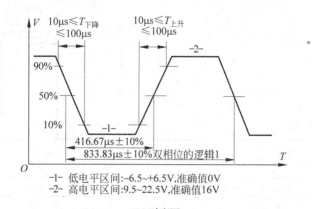

(a) 时序图

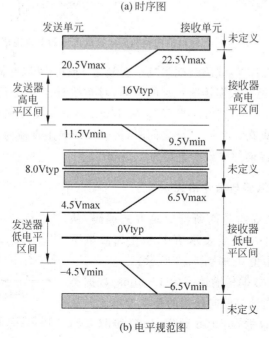

(b) 电平规范图

图 5-21　DALI 信号电压示意图

DALI 接口前向帧和后向帧的电压和电流规范如图 5-22 所示。

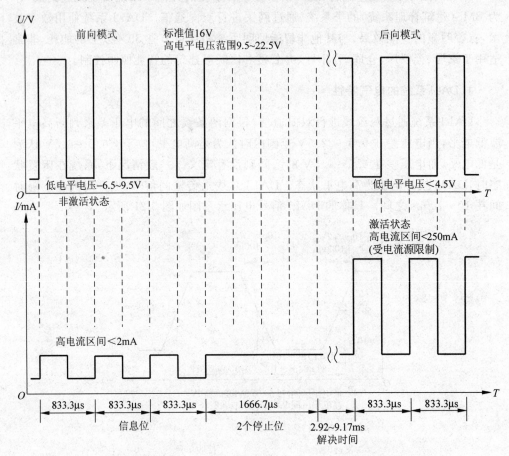

图 5-22　DALI 接口前向帧和后向帧的电压和电流规范

在输入高电压的时候,线路终端阻抗一般超过 8kΩ。可以在同一个线槽里面布置控制线和电源线,但是根据传输距离的不同,对布线直径有以下规定:DALI 设备之间的导线距离最大为 300m,当距离在 100m 之内时,传输导线最小直径为 $0.5mm^2$;当导线距离在 $100\sim150m$ 之间时,传输导线最小直径为 $0.75mm^2$;当导线距离大于 150m 时,传输导线最小直径为 $1.5mm^2$。

2. DALI 系统的编码与指令格式

DALI 数据采用双向曼彻斯特编码方式编码,从逻辑低电平到高电平的跳变表示值 1,从逻辑高电平到低电平的跳变表示值 0,如图 5-23 所示。

DALI 协议规定数据传输速率为 1200bps,数据类型分为前向帧和后向帧。前向帧指的是主控单元向从控单元发出的指令数据,由 19b 数据组成,如图 5-24

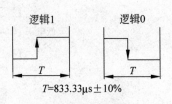

图 5-23　曼彻斯特编码方式

所示。第 1 位是起始位,第 2~9 位是地址位(8 位地址位最多可以对 $2^8=64$ 个从控单元进行独立编址),第 10 到第 17 位是数据位,第 18 和 19 位是停止位。

图 5-24　DALI 前向帧格式

DALI 协议规定,从控单元只有在主控单元向该从控单元发送查询命令时才向主控单元发送数据,称为后向帧。后向帧由 11b 数据组成,如图 5-25 所示。第 1 位是起始位,第 2~9 位是数据位,第 10、11 位是停止位。对于不符合该数据格式的数据,系统将不予动作。

图 5-25　DALI 后向帧格式

DALI 指令有 4 种形式,包括短地址、组地址、广播地址和专用命令。

每个从控单元都有一个短地址,由 6 位地址位组成,一般打包为 0AAAAAAS 的形式。其中 A 代表地址位,编址范围是 0~63,可控制 64 个不同地址。组地址是便于成组控制的地址,按照 100AAAAS 的形式编码,其中 A 代表地址位,共有 16 组,地址范围是 0~15。广播命令按照 1111111S 的格式打包,对总线上所有从控单元有效。专用命令编码形式为 101CCCCS,其中 C 代表指令代码,该命令与后续的数据帧有关,当 S=0 时,后续为调光等级值,当 S=1 时,后续的是指令帧。DALI 地址信息如表 5-6 所示。

表 5-6　DALI 地址信息

地址形式	字 节 形 式	地址形式	字 节 形 式
短地址	0AAAAAAS (AAAAAA=0~63)	广播地址	1111111S
组地址	100AAAAS (AAAA=0~15)	专用地址	101CCCCS (CCCC=命令码)

3. DALI 调光原理

DALI 系统定义了 254 级对数调光等级,范围为 0.1%~100%。对数规律的灯光曲线会使人眼看上去是线性的,且无明显闪屏现象。调光范围的下限取决于制造商。调光曲线的过程是标准化的,以适应眼睛的敏感度(对数调光曲线)。在使用不同制造商的电子镇流器时,类似亮度的效果就是这种标准化的结果。但是,这就要求调光范围的下限对于属于同一个功率等级(灯泡功率)的所有装置(例如,所有装置都显示一个 3% 的较低的调光范围)都是相等的。

如果没有检测到接口的电源电压,电子镇流器将进入故障模式,将灯光亮度调至一个特定的应急亮度级,其默认值为最高亮度照明。

如果控制指令的调光亮度值超过调光范围,系统则会根据具体情况设置电弧功率值,目标值大于最大值时设置成最大值,小于最小值时设置成最小值。如果灯具原来不是点亮状态,也需要根据目标值调节到相应的电弧功率值。按照式(5-1)来进行直接电弧功率的计算:

$$P_X = 10^{\frac{3 \times (X-1)}{253}} \times \frac{p_{100\%}}{1000} \tag{5-1}$$

式中 X 是用 8 位二进制表示的灯光等级,计算时需要先转化成十进制数。$p_{100\%}$ 是电弧功率物理值,P_X 是电弧功率绝对值。两者之间的对应关系可以参见图 5-26。在实际应用中,有两种情况不能按照式(5-1)计算,即指令 00000000 和 11111111。镇流器接收到指令 00000000 时,按照常规的调光时间调到最小值,再熄灭;接收到 11111111 时,停止调光。

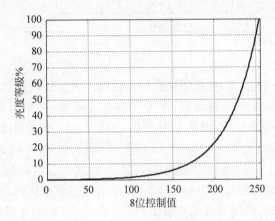

图 5-26　DALI 对数曲线调光

4. DALI 的时序要求

DALI 协议规定,两个连续的前向帧之间的间隔时间至少 9.17ms,4 个前向帧和紧随的 9.17ms 间隔在 100ms 内必须完全符合。紧随的后向帧与前向帧之间的时间间隔应为 2.92~9.17ms,控制单元在发送数据后等待 9.17ms,如果在这个时间内还没有收到开始发送的反馈数据,则认为没有回应。紧随的前向帧与后向帧之间的时间间隔应至少 9.17ms。在某些特殊情况下,需要在 100ms 内重复发送命令,这在相关命令中有特别说明。DALI 时序图如图 5-27 所示。

图 5-27　DALI 系统时序要求

5. DALI 智能照明系统

基于 DALI 协议的智能照明控制系统如图 5-28 所示。该系统由上位机、数字电子镇流器、按键开关控制面板、触摸屏控制面板、红外发射器、红外接收器、传感器（运动检测器、温感等）连接 DALI 总线组成。系统扩展性好，可以任意配置 1～64 个数字电子镇流器，且每个电子镇流器都是可寻址的，信息可直接反馈回上位机和控制面板，安装十分方便。整个系统可用上位机应用软件进行复杂控制，也可以由按键开关控制面板和触摸屏控制面板来精确控制。为了使用方便，系统还增加了红外便捷式控制功能，用户无须走动就可以用无线方式进行控制。同时，使用运动检测器等传感器件还可进一步使系统智能化和节能化。

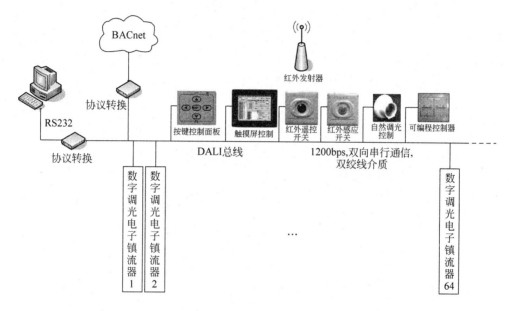

图 5-28 DALI 智能照明系统图

习题与思考题

1. BAS 系统典型网络结构有哪些？各有什么特点？

2. 测控系统有哪些噪声干扰？如何抑制干扰？

3. BAS 系统有哪些模拟和数字控制信号？请举例说明。

4. 什么是基带传输？它有什么特点？

5. 什么是 BACnet？它有什么特点？

6. 什么是 BACnet 设备对象？对象的属性有哪些？对象的方法有哪些？

7. BACnet 服务有哪些类别？它有什么特点？

8. 简述 BACnet 协议的基本特点。

9. BACnet 的物理层和数据链路层有哪些协议标准？

10. 什么是现场总线？请举例说出你知道的现场总线。

11. 简述 LonWorks 总线的基本特点。

12. 简述 CAN 总线的基本特点。

13. 简述 Modbus 总线的基本特点。

第6章

智能建筑的
综合布线技术

本章导读

　　综合布线系统(Generic Cabling System,GCS)是建筑物或建筑群内部之间的传输网络介质。它能使建筑物或建筑群内部的语音、数据通信设备、信息交换设备、建筑物物业管理及建筑物自动化管理设备等系统之间彼此相连,也能使建筑物内通信网络设备与外部的通信网络相连。综合布线系统应是开放式星形拓扑结构,应能支持电话、数据、图文、图像等多媒体业务的需要。

　　本章对综合布线系统的目的、综合布线系统的组成、系统结构、综合布线中的光纤、综合布线系统设计等内容进行介绍,我们提倡读者从系统的角度来建立综合布线系统的全局观,以发展的眼光进行综合布线系统设计。

6.1　概述

6.1.1　综合布线系统的目的

　　在建筑物或一组建筑物群内部有多种信息传输业务需求,如电话、数据、图文、图像等。以往在进行信息传输网布线设计时,通常要根据所使用的通信设备和业务需求,采用不同生产厂家的各个型号系列的线缆、各个线缆的配线接口以及各个系列的出线盒插座,如图 6-1 所示。

　　图中电话通信系统中线缆通常采用铜芯双绞线缆,计算机通信系统中线缆通常采用同轴双重屏蔽(铝箔纵包、铜编织)线缆,监控电视系统中线缆通常采用同轴双重屏蔽视频线缆及屏蔽双绞线控制线缆,等等。由此可见,各个不同的系统网络采用的是不同型号的布线材料,而且连接这些不同的布线材料的插座、接口和接线端子板也各不相同。由于它们彼此之间互不兼容,当建筑物内用户需要重新搬迁或布置设备时,还需重新布置线缆,装配各种设备所需要的不同型号的插座、接头和中断各种用户终端的运行信号。在这样一种传统布线网络的方式下,为了完成重新布置或增加各种终端设备,必将耗费大量的资金和时间,尤其是给传输网络设备的管

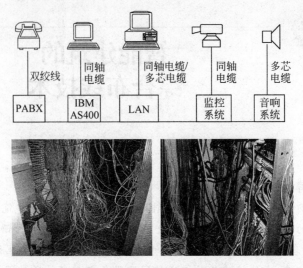

双绞线　同轴电缆　同轴电缆/多芯电缆　同轴电缆　多芯电缆

PABX　IBM AS400　LAN　监控系统　音响系统

图 6-1　非综合布线系统示意图

理和维护工作带来极大的困难。

上述问题可以归结为以下几点:

(1) 能否用一种传输介质(线缆)和拓扑结构来满足多种传输业务,这样就可以将传输介质"标准化"和基础化,可以纳入基础建设的范围。

(2) 能否在用户重新搬迁或新增设备时无须重新布置线缆及插座,这样就不会破坏精心设计和装饰的环境。

(3) 是否有一定的冗余,能满足未来的新业务需求,从而在未来新业务到来时也不需要重新布置线缆。

实际上,综合布线系统就是解决上述三个问题的方案。综合布线系统采用星形结构的模块化设计,以一套单一的高品质配件综合了智能建筑及建筑物群中多种布线系统,解决了目前在建筑物中所面临的有关语音、数据、视频、监控等设备的布线不兼容问题。通过冗余布线,满足建筑物中用户重新搬迁或新增设备的使用。通过提高布线介质品质或者冗余,满足建筑物未来的新业务需求。综合布线系统能支持计算机、通信及电子设备的多种应用。

从通信技术发展的角度来看,数字化、多种业务综合在 IP 网上传输是不可阻挡的方向。通俗地理解,传统的电话、电视、数据通信等终将归结到一个宽带 IP 网络中传输。因此,在建筑物或建筑群内部之间的传输网络的发展一定是宽带 IP 网络。这就为综合布线系统奠定了更好的基础。

6.1.2　综合布线系统的特点与优势

1. 综合布线系统特点

(1) 系统化工程。综合布线是一套完整的系统工程,包括传输介质(双绞线(铜线)及光纤)、连接硬件(包括跳线架、模块化插座、适配器、工具等)以及安装、维护管理及工程服务等。

(2) 模块化结构。综合布线系统的设计使得用最小的附加布线与变化(如果需要的话)就可实现系统的搬迁、扩充与重新安装。

(3) 独立于应用。作为 CCITT 七层协议中最底层的物理层,综合布线系统构成了某种基本链路,像一条信息通道一样来连接楼宇内或室外的各种低压电子电气装置。这些信息路径提供传输各种传感信息及综合数据的能力。

(4) 灵活方便性。综合布线系统的设计同时兼容话音及数据通信应用。这样一来减少了对传统管路的需求,同时提供了一种结构化的设计来实现与管理这一系统。

(5) 技术超前性。综合布线系统允许用户有可能采用各种可行的新技术。这是因为综合布线系统独立于应用,并能对未来应用提供相当的冗余度。

2. 综合布线系统优势

(1) 经济性。使用综合布线系统意味着用初期的安装花费来降低整个建筑永久的运行花费,从而取得良好的远期经济效益。

(2) 高效性。不断增长的建筑物运行花费是各种楼宇管理系统的主要关注点。安装综合布线系统可以降低这种花费。这是因为综合布线系统的高效性使对用户的需要快速做出反应成为可能,同时花费较少。

(3) 便于重新安装。综合布线系统既可以安装在全新的建筑物中,又可用于对现存建筑的网络更新。如果选用了综合布线系统,那么不管是现在还是将来,它都能对建筑物内的环境提供完全的兼容支持。

(4) 低廉的运行花费。利用综合布线系统的模块化与灵活性可以大大降低运行花费。综合布线系统是一种节省运行花费的系统,这些运行花费包括楼宇或建筑群中人员与设备的增加与重新安置,以及占用者不断变化的需求等方面所带来的开销。

布线系统是整个信息系统的基础,如果说信息系统是智能建筑的灵魂,那么布线系统就相当于信息系统的神经。因此,可以说布线技术的选择和布线系统的设计就决定了整个大楼的信息系统的生命力,它将关系到大楼未来十年甚至二十年的使用效果。

6.1.3　智能建筑对综合布线系统的设计需求

综合布线系统已经是建筑智能化系统中的基础工程,是建筑群或建筑物内语音、数据、图文、视频等信号传输网络的介质。综合布线系统应符合下列要求:

(1) 应满足建筑物内语音、数据、图像和多媒体等信息传输的需求。

（2）应根据建筑物的业务性质、使用功能、管理维护、环境安全条件和使用需求等进行系统布局、设备配置和缆线设计。

（3）应遵循集约化建设的原则，并应统一规划，兼顾差异，路由便捷，维护方便。

（4）应适应智能化系统的数字化技术发展和网络化融合趋向，并应成为建筑内整合各智能化系统信息传输的通道。

（5）应根据缆线敷设方式和安全保密的要求，选择满足相应安全等级的信息缆线。

（6）应根据缆线敷设方式和防火的要求，选择相应阻燃及耐火等级的缆线。

（7）应配置相应的信息安全管理保障技术措施。

（8）应具有灵活性、适应性、可扩展性和可管理性。

（9）系统设计应符合现行国家标准 GB 50311《综合布线系统工程设计规范》的有关规定。

6.1.4　综合布线系统的设计规范标准

综合布线系统的主要标准和规范如下：

- GB/T 50311《建筑与建筑群综合布线系统工程设计规范》。
- GB/T 50312《建筑与建筑群综合布线系统工程验收规范》。
- ISO/IEC 11081《国际建筑布线标准》。
- EIA/TIA-568A《商用建筑通讯布线标准》。
- EIA/TIA TSB-67《商用建筑通讯布线测试标准》。

综合布线系统的标准和规范对以下几个方面作了相应的规定：

（1）定义了认可的介质。

（2）定义了布线系统的拓扑结构。

（3）规定了各子系统的布线距离。

（4）定义了布线系统与用户设备的接口。

（5）定义了线缆和连接硬件性能。

（6）规定了安装实践所需注意事项。

（7）定义了链路性能及测试标准。

新版国家标准 GB 50311—2007《综合布线系统工程设计规范》根据中国具体的实际情况，结合国际上相关标准、与之相关的其他国家标准以及技术发展的动态提出了一份既有继承性又有现实指导价值，还有着一定的超前意识的标准。对工业级布线系统提出了等级要求，对屏蔽双绞线进行了分类等。

6.2 综合布线系统的组成

6.2.1 综合布线系统产品的组成

综合布线系统产品是由各个不同系列的器件构成的,如图 6-2 所示。

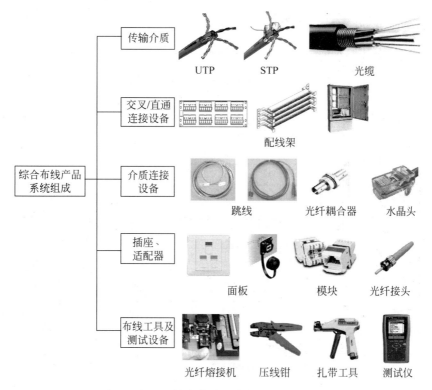

图 6-2 综合布线系统产品的构成

系统产品包括建筑物或建筑群内部的传输电缆、信息插座、插头、转换器(适配器)、连接器、线路的配线及跳线硬件、传输电子信号和光信号线缆的检测器、电气保护设备、各种相关的硬件和工具等。这些器件可组合成系统结构各自相关的子系统,分别完成各自的功能。

系统产品还包括建筑物内到电话局线缆进楼的交接点(汇接点)上这一段的布线线缆和相关的器件。但不应包括交接点外的电话局网络上的线缆和相关器件,也不包括连接到布线系统上的各个交换设备,如程控数字用户交换机、数据交换设备、工作站中的终端设备和建筑物内的自动控制设备等。

6.2.2　综合布线系统的结构

综合布线系统工程由下列 7 个部分构成(见图 6-3 和图 6-4)。

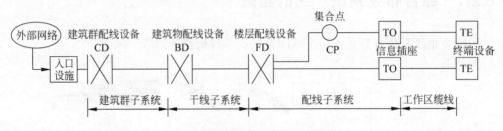

图 6-3　综合布线系统的基本构成

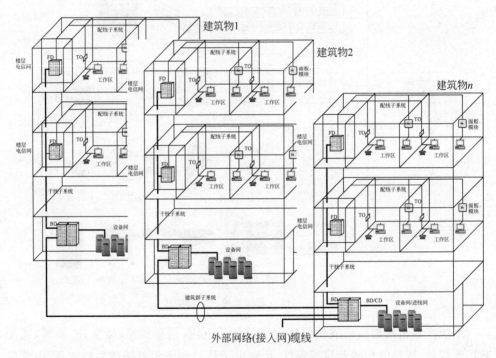

图 6-4　综合布线系统的结构图

(1) 工作区。一个独立的需要设置终端设备(TE)的区域宜划分为一个工作区。工作区由配线子系统的信息插座模块(Telecommunications Outlet,TO)延伸到终端设备处的连接缆线及适配器组成。

(2) 配线子系统。由工作区的信息插座模块、信息插座模块至电信间配线设备(Floor Distributor,FD)的配线电缆和光缆、电信间的配线设备及设备缆线和跳线等组成。

(3) 干线子系统。由设备间至电信间的干线电缆和光缆,安装在设备间的建筑物配线设备(Building Distributor,BD)以及设备缆线和跳线组成。

（4）建筑群子系统。由连接多个建筑物之间的主干电缆和光缆、建筑群配线设备（Campus Distributor,CD）以及设备缆线和跳线组成。

（5）设备间。是在每幢建筑物的适当地点进行网络管理和信息交换的场地。对于综合布线系统工程设计，设备间主要安装建筑物配线设备。电话交换机、计算机主机设备及入口设施也可与配线设备安装在一起。

（6）进线间。是建筑物外部通信和信息管线的入口部位，并可作为入口设施和建筑群配线设备的安装场地。

（7）管理。对工作区、电信间、设备间、进线间的配线设备、缆线、信息插座模块等设施按一定的模式进行标识和记录。

综合布线系统的拓扑结构如图 6-5 所示，是一个分层的星形拓扑。这种拓扑结构正是电话通信网和计算机网络的拓扑结构。如果在图示中的 FD、BD、CD 节点用交换（通信）设备替换，它就是一个智能建筑的电话网和计算机网络。

可以这样理解综合布线系统的拓扑结构的重要性：如果某通信业务网络不是星形拓扑，则不能有效地纳入到综合布线系统中，例如采用总线拓扑的有线电视网络。

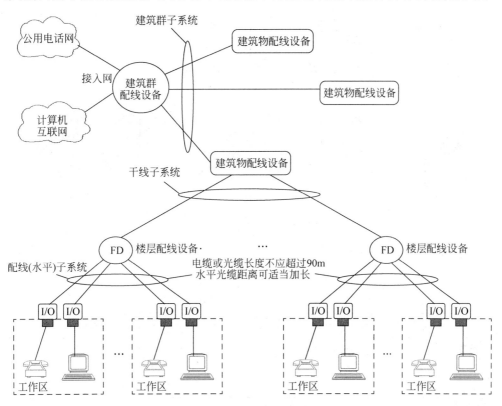

图 6-5　综合布线系统的拓扑结构

综合布线系统的各个子系统可分别综述如下。

1. 工作区子系统

一个独立的需要设置终端设备的区域划分为一个工作区。工作区应由配线(水平)子系统的信息插座延伸到工作站终端设备处的连接电缆及适配器组成。一个工作区的服务面积可按 $5\sim10m^2$ 估算,或按不同的应用场合调整面积的大小。工作区子系统由工作区内的终端设备连接到信息插座的连接线缆(3m 左右)和连接器组成,起到工作区的终端设备与信息插座插入孔之间的连接匹配作用,如图 6-6 所示。

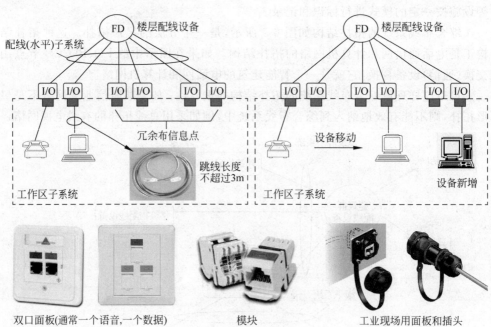

图 6-6　工作区子系统

工作区子系统设计的主要任务就是确定每个工作区信息插座的数量。当网络使用要求尚未明确时,宜按表 6-1 的规定配置。

表 6-1　每个工作区信息插座的数量

等　　级	每个工作区信息插座数量	按建筑面积估算每平方米插座数量
最低配置	1	0.1
基本配置	2~3	0.2~0.3
综合配置	2~4	0.2~0.4

工作区信息插座的数量并不只是根据当前的网络使用需求来确定的,综合布线系统一个重要的设计思想就是通过冗余布信息插座(点),来达到设备重新搬迁或新增设备时不需重新布置线缆及插座、不会破坏装修环境的目标。这样做也是最经济的:根据测算,在建筑物综合布线时期每增加一个信息插座(点)的成本假设为1,则

当建筑物装修布置完毕正常使用后再增加一个信息插座(点)的成本至少要上升到 10～20。

2. 配线(水平)子系统

配线(水平)子系统由每一个工作区的信息插座、信息插座至楼层配线设备(FD)的配线电缆或光缆、楼层配线设备和跳线等组成,如图 6-7 所示。

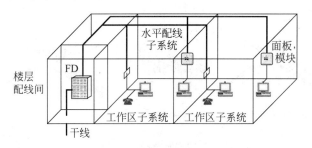

图 6-7　配线(水平)子系统

水平布线线缆均沿大楼的地面或在吊平顶中布线,如图 6-8 所示。

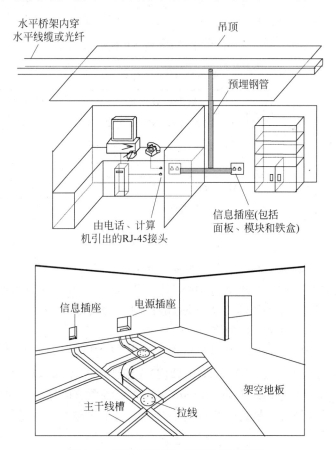

图 6-8　配线(水平)子系统布线示意图

在配线(水平)子系统首选线缆是 UTP,其次是光缆。

(1) 4 对 100Ω 非屏蔽双绞线(Unshielded Twisted Pair,UTP)和信息插孔为 ISDN 8 芯(RJ-45)的标准插口,如图 6-9 所示。UTP 分 3 类 UTP、4 类 UTP、5 类 UTP、超 5 类 UTP 和 6 类 UTP,其性能如表 6-2 所示。为确保兼容性,UTP 传输的最大距离为 100m,布线的最大距离(从 FD 配线架至工作区的信息插座)应小于 90m。

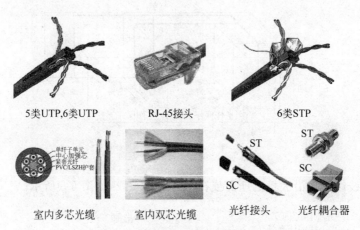

5类UTP,6类UTP   RJ-45接头   6类STP

室内多芯光缆   室内双芯光缆   光纤接头   光纤耦合器

图 6-9   水平子系统所用线缆

表 6-2   UTP 的分类

分　类	最高带宽/MHz	数据传输性能	电话网	使用情况
3 类 UTP	16	10Mbps 以太网和 4Mbps 令牌环网	支持	不用
4 类 UTP	20	10Mbps 以太网和 16Mbps 令牌环网	支持	不用
5 类 UTP	100	100Mbps 以太网,155Mbps ATM	支持	不常用
超 5 类 UTP	100	100Mbps 以太网,155Mbps ATM	支持	常用
6 类 UTP	200	1000Mbps 以太网	支持	优选

为何 UTP 成为配线(水平)子系统首选线缆? 其主要原因是 UTP 可以同时很经济地支持数据和语音传输。在数据传输方面,以太网的向下兼容策略极大地保护了用户资源,例如 6 类 UTP 可支持 1000Mbps 以太网、100Mbps 以太网、10Mbps 以太网、155Mbps ATM、16Mbps 令牌环网、电话网。所用与 UTP 相关的接头、插座、跳线和配线设备等价格都比较便宜。

UTP 与光缆相比,在传输带宽和距离上有差距,但是省去了电-光和光-电转换的麻烦,尤其是在低端的应用方面(如电话网)光缆要比 UTP 昂贵许多。

(2) $62.5\mu m/125\mu m$ 或 $50\mu m/125\mu m$ 多模光纤线缆及信息插孔为 ST 型光缆的标准接口。多模光纤线缆最高带宽可达 2Gbps。水平光缆长度可适当加长,最长不能超出 550m。

水平布线系统还可采用双介质混合型线缆(内有 4 对 100Ω 非屏蔽线缆和

$62.5\mu m/125\mu m$ 多模光缆)和双介质混合型信息插座(内有 RJ-45 的标准插座和 ST 型光缆接口)。

大量的冗余设计的水平布线被认为是一种基础设施,一个布线系统的期望寿命至少为 10 年,所以也是一项长期投资。在这段时间内,IT 技术必将得到巨大的发展。就目前而言,桌面应用系统虽然还没有用到 1Gbps 的需求,但是,新一代基于 IP 的多媒体通信的时代必将到来。布线基础设施是智能建筑的中枢神经系统,必须保证其长期高效运行。所以,水平布线至少要选择超 5 类线以保证网络的正常工作。对于新安装的系统推荐使用 6 类线,这将保证千兆位以太网技术可以经济地满足目前和将来的需要。

(3) 楼层配线和跳接。相当于一个信道接通或拆线的作用,其原理如图 6-10 所示。综合布线工程一般不包括通信交换设备,当然更不包括终端设备。所以,楼层配线间的跳接工作并不是在综合布线工程中完成的,而是最终用户根据实际的通信业务、终端设备的位置、通信交换设备来进行跳接的,这个步骤也就是网络的管理工作。

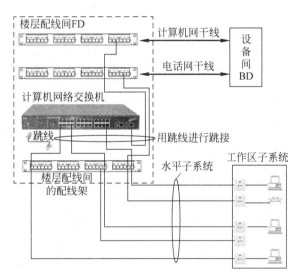

图 6-10　楼层配线和跳接原理

楼层配线间的配线架可分为面向水平子系统的配线架和面向干线子系统的配线架。面向水平子系统的配线架主要有超 5 类 UTP 配线架、6 类 UTP 配线架和光纤配线架。面向干线子系统的配线架除上述之外,还有针对电话网应用的 110 系列配线架。楼层配线间的配线架通常称为 IDF(Intermediate Distribution Frame,中间配线架)。

(4) FD 的规划。在进行综合布线系统设计时,如何合理规划 FD 是一个关键。一个 FD 所能容纳的水平布线数量并没有限制,主要是满足任一工作区的信息点至 FD 的布线距离不能超出 90m 的限制条件。如果出现某些信息点至 FD 的布线距离超出90m的情况该如何解决? 解决方法有两种: 其一是在那些信息点附近增加一个新的FD使其重新满足布线距离限制条件, 其二是使用光缆。

一般情况下, 在建筑物的每一层相对中心位置设置一个FD。对大型的建筑, 每一层可在四个方位设置多个FD。对小型的建筑, 每2~3层可共设一个FD。也有一些小型建筑不设FD, 而将FD和BD合二为一。总之需要针对实际的应用灵活处理。

3. 干线子系统

干线子系统由设备间的建筑物配线设备(BD)和跳线以及设备间至各楼层交接间的干线电缆组成。以提供设备间总(主)配线架与楼层配线间的楼层配线架(箱)之间的干线路由, 如图6-11所示。

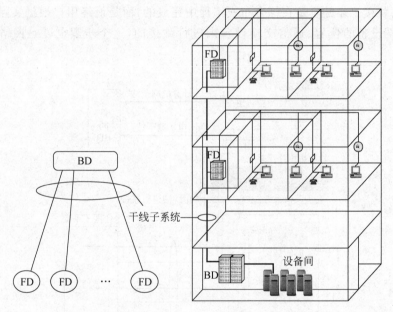

图6-11　干线子系统

按照EIA/TIA 568标准和ISO/IEC 11801国际布线标准, 规定了设备间主配线架(Main Distribution Frame, MDF)与IDF之间各类主干线线缆布线的最长距离, 如图6-12所示。新版本的标准又批准了把单模光纤运用到干线子系统中, MDF与IDF之间用8.3μm或10μm/125μm的单模光纤, 最长为3km。

干线子系统中数据主干(计算机网主干)推荐采用一条6芯多模光缆到各个IDF的设计。对于中低档的建筑, 也可采用超5类多对数UTP电缆, 此时UTP电缆的长度不应超过90m。语音主干(电话网主干)可采用3类多对数UTP电缆。语音主干电缆按照每1对双绞线对应一个语音点考虑, 并按1:1配置语音主干。干线子系统的布线方式一般采用电缆孔(井)方法, 如图6-13所示。

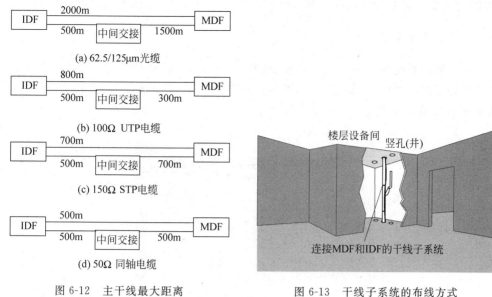

图 6-12　主干线最大距离

图 6-13　干线子系统的布线方式

4. 管理区子系统

管理区子系统由交叉连接、直接连接配线的(配线架)连接硬件等设备所组成，以提供干线接线间、中间(卫星)接线间、主设备间中各个楼层配线架(箱)、总配线架(箱)上水平线缆(铜缆和光缆)与(垂直)干线线缆(铜缆和光缆)之间通信线路连接、线路定位与移位的管理，如图 6-14 所示。

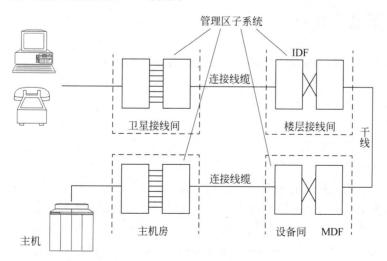

图 6-14　管理区子系统

系统中各楼层配线架(IDF)可根据不同的连接硬件分别安装在各楼层配线间墙面防火板上以及安装在 19in 墙面安装铁架或安置在 19in 机柜(架)中。总配线架

MDF 可安装在设备机房总配线间的墙面防火板上或安装在机柜中。

5. 设备间子系统

设备间子系统由设备间中的线缆、连接器和相关支撑硬件所组成,它把公共系统的各种不同设备(如 PABX、主计算机、BA 等通信或电子设备)互连起来(直接连接起来),如图 6-15 所示。

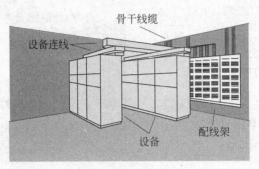

图 6-15　设备间子系统

6. 建筑群子系统

建筑群子系统将一个建筑物中的线缆延伸到建筑物群的另一些建筑物中的通信设备和装置上,它由电缆、光缆和入楼处线缆上过电流过电压的电气保护设备等相关硬件所组成。

6.2.3　屏蔽布线系统

符合下列条件的综合布线区域宜采用屏蔽布线系统进行防护:

(1) 综合布线区域内存在的电磁干扰场强高于 3V/m 时。

(2) 用户对电磁兼容性有较高的要求(电磁干扰和防信息泄漏)或者有网络安全保密需要时,宜采用屏蔽布线系统。

(3) 采用非屏蔽布线系统无法满足安装现场条件对缆线的间距要求时,宜采用屏蔽布线系统。

屏蔽布线系统采用的电缆、连接器件、跳线、设备电缆都应是屏蔽的,并应保持屏蔽层的连续性。屏蔽电缆可分为 F/UTP(电缆金属箔屏蔽)、U/FTP(线对金属箔屏蔽)、SF/UTP(电缆金属编织丝网加金属箔屏蔽)、S/FTP(电缆金属箔编织网屏蔽加线对金属箔屏蔽)几种结构。不同的屏蔽电缆会产生不同的屏蔽效果。一般认可金属箔对高频、金属编织丝网对低频的电磁屏蔽效果为佳。如果采用双重绝缘(SF/UTP 和 S/FTP)则屏蔽效果更为理想,可以同时抵御线对之间和来自外部的电磁辐射干扰,减少线对之间及线对对外部的电磁辐射干扰。

6.2.4 工业级布线系统

对于高温、潮湿、电磁干扰、撞击、振动、腐蚀气体、灰尘等恶劣环境中的综合布线应采用工业级布线系统。工业布线应用于工业环境中具有良好环境条件的办公区、控制室和生产区之间的交界场所、生产区的信息点,工业级连接器件也可应用于室外环境中。在工业设备较为集中的区域应设置现场配线设备。工业级布线系统宜采用星形网络拓扑结构。工业级配线设备应根据环境条件确定 IP 的防护等级。国际防护(IP)定级如表 6-3 所示。例如 IP67 级别就等同于防护灰尘吸入和可沉浸在水下 0.15～1m 深度。

表 6-3 国际防护(IP)定级

级别编号 第 1 位	防 尘 等 级		级别编号 第 2 位	防 水 等 级	
0	没有保护	对于意外接触没有保护,对异物没有防护	0	没有防护	对水没有防护
1	防护大颗粒异物	防止大面积人手接触,防护直径大于 50mm 的大固体颗粒	1	防水滴	防护垂直下降水滴
2	防护中等颗粒异物	防止手指接触,防护直径大于 12mm 的中固体颗粒	2	防水滴	防止水滴溅射进入(最大 15°)
3	防护小颗粒异物	防止工具、导线或类似物体接触,防护直径大于 2.5mm 的小固体颗粒	3	防喷溅	防止水滴(最大 60°)
4	防护谷粒状异物	防护直径大于 1mm 的小固体颗粒	4	防喷溅	防护全方位、泼溅水,允许有限进入
5	防护灰尘积垢	有限地防止灰尘	5	防浇水	防护全方位泼溅水(来自喷嘴),允许有限进入
6	防护灰尘吸入	完全阻止灰尘进入,防护灰尘渗透	6	防水淹	防护高压喷射或大浪进入,允许有限进入
			7	防水浸	可沉浸在水下 0.15～1m 深度
			8	密封防水	可长期沉浸在压力较大的水下

6.2.5 管理

1.综合布线管理内容

管理是针对设备间、电信间和工作区的配线设备、缆线等设施按一定的模式进行标识和记录,内容包括管理方式、标识、色标、连接等,如图 6-16 所示。这些内容记录资料将给今后的维护和管理工作带来很大的便利。

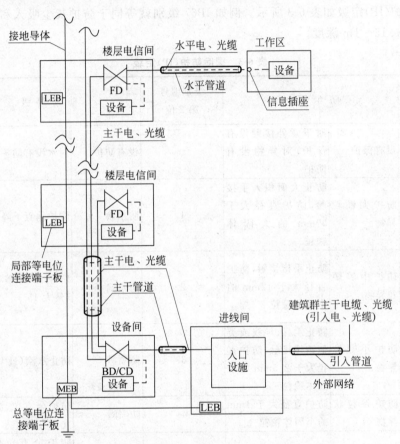

图 6-16　综合布线管理内容示意图

综合布线系统相关设施的工作状态信息应包括设备和缆线的用途、使用部门、组成局域网的拓扑结构、传输信息速率、终端设备配置状况、占用器件编号、色标、链路与信道的功能和各项主要指标参数及完好状况、故障记录等,还应包括设备位置和缆线走向等内容。

综合布线的各种配线设备应用色标区分干线电缆、配线电缆或设备端点,同时,还应采用标签表明端接区域、物理位置、编号、容量、规格等,以便维护人员在现场一目了然地加以识别。

（1）综合布线系统工程宜采用计算机进行文档记录与保存，简单且规模较小的综合布线系统工程可按图纸资料等纸质文档进行管理，并做到记录准确、及时更新、便于查阅；文档资料要用中文说明。

（2）综合布线的每一电缆、光缆、配线设备、端接点、接地装置、敷设管线等组成部分均应给定唯一的标识符，并设置标签。标识符应采用相同数量的字母和数字等标明。

（3）电缆和光缆的两端均应标明相同的标识符。

（4）设备间、电信间、进线间的配线设备宜采用统一的色标区别各类业务与用途的配线区。

2. 用于管理的标识符组成

用于管理的标识符由字符串和数字两部分组成，一般格式如下：CC×××—建筑群主干电缆；BG×××主干管道(槽)；CO×××建筑群主干光缆；FG×××水平管道(槽)；JX×××进线间；DJ×××电信间；SJ×××设备间；GQ×××工作区；RD×××入口设施；RC×××引入电缆；RO×××引入光缆；BD×××主干配线设备；BC×××主干电缆；BO×××主干光缆；FD×××水平配线设备；FC×××水平电缆；FO×××水平光缆；CT×××电缆跳线；OT×××光缆跳线；TO×××信息插座；RG×××引入管道；SH×××接线盒(室外)；SG×××室外配线管道；SC××× 室外电缆；SO×××室外光缆；LEB 局部等电位连接端子板；MEB 总等电位连接端子板；MBC 接地连接导体。

上述标识符可作为参考，在具体的系统设计和管理中，可自行设计或增加所需的标识符，但对同样类型的布线设施及记录应保持标识符的唯一性。图 6-17 所示为某综合布线工程中管理标识符应用举例。

6.2.6　综合布线中的光纤

随着计算机速度和网络需求的飞速发展，目前使用铜缆的网络的速度已经不能满足多媒体数据传送的需要。有鉴于光网络在带宽、实时性、传输速率、保密性、传输距离等方面的优势，网络必定是朝光网的方向发展。

在综合布线系统中，建筑群子系统及干线子系统线缆宜采用光纤介质。光纤传输信道可以提供更高的传输速率(10Gbps)、更长传输距离(5~40km)，且不受电磁干扰。光纤传输系统能满足建筑物与建筑群环境对语音、数据、视频等综合传输的要求。

建筑物综合布线一般用多模光纤，单模光纤一般用于远距离传输，一般多模光纤适用于短距离的计算机局域网络。如果用于公用电话网或数据网时，由于传输距离长，都采用单模光纤；为了连接方便，综合布线宜采用与公用电话网或数据网相适应的光纤为好。

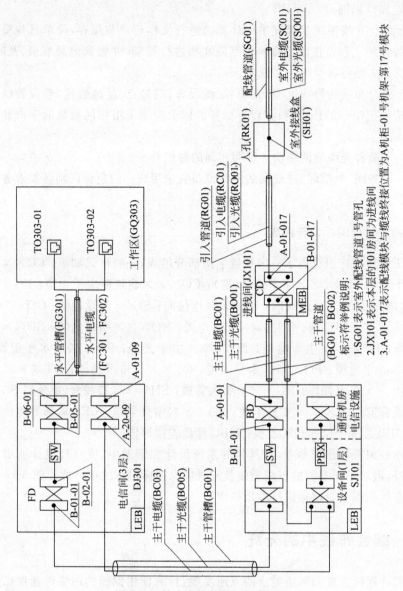

图 6-17　综合布线管理标识符示例

1. 多模光纤

芯线标称直径为 $62.5/125\mu m$ 或 $50/125\mu m$。多模光纤一般使用 850nm 波长和 1300nm 波长的光进行传输。多模光纤支持 1Gbps 以太网,其中 1000BASE-SX 标准使用短波长 850nm 激光的多模光纤($62.5/125\mu m$ 光纤最长为 275m,$50/125\mu m$ 光纤最长为 550m),1000BASE-LX 使用长波长 1300nm 激光的单模和多模光纤(多模光纤最长为 550m,单模光纤最长为 5km)。

多模光纤也支持 10Gbps 以太网,其中 10GBASE-S 标准使用短波长 850nm 激光的多模光纤,可传输 2～300m 距离。

2. 单模光纤

芯线标称直径为 $8.3/125\mu m$。单模光纤的纤芯很小,只传输主模态。这样可完全避免模态色散,使得传输频带很宽,传输容量很大。这种光纤适用于大容量、长距离的光纤通信。单模光纤一般使用 1310nm 波长和 1550nm 波长的光进行传输。

单模光纤支持 10Gbps 以太网,10GBASE-L 标准使用波长 1310nm 激光的单模光纤,可传输 2m～10km 距离。10GBASE-E 标准使用波长 1550nm 激光的单模光纤,可传输 2m～40km 距离。

必须说明的是,在我国的市场上出现单模光纤比多模光纤便宜的现象,为什么传输性能更好的单模光纤反而便宜呢? 这就是 IT 产业的市场规律:越好的东西出货量越大,出货量越大越便宜。所以在 IT 市场,便宜的可能是最好的。如此说来,在综合布线系统中全部采用单模光纤布线不是更好? 实际上,在智能建筑中多模光纤用得广泛,其原因是所有的通信设备中单模光纤模块比多模光纤模块的价格要高许多,因此,单模光纤虽然线缆便宜,但整个系统的造价并不便宜。

3. 室内及室外光缆

室内及室外光缆如图 6-18 所示。干线子系统应选用室外多芯光缆。因为光纤只能单向传输,为了实现双向通信,光纤就必须成对出现,一个用于输入,另一个用于输出。所以多芯光缆的纤芯均为偶数,常用的有 4、6、8、12 芯多模或单模光缆。在传输距离不超出 500m 时宜选用多模光缆,在传输距离较长的建筑群子系统中宜选用单模光缆。

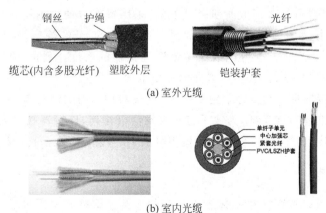

图 6-18　室内及室外光缆

室内光缆仅限于水平子系统及光纤的跳接应用。

4. 光纤连接器

在安装任何光纤系统时,都必须考虑以低损耗的方法把光纤或光缆相互连接起来,以实现光链路的接续。光纤链路的接续,又可以分为永久性的和活动性的两种。永久性的接续大多采用熔接法来实现,活动性的接续一般采用光纤连接器来实现。

光纤连接器是用于连接两根光纤或光缆形成连续光通路的可以重复使用的无源器件,已经广泛应用在光纤传输线路、光纤配线架和内含光纤模块的通信设备中。

光纤连接器按结构的不同可分为 FC、SC、ST、LC、MT 等各种形式,如图 6-19 所示。

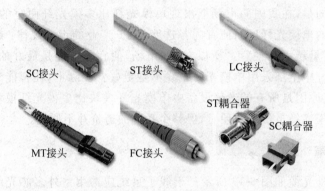

图 6-19　光纤连接器

SC 型光纤连接器是由日本 NTT 公司开发的,其外壳呈矩形,所采用的插针与耦合套筒的结构尺寸与 FC 型完全相同,紧固方式是采用插拔销闩式,不需旋转。SC 型连接器插拔操作方便,介入损耗波动小,抗压强度较高,安装密度高。

LC 型连接器是 Bell 研究所研究开发的,采用操作方便的模块化插孔(RJ)闩锁机理制成。其所采用的插针和套筒的尺寸是普通 SC、FC 等所用尺寸的一半,为1.25mm。这样可以提高光纤配线架中光纤连接器的密度。目前,在单模应用方面LC 型连接器占主导地位,在多模方面的应用也增长迅速。

MT 型连接器带有与 RJ-45 型 LAN 电连接器相同的闩锁机构,通过安装于小型套管两侧的导向销对准光纤,为便于与光收发信机相连,连接器端面光纤为双芯(间隔 0.75mm)排列设计,是主要用于数据传输的下一代高密度光纤连接器。

5. 光纤熔接

两根光纤可以被熔接在一起形成坚实的连接。熔接方法形成的光纤和单根光纤差不多是相同的,但也有一点衰减。光纤熔接需要十分精密的设备和技师操作才能完成,图 6-20 所示是一个实例图。光纤本身很脆弱,易折断,所以需要十分小心地保护,图中所示接头处用一根钢针固定,同时纤芯被盘绕固定在熔接盒内。

除了永久性地连接两根光缆外,光纤熔接被广泛用于光缆与光纤连接器(又称之尾纤)的连接,如图 6-21 所示。

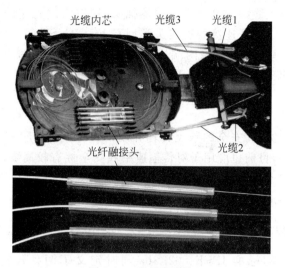

图 6-20　光纤的熔接

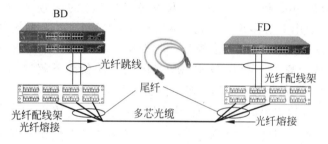

图 6-21　光纤熔接广泛用于光缆与尾纤的连接

6. 光纤配线架及跳线

光纤配线架(光纤配线箱)是用于光缆与光通信设备之间的配线连接的设备,它具有光缆熔接、光纤配线、尾纤余长收容、调度等多项功能,适用于小芯数光缆的成端和分配,可方便地实现光纤线路的连接、分配与调度,如图 6-22(a)所示。

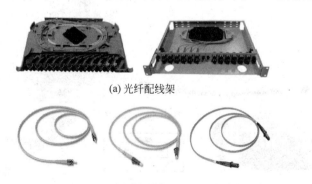

(a) 光纤配线架

(b) 光纤跳线

图 6-22　光纤配线架及跳线

光纤跳线是指光线两端都装上连接器插头,用以实现光路的活动连接,一端装有插头则称为尾纤。光纤连接器连接头类型有 FC、SC、ST 等。两端连接器类型不同的跳线称为转接跳线,一般用两端连接器类型来说明光纤跳线。例如 FC-SC 跳线、ST-ST 跳线、SC-ST 跳线等,如图 6-22(b)所示。

7. 光纤布线

光纤作为高带宽、高安全的数据传输介质,被广泛应用于垂直主干子系统和建筑群子系统的布线,目前也应用于对传输速率和安全性有较高要求的水平布线子系统。光缆应用于主干时,每个楼层配线间至少要用 6 芯光缆,高级应用最好能使用 12 芯光缆。这是从应用、备份和扩容三个方面去考虑的。

8. 100Gbps 以太网光纤布线

100Gbps 以太网标准 IEEE 802.3ba 同时定义了两种传输速率(40Gbps 和 100Gbps)的基于光纤传输网络应用。共有两种短距离(100m 或 150m)的光纤应用标准:40GBASE-SR4 和 100GBASE-SR10,使用多芯的多模光纤介质来传输。40GBASE-SR4 使用 8 芯多模光纤进行传输,100GBASE-SR10 使用 20 芯多模光纤进行传输。在使用 OM3 等级的多模光纤时传输距离为 100m,在使用 OM4 等级的多模光纤时传输距离为 150m,OM3 和 OM4 的系统价差不超过 15%,根据 IEEE 802.3ba 标准,OM4 是支持 40Gbps 和 100Gbps 带宽的光传输的唯一推荐介质。

另外还有 3 种长距离的标准:40GBASE-LR4(10km)、100GBASE-LR4(10km)、100GBASE-RE4(40km),使用 OS1/OS2 型、芯线直径为 $9/125\mu m$ 的单模光纤。

40GBASE-SR4 和 100GBASE-SR10 均使用 MPO(Multi-fiber Pull Off)多芯光纤连接器进行布线,如图 6-23 所示。MPO 是弹片卡紧式的多芯光纤连接器,通过机械方式卡入到位。MPO 多芯光纤跳线均为工厂预制,分为双端是 MPO 连接器和一头是扇出式的两类,MPO-MPO 就是双端都是 MPO 连接器的跳线,MPO-LC 是一头为 MPO 连接器,另外一头是扇出式的 LC 接头。

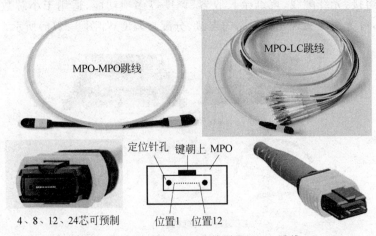

图 6-23　MPO 多芯光纤连接器及 MPO 跳线

40GBASE-SR4 使用 12 芯 MPO，100GBASE-SR10 使用 24 芯 MPO 或者两条 12 芯 MPO，如图 6-24 所示。

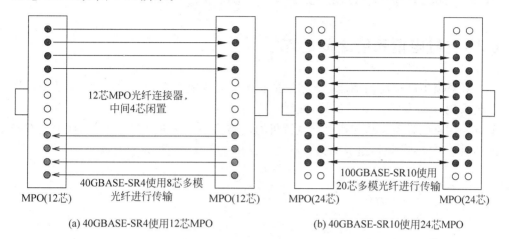

12芯MPO光纤连接器，中间4芯闲置

40GBASE-SR4使用8芯多模光纤进行传输

MPO(12芯)　　　　MPO(12芯)

100GBASE-SR10使用20芯多模光纤进行传输

MPO(24芯)　　　　MPO(24芯)

(a) 40GBASE-SR4使用12芯MPO　　　(b) 40GBASE-SR10使用24芯MPO

图 6-24　IEEE 802.3ba 短距离标准

MPO 高密度光纤配线箱特别适用于数据中心机房万兆光纤布线系统，如图 6-25 所示。可安装在中高密度服务器机柜/列头机柜，构建全光网络。针对刀片式等高密度服务器区域，使用 ToR 结构，部署万兆接入交换机，采用 10GBASE-T 作为万兆接入，并使用 OM4 光纤并行上联的方式，保证足够的带宽（40/100Gbps）。

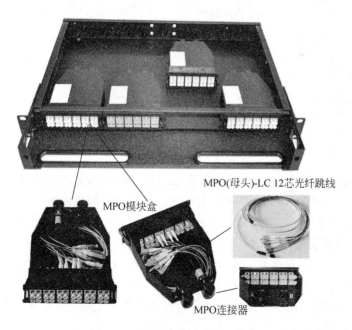

MPO(母头)-LC 12芯光纤跳线

MPO模块盒

MPO连接器

图 6-25　MPO 高密度光纤配线箱

6.3 综合布线系统与相关设备的连接

6.3.1 与电话系统之间的连接

针对模拟电话网的需求,综合布线系统采用铜缆布线,建筑群子系统及干线子系统采用3类大对数电缆布线,配线子系统采用5/5e/6类铜缆布线。FD、BD、CD节点采用直联设备。从交换机到电话机的链路是一条透明的铜缆电路,信道的总长度不大于2000m,最终组成的是一个星形模拟电话网,如图6-26所示。

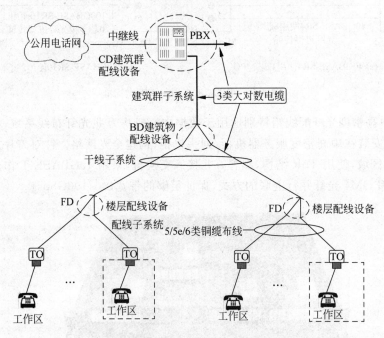

图 6-26 综合布线系统的模拟电话网应用

传统两芯线电话机与综合布线系统之间的连接通常是在各部电话机的输出线端头上装配一个RJ-11插头,然后把它插在信息出线盒面板的8芯插孔上就可使用。特殊情况下,有时可在8芯插孔外插上连接器插头,就可将一个8芯插座转换成两个4芯插座,供两部装配有RJ-11插头的传统电话机使用,采用连接器还可将一个8芯插座转换成一个6芯插座和一个2芯插座,供装配有6芯插头的计算机终端以及装配有2芯插头的电话机使用。这时,系统除在信息插座上装配连接器外,还需在楼层配线架IDF上和在主配线架MDF上进行交叉连接,构成终端设备对内或对外传输信号的连接线路。

数字用户交换机(PABX)与综合布线系统之间的连接方法如下:首先,当地电话局中继线引入建筑物后经系统配线架外侧的保护装置(过电流过电压)后跳接至内侧配线架与用户交换机设备连接。用户交换机与分机电话之间的连接是在系统配线架上经几次交叉连接后构成分机电话线路。

　　建筑物内直拨外线电话与综合布线系统之间的连接,一般是当地电话局直拨外线引入建筑物后,经配线架外侧的保护装置后,在各配线架上几次交叉连接,构成直拨外线电话的线路,如图 6-27 所示。

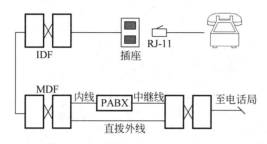

图 6-27　综合布线系统与电话系统之间的连接图

6.3.2　与计算机网络系统之间的连接

　　针对计算机网络的需求,综合布线系统采用光缆/铜缆混合布线的方案。到桌面的配线子系统通常采用 5e/6 类铜缆布线,支持 100Mbps、1000Mbps 以太网。建筑群子系统及干线子系统通常采用光缆布线,支持 1GMbps、10Gbps 以太网。FD、BD、CD 节点放置网络交换机及服务器等设备。最终组成的是一个宽带 IP 网,如图 6-28 所示。

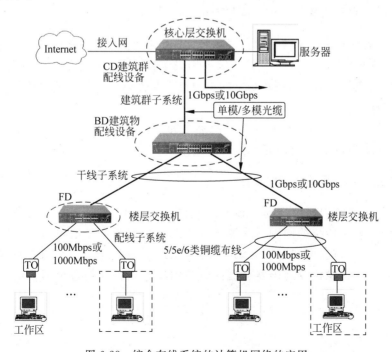

图 6-28　综合布线系统的计算机网络的应用

计算机与综合布线系统之间的连接是先在计算机终端扩展槽上插上带有 RJ-45 插孔的网卡,然后再用一条两端配有 RJ-45 插头的线缆分别插在网卡的插孔和布线系统信息出线盒的插孔上,并在主配线架上与楼层配线架上进行交叉连接或直接连接后,再与其他计算机设备构成计算机网络系统,如图 6-29 所示。

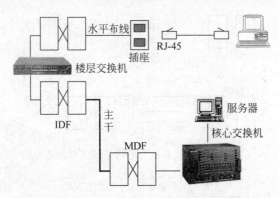

图 6-29　综合布线系统与计算机网络系统之间的连接图

6.3.3　与其他系统之间的连接

其他系统利用综合布线系统后,应不能降低其原有的性能指标,并且经过分析比较,确认在利用综合布线系统后技术经济上更为合理。

1. 与楼宇自动化控制系统之间的连接

楼宇自动化控制设备与综合布线系统之间的连接,也是用 RJ-45 插头的适配器与自控系统中网络接口设备、直接数字控制设备相连,经双绞线在配线架上多次交叉连接,构成楼宇自动化控制系统中的中央集中监控设备与分散的直接数字控制设备之间的链路。

集散型直接数字控制设备与各传感器之间以及传感器之间也可以采用综合布线系统中的线缆(屏蔽或非屏蔽双绞线)、RJ-45 等器件构成连接链路。

2. 与监控电视系统之间的连接

监控电视系统中所有现场的彩色(或黑白)摄像机(附带遥控云台及变焦镜头的解码器)除采用传统的同轴屏蔽视频电缆和屏蔽控制信号电缆与监控室控制切换设备连接构成监控电视系统方法外,还可采用综合布线系统中的屏蔽双绞线缆为链路,构成各摄像机及解码器与监控室控制切换设备之间进行通信的监控电视系统。

6.4　综合布线系统设计

6.4.1　综合布线系统设计等级的确定

在设计综合布线系统时,要根据智能建筑用户的通信及使用要求、设备配置和内容进行全面评估,并按用户的投资能力及用户的使用要求进行等级设计,从而设计出一个合理的、良好的布线系统。

综合布线系统可分为 3 个不同的设计等级:基本型、增强型和综合型综合布线系统。

1. 基本型设计等级

基本型设计等级适用于配置建筑物标准较低的场所,通常采用铜芯线缆组网,以满足语音或语音与数据综合而传输速率要求较低的用户。

基本型系统配置如下:

(1) 每一个工作站(区)至少有一个单孔 8 芯的信息插座(每 $10m^2$ 左右使用面积)。

(2) 每一个工作站(区)对应信息插座至少有一条 8 芯水平布线电缆引至楼层配线架。

(3) 完全采用交叉连接硬件。

(4) 每一个工作站(区)的干线电缆(即楼层配线架至设备室总配线架电缆)至少有两对双绞线缆。

2. 增强型设计等级

增强型设计等级适用于配置建筑物中等标准的场所,布线要求不仅具有增强的功能,而且具有扩展的余地。可先采用铜芯线缆组网,满足语音或语音与数据综合而传输速率要求较高的用户。

增强型系统配置如下:

(1) 每一个工作站(区)至少有一个双孔(每孔 8 芯)的信息插座(每 $10m^2$ 左右使用面积)。

(2) 每一个工作站(区)对应信息插座均有独立的水平布线电缆引至楼层配线架。

(3) 采用压接式跳线或插接式快速跳线的交叉连接硬件。

(4) 每一个工作站(区)的干线电缆有 3 对双绞线缆。

3. 综合型设计等级

综合型设计等级适用于建筑物配置标准较高的场所,布线系统不但采用了铜芯双绞线缆,而且为了满足高质量的高频宽带信号,采用了多模光纤线缆和双介质混合体线缆(铜芯线缆和光纤线混合成缆)组网。

综合型系统配置如下:

(1) 每一个工作站(区)至少有一个双孔或多孔(每孔 8 芯)的信息插座(每 10m² 左右使用面积),特殊工作站(区)可采用多插孔的双介质混合型信息插座。

(2) 在水平线缆、主干线缆以及建筑群之间的干线线缆中配置了光纤线缆。

(3) 每一个工作站(区)的干线电缆中有 3 对双绞线缆。

(4) 每一个工作站(区)的建筑群之间的线缆(至本建筑物外的铜缆)中配有两对双绞线缆。

6.4.2　综合布线系统设计的一般步骤

设计人员在设计一幢新的智能建筑或设计一幢改造的建筑物的布线系统时,首先要注意建筑物的结构,必须依靠建筑物内的建筑环境来进行水平布线、垂直干线布线等各子系统的设计。

综合布线系统的设计人员在系统设计开始时,应做好以下几项工作:

(1) 评估和了解智能建筑或建筑群内办公室用户的通信需求。

(2) 评估和了解智能建筑或建筑群物业管理用户对弱电系统设备布线的要求。

(3) 了解弱电系统布线的水平与垂直通道、各设备机房位置等建筑环境。

(4) 根据以上几点情况来决定采用适合本建筑或建筑群的布线系统设计方案和布线介质及相关配套的支撑硬件。例如,一种方案为铜芯线缆和相关配套的支撑硬件,另一种方案为铜芯线缆和光纤线缆综合以及相关配套的支撑硬件。

(5) 完成智能建筑中各个楼层面的平面布置图和系统图。

(6) 根据所设计的布线系统列出材料清单。

6.4.3　典型综合布线设计

图 6-30 为典型综合布线系统图,水平布线采用 6 类 UTP 和室内多模光纤,语音主干采用 3 类大对数 UTP 电缆,数据主干全部采用光纤,根据实际情况可选用多模或单模光缆。

6.4.4　综合布线系统的施工与验收

综合布线系统工程施工应符合相关的规范和安装工艺要求。工程施工完成后,需要在连接性能测试和电气性能测试通过后方能验收。

1.线缆敷设安装工艺规范要求

(1) 配线子系统电缆宜穿管或沿金属电缆桥架敷设,当电缆在地板下布放时,应

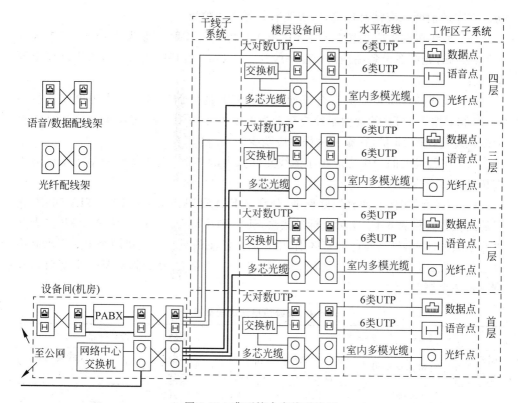

图 6-30 典型综合布线系统图

根据环境条件选用地板下线槽布线、网络地板布线、高架（活动）地板布线、地板下管道布线等安装方式，如图 6-31 所示。

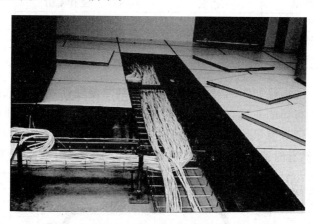

图 6-31 地板下管道布线

（2）干线子系统垂直通道有电缆孔、管道、电源竖井 3 种方式可供选择，宜采用电缆竖井方式。水平通道可选择预埋暗管或电缆桥架方式。

（3）缆线的布放应平直，不得产生扭绞、打圈等现象，不应受到外力的挤压和损伤。在布放前两端应贴有标签,以表明起始和终止位置。

(4) 缆线布放时应预留长度。FD、BD 电缆预留长度一般为 3～6m,工作区为 0.3～0.6m,光缆在设备端预留长度一般为 5～10m。有特殊要求的应按设计要求预留长度。

(5) 缆线的弯曲半径应符合下列规定:STP 的弯曲半径应至少为电缆外径的 6～10 倍;主干 UTP 的弯曲半径应至少为电缆外径的 10 倍;光缆的弯曲半径应至少是光缆外径的 15 倍,在施工过程中应至少为 20 倍。

(6) 布置缆线的牵引力应小于缆线允许张力的 80%,对光缆瞬间最大牵引力不应超过光缆允许的张力。

(7) 双绞线接法有两种国际标准,分别是 EIA/TIA 568A 和 EIA/TIA 568B,它们的连接方式见表 6-4。实际上标准接法 EIA/TIA 568A 和 EIA/TIA 568B 二者并没有本质的区别,只是颜色上有区别,用户需要注意的只是在连接两个 RJ-45 水晶头时必须保证:1/2 脚对是一个绕对,3/6 脚对是一个绕对,4/5 脚对是一个绕对,7/8 脚对是一个绕对。

表 6-4　双绞线接法的国际标准

EIA/TIA 568A 标准			EIA/TIA 568B 标准		
引脚顺序	介质直接连接信号	双绞线绕对的排列顺序	引脚顺序	介质直接连接信号	双绞线绕对的排列顺序
1	TX+(传输)	白绿	1	TX+(传输)	白橙
2	TX-(传输)	绿	2	TX-(传输)	橙
3	RX+(接收)	白橙	3	RX+(接收)	白绿
4	没有使用	蓝	4	没有使用	蓝
5	没有使用	白蓝	5	没有使用	白蓝
6	RX-(接收)	橙	6	RX-(接收)	绿
7	没有使用	白棕	7	没有使用	白棕
8	没有使用	棕	8	没有使用	棕

双绞线的标准接法如图 6-32 所示,它并不是随便硬性规定出来的,而是为了尽量保持线缆接头布局的对称性,这样做可以使线对的互相干扰降到最低,同时也使外界干扰的差分信号值尽量能相等,以便抗干扰电路作相减运算来消除之。如果不按标准制作,虽然有时线路也能接通,但是线路内部各线对之间的干扰不能有效消

图 6-32　双绞线的标准接法

除,从而使信号传送出错率增加,最终导致网络性能下降。

2. 综合布线工程的测试

从工程的角度可将综合布线工程的测试分为两类:验证测试和认证测试。验证测试一般是在施工的过程中由施工人员边施工边测试,以保证所完成的每一个工序连接的正确性。认证测试是指对布线系统依照标准进行逐项检测,以确定布线系统是否能达到设计要求,它包括连接性能测试和电气性能测试。

1）典型布线故障

网络电缆故障有很多种,概括起来可以将网络电缆故障分为两类:一类是连接故障,另一类是电气特性故障。连接故障多是由于施工的工艺或对网络电缆的意外损伤所造成的,如接线错误、短路、开路等;而电气特性故障则是电缆在信号传输过程中达不到设计要求。影响电气特性的因素除布线材料本身的质量外,还包括施工过程中电缆的过度弯曲、电缆捆绑太紧、过力拉伸和过度靠近干扰源等因素。

2）施工过程随装随测

根据调查,网络中发生的故障有 50% 甚至 70% 以上是由与电缆有关的故障造成的,在网络中对电缆故障具体定位是比较困难而且是很浪费时间的,所造成的损失也是比较大的,特别是对那些安装在墙内、吊顶上及地板下的电缆,要保证正确的安装是很重要的。在业界一种"随装随测"的技术,即在施工过程中,采用测试工具,每完成一个点就测试该点的连通性,包括接线图、通断性及电缆长度。如果发现问题就及时解决,这样就保证了线对的安装正确。当所有的安装完成后,就可以保证链路中所有的部分都通过了连接测试,为最后的认证测试节约了时间。

3）测试标准

测试应按最新的标准及系统设计要求来进行。目前国家标准 GB/T 50312—2000《建筑与建筑群综合布线系统工程验收规范》是测试标准,它全面制定了综合布线的现场测试内容、方法及对测试仪器的要求,主要包括长度、接线图、衰减、近端串扰 4 项内容。其他如特性阻抗、衰减对串扰比、环境噪声干扰强度、传播时延、回波损耗和直流环路电阻等电气性能测试项目,可以根据现场测试仪器的功能和施工现场所具备的条件选项进行测试。

6.4.5　数据中心综合布线设计案例

数据中心(IDC 或云数据中心)容纳了数千至数十万台服务器主机,支持多种云计算应用,是当今信息社会的基础设施。主机一般采用所谓刀片式结构(包括 CPU、内存和磁盘存储的主机)堆叠在机架上,每个机架一般堆放 20~40 台刀片。在机架顶部有一台交换机,又称机架顶部交换机(Top of Rack,ToR),它们与机架上的主机互联,并与数据中心的其他交换机互联。

中高密度服务器机柜如图 6-33 所示,配置 9 套架式服务器(2×1Gbps 网口,2×

10Gbps 网口)。机柜内服务器端口数量为 18＋18,可配置 24 个铜缆端口;24 对光缆端口用于机柜网络或预留备用。

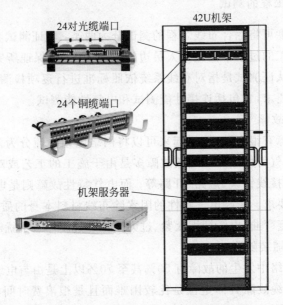

图 6-33　中高密度机架式服务器布线需求

刀片/超高密度服务器机柜如图 6-34 所示,配置 48 套刀片服务器(2×10Gbps 网口),机柜内服务器端口数量为 96,可配置 5×24 对 MPO 光缆端口用于机柜网络或预留备用。

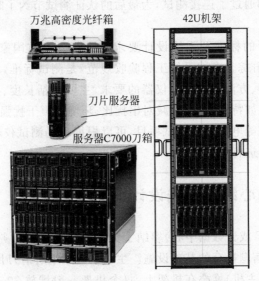

图 6-34　刀片/超高密度服务器机柜布线需求

图 6-35 为某数据中心综合布线设计方案。40 个刀片/超高密度服务器机柜分 4 列,每个机柜内配置一个 MPO 光纤箱,可安装 4 个 MPO 模块(24 芯,配 24 芯 MPO-

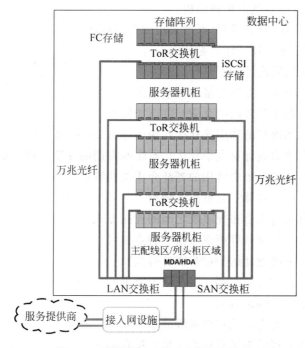

图 6-35　某数据中心综合布线设计方案

LC/OM4 跳线),光纤密度为 96 芯,自带理线装置。每个机柜上联 LAN 交换柜/SAN 交换柜选用 24 芯 MPO-MPO/OM4 跳线,SAN 交换柜与 FC 存储阵列之间也选用 24 芯 MPO-MPO/OM4 跳线连接。使用 ToR 结构,部署万兆接入交换机,采用 10GBASE-T 作为万兆接入,并使用 OM4 光纤并行上联的方式,保证足够的带宽 (40/100Gbps)。

LAN 交换柜/SAN 交换柜各配置 8 个 MPO 光纤箱,每个 MPO 光纤箱可安装 12 个 MPO 模块(24 芯,配 24 芯 MPO-LC/OM4 跳线),光纤密度为 288 芯。

服务器机柜到 LAN 交换柜的上联 24 芯 MPO-MPO/OM4 光纤跳线共 40×2＝80 条,服务器机柜到 SAN 交换柜的上联 24 芯 MPO-MPO/OM4 光纤跳线共 40×2＝80 条,保证每台服务器有一条光纤网络通路加一条光纤存储器通路。

习题与思考题

1. 传统的网络布线方式有哪些应用问题?
2. 综合布线系统有哪些特点?
3. 综合布线系统有哪些标准和规范?
4. 简述综合布线系统的目的和意义。
5. 综合布线系统产品由哪几类器件组成? 请举例说明。
6. 简述综合布线系统结构组成。

7. 简述综合布线系统的拓扑结构。

8. 是否任意拓扑结构的网络都可采用综合布线系统？

9. 工作区子系统的设计任务是什么？

10. 水平子系统的设计重点是什么？

11. 水平布线为什么需要大量的冗余设计？

12. 水平布线有哪些常用的介质？特点如何？

13. 楼层配线和跳接的作用是什么？如何进行 FD 的规划？

14. 干线子系统的设计重点是什么？有哪些常用的介质？特点如何？

15. 简述综合布线系统中常用的光纤介质及其特点。

16. 什么是光纤连接器？它有哪些种类？

17. 简述计算机与综合布线系统之间的连接方式。

18. 综合布线系统设计等级有哪些？特点如何？

19. 综合布线系统设计的一般步骤有哪些？

20. 布线线缆敷设安装有哪些工艺规范要求？

21. 简述双绞线的标准接法。

22. 综合布线系统有哪些典型布线故障？

23. 综合布线工程的测试有什么类型？特点如何？

24. 试分析视频信号传输网络采用综合布线系统的优缺点。

第7章 建筑基本设备及其控制特性

本章导读

　　智能建筑内部有大量的机电设备,如供配电设备、照明设备、空气调节设备、给排水设备等,它们为建筑内人们生活和生产提供必需的环境保障。

　　建筑智能化首先是从楼宇建筑设备自动化开始的。智能建筑中的机电设备和设施就是楼宇自动化系统的对象和环境,因此,我们有必要认识和掌握这些机电设备和设施的运行规律和控制特性。只有这样,才能设计出优秀的楼宇自动化系统方案,实现其全局的优化控制和管理。

　　本章重点对供配电系统、照明系统、空调及冷热源系统、给排水系统的设备运行规律和控制特性进行阐述。本章的难点在于这些系统设备种类很多,涉及多个学科和应用领域,要全面掌握所学需要有宽广的知识面基础。

7.1　供配电系统

　　电力是现代文明的基础,没有电力就没有电气化和信息化。一座建筑如果没有自备发电机,则供配电系统就是其最主要的能源来源,一旦供电中断,建筑内的大部分电气化和信息化系统将立即瘫痪。因此,可靠和连续的供电是智能建筑得以正常运转的前提。与常规的供配电系统相比,智能化的供配电系统应能自动、连续、实时地监控所有变、配电设备的运行/故障状态和运行参数,还应具有故障的自动应急处理能力。

7.1.1　典型建筑供配电系统

　　根据电气设计的规范,智能建筑对供电的可靠性要求较高,一般都要求两路电源供电。目前我国城市电网的供电状态虽然较稳定,但在实际运行中,一路电源故障时往往另一路也出现故障,因为再上级电源往往是同一电源。因此,为了确保智能建筑供电的可靠、安全,设置自备发电机是十分必要的。

1. 负荷分布及变压器的配置

高层建筑的用电负荷大部分集中在下部,因此将变压器设置在建筑物的底部是有利的。但是,在40层以上的高层建筑中,电梯设备较多,此类负荷大部分集中于大楼的顶部。在这种情况下,宜将变压器按上、下层配置或者按上、中、下层分别配置。供电变压器的供电范围大约为15~20层。为了减少变压器台数,单台变压器的容量一般都大于1000kVA。由于变压器深入负荷中心而进入楼内,从防火要求考虑,应采用干式变压器和真空断路器。

负荷中心是供配电设计中一个重要的概念。变电所应尽量设在负荷中心,以便于配电,节省导线,也有利于施工。

2. 供电系统的主结线

智能建筑由于功能上的需要,一般都采用双电源进线,即要求有两个独立电源,常用的供电方案如图7-1所示。

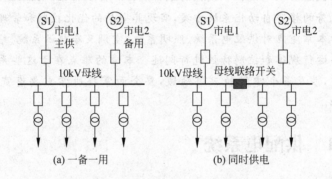

图 7-1　常用的高压供电方案

方案(a)为两路高压电源,正常时一用一备,即当正常工作电源事故停电时,另一路备用电源自动投入。此方案可以减少中间母线联络柜和一个电压互感器柜,对节省投资和减小高压配电室建筑面积均有利。这种结线要求两路都能保证100％的负荷用电。当清扫母线或母线故障时,将会造成全部停电。因此,这种接线方式常用在大楼负荷较小,供电可靠性要求相对较低的建筑中。

方案(b)为两路电源同时工作,当其中一路故障时,由母线联络开关对故障回路供电。该方案由于增加了母线联络柜和电压互感器柜,变电所的面积也就要增大。这种接线方式是商用性楼宇、高级宾馆、大型办公楼宇常用的供电方案。当大楼的安装容量大,变压器台数多时,尤其适宜采用这种方案,因为它能保证较高的供电可靠性。

我国目前最常用的主结线方案如图7-2所示。采用两路10kV独立电源,再加自备发电机供电,变压器低压侧采取单母线分段的方案。

对于规模较小的建筑,由于用电量不大,当地获得两个电源又较困难,附近又有

400V 的备用电源时,可采用一路 10kV 电源作为主电源,400V 电源作为备用电源的高供低备主结线方案,如图 7-3 所示。

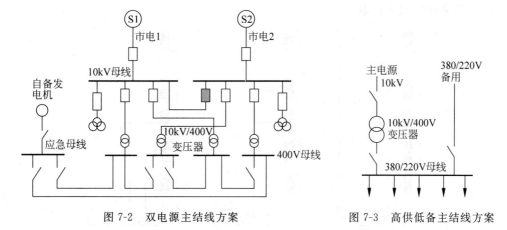

图 7-2　双电源主结线方案　　　　　图 7-3　高供低备主结线方案

智能建筑高压供电只是将高压电源移至大楼附近而已,大楼内的用电设备仍是以低压为主。

3. 低压配电方式

低压配电方式是指低压干线的配线方式。低压配出干线一般是指从变电所低压配电屏分路开关至各大型用电设备或楼层配电盘的线路。用电负荷分组配电系统是指负荷的分组组合系统。智能建筑由于负荷的种类较多,低压配电系统的组织是否得当,将直接影响大楼用电的安全运行和经济管理。

低压配电的结线方式可分为放射式和树干式两大类。放射式配电是一个独立负荷或一个集中负荷均由一个单独的配电线路供电,它一般用在下列低压配电场所:

(1) 供电可靠性高的场所。

(2) 单台设备容量较大的场所。

(3) 容量比较集中的地方。

对于大型消防泵、生活水泵和中央空调的冷冻机组,一是供电可靠性要求高,二是单台机组容量较大,因此考虑以放射式专线供电。对于楼层用电量较大的大厦,有的也采用一个回路供一层楼的放射式供电方案。

树干式配电是一个独立负荷或一个集中负荷按它所处的位置依次连接到某一条配电干线上。树干式配电所需配电设备及有色金属消耗量较少,系统灵活性好,但干线故障时影响范围大,一般适用于用电设备比较均匀,容量不大,又无特殊要求的场合。

图 7-4(a)和图 7-4(b)分别是放射式和树干式接线图。

国内外智能建筑低压配电方案基本上都采用放射式,楼层配电则为混合式。混合式即放射-树干的组合方式,如图 7-4(c)所示。有时也称混合式为分区树干式。

在高层住宅中,住户配电箱多采用单极塑料小型开关,这一种自动开关组装的组合配电箱。对一般照明及小容量插座采用树干式接线,即住户配电箱中每一分路开关带几盏灯或几个小容量插座;而对电热水器、窗式空调器等大宗用电量的家电设备,则采用放射式供电。

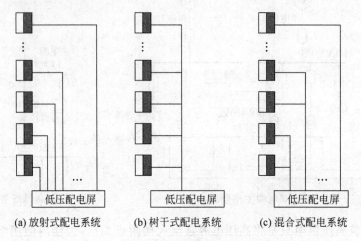

(a) 放射式配电系统   (b) 树干式配电系统   (c) 混合式配电系统

图 7-4　低压配电方案

7.1.2　应急发电系统

1. 自备发电机组容量的选择

自备发电机的容量选得太大,会造成一次投资的浪费;选得太小,发生事故时,一则满足不了使用的要求,二则大功率电动机起动困难。如何确定自备发电机的容量呢? 应按自备发电机的计算负荷选择,同时用大功率电动机的起动来检验。

在计算自备发电机容量时,可将智能建筑用电负荷分为 3 类:

第一类是保安型负荷,即保证大楼人身安全及大楼内智能化设备安全、可靠运行的负荷,有消防水泵、消防电梯、防排烟设备、应急照明及大楼设备的管理计算机监控系统设备、通信系统设备、从事业务用的计算机及相关设备等。

第二类是保障型负荷,即保障大楼运行的基本设备负荷,也是大楼运行的基本条件,主要有工作区域的照明、部分电梯、通道照明等。

第三类是一般负荷,除上述负荷外的负荷,例如舒适用的空调、水泵及其他一般照明、电力设备等。

计算自备发电机容量时,第一类负荷必须考虑在内。第二类负荷是否考虑应视城市电网情况及大楼的功能而定,若城市电网很稳定,能保证两路独立的电源供电,且大楼的功能要求不太高,则第二类负荷可以不计算在内。虽然城市电网稳定,能保证两路独立的电源供电,但大楼的功能要求很高或级别相当高,那么应将第二类负荷计算在内,或部分计算在内。

若将保安型负荷和部分保障型负荷相叠加,来选择发电机容量,其数据往往偏大。因为在城市电网停电时,大楼并未发生火灾时,消防负荷设备不启动,那么自备发电机启动只需给保障型负荷供电即可;而发生火灾时,保障型负荷中除了计算机及相关设备仍供电外,工作区域照明不需供电,只需保证消防设备的用电。因此要考虑两者不同时使用,择其大者作为发电机组的设备容量。在初步设计时,自备发电机容量可以取变压器总装机容量的 10%~20%。

2. 自备发电机组的机组选择

(1) 启动装置。自备发电机组首先要选择有自启动装置的机组,一旦城市电网中断,应在 15s 内起动且供电。机组在市电中断后延时 3s 后开始启动发电机,启动时间约 10s(总计不大于 15s,若第一次启动失败,第二次再启动,共有三次自启动功能,总计不大于 30s),发电机输出主开关合闸供电。

当市电恢复后,机组延时 2~15min(可调)不卸载运行,5min 后,主开关自动跳闸,机组再空载冷却运行约 10min 后自动停车。图 7-5 为机组运行流程图。

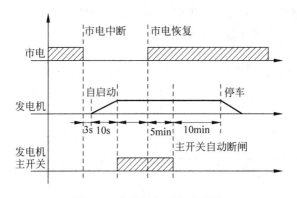

图 7-5　发电机组运行流程图

(2) 外形尺寸。机组的外形尺寸要小,结构要紧凑,重量要轻,辅助设备也要尽量减小,以缩小机房的面积和层高。

(3) 自启动方式。尽量用电启动,启动电压为直流 24V,若用压缩空气启动时,需要一套压缩空气装置,比较麻烦,尽量避免采用。

(4) 冷却方式。在有足够的进风、排风通道情况下,尽量采用闭式水循环及风冷的整体机组。这样耗水量很少,只要每年更换几次水并加少量防锈剂就可以了。在没有足够进、排风通道的情况下,可将排风机、散热管与柴油机主体分开,单独放在室外,用水管将室外的散热管与室内地下层的柴油主机相连接。

(5) 发电机宜选用无刷型自动励磁的方式。

3. 供电系统设计

(1) 一路市电后备与一路自备电源,如图 7-6 所示。

图 7-6 是负荷不分组方案,这种方案是负荷不按种类分组,备用电源接至同一母线上,非保证负荷采用失压脱扣方式甩掉。其特点为:结线简单,供电可靠,用电设

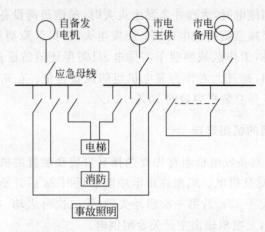

图 7-6 一路市电后备与一路自备电源的配电系统图

备末端市电和应急电源回路两路自切,正常情况下,两路电源只有市电回路带电,应急电源回路为冷备用,常用于一些重要负荷较少的建筑。

(2) 两路市电与自备电源,如图 7-7 所示。

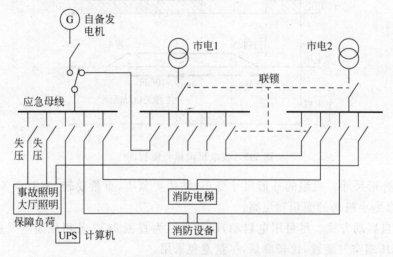

图 7-7 两路市电与自备电源的配电系统图

图 7-7 是一级负荷单独分组方案,这种方案是将消防用电等一级负荷单独分出,并集中一段母线供电,备用发电机组仅对此段母线提供备用电源。方案的特点为两个电源的双重切换,正常情况下,消防设备等用电设备为两路市电同时供电,末端自切。应急母线的电源由其中一路市电供给。当两路市电中失去一路时,可以通过两路市电中间的联络开关合闸,恢复大部分设备的供电;当两路市电全部失去时,自动启动机组,ATS 开关转换,应急母线由机组供电,保证消防设备等重要负荷的供电。此时,对大厅照明等稍重要的负荷,由于配电开关上装有失压脱扣器,在市电故障时已全部分闸,然后可以根据机组负荷情况手动合闸。例如此时无火灾,那么这些负荷可以全部合闸,但一旦发生火灾,这些回路开关应能根据消防发出的指令自动跳

闸。这方案适用于城市电网较稳定,大楼重要负荷较多的工程。

7.1.3　供配电设备监控

供配电系统是智能建筑的命脉,因此供配电设备的监控和管理是至关重要的。

1. 功能和技术性能

智能供配电设备监控系统所能具备的功能和技术性能分述如下。

1) 运行状态监测

对断路器或接触器的运行状态实时监测,在监控屏幕上用不同的图标和颜色表示接通、分断、短路或过载故障等各种运行状态,同时应有声音报警和文字提示,方便值班工作人员及时处理故障。对于其他需要监测的设备,如柴油发电机、UPS 应急电源系统等,也有相应的状态显示。

2) 运行参数的监测

配电系统的主要运行参数,如电压、电流、频率、变压器温度、有功功率、无功功率、功率因数、有功电度以及无功电度等,以及直流屏、柴油发电机等其他设备的运行参数,均进行自动测量、记录存盘、超限报警。

3) 故障报警事件的监测

配电系统运行过程中一旦发生故障,供配电设备监控系统应立即发出声、光报警,监控计算机立即将当前的界面显示切换到出现故障的那幅图形界面上,以便值班人员及时地处理故障。只有在故障消除后,显示的故障状态图标才会恢复为正常的运行状态图标。

4) 运行参数、故障及操作记录的管理、存档及分析

除定时采集并存储运行参数外,供配电设备监控系统还应能自动生成日负荷表、代表日负荷表及年度报表。配电系统的操作记录均能自动记录存档。若有需要,还可对负荷曲线进行趋势预测和分析,提出改进运行的方案。

5) 断路器的通断控制

根据我国目前的实际情况,10kV 中压配电系统的设备通常采用就地人工控制操作,较少进行远程/自动操作,也就是"只监不控"。但智能化供配电监控系统应具有远程控制中压配电系统设备的能力,若用户需要,可以开通该功能。

400V 低压配电系统断路器的通/断控制有 4 种方式:手动操作、电动操作、远程操作和全自动控制。

(1) 手动操作。操作人员可通过断路器上的操作手柄(或按钮)手动接通或断开断路器。无电动操作机构的断路器只能手动操作,而有电动操作机构的断路器当控制电源失电时也只能用这种方法操作。

(2) 电动操作。操作人员在配电柜上可直接通过按钮控制电动操作机构,接通或断开相应的断路器。

（3）远程操作。操作人员只需在监控计算机的屏幕上点击或在触摸式操作面板上触摸断路器接通/断开的按钮图标,即可远程控制断路器的通/断。

（4）自动控制。当有自动控制的要求时,断路器接通或分断由可编程序控制器按照程序的规定自动执行,无须人工干预。

通常智能化的供配电系统设有操作方式选择开关。当选择"本地操作"时,断路器的通/断控制只有电动操作和手动操作两种方式有效;当选择"远程操作"时,不仅电动操作和手动操作方式有效,操作人员也可通过监控计算机进行远程手动操作;当选择"自动控制"方式时,上述 4 种控制方式同等有效,这是正常运行时最常用的方式。

提供多种断路器的通/断控制方式,保证了在任何情况下都能有效地对智能化的供配电系统进行操作和控制。这使智能供配电系统较常规的供配电系统有更高的运行可靠性。

6）进线掉电故障的自动应急处理

在 400V 低压配电系统中出现进线掉电故障时,供配电设备监控系统会自动进行应急处理。

（1）双路供电时,若有一路进线掉电,延时规定的时间后,系统断开掉电的这路进线断路器,接通联络断路器,自动转换成单路供电,然后自动检测该路进线的电流。若电流超过变压器副边的额定值,则按照事先设定的用户优先权顺序,将优先权低的用户依次断开,直至变压器不超负荷,从而保证了对重要用户的连续可靠供电。这是用传统的电气连锁控制无法做到的。

（2）单路供电时,若这一路的进线掉电,延时规定的时间后,系统将自动断开该路的进线断路器。然后将另一路进线断路器自动接通,保证供电的连续性。

（3）市电全部掉电时,延时规定的时间后,两路进线断路器自动断开,自备电源自动投入。

7）自动控制功能

根据需要,供配电设备监控系统应能提供多种自动控制功能。例如:

（1）照明的自动控制。可按照度和时间自动控制建筑物立面泛光灯照明的开启和关闭;按时间自动开启和关闭公共照明或将其改为经济照明方式;按照度自动控制路灯的点亮和关闭;根据不同比赛或演出的需要,选择体育场馆不同的照明方案和自动控制灯光的变化等。

（2）火灾报警时自动切断非必需负荷的供电。由于被分断对象可以通过软件设定,因此更改非常方便。同样,也可以根据需要设定某种特定情况下需要自动接通或断开的回路。

（3）自动错峰。两个或多个大容量电动机同时启动时,供配电设备监控系统自动将它们错开一定时间,分别顺序启动,从而达到削减峰值负荷的目的。

（4）中压配电系统中断路器操作次数的自动累计及达到规定次数时的自动报警。

（5）电动机或其他设备运行时间的自动累计及达到规定时间时的自动报警等。

（6）电动机或其他设备按规定的顺序或时间自动启动和停机等。

8）自动调节功能

根据需要，供配电设备监控系统还应能提供多种自动调节功能。例如：

（1）无功功率的自动补偿。供配电设备监控系统根据检测到的功率因数，自动进行补偿电容的投切控制，无须专用的补偿控制器。保证系统的功率因数始终在设定的范围内。

（2）自动调节有载调压变压器的分接开关，自动调节母线电压，使其保持在设定的范围内。

（3）自动控制滤波电感和电容的投切，对谐波污染进行有效抑制，保证母线电压/电流的谐波含量在规定的允许值以下。

对于某个具体的系统而言，究竟需要哪些功能要根据用户的具体要求来定，可以增加也可以减少。上面所列出的是比较常用的功能。

2. 供配电设备监控系统的构成

供配电设备监控系统一般采用集散系统结构，可分为 3 层：现场 I/O、控制层和管理层。其中，控制层是整个系统的控制核心，监测和控制供电系统的运行；管理层用于人-机对话的界面、数据处理和存储管理以及与楼宇计算机管理系统通信；现场 I/O 则用于现场设备状态信号和运行参数的采集，对现场设备进行操作控制。

现场 I/O 与控制层之间应用现场总线技术（常用的是 Modbus-RTU 现场总线协议）构建通信网。控制层与管理层之间可采用 BACnet 楼宇自控网络协议中的以太网技术实现高速数据传输。供配电设备监控系统的构成如图 7-8 所示。

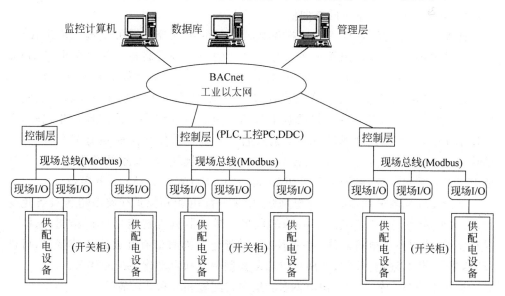

图 7-8　供配电设备监控系统的构成

1) 现场 I/O

现场 I/O 可以是智能型断路器、远程数据采集模块、RTU 和综合电力测控仪等,如图 7-9 所示。

(a) 智能型断路器　　(b) 远程数据采集模块　　(c) 综合电力测控仪

图 7-9　现场 I/O 设备

综合电力测控仪(又称网络电力仪表)用于电力系统的监测和控制。它能高精度地测量所有常用的电力参数,如三相电压、电流、有功、功率、无功功率、频率、功率因数、四象限电度等;采用大屏幕高亮背光 LCD 显示,可同时显示多个测量参数和电网系统的运行信息。

综合电力测控仪提供 RS485 通信接口实现仪表组网通信功能,通常采用 Modbus-RTU 协议。在一条线路上可以同时连接多达 32 个综合电力测控仪,每个综合电力测控仪均可设定其通信地址。Modbus-RTU 通信协议在一根通信线上采用主从应答方式的通信连接方式。首先,主计算机的信号寻址到一台唯一地址的终端设备(从机),然后,终端设备发出的应答信号以相反的方向传输给主机,即:在一根单独的通信线上信号沿着相反的两个方向传输所有的通信数据流(半双工的工作模式)。Modbus 协议只允许在主机(PC、PLC 等)和终端设备之间通信,而不允许独立的终端设备之间的数据交换,这样各终端设备不会在它们初始化时占据通信线路,而仅限于响应到达本机的查询信号。

此外,综合电力测控仪一般还提供数量不等的可程控的开关量输入输出接口、模拟量输出接口、脉冲输出接口等。综合电力测控仪可安装在智能型配电盘、开关柜和测控柜中,现场可编程设置参数,能够与 PLC、工业控制计算机等上位机组网。

远程数据采集模块也是一种智能仪表,用于对各类电力参数和开关状态的实时检测,并通过 RS485 通信接口将数据上传给上位机。与综合电力测控仪相比较,没有显示功能,也不能在现场进行参数的设置等。远程数据采集模块有多个种类,有单独对某一参数进行测量的采集模块(如电压测量模块、电流测量模块等),也有交流电量综合采集模块,可测量 U、I、F、$\cos\Phi$、P、Q、S、kW·h、kVar·h 参数。

智能型断路器适用于低压配电网络,用来分配电能和保护线路及电源设备免受过载、欠电压、短路、单相接地等故障的危害。断路器具有智能化保护功能,选择性保护精确,能提高供电可靠性,避免不必要的停电。同时带有开放式通信接口,可进行"四遥"(遥信、遥测、遥控、遥调),以满足控制中心和自动化系统的要求。

现场 I/O 的配置方式一般有两种:集中式配置和分布式配置。

分布式配置方式是将现场 I/O 设备分散配置到各个配电柜中,优点是柜间连线少,通常只有通信电缆。缺点主要是监控元件要进配电柜,大大增加了配电柜制造和安装调试时的协调工作量。

集中式配置方式是将现场 I/O 设备集中配置在测控柜中,好处是:① 监控系统和配电柜分别制造和安装。相互间通过二次信号线相连。协调配合比较简单;② 监控系统的硬件和软件都可以实现标准化、产品化,从而进一步提高了系统的可靠性。缺点主要是将分散配置时的柜内接线变为柜间连线,加大了安装布线的工作量和系统维修、维护的难度。

2) 控制层和管理层

控制层是现场总线系统中的主机,监测和控制下位机(现场 I/O)的运行,是整个系统的控制核心。控制层一般用可编程序控制器 PLC、工控 PC 来担当。

PLC 按照工业现场的要求设计和制造,抗干扰能力强,可靠性高。用 PLC 担当控制层主机,并进行必要的冗余设计后,所构成的供配电设备监控系统具有极高的可靠性。

监控计算机是供配电设备监控系统的管理层。它和控制层通过工业以太网交换数据和信息,是智能变配电系统的管理中心,但不是现场总线系统的主机。这样配置的好处是可以降低对监控计算机的可靠性要求,即使监控计算机出现故障或死机,整个供配电系统仍然能够正常运行。

大型供配电设备监控系统的规模大,功能多,可靠性要求高,通常由多个变电站组成,要求连网监控。如大型的工厂企业、机场、体育场、展览馆和楼群等的供电系统多属此类系统。大型供配电设备监控系统中的每一个变电站距离较远、信息量较大时,宜采用光纤作为网络的通信介质。为了进一步提高通信网络的可靠性,网络应采用冗余设计。按照需要,变电站可以设监控计算机进行本地的监控,也可以由中央控制室进行远程监控。

3) 监控系统应用软件

供配电设备监控系统的应用软件一般用组态软件工具来开发,其功能强大,结构复杂。后台需要强大的实时数据库支撑。

7.1.4　供配电系统设计方案实例

某医院外科综合楼供电系统设计。

1. 工程概况

医院外科综合楼工程用地面积 $3920m^2$,建筑物总建筑面积为 $34\ 422m^2$,地下两层,地上 11 层。结构形式为钢衍混凝土现浇框架,梁板结构,阀板基础。

2. 供电系统设计

(1) 医院现有一个 10kV 总配变电所,电源为两路 10kV 进线,10kV 接线为单母线分段,平时两段母线同时工作,互为备用。本设计在外科综合楼设一个分变电所,经负荷计算,选用两台 1600kVA 干式变压器,并设一台 400kW 柴油发电机作为应急电源。

（2）本工程外科综合楼内的手术部、重症监护病房、血库、血液透析、应急照明、消防动力设备及消防控制中心均为一级负荷。

（3）为保证一级负荷供电,本设计从医院总配变电所两段 10kV 母线各引一路专线给本楼两台变压器供电。为加强一级负荷中的重要负荷供电可靠性,设置了一台 400kW 柴油发电机作为自备应急电源,当两路市电电源均断电时,柴油发电机自动投入,保证一级负荷可靠供电。对于 0.5s 级场所,如手术无影灯、体外循环心肺机等还采用 UPS（不间断电源）供电。本工程动力设备及照明电压均为 220/380V。

（4）本设计变电所、发电机室位于地下一层,建筑面积约 240m²,地面标高 −4.5m,10kV 电缆为下进下出,220/380V 电缆为上出线,变电所、发电机室共设一个值班室。

（5）本设计在两台变压器 10kV 侧设两台真空断路器柜,从医院总配变电所引来的两路 10kV 电缆经过断路器接至变压器,此断路器只作为检修隔离用,变压器保护由总配变电所真空断路器实现。

（6）变电所内两台变压器,一台给一段 220/380V 母线供电,两段母线间设有联络断路器,其中一段母线失电后母联开关投入。在一段 220/380V 母线末端设一个应急母线段,给一级负荷供电,此应急段平时由 2 段供电,当 2 段失电时,母联开关自动投入,由 1 段供电;当两路市电电源均失电时,由应急发电机供电,市电与发电机之间的切换设自动连锁控制,由自动转换开关 ATS 完成。

系统方案如图 7-10 所示。

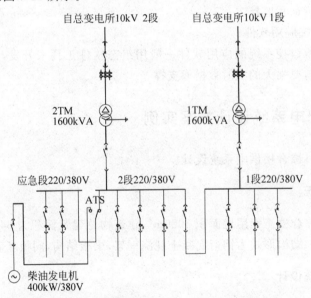

图 7-10　某医院外科综合楼供电系统方案

3. 配电系统设计

（1）地下室内冷冻机房、水泵房、热交换站等容量较大、负荷较集中的一般设备由低压配电屏放射式直接供电。

（2）消防水泵、防排烟风机、消防控制室、应急照明等一级负荷均采用双电源线路供电，并在末端配电箱自动切换。

（3）一般医疗用电采用树干式供电方式，而血库、血液透析、重症监护病房用电均采用双电源线路供电，并在末端配电箱自动切换。

（4）手术部集中在二、三层，设专用配电箱，双路电源从低压配电屏直接引入，自动切换。

7.2　照明系统

电气照明是建筑物的重要组成部分。照明设计的优劣除了影响建筑物的功能外，还影响建筑艺术的效果。

室内照明系统由照明装置及其电气控制部分组成。照明装置主要是电光源和灯具，照明装置的电气部分包括照明电源、开关及调光控制、照明配电、智能照明控制系统。

照明的基本功能是创造一个良好的人工视觉环境。在一般情况下是以"明视条件"为主的功能性照明，在那些突出建筑艺术的厅堂内，照明的装饰作用需要加强，成为以装饰为主的艺术性照明。

7.2.1　建筑照明设计

照明设计的原则是：在满足照明质量要求的基础上，正确选择光源和灯具，节约电能；安装和使用安全可靠；配合建筑的装饰；经济合理及预留照明条件等。照明设计的一般步骤如下：

（1）确定照明方式、照明种类、照度设计标准。

（2）确定光源及灯具类型，并进行布置。

（3）进行照度计算，并确定光源的安装功率。

（4）确定照明的配电系统。

（5）线路计算（包括负荷、电压损失计算，机械强度校验，功率因数补偿计算等），确定导线型号、规格及敷设方式。

（6）确定智能照明控制系统方案，选择控制设备及其安装位置等。

（7）绘制照明平面布置图，同时汇总安装容量，列出主要设备及材料清单等。

1. 常用的光度量

常用的光度量有光通量、发光强度、照度、发光效率等。

1) 光通量

光源在单位时间内向周围空间辐射出去的并能使人眼产生光感的能量称为光通量,用符号 Φ 表示,单位为流明(lm)。流明是国际单位制单位,1lm 等于一个具有均匀分布 1cd(坎德拉)发光强度的点光源在一球面度(单位为 sr)立体角内发射的光通量。

光通量是光源的一个基本参数,是说明光源发光能力的基本量。通常该参数在产品出厂的技术参数表中给定。例如 220V/40W 普通白炽灯的光通量为 350lm,而 220V/40W 荧光灯的光通量大于 2000lm,是白炽灯的几倍。简单来说,光源光通量越大,人们对周围环境的感觉越亮。

2) 发光强度(光强)

光源在空间某一方向上单位立方体角内发射的光通量称为光源在这一方向上的发光强度,简称为光强,以符号 I 表示,单位为坎德拉,符号为 cd。坎德拉是国际单位制单位。

发光强度 I 常用于说明光源和灯具发出的光通量在空间各方向或在选定方向上的分布密度,若以某点光源为原点,以各角度上的发光强度为长度的各点连成一条曲线,就称这条曲线为该光源的光强曲线,也称为配光曲线。

在日常生活中,人们为了改变光源光通量在空间的分布情况,采用了各种不同形式的灯罩进行配光。例如,40W 的白炽灯泡在未加灯罩前,其正下方的光强约为 30cd;加上一个不透光的白色搪瓷伞形灯罩后,向上的光除少量被吸收外,都被灯罩朝下反射,使下方的光强由 30cd 增至 73cd 左右。

3) 照度

照度用来表示被照面上被光源照射的强弱程度,以被照面上单位面积所接受的光通量来表示。照度以 E 表示,单位是勒克斯,符号为 lx。勒克斯也是国际单位制单位,1lm 光通量均匀分布在 $1m^2$ 面积上所产生的照度为 1lx。

照度 E 与光源在这个方向上的光强成正比,与它至光源距离的平方成反比。因此,在照明设计中,为了提高局部照度或改善照度的均匀性,在光源和灯具不变的情况下,可通过改变灯具的安装高度来实现。

为了对照度有一个实际概念,下面举一些常见的照度数字。在 40W 白炽灯下 1m 处的照度约为 30lx;加一个搪瓷伞形罩后照度就增加到 73lx;阴天中午室外照度约为 8000～20 000lx;晴天中午在阳光下的室外照度可高达 80 000～120 000lx。一般地说,照度为 1lx 时,人眼仅能辨别物体的轮廓;照度为 5～10lx 时,看一般书籍比较困难;阅览室和办公室的照度不应低于 50lx。

4) 发光效率

发光效率是描述光源的质量和经济效益的光学量,它反映了光源在消耗单位能量的同时辐射出光通量的多少,单位是流明每瓦(lm/W)。例如,一般白炽灯的发光效率约为 7～17lm/W,荧光灯的发光效率约为 25～67lm/W,荧光灯的发光效率比白炽灯高。

5）光源色温

色温定义为某一种光源的色度与某一温度下的绝对黑体的色度相同时绝对黑体的温度。因此,色温以温度的数值来表示光源颜色的特征。例如,温度为 2000K 的光源发出的光呈橙色,3000K 左右呈橙白色,4500～7000K 近似白色。天然光源和常见人工光源的色温参见表 7-1。

表 7-1　光源色温表

天然光源色温		常见人工光源色温	
光　源	色温/K	光　源	色温/K
晴天室外光	13 000	蜡烛	1900～1950
全阴天室外光	6500	高压钠灯	2000
白天直射日光	5550	白炽灯(40W)	2700
45°斜射日光	4800	荧光灯	3000～7500
昼光色	6500	碳弧灯	3700～3800
月光	4100	氙灯	5600
		炭精灯	5500～6500

既然光源有颜色,就会带给人们冷暖感觉,这种感觉可由光源的色温高低确定。通常色温小于 3300K 时产生温暖感,大于 5000K 时产生冷感,3300～5000K 时产生爽快感。所以在照明设计时,可根据不同的使用场合,采用具有不同色温的光源,使人们身在其中时获得最佳舒适感。

6）光源的显色指数

将人工待测光源下的颜色同在日光下的颜色相比较,其显示同色能力的强弱定义为该人工光源的显色性。

为了检验物体在待测光源下所显现的颜色与在日光下所显现的颜色相符的程度,采用一般显色指数作为定量评价指标,用符号 Ra 表示。显色指数最高为 100。显色指数的高低表示物体在待测光源下变色和失真的程度。光源的显色性由光源的光谱能量分布决定。日光、白炽灯具有连续光谱,连续光谱的光源均有较好的显色性。

表 7-2 是部分电光源的色温及显色指数,从中可以看出灯光颜色与日光很相似的光源(如荧光灯、汞灯等),由于其光谱能量分布与日光有很大的差别,相应的显色性略差。在这种灯光下辨别颜色会出现失真现象,原因是这些光源的光谱中缺少某些波长的单色光成分。

表 7-2　部分电光源的色温及显色指数

光　源	色温/K	显色指数
高压钠灯	2000	20～25
白炽灯	2900	95～100
荧光灯	6600	70～80
荧光高压汞灯	5500	30～40
镝灯	4300	85～95

2. 照明方式和种类

进行照明设计必须对照明方式和种类有所了解,方能正确规划照明系统。照明方式可分成下列 3 种。

(1) 一般照明。在整个场所或场所的某部分照度基本上均匀的照明。对于工作位置密度很大而对光照方向又无特殊要求,或工艺上不适宜装设局部照明装置的场所,宜使用一般照明。

(2) 局部照明。局限于工作部位的固定的或移动的照明。对于局部地点需要高照度并对照射方向有要求时,宜采用局部照明。但在整个场所不应只设局部照明而无一般照明。

(3) 混合照明。一般照明与局部照明共同组成的照明。对于工作面需要较高照度并对照射方向有特殊要求的场所,宜采用混合照明。此时,一般照明照度宜按不低于混合照明总照度的 5%～10%选取,且最低不低于 20lx。

按照明的功能,照明可分成下面 6 类:

(1) 工作照明。正常工作时使用的室内、外照明。它一般可单独使用,也可与事故应急照明、值班照明同时使用,但控制线路必须分开。

(2) 事故应急照明。正常照明因故障熄灭后,供事故情况下人员疏散、继续工作或保障安全通行的照明。在由于工作中断或误操作容易引起爆炸、火灾以及人身事故会造成严重政治后果和经济损失的场所,应设置事故应急照明。事故应急照明宜布置在可能引起事故的设备、材料周围以及主要通道和出入口,并在灯的明显部位涂以红色,以示区别。应急照明必须采用能快速点亮的可靠光源,一般采用白炽灯或卤钨灯。事故应急照明若兼作工作照明的一部分则须经常点亮。

(3) 值班照明。在非生产时间内供值班人员使用的照明。例如,对于三班制生产的重要车间、有重要设备的车间及重要仓库,通常宜设置值班照明。可利用常用照明中能单独控制的一部分,或利用事故应急照明的一部分或全部作为值班照明。

(4) 警卫照明。用于警卫地区周边附近的照明。

(5) 障碍照明。装设在建筑物上作为障碍标志用的照明。在飞机场周围较高的建筑上,或有船舶通行的航道两侧的建筑上,应按民航和交通部门的有关规定装设障碍照明。

(6) 广告艺术照明。广告照明以商品品牌或商标为主,内照式广告牌、霓虹灯广告牌、电视墙等灯光形式渲染广告的主题思想,同时又为夜幕下的街景增添了情趣。艺术照明是通过运用不同的光源、灯具、投光角度、灯光颜色等从而营造出一种特定空间气氛的照明。

3. 照度标准

在照明系统设计时,照度的设计计算应按照国家标准进行。目前我国的照明设计标准有《工业企业照明设计标准》(GB 50034—1992)和《民用建筑照明设计标准》(GB/J 133—1990)。这两部标准规定了各种工业和民用建筑中各类场所的照度设计标准。

降低照度设计标准意味着减少照明系统的负荷,降低照明系统的能耗,这是以降低视觉舒适性为代价的。在一些工作场所,长时间低照度的照明系统会对人的视觉造成疲劳或伤害。因此在条件允许的情况下,照度设计指标尽量提高一些,对重要的场所还应留有充足的设计余量,照明系统的节能可以通过智能化的控制方法来解决。

1) 住宅建筑

住宅建筑照明的平均照度值各房间不能要求一致,如起居室、卧室为 30～75lx,餐厅、厨房为 50～100lx,走道、楼梯为 15～30lx 等。

2) 办公型建筑

办公型建筑一般照明的照度值可在 75～200lx 范围内选取;对设计室、绘图室可以取 300～500lx;在有计算机显示屏的工作场所,不宜取过高的照度,否则显示屏的反差减弱。

3) 学校建筑

学校的教室、实验室、绘图室等合适的照度值一般是 100～300lx。教室黑板上的垂直照度平均值不宜低于 200lx;电化教学中演播区内主光垂直照度宜在 2000～3000lx;书库架上(距地面 0.25m 处)的垂直照度为 20～50lx。

4. 照明配电设计

照明灯具的工作电压通常为 220V,其配电线路采用 380/220V 三相四线制供电。

1) 一级负荷照明配电

照明系统中的一级负荷是照明配电的重点,下列照明应划分为一级负荷:

(1) 重要办公建筑的主要办公室、会议室、总值班室、档案室及主要通道照明。

(2) 一、二级旅馆的宴会厅、餐厅、娱乐厅、高级客房、康乐设施、厨房及主要通道照明。

(3) 大型博物馆、展览馆的珍贵展品展室照明。

(4) 甲级剧场演员化妆室照明。

(5) 省、自治区、直辖市级以上体育馆和体育场的比赛厅(场)、主席台、贵宾室、接待室及广场照明。

(6) 大型百货公司营业厅、门厅照明。

(7) 直播的广播电台播音室、控制室、微波设备室、发射机房的照明。

(8) 电视台直播的演播厅、中心机房、发射机房的照明。

(9) 民用机场候机楼、外航驻机场办事处、机场宾馆、旅客过夜用房、站坪照明及民用机场旅客活动场所的应急照明。

（10）市话局、电信枢纽、卫星地面站内的应急照明及营业厅照明等。

一级负荷照明配电应从供配电系统中的应急母线引进,采用放射式配电线路单独敷设。

2）其他负荷照明配电

线路一般采用放射式,由总配电盘经中央楼梯或两侧走廊处,采取干线立管的方式向各层分配电盘供电,如图 7-11 所示。各分配电盘引出的各支线对各房间的照明灯具供电。各层的分配电盘安装的位置应在同一垂直线上,便于干线立管的敷设。另外,应留有适量的照明插座、吊顶内预留线槽,以便供增补局部照明之需。

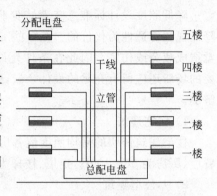

图 7-11　照明配电线路

7.2.2　建筑照明设备

照明设备主要是电光源和灯具及辅助电气(电路)设备。

1. 照明光源

根据发光原理,照明电光源可分为热辐射发光光源、气体放电发光光源和其他发光光源三大类,如图 7-12 所示。

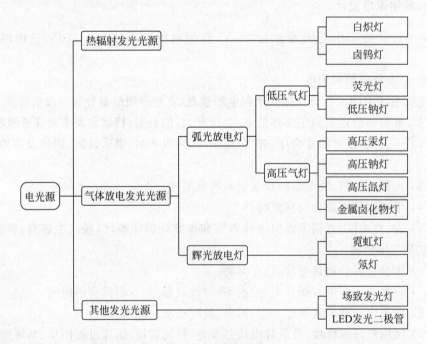

图 7-12　电光源分类

热辐射发光光源是利用灯丝通过电流时被加热而发光的一种光源。白炽灯和卤钨灯都是通过钨丝白炽体高温辐射来发光的。

气体放电发光光源是利用电流通过气体而发射光的光源。如通过灯管中的水银蒸气放电，辐射出紫外线，然后照射到管内壁的荧光物质上，再转换为某个波长的可见光。气体放电光源又可按放电的形式分为弧光放电灯和辉光放电灯。弧光放电灯又称热阴极灯，主要利用弧光放电柱产生光，放电时阴极位降较小；辉光放电灯又称冷阴极灯，由辉光放电柱产生光，放电时阴极发射电子远大于热电子发射且位降较大。常用的弧光放电灯有荧光灯、钠灯、氙灯、汞灯和金属卤化物灯；辉光放电灯有霓虹灯、氖灯。气体放电发光光源启动时需要很高的电压，它具有发光效率高、表面亮度低、亮度分布均匀、热辐射小、寿命长等诸多优点，目前已成为各类照明工程中的优选光源。

其他发光光源常见的有场致发光灯（屏）和 LED 发光二极管。场致发光灯（屏）是利用场致发光现象制成的发光灯（屏），可用于指示照明、广告等。LED 发光二极管是一种能够将电能转化为可见光的半导体，它采用电场发光的原理，足够多的导带电子和价带空穴在电场作用下复合而产生光子。LED 的特点非常明显，寿命长，光效高，无辐射与低功耗。LED 的光谱几乎全部集中于可见光频段，其发光效率可达 80%～90%。LED 光源是国家倡导的绿色光源，具有广阔的发展前景，尤其当大功率的 LED 研制出来而成为照明光源时，它将大面积取代现有的白炽灯与节能灯而占领整个市场。

1）白炽灯

白炽灯属于热辐射光源，是目前应用最广泛的光源之一，它具有结构简单、成本低、显色性好、使用方便、调光性能好、无频闪现象等优点。但是由于白炽灯钨丝热辐射的频率范围很广，其中可见光部分仅占很小的比率，紫外线很少，绝大部分是红外线，可见光部分约占 2%～3% 左右，这就使得白炽灯的光效能很低，仅为 10～18lm/W，寿命比较短，约为 1000 小时。装饰白炽灯利用玻璃壳的外形和色彩的不同，起到一定的照明和装饰作用。

2）卤钨灯

卤钨灯泡壳是用石英玻璃制成的，在泡壳内，充入适量的卤族元素（常用的如碘、溴等）和惰性气体。卤钨灯是靠卤钨循环来解决灯丝温度与钨升华的矛盾的。当灯丝在高温下工作，升华出来钨蒸气在灯泡壳内壁附近温度较低处与卤素化合成卤化钨，并向管心扩散，在高温下重新分解成卤素和钨，因而在钨丝周围形成一层钨蒸气，一部分钨又重新凝结在钨丝上，有效地抑制了钨的升华。

卤钨灯与白炽灯相比具有体积小、输出功率大、光通量稳定、光色好、光效高和寿命长的特点。特别是其发光效率比普通白炽灯高出许多倍。它的色温最低2800K，最高 3200K，属低色温光源。与白炽灯相比色温略高一些，因此比白炽灯光色更白，色调更冷。卤钨灯的显色指数 Ra=100，所以显色性很好，也略高于白炽灯。卤钨灯的缺点是对电压波动比较敏感，耐振性较差。基于上述特点，卤钨灯目前在各个照明领域中都具有广泛的应用，尤其被广泛应用在大面积照明与定向投影照明场所，如建筑工地施工照明、展厅、广场、舞台、影视照明和商店橱窗照明及较大区域的泛光照明等。

3）荧光灯（俗称日光灯）

它是靠汞蒸气弧光放电时发出可见光和紫外线，后者又激励管内壁的荧光粉而发光，二者混合光色接近白色。荧光灯具有发光效率高、显色性较好、寿命长、眩光影响小、光谱接近日光等特点。荧光灯的光视效能为 25～67lm/W，平均寿命为 2000～3000h。为了保证灯管发光的稳定性，它必须与镇流器（或称稳压器）一起使用。荧光灯的电源电压的变化不宜超过±5％，否则将影响灯的光效和寿命。

4）荧光高压汞灯（高压水银荧光灯）

高压汞灯的发光原理与低压荧光灯基本相同，只是它的工作气压要高得多。荧光高压汞灯的光效比白炽灯高三倍左右，寿命也长，启动时不需加热灯丝，故不需要启辉器。

自镇流荧光高压汞灯用钨丝作为镇流器，利用高压汞蒸汽放电、白炽体和荧光材料 3 种发光物质同时发光的复合光源。

5）高压钠灯

它是利用高压钠蒸汽放电，其辐射光的波长集中在人眼较灵敏的区域内，故光效高，为荧光高压汞灯的 2 倍，约为 110lm/W 左右，且寿命长，但电源电压的变化不宜大于±5％。

6）金属卤化物灯（金属卤素灯）

它在高压汞灯内添加某些金属卤化物，靠金属卤化物的循环作用，不断向电弧提供相应的金属蒸汽，金属原子在电弧中受激发而辐射该金属的特征光谱线。它是一种新型光源，不仅光色好，而且光效高。接入电路时需配用镇流器。电源电压的变化不宜大于±5％。使用时要特别注意它的悬挂高度和安装方向，如将应该垂直起燃的错装成水平方向，就有灯管炸裂的危险。

7）管形氙灯（又称长弧氙灯）

高压氙气放电时能产生很强的白光，接近连续光谱，特别适合于作大面积场所的照明。管形氙灯点燃瞬间能达到 80％光输出，光电多数一致性好，工作稳定，受环境温度影响小，电源电压波动时容易自熄。由于这种灯在发光时有强紫外线辐射，因此安装高度不宜低于 20m。

2. 照明光源的光电参数特性

作照明用的光源，其主要性能指标是光效、寿命、色温、显色指数、启动稳定时间、再启动时间等。这些性能指标之间有时是互相矛盾的。在实际选用时，一般应先考虑光效高、寿命长，其次才考虑显色指数、启动性能等。常用照明电光源的主要特性如表 7-3 所示。

表 7-3　常用照明电光源的主要特性比较表

光源名称	白炽灯	卤钨灯	荧光灯	荧光高压汞灯	管形氙灯	高压钠灯	金属卤化物灯
额定功率范围/W	10~1000	500~2000	6~125	50~1000	1500~100 000	250~400	400~1000
光效/lm·W^{-1}	6.5~19	19.5~21	25~67	30~50	20~37	90~100	60~80
平均寿命/h	1000	1500	2000~3000	2500~5000	500~1000	3000	2000
一般显色指数/Ra	95~99	95~99	70~80	30~40	90~94	20~25	65~85
色温/K	2700~2900	2900~3200	2700~6500	5500	5500~6000	2000~2400	5000~6500
启动稳定时间	瞬时	瞬时	1~3s	4~8min	1~2s	4~8min	4~8min
再启动时间	瞬时	瞬时	瞬时	5~10min	瞬时	10~20min	10~15min
功率因数 cosφ	1	1	0.33~0.7	0.44~0.67	0.4~0.9	0.44	0.4~0.61
频闪效应	不明显	不明显	明显	明显	明显	明显	明显
表面亮度	大	大	小	较大	大	较大	大
电压变化对光通的影响	大	大	较大	较大	较大	大	较大
环境变化对光通的影响	小	小	大	较小	小	较小	较小
耐热性能	较差	差	较好	好	好	较好	好
所需附件	无	无	镇流器，启辉器	镇流器	镇流器，触发器	镇流器	镇流器，触发器

3. 照明灯具

照明灯具是透光、分配和改变光源光分布的器具,包括除光源外所有用于固定和保护光源的全部零部件以及与电源连接所必需的线路附件。照明灯具对节约能源、保护环境和提高照明质量具有重要的作用。

1) 灯具的作用

(1) 控光作用。利用灯具如反射罩、透光棱镜、格栅或散光罩等将光源所发出的光重新分配,照射到被照面上,满足各种照明场所的光分布,达到照明的控光作用。

(2) 保护光源的作用。保护光源免受机械损伤和外界污染;将灯具中光源产生的热量尽快散发出去,避免因灯具内部温度过高,使光源和导线过早老化和损坏。

(3) 安全作用。灯具具有电气和机械安全性。在电气方面,采用符合使用环境条件(如能够防尘、防水,确保适当的绝缘和耐压性)的电气零件和材料,避免带来触电与短路;在灯具的构造上,要有足够的机械强度,有抗风、雨、雪的性能。

(4) 美化环境作用。灯具分功能性照明器具和装饰性照明器具。功能性灯具主要考虑保护光源,提高光效,降低眩光;而装饰性灯具就要达到美化环境和装饰的效果,所以要考虑灯具的造型和光线的色泽。

2) 常用灯具

(1) 壁灯。将灯具安装在墙壁、庭柱上,主要用于局部照明、装饰照明或不适应在顶棚安装灯具,没有顶棚的场所。

(2) 吸顶灯。将灯具贴在顶棚面上安装,主要用于没有吊顶的房间。

(3) 嵌入式灯。适用于有吊顶的房间,灯具嵌入在吊顶内安装。顶棚吊顶深度不够时,可以安装半嵌入式灯,它介于吸顶灯和嵌入式灯之间。嵌入式灯能有效地消除眩光,与吊顶结合能形成美观的装饰艺术效果。

(4) 吊灯。主要利用吊杆、吊链、吊管、吊灯线安装,是最普通、最广泛的一种灯具安装方式。

4. LED 白光技术

对于一般照明光源需要的是有良好显色指数的白光,人眼睛所能见的白光至少需两种光的混合,即二波长发光(蓝色光＋黄色光)或三波长发光(蓝色光＋绿色光＋红色光)的模式。LED 白光通常采用两种方法形成,第一种是利用"蓝光技术"与荧光粉配合形成白光(蓝色光＋黄色光);第二种是多种单色光混合方法(蓝色光＋绿色光＋红色光)。这两种方法都已能成功产生白光器件。第一种方法将发蓝光 LED GaM 芯片和 YAG(钇铝石榴石)荧光粉封装在一起,当荧光粉受蓝光激发后发出黄色光,结果,蓝光和黄光混合形成白光。第二种方法将发出红色光、黄色光、蓝色光的芯片封装在一起,通过各色光混合而产生白光。

LED 白光技术具有以下优点:

(1) 发光效率高。LED 发光效率达到 $80 \sim 200 \mathrm{lm/W}$,研发水平的发光效率达到

276lm/W,同功率的 LED 灯亮度是白炽灯的近十倍,是节能灯的两倍以上。

(2) 节能。在同样照明效果的情况下,LED 耗电量是白炽灯泡的十分之一,是荧光灯管的二分之一,如采用 LED 替代白炽灯和荧光灯,可节省 70% 的电费。以桥梁护栏灯为例,同样效果的一支日光灯 40W,而采用 LED 每支的功率只有 16W,而且可以七彩变化。

(3) 使用寿命长。LED 是被完全的封装在环氧树脂里面,它比灯泡和荧光灯管都坚固。灯体内也没有松动的部分,这些特点使得 LED 不易损坏。LED 器件平均寿命达 10 万小时,LED 灯具使用寿命可达 5～10 年,避免经常换灯之劳,可以大大降低灯具的维护费用。

(4) 安全环保。LED 是由无毒环保的材料制成,不含汞、钠元素等可能危害健康的物质,LED 光色柔和,无眩光。LED 为全固体发光体,耐震,耐冲击,不易破碎,废弃物可回收再利用。LED 光源体积小,可以随意组合,易开发成轻便的小型照明产品,也便于安装和维护。

LED 光源是国家倡导的绿色光源,具有广阔的发展前景,它将大面积取代现有的白炽灯与节能灯而占领整个市场。

7.2.3　照明控制

1. 电光源控制特性

1) 热辐射光源控制特性

热辐射光源的 V-I 特性类似一个热电阻,交/直流电源均可工作,瞬间点亮。在交流电路中,由于没有电抗,所以可以硬关断/开启。在改变电流大小时即可实现调光。常用脉宽调制法无级调光。热辐射光源的控制简单,可手动/程控进行开/关控制或调光控制,如图 7-13 所示。

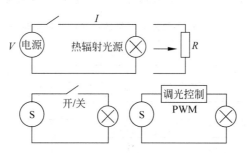

图 7-13　热辐射光源的控制特性

手动开/关控制常用跷板开关,程控开/关可以是电子开关(可控硅、固态继电器),也可以是断路器(空气开关、交流接触器等)控制一组灯具的控制方式。

2) 气体放电发光光源控制特性

气体放电发光光源的工作电路较复杂,V-I 具有负电阻特性,必须和有限流作用的镇流器串联使用。同时,气体放电发光光源一般需要一个"点火"启动过程,因此工作电路还应具有产生瞬间高电压"触发"电弧点亮的功能。图7-14所示是荧光灯采用电感式镇流器时的接线图和工作过程。

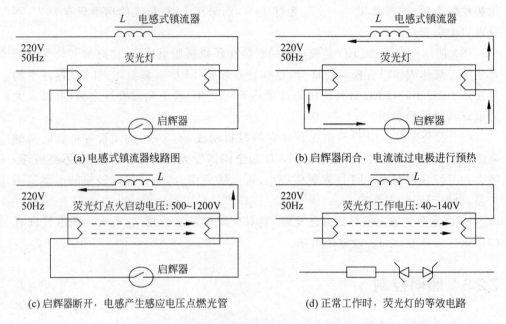

图7-14　电感式镇流器荧光灯线路图和工作过程

工作在220V/50Hz交流市电下的电感式镇流器荧光灯有许多缺陷,主要是功率因数低,有频闪效应,镇流器损耗大且有低频噪音,不易调光。

随着电子技术的发展,高频交流电子型镇流器的出现改变了镇流器的技术性能。高频交流电子型镇流器效率高,性能好,调光范围宽,智能化程度高,正在全面代替电感式镇流器。表7-4是电子荧光灯与电感荧光灯节电比较。

表7-4　电子荧光灯与电感荧光灯节电比较表

项　目	36WT8电感荧光灯	28WT5电子荧光灯
输入功率/W	42	28
功率因数	0.47	0.98
照度/lx	310	310
电流/A	0.43	0.12
频闪	有	无
噪音	有	无
启辉	数秒	立即

高频交流电子型镇流器实际上是一种交-交逆变电源,将荧光灯的交流工作电源从50Hz变换到20~50kHz,频率提高后,电感元件容量大大减小(从H降低到mH的水平),体积和重量都可以做得很小。图7-15是高频交流电子型镇流器的原理图。

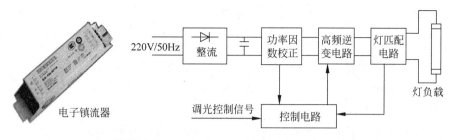

图 7-15　高频交流电子型镇流器的原理

　　荧光灯的调光控制方法是随着电子镇流器技术不断创新发展而提高的,早期对带有铁芯镇流器的荧光灯调光一般采用可控硅前沿相控调光器输出直接调控荧光灯的亮度,镇流器仅仅是串联在荧光灯回路中的一个负载,这种调光方法效率低,性能差,调光范围窄,现今国内外很少使用。

　　目前对荧光灯的调光控制是在高频交流电子型镇流器的基础上实现的,调光方法有占空比调光法、调频调光法、调节高频逆变器供电电压调光法和脉冲调相调光法 4 种方式。常用的是调节高频逆变器供电电压调光法和脉冲调相调光法,其调光范围大,为 3%～100%,可以在任意设定调光值下启动,有近似线性的调节特性等。

　　荧光灯的调光控制接口信号可分成 1～10V 直流模拟量接口和数字可寻址灯光接口(DALI)两种。

　　(1) 1～10V 接口。控制信号是直流模拟量,按线性规则调节荧光灯的亮度,按 IEC 929 标准,每个镇流器控制信号接口的最大工作电流为 1mA。模拟调光系统如图 7-16 所示,用一个调光控制器可以很容易对一组荧光灯集中调节(群控),或者说,模拟调光不适宜需要分别对各个荧光灯实行调光控制的应用场合。

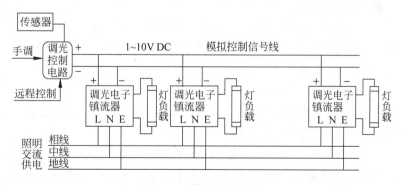

图 7-16　模拟调光系统

　　(2) 数字可寻址照明接口(Digital Addressable Lighting Interface,DALI)。是 IEC 颁布的技术标准(标准号 IEC 60929)。DALI 是专用的照明控制协议,用于在照明设备之间传送数字信息。DALI 不能用于其他控制系统,例如 BAS 系统。然而,DALI 系统特别适用于调光控制、场景控制、光源故障状态反馈,而且 DALI 可以很容易与楼宇自动控制系统(BAS)相连接,如图 7-17 所示。

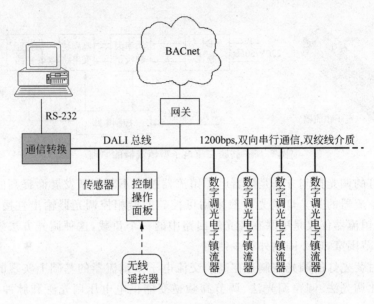

图 7-17　DALI 数字调光系统

集组合开关与调光控制于一体的 DALI 镇流器，通过 DALI 接口连接到 2 芯控制线上，通过荧光灯调光控制器（作为主）可对每个镇流器（作为从）分别寻址，这意味调光控制器可对连在同一条控制线上的每个荧光灯的亮度分别进行调光，一个单段 DALI 数据控制线上可对 64 个镇流器分别编址，每个镇流器内可设置 16 个灯光场景，同一个镇流器还可以编在一组或在多个组，最大编数组为 16，于是一个 DALI 系统可控制多达 1000 个镇流器。

3）LED 光源控制特性

单个发光二极管的驱动原理是 LED 光源的基础。LED 灯内部等同于多个发光二极管的组合，如图 7-18 所示。V_f 表示 LED 正向工作电压，在 2～4V 之间。I_f 表示 LED 工作电流，其范围在 20～2000mA。LED 是单向导通的，反向的电压会损坏 LED。V_{rm} 表示 LED 所允许的最大反向电压在 3～5V 之间，超过此值，LED 可能被击穿损坏。例如，LED5730 贴片灯珠的 I_f 为 150mA，V_f 为 3～3.2V，V_{rm} 为 5V，亮度为 50～60lm，功率为 0.5W。

多个 LED 灯珠的组合方式有串联、并联和混合 3 种。电源驱动方式有定压、恒流、恒功率和调光等多种。LED 的调光控制可通过调节工作电流值来实现，需要注意的是亮度值与工作电流值并非呈线性关系。

通常 LED 可以被认为是"冷"光源，因为它的光谱中不像白炽灯那样有大量的红外辐射，因此它的发光不会产生很多热量。但 LED 在其 PN 结上还是会产生相当的热量，这些热量必须通过对流和传导的形式进行散射。将 LED 安装在密封和狭小的灯具中工作时，会导致 PN 结温度的快速上升，使系统的工作性能下降，对 LED 采用散热基片进行散热和工作在低的环境温度下，可以提高光输出和延长寿命。

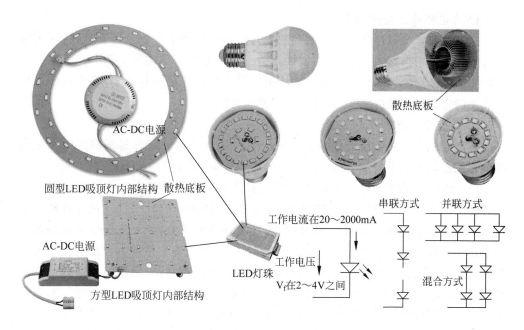

图 7-18　LED 灯内部结构

2. 照明控制方式

正确的控制方式是实现舒适照明的有效手段,也是节能的有效措施。目前设计中常用的控制方式有跷板开关控制方式、断路器控制方式、定时控制方式、光电感应开关控制方式、智能控制器控制方式等。下面对各种控制方式逐一加以介绍。

1) 跷板开关控制方式

该方式就是以跷板开关控制一套或几套灯具,这是采用得最多的控制方式,它可以配合设计者的要求随意布置,同一房间不同的出入口均需设置开关,单控开关用于在一处启闭照明。双控及多程开关用于楼梯及过道等场所,在上层下层或两端多处启闭照明。该控制方式线路烦琐,维护量大,线路损耗多,很难实现舒适照明。

2) 断路器控制方式

该方式是以断路器(空气开关、交流接触器等)控制一组灯具。该方式控制简单,投资小,线路简单,但由于控制的灯具较多,造成大量灯具同时开关,在节能方面效果很差,又很难满足特定环境下的照明要求,因此在智能化建筑中应谨慎采用该方式,尽可能避免使用。

3) 定时控制方式

该方式是以定时控制灯具。该方式可利用 BAS 的接口,通过控制中心来实现,但该方式太机械,遇到天气变化或临时更改作息时间,就比较难以适应,一定要通过改变设定值才能实现,显得非常麻烦。

还有一类延时开关,特别适合用在一些短暂使用照明或人们容易忘记关灯的场所,使照明点燃后经过预定的延时时间自动熄灭。

4) 光电感应开关控制方式

光电感应开关通过测定工作面的照度与设定值比较来控制照明开关,这样可以最大限度地利用自然光,达到更节能的目的。也可提供一个较不受季节与外部气候影响的相对稳定的视觉环境。该方式特别适合一些采光条件好的场所,当检测的照度低于设定值的极限值时开灯,高于极限值时关灯。

5) 智能控制方式

智能控制方式能实现场景预设、亮度调节、软启动软关断等复杂的照明控制功能。智能控制方式不仅能营造室内舒适的视觉环境,更能节约大量能源。

(1) 使照明系统运行在全自动状态。可预先设置若干基本工作状态,例如"白天""晚上""安全""休假""周末""午饭"等场景,根据预设的时间自动地在各种工作状态之间转换。例如,上班时间来临时,系统自动将灯打开,而且光照度会自动调节到工作人员最合适的水平。在靠窗的房间,系统能智能地利用室外自然光。若天气晴朗,室内灯光会自动调暗;天气阴暗,室内灯会自动调亮,以始终保持室内恒定的亮度(按预设定要求的亮度)。当每一个工作日结束,系统将自动进入晚上工作状态,自动调暗各区域的灯光,同时系统的移动探测功能也将自动生效,将无人区域的灯自动关闭,并将有人区域的灯光调至最合适的亮度。系统还能使公共走道及楼梯间等公共区域的灯协调工作,当办公区有员工加班时,楼梯间、走道等公共区域的灯就保持基本的亮度,只有当所有办公区的人走完后,才将灯调到"安全"状态或关掉。

(2) 照明设备的联动功能。当建筑内有事件发生时,需要照明各组做出相应的联动配合。当有火警时,联动正常照明系统关闭,事故照明打开;当有保安报警时,联动相应区域的照明灯开启。

(3) 可观的节能效果。智能照明控制系统使用了先进的电力电子技术,能对大多数灯具(包括白炽灯、日光灯,配以特殊镇流器的钠灯、水银灯、霓虹灯等)进行智能调光。当室外光较强时,室内照度自动调暗,室外光较弱时,室内照度则自动调亮,使室内的照度始终保持在恒定值附近,从而能够充分利用自然光实现节能的目的。除此之外,智能照明的管理系统采用设置照明工作状态等方式,通过智能化管理实现节能。

(4) 延长灯具寿命。灯具损坏的致命原因是电网过电压。灯具的工作电压越高,其寿命则越短。因此,适当降低灯具工作电压是延长灯具寿命的有效途径。智能照明控制系统能成功地抑制电网的冲击电压和浪涌电压,使灯具不会因上述原因而过早损坏。还可通过系统人为地确定电压限制,提高灯具寿命。智能照明控制系统采用了软启动和软关断技术,避免了灯丝的热冲击,使灯具寿命进一步得到延长。在延长灯具寿命的同时,也能大大减少更换灯具的工作量,有效地降低了照明系统的运行费用,对于难安装区域的灯具及昂贵灯具更具有特殊意义。

(5) 提高管理水平,减少维护费用。智能照明控制系统将普通照明人为的开与关转换成了智能化管理,不仅使大楼的管理者能将其高素质的管理意识运用于照明控制系统中去,而且将大大减少大楼的运行维护费用,并带来较大的投资回报。

7.2.4　智能照明控制系统

基于现场控制总线的智能照明控制系统在照明工程中应用日趋广泛,如奇胜公司的 C-BUS 系统、ABB 公司的 i-bus 系统、邦奇公司的 Dynalite 系统、国际标准 DALI 系统等,其控制方式也大同小异。下面简单介绍智能照明控制系统在照明工程中的应用。

1. C-BUS 智能照明控制系统

C-BUS 系统由澳大利亚奇胜电器公司在 1994 年初开发,其产品设计和制造工艺满足澳大利亚及欧洲电气安全和电磁兼容性标准。目前 C-BUS 系统已被广泛应用于澳大利亚、新西兰、日本、英国、马来西亚、新加坡、南非、中国等国家。C-BUS 智能照明控制系统结构如图 7-19 所示。

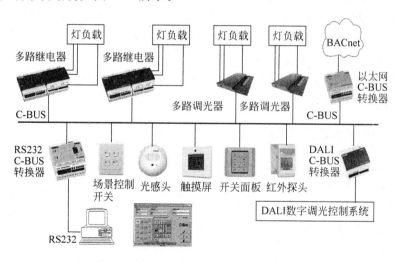

图 7-19　C-BUS 智能照明控制系统结构图

C-BUS 系统是一个二线制的智能控制系统,主要用于对照明系统的控制。除此之外还可以与其他如背景音乐、消防、安保等系统联动。

C-BUS 系统采用自由拓扑结构,可设计成总线形、树形、星形等拓扑结构,组网非常方便。但系统拓扑结构中要避免出现环网,否则系统通信将会不正常。C-BUS系统可以由单个子网络组成,每个子网络须满足以下条件:

(1) 网络内最多有 100 个单元。

(2) 控制回路地址数最多为 255 个。

(3) 网络内传输距离最远为 1000m。

如果不满足以上任一条件,须增加网络桥扩展,组成多重网,如图 7-20 所示。

C-BUS 系统为分布式控制、模块化结构,可靠性高。任何模块均内置 CPU,系统复杂的照明控制方式需经过主控计算机设定后方可运行,系统设置完成后,主控计算机即可移走。所有的系统参数被分散存储在各个单元中,即使系统断电也不会丢失。

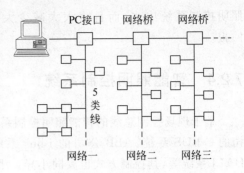

图 7-20　C-BUS 自由拓扑结构图

C-BUS 系统的每个输入模块(场景开关、多键开关、红外传感器等)都可直接与输出模块(调光器、输出继电器)通信(发送指令→接收指令→执行指令),避免了集中式结构中央 CPU 一旦出现故障造成整个系统瘫痪的弱点。

C-BUS 系统有丰富的联网功能。通过网关和转换器,C-BUS 系统可以连接高速以太网、DALI 数字调光系统、PC 等。

C-BUS 系统是一个开放的系统,通过专用接口软件,可方便地与其他系统连接,如楼宇自控系统、门禁系统、保安监控系统、消防系统等,符合智能大厦的发展趋势。霍尼威尔、江森自控、西门子、快思聪等国际知名公司都开发了与 C-BUS 的接口软件协议,并与 C-BUS 建立了良好的合作关系。

C-BUS 系统的缺点是该系统不是国际标准的产品,因此,产品互换性差,国内厂家的产品很少支持 C-BUS。

2. i-bus 智能照明控制系统

i-bus 采用 EIB(Electrical Installation Bus,电气安装总线)标准,ABB 公司是 i-bus 的创立者和倡导者。ABB i-bus EIB 系统属于现场总线的范畴,目前全球有 300 余家制造厂商生产 5000 余种 EIB 标准的产品,现已被广泛应用于智能建筑、现代住宅中的灯光、窗帘、空调、电器、安防等设备的控制。i-bus 总线控制方式为对等(Peer-Peer)控制方式,不同于传统的主-从(Master-Slave)控制方式,总线介质访问方式为 CSMA/CA 方式,总线物理介质是 4 芯屏蔽双绞线,其中 2 芯为总线使用,另外 2 芯备用。所有元件均采用 24V DC 工作电源,24V DC 供电与电信号复用总线。

i-bus 系统通过一条 i-bus 总线将各种控制功能的模块连接起来,不同模块具有不同的功能,通过搭积木般灵活组合完成各种控制功能。常见的 i-bus 模块有智能面板、人体感应器、触摸屏、温控面板、驱动器、执行器等。

1) i-bus 结构

i-bus 结构如图 7-21 所示。基本结构是支线,一条支线最多可容纳 64 个 i-bus 设备连接于总线,组成最小总线线路结构。支线与支线之间通过线路耦合器进行连接,最多 15 条支线组成一个区域。区域和区域通过干线耦合器进行连接,最多 15 个区域可以相互连接,从而构成一个最大的系统。ABB i-bus EIB 系统最多能够支持

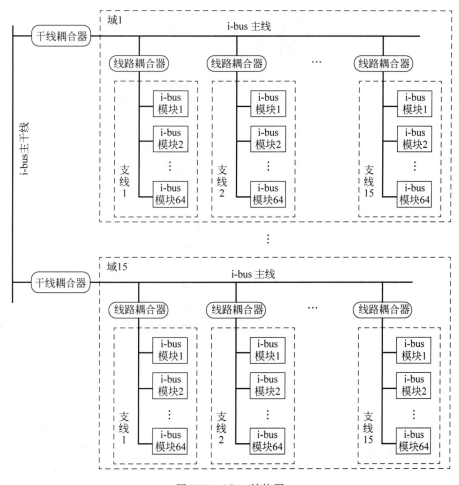

图 7-21　i-bus 结构图

$15 \times 15 \times 64 = 14\ 400$ 个元件。一条支线的最大长度为 1000m，两个元件之间的最大距离为 700m。在实际应用中，如果线长需要超过 1000m，可采用中继器或光纤连接的方式将线长加以扩展。

2）i-bus 智能照明控制系统结构

i-bus 智能照明控制系统结构如图 7-22 所示。在智能照明控制系统中，i-bus 智能面板开关替代了传统的面板开关，智能面板开关通过 i-bus 总线发送信号控制相关的执行器，从而实现如开灯/关灯、调光、调节温度、窗帘开/合等设备的控制。i-bus 模块都是智能的，都有内置的处理器和存储器，所有的模块最终都用一根 i-bus 总线连接起来。i-bus 系统是全分散型的控制系统结构，不需要任何中央控制器之类的设备，对灯光、窗帘等设备的控制是通过软件编程实现的。各类模块一般采用 35mm 标准 DIN 导轨安装，体积小，安装方便。

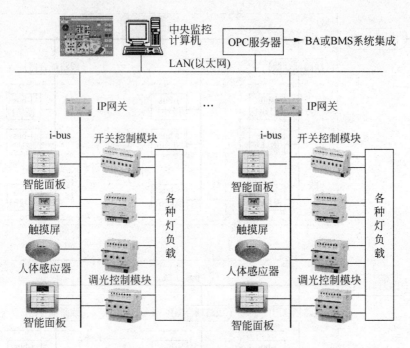

图 7-22　i-bus 智能照明控制系统结构图

3. DALI 智能照明控制系统

　　DALI 是由一些灯具、镇流管和夹具制造商合作开发的,它是一项标准化、开放的数字通信协议(IEC 60929),DALI 是专用的照明控制协议,它定义了电子镇流器与控制器之间的通信方式,允许控制器和荧光灯、白炽灯等照明灯具之间的通信,DALI 不能用于其他控制系统。

　　DALI 镇流器内部是智能型的,DALI 系统中每个镇流器有其独立的地址,因此可以实现对每个荧光灯的亮度分别进行调光控制。通过 DALI 系统发出指令,可以关灯,不必在主回路上设置开关。DALI 系统既可向照明装置发出指令,又可接收照明装置反馈的信号:灯的状态(即灯是开还是关)、预置的照明水平以及镇流器的状态。

　　DALI 系统可以很容易重新配置。通过软件设置,可以很容易改变照明的场景、功能,而不需改变任何硬件。当照明系统需要扩展而增加新镇流器时,无论在 DALI 系统的什么地方,只要将该镇流器连到 DALI 网络上即可,不需重新配线。DALI 镇流器的编址是在系统调试时完成的,DALI 系统的编址是虚地址,如图 7-23 所示,可以自动产生地址,也可人工指定地址。DALI 系统通过网关集成于 BMS 中,可接收BMS 控制命令,或返回子系统的运行状态参数。

　　DALI 安装简单方便。DALI 接口有两条主电源线、两条控制线,对线材无特殊

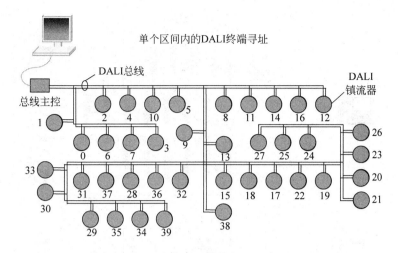

图 7-23　DALI 系统的虚地址编址

要求,安装时也无极性要求,只要求主电源线与控制线隔离开,控制线无须屏蔽,要注意的是当控制线上电流在 250mA 时,线长 300m 时压降不超过 2V。

　　DALI 最初是设计用于一个房间内的灯光控制,现在采用 DALI 控制的各种设备相继问世,控制功能也在不断增强,控制的规模也在扩大。DALI 已不仅仅用于荧光灯镇流器,各种卤钨灯和 LED 灯的电子变压器也采用了 DALI。另外,控制设备(包括光电传感器、无线电接收器、继电器开关)的输入接口以及各种按键控制面板(包括 LED 显示面板)都已采用 DALI 接口。还可以将 DSI 转换到 DALI 或从 1～10V 转换到 DALI 以及与 PC 通信的 RS232 与 DALI 的转换控制器,这将使 DALI 的应用越来越广。图 7-24 是 DALI 单区域智能照明控制系统结构图,图 7-25 是 DALI 多区域智能照明控制系统结构图。

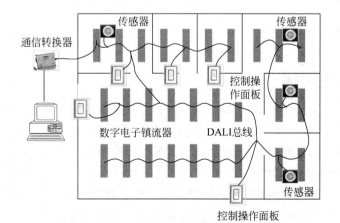

图 7-24　DALI 单区域智能照明控制系统结构图

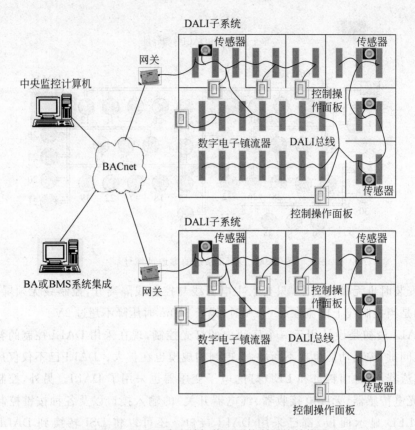

图 7-25　DALI 多区域智能照明控制系统结构图

7.3　空调与冷热源系统

7.3.1　空气的物理性质

1. 空气的状态参数

空气是由干空气和水蒸气组成的混合气体,称为湿空气。干空气按重量比由氮(N_2)75.55%、氧(O_2)23.1%、二氧化碳(CO_2)0.05%和稀有气体 1.3%组成。另外,空气中还含有不同程度的灰尘、微生物及其他气体等杂质。

在大气层中,距地面高度 10km 以内的范围内都含有一定量的水蒸气。因此,湿空气是我们生活中的真实空气环境,而空调主要是调节空气的温度和湿度,所以空调是以湿空气为对象的。湿空气的状态可以用一些称为状态参数的物理量表示。空气调节工程中常用的湿空气状态参数有温度、湿度、压强等。

1) 压强

(1) 大气压 P。地球表面的空气层作用在单位面积上的压力称为大气压。大气压的国际制单位是帕斯卡(Pa),工程上仍有时以毫米汞柱(mmHg)来表示。大气压随季节、天气的变化稍有升降。通常以纬度 45°的海平面上的平均气压作为一个标准大气压,或称物理大气压,它相当于 101.325kPa(760mmHg)。

在空调系统中,空气的压强有时用绝对压强与当地大气压的差值(称为工作压强)来表示。有的工作场所需要正压来防止不洁空气的侵入,有的工作场所需要负压来防止有害空气的扩散。

(2) 水汽分压 Pc。在湿空气中水汽是和干空气同时存在的,这时两种气体各有自己的压强,称为分压,而且两者之和应该是空气的总压强,即 $P=Pg+Pc$。式中,P 为湿空气的总压强,一般即大气压,单位为 kPa;Pg 为干空气的分压,单位为 kPa;Pc 为水汽的分压,单位为 kPa。

在空调中,经常会用到水汽分压这个参数。水汽分压的大小反映了水汽的多少,是空气湿度的一个指标。此外,空气的加湿、干燥处理过程是水分蒸发到空气中去或水汽从空气中冷凝出来的湿交换过程。这种交换和空气中的水汽分压也是有关系的。

2) 温度 t 或 T

温度是表示空气冷热程度的指标,它反映了空气分子热运动的剧烈程度,一般用 t 表示摄氏温度(单位为℃),用 T 表示热力学温度(单位为 K),二者的关系是 $T=273+t$。

空气温度的高低将直接影响着人体的舒适感甚至是健康状况。环境温度对科研和生产环节的影响也是很大的。因此,在空气调节中,温度是衡量空气环境对人体和生产是否合适的一个重要参数。

空调温度通常用干球温度(DB)和湿球温度(WB)来表示。干湿球温度计由两只棒状温度计组成。一只是直接测量环境空气本身温度的;另一只是在测温球上包上湿布,测得湿球温度。由于在湿空气未达到饱和前,湿布上的水分蒸发,吸收了一部分汽化潜热,所以湿球温度计上的读数总要低些。环境空气的相对湿度越小,湿球上水分蒸发得就越快,湿球温度降低的幅度就越大。比较这两个温度值,便可计算出相对湿度。

3) 湿度

人体感觉的冷热程度不仅与空气温度的高低有关,而且还与空气中水蒸气的多少有关,即与湿度有关。空气中的湿度有以下几种表示方法:

(1) 绝对湿度 x。1m³ 湿空气中含有的水汽量(单位为 kg)称为空气的绝对湿度。它和水汽分压 Pc 有如下关系:$x=Pc/(Rc \cdot T)$,其中 Rc 是水汽的气体常数,等于 461J/(kg·K),T 是空气的热力学温度。它表明,当温度一定时,水汽分压 Pc 越大,则绝对湿度 x 越大,所以水汽分压也可以反映空气中的湿度。

(2)含湿量 d。在空调中一般都用1kg干空气中含有的水汽量(由于数量不大,一般用g来衡量)来代表空气湿度,这样就可以排除空气温度和水汽量变化时对湿度这个概念造成的影响。这种湿度习惯上称为含湿量 d。

在空调设计中,含湿量和温度一样,是一个十分重要的参数,它反映了空气中带有水汽量的多少。任何空气发生变化的过程,例如加湿或干燥过程,都可用含湿量来反映水汽量增减的情况。

(3)相对湿度 ψ。相对湿度表示空气湿度接近饱和绝对湿度的程度,用百分数表示。相对湿度为100%时达到饱和。所谓饱和绝对湿度,即指空气中的水汽超过了最大限度,多余的水汽开始发生凝结的水汽量。在一定的温度下,相对湿度越大,空气就越潮湿,反之,空气就越干燥。在空调中,相对湿度是衡量空气环境的潮湿程度对人体和生产是否合适的一项重要指标。空气的相对湿度大,人体不能充分发挥出汗的散热作用,便会感到闷热;相对湿度小,水分便会蒸发得过多过快,人体会觉得口干舌燥。在生产过程中,为了保证产品质量,也应对相对湿度提出一定的要求。

4)露点温度 t_1

空气在某一温度下,其相对湿度小于100%,但如使其温度降至另一适当温度时,其相对湿度便达到了100%,此时,空气中的水汽便凝结成水,即结露,这个降低后的温度称为露点温度。湿度越大,露点与实际温度之差就越小。

如果已知空气的含湿量 d,根据空气性质表查出饱和含湿量等于这个 d 时对应的温度,它就是这时空气的露点温度 t_1,这说明,根据空气的含湿量,便可确定露点温度。

在一些冷表面上会发生结露现象,能否产生结露,视冷表面的温度 t 与露点温度(t_1)相比较而决定,当 $t \geq t_1$ 时不会结露,反之会结露。

在空调系统中,常利用结露现象来减湿。让热湿空气流经低于露点温度的表冷器,使其在表面结露而析出水分。

2. 空气状态参数之间的关系

在实际运行中,只要掌握住空气温度 t、含湿量 d、相对湿度 ψ 和水汽分压 Pc 之间的关系,就能较准确地保证室内空气状态要求的参数。因此,把 t、d、ψ、Pc 之间的关系绘制成图,对运行来说就更为直观。图7-26是表示 t、d、ψ、Pc 之间关系的图,图7-27是表示 t、ψ、Pc 三者之间关系的图。

从图7-27中不难看出以下关系:当空气的水汽分压 Pc 不变时,空气温度 t 越低,相对湿度 ψ 就越大;t 越高,ψ 越小。当空气的相对湿度 ψ 不变时,空气温度 t 越低,水汽分压 Pc 就越小;t 越高,Pc 越大。当空气温度 t 不变,则水汽分压 Pc 越大,相对湿度 ψ 越大;Pc 越小,则 ψ 越小。

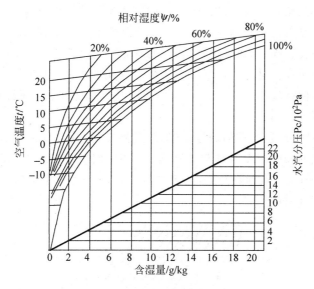

图 7-26 t、d、ψ、Pc 关系图

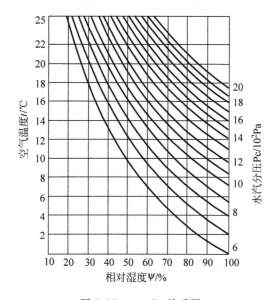

图 7-27 t、ψ、Pc 关系图

7.3.2 空气调节原理

空气调节的任务在于按照使用的目的对房间或公共建筑物内的空气状态参数进行调节,为人们的工作和生活创造一个温度适宜、湿度恰当的舒适环境。一般来说,空气调节主要是指空气的温度、相对湿度控制。

空气调节的过程实际上是空气从一个状态变化到另一个状态的过程,当被调节的空气状态（温度、相对湿度）偏离了设定值时，就需要进行空气调节。

空气调节的难点在于相对湿度的调节，因为相对湿度不仅与空气含水量有关，还与温度变化相关。同时，减湿过程复杂，无有效的"直接"手段。

空气调节的原理就是应用空气状态参数相互间的关系，通过合理的加热、加湿、冷却、去湿步骤，使空气的状态发生人为的改变，达到设定状态。下面通过 t、ψ、Pc 三者之间关系的图来说明。

对空气加热时，最易实现的是等 Pc 加热升温过程，其含意是在加热过程中没有水汽交换。常用的表面热交换加热法均符合等 Pc 加热升温过程，其状态运行轨迹如图 7-28 所示，随着空气加热升温，其相对湿度 ψ 下降，空气会愈加干燥。图中 A 至 B 是等 Pc 加热升温过程。

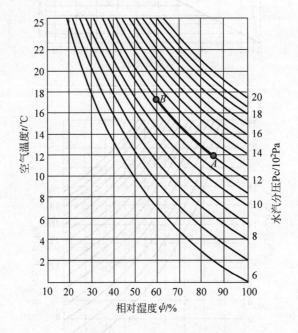

图 7-28　等 Pc 加热升温过程

对空气降温时，最易实现的是等 Pc 冷却降温和结露降温过程，常用的表面冷交换降温法在表冷器温度高于露点温度时符合等 Pc 冷却降温过程，而在表冷器温度低于露点温度时即进入结露降温过程，其状态运行轨迹如图 7-29 所示，随着空气冷却降温，其相对湿度 ψ 上升，空气会越来越潮湿。图中，A 至 B 是等 Pc 冷却降温过程，B 至 C 是降温去湿（结露）过程。

图 7-30 是空气从状态 A 调节到状态 E 的状态变化过程。图 7-31 说明了整个处理流程。

1. 冬季新空气加热加湿处理

冬季新空气的气温低，如果对新空气加热至室内气温的标准，这时新空气中的

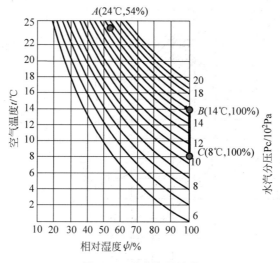

图 7-29　两种降温过程

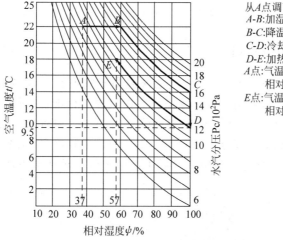

图 7-30　空气状态调节过程

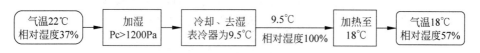

图 7-31　空气调节处理流程

水汽总量未发生变化,即水汽分压 Pc 未变,因此加热后的空气相对湿度会大大降低。为了使加热后的空气的相对湿度也能达到室内空气湿度的标准,在调节的过程中必须进行加湿处理。图 7-32 是冬季新空气加热加湿处理的一种调节方法。其中的加湿采用定温饱和加湿方式。这种调节方式可以不用测量 Pc 或相对湿度。新风首先加热至 12℃(不管新风是 3℃还是 5℃),然后加湿(喷水)至饱和,再加热至 20℃,这时的相对湿度即为 60%。

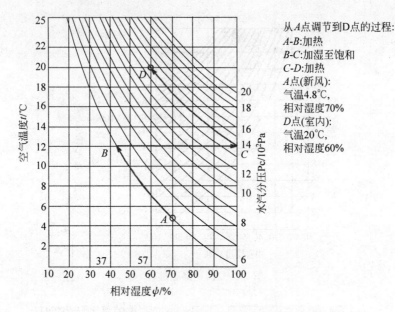

从A点调节到D点的过程:
A-B:加热
B-C:加湿至饱和
C-D:加热
A点(新风):
气温4.8℃,
相对湿度70%
D点(室内):
气温20℃,
相对湿度60%

图 7-32　冬季新空气加热加湿处理

2. 夏季新空气降温去湿处理

夏季新空气的调节与冬季相反,新空气的气温高于室内空气,需要对夏季新空气进行降温去湿处理。如果对新空气只降温至室内气温的标准,这时新空气中的水汽总量未发生变化,即水汽分压 Pc 未变,因此降温后的空气相对湿度会大大增加。为了使降温后的空气的相对湿度也能达到室内空气湿度的标准,在调节的过程中必须进行去湿处理。图 7-33 是夏季新空气降温去湿处理的一种调节方法。其中去湿

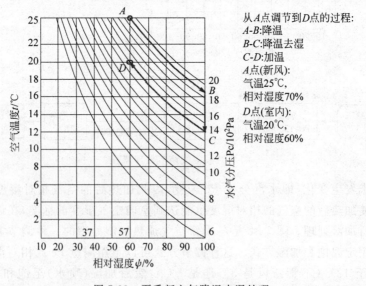

从A点调节到D点的过程:
A-B:降温
B-C:降温去湿
C-D:加温
A点(新风):
气温25℃,
相对湿度70%
D点(室内):
气温20℃,
相对湿度60%

图 7-33　夏季新空气降温去湿处理

采用定露点去湿方式。这种调节方式可以不用测量 Pc 或相对湿度。新风首先降温至 12℃的露点(不管新风是 23℃还是 25℃),然后使表冷器的表面温度稳定在露点温度,让空气中的一部分水蒸气充分凝结出来,至空气饱和,再加热至 20℃,这时的相对湿度即为 60%。

3. 去湿处理

在南方地区,有时空气非常潮湿,相对湿度超过 85%,这时需要对室内空气进行去湿处理。图 7-34 即为抽湿机的运行工况,A 状态的潮湿空气经过 A-B 的 Pc 冷却降温过程,B-C 的结露降温过程,C-D 的 Pc 加热升温过程,到达 D 状态的干燥空气。

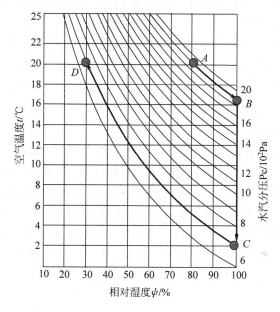

图 7-34　抽湿机的运行工况

7.3.3　空气处理的方法和设备

1. 空气加热方法

空调系统中所用的加热器一般是以热水或蒸汽为热媒的表面式空气加热器和电热丝发热加热器。

表面式空气加热器以热水或蒸汽为热媒,分为光管式和肋管式两大类。图 7-35所示为肋管式空气加热器原理,这是空调工程中最常见的一种加热器。热媒在肋管内流过,空气则在肋管外侧流过,同时与热媒进行热量交换。如果肋管内流过冷媒,则称为表面式空气冷却器。表面式空气冷却器与表面式空气加热器没有本质区别,只是管内流过的媒体不同,二者统称表面式换热器。

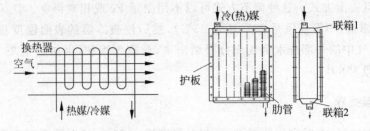

图 7-35　肋管式空气加热器原理

肋片管式空气加热器一般作为空调系统的一次或二次加热器。一次加热器的任务在冬季是负责将一次回风和新风混合后的空气加热到指定温度,以便于系统进入加湿处理。一次加热器多用于冬季室外气温较低的北方地区。对于冬季室外气温较高的南方地区和一次回风混合比可变的系统,可以通过调节一次回风混合比使一次回风和新风的混合温度达到设计值。一次加热器夏季一般不使用,但有时也可将其内通自来水等作为新风预冷器,达到加热和冷却两用的目的。

二次加热器用于将被表冷器冷却或与二次回风混合后(有二次回风时)的空气加热到所需的送风温度。

电加热器是通过电阻丝将电能转化为热能来加热空气的设备。它具有加热均匀、加热量稳定、效率高、结构紧凑和易于控制等优点,常用于各类小型空调机组内。在恒温恒湿精度较高的大型集中式系统中,常采用电加热器作为末端加热设备(或称为微调加热器,放在被调房间风道入口处)来控制局部加热。

电加热器有裸线式和管式两种。抽屉式电加热器是一种常用的裸线式电加热器。裸线式加热器加热迅速,热惯性小,结构简单,但易断线和漏电,安全性差;管式电加热器加热均匀,热量稳定,经久耐用,安全性好,可直接装在风道内,但其热惯性较大,结构复杂。

2. 空气的降温方法

空气的降温可以通过表冷器来实现。与空气加热器结构类似,表冷器也都是肋片管式换热器,它的肋片一般多采用套片和绕片,基管的管径也较小。

表冷器内流动的冷媒有制冷剂和冷水(深井水、冷冻水、盐水等)两种。以制冷剂为冷媒的表冷器称为直接蒸发式表冷器(又称蒸发器),多用于局部的分体空调中。以冷水作为冷媒的表冷器称为水冷表冷器,多用于集中式空调系统和半集中式空调系统的末端设备中。

表冷器与加热器的工作原理类似,表冷器的安装与以热水为媒介的空气加热器安装方式基本相同,但表冷器下部应设积水盘,用来收集空气被表冷器冷却后产生的冷凝水。

表冷器的调节方法有两种,一是水量调节,二是水温调节。水量调节是改变进入表冷器的冷水流量,水温不变,使表冷器的传热效果发生变化。水温调节是在水量不变的条件下,通过改变表冷器进水温度改变其传热效果,该方式调节性能好,但设备复杂,运行也不太经济,一般多用于温度控制精度较高的场合。

3. 空气的加湿方法

在空调系统中一般均采用向空气中喷蒸汽的办法进行加湿。常用的喷蒸汽加湿方法有干蒸汽加湿和电加湿两种。干蒸汽加湿是将由锅炉房送来的具有一定压力的蒸汽由蒸汽加湿器均匀地喷入空气中。而电加湿则用于加湿量较小的机组或系统中。

电加湿器分为电热式加湿器和电极式加湿器两种。

电热式加湿器是将电热元件直接放在盛水的容器内(若容器与大气连通,称为开式电热加湿器,否则称为闭式电热加湿器或电热低压锅炉),利用加热元件所散出的热量加热水而产生蒸汽。电热式加湿器体积较大。闭式电热式加湿器在工程中比较常用。作为完整的电热式加湿器,除蒸汽发生器外,尚需配备自动补水设施、用于恒定蒸汽压力的电源控制设施、湿度敏感元件、湿度调节器和带电动调节阀的喷管组件。

电极式加湿器是用 3 根不锈钢棒(也可以是铜镀铬)作为电极,放在不易锈蚀的水容器中,以水作为电阻,通电后水被加热而产生蒸汽。通过调整水位的高低,可以改变水的电阻,从而改变热量和蒸汽发生量。电极式加湿器结构紧凑,多用于各类空调机组内,其加湿量较小。

4. 空气减湿处理方法

空气减湿处理的主要方法可以分为 4 种,即加热通风法减湿、冷却减湿、液体吸湿剂吸收减湿和固体吸湿剂吸附减湿。

1) 加热通风法减湿

如果室外空气含湿量低于室内空气含湿量,则可以将空气加热,使其相对含湿量降低后再送入室内,同时从室内排除同样数量的潮湿空气,以达到减湿的目的。

2) 冷却减湿

冷却减湿是空调系统中常用的方法,使表冷器的温度低于空气的露点温度运行,空气中的一部分水蒸气将凝结出来,此时表冷器处于湿工况,从而达到对空气进行降温减湿处理的目的。

3) 液体吸湿剂吸收减湿

液体吸湿剂吸收减湿是用盐水喷淋空气来实现的,这类盐水溶液又称为液体吸湿剂。盐水溶液吸收了空气中的水分后,其浓度逐渐降低,吸湿能力也逐渐下降。因此,在温度一定时,盐水溶液浓度越高,其吸湿能力也就越强。所以,为了重复使用稀释了的盐水溶液,需要将其再生处理,除去其中的部分水分,提高溶液的浓度。由于溶液再生系统比较复杂,故这种方法在空调系统中较少应用。

4）固体吸湿剂吸附减湿

用固体吸湿剂减湿的方法称为吸附减湿。有些固体,如硅胶、氯化钙和分子筛等,具有很强的吸水性能,可以用作固体吸湿剂。一类固体吸湿材料,如硅胶和活性炭等,它们本身具有大量的微小空隙,形成很大的吸附表面。水蒸气被吸附表面吸收后,靠毛细作用进入吸湿剂内部,而吸湿剂的化学成分不发生变化。这类材料的吸湿过程是纯物理作用。另一类吸湿剂,如氯化钙、生石灰等,吸收水分后,其本身的化学成分发生了变化。这类材料的吸湿过程是物理化学作用。当吸湿剂吸收水分到一定程度时,其吸湿能力达到饱和,无法继续吸湿,称为失效。吸湿剂失效后需要再生以除去其内部的部分水分,方能重复使用,常用方法为加热烘干。

5. 空气净化处理设备

空气过滤器是空气净化的主要设备,按作用原理分为金属网格浸油过滤器、干式纤维过滤器和静电过滤器3类。

6. 喷水室

喷水室是一种多功能的空气调节设备,可对空气进行加热、冷却、加湿、减湿等多种处理。当空气与不同温度的水饱和接触时,空气与水表面间发生热湿交换,调节喷水的温度将会得到不同的处理效果。喷水室的结构如图7-36所示。

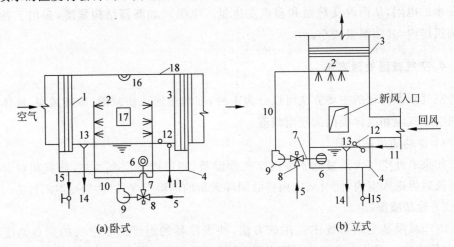

(a)卧式　　　　　　　　　　　　　(b)立式

图7-36　喷水室结构图

1—前挡水板；2—喷嘴与排管；3—后挡水板；4—底池；5—冷水管；6—滤水器；7—循环水管；8—三通阀；9—水泵；10—供水管；11—补水管；12—浮球阀；13—溢水器；14—溢水管；15—泄水管；16—防水灯；17—检查门；18—外壳

7.3.4　冷热源系统

空气调节的过程是一个热湿交换过程,对空气升温或降温调节均离不开冷热源。在智能建筑的空调系统中,最常用的冷源是冷冻水,热源是热水及蒸汽。

冷冻水是夏季中央空调制冷的常用冷源,采用集中制备冷冻水,循环管网供冷冻水的方式。冷冻水一般的温度是供水 7℃,回水 12℃。通过表冷器与被调空气进行热量交换。

热水是冬季中央空调制热的常用热源,也是采用集中制备/循环管网供热水的方式。热水一般的温度是供水 60℃,回水 50℃。通过表面加热器与被调空气进行热量交换。

1. 冷源

常用的冷源制冷方式主要有两类:压缩式制冷方式和溴化锂吸收式制冷方式。

1) 压缩式制冷方式

在压缩式制冷方式中,载冷剂一般是水,制冷剂一般是采用 R12 或 R22 含氟利昂或氟的制剂,其工作原理如图 7-37 所示。

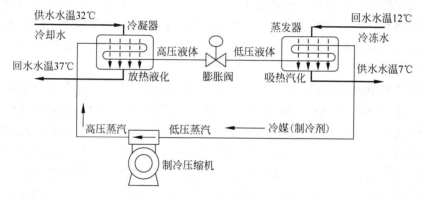

图 7-37　压缩式制冷机原理图

压缩式制冷系统主要由制冷压缩机、冷凝器、膨胀阀和蒸发器 4 个主要设备组成,并用管道相连接,构成一个封闭的循环系统。系统工作时,来自蒸发器的低温低压制冷剂蒸气被压缩机吸入,压缩成高温高压制冷剂蒸气后,排入冷凝器。在冷凝器中,高温高压的制冷剂蒸气被冷却水冷却,冷凝成高压液体,然后经膨胀阀节流降压后变成低温低压液体进入蒸发器。在蒸发器中,低压制冷剂液体吸取冷冻水的热量,蒸发成低温低压蒸气再进入压缩机,开始下一个循环。冷冻水失去热量后,温度下降,输入空调系统作冷源使用。

实际上,压缩式制冷系统是整个热量传递过程中的一个环节。在空调系统中,被调节的室内空气由于种种原因而温度升高,为了降低室内空气温度就需要排出热量。热量是如何传递的呢? 图 7-38 展示了这个过程。

必须指出,氟利昂会破坏地球臭氧层,现代文明大量使用氟利昂压缩式制冷系统,这将直接危害人类及各种生物的生存。《中国逐步淘汰消耗臭氧层物质国家方案》明确规定了各行业应在 2007 年 7 月前停止使用各种含氟制冷剂。目前,使用环保

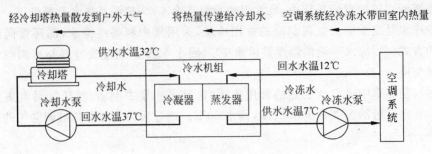

图 7-38　空调系统热量传递原理

制冷剂的趋势已经不可阻挡,第三代环保制冷剂 R420A、R421A 是无氟制剂,不产生温室效应。可以直接代替 R12 或 R22 氟利昂,无须更换任何现有的制冷设备,也不需要特殊的润滑油来维护。而且它能效比高,比传统制氟利昂冷剂能节能 10%～20%。

2) 溴化锂吸收式制冷方式

溴化锂吸收式制冷机是以溴化锂溶液为吸收剂,以水为制冷剂,利用水在高真空下蒸发吸热达到制冷的目的。溴化锂水溶液为无色透明中性液体,无毒,无味,无爆炸危险。溴化锂的沸点远高于水的沸点,其浓溶液具有强的吸水性,故用作吸收式制冷机的吸收剂。

溴化锂吸收式制冷机主要由吸收器、发生器、冷凝器和蒸发器 4 部分组成,其原理如图 7-39 所示。溴化锂吸收式制冷是利用水在低压下(高真空)相态的变化(由液态变为气态),吸收汽化潜热来达到制冷的目的。这一步骤是在蒸发器中进行的,水被送到高真空下的蒸发器内喷淋至冷水管壁,吸收管内冷水的热量低温沸腾,产生大量冷剂水蒸气,同时制取低温冷冻水。为使制冷过程能连续不断地进行下去,蒸发后的冷剂水蒸气被溴化锂溶液所吸收,溶液变稀,这一过程是在吸收器中发生的。然后以热能将稀溶液加热至 160℃ 左右,其中的水分蒸发分离出来,而溴化锂沸点远高于水的沸点,不会蒸发,溴化锂溶液变浓,这一过程是在发生器中进行的。发生器中得到的水蒸气在冷凝器中凝结成水,经节流后再送至低压下的蒸发器中蒸发。如此循环达到连续制冷的目的。

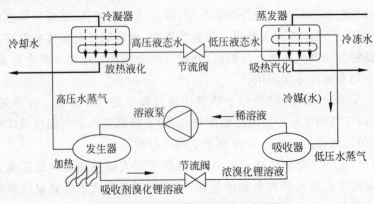

图 7-39　溴化锂吸收式制冷机的原理

　　直燃吸收式溴化锂冷热水机组又称为"非电空调",是直接燃烧天然气、煤气、柴油等各种燃料,以水/溴化锂作介质的冷热源设备,其实物和原理如图 7-40 和图 7-41 所示。由于直燃机不以电为能源(只需极少的电作辅助循环动力),可以大幅度削减电力投资。在电空调广泛采用的国家和地区,直燃机更具有削减夏季峰值电力、填补夏季燃气低谷的综合经济效益,对于电力行业及燃气行业的健康发展都具有举足轻重的影响。尤其在电力供应出现危机的地区,直燃机具有迅速扭转电力危机的不可替代的作用。

图 7-40　直燃吸收式溴化锂冷热水机组

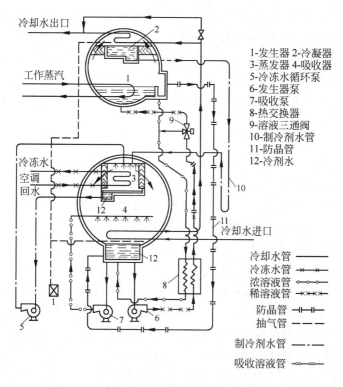

图 7-41　直燃吸收式溴化锂冷热水机组原理图

直燃吸收式溴化锂冷热水机组可以利用太阳能,其原理如图7-42所示。阳光追踪系统驱动集热板跟踪太阳,将阳光聚焦到集热管上,将管内热源水温度加热到180℃,输送到发生器作为加热能源,驱动溴化锂冷热水机组实现制冷/制热。空调主机可使用两种能源,白天用太阳能,夜间或阴雨天用天然气或其他热源作为补充。白天多余的太阳能热水也可利用蓄能罐进行蓄能。

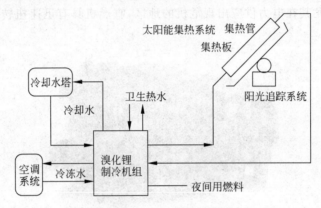

图7-42　太阳能非电空调机组原理图

在有条件的情况下,发电机组与直燃机组一体化整合,形成无缝的冷、热、电联产系统,如图7-43所示,其显著特征是直燃机直接回收发电机烟气(或缸套冷却水),热量而不经过中间两次换热,转化为冷、热能量,系统能源效率比传统热电联供提高20%以上,大幅降低了燃料量。大型热电冷联产是利用热电系统发展供热、供电和供冷为一体的能源综合利用系统。冬季用热电厂的热源供热,夏季采用溴化锂吸收式制冷机供冷,使热电厂冬夏负荷平衡,高效经济运行。

2. 热源

凡是采暖的地区,均离不开热源,供热大体有两种方式,一种是集中供热,其热源来自热电厂、集中供热锅炉厂等,另一种是由分散设在一个单位或一座建筑物的锅炉房供热,这里的供热指的是热水和蒸汽,一般用于生活热水和空调。

(1)锅炉。智能建筑需配备现代化的锅炉房,作为空调、采暖、生活热水供应以及厨房、卫生等供热的热力站。

(2)直燃吸收式溴化锂冷热水机组。

(3)燃气发动机驱动热泵系统(Gas Engineer Heat Pump,GEHP)。燃气热泵的工作原理是:把燃气(包括天然气、液化石油气、煤制气或沼气等)送入内燃机,由内燃机把燃气燃烧后释放的热能转化成动力来驱动热泵系统的压缩机,从而实现热泵系统的逆向热力学循环,达到制热/供冷的目的。

如图7-44所示,燃气发动机直接驱动热泵的压缩机,热泵冷凝器的冷凝热作为热源供采暖或供热水,蒸发器则作为冷源为建筑物供冷或制冰。高温的发动机废热回收(80℃的发动机冷却水排热和500~600℃的排气排热),与热泵冷凝热一

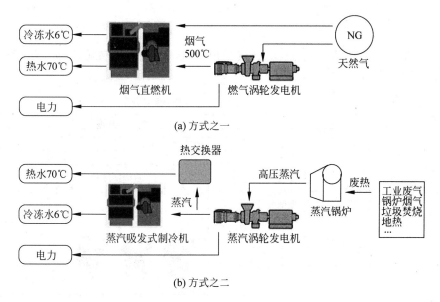

(a) 方式之一

(b) 方式之二

图 7-43　冷、热、电联产系统

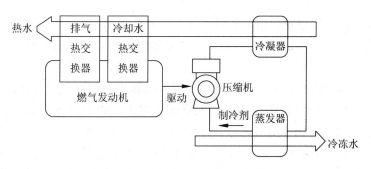

图 7-44　燃气发动机驱动热泵系统

起用于供热,或者作为吸收式冷水机组的驱动热源,从而进一步提高系统的制热性能。

　　GEHP 由于有蒸发热、冷凝热、发动机排热 3 种热量可以利用,因此用它可以实现冷暖空调、冷冻、供热水和除湿等多种功能。

7.3.5　空气调节系统

　　室内空气环境参数的变化主要是由以下两个方面原因造成的:一方面是外部原因,如太阳辐射和外界气候条件的变化;另一方面是内部原因,如室内人和设备产生的热、湿和其他有害物质。当室内空气参数偏离了规定值时,就需要采取相应的空气调节措施和方法,使其恢复到规定的要求值。

1. 空调系统组成

一般空调系统包括进风、过滤、热湿处理、输送和分配、冷热源几部分,如图 7-45 所示。

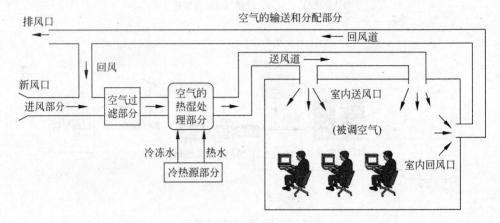

图 7-45　空调系统组成

(1)进风部分。根据生理卫生对空气新鲜度的要求,空调系统必须有一部分空气取自室外,常称新风。进风口连同引入通道和阻止外来异物的结构等组成了进风部分。

(2)空气过滤部分。由进风部分取入的新风必须先经过一次预过滤,以除去颗粒较大的尘埃。一般空调系统都装有预过滤器和主过滤器两级过滤装置。根据过滤的效率不同可以分为初效过滤器、中效过滤器和高效过滤器。

(3)空气的热湿处理部分。将空气加热、冷却、加湿和减湿等不同的处理过程组合在一起统称为空调系统的热湿处理部分。热湿处理设备主要有两大类型:直接接触式和表面式。

直接接触式:与空气进行热湿交换的介质直接和被处理的空气接触,通常是将其喷淋到被处理的空气中。喷水室、蒸汽加湿器、局部补充加湿装置以及使用固体吸湿剂的设备均属于这一类。

表面式:与空气进行热湿交换的介质不和空气直接接触,热湿交换是通过处理设备的表面进行的。表面式换热器属于这一类。

(4)空气的输送和分配部分。将调节好的空气均匀地输入和分配到空调房间内,以保证其合适的温度场和速度场。这是空调系统空气输送和分配部分的任务,它由风机和不同形式的管道组成。

根据用途和要求不同,有的系统只采用一台送风机,称为单风机系统;有的系统采用一台送风机,一台回风机,则称双风机系统。管道截面通常为矩形和圆形两种,一般低速风道多用矩形,而高速风道多用圆形。

(5)冷热源部分。为了保证空调系统具有加温和冷却能力,必须具备冷源和热源两部分。

2. 空调系统分类

按照空气处理设备的设置情况,空调系统可分为集中系统、半集中系统和全分散系统。

1) 集中空调系统

集中空调系统的所有空气处理设备(包括风机、冷却器、加热器、加湿器、过滤器等)都设在一个集中的空调机房内(图7-46)。其特点是,经集中设备处理后的空气用风道分送到各空调房间,因而,系统便于集中管理、维护。此外,某些空气处理的质量,如温、湿度精度、洁净度等,也可以达到较高的水平。

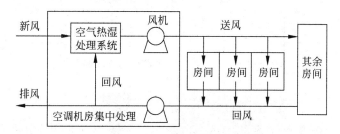

图 7-46 集中式空调系统

2) 半集中空调系统

在半集中空调系统中,除了集中空调机房外,还设有分散在被调节房间的二次设备(又称末端装置),如图7-47所示。变风量系统、诱导器系统以及风机盘管(Fan Coil Unit,FCU)系统均属于半集中空调系统。这种也是智能建筑应用最广泛的空调系统方式。

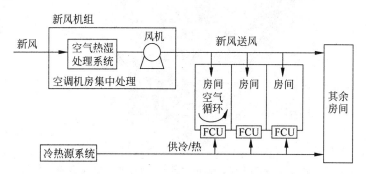

图 7-47 半集中式空调系统

3) 全分散空调系统

全分散系统也称局部空调机组。这种机组通常把冷、热源和空气处理、输送设备(风机)集中设置在一个箱体内,形成一个紧凑的空调系统。通常的窗式空调器及柜式、壁挂式分体空调器均属于此类机组。它不需要集中的机房,安装方便,使用灵活。可以直接将此机组放在要求空调的房间内进行空调,也可以放在相邻的房间,用很短的风道与该房间相连。一般说来,这类系统可以满足不同房间的不同送风要求,使用灵活,移动方便,但装置的总功率必然较大。

还有一类全分散空调系统如图 7-48 所示,是集中供冷/热、分散控制式空调系统,在大型建筑群的空调系统中多有应用。我国北方地区冬季集中供热系统就是这种方式。某大学城夏季制冷空调系统就采用了集中供冷、分散控制式空调系统,空调系统实物如图 7-49 所示。

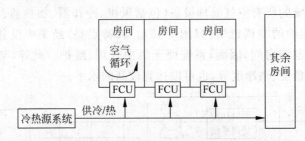

图 7-48　集中供冷/热、分散控制式空调系统

图 7-49　某大学城集中供冷、分散控制式空调系统

4) 空调系统的选择

在智能建筑空调系统的设计中,以上几种方式应综合应用。集中式空调系统是相对的,在某一个区域是集中的,在整个建筑中可能要分成好多个区域进行分散调控。

一般的设计思路是,对公共部分的建筑空调采用集中式空调系统,比如大堂、会议厅、餐厅、展览厅、商场、歌舞厅等。在建筑物比较大时,可按楼群或楼层划分区域,每个区域设置一套集中式空调机组,通过完善的输送风道送入各个功能区。

对相对个性部分的建筑空调采用半集中式空调系统,通常是集中新风空调加分散风机盘管(FCU)系统,比如办公用房、客房、商务楼用房等。

对特别关注的建筑区间,为不受集中空调系统的影响,可采用分散空调系统。如通信和计算机机房、监控中心、值班室等可选用风冷柜式分体空调机。

3. 空调冷热水系统

无论是集中式还是半集中式空调系统,都需要由集中的冷热源系统来供冷和供热。根据供给的不同管道组织方式,冷热水系统可分为两管制和四管制。

1) 两管制冷热水系统

两管制冷热水系统如图 7-50 所示,系统给末端空调机组/FCU 输送冷、热水的管路只有供水和回水管路,系统不能同时给末端空调机组/FCU 既输送冷水又输送热水,在某个时段只能单独供冷或供热,通过总管的阀门手动或自动切换。一般情况下,在夏季供冷,冬季供热。末端空调机组/FCU 的盘管为冷热两用,其调节阀也要选用冷热两用型的产品。两管制系统投资较小,在工程中大量使用。由于不能同时向末端空调机组/FCU 提供冷、热源,因此在对空调要求很高的场合,两管制冷热水系统就不能采用。

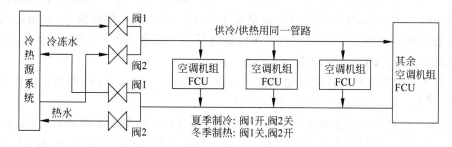

图 7-50　两管制冷热水系统

2) 四管制冷热水系统

四管制冷热水系统如图 7-51 所示,系统给末端空调机组/FCU 输送冷、热水的管路有 4 条总管,分别是供冷水管、回冷水管、供热水管、回热水管,系统能同时给末端空调机组/FCU 既输送冷水又输送热水。末端空调机组/FCU 的冷、热盘管分别设置,因此可以实现高精度的空气状态调节。四管制系统投资大,在工程中少量使用。

规模(进深)大的建筑,由于存在负荷特性不同的外区和内区,往往存在需要同时供冷和供暖的情况,常规的两管制显然无法同时满足以上要求。这时,若采用分区两管制系统(是根据建筑物的负荷特性,在冷热源机房内预先将空调水系统分为专供冷水和冷热合用的两个两管制系统的空调水系统制式),就可以在同一时刻分别对不同区域进行供冷和供热,这种系统的初投资比四管制低,管道占用空间也少,

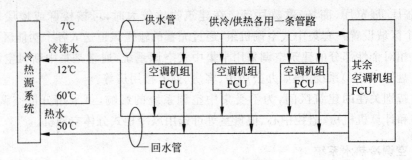

图 7-51　四管制冷热水系统

因此推荐采用。

7.3.6　空调运行控制方式

1. 集中式空调运行控制

集中式空调系统又称为中央空调系统,按照所处理空气的来源,集中式空调系统可分为封闭式系统、直流式系统和混合式系统,如图 7-52 所示。封闭式系统的新风量为零,全部使用回风,其冷、热消耗量最省,但空气质量差。直流式系统的回风量为零,全部采用新风,其冷、热消耗量大,但空气质量好。由于封闭式系统和直流式系统的上述特点,两者都只在特定情况下使用。对于绝大多数场合,采用适当比例的新风和回风相混合,这种混合系统既能满足空气质量要求,经济上又比较合理,因此是应用最广的一类集中式空调系统。

集中式空调系统的控制有定风量(Constant Air Volume,CAV)控制方法和变风量(Variable Air Volume,VAV)控制方法。

CAV 控制方法是系统送风量不变,通过调节送风的温湿度来满足室内负荷的变化,以维持室内空气状态在人们需求的范围。具体操作是根据新风和回风的温湿度来调节冷/热水流量以及加湿阀的开度、新风和回风阀门比例。

VAV 控制方法是系统送风温度不变,通过调节送风量的多寡来满足室内负荷的变化,以维持室内空气状态在人们需求的范围。变风量可以用变频调速风机和电动风门来实现,根据新风和回风的温度来调节风机转速或风门的开度、新风和回风阀门的比例。

VAV 系统在智能化建筑空调尤其是内区空调中占了主导地位,由于有 BA 系统或 EMS(Energy Management System,能量管理系统),变风量系统的控制方式与传统的控制有根本的区别。它利用 EMS 中先进的 DDC(Direct Digital Control)控制软件,采用末端调节变风量系统(Terminal Regulation Air Volume,TRAV),如图 7-53 所示,根据末端风量的变化实时控制送风机,末端装置(VAV Box)随室内负荷的变化自动调节风量维持室温。因考虑了系统负荷的参差率,VAV 系统的总风量比 CAV 系统的总风量要小,系统能耗和总风道尺寸都要小于常规 CAV 系统,并

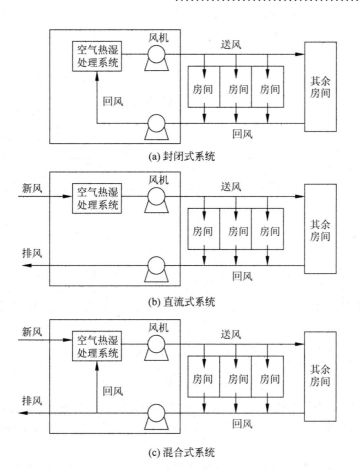

(a) 封闭式系统

(b) 直流式系统

(c) 混合式系统

图 7-52　中央空调系统的运行方式

且变风量末端装置一般均有定风量装置,风道系统能自动平衡。当办公楼的布局调整时,只需将风口或末端移到新位置,无须对系统做大的变动。

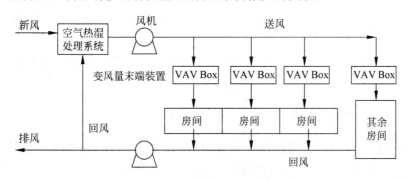

图 7-53　末端调节变风量系统

集中式空调的空气热湿处理系统如图 7-54 所示,系统主要由风门驱动器、风管式温度传感器、湿度传感器、压差报警开关、二通电动调节阀、压力传感器以及现场控制器等组成。

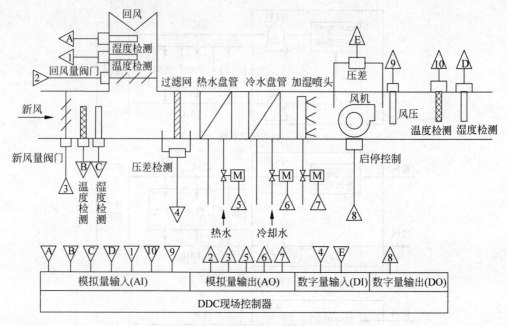

图 7-54　空气热湿处理系统框图

空调空气热湿处理系统的监控功能如下：

（1）将回风管内的温度与系统设定的值进行比较，用 PID（比例加积分、微分）方式调节冷水/热水电动阀开度，调节冷冻水或热水的流量，使回风温度保持在设定的范围之内。

（2）对回风管、新风管的温度与湿度进行检测，计算新风与回风的焓值，按回风和新风的焓值比例控制回风门和新风门的开启比例，从而达到节能效果。

（3）检测送风管内的湿度值与系统设定的值进行比较，用 PI（比例加积分）调节，控制湿度电动调节阀，从而使送风湿度保持在所需要的范围之内。

（4）测量送风管内接近尾端的送风压力，调节送风机的送风量，以确保送风管内有足够的风压。

（5）其他方面：风机启动/停止的控制、风机运行状态的检测及故障报警、过滤网堵塞报警等。

2. 半集中式空调运行控制

半集中式空调中的新风机组一般采用定风量控制方法，末端风机盘管可采用 CAV、VAV 控制方法，系统运行控制方式如图 7-55 所示。

普通风机盘管控制器基本上是一个独立的闭环温度调节系统，主要由温度传感器、双位控制器、温度设定机构、手动三速开关和冷热切换装置组成。其控制原理是控制器根据温度传感器测得的室温与设定值的比较结果发出双位控制信号，控制冷/热水循环管路电动水阀（两通阀或三通阀）的开关，即用切断和打开盘管内水流

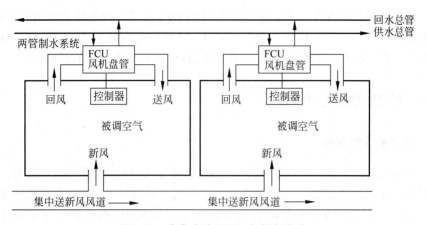

图 7-55　半集中式空调运行控制方式

循环的方式调节送风温度(供冷量)，把室内温度控制在设定值上下某个波动范围
(空调精度)之内。图 7-56 是 FCU 定风量控制系统框图。

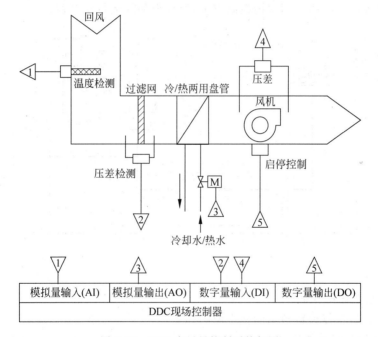

图 7-56　FCU 定风量控制系统框图

　　末端风机盘管可采用 VAV 控制方法，保持送风温度不变，当实际负荷减小时，
通过改变送风量维持室温。实现风机的变风量运行有以下几种方案：

　　(1) 改变风机风量，可采用改变风机转速的方法，一般采用变频调速技术。

　　(2) 在离心风机入口设置可调导向叶片，通过调节叶片的开启度来调节风量。
此外，通过风机出口方向管道的压力信号控制导向叶片的开启度。

　　(3) 采用叶片角可变的轴流风机，叶片角的改变可改变风机风量。

(4)通过多台风机的并联运行控制来调节风量,这是一种有级差的调节方法。

在选择风机时,风量、风压裕量不应过大,并且应进行运行工况的分析,确定经济合理的台数,使调节简单,全年运行费用低廉,以达到节约能源的目的。

7.3.7　冷热源系统的监控

1. 冷源系统的监控

冷源系统如图 7-57 所示,分为冷却水系统、制冷机、冷冻水系统三大部分。自控系统根据冷冻水供回水温差及流量自动计算出大楼的冷负荷,调节冷水机组能力以及投入运行的台数。冷水机组的开关取决于定时时间表、热负载情况和顺序时间表。集水器和分水器之间的电动调节阀用来起旁通作用。冷冻水系统为闭路循环水,在系统最高点设有膨胀水箱,使冷冻水始终满管流。根据冷却水温度,自控系统控制冷却塔风机的启动台数。同时避免某台设备长期运行,提高设备的使用寿命。此外,还要考虑冷冻站连锁保护控制方案,保证设备的运行安全性。

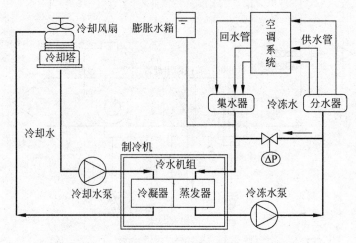

图 7-57　冷源系统图

1) 冷水机组的控制

冷水机组启/停台数控制的基本原则如下:

(1)让设备尽可能高效运行。

(2)让相同型号的设备的运行时间尽量接近以保持其同样的运行寿命(通常优先启动累计运行小时数最少的设备)。

(3)满足用户侧低负荷运行的需求。

2) 冷冻水系统监控

目前绝大多数空调水系统控制是建立在变流量系统的基础上的,冷热源的供、回水温度及压差控制在一个合理的范围内是确保空调系统的正常运行的前提,当供、回水温度过小或压差过大时,将会造成能源浪费,甚至系统不能正常工作,必须对它们加以控制与监测。回水温度主要是用于监测(回水温度的高低由用户侧决定)和高(低)限报警。对于冷冻水而言,其供水温度通常由冷水机组自身所带的控制系统进行控制。

3) 冷却水系统监控

在冷却水系统中,冷却水的供水温度对制冷机组的运行效率影响很大,同时也会影响到机组的正常运行,故必须加以控制。机组冷却水总供水温度可以采用以下方法:

(1) 控制冷却塔风机的运行台数(对于单塔多风机设备)。

(2) 控制冷却塔风机转速(特别适用于单塔单风机设备)。

(3) 通过在冷却水供、回水总管设置旁通电动阀等方式进行控制。

其中方法(1)节能效果明显,应优先采用。如环境噪声要求较高(如夜间)时,可优先采用方法(2),它在降低运行噪声的同时,同样具有很好的节能效果,但投资稍大。在气候越来越凉,风机全部关闭后,冷却水温仍然下降时,可采用方法(3)进行旁通控制。在气候逐渐变热时,则反向进行控制。

在停止冷水机组运行期间,当采用冷却塔供应空调冷水时,为了保证空调末端所必需的冷水供水温度,应对冷却塔出水温度进行控制。

冷却水系统在使用时,由于水分的不断蒸发,水中的离子浓度会越来越大。为了防止由于高离子浓度带来的结垢等种种弊病,必须及时排污。排污方法通常有定期排污和控制离子浓度排污。这两种方法都可以采用自动控制方法,其中控制离子浓度排污方法在使用效果与节能方面具有明显优点。

(4) 设备运行状态的监测及故障报警是冷、热源系统监控的一个基本内容。

(5) 当楼宇自控系统与冷冻机控制系统集成时,可以根据室外空气的状态,在一定范围内对冷水机组的出水温度进行再设定优化控制。

2. 热源系统的监控

热源系统如图 7-58 所示,由一次侧热源、热交换器、热水系统组成。自控系统根据热水供回水温差及流量自动计算出大楼的热负荷,调节热交换器一次侧热源的流量。集水器和分水器之间的电动调节阀用来起旁通作用。

1) 热交换器的控制

热交换器启/停台数控制的基本原则如下:

(1) 让设备尽可能高效运行。

(2) 让相同型号的设备的运行时间尽量接近以保持其同样的运行寿命(通常优先启动累计运行小时数最少的设备)。

(3) 满足用户侧低负荷运行的需求。

2) 热水系统监控

对于热水系统来说,当采用换热器供热时,应自动调节一次侧供热流量,从而保证供水温度稳定在设定值;如果采用其他热源装置供热,则要求该装置应自带供水温度控制系统。

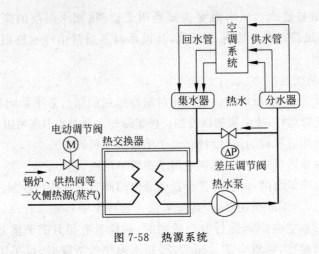

图 7-58　热源系统

3. 冷量和热量计量

集中空调系统的冷量和热量计量和我国北方地区的采暖热计量一样,是一项重要的建筑节能措施。设置能量计量装置不仅有利于管理与收费,用户也能及时了解和分析用能情况,加强管理,提高节能意识和节能的积极性,自觉采取节能措施。目前在我国出租型公共建筑中,集中空调费用多按照用户承租建筑面积的大小,用面积分摊方法收取,这种收费方法的效果是用与不用一个样、用多用少一个样,使用户产生"不用白不用"的心理,使室内过热或过冷,造成能源浪费,不利于用户健康,还会引起用户与管理者之间的矛盾。对于公共建筑集中空调系统,冷、热量的计量也可作为收取空调使用费的依据之一,空调按用户实际用量收费是今后的一个发展趋势。它不仅能够降低空调运行能耗,也能够有效地提高公共建筑的能源管理水平。

我国已有不少单位和企业对集中空调系统的冷热量计量原理和装置进行了广泛的研究和开发,并与建筑自动化(BA)系统和合理的收费制度结合,开发了一些可用于实际工程的产品。当系统负担有多栋建筑时,应针对每栋建筑设置能量计量装置;同时,为了加强对系统的运行管理,要求在能源站房(如冷冻机房、热交换站或锅炉房等)应同样设置能量计量装置。但如果空调系统只是负担一栋独立的建筑,则能量计量装置可以只设于能源站房内。

当实际情况要求并且具备相应的条件时,推荐按不同楼层、不同室内区域、不同用户或房间设置冷、热量计量装置的做法。

7.4　给排水系统

智能建筑的给排水系统需要对给水、排水及污水处理系统设备进行监控。智能建筑对给排水系统的运行可靠性要求很高,以确保人们生活、学习和工作在良好的环境中。

7.4.1　供水系统

城市管网中的水压力一般不能满足整幢建筑的供水压力要求,除了低的楼层可由城市管网供水外,建筑的上部各层均须提升水压供水。由于供水的高度增大,如果采用统一供水系统,显然低层的水压将过大,过高的水压对使用设备、维修管理均不利。因此必须进行合理竖向分区供水。在进行竖向分区时,应考虑低处卫生器具及给水配件处的静水压力,在住宅、旅馆、医院等居住性建筑中,供水压力一般为300~350kPa;在办公楼等公共建筑中可以稍高些,可用350~450kPa的压力为宜,最大静水压力不得大于600kPa,在这种情况下,对于管道材料的选用、施工、使用、维护均较适宜。

为了节省能量,应充分利用室外管网的水压,在最低区可直接采用城市管网供水,并将大用水户如洗衣房、餐厅、理发室、浴室等布置在低区,以便由城市管网直接供水,充分利用室外管道压力,可以节省电能。

根据建筑给水要求、高度、分区压力等情况,进行合理分区,然后布置给水系统。给水系统的形式有多种,各有其优缺点,但基本上可划分为两大类,即重力给水系统及压力给水系统。

1. 重力给水系统

这种系统的特点是以水泵将水提升到最高处水箱中,以重力向给水管网配水,如图7-59所示。根据水池(箱)的高/低水位控制水泵的启/停,使水箱的储满水。监测给水泵的工作状态和故障,对水池水位进行监测,当高/低水位超限时报警。当使用水泵出现故障时,备用水泵会自动投入工作。循环启用工作泵备用泵,联动相应的进出水阀门。还可以对水流量等参数进行监测与记录,监视设备的运行状态与故障状态。

重力给水系统用水由水箱直接供应,供水压力比较稳定,且有水箱贮水,供水较为安全。但水箱重量很大,增加建筑的负荷,占用楼层的建筑面积,且有产生噪声振动之弊,对于地震区的供水尤为不利。同时由于水箱的滞水作用可能会使水质下降。有些水箱封闭不严,从而导致水污染的事件时有发生,因此,用水箱重力供水的系统需要定时清洗储水箱。

2. 压力给水系统

考虑到重力给水系统的种种缺点,为此,可考虑压力供水系统。不在楼层中或屋顶上设置水箱,仅在地下室或某些空余之处设置水泵机组、气压水箱等设备,采用压力给水来满足建筑物的供水需要。压力给水可用并联的气压水箱给水系统,也可采用无水箱的几台水泵并联给水系统。

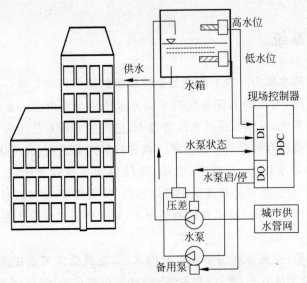

图 7-59　重力给水系统框图

1) 并联气压给水系统

并联气压给水系统是以气压水箱代替高位水箱,而气压水箱可以集中于地下室水泵房内,这样可以避免楼房设置水箱的缺点,参看图 7-60。气压水箱需用金属制造,投资较大,且运行效率较低,还需设置空气压缩机为水箱补气,因此耗费动力较多。近年有采用密封式弹性隔膜气压水箱,可以不用空气压缩机充气,既可节省电能,又防止空气污染水质,有利于环境卫生。

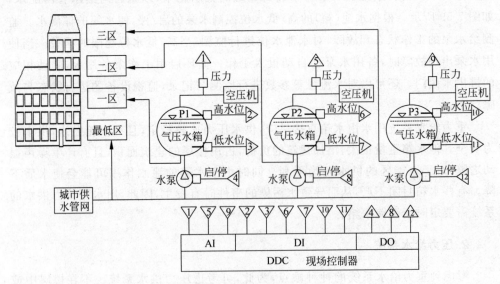

图 7-60　气压装置供水系统

2) 水泵直接给水系统

以上所讨论的给水系统,无论是用高位水箱的,还是气压水箱的,均为设有水箱装置的系统。设水箱的优点是预贮一定水量,供水直接可靠,尤其对消防系统是必要的。但是都存在着很多缺点,因此有必要研究无水箱的水泵直接供水系统。水泵直接供水,最简便的方法是采用调速水泵供水系统,即根据水泵的出水量与转速成正比关系的特性,调整水泵的转速而满足用水量的变化,同时也可节省动力。水泵调速可有下列几种方法:

(1) 采用水泵电机可调速的联轴器(力矩耦合器)。电机的转速不可调,在用水量变化时,通过调节可调速的水泵电机的联轴器,以此改变水泵的转速以达到调节水量的目的,联轴器类似汽车的变速箱。

(2) 采用变频调速电机。由用水量的变化而控制电机的转速,从而使水泵的水量得到调节。这种方法设备简单,运行方便,节省动力,国内已有使用,效果很好,如图 7-61 所示。

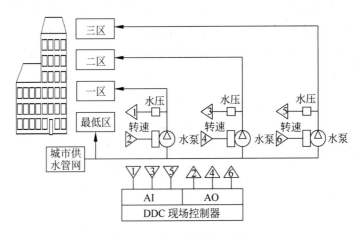

图 7-61　调速水泵给水系统

近来国外研究一种自动控制水泵叶片角度的水泵,即随着水量的变化控制叶片角度的改变来调节水泵的出水量,以满足用水量的需要。这种供水系统设备简单,使用方便,是一种有前途的新型水泵给水系统。

无水箱的水泵直接给水系统最好是用于水量变化不太大的建筑物中,因为水泵必须长时间不停地运行,即便在夜间,用水量很小时,也将消耗动力。而且水泵机组投资较高,需要进行技术经济比较后确定。

以上是几个比较有代表性的给水系统,如何选用,应根据使用要求、用水量的大小、建筑物结构情况以及材料设备供应等具体条件全面考虑。在供水安全可靠的前提下,考虑技术上先进、经济上合理的给水系统。

7.4.2　排水系统

智能建筑的卫生条件要求较高,其排水系统必须通畅,保证水封不受破坏。有的建筑采用粪便污水与生活废水分流,避免水流干扰,以改善卫生条件。

　　智能建筑一般都建有地下室,有的深入地面下两三层或更深些,地下室的污水常不能以重力排除,在此情况下,污水集中于污水集水井,然后以排水泵将污水提升至室外排水管中。污水泵应为自动控制,保证排水安全。

　　智能建筑排水监控系统的监控对象为集水井和排水泵。排水监控系统的监控功能如下:

　　(1)污水集水井和废水集水井水位监测及超限报警。

　　(2)根据污水集水井与废水集水井的水位,控制排水泵的启/停。当集水井的水位达到高水位时,连锁启动相应的水泵;当水位达到高高水位时,连锁启动相应的备用泵,直到水位降至低水位时连锁停泵。

　　(3)排水泵运行状态的检测以及发生故障时报警。

　　(4)非正常情况快速报警。非正常情况是指流入污水井中的流量过大或超过正常排放标准,应及早报警采取措施。出现这种情况的原因主要有进水阀、消防水阀损坏,水管爆裂,大量雨水渗漏等。这种情况如不及时采取措施,后果是十分严重的,而及早发现并处理可减少损失。智能建筑排水监控系统通常由水位开关、直接数字控制器组成,如图 7-62 所示。

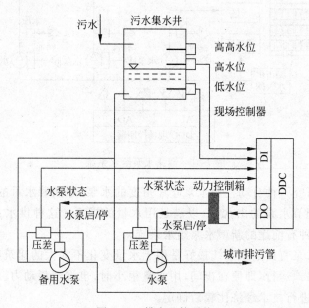

图 7-62　排水监控系统

习题与思考题

1. 简述高压供电和低压配电的方式。

2. 如何计算自备发电机容量?

3. 智能供配电设备监控系统有哪些功能?技术性能如何?

4. 简述供配电设备监控系统的构成。

5. 什么是综合电力测控仪？它有哪些功能？

6. 什么是远程数据采集模块？它有哪些功能？

7. 什么是智能型断路器？它有哪些功能？

8. 什么是照明设计？它有哪些步骤？

9. 什么是光通量？什么是发光强度？什么是照度？什么是发光效率？

10. 什么是光源色温？什么是光源的显色指数？

11. 有哪些照明方式和种类？

12. 有哪些照明光源？

13. 照明灯具的作用是什么？有哪些照明灯具？

14. 对荧光灯能进行调光控制吗？简述原理。

15. 什么是 DALI？

16. 有哪些照明控制方式？

17. 有哪些智能照明控制系统？

18. 简述压缩式制冷方式的原理。

19. 简述溴化锂吸收式制冷方式的原理。

20. 简述燃气热泵的原理。

21. 空调系统有哪些组成部分？

22. 空调系统有哪些分类？各有什么特点？

23. 空调冷热水系统有哪些组成方式？各有什么特点？

24. 中央空调系统有哪些控制方式？各有什么特点？

25. 什么是末端风机盘管？它有哪些功能？

26. 简述冷源系统的组成和工作原理。

27. 简述恒压供水系统的原理。

28. 什么是空气的相对湿度？它与温度是否有关系？如何对空气加湿、除湿？

第 8 章   建筑设备自动化技术

本章导读

    建筑设备自动化是实现建筑智能化的基础,没有综合自动化就无从谈起智能化。建筑设备自动化的难点在于设备多(种类多,测控点数多),分散布置在整栋建筑的各个角落。有效的解决方案是采用集散控制系统。

    本章主要介绍 BAS 对象环境、功能要求和技术基础,然后介绍当前主流 BAS 系统结构(集散系统)及发展方向,最后给出 BAS 设计原则、步骤和依据。

    本章的重点和难点是:在理解 BAS 系统构成的基础上,结合以前所学的各门专业知识(检测技术、控制原理和电气控制技术),完成 BAS 设计。

8.1   建筑设备自动化系统(BAS)的功能需求

8.1.1   BAS 的对象环境

    建筑设备自动化(Building Automation System,BAS,又称楼宇自动化系统)是建筑智能化的基础。在现代建筑内有大量的建筑机电设备(如空调与通风设备、变配电设备、照明设备、给排水设备、热源和热交换设备、冷冻和冷却水设备、电梯和自动扶梯设备等),它们为建筑内人群的生活和生产提供必需的环境条件。简单地说,BAS 就是对建筑机电设备进行监测和控制及管理的系统。

    BAS 检测、显示建筑机电设备的运行参数,监视、控制建筑机电设备的运行状态,根据外界条件、环境因素、负载变化等情况自动调节相关设备,使其始终运行于最佳状态;自动监测并处理诸如停电、火灾、地震等意外事件;自动实现对电力、供热、供水等能源的使用、调节与管理,从而保障工作或居住环境既安全可靠,又节约能源,而且舒适宜人。

    根据《智能建筑设计标准》(GB/T 50314),建筑设备自动化系统可分为建筑设备监控系统和安防与消防系统(广义 BAS),其中,建筑设备监控系统又称为狭义 BAS。BAS 对象环境如图 8-1 所示。

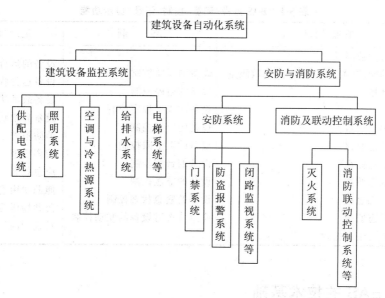

图 8-1　BAS 对象环境

8.1.2　BAS 的功能要求

BAS 的目标是实现设备控制自动化、设备管理自动化、防灾自动化、能源管理自动化，从而保障工作或居住环境既安全可靠，又节约能源，而且舒适宜人。其功能要求如下：

（1）对空调系统设备、通风设备及环境监测系统等运行工况进行监视、控制、测量、记录。

（2）对供配电系统、变配电设备、应急（备用）电源设备、直流电源设备、大容量不停电电源设备进行监视、测量、记录。

（3）对动力设备和照明设备进行监视和控制。

（4）对给排水系统的给排水设备、饮水设备及污水处理设备等运行工况的监视、控制、测量、记录。

（5）对热力系统的热源设备等运行工况进行监视、控制、测量、记录。

（6）对公共安全防范系统、火灾自动报警与消防联动控制系统运行工况进行必要的监视及联动控制。

（7）对电梯及自动扶梯的运行进行监视。

但这种要求并非一成不变，它会随着人们生活水平的提高，对居住环境要求的提高而提高；也会随着人们对智能建筑认识的深入和相应技术的进步而得到进一步完善。表 8-1 列举了 BAS 监视/测量、控制、记录/显示的功能。

表 8-1　BAS 监视/测量、控制、记录/显示功能

监视/测量	控　制	记录/显示
设备的运行参数测量		设备的运行参数
外界提供的能源(电、水、煤气等)参数测量	设备的运转控制	设备运行状态
能源使用计量	设备的启停控制	设备故障状态
水位测量	设备的预定程序控制	设备异常状态
室内外温湿度测量	设备的时间控制	消防报警
设备运行状态监视	设备的上下限控制	防盗报警
设备故障状态监视	设备的台数控制	应急状态
设备异常状态监视	设备的节能控制	能源使用情况
消防报警状态监视	设备的紧急状态控制	公共场所使用情况
防盗报警状态监视	应急状态时设备的联动控制	日报、月报
应急状态时的情况监视		

8.1.3　BAS 的技术基础

　　BAS 将各个控制子系统集成为一个综合系统,其核心技术是集散控制系统,它是由计算机技术、自动控制技术、通信网络技术和人机接口技术相互发展渗透而产生的,既不同于分散的仪表控制系统,又不同于集中式计算机控制系统,它是吸收了两者的优点,在它们的基础上发展起来的一门系统工程技术,具有很强的生命力和显著的优越性。利用集散制技术将 BAS 构造成一个庞大的集散控制系统(见图 8-2),这个系统的核心是中央监控与管理计算机,中央管理计算机通过信息通信网络与各个子系统的控制器相连,组成分散控制、集中监控和管理的功能模式,各个子系统之间通过通信网络也能进行信息交换和联动,实现优化控制管理,最终形成统一的由 BAS 运作的整体。

　　随着微电子技术的进步和智能建筑功能要求的日益多样化,BAS 在不断完善中,朝着多功能化、智能化方向发展。

8.1.4　BAS 常用检测设备和执行器

1.电量检测设备

　　BAS 中对电量的监测主要有:对高、低压进线及发电机电压、电流的监测,对低压进线及发电机功率因数、有功功率、无功功率、电量的监测,它们将为绘制负荷曲线、进行无功补偿、电费结算及能源管理、用电设备的运行和调度提供依据。电量检测设备如图 8-3 所示。

2.温度检测设备

　　在 BAS 中,对温度的检测主要用于以下 3 种场合:室内气温、室外气温,范围在

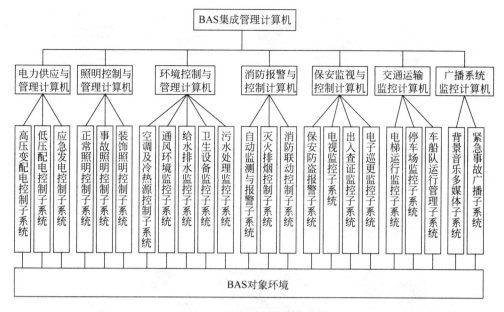

图 8-2　广义的 BAS 系统组成

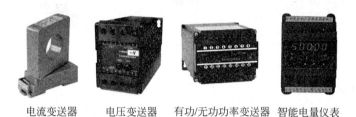

电流变送器　　电压变送器　　有功/无功功率变送器　智能电量仪表

图 8-3　电量检测设备

－40～45℃；风道气温,范围在－40～130℃；水管内水温,范围在 0～90℃。温度传感器如图 8-4 所示。

图 8-4　温度传感器

3. 湿度检测设备

在 BAS 中,对湿度的检测主要用于室内室外的空气湿度、风道的空气湿度的检测等。相对湿度传感器如图 8-5 所示。

图 8-5　相对湿度传感器

4.压力检测设备

在 BAS 中,压力检测设备主要用于风道静压、供水管压、差压的检测,有时也用来测量液位的高程,如水箱的水位等。大部分的应用属于微压测量,量程为 0～5000Pa。压力压差传感器如图 8-6 所示。

图 8-6　压力压差传感器

5.液位检测设备

BAS中,对液位的监测主要是供水系统中的地下水或者高位水箱的水位、排水系统中集水坑的水位、消防水箱的水位等。液位传感器如图 8-7 所示。

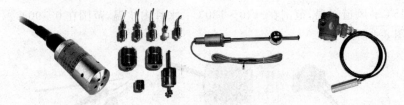

图 8-7　液位传感器

6.流量检测设备

热源系统中锅炉热水流量和二次热水回水流量等的监测。根据分水器、集水器的供、回水温度及回水干管的流量测量值,来实时计算空调末端设备所需的热负荷,按照热负荷自动调整热交换器及热水给水泵的台数。水流量计如图 8-8 所示。

7.照度监测设备

BAS中采用照度传感器对室外照度自然光度进行测量,实现照明系统根据不同

图 8-8　水流量计

室外照度环境进行自动调光，在保证良好照度的前提下实现节能。照度传感器如图 8-9 所示。

图 8-9　照度传感器

8. 执行器

从结构上来说，执行器一般由执行机构、调节机构两部分组成。其中执行机构是执行器的推动部分，按照控制器输送的信号大小产生推力或位移，调节机构是执行器的调节部分。

执行器根据使用的能源种类可分为气动、电动、液动三种。在 BAS 中常用电动执行器。

1) 电磁阀

电磁阀是电动执行器中最简单的一种，它利用电磁铁的吸合和释放对小口径阀门作通、断两种状态的控制，由于结构简单、价格低廉，常和两位式简易控制器组成简单的自动调节系统，其原理如图 8-10 所示。

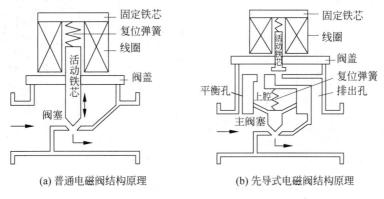

(a) 普通电磁阀结构原理　　　　(b) 先导式电磁阀结构原理

图 8-10　电磁阀结构原理

2）电动阀

除电磁阀外，其他连续动作的电动执行器都使用电动机作动力元件，将控制器来的信号转变为阀的开度，如图8-11和图8-12所示。在选用调节器与执行机构时，要特别注意信号之间的匹配。

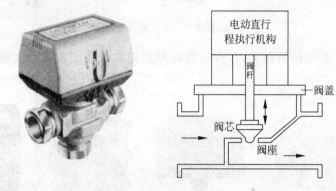

图 8-11　电动阀及其结构原理

图 8-12　蝶阀及执行机构

3）风门

在BAS中，调节机构多为风阀、水阀和蒸汽阀等。在智能楼宇的空调、通风系统中，用得最多的调节机构是风门，它用来精确控制风的流量，如图8-13所示。

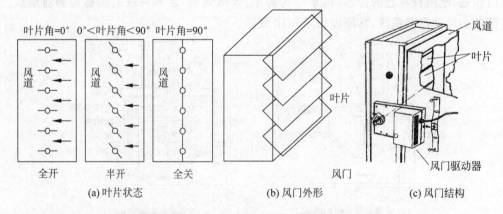

(a) 叶片状态　　　　(b) 风门外形　　　　(c) 风门结构

图 8-13　电动式风门的结构原理

8.2　集散控制

集散控制系统(Distributed Control System,DCS),又名分布式计算机控制系统,是利用计算机技术对生产过程进行集中监视、操作、管理和分散控制的一种新型控制技术。

8.2.1　集散控制系统的基本组成与系统结构

集散控制系统是由分散过程控制装置、操作管理装置、通信系统三大部分组成的,如图 8-14 所示。

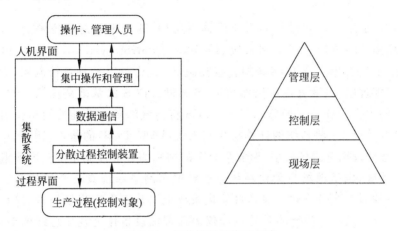

图 8-14　集散控制系统的组成

1. 分散过程控制装置

分散过程控制装置是集散控制系统与生产过程间的界面,生产过程的各种过程变量通过分散过程控制装置转化为操作监视的数据,而操作的各种信息也通过分散过程控制装置送到执行机构。在分散过程控制装置内,进行模拟量与数字量的相互转换,完成控制算法的各种运算,对输入与输出量进行有关的软件滤波及其他的一些运算。

2. 操作管理装置

操作管理装置是操作人员与集散控制系统间的界面,操作人员通过操作管理装置了解生产过程的运行状况,并通过它发出操作指令给生产过程。生产过程的各种参数在操作管理装置上显示,以便于操作人员监视和操作。

3. 通信系统

分散过程控制装置与操作管理装置之间需要有一个桥梁来完成数据之间的传递和交换,这就是通信系统。

有些集散控制系统产品在分散过程控制装置内又增加了现场装置级的控制装置和现场总线的通信系统;有些集散控制系统产品则在操作管理装置内增加了综合管理级的控制装置和相应的通信系统。这些集散控制系统使系统的分级增加,系统的通信系统对不同的装置有不同的要求,但是,从系统总的结构来看,还是由三大部分组成的。

8.2.2　集散控制系统的典型结构

图 8-15 是新一代集散控制系统的体系结构,随着现场总线技术的不断发展,DCS 逐渐发展成现场总线控制系统(Fieldbus Control System,FCS)。FCS 是从DCS 发展而来的,仅变革了 DCS 的直接控制层,形成 FCS 的现场控制层,而操作监控层、生产管理层、决策管理层仍然与 DCS 相同。FCS 的基础是现场总线,FCS 现场控制层的主要设备是现场总线仪表。FCS 将传统的单一功能的模拟仪表改为综合功能的数字仪表;将传统的计算机控制系统(DDC、DCS)的输入、输出、运算和控制功能分散到现场总线仪表中,形成全数字的彻底的分散控制系统。FCS 既是现场通信网络系统,也是现场自动化系统。现场通信网络系统具有开放式数字通信功能,可与各种通信网络互联。现场自动化系统把安装于生产现场的具有信号输入、输出、运算、控制、通信功能的各种现场仪表或现场设备作为现场总线的节点,直接在现场总线上构成分散的控制回路。

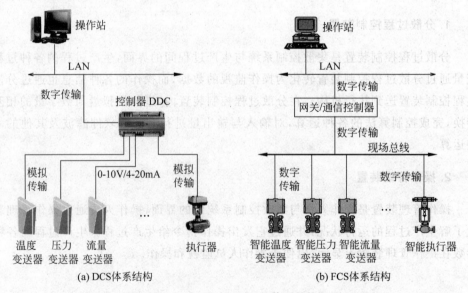

(a) DCS体系结构　　　　　　　　　　(b) FCS体系结构

图 8-15　DCS 和 FCS 的体系结构

从信号处理及传输的角度来分析,DCS 属于模拟和数字的混合系统,FCS 属于全数字系统。

8.2.3　集散控制系统的特点

1. 分级递阶控制

集散控制系统是分级递阶控制系统。它在垂直方向或水平方向都是分级的。最简单的集散控制系统至少在垂直方向分为二级,即操作管理级和过程控制级。在水平方向上各个过程控制级之间是相互协调的分级,它们把数据向上送达操作管理级,同时接收操作管理级的指令,各个水平分级间相互也进行数据的交换,这样的系统是分级的递阶系统。集散控制系统的规模越大,系统的垂直和水平分级的范围也越广。分级递阶是它的基本特征。

分级递阶系统的优点是各个分级有各自的功能,完成各自的操作。它们之间既有分工又有联系,在各自的工作中完成各自的任务,同时它们相互协调,相互制约,使整个系统在优化的操作条件下运行。

2. 分散控制

分散控制是集散控制系统的另一特点,分散是针对集中而言的。在计算机控制系统的应用初期,控制系统是集中式的,即一个计算机完成全部的操作监督和过程的控制。由于在一台计算机上把所有的功能集中在一起,也产生了一系列的问题。首先是一旦计算机发生故障,将造成过程操作的全线瘫痪,为此,危险分散的想法就提了出来,冗余的概念也产生了。对计算机功能的分析表明,在过程控制级进行分散,把过程控制与操作管理进行分散是可能的和可行的。

随着生产过程规模的不断扩大,设备的安装位置也越来越分散,把大范围内的各种过程参数集中到一个中央控制室变得不经济,而且操作也不方便。因此,地域的分散和人员的分散也提了出来。而人员的分散还与大规模生产过程的管理有着密切的关系。地域的分散和人员的分散也要求计算机控制系统与其相适应。

通过分析和比较,人们认识到分散控制系统是解决集中计算机控制系统不足的较好的途径。分散的目的是为了使危险分散,提高设备的可利用率。

在集散控制系统中,分散的内涵是十分广泛的。分散数据库、分散控制功能、分散数据显示、分散通信、分散供电、分散负荷等,它们的分散是相互协调的分散,因此,在分散中有集中的数据管理、集中的控制目标、集中的显示屏幕、集中的通信管理等,为分散作协调和管理。各个分散的自治系统是在统一集中操作管理和协调下各自分散工作的。

3. 自治性

系统上各工作站是通过网络接口链接起来的,各工作站独立自主地完成合理分配给自己的规定任务,如数据采集、处理、计算、监视、操作和控制等。系统各工作站都采用最新技术的微计算机,存储容量容易扩充,配套软件功能齐全,是一个能够独立运行的高可靠性子系统,控制功能齐全,控制算法丰富,连续控制、顺序控制和批量控制集中于一体,还可实现串级、前馈、解耦和自适应等先进控制,提高了系统的可控性。

4. 协调性

各工作站间通过通信网络传送各种信息协调地工作,各个分散的自治系统在统一集中操作管理和协调下各自分散工作,以完成控制系统的总体功能和优化处理。采用实时性的、安全可靠的工业控制局部网络,使整个系统信息共享。采用 MAP/TOP 标准通信网络协议,将集散型控制系统与信息管理系统连接起来,扩展成为综合自动化系统。

5. 友好性

集散控制系统软件是面向工业控制技术人员、工艺技术人员和生产操作人员设计的,其使用界面就要与之相适应。

系统采用实用而简捷的人机会话,CRT 彩色高分辨率交互图形显示,复合窗口技术,画面日趋丰富。综观、控制、调整、趋势、流程图、回路一览、报警一览、批量控制、计量报表、操作指导等画面,菜单功能更具实时性。平面密封式薄膜操作键盘、触摸式屏幕、鼠标器、跟踪球操作器等更便于操作。语音输入/输出使操作员与系统对话更方便。

系统提供的组态软件包括系统组态、过程控制组态、画面组态、报表组态,是集散控制系统的关键部分,用户的方案及显示方式由它来解释生成 DCS 内部可理解的目标数据,它是 DCS 的"原料"加工处理软件。使用组态软件可以生成相应的实用系统,便于用户制定新的控制系统,便于灵活扩充。

6. 适应性、灵活性和可扩充性

硬件和软件采用开放式、标准化和模块化设计,系统积木式结构,具有灵活的配置,可适应不同用户的需要。可根据生产要求,改变系统的大小配置,在改变生产工艺、生产流程时,只需要改变某些配置和控制方案。以上的变化都不需要修改或重新开发软件,只需使用组态软件,填写一些表格即可实现。

7. 开放系统

开放系统的互操作性指不同的计算机系统与通信网能互相连接起来;通过互连,能正确有效地进行数据的互通;并在数据互通的基础上协同工作,共享资源,完成相应的功能。集散控制系统在现场总线标准化后,将使符合标准的各种智能检测、变送和执行机构的产品可以互换或替换,而不必考虑该产品是否是原制造厂的产品。

为了实现系统的开放,DCS 的通信系统应符合统一的通信协议。国际标准化组织对开放系统互连已提出了 OSI 参考模型。在此基础上,各有关组织已提供了几个符合标准模型的国际通信标准,例如,MAP 制造自动化协议、IEEE 802 通信协议等,在集散控制系统中已得到了应用。

8. 可靠性

高可靠性、高效率和高可用性是集散控制系统的生命力所在,制造厂商在确定系统结构的同时进行可靠性设计,采用可靠性保证技术。

首先,系统结构采用容错设计,使得在任一单元失效的情况下,仍然保持系统的完整性。即使全局性通信或管理站失效,局部站仍能维持工作。为提高软件的可靠性,采用程序分段与模块化设计、积木式结构,采用程序卷回或指令复执的容错设计。在结构、组装工艺方面,严格挑选元器件,降额使用,加强质量控制,尽可能地减少故障出现的概率。新一代的 DCS 采用专用集成电路(ASIC)和表面安装技术(SMT)。

其次是"电磁兼容性"设计,所谓电磁兼容性是指系统的抗干扰能力与系统内外的干扰相适应,并留有充分的余地,以保证系统的可靠性。因此,系统内外要采取各种抗干扰措施,系统放置环境应远离磁场、超声波等辐射源的地方;做好接地系统,过程控制信号、测量和信号电缆一定要做好接地和屏蔽;采用不间断供电设备,带屏蔽的专用电缆供电;控制站、监测站的输入输出信号都要经过隔离,接到安全栅再与装置的现场对象连接起来,以保证系统的安全运行。

最后是应用在线快速排除故障技术,采用硬件自诊断和故障部件的自动隔离、自动恢复与热机插拔的技术;系统内发生异常,通过硬件自诊断机能和测试机能检出后,汇总到操作站,然后通过 CRT 显示或者声响报警或打印机输出,将故障信息通知操作员;监测站、控制站各插件上部有状态信号灯,指示故障插件。由于具有事故报警、双重化措施、在线故障处理、硬手操器备份等手段,提高了系统的可靠性和安全性。

8.3 BAS 的系统结构

8.3.1 BAS 体系结构的发展

在楼宇中,需要实时监测与控制的设备品种多、数量大,而且分布在楼宇各个部分。大型的楼宇,有几十层楼面,多达十多万平方米的建筑面积,需数千台套设备遍布楼宇内外。对于楼宇自动化这一个规模庞大、功能综合、因素众多的大系统,要解决的不仅是各子系统的局部优化问题,而且是一个整体综合优化问题。若采用集中式计算控制,则所有现场信号都集中于同一地方,由一台计算机进行集中控制。这种控制方式虽然结构简单,但功能有限,且可靠性不高,故不能适应现代楼宇管理的需要。与集中式控制相反的是集散控制,集散控制以分布在现场被控设备附近的多台计算机控制装置,完成被控设备的实时监测、保护与控制任务,克服了集中式计算机控制带来的危险性高度集中和常规仪表控制功能单一的局限性;以安装于集中控制室并具有很强的数字通信、显示、打印输出与丰富的控制管理软件功能的管理计算机,完成集中操作、显示、报警、打印与优化控制功能,避免了常规仪表控制分散后人机联系困难与无法统一管理的缺点。管理计算机与现场控制计算机的数据传递由通信网络完成。集散控制充分体现了集中操作管理、分散控制的思想。因此集散控制系统是目前BAS广泛采用的体系结构。

到目前为止,楼宇自动化系统产品已经经历了三代发展。第一代是DCS集散控制系统,主要特点是只有中央站和分站两类接点,中央站完成监视,分站完成控制,分站完全自治,与中央站无关,保证了系统的可靠性。第二代是开放式FCS集散控制系统,DDC分站应用现场总线连接传感器、执行器,形成分布式输入输出现场网络层,从而使系统的配置更加灵活,由于现场总线技术的开放性,也使分站具有了一定程度的开放规模。第三代是21世纪发展起来的网络集成控制系统,随着企业网(Intranet)的建立,楼宇自动化系统必然采用Web技术,BAS控制器嵌入Web服务器,融合Web功能,以网页形式为工作模式,使BAS与Intranet成为一体系统,如图8-16所示。网络集成控制系统是采用Web技术的楼宇自动化系统,它从不同层次的需求出发提供各种完善的开放技术,实现各个层次的集成,从现场层、自动化层到管理层,完成了管理系统和控制系统的一体化。

8.3.2　集散型BAS的结构

目前国内的楼宇自控系统市场基本为国外品牌一统天下,市场份额最大的是Honeywell、Siemens、Johnson这三家,其次有Invensys、Delta、Trend、TAC、ALC、日本山武等,国内有清华同方(RH6000)、海湾公司(HW-BA5000)、浙大中控(OptiSYS)和北京利达(Babel)等。

集散型BAS主要有以下3种结构:单层网络结构,工作站直接与现场控制设备相连;两层网络结构,上层网络与现场控制总线两层,两层网络之间通过通信控制器连接;三层网络结构,在上层网络与现场控制总线之间增加了一层中间层控制网络,解决由于末端分布范围较广形成的复杂联动控制问题。

1. 单层网络结构

单层网络结构如图8-17所示,现场设备通过现场控制网络互相连接;工作站通过通信适配器直接接入现场控制网络。适用于监控点少、分布比较集中的小型楼宇自控系统或子系统的监控。其特点是:

(1)整个系统的网络配置、集中操作、管理及决策等全部由工作站承担。

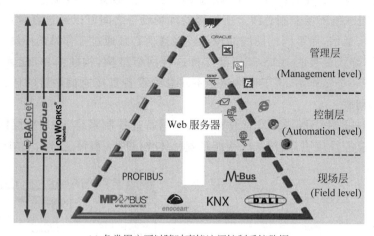

(a) 各类用户可以随时直接访问控制系统数据

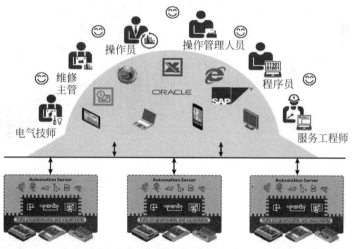

(b) Web/IT端口和管理系统功能集成在控制器设备内,具有高度灵活性并且易于维护和扩展

图 8-16　网络集成控制系统

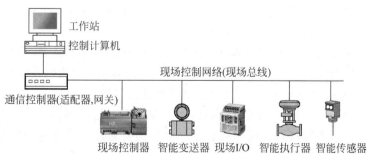

图 8-17　工作站＋现场控制设备的单层网络结构

（2）控制功能分散在各类现场控制器及智能传感器、智能执行机构之中。

（3）同一条现场控制总线上所挂接的现场设备之间可以通过点对点或主从的方式直接进行通信,而不同的总线的设备直接通信必须通过工作站的中转。

目前,绝大多数的 BAS 产品都支持这种网络结构,构建简单,配置方便。缺点是,只支持一个工作站,该工作站承担不同总线设备直接通信中转的任务,控制功能分散不够彻底。

图 8-18 是由 EIB/KNX 总线构成的家居智能控制系统,采用单层网络结构,完成多功能监控及应用,实现家居智能系统一体化(灯光、窗帘、空调、安防……)。

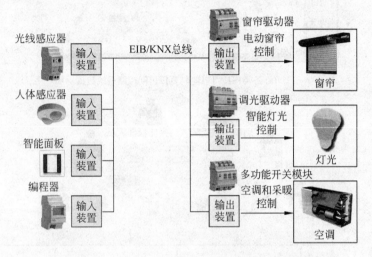

图 8-18　EIB/KNX 总线构成的家居智能控制系统

2. 两层网络结构

两层网络结构如图 8-19 所示,现场设备通过现场控制网络互相连接；操作员站(工作站、服务器)采用局域网中比较成熟的以太网等技术构建；现场控制网络和以太网等上层网络之间通过通信控制器实现协议转换、路由选择等。两层网络结构是目前 BAS 产品的主流。适用于绝大多数楼宇自控系统,其特点是:

（1）现场控制设备之间通信要求实时性高,抗干扰能力强,对通信效率要求不高,一般采用控制总线(现场总线)完成。

（2）操作员站(工作站、服务器)之间由于需要进行大量数据、图形的交互,通信带宽要求高,而对实时性、抗干扰能力要求不高,所以多采用以太网技术。

（3）通信控制器可以由专用的网桥、网关设备或工控机实现。不同的 BAS 产品中,通信控制器的功能强弱不同。功能简单的只是起到协议转换的作用,在采用这种产品的网络中,不同现场总线之间设备的通信仍要通过工作站进行中转；复杂的可以实现路由选择、数据存储、程序处理等功能,甚至可以直接控制输入输出模块起到 DDC 的作用,这种设备已不再是简单的通信控制器,而是一个区域控制器。

（4）绝大多数 BAS 设备制造商在底层控制总线上都有一些支持某种开放式现

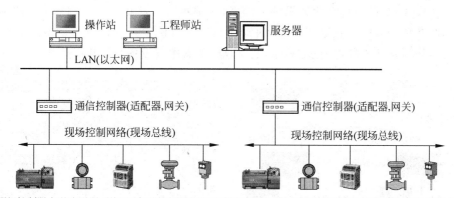

图 8-19　两层网络结构

场总线的产品。两层网络都可以构成开放式的网络结构,不同制造商的产品之间能够方便地实现互联。

图 8-20 是 Honeywell WEBs 楼宇自控系统结构图,是一个两层网络结构的新一代楼宇自控系统,可以通过一个 Web 页面实时、安全、有效地管理整个楼宇。Honeywell WEBs 是一个开放式平台,兼容现行的常用现场标准总线协议(例如 BACnet、LonWorks、Modbus 等)。基于 Web 的 B/S 控制管理方式能大量节省监控系统的"前端"投入和运行费用。用户使用浏览器(Firefox,Internet Explorer),在获得授权和密码时,可以访问系统的资源。网络控制器可作为控制器、网关、路由器。现场控制网络主要以 LonWorks 为主,现场控制器为自由编程控制器,可用于通用设备及 VAV 末端控制。

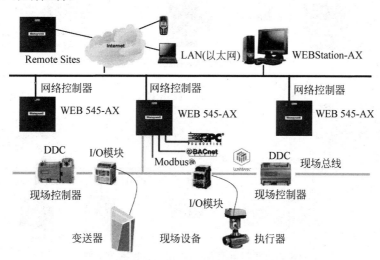

图 8-20　Honeywell WEBs 楼宇自控系统结构图

图 8-21 是 SBC 思博 S-Web 楼宇自控系统结构图,是一个两层网络结构的新一代楼宇自控系统。瑞士思博自控(Saia Burgess Controls)提供 PLC+(Web+IT)的

产品系统模式,是精益自动化技术的倡导者,所谓精益自动化技术的内容是:控制/管理功能在哪里需要就在哪里实现,自动化系统尽可能少地使用额外的软硬件,所有设备之间的直接连接都通过Web+IT标准,无需中间设备或特殊产品。

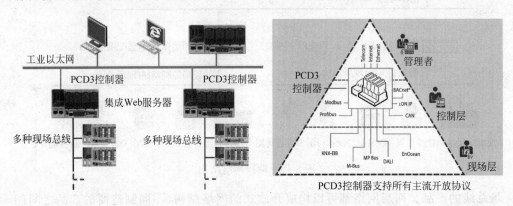

图 8-21　SBC 思博 S-Web 楼宇自控系统结构图

　　图 8-22 是西门子 PXC 系列楼宇自控系统结构图,采用两层通信架构,同时支持以太网(TCP/IP、BACnet/IP)和 RS485 网络,楼层级网络是通过 PXC 模块化可编程控制器进行扩展的,西门子的模块化可编程控制器采用了美国博软 CyboSoft 公司的无模型自适应(Model-Free Adaptive,MFA)控制专利技术,它采用了 3 层神经元网络以及时间滞后函数、活化函数、加权因子等部件,MFA 在分析了前 N 次采样的测量偏差,使之能够观察和学习到过程的动态特性,并根据偏差的历史直接计算出下一步的控制作用。

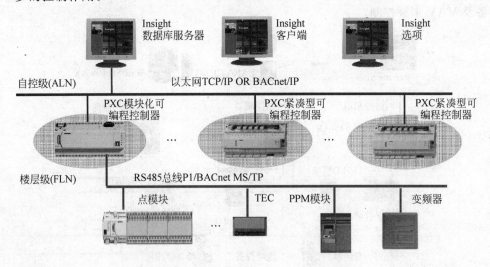

图 8-22　西门子 PXC 系列楼宇自控系统结构图

　　图 8-23 是浙大中控 OptiSYS 楼控系统架构图,采用两层通信架构,所有的 DDC 控制器和中央监控计算机都通过以太网连接。每个 DDC 控制器都能够独立工作,

不受中央或其他控制器故障的影响,并且系统可对所有的 DDC 进行巡检,如有 DDC 软件丢失,中央管理站可自动下载程序,保证了系统的运行可靠。DDC 控制器的 CPU 主控模块和 I/O 扩展模块之间采用 CAN 总线或 LonWorks 总线,所有的 I/O 扩展模块都有自己的处理芯片,可以实现远程放置。

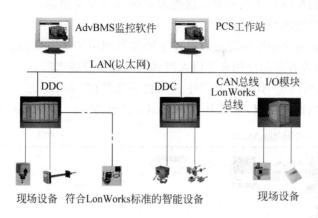

图 8-23　浙大中控 OptiSYS 楼控系统架构图

3. 三层网络结构

三层网络结构如图 8-24 所示。现场设备通过现场控制网络互相连接;操作员站(工作站、服务器)采用局域网中比较成熟的以太网等技术构建;现场大型通用控制设备采用中间层控制网络实现互联。中间层控制网络和以太网等上层网络之间通过通信控制器实现协议转换、路由选择等。三层网络结构适用于监控点相对分散、联动功能复杂的 BAS 系统。

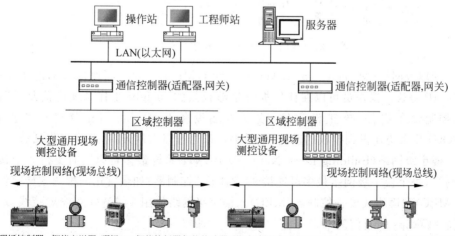

图 8-24　三层网络结构

三层网络结构 BAS 系统特点如下：

(1) 在各末端现场安装一些小点数(监控点数少)、功能简单的现场控制设备,完成末端设备基本监控功能,这些小点数现场控制设备通过现场控制总线相连。

(2) 小点数现场控制设备通过现场控制总线接入一个大型通用现场控制器,大量联动运算在此控制设备内完成。这些大型通用现场控制器也可以带一些输入、输出模块直接监控现场设备。

(3) 大型通用现场控制器之间通过中间控制网络实现互联,这层网络在通信效率、抗干扰能力等方面的性能介于以太网和现场控制总线之间。

图 8-25 是西门子 APOGEE 楼宇自动化系统结构,采用三层网络架构。楼宇系统可支持不同的通信协议,包括 BACnet、OPC、LonWorks、Modbus 和 TCP/IP 等。

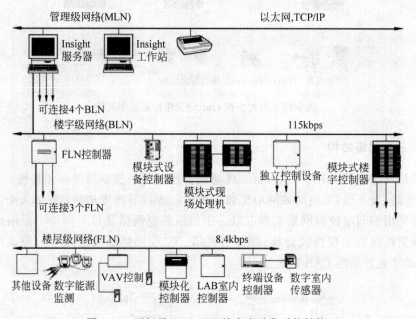

图 8-25　西门子 APOGEE 楼宇自动化系统结构

管理级网络(Management Level Network,MLN)：采用高速以太网连接,运行 TCP/IP 协议。操作员可以在任何拥有足够权限的 Insight 工作站实施监测设备状态、控制设备启停、修正设定值、改变末端设备开度等得到充分授权的操作。APOGEE 系统在得到授权的前提下,最多可以通过以太网连接 25 台工作站。

楼宇级网络(Building Level Network,BLN)：系统最多可以同时支持 4 个楼宇级网络,每个楼宇级网络最多可连接 99 个 DDC 控制器,如最常用的模块式楼宇控制器(MBC)和模块式设备控制器(MEC)。楼宇级网络使用 24AWG 双绞屏蔽线,最快支持 115kbps 的通信速率。

楼层级网络(Floor Level Network,FLN)：重要的 DDC 控制器都支持最多 3 个楼层级网络,每个楼层级网络最多可连接 32 个扩展点模块(PXB)或终端设备控制器(TEC)。楼层级网络最快支持 8.4kbps 的通信速率。

4. BAS 结构发展趋势

BAS 系统结构不断支持向开放性、标准化、远程化、集成化方向发展。

(1) 现场总线技术(FCS)将专用微处理器置入传统的测量控制仪表装置,使之具有数字计算和数字通信能力。FCS 采用可进行简单连接的双绞线等传输介质,把多个测量控制仪表连接成网络系统,并按公开、规范的通信协议,使位于现场的多个智能控制设备之间以及现场仪表与远程监控计算机之间实现数据传输与信息交换。FCS 目前已被广泛应用于 BAS 现场控制网络。

(2) 以往的集散控制系统中,以太网技术之所以无法直接运用于控制现场,是由于普通的以太网无法满足现场通信的实时性、抗干扰能力的要求。随着工业以太网技术的发展,工业以太网在各方面的性能都达到甚至超过一些现场总线技术。DDC 直接接入工业以太网可以简化集散控制系统的网络结构,提高网络监控性能,是集散控制系统的一个重要发展方向。

(3) BACnet 是由多个 BAS 产品供应商共同达成的在 BAS 领域内的一种数据通信协议标准,它从整体上对系统通信网络的标准结构及各层协议进行了定义,为整个 BAS 网络完全标准化提供了可能。

(4) 多家自控公司和微软公司共同制定了 OPC(OLE for Process Control)技术,该技术支持多种开放式的通信协议以满足客户对信息集成的需求。因此,OPC 技术为实现 BAS 与智能楼宇中其他子系统之间的联动和信息集成提供了一种开放、灵活、标准的技术,可大大降低系统集成所需的开发和维护费用。

(5) 基于 Web 的 B/S 控制管理方式能大量节省监控系统的“前端”投入和运行费用。控制/管理功能集成在控制器,所有设备之间的直接连接都通过 Web＋IT 标准,无需中间设备或特殊产品。

8.3.3 集散型 BAS 系统的组态

所谓组态,就是厂商为用户提供一个简捷的操作平台,用户只需在此平台上做一些简单的二次开发即可完成用户对工程项目的监视和控制功能。在某些特定的简单应用中,用户甚至不需编写任何代码就可以直接使用。举例来说,实现一个仪表在微机上显示,只要做三步简单的操作:第一步,指定仪表类型(设备安装向导使用户只需简单地选择);第二步,定义一个变量连接到该仪表的一个端口;第三步,将显示连接到变量(不同的组态软件,实现稍有差异)。存盘后进入运行系统,所有的工作在这十几秒中完成了,甚至没有输入任何代码。这就是组态软件,它让一切变得简单,同时避免了重复劳动。组态工作一般可以是在线的或者离线的,大多数情况采用离线方式组态。

BAS 系统的组态过程一般均包括如下 6 个步骤。

1. 系统组态

根据工程需要确定 BAS 的系统配置。BAS 的系统组态工作为各个装置、接插件和部件分配地址，建立相互的联系和设置表标识标号，它包括硬件组态和软件组态两部分工作。

硬件组态包括两种方法：

（1）利用 BAS 中各个接插槽的地址，接插部件不另设地址。

（2）将接插部件用跨接或开关设置地址，接插槽不另设地址。

软件组态是对各个部件的特性、标识、符号以及所安装的有关软件系统进行描述，建立它们的数据连接关系。

2. 画面组态

画面组态主要包括系统画面和过程操作画面。系统画面用于系统的维护，通常由系统的结构、通信网络、各组成设备运行状态等信息组成，一般由系统自己生成。过程操作画面包括用户过程画面、仪表面板画面、检测和控制点画面、趋势画面以及各种画面编号一览表、报警和事件一览表等。图 8-26 是某工程的冷冻水监控系统设备运行状态显示的组态画面。

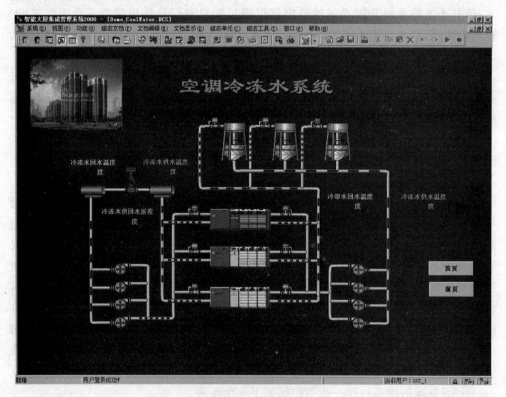

图 8-26　设备运行状态显示

3. 点组态

完成站和 I/O 通道板的配置后,就可以进行点组态了。点组态包括模拟量输入和输出点,数字量输入和输出点、脉冲输入点的组态,点的组态包括定义点号和点的各种属性和参数。例如,模拟量、数字量和脉冲量保存时间就是点组态中的一个参数——历史数据组号。

4. 控制组态

控制组态软件是一系列的控制算法,一般以功能模块的形式提供给用户选用。

控制组态包括选用功能模块、配置控制方案和整定功能模块中相应参数 3 个过程。

对控制组态中功能模块的选用和控制方案的选用,应遵循以下原则:

(1) 便于控制功能的扩展。

(2) 便于功能模块功能的发挥。

(3) 尽量选用功能强的模块。

(4) 控制方案的选择是在满足工艺需求的前提下选择最简方案。

用户在选择某一算法菜单后,相应的图形就显示在屏幕上,用鼠标拖动图形,就可以进行模块连接(除了算法模块,还有给定值模块、输入点模块和输出点模块)和模块参数的设置。完成控制点组态后,输入模块的输入点和输出模块的输出点也就可供选择了。

5. 编译

在编译时会首先检查前述组态时的参数设置是否有错误,如无误则编译通过,系统联编形成组态数据,成为操作员站、现场控制站上的在线运行软件的基础。

6. 数据下载

通过网络通信程序把组态数据装载到控制主机和各操作员站。

8.3.4　集散型 BAS 的几种方案

1. 按建筑层面组织的集散型 BAS 系统

对于大型的商务建筑、办公建筑,往往是各个楼层有不同的用户和用途(如首层为商场,二层为某机构的总部,等等),因此,各个楼层对 BAS 系统的要求会有所区别,按建筑层面组织的集散型 BAS 系统能很好地满足要求。按建筑层面组织的集散型 BAS 系统方案如图 8-27 所示。

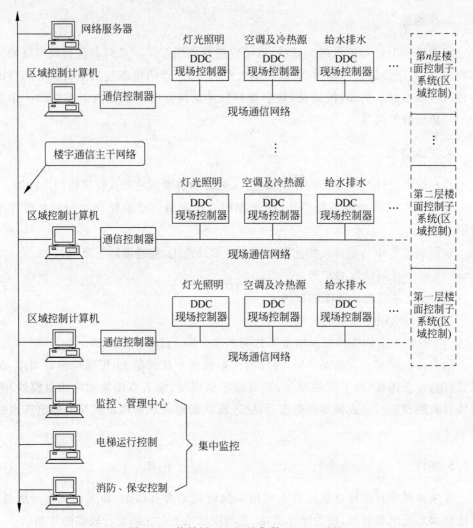

图 8-27　按楼层面组织的集散型 BAS 系统

这种结构的特点如下：

(1) 由于是按建筑层面组织的,因此布线设计及施工比较简单,子系统(区域)的控制功能设置比较灵活,调试工作相对独立。

(2) 整个系统的可靠性较好,子系统失灵不会波及整个楼宇系统。

(3) 设备投资增大,尤其是高层建筑。

(4) 较适合商用的多功能建筑。

2. 按建筑设备功能组织的集散型 BAS 系统

这是常用的系统结构,按照整座建筑的各个功能系统来组织(图 8-28)。这种结构的特点如下：

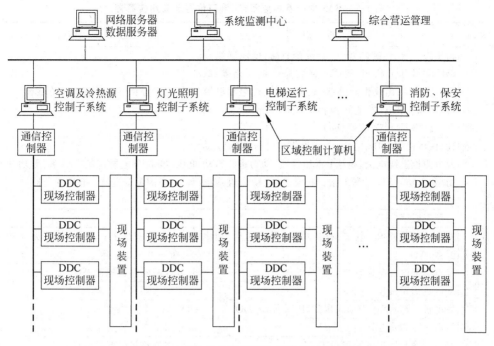

图 8-28　按设备功能组织的集散型 BAS 系统

（1）由于是按整座建筑设备功能组织的，因此布线设计及施工比较复杂，调试工作量大。

（2）整个系统的可靠性较低，子系统失灵会波及整个建筑系统。

（3）设备投资省。

（4）较适合功能相对单一的建筑（如企业和政府办公楼、高级住宅等）。

3. 混合型的集散型 BAS 系统

这是兼有上述两种结构特点的混合型系统，即某些子系统（如供电、给排水、消防、电梯）采用按整座楼宇设备功能组织的集中控制方式，另外一些子系统（如灯光照明、空调等）则按楼宇建筑层面组织的分区控制方式。这是一种灵活的结构系统，它兼有前两种方案的特点，可以根据实际的需求调整。

8.3.5　BAS 中的基本监测点、接口位置及常用传感器

为了明确 BAS 设计对象，根据 BAS 中一般的对象环境和功能要求，总结出 BAS 中基本监测点、接口位置及常用传感器，如表 8-2 所示。而实际的监控点应根据具体工程进行设计。

表 8-2　BAS 中的基本监测点、接口位置及常用传感器

系统		监控点	接口位置或常用传感器
供配电系统	变配电部分	高压进、出线柜断路器状态/故障；高、低压联络柜母线联络开关状态/故障；直流操作柜断路器/故障；低压进、出线柜断路器/故障；低压配电柜断路器/故障；市电/发电转换柜断路器状态/故障；动力柜断路器状态/故障(DI)①	信号取出点：相应断路器辅助触点
		高、低压进线电压、电流，直流操作柜电压、电流；动力电源柜进线电流、电压；低压进线、动力进线有功功率，无功功率，功率因素；低压进线、动力进线电量(AI)	电压、电流变送器；有功功率、无功功率、功率因素变送器；电量变送器
		变压器温度(AI)	温度传感器
	应急发电机与蓄电池组	发电机输出电压、电流、有功功率、无功功率、功率因数(AI)	电压、电流变送器；有功功率、无功功率、功率因素变送器
		发电机配电屏蔽断路器状态(DI)	配电屏蔽断路器辅助开关
		发电机油箱油位(AI)	液位传感器
		发电机冷却水泵、冷却风扇的开/关控制(DO)	DDC 数字输出接口
		发电机冷却水泵运行状态(DI)	信号取出点：水流开关
		发电机冷却风扇的故障(DI)	风扇主电路接触器的辅助接口
		发电机冷却水泵、冷却风扇的故障(DI)	相应主电路热继电器的辅助接口
		蓄电池电压②(AI)	直流电压传感器
照明系统		室外自然光度测量(AI)	自然光(照度)传感器
		分区(楼层)照明、事故照明、航标灯、景观灯等电源开/关控制(DO)	DDC③数字输出接口
		分区(楼层)照明、事故照明、航标灯、景观灯等电源运行状态/故障(DI)	相应电源接触器的辅助触点
		分区(楼层)照明、事故照明、航标灯、景观灯等电源手/自动状态(DI)	信号取出点：相应电源控制回路
空调与冷热源系统	空调系统	送风机、回风机运行状态(DI)	动力柜主电路接触器的辅助接点
		送风机、回风机故障状态(DI)	相应主电路热继电器的辅助接点
		送风机、回风机手/自动状态(DI)	相应主动力柜控制回路
		送风机、回风机开/关控制(DO)	相应电源接触器的辅助触点
		空调冷冻水/热水阀门、加湿阀门调节；新风口、回风口、排风口风门开度控制(AO)	DDC 模拟输出口
		防冻报警(DI)	低温报警开关
		过滤网压差报警(DI)	过滤网压差传感器
		新风、回风、送风温度(AI)	风管式温度传感器
		室外温度(AI)	室外温度传感器
		新风、回风、送风湿度(AI)	风管式湿度传感器
		送风风速(AI)	风管式风速传感器
		空气质量(AI)	空气质量传感器(CO_2、CO 浓度)

续表

系统		监控点	接口位置或常用传感器
空调与冷热源系统	制冷系统	冷水机组、冷冻水泵、冷却水泵、冷却塔风机、冷却塔进水电动蝶阀开/关控制(DO)	DDC 数字输出接口
		冷水机组、冷却塔风机运行状态(DI)	相应动力柜主电路接触器的辅助接点
		冷冻水泵、冷却水泵运行状态(DI)	相应水泵出水口的水流开关
		冷水机组、冷冻水泵、冷却水泵、冷却塔风机故障(DI)	相应主电路热继电器的辅助接点
		冷水机组、冷冻水泵、冷却水泵、冷却塔风机手/自动控制(DI)	相应动力柜控制回路
		冷冻水压差旁通阀(AO)	DDC 模拟输出接口
		冷冻水供水、回水温度;冷却塔进水、出水温度(AI)	分水器进水口、集水器出水口水管温度传感器;冷却塔进水、回水温度传感器
		冷冻水供水/回水压差(AI)	分水器进水口和集水器之间压差传感器
		冷冻水总回水流量(AI)	集水器出水口电磁流量计
		冷却水泵出口压力(AI)	冷却水泵出水口压力传感器
		电动蝶阀开关位置监测(DI)	开关输出点
	热源系统 电锅炉部分④	锅炉出口热水温度、压力测量(AI)	分水器进口温度、压力传感器
		锅炉热水流量测量(AI)	集水器出口流量传感器
		锅炉回水干管压力测量(AI)	集水器出口压力传感器
		锅炉、热水泵运行状态(DI)	动力柜主电路接触器的辅助接点
		锅炉、热水泵故障状态(DI)	相应动力柜主电路热继电器的辅助接点
		锅炉、热水泵、电动蝶阀开关控制(DO)	DDC 数字输出接口
		热水泵手/自动状态(DI)	动力柜控制电路
		电动蝶阀开关位置监测(DI)	开关输出点
	热交换部分	二次水循环泵、补水泵运行状态(DI)	相应动力柜主电路接触器的辅助接点
		二次水循环泵、补水泵故障状态(DI)	相应动力柜主电路热继电器的辅助接点
		二次水循环泵、补水泵手/自动状态(DI)	相应动力柜控制回路
		二次水出口、分水器供水、二次热水回水温度测量	温度传感器
		二次热水回水流量、供回水压力测量(AI)	流量传感器,压力/压差传感器
		二次水循环泵、补水泵启停控制(DO)	DDC 数字输出口
		一次热水/蒸汽、换热器二次电动阀控制(AO)	DDC 模拟输出口
		差压旁通阀门开度控制(AO)	DDC 模拟输出口
		膨胀水箱水位监测(DI)	膨胀水箱内液位开关

续表

系统	监控点	接口位置或常用传感器
给排水系统	给、排水泵运行状态(DI)	给、排水泵动力柜主接触辅助触点
	给、排水泵运行状态故障(DI)	给、排水泵动力柜主电路热继电器辅助触点
	给、排水泵手/自动转换状态(DI)	给、排水泵动力柜控制电路
	给、排水泵开/关控制(DO)	DDC 数字输出接口
	给、排水水流开关状态(DI)	给、排水水流开关状态输出
	给水系统:地下水、高位水箱(高位水箱给水系统)水位监测;排水系统:集水坑水位监测(DI)	水位开关,一般有溢流、启泵、停泵、低限位报警四个液位开关
	给水系统:管网给水压力监测(水泵直接给水或者气压式给水系统)(DI)	管式液压传感器
电梯系统	电梯运行状态、方向、所处楼层、故障报警、紧急状况报警(DI)	电梯控制箱运行状态、方向、所处楼层、故障报警、紧急状况报警输出口
	电梯运行的开/关控制(DO)	DDC 数字输出接口
	消防控制(DO)	消防联动控制器的输出模块

注:① 控制点类型分为:AI(Analog Input)—模拟监测;DI(Digital Input)—状态/数字监测;AO(Analog Output)—模拟调节/控制;DO(Digital Output)—状态/数字控制。

② 直流蓄电池组的作用是提供 220V、110V、24V 直流电。它通常设置在高压配电室内,为高压主开关操作、保护、自动装置及事故照明等提供直流电源。

③ DDC(Direct Digital Controller,直接数字控制器):指集散控制系统的现场控制器。

④ 燃煤和燃油锅炉属于压力容器,国家有专门技术规范和管理机构,因此这类锅炉的运行控制不纳入 BAS。最多只对锅炉的开停状态进行监控,而它们的运行由专门的控制系统完成。

8.4　智能建筑的 BAS 系统设计

8.4.1　BAS 设计原则

BAS 的设计原则是:功能实用,技术先进,设备及系统具有良好开放性和可集成性,选择符合主流标准的系统和产品,保证在建筑物生命周期内 BAS 系统的造价和运行维护费用尽可能低,系统安全、可靠,具有良好的容错性。

8.4.2　BAS 设计、施工及验收依据

1.国家标准

(1)《智能建筑设计标准》(GB/T 50314—2000)。

(2)《民用建筑电气设计规范》(JGJ/T 16—1992)。

(3)《供配电系统设计规范》(GB 50052/95)。

(4)《工业企业通信接地设计规范》(GBJ 79—1985)。

（5）《采暖通风于空气调节设计规范》（GBJ 19—1987）。

（6）《智能建筑弱电工程设计施工图集》（GJBT-471）。

（7）《自动化仪表工程施工及验收规范》（GB 50093—2002）。

（8）《电气装置安装工程电缆线路施工及验收规范》（GB 50168—1992）。

（9）《建筑电气安装工程质量验收标准》（GB 50303—2002）。

（10）《智能建筑施工验收规范》（GB 50—2003）等。

2. 其他依据

（1）甲方提供的技术资料和设计要求。

（2）采用的控制系统的技术手册。

8.4.3　BAS 设计步骤

（1）技术需求分析。

设计人员应根据建筑物的实际情况及业主的要求（一般通过招标文件体现），依据相关规范与规定，确定建筑物内实施自动控制及管理的各个功能子系统。

根据业主提供的技术数据与设计资料（一般为设计图纸），确认各功能子系统所包括的需要监控、管理的设备数量。

（2）确定各功能子系统的控制方案。

对于楼宇设备自动化子系统的控制功能给出详细说明，明确系统的控制方案及要达到的控制目标，以指导工程设备的安装、调试及施工。选定实现 BAS 的系统和产品。

（3）确定系统监控点及监控设备。

在控制方案的基础上，确定被控设备进行监控的点位、监控点的性质以及选用的传感器、阀门及执行机构，选配相应的控制器、控制模块。并根据中央监控中心的功能和要求，确定中央监控系统的硬件设备数量及系统软件、工具软件需求的种类与数量。采用监控点表进行统计。

（4）统计汇总控制设备（传感器、控制器）清单。

对选配的控制设备、软件进行列表统计与汇总。

（5）绘制各种被控设备的控制原理图，绘制出整个设备 BAS 施工平面图及系统图。

（6）采用组态软件完成系统、画面及控制组态和软件设计。

8.4.4　BAS 设计中的几个关键问题

1. BAS 产品选择

主要考虑因素如下：

（1）产品品牌。产品品牌是质量的保证,需了解此品牌产品的典型应用项目、生产地和供货渠道等信息以帮助设计,同时保证及时供货。

（2）产品适用范围。指产品支持的系统规模及监控距离。应尽可能选择在目标建筑监控点数和监控距离满足条件下,性价比最高的产品。

（3）产品网络系统的性能及标准化程度。主要考虑网络通信系统支持的层次结构是否符合目标建筑的控制要求,各层所采用的通信协议及在不同负荷率下的性能表现(实时性、可靠性等),各层通信协议的标准化程度等。

（4）现场控制器的灵活性及处理能力。

① 现场控制所能接入的 I/O 点数。监控点数比较分散时,采用点数少的现场控制器,避免信号远距离传输;监控点数比较集中时,采用点数多的现场控制器,减少网络传输,提高实时性。

② 现场控制所能接入的 I/O 点数的类型(DI、DO、AI、AO)。最好选择 I/O 点数类型可变的现场控制器。

③ 现场控制器的处理能力是否满足目标建筑物的监控需求。

（5）上位机监控软件的功能和易操作性。

（6）价格。

2. BAS 系统结构设计

确定所采用的产品后,因为各厂商产品都有自己典型的系统结构,所以此时系统的整体结构已经确定。这里 BAS 系统结构设计主要指确定各种设备的基本数量、分布位置以及监控范围,系统结构还将随设计的深化进一步进行调整。

（1）网络层次设计。即确定整个楼宇自控系统的通信网络由几个层次构成。当产品确定后,对照目标建筑物的规模和应用以及所选择产品的典型应用方案很容易确定这一点。

（2）监控管理中心及操作管理站设计。

① 确定监控管理中心的位置,一般在建筑物控制中心。

② 确定监控管理中心所包含服务器/工作站的个数、监控范围及其关系。当目标建筑物监控点数大于 2000 点或者一些重要机房(变电站、冷冻机房等)监控点数较大时,应设置操作管理站,以实现对机房内设备的就近操作管理;当监控管理中心发生故障时,可作为备份替代监控管理中心,从而提高可靠性。

（3）网络通信系统的结构设计。主要是对各层网络的网段、网关、总线数量及每条总线的监控范围进行设计。每条总线所能支持的控制器数量及传输距离都是有限的,因此整个系统可能需要包括几条总线,每条总线的监控范围都需要进行设计。另外,整个网络系统可能分成若干网段,分管不同的系统,每个网段可能采用不同的产品进行监控。各网段的监控范围、网段之间的连接方式及网关功能也是网络通信系统设计的重要内容。

（4）现场控制器设备的分布及监控范围设计。指定现场控制器的分布位置(在此阶段的设计中只要明确所处楼层即可)、监控对象及所采用的控制器型号。

（5）通信接口设计。BAS 中可能包括多个厂商的产品,各厂商的产品之间如何进行通信,有哪些地方需要设置通信接口,这些需要在系统结构设计中体现(图 8-29)。

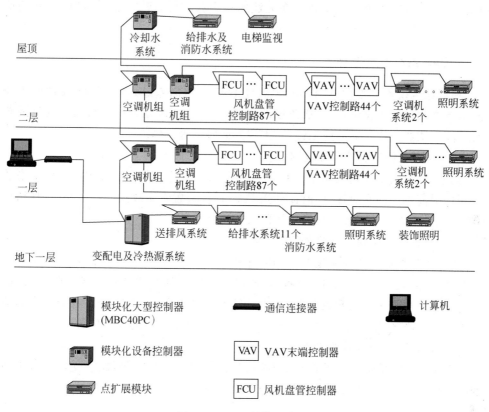

图 8-29　BAS 结构示意图

3. BAS 监控功能设计

BAS 监控功能设计的基础是建筑设备控制的工艺图及其技术要求。认真研究目标建筑物的建筑图样及变配电、照明、冷热源、空调通风、给排水等系统的设计图样、工艺设计说明、设备清单等工程资料。然后根据实际工程情况,依照各监控对象的监控原理(参见第 7 章)进行监控点数及系统方案设计,并完成监控点数表的制作。

监控点数表是把各类建筑设备要求监控的内容按模拟量输入 AI、模拟量输出 AO、数字/开关量输入 DI 及数字/开关量输出 DO 分类,逐一列成表格。由监控点数表可以确定在某一区域内设备需监控的内容,从而选择现场控制器(DDC)的形式与容量。典型的监控点数表例如表 8-2 所示。

按监控点数表选择 DDC 时,其输入输出端一般应留有 15%~20% 的裕量,以备输入输出端口故障或将来有扩展需要时使用。正确确定监控点数表是深化 BAS 设计的基础。

此外,DDC 分站位置选择宜相对集中,一般设在机房或弱电间内,以达到末端元件距离较短为原则(一般不超过 50m);分站设置应远离有压输水管道,在潮湿、有蒸汽场所应采取防潮、防结露措施,分站还应该远离电动机、大电流母线、电缆通道(间距至少 1.5m),以避免电磁干扰。在无法躲避干扰源时,应采取可靠的屏蔽和接地措施。

4. BAS 系统的深化设计

随着建筑设备工程设计、设备采购、工程施工的深入,BAS 的深化设计逐步展开,不断修改和细化原设计,完成监控设备选型、监控范围划分、管线设计、现场屏蔽柜设计、传感器与执行器的施工设计、工程界面协调等工作。

(1) 确定现场控制器监控范围。

同一台/组设备的输入输出信号尽可能接入同一个现场控制器内,减少网络通信流量,提高系统的实时性,同时保证当 BAS 通信装置发生故障或者中断时,现场控制器的独立工作能力仍能确保所监控的设备正常运行。

(2) 确定现场控制器监控对象及方式。

确定现场控制器所需采集和控制的各种设备的运行状态及运行参数,确定监控方式(传感器、变送器、执行器、控制器、通信控制器等的互联方式)。特别要注意的是,对通过强电控制箱实现的控制,如果必须通过光电隔离、继电器或电子功率驱动器(变频器或电子固态继电器等)实现,应明确这些辅助设备的安置位置。

(3) 传感器与变送器的选择。

传感器与变送器的选择取决于监控点的特征、现场控制器所能接受的信号类型及原始状态信号的类型。检测信号的位置由设备的工艺要求确定(参见表 8-2)。

(4) 调节机构的选择。

主要考虑流量特性和阀的通径。

调节机构流量特性的选择原则如下:

① 对于双位调节和程序控制的应用,一般是选快开特性。

② 根据调节对象的特性进行选择。一般凡是具有自平衡能力的调节对象都可选择等百分比流量特性的调节阀,不具有自平衡能力的调节对象则选择直线流量特性的调节阀。

③ 根据管路系统中调节阀全开时压差与系统总压差的比值进行选择。当压差比大于 0.7 时,可选用直线特性的调节阀;当压差比在 0.7~0.4 之间时,可选用快开(抛物线)特性的调节阀,当压差比在 0.4~0.1 之间时,选用等百分比(对数)特性调节阀。

④ 根据可调范围进行选择。一般要求调节范围大的,选用等百分比特性的调节阀具有较强的适应性。

上述几方面在具体的控制系统中还应根据情况考虑,首先应满足压差比的原则。同时在分析控制系统的特性时,应考虑调节阀的非线性因素(等百分比、快开特性调节阀)。

调节阀的流量特性是指流过阀门的介质流量 Q 与阀杆相对行程 L(阀的相对开度)之间的关系。目前国内生产的调节阀有直线、等百分比(对数)和快开(抛物线)3种特性(图 8-30)。

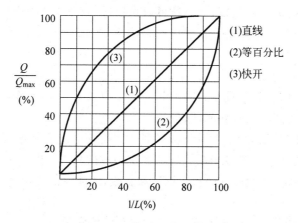

(1)直线
(2)等百分比
(3)快开

图 8-30　调节阀理想流量特性

调节阀通径一般小于管道直径一挡至两挡,同时要求最大流量时阀开度不超过90%,最小流量时阀开度不小于 10%。

(5) 执行机构的选择。

执行机构输出的力或力矩必须大于调节阀所需的工作力或力矩,同时确保关阀力在最不利条件下能正常关闭阀门。

(6) BAS 通信网络的管线设计。

① 工作站级通信网络由目标建筑物的综合布线系统完成。

② 现场控制级通信网络一般采用屏蔽双绞线完成独立布线,且不与综合布线系统走同一桥架。

(7) BAS 供电设计。

① 中央监控室应由变电所引出专用双回路供电,并在末端自动切换,中央监控室内应设专用配电柜。

② 中央监控计算机应配置 UPS 不间断电源设备,其容量应包括 BAS 系统内用电设备的总和,并预留总容量的 20% 作为备用,且供电时间不应小于 30min。

③ 含有 CPU 的现场控制器必须设备用电池组,并能支持现场控制器运行不少于 72h,保证停电时不间断供电。

④ 所有 DDC 站工作电源都应由 BAS 监控中央站的 UPS 供电,以便在任何一种电源故障情况下,监控中央站都能通过 DDC 站的检测功能了解现场环境情况与设备故障情况,在实施事故预案处理程序时,能准确有效地调度电源、冷热源等资源,最大限度地降低事故造成的影响。

（8）BAS对主要设备专用控制系统的监控。

高/低压变配电系统、发电机组、冷水/热泵机组、锅炉机组、电梯等大型建筑设备一般都配有计算机控制系统，能对设备内的工作状态进行全面的自动监控。BAS只要利用这些监控数据实现对其的监控即可。当BAS与这些大型设备内部控制系统采用相同的标准通信协议接口时，就可以直接通信，完成数据交换；当这些大型设备采用非标准协议时，则需要设备供应商提供数据格式，由BAS承包商进行转换开发，获得这些监控数据。

（9）BAS的优化。

随工程建设推进、各建设承包商之间的协调以及对工程现场实际情况认识的深入，对监测点数、方式进行优化和改进。

此外，因为BAS设计、施工涉及与众多楼宇设备系统或其他智能化弱电系统的关系，所以一定要尽量明确各子系统的功能及相应的接口，明确各供应商（或工程承包商）的职责；同时按规范进行安装、调试和验收，才能保证成功完成工程。

8.4.5　某市博览中心的 BAS 方案设计案例

某市博览中心是根据国际标准创建的集常年交易、展览和会议为一体的综合建筑群。本工程BAS用于对中央空调、通风、给排水及污水等设备或系统进行自动监控和集中管理。

1. BAS 系统构成及结构方案

博览中心BAS系统由工作站、网络控制器（或路由器）、现场控制器（DDC）、各类传感器及执行机构、控制层/管理层网络以及操作系统软件和应用软件等构成。系统采用分布式智能控制系统，对冷源系统、空调通风系统、给排水及污水系统、电梯及扶梯等进行自动监测或控制，其结构方案如图8-31所示。

系统工作站设于综合展厅首层弱电控制中心。整个工程共设监控点1409点。系统运行全中文软件，配置电话拨号软件，实现远程监控。系统通过建筑设备管理系统（BMS）进行系统集成。

系统现场控制器（DDC）设于各设备机房内。工作站与现场控制器通过通信网络连接，通信网络分为两级结构：管理层及控制层。管理层网络采用100BASE-T以太网，采用客户机/服务器数据处理模式，支持TCP/IP通信协议；控制层网络要求采用LonWorks或BACnet总线连接各个现场控制器，现场控制器之间可通过控制层网络实现点对点通信，总线最大传输距离要求不少于1200m。

2. 冷源系统监控功能

实现对冷水机组、冷冻水泵、冷却水泵、冷却塔及电动阀的群组自动控制。包括监测设备的运行与故障状态，运行时间的累计、平衡和维修警告，机组的顺序启动控

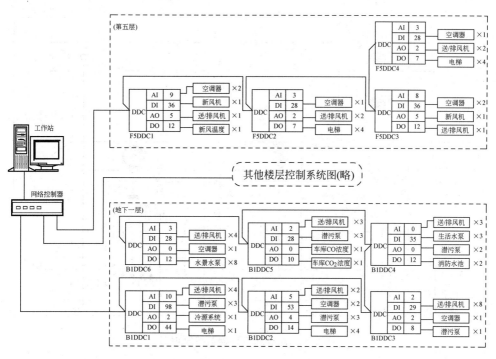

图 8-31　某市博览中心的 BAS 结构方案

制,备用设备的自动投入,冷冻水及冷却水供回水温度、流量以及冷负荷的监测,根据实际冷负荷量大小,实现机组的台数控制。

3. 空调通风系统监控功能

(1) 组合式空调器。根据季节、昼夜及节假日拟定多种时间及节能运行程序,控制机组的启停并监测其运行与故障状态,自动统计机组工作时间,提示定时维修;通过控制风机变频器调节送风量,当风量降到一定程度时调节电动冷水阀开度,使回风温度保持在所要求的范围,并根据新风温度调整回风温度设定值,达到节能的目的;监测空调器过滤器阻塞状态,提示维修。组合式空调器监控原理如图 8-32所示。

(2) 新风空调器。根据季节、昼夜及节假日拟定多种时间运行及节能运行程序,控制风机的启停,并监测其运行与故障状态,自动统计机组工作时间,提示定时维修;调节电动水阀开度,保持送风温度在所要求的范围;监测新风机过滤器阻塞状态,提示维修。

(3) 送/排风机。按设定时间自动控制启停,监测其运行与故障状态。

(4) 平时/消防共用送排风机:平时按送排风机自动控制,火灾时由消防联动控制,自控系统不起作用。

(5) 环境监控。监测地下停车场 CO 和 CO_2 浓度,过高时启动停车场送、排风机。监测综合展厅首层控制中心机房和二层信息网络中心机房内的温湿度,超限时

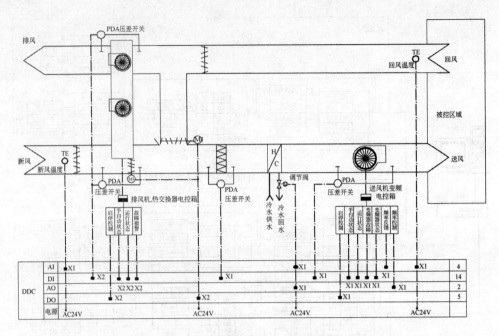

图 8-32　组合式空调器监控原理图

报警,提示值班人员采取措施。

4.给排水及污水系统监控功能

(1) 生活供水系统。自动监测水泵运行、故障状态,提示定时维修。

(2) 污水泵、集水井。监测其运行与故障状态,提示定时维修;集水井溢流水位报警。

5.电梯及扶梯监控功能

(1) 监测各台电梯的运行、故障、上行、下行状态。

(2) 监测各台扶梯的运行、故障状态。

(3) 自动累计各台电梯及扶梯的运行时间,提示定时维修。

习题与思考题

1. 试述 BAS 的功能。

2. 试述 BAS 的监控范围。

3. 分别简述自动检测电物理量、非电物理量的基本方法。

4. 什么是集散控制系统? 它通常由哪几部分组成?

5. 集散控制系统的集中和分散各代表什么含义?

6. 简述集散控制系统的体系结构及功能。

7. 简述集散控制技术的特点。

8. 现场控制单元(器)主要由哪几部分组成？

9. 什么是组态？集散型 BAS 系统的组态主要包括哪几个部分？

10. 为什么说集散控制系统是 BAS 的优选方案？

11. 简述集散型 BAS 系统的几种方案。

12. 什么是现场总线技术？

13. BAS 设计原则及步骤是什么？请完成一个实际设计。

第9章 智能建筑的安全防范技术

本章导读

安全防范系统已经成为楼宇智能化工程的一个必配系统,因为有智能化的安防系统作技术保障,故可以为智能建筑内的人员提供安全的工作和生活场所。如何更有效地保障财物、人身或重要数据和资料等的安全呢?首要的是设法将不法分子拒之门外,使其无从下手。万一其有机可乘进入防范区域时,必须能即时报警和快速响应处置,将案发消灭在萌芽状态。如若案发,则系统还应有清晰的图像资料为破案提供证据。如此构建的安防系统环环相扣才能收到理想的效果。

本章着重叙述如何构建智能安全防范系统、入侵报警探测技术、出入口控制技术、视频监控技术及与其他系统的联动控制技术。

9.1 概述

安全防范技术(简称安防技术)是一门涉及多学科、多门类的综合性应用科学技术。安全防范系统、安全防范工程也是近20年来开始面向社会、步入民用的一个新的技术领域。安全防范技术包括人力防范(保安)、技术防范和实体(物理)防范3个范畴。而通常人们所说的安防技术主要是指安全技术防范系统(如入侵报警系统、视频安防监控系统、出入口控制系统等),主要是电子系统工程。安全防范技术包括防爆安检技术、实体防护技术、入侵报警技术、出入口控制技术、视频监控技术及其相应的工程设计、施工技术等。在智能建筑中,安全防范系统占有重要的地位,其目的是保障建筑内的人员和财物的安全。

智能建筑的安全防范系统是一个有功能分层的体系:防范为先(出入口控制系统的功能)、报警准确(入侵报警系统的功能)、证据完整(视频安防监控系统的功能)。这3个层次的各个环节必须环环相扣,只有先设计好周密的系统方案,最终才能收到理想的效果。安全防范工程的设计应根据被防护对象的使用功能、智能化建设投资及安全防范管理工作的要求,综合运用安全防范技术、电子信息技术、计算机网络技术等,构成先进、可靠、经济、适用、配套的安全防范应用系统。

随着物联网技术和云计算技术的发展,物联网、云计算等新一代信息技术在智能建筑领域的应用越来越广泛。物联网技术最早亦最成熟的应用系统就是智能建筑的门禁系统。物联网以其高精度定位、智能分析判断与控制、智能化交互的特点,弥补了安防系统的短板,促进了安防系统智能化水平不断提高。在智能住宅安防系统中,利用现有的电信网等固定网络及移动互联网,采用 RFID、传感器、智能图像分析、网络传输等信息技术,建设具有入口动态实时管理功能的社区智能对讲门禁、社区单元视频记录、家庭安防综合应用系统,并可实现门禁管理与公安人口信息平台的对接。

9.1.1　智能建筑对安全防范系统的要求

1. 防范功能

不论是对财物、人身还是重要数据和资料等的安全保护,都应把防范放在首位。也就是说,安防系统使作案人员不可能进入或者在企图进入作案时就能被察觉,从而采取措施。把非法人员拒之门外的设施主要是机械式的,例如安全栅、防盗门、门障、保险柜等;也有机械电气式的,例如报警门锁、报警防暴门等;还有电气式的各类探测触发器等。

为了实现防范的目的,报警系统具有布防和撤防功能,即当合法人员离开时应能布防,例如一个门,合法人员离开时布防,当合法人员以后正常进入时,则通过开"锁",使系统撤防,这样就不至于产生误报。

2. 报警功能

当发现安全受到破坏时,系统应能在监控中心和有关地方发出各种特定的声光报警,并把报警信号通过网络送到有关保安部门(如当地的 110 接处警中心)。

3. 监视与记录功能

在发生报警的同时,系统应同步地把出事的现场图像和声音传送到监控中心进行显示并录像,留下证据以便侦查破案。

4. 其他功能

安全管理系统应能通过统一的通信平台和管理软件将监控中心设备与各子系统设备联网,实现由监控中心对各子系统的自动化管理与监控。安全管理系统的故障应不影响各子系统的运行,某一子系统的故障应不影响其他子系统的运行。

智能建筑的安全防范系统应能提供向上层系统集成的手段,以便将其最终集成到智能建筑综合管理系统中。

此外,系统应有自检和防破坏功能,一旦线路遭到破坏,系统应能触发报警信号;系统在某些情况下布防应有适当的延时功能,以免工作人员还在布防区域就发出报警信号,造成误报。

9.1.2　智能建筑安防系统的组成

根据安全防范系统应具备的功能,智能建筑的安全防范系统一般应由以下部分组成。

1. 出入口控制系统(门禁系统)

出入口控制系统应能根据建筑物的使用功能和安全防范管理的要求,对需要控制的各类出入口,按各种不同的通行对象及其准入级别,对其进、出实施实时控制与管理,并应具有报警功能。出入口控制系统对人员进、出相关信息自动记录、存储,并有防篡改和防销毁等措施。系统应能独立运行,并应能与电子、入侵报警、视频安防监控等系统联动,与安全防范系统的监控中心联网。系统必须与火灾报警系统及其他紧急疏散系统联动,当发生火警或需紧急疏散时,人员不使用钥匙就能迅速安全通过出入口。

2. 入侵报警系统(防盗报警系统)

入侵报警系统就是利用各种探测装置对设防区域的非法侵入、盗窃、破坏和抢劫等进行实时有效的探测和报警。高风险防护对象的入侵报警系统应有报警复核(声音)功能。入侵报警系统根据各类建筑安全防范部位的具体要求和环境条件,可分别或综合设置周界防护、建筑物内区域或空间防护、重点实物目标防护系统。入侵报警系统能按时间、区域、部位任意编程设防或撤防。

入侵报警系统除能本地报警外,还自动通过有线或无线通信系统向外报警(联到监控中心或当地公安 110 报警中心)。同时与视频安防监控系统、出入口控制系统联动,与安全防范技术系统的监控中心联网,满足监控中心对入侵报警系统的集中管理和集中监控。

入侵报警系统具有防破坏功能,当探测器被拆或线路被切断时,系统能发出报警。

3. 视频安防监控系统(闭路监控系统)

根据建筑物的安全技术防范管理的需要,视频安防监控系统对必须监控的场所、部位、通道等进行实时、有效的视频探测、视频监视、视频传输、显示和记录,以便取得证据和分析案情。显示与记录装置通常与入侵报警系统联动,即当入侵报警系统发现哪里出现警情时,视频安防监控系统同步显示并记录警情现场情况。

视频安防监控系统对建筑物内的主要公共活动场所、通道、电梯及重要部位和场所等进行视频探测的画面再现、图像的有效监视和记录。对重要部门和设施的特殊部位,应能进行长时间录像。

4. 电子巡查系统(巡更系统)

电子巡查系统应能根据建筑物的使用功能和安全防范管理的要求,按照预先编制的保安人员巡查程序,通过信息识读器或其他方式对保安人员巡逻的工作状态(是否准时、是否遵守顺序等)进行监督、记录,并能对意外情况及时报警。

5. 停车库(场)管理系统

停车库(场)管理系统应能根据建筑物的使用功能和安全防范管理的需要,对停车库(场)的车辆通行道口实施出入控制、监视、行车信号指示、停车管理及车辆防盗报警等综合管理。停车库(场)管理系统作为安全防范系统的一个子系统来设计,主要是考虑到智能大厦、智能小区在安全防范管理工作上的需要。因为车辆的安全也是社会公众普遍关注的一个社会热点问题,把车辆存放时的安全问题纳入安全防范系统的设计之中,有利于维护社会治安的稳定。

6. 其他子系统

应根据安全防范管理工作对各类建筑物、构筑物的防护要求或对建筑物、构筑物内特殊部位的防护要求,设置其他特殊的安全防范子系统,如防爆安全检查系统、专用的高安全实体防护系统、各类周界防护系统等。

9.2 出入口控制系统

出入口控制系统(Access Control System,ACS),又称门禁系统,是利用自定义符识别/模式识别技术对出入口目标进行识别并控制出入口执行机构启闭的电子系统或网络。出入口控制系统是以安全防范为目的,在被设防区域的内(外)通行门、出入口、通道、重要办公室门等处设置出入口控制装置,对人员和物品流动实施放行、拒绝、记录、报警管理与控制。它的主要作用就是使有出入授权的目标快速通行,阻止未授权目标通过。

系统必须满足紧急逃生时人员疏散的相关要求。疏散出口的门均应设为向疏散方向开启。人员集中场所应采用平推外开门,配有门锁的出入口,在紧急逃生时,应不需要钥匙或其他工具,亦不需要专门的知识或费力便可从建筑物内开启。

出入口控制系统是智能建筑安全体系的第一道防线,其目的是将作案者想办法拒之门外,与其他的安防技术相比较是最经济又实用的安防技术。因为,其他的技术都是针对案发现场和破案阶段的,这就意味着损害已经发生,人们为什么不提前预防呢? 一个铁门的作用远远好过一个探头或一个摄像枪的作用。

9.2.1 出入口控制系统的结构

某一个(或同等作用的多个)出入口所限制出入的对应区域,就是它(它们)的受控区(controlled area)。具有比某受控区的出入限制更为严格的其他受控区是相对于该受控区的高级别受控区(high level controlled area)。通常一个建筑物的安防工程有多个同级别受控区和一些高级别受控区。因此需要对多个出入口实行全局控制。一般的出入口控制系统的结构如图9-1所示,是一个两层的集散系统。前端是出入口控制装置(图9-2),它主要由识读部分、管理/控制部分、执行部分和通信网络以及相应的系统软件组成。

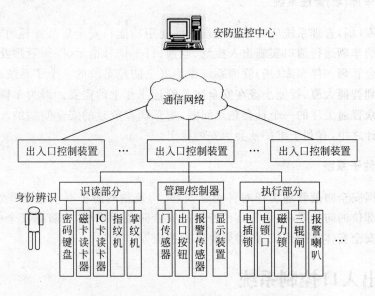

图9-1　一般的出入口控制系统的结构

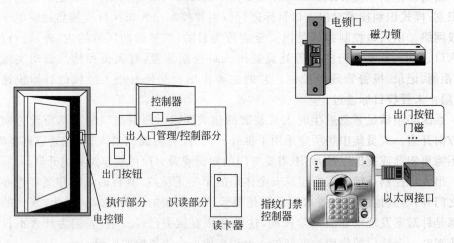

图9-2　出入口控制装置的组成结构

(1)识读部分的功能是对进出人员的合法身份进行验证。只有经识读装置验证合法的人员才允许在规定的地点和时间进入受控区域,因此识读装置是出入口控制系统的核心技术。

（2）执行部分根据出入口控制器的指令完成出入口开启或关闭操作。出入口的开或闭控制装置有电动门、电动锁具、电磁吸合器等多种类型。

（3）出入口的开合状态检测有门磁开关、接近开关、红外开关等，完成对出入口的开合状态检测。

（4）出入口管理/控制器是一个能支持多种通信协议联网（以太网、现场总线等）的控制及报警主机，可连接多个识读设备和执行设备，控制一至多个出入口（门）的人员进出，既可与监控中心联机工作，也可脱机工作。出入口控制器本身可储存若干"可通行人员名单""密码"等数据资料，用于对进出人员的身份识辨。一般可辨识几万张卡号、储存上万笔人员进出资料数据。

每个出入口控制装置可管理若干个门，自成一个独立的出入口控制系统，多个出入口控制装置通过网络与监控中心互联起来，构成全楼宇的出入口控制系统。监控中心通过管理软件对系统中的所有信息加以处理。

9.2.2　出入口控制系统的辨识装置

在正常情况下，出入口控制装置对进入人员的身份特征与预存的特征相比较，只有与允许进入人员（即受权人）的特征相同者，系统才会让其进入。人员的身份特征很多，可以用编码（如采用密码、IC 卡），也可以利用人体生物特征（如声音、指纹与掌纹、视网膜等）加以识别。使用编码识读辨识装置性价比高，是目前使用最普遍的辨识系统。表 9-1 是常用编码识读设备及应用特点。如对系统安全性有更高要求，则可考虑设置人体生物特征识读系统。表 9-2 是常用人体生物特征识读设备及应用特点。以下简要介绍常用的出入口控制系统辨识装置，如图 9-3 所示。

表 9-1　常用编码识读设备及应用特点

名称	适应场所	主要特点	适宜工作环境和条件	不适宜工作环境和条件
普通密码键盘	人员出入口；授权目标较少的场所	密码易泄漏，易被窥视，保密性差，密码需经常更换	室内安装；如需室外安装，需选用密封性良好的产品	不易经常更换密码且授权目标较多的场所
乱序密码键盘	人员出入口；授权目标较少的场所	密码不易被窥视，保密性较普通密码键盘高，密码易泄漏，需经常更换		
磁卡识读设备	人员出入口；较少用于车辆出入口	磁卡携带方便，便宜；易被复制、磁化，卡片及读卡设备易被磨损，需经常维护		室外可被雨淋处；尘土较多的地方；环境磁场较强的场所
接触式 IC 卡读卡器	人员出入口	安全性高，卡片携带方便；卡片及读卡设备易被磨损，需经常维护	室内安装；适合人员通道	室外可被雨淋处；静电较多的场所

续表

名称	适应场所	主要特点	适宜工作环境和条件	不适宜工作环境和条件
接触式TM卡（纽扣式)读卡器	人员出入口	安全性高,卡片携带方便,不易被磨损	可安装在室内、外；适合人员通道	尘土较多的地方
条码识读设备	用于临时车辆出入口	介质一次性使用,易被复制、易损坏	停车场收费岗亭内	非临时目标出入口
非接触只读式读卡器	人员出入口；停车场出入口	安全性较高,卡片携带方便,不易被磨损,全密封的产品具有较高的防水、防尘能力	可安装在室内、外,近距离读卡器(读卡距离<500mm)适合人员通道；远距离读卡器(读卡距离>500mm)适合车辆出入口	电磁干扰较强的场所；较厚的金属材料表面；工作在900MHz频段下的人员出入口；无防冲撞机制(防冲撞是指可依次读取同时进入感应区域的多张卡),读卡距离>1m的人员出入口
非接触可写、不加密式读卡器	人员出入口；消费系统一卡通应用的场所；停车场出入口	安全性不高；卡片携带方便,易被复制,不易被磨损,全密封的产品具有较高的防水、防尘能力		
非接触可写、加密式读卡器	人员出入口；与消费系统一卡通应用的场所；停车场出入口	安全性高,无源卡片,携带方便,不易被磨损,不易被复制,全密封的产品具有较高的防水、防尘能力		

表9-2　常用人体生物特征识读设备及应用特点

名称	主要特点	适宜工作环境和条件	不适宜工作环境和条件
指纹识读设备	指纹头设备易于小型化；识别速度很快,使用方便；需人体配合的程度较高	操作时需人体接触识读设备	室内安装；使用环境应满足产品选用的不同传感器所要求的使用环境要求	操作时需人体接触识读设备,不适宜安装在医院等容易引起交叉感染的场所
掌形识读设备	识别速度较快；需人体配合的程度较高		
虹膜识读设备	虹膜被损伤、修饰的可能性很小,也不易留下可能被复制的痕迹；需人体配合的程度很高；需要培训才能使用	操作时不需人体接触识读设备	环境亮度适宜、变化不大的场所	环境亮度变化大的场所,背光较强的地方
面部识读设备	需人体配合的程度较低,易用性好,适于隐蔽地进行面像采集、对比		

1. IC智能卡及读卡机

非接触式IC卡是目前最常用的卡片系统,卡片内分有几十个数据区,对每一个

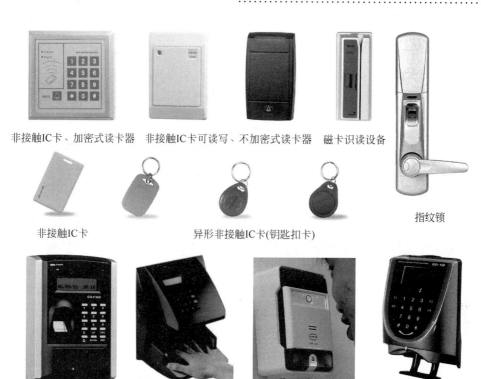

非接触IC卡、加密式读卡器　　非接触IC卡可读写、不加密式读卡器　　磁卡识读设备

非接触IC卡　　异形非接触IC卡(钥匙扣卡)　　指纹锁

指纹、IC卡、密码识读设备　　掌纹识读设备　　视网膜识读设备　　静脉识读设备

图 9-3　出入口控制系统的辨识装置

数据区均可单独设置读写密码,因此可实现一卡多用(每个应用占用一到几个数据分区)。非接触式 IC 卡具有无源、免接触、使用寿命长、防水、防尘、防静电干扰、安全可靠、密码无法破译、不易被复制、信息存储量大和使用方便等突出优点,因而是相当理想的卡片系统。除了传统的标准矩形卡之外,现在已发展了形状各异的异形非接触式 IC 卡,如钥匙扣卡等。

2. 指纹机

指纹辨识是发展早、成熟度高的生物特征辨识系统,辨识时间约 1～6s,拒绝率约 1‰,但指纹容易被复制,一旦不小心留下指纹,就会被制模复制;同时,如果使用者有严重皮肤病及手汗症,指纹辨识的拒绝率就会增高。指纹机的造价要比磁卡机或 IC 卡系统高。

指纹辨识虽然被复制的可能性较高,但结合视频监控功能的"照相指纹机",内建数码相机,任何人使用指纹机时都会自动照相,管理者可经由网络连线立即看到使用者的照片,做即时的人员进出管控。也可选用 IC 卡加指纹识别认证用户身份,做到高保密、高安全。

3. 视网膜辨识机

视网膜的血管路径同指纹一样均为个人特有,如果视网膜不受损,从3岁起就终生不变。利用光学摄像对比原理,比较每个人的视网膜血管分布的差异。这种系统几乎是不可能复制的,安全性高,但技术复杂。同时也还存在着辨识时对人眼有不同程度的伤害,人有病时,视网膜血管的分布也有一定变化,从而影响准确等不足之处。

4. 人像脸面识别技术

人脸是比对人体特征时最有效的分辨部位。你只要看上某人一眼,就可以有对此人基本特征的认识。识别的特征有眼、鼻、口、眉、脸的轮廓(头、下巴、颊)的形状和位置关系,脸的轮廓阴影等都可利用。它有"非侵犯性系统"的优点,可用在公共场合特定人士的主动搜寻,特别是在"9·11"事件后,公共场合的安全已成为国际性课题,反恐怖活动的需求刺激和推动了此项技术的发展。

此外,还有声音辨识机、掌纹辨识机等,在此就不一一细述了。

9.2.3　出入口控制系统的执行设备

出入口控制系统的执行设备主要是闭锁部件、阻挡部件、出入准许指示装置或这3种的组合部件或装置。闭锁部件或阻挡部件在出入口关闭状态和拒绝放行时,其闭锁力、阻挡范围等性能指标应满足使用、管理要求。出入准许指示装置可采用声、光、文字、图形、物体位移等多种指示。其准许和拒绝两种状态应易于区分。出入口开启时出入目标通过的时限应满足使用、管理要求。常用执行设备如图9-4所示,常用执行设备的选型要求如表9-3所示。

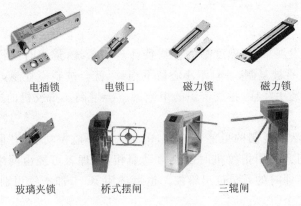

电插锁　　　　电锁口　　　　磁力锁　　　　磁力锁

玻璃夹锁　　　桥式摆闸　　　三辊闸

图9-4　出入口控制系统的执行设备

表 9-3　常用执行设备选型要求

应用场所	常用的执行设备
单向开启平开木门(含带木框的复合材料门)	阴极电控锁、电控撞锁、一体化电子锁、磁力锁、阳极电控锁、自动平开门
单向开启平开镶玻璃门(不含带木框门)	阳极电控锁、磁力锁、自动平开门机
单向开启平开玻璃门	带专用玻璃门夹的阳极电控锁、带专用玻璃门夹的磁力锁、玻璃门夹电控锁
双向开启平开玻璃门	带专用玻璃门夹的阳极电控锁、玻璃门夹电控锁
单扇推拉门	阳极电控锁、磁力锁、推拉门专用电控挂钩锁、自动推拉门机
双扇推拉门	阳极电控锁、推拉门专用电控挂钩锁、自动推拉门机
金属防盗门	电控撞锁、磁力锁自动门机、电机驱动锁舌电控锁
防尾随人员快速通道	电控三棍闸、自动启闭速通门
小区大门、院门等(人员、车辆混行通道)	电动伸缩栅栏门、电动栅栏式栏杆机
一般车辆出入口	电动栏杆机
防闯车辆出入口	电动升降式地挡

9.2.4　出入口控制系统的管理功能

在出入口控制系统中有关可通行人员名单、密码等数据和人员进出实施放行、拒绝、报警的记录数据是需要管理的信息,这些数据都是存放在相应的数据库系统中。管理系统需要实现如下功能。

1. 发卡或发放人员通行许可的功能

在出入口控制系统运行时,管理中心需要对合法的人员进行授权,规定其权限(在规定的时间、规定的控制区通行),该项授权需要对双方赋值。在采用 IC 卡对人员进行验证的系统中,管理中心要将一张已授权的 IC 卡交给被授权人员(钥匙),同时将该 IC 卡的数据以及被授权人员留下的密码增加到系统的可通行人员名单、密码数据库中。在采用人体生物特征对人员进行验证的系统中,管理中心需要采集被授权人员的生物特征数据(指纹、掌纹、视网膜等),将该生物特征数据以及被授权人员留下的密码增加到系统的可通行人员名单、密码数据库中。

2. 出入口的放行、拒绝、报警的记录数据管理功能

管理中心需要对所有的出入口通行记录数据进行管理,对人员进出相关信息自动记录、存储,并有防篡改和防销毁等措施。在此基础上提供增值服务,如考勤管理系统、保安巡更管理系统、可疑人员分析系统等。

每个出入口控制器将实时信息传送到管理中心数据库,包括:

(1) 授权人所持卡的编号,据此可将该卡的全部信息调出。

(2) 持卡者进出门的时间、地点。

(3) 当非授权人试图开门,例如用伪卡、失效卡或强行进入时,区域控制器应即时发出报警等。与此同时,能生成各种报表。

3. 门的控制方式管理功能

(1) 授权人开门后,关门即锁。这种方式适用于大多数门,如办公室门、客房门、保险柜门等。

(2) 授权人一旦开门,就一直保持其自由出入状态,直到授权人把门关闭。这种方式主要适用于主要的出入口,如主大门、通道门和电梯门等。

(3) 授权人在开门后,在设定时间内必须关门,否则报警。这种方式用于严格控制的场所,如银行门、库房门等。

(4) 双门连锁方式。打开任一道门之前,前后两道门必须都处于关闭状态。在前一道门处于开启状态时,无法打开后一道门。这种方式用于最高级别的出入口控制系统,能有效防止尾随作案。

4. 授权等级管理功能

这里的授权等级主要是指除了指纹、声音、视网膜等生物识别系统外的磁卡和感应卡(IC卡、智能卡)的授权。包括:①插卡进入;②插卡加密码进入;③插卡加密码再加授权人被保安人员确认后进入;④插卡加密码再加授权人被自动识别系统确认后进入。

显然,第③和第④种方式的安全性最高。其中第③种授权是:当某人插卡申请通过某门时,智能卡中授权人的照片通过读卡机送入管理系统,同时,摄像系统也将持卡人的现场照片送入管理系统,保安人员在同一屏幕上对比确认,被认可者放行,可疑者则报警。第④种授权则采用图像自动识别技术,水平最高。

授权等级管理功能还包括:对所有授权人卡进行登记、重新登记和注销;在已注册的卡片中,设定哪些卡片在何时可以通过哪些门,哪些卡片在何时不可以通过哪些门等;对系统所记录的数据进行转存、备份、存档和读取处理等。

5. 与其他子系统间的联动

出入口控制系统应能与视频安防监控系统、入侵报警系统及火灾自动报警系统联动。例如,当某个门被非法闯入时,出入口控制系统应立即通知视频安防监控系统,使该区域的摄像机能监视该门的情况,并进行录像等。

9.2.5　出入口控制系统的管理/控制工作方式

1. 独立工作方式

出入口控制系统的显示、编程、管理、控制等功能均在一个设备(出入口控制器)内完成,如图 9-5 所示。这种方式一般只适合单一受控区的情形,如家居的门禁系统、单门独院的小区出入口控制等。

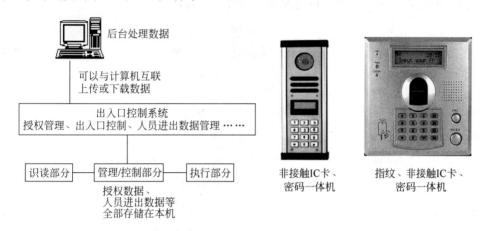

图 9-5　出入口控制系统的独立工作方式

2. 联网工作方式

出入口控制系统的显示、编程、管理、控制功能不在一个设备(出入口控制器)内完成。特别是人员授权管理(发证)由专门的设备(部门)进行处理。设备之间的数据传输通过有线和或无线数据通道及网络设备实现,如图 9-6 所示。这种方式适合有多个同级别受控区和一些高级别受控区的应用需求。

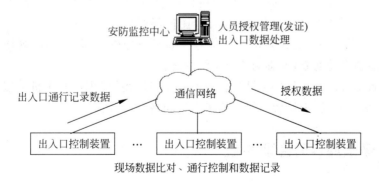

图 9-6　出入口控制系统的联网工作方式

3. 数据载体传输工作方式

出入口控制系统的数据载体传输工作方式与联网型工作方式区别仅在于数据传输的方式不同,其管理与控制部分的全部功能不是在一个设备(出入口控制器)内完成。特别是人员授权管理(发证)由专门的设备(部门)进行处理。设备之间的数据传输通过对可移动的、可读写的数据载体的输入/导出操作完成,如图 9-7 所示。这种方式节约了网络传输部分的投资,但是数据不能即时传送,需要定时或按需进行更新,不适合一些对系统反应时间有严格要求的场合。

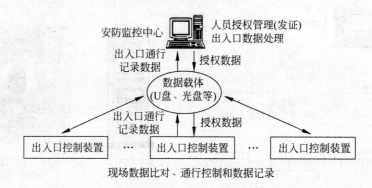

图 9-7　出入口控制系统的数据载体传输工作方式

9.2.6　可视对讲系统

智能建筑的可视对讲系统是在对讲机-电锁门保安系统的基础上加视频安防监控系统而成,是一类广泛应用于智能住宅小区的出入口控制系统。可视对讲系统由主机(门口机)、分机(室内机)、不间断电源和电控锁组成,其系统框图如图 9-8 所示。

门口主机带有摄像机、数码显示、送话器、扬声器和数码按钮,来访者输入被访户的编号即呼叫被访户的分机。每户分机带有显示器、送话器、扬声器和开门按钮,显示门口主机摄像机所拍摄的实时画面,住户观察画面并可通过送话器、扬声器与来访者通话,同时决定是否给出开门信号。如某户分机听筒未挂好,则该户分机电源经延时后会自动切断,不影响整个系统的运行。

来访者也可以通过门口主机与管理中心主机联系,管理中心主机一般安装在保安值班室,借此方式,来访者与保安值班人员联络来访事宜。

9.2.7　停车库(场)管理系统

停车库(场)管理系统主要有两个作用:一是防盗,所有在停车场的车辆均需"验明正身"才能放行;二是实施自动收费。图 9-9 为停车场自动管理系统原理示意图。停车场的用户可分为固定停车用户和临时停车用户两类。固定停车用户一般有预

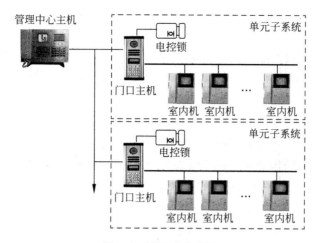

图 9-8　可视对讲系统

先划定的固定停车位,收费采用月租的方式;临时停车用户使用空闲停车位,收费采用时租结算的方式。停车库(场)管理系统功能要求有:①入口处车位显示;②出入口及场内通道的行车指示;③车辆出入识别、比对、控制;④车牌和车型的自动识别;⑤自动控制出入挡车器;⑥自动计费与收费金额显示;⑦多个出入口的联网与监控管理;⑧停车场整体收费的统计与管理;⑨分层的车辆统计与在位车显示;⑩意外情况发生时向外报警。

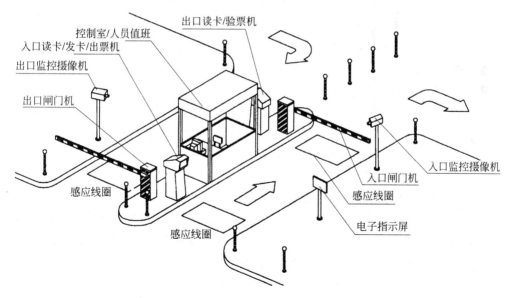

图 9-9　停车场自动管理系统原理示意图

停车库(场)管理系统可独立运行,也可与出入口控制系统联合设置。可在停车场内设置独立的视频安防监控系统与停车库(场)管理系统联动,也可与安全防范系统的视频安防监控系统联动。独立运行的停车库(场)管理系统应能与安全防范系统的安全管理系统联网,并满足安全管理系统对该系统管理的相关要求。

在收费停车场中,从成本考虑,多采用一次性磁卡、条码车卡。主要使用"临时车票发放及检验装置"进行自动管理,设备有自动磁卡(条码)吐票机、自动磁卡(条码)验票机等,在停车场入口对临时停放的车辆自动发放临时车票,车票采用条码、磁条等方式记录车辆进入的时间、日期等信息,再利用临时车票在出口或其他适当地方收费或出车。少量散客收费可考虑采用可回收式感应卡发卡机,入口发卡,出口计费后回收。每个停车场的出入口都安装电动挡车器,它受系统的控制升起或落下,只对合法车辆放行,防止非法车辆进出停车场,确保停车场及车辆的安全。挡车器有起落式栏杆、升降式车挡(柱式、锥式、链式等)、开闭式车门等,要求开闭速度快、噪声小、寿命长,可手动开起。

为了进一步提高安全性,车辆开出时,视频监控把该车图像和进入时的图像对照(由于图像自动识别系统技术复杂,造价高,因而这一环节在实施过程中往往是由值勤人员用眼加以识别的),只有当IC卡、密码和车辆图像三者一致时才放行,从而大大提高了安全性。

在一些流动性较大的停车场出入口,可应用车牌自动识别系统,对进出的可疑车辆(被抢盗车、套牌车、报废车等)自动报警。

9.3　入侵报警系统

入侵报警系统(Intruder Alarm System,IAS)又称防盗报警系统,是利用传感器技术和电子信息技术探测并指示非法进入或试图非法进入设防区域(包括主观判断面临被劫持或遭抢劫或其他紧急情况时,人为触发紧急报警装置)的行为、处理报警信息、发出报警信息的电子系统或网络。

入侵报警系统对设防区域的非法侵入、盗窃、破坏和抢劫等,进行实时有效的探测和报警,并有报警复核功能。入侵报警系统的主要功能指标如下:

(1)根据各类建筑安全防范部位的具体要求和环境条件,可分别或综合设置周界防护、建筑物内区域或空间防护、重点实物目标防护系统。

(2)入侵报警系统应自成网络,可独立运行,有输出接口,可用手动/自动方式以有线或无线系统向外报警。系统除能本地报警外,还能异地报警。系统能与视频监控系统、出入口控制系统联动,与安全防范技术系统的中央监控室联网,满足中央监控室对入侵报警系统的集中管理和集中监控。

(3)系统的前端按需要选择、安装各类入侵探测器设备,构成点、面、立体或组合的综合防护系统。

(4)按时间、区域、部位任意编程设防或撤防。

(5)对设备运行状态和信号传输线路进行检测,能及时发出故障报警并指示故障位置

(6)系统具有防破坏功能,当探测器被拆或线路被切断时,系统能发出报警。

（7）显示和记录报警部位和有关警情数据，并能提供与其他子系统联动的控制接口信号。

（8）在重点区域和重要部位发出报警的同时，应能对报警现场的声音进行核实。

入侵报警系统是技术防范系统的重要组成部分，是打击和预防犯罪（特别是盗窃犯罪）的有力武器：入侵报警系统具有快速反应能力，可及时发现案情，提高破案率；入侵报警系统具有威慑作用，犯罪分子不敢轻易作案，减少了发案率；入侵报警系统协助人防担任警戒和报警任务，可节省人力、物力和财力。

9.3.1　入侵报警系统的结构

通常一个建筑物的安防工程设有多个防护区（protection area）。一个防护区可能包含有多个防区（defence area）。入侵报警系统所面对的通常是一个分层的多防区的地域分散入侵报警问题，其解决方案通常采用二层的集散系统结构，如图 9-10所示。前端是针对单个防护区的入侵报警控制装置（图 9-11），它主要由报警控制主机、入侵探测器、紧急报警装置、控制键盘以及相应的系统软件组成。

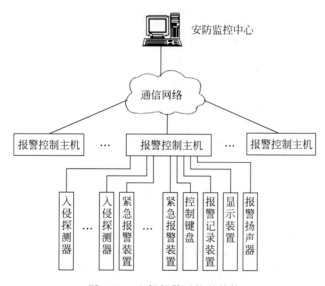

图 9-10　入侵报警系统的结构

入侵报警控制装置实施设防、撤防、测试、判断、传送报警信息，并对入侵探测器的信号进行处理，以断定是否应该产生报警状态以及完成某些显示、控制、记录和通信功能。监控中心的计算机负责管理整幢建筑的入侵报警系统，并实现与其他系统联动或集成的功能。

入侵报警系统的设计应符合整体纵深防护和局部纵深防护的要求，纵深防护体系包括周界、监视区、防护区和禁区。周界应构成连续无间断的警戒线（面）。周界防护应采用实体防护/电子防护措施，采用电子防护时，需设置周界入侵探测器。监

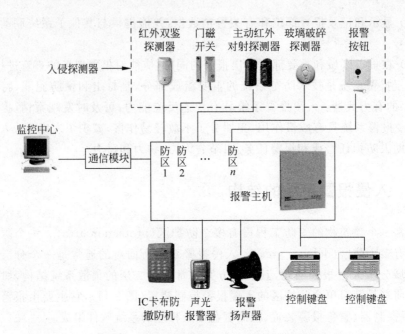

图 9-11　单个防护区的入侵报警控制装置

视区可设置警戒线(面)、视频安防监控系统。防护区应设置紧急报警装置、入侵探测器和声光显示装置,利用探测器和其他防护装置实现多重防护。禁区应设置不同探测原理的入侵探测器、紧急报警装置和声音复核装置,通向禁区的出入口、通道、通风口、天窗等应设置探测器和其他防护装置,实现立体交叉防护。

9.3.2　入侵探测器的分类和应用特点

入侵探测器(intrusion detector)是对入侵或企图入侵行为进行探测做出响应并产生报警状态的装置。通常由传感器(sensor)、信号处理器和输出接口组成。报警信号是不带电的触点输出,有常开(NO)和常闭(NC)两种信号。

入侵者在实施入侵时总是要出现发出声响、振动、阻断光路、对地面或某些物体产生压力、破坏原有温度场发出红外光等物理现象,入侵探测器中的传感器则是利用某些材料对这些物理现象的敏感性来感知并转换为相应的电信号和电参量(电压、电流、电阻、电容等)。处理器则对电信号放大、滤波、整形后成为有效的报警信号。

1. 入侵探测器的分类

1) 按探测原理分类

入侵探测器有主动红外入侵探测器、被动红外入侵探测器、微波入侵探测器、微波和被动红外复合入侵探测器、超声波入侵探测器、振动入侵探测器、声波入侵探测器、磁开关入侵探测器、压力/重力入侵探测器、超声和被动红外复合入侵探测器等。

2）按用途或使用的场所分类

入侵探测器可分为户内型入侵探测器、户外型入侵探测器、周界入侵探测器、重点物体防盗探测器等。

3）按探测器的警戒范围分类

入侵探测器可分为点控制型探测器、线控制型探测器、面控制型探测器及空间控制型探测器。

（1）点控制型探测器是指警戒范围仅是一个点的探测器。当这个警戒点的警戒状态被破坏时，即发出报警信号。如安装在门窗、柜台、保险柜的磁控开关探测器，当这一警戒点出现危险情况时，即发出报警信号。磁控开关和微动开关探测器、压力传感器常用作点控制型探测器。

（2）线控制型探测器警戒的是一条直线范围，当这条警戒线上出现危险情况时，发出报警信号。如主动红外入侵探测器或激光入侵探测器，先由红外源或激光器发出一束红外光或激光，被接收器接收，当红外光或激光被遮断，探测器即发出报警信号。主动红外、激光和感应式入侵探测器常用作线控制型探测器。

（3）面控制型探测器警戒范围为一个面，当警戒面上出现危害时，即发出报警信号。如振动入侵探测器装在一面墙上，当这个墙面上任何一点受到振动时，即发出报警信号。振动入侵探测器、栅栏式被动红外入侵探测器、平行线电场畸变探测器等常用作面控制型探测器。

（4）空间控制型探测器警戒的范围是一个空间，如档案室、资料室、武器库等。当这个警戒空间内的任意处出现入侵危害时，即发出报警信号。如在微波入侵探测器所警戒的空间内，入侵者从门窗、天花板或地板的任何一处入侵，都会产生报警信号。声控入侵探测器、超声波入侵探测器、微波入侵探测器、被动红外入侵探测器、微波红外复合探测器等探测器常用作空间控制型探测器。

4）按探测器的工作方式分类

入侵探测器可分为主动式探测器与被动式探测器。

（1）被动式探测器在工作时不需向探测现场发出信号，而是对被测物体自身存在的能量进行检测。平时，在传感器上输出一个稳定的信号，当出现入侵情况时，稳定信号被破坏，输出报警信息，经处理后发出报警信号。

被动式入侵探测器有被动红外入侵探测器、振动入侵探测器、声控入侵探测器、视频移动探测器等。

（2）主动式探测器在工作时向探测现场发出某种形式的能量，经反射或直射在接收传感器上形成一个稳定信号，当出现入侵情况时，稳定信号被破坏，输出报警信息，经处理后发出报警信号。

主动式入侵探测器有微波入侵探测器、主动红外入侵探测器、超声波入侵探测器等。

5）按探测信号传输方式分类

入侵探测器可分为有线探测器和无线探测器两类。

2. 入侵探测器的应用

常用入侵探测器的选型要求如表 9-4 所示。

表 9-4　常用入侵探测器的选型要求

名称	适应场所与安装方式	主要特点	适宜工作环境和条件	不适宜工作环境和条件
超声波多普勒探测器	室内空间型：有吸顶、壁挂等	没有死角且成本低	警戒空间要有较好密封性	简易或密封性不好的室内；有活动物和可能活动物；环境嘈杂，附近有金属打击声、汽笛声、电铃等高频声响
微波多普勒探测器	室内空间型：壁挂式	不受声、光、热的影响	可在环境噪声较强、光变化、热变化较大的条件下工作	有活动物和可能活动物；微波段高频电磁场环境；防护区域内有过大、过厚的物体
被动红外入侵探测器	室内空间型：有吸顶、壁挂、幕帘等	被动式（多台交叉使用，互不干扰），功耗低，可靠性较好	日常环境噪声，温度在 15～25℃ 时探测效果最佳	背景有热冷变化，如冷热气流、强光间歇照射等；背景温度接近人体温度；强电磁场干扰；小动物频繁出没场合等
微波和被动红外复合入侵探测器	室内空间型：有吸顶、壁挂、楼道等	误报警少（与被动红外探测器相比）；可靠性较高	日常环境噪声，温度在 15～25℃ 时探测效果最佳	背景温度接近人体温度；小动物频繁出没场合等
被动式玻璃破碎探测器	室内空间型：有吸顶、壁挂等	被动式；仅对玻璃破碎等高频声响敏感	日常环境噪声	环境嘈杂，附近有金属打击声、汽笛声、电铃等高频声响
振动入侵探测器	室内、室外	被动式	远离振源	地质板结的冻土或土质松软的泥土地，时常引起振动或环境过于嘈杂的场合
主动红外入侵探测器	室内、室外（一般室内机不能用于室外）	红外脉冲，便于隐蔽	室内周界控制；室外"静态"干燥气候	室外恶劣气候，特别是经常有浓雾、毛毛雨的地域或动物出没的场所、灌木丛、杂草、树叶树枝多的地方
遮挡式微波入侵探测器	重内、室外周界控制	受气候影响	无高频电磁场存在场所；收发机间无遮挡物	高频电磁场存在的场所；收发机间有可能有遮挡物

续表

名称	适应场所与安装方式	主要特点	适宜工作环境和条件	不适宜工作环境和条件
振动电缆入侵探测器	室内、室外均可	可与室内外各种实体周界配合使用	非嘈杂振动环境	嘈杂振动环境
泄漏电缆入侵探测器	室内、室外均可	可随地形埋设，可埋入墙体	两探测电缆间无活动物体；无高频电磁场存在场所	高频电磁场存在场所；两探测电缆间有易活动物体（如灌木丛等）
磁开关入侵探测器	各种门、窗、抽屉等	体积小，可靠性好	非强磁场存在情况	强磁场存在情况
紧急报警装置	用于可能发生直接威胁生命的场所（如金融营业场所、值班室、收银台等）	利用人工启动（手动报警开关、脚踢报警开关等）发出报警信号	日常工作环境	

9.3.3 入侵报警控制主机功能及其与探测器的连接方式

1. 入侵报警控制主机的功能要求

入侵报警控制主机接收入侵探测器发出的报警信号，发出声光报警并能指示入侵报警发生的部位，同时通过通信网将警情发送到报警中心。声光报警信号应能保持到手动复位，如果再有入侵报警信号输入时，应能重新发出声光报警信号。入侵报警控制主机有防破坏功能，当连接入侵探测器和控制主机的传输线发生断路、短路或并接其他负载时，应能发出声光报警故障信号。

入侵报警控制主机能向与该机接口的全部探测器提供直流工作电压，当入侵探测器过多、过远时，也可单独向探测器供电。入侵报警控制主机必须配后备电源（蓄电池），备用电池的容量应能满足系统（包括所有的探测器）连续工作 24h 以上的要求。

入侵报警控制主机应有较高的稳定性，平均无故障工作时间至少要达到 5000h（分为 3 个等级，A 级：5000h；B 级：20 000h；C 级：60 000h）。入侵报警控制主机在额定条件下进行警戒、报警、复位，循环 6000 次，而不允许出现电的或机械的故障，也不应有器件的损坏和触点粘连。

入侵报警控制主机应能接收各种性能的报警输入，例如：

（1）瞬间入侵。为入侵探测器提供瞬时入侵报警。

（2）紧急报警。接入按钮可提供 24h 的紧急呼救，不受电源开关影响，能保证昼夜工作。

（3）防拆报警。提供 24h 防拆保护，不受电源开关影响，能保证昼夜工作。

（4）延时报警。实现 0～40s 可调的进入延时和 100s 固定的外出延时。进入延时用于对系统的撤防操作，当系统处于布防状态时，操作者触发带进入延时的防区，系统不会马上发出报警，允许操作者在该延时时间内对系统进行撤防操作（例如输入密码等），如果超出延时时间系统仍未撤防，即发出报警。外出延时是留给操作者的撤离时间，在系统布防后提供一段时间，在该时间内操作者触发带延时功能的防区，系统不会发出报警，在延时结束后这些防区才真正工作起来。

凡 4 路以上的入侵报警控制主机必须有上述前 3 种报警输入。

由于入侵探测器有时会产生误报，通常控制主机对某些重要部位的监控，采用声音和图像复核。入侵报警控制主机按其容量可分为单路或多路报警控制器。多路报警控制器常为 4、6、8、16、24、32、64 路等。入侵报警控制主机可做成盒式、挂壁式或柜式。根据用户的管理机制以及对报警的要求，可组成独立的小系统、区域互联互防的区域报警系统和大规模集中报警系统。

入侵报警控制主机应能将警讯发送到监控中心或当地的 110 报警中心，传输通道可以通过电话网以及专设的入侵报警通信网络，如图 9-12 所示。主要的报警通信协议有 ADEMCO 4＋1、ADEMCO 4＋2、ADEMCO Contact ID、CFSK 等。

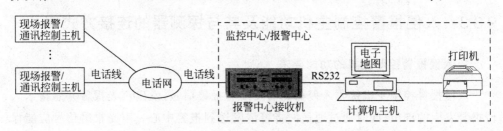

图 9-12　专业报警中心接收机为基础的联网报警系统方案

ADEMCO（安定宝）Contact ID 格式采用双音频拨号方式，从报警控制主机和接警中心的接警设备双方握手到通信终止，只需不大于 3s 的时间。Contact ID 格式报告的内容包括 4 位用户码、1 位事件修饰码（新事件或恢复）、3 位事件码、2 位子系统码、3 位防区号、用户号码。报告形式如下：CCCC QEEE GG ZZZ。其中：C 表示用户码；Q 代表事件修饰，当 Q＝E 时代表新事件，当 Q＝R 时代表恢复事件；E 表示事件码；G 是子系统号码；Z 表示防区/使用者号码。表 9-5 是 ADEMCO Contact ID 格式部分事件码定义。ADEMCO Contact ID 通信格式信息量大，是目前比较通用的快速报警通信协议。

2. 入侵报警探测器与控制主机的连接方式

入侵报警探测器与控制主机的连接方式有分线制、总线制、无线制及混合式几种方式。

分线制是指探测器、紧急报警装置通过多芯电缆与报警控制主机之间采用一对一专线相连（图 9-13）。这是目前中小型系统常用的连接方式。

表 9-5　ADEMCO Contact ID 格式部分事件码定义

事　件　码	事　　　件	事　件　码	事　　　件
110	火警	401	用户撤防/布防
121	挟制	403	启动电源时布防
122	无声劫盗	406	用户取消
123	有声劫盗	407	遥控编程布防/撤防
131	周界窃盗	408	快速布防
132	内部窃盗	409	关锁撤防/布防
133	24h 窃盗	411	要求回电
134	出入窃盗	441	留守布防
135	日夜窃盗	451	过早撤防/布防
150	24h 辅助	452	过迟撤防/布防
301	无交流	453	撤防失败
302	系统电池电压过低	454	布防失败
305	系统重新设定	455	自动布防失败
306	编程被破坏	570	旁路
309	电池测试失败	602	定时测试
332	总线短路故障	607	步行测试模式
333	无线接收机故障	621	重新设定事件记录
373	火警回路故障	622	事件记录载满 50%
380	故障(通用)	623	事件记录载满 90%
381	无线发射器失去监控	624	事件记录已载满
382	总线探头失去监控	625	时间/日期重新设定
383	总线探头被拆	626	时间/日期不准确
384	无线发射器电池电压过低		

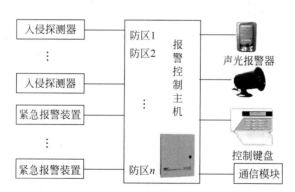

图 9-13　探测器分线制连接方式

　　主机包含多个不同的防区即表示系统可以接入多个可——区分出来的探头,同时每个防区按照接入不同类型的探头并通过编程设定为某类型的防区,以使操作方便与报警更加可靠。由于探测器、紧急报警装置输出的是开关信号,防区检测电路便使用"线尾电阻"(End of Line,EOL)作为鉴别依据,当防区检测到回路上有线尾电阻时系统正常,若系统检测到回路电阻为 0(短路)或无穷大(断路)时,都将发出报警(剪断线或者短路也会报警)。探头输出方式不同(常开或常闭)时与 EOL 的连接方法也不同,但原则是要保证回路电阻为线尾电阻,并且电阻必须连接在探头末端(建议放在探测器内,特别是当采用常开接法时,否则线路的防剪功能和探测器的防拆功能就可能不起作用了),如图 9-14 所示。防区线末电阻误差允许在 $\pm R$ 内,也就是说,当连接探头的线路阻抗不超过 R 时,防区都能正常工作。图 9-15 是某一入侵报警控制主机的防区接线指引图,该产品使用 $2k\Omega$ 的线尾电阻。

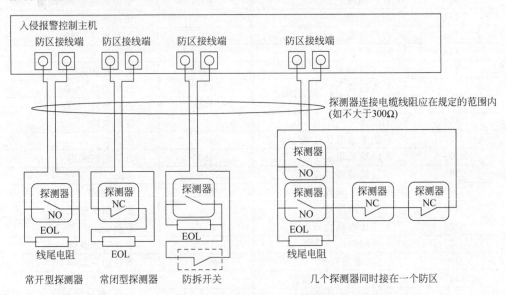

图 9-14　有线防区探测器的接线方法

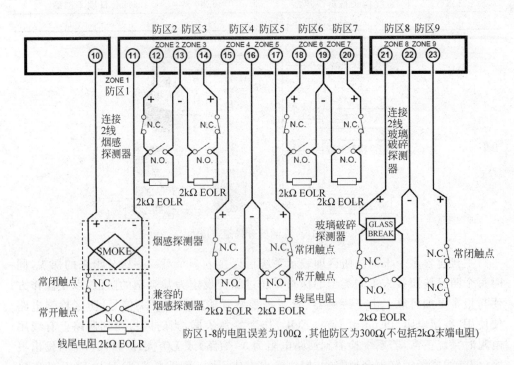

图 9-15　某一入侵报警控制主机的防区接线指引图

总线制是指探测器、紧急报警装置通过其相应的编址模块与报警控制主机之间采用报警总线(专线)相连(图 9-16),这是目前大型系统常用的连接方式。

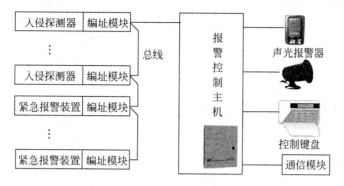

图 9-16 探测器总线制连接方式

无线制是指探测器、紧急报警装置通过其相应的无线设备与报警控制主机通信,其中一个防区内的紧急报警装置不得多于 4 个,如图 9-17 所示。无线传输是探测器输出的探测信号经过调制,用一定频率的无线电波向空间发送,由报警中心的控制器接收。而控制中心将接收信号处理后发出报警信号和判断出报警部位。全国无线电管理委员会分配给入侵报警系统的无线电频率为 $36.050 \sim 36.725\text{MHz}$。

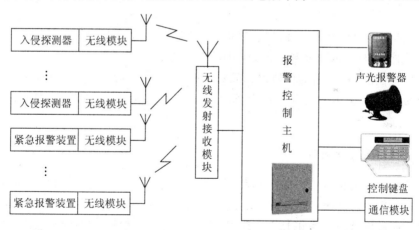

图 9-17 探测器无线制连接方式

混合式则是将上述线制方式相结合的一种方法。一般在某一防范范围内(如某个房间)设一个总线输入模块(或称为扩展模块),在该范围内的所有探测器与模块之间采用分线制连接,而模块与控制主机之间则采用总线制连接。图 9-18 为探测器混合式连接方式示意图。

3. 小型入侵报警控制主机

对一个有较少防区(处在一个或一组探测器监测范围内的区域)的防护区用户,可采用小型入侵报警控制主机。如居民住宅、银行的储蓄所、财务室、档案室等。其

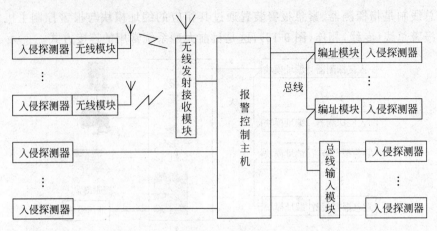

图 9-18　探测器混合式连接方式示意图

一般功能如下:

(1) 能提供 4～8 路有线报警信号,功能扩展后,能从接收天线接收无线传输的报警信号。

(2) 能在任何一路信号报警时发出声光报警信号,并能显示报警部位和时间。

(3) 市电正常供电时能对备用电源充电,断电时能自动切换到备用电源上,以保证系统正常工作。

(4) 能向区域报警中心发出报警信号。能存入 2～4 个紧急报警电话号码,发生报警情况时,能自动依次向紧急报警电话发出报警信号。

(5) 支持主流的报警通信协议,如 ADEMCO 4＋1、ADEMCO Contact ID。

图 9-19 是一个小型入侵报警控制器,设有 4 个防区,与探测器采用分线制连接方式。

4. 区域报警控制主机

对于一些规模相对较大的工程系统,要求防范区域较大,设置的入侵探测器较多(如高层写字楼、高级住宅小区、大型仓库、货场等),这时应采用区域入侵报警控制主机。区域报警控制主机具有小型控制主机的所有功能,结构原理也相似,只是输入输出端口更多,通信能力更强。区域报警控制主机与入侵探测器的接口一般采用总线制,即控制主机采用串行通信方式访问每个探测器,所有的入侵探测器均根据安置的地点实行统一编址,控制主机不停地巡检各探测器的状态。图 9-20 是一个区域报警控制主机结构图。

5. 报警中心接收机和报警中心软件

在大型和特大型的报警系统中,由报警中心接收机把多个区域控制主机联系在一起。报警中心接收机能接收各个区域控制器送来的报警信息,同时也能向各区域控制主机发送控制指令,直接监控各区域控制器的防范区域。图 9-21 是目前常用的

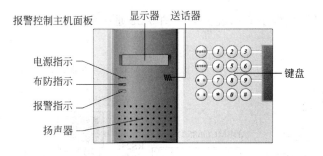

报警控制主机面板

显示器　送话器

电源指示

布防指示

报警指示

扬声器

键盘

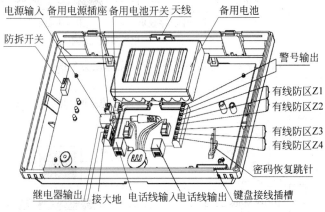

电源输入　备用电源插座　备用电池开关 天线　　备用电池

防拆开关

警号输出

有线防区 Z1

有线防区 Z2

有线防区 Z3

有线防区 Z4

密码恢复跳针

继电器输出　接大地　电话线输入 电话线输出　键盘接线插槽

图 9-19　小型入侵报警控制器

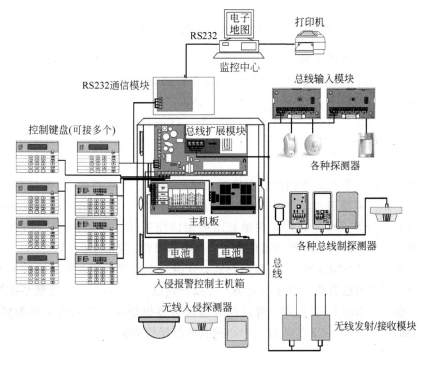

电子地图　打印机

RS232

监控中心

RS232通信模块

总线输入模块

控制键盘(可接多个)

总线扩展模块

各种探测器

各种总线制探测器

主机板

电池　电池

总线

入侵报警控制主机箱

无线入侵探测器

无线发射/接收模块

图 9-20　区域报警控制主机系统结构图

一种通过电话网联网报警中心系统方案。图 9-22 是一种计算机网络联网报警中心系统方案。

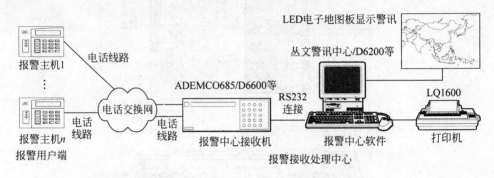

图 9-21　电话网联网报警中心系统方案图

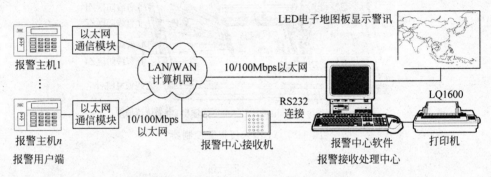

图 9-22　计算机网络联网报警中心系统方案图

报警中心接收机的主要性能有：可同时接收多条电话线路输入的信号(2～32路)，同时处理多个用户的报警。可同时接收多种通信格式的报警主机的报警信号，兼容大多数品牌的报警主机，如 CFSK、ADEMCO 4＋2、ADEMCO Contact ID 等。可以储存大量的报警事件(20 000～60 000 条)，以备系统查询故障时查阅。可以直连计算机，通过报警中心软件接收和处理各种报警事件。内置完善的抗雷击功能及噪声过滤功能。

报警中心接收软件是专门配合报警接收机的报警处理管理软件，实现多种报警管理功能。软件系统通过串口/以太网连接报警接收机，在计算机屏幕实时跟踪，并可以电子地图与显示板的方式形象地显示警情以便处理。报警中心接收软件有如下功能特点：自动识别多种报警通信格式；多媒体操作，多级电子地图显示；灵活设置的监控界面；可自定义的打印、显示格式；分级自动报警处理；方便的数据备份、恢复功能；详尽的报警信息统计与分析；可以与其他系统(如 110 接处警系统等)集成；可以输出大型的 LED 地图；可以同时连接多种报警接收机满足从小型到大型报警中心的需要。图 9-23 是某报警中心接收软件操作界面图。

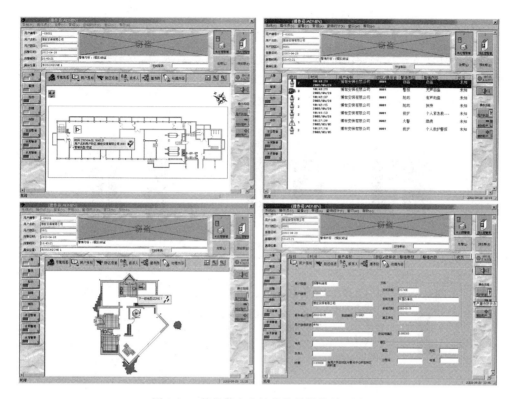

图 9-23 某报警中心接收软件操作界面图

9.3.4 常用入侵探测器

1. 门磁开关

门磁开关由一个条形永久磁铁和一个常开触点的干簧管继电器组成,如图 9-24 所示。把门磁开关的干簧管装于被监视房门或窗门的门框边上,把永久磁铁装在门扇边上。关门后两者的距离应小于或等于 1cm,这样就能保证干簧管能在磁铁作用下接通,当门打开后,干簧管会断开。由于磁场的穿透性,门磁开关可以隐蔽安装在非铁磁材质的门或窗的框边内,不易被入侵者发现和破解,所以在工程中被广泛应用于门或窗的开闭状态探测器。

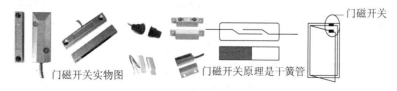

图 9-24 门磁开关实物及原理图

2. 主动红外入侵探测器

主动红外入侵探测器由红外发射机和红外接收机组成,当发射机与接收机之间的红外光束被完全遮断或按给定百分比遮断时产生报警信号。利用它可形成一条无形警戒线,由多束红外线可构成一个警戒面,如图9-25所示。

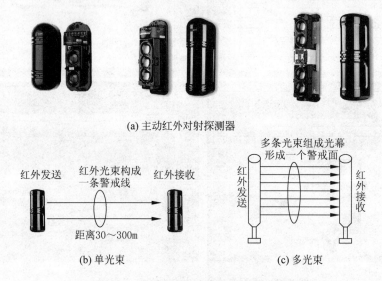

(a) 主动红外对射探测器

(b) 单光束　　　　　　　　　　(c) 多光束

图 9-25　　主动红外入侵探测器实物及原理图

主动红外入侵探测器最短遮光时间范围一般是30~600ms。在实际应用中需要根据具体情况进行调定,以减少系统的误报警。除单光束主动红外入侵探测器外,还有双光束和4光束的。在室外使用时一定要选用多光束主动红外入侵探测器,以减少小鸟、落叶等引起系统的误报警。多雾地区、环境脏乱、风沙较大地区的室外不宜使用主动红外入侵探测器。

主动红外入侵探测器受雾影响严重,室外使用时均应选择具有自动增益功能的设备(此类设备当气候变化时灵敏度会自动调节);另外,所选设备的探测距离较实际警戒距离留出20%以上的余量,以减少气候变化引起系统的误报警。

3. 被动红外入侵探测器

被动红外入侵探测器的核心器件是热释红外线传感器,它对人体辐射的红外线非常敏感,配上一个菲涅耳透镜作为探头,探测中心波长约为$9~10\mu m$的人体发射的红外线信号,经放大和滤波后由电平比较器把它与基准电平进行比较,当电信号辐射值达到一定值时发出报警信号,如图9-26所示。被动红外入侵探测器不需要附加红外辐射光源,本身不向外界发射任何能量,而是由探测器直接探测来自目标的红外辐射,故有被动式之称。

被动红外入侵探测器的警戒范围是一个空间,在实际应用中将其分为两大类:

一类是广角面、大范围、短距离的,如图 9-27 所示;另一类是长距离、窄角面的,即所谓的幕帘式被动红外入侵探测器,如图 9-28 所示。

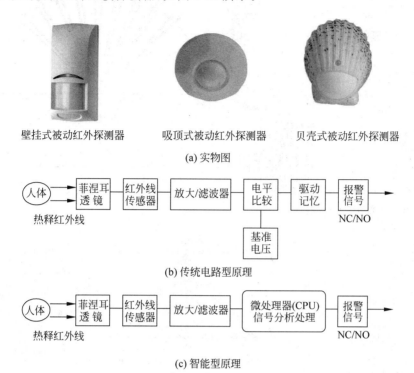

图 9-26 被动红外入侵探测器实物及原理图

被动红外入侵探测器具有如下特点:警戒的范围是一个空间,可实现远距离控制;由于是被动式工作,不产生任何类型的辐射,保密性强;不必考虑照度条件,昼夜均可用,特别适宜在夜间或黑暗条件下工作;由于无能量发射,没有容易磨损的活动部件,因而功耗低,结构牢固,寿命长,维护简便,可靠性高。在实际应用中需要注意如下问题:

(1) 不宜面对玻璃门窗。

(2) 不宜正对冷热通风口或冷热源。

(3) 注意非法入侵路线。

4. 微波多普勒入侵探测器

微波多普勒入侵探测器是应用多普勒原理,辐射一定频率的电磁波,覆盖一定范围,并能探测到在该范围内移动的物体而产生报警信号的装置。探测器发出无线电波,同时接收反射波,当有物体在布防区内移动时,反射波的频率与发射波的频率有差异,两者频率差称多普勒频率。根据多普勒频率就可发现是否有物体在移动。

前述的红外探测报警装置存在着红外线受气候条件(如温度等)变化的影响较

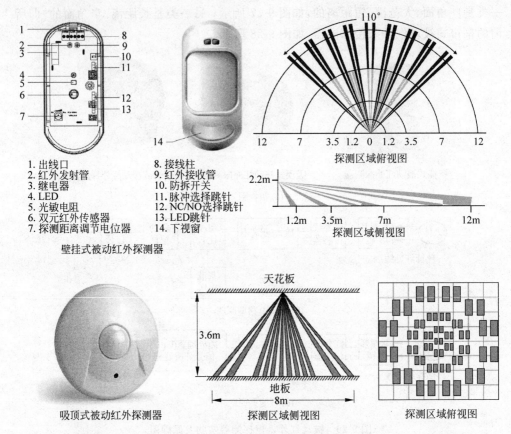

1. 出线口　　　　　　　　8. 接线柱
2. 红外发射管　　　　　　9. 红外接收管
3. 继电器　　　　　　　　10. 防拆开关
4. LED　　　　　　　　　11. 脉冲选择跳针
5. 光敏电阻　　　　　　　12. NC/NO选择跳针
6. 双元红外传感器　　　　13. LED跳针
7. 探测距离调节电位器　　14. 下视窗

壁挂式被动红外探测器

探测区域俯视图

探测区域侧视图

吸顶式被动红外探测器　　　　探测区域侧视图　　　　探测区域俯视图

图 9-27　被动红外入侵探测器的警戒区域

大等缺点，影响了安全性。而微波多普勒入侵探测器能克服这些缺点，而且微波能穿透非金属物质，故可安装在隐蔽处或外加装饰物，不易被人发觉而加以破坏，安全性很高。

5. 微波、被动红外双鉴入侵探测器

这是当前最常用的入侵探测器，如图 9-29 所示。

微波探测器对活动目标最为敏感，因此，在其防护范围内的窗帘飘动、电扇扇页移动、小动物活动等都可能触发误报警。而被动红外探测器对热源目标最为敏感，也可能因防护区内能产生不断变化红外辐射的物体如暖气、空调、火炉、电炉等引起误报警。为克服这两种探测器的误报因素，人们将两种探测器组合在一起成为双鉴探测器。这样一来使探测器的触发条件发生了根本的变化，入侵目标必须是移动的，又能不断辐射红外线时才产生报警。使原来单一探测器误报率高的不利因素大为减少，使整机的可靠性得以大幅度提高。

6. 声控入侵探测器

在可闻声（20～20 000 Hz）范围内的撬、砸、拖、锯等可疑声音都会被安在保护现

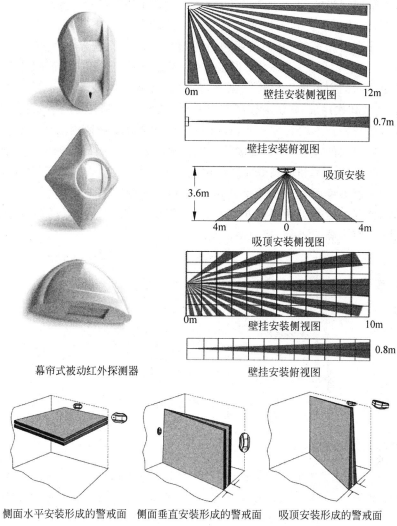

壁挂安装侧视图

壁挂安装俯视图

吸顶安装

吸顶安装侧视图

壁挂安装侧视图

壁挂安装俯视图

幕帘式被动红外探测器

侧面水平安装形成的警戒面   侧面垂直安装形成的警戒面   吸顶安装形成的警戒面

图 9-28   幕帘式被动红外探测器

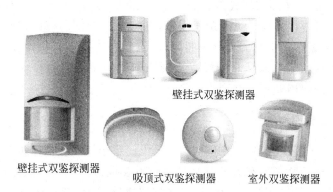

壁挂式双鉴探测器

壁挂式双鉴探测器

吸顶式双鉴探测器   室外双鉴探测器

图 9-29   微波、被动红外双鉴入侵探测器实物图

场的拾音器拾取。当达到一定响度(以分贝计)时可触发报警。报警后可对现场进行声音复核(自动或手动转入监听状态)来确定是否有人入侵。另一种是高音频的玻璃破碎声才会引起报警,其他可听声音不报警。声控报警器的优点是造价便宜,控制面积大(大于 200m^2)。缺点是误报率高,因此只适应于较为安静的环境。

　　除了单技术的声控玻璃破碎探测器,另一类是双技术玻璃破碎探测器,其中包括声控-震动型和次声波-玻璃破碎高频声响型,如图 9-30 所示。声控-震动型是将声控与震动探测两种技术组合在一起,只有同时探测到玻璃破碎时发出的高频声音信号和敲击玻璃引起的震动,才输出报警信号。次声波-玻璃破碎高频声响双技术探测器是将次声波探测技术和玻璃破碎高频声响探测技术组合到一起,只有同时探测到敲击玻璃和玻璃破碎时发出的高频声响信号和引起的次声波信号才触发报警。玻璃破碎探测器要尽量靠近所要保护的玻璃,尽量远离噪声干扰源,如尖锐的金属撞击声、铃声、汽笛的啸叫声等,减少误报警。

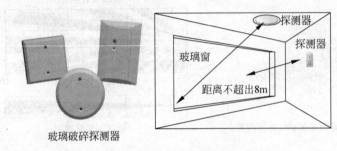

玻璃破碎探测器

图 9-30　玻璃破碎探测器实物图

7. 光纤周界报警器

　　光纤周界报警器由红外光发射器、光导纤维、红外光接收器组成。红外发射器内的发光二极管发射脉冲调制的红外光,此红外光沿光纤向前传播,最后到达光接收器,并把经光电检测后的信号送往报警控制器,从而构成一个闭合的光环系统。

　　根据防范的不同场合和要求,光纤线路可以构成各种形状,环置于需要防范的周界,当入侵者侵入时会破坏光纤使其断裂,这时就会因光信号中断而触发报警。由于光纤极细,可以很方便地进行隐蔽安装,如安装在周围防御的钢丝网上,当发生因攀登、翻越、切断钢丝引起的光纤断裂时,通过报警控制器发出报警。也可以将透明的光纤埋在用纸、塑料或防止纤维等物制成的壁纸中或放到墙皮里或门板里,当入侵者凿墙、打洞或撕裂壁纸时产生报警。

8. 其他入侵探测器

　　触摸感应式入侵探测器:常用导电布、导电膜或金属线将保险柜、文物柜或其他贵重物品、展品保护起来。有人要触及时即能引起报警。感应式探测器主要用金属导线布防,警戒范围可以适当扩大,例如文物博物馆、展柜四周可以架设警戒线,不让人们靠近和触摸文物展品。此种产品优点是布防机动灵活,范围可大可小;缺点是由于受环境湿度、温度影响较大,灵敏度要经常进行调整。

压力垫:把文物展品放在压力垫上,一旦被取走就发出报警。在地毯下放上压力垫,有人走动也会产生报警。

超声波、被动红外双鉴入侵探测器:与微波、被动红外双鉴探测器一样,但超声波探测器成本较低,整机造价也相应降低,其他优缺点与之相同。

9.入侵探测器的选用

在各种入侵报警系统中,主要差别在于探测器的应用,而探测器的选用主要根据如下:

(1)保护对象的重要程度,例如对于保护对象特别重要的应加多重保护等。

(2)保护范围的大小,例如,小范围可采用感应式报警装置或反射式红外线报警装置,要防止人从窗门进入可采用电磁式探测报警装置,大范围可采用遮断式红外报警器等。

(3)防预对象的特点和性质,例如,主要是防人进入某区域的活动,则可采用移动探测防盗装置,可考虑微波防盗报警装置或被动式红外线报警装置,或者同时采用两者作用兼有的混合式探测防盗报警装置(常称双鉴或三鉴器)等。

没有入侵行为时发出的报警叫作误报。入侵探测器误报可能由于元件故障或受环境因素的影响而引起。误报所产生的后果是严重的,它大大降低报警器的可信度,增加无效的现场介入。所以,对于风险等级和防护级别较高的场合,报警系统必须采用多种不同探测技术组成入侵探测系统来排除或减少由于某些意外的情况或受环境因素的影响而发生误报警,同时加装音频和视频复核装置,当系统报警时,启动音频和视频复核装置工作,对报警防区进行声音和视频图像的复核。

9.3.5　大学校园入侵报警系统案例

在大学校园的重点监管区域安装入侵报警系统,教学楼、实验楼等各个弱电机房安装报警探头,对重要监视区域及机房设备进行保护。

通过系统集成,实现报警系统与视频监控系统的联动。在布防状态下,入侵者一旦进入布防区内,就会立即触发报警,系统可联动视频监控系统,将报警现场附近的摄像机画面切换到主监视器画面上,同时在工作站上能以图形化方式形象地显示报警的位置,报警时在工作站上有明显的声光信号,提醒操作人员注意,及时对报警情况进行处理。

入侵报警系统具有控制中心和现场 IC 卡布防、撤防的功能,各区值班室和中央控制室具有独立布防、撤防功能。当撤防时,不产生报警信息和报警报告。只有当布防时才能产生报警。

1.大学校园入侵报警系统方案

系统主要由报警主机、防区扩展模块、现场防盗报警探测器、通信网络、报警控制中心管理平台以及后台管理软件等部分组成，其系统结构图如图 9-31 所示。通过大学城安防专网来连接各个建筑物内的报警主机，将各个报警子系统（防区）集成为一体。

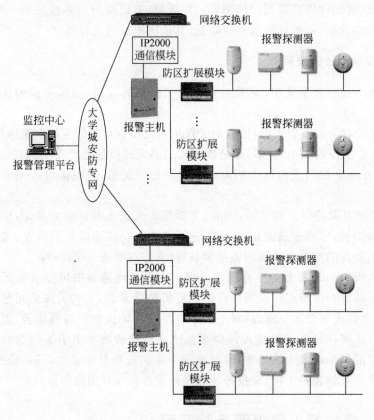

图 9-31　大学校园入侵报警系统结构图

（1）前端防盗报警探测器，包括三鉴探测器若干个，150m 红外对射探测器若干对。

（2）报警主机。系统总计有 8 台报警主机，分散安装在各个建筑物内，采用总线式结构，便于系统扩充，降低布线。

（3）监控中心管理平台，由一台 PC 及监控中心管理软件组成。

2. 报警系统功能

（1）系统能按时间、区域部位任意编程布防或撤防。系统能进行不同防区的布防、撤防，进行人工布防、撤防相结合的方式，保证系统在应进行警戒时能进行合理的警戒。

（2）当报警发生时，系统在控制中心防盗报警工作站上进行声光报警，在工作站上弹出报警处的平面图，明确显示出发生报警处的位置，让工作人员在最短的时间内明确发生报警的位置，同时联动闭路电视监控系统，将报警处的图像切换到主监视器上。以便工作人员能及时监控现场的情况,进行处理。

(3) 系统能显示报警部位和有关报警数据,并能记录和提供联动控制接口信号。

(4) 系统与闭路电视监控系统等相关系统联动。

(5) 系统能与 BMS 联网,并通过计算机网络系统对入侵报警系统应能进集中管理和监控。

(6) 管理服务器可对警情进行各种统计处理。

9.3.6　电子巡查系统

电子巡查系统(guard tour system)是对保安巡查人员的巡查路线、方式及过程进行管理和控制的电子系统。在安防技术界和智能建筑界,通常将该系统称为"巡更系统"。智能建筑出入口多,进出人员复杂,为了维护系统的安全,必须有专人负责安全巡逻,重要地方还需设巡查站,定时进行巡查。智能建筑的巡查系统是一个利用计算机来监督管理巡查员的技术手段。可限定保安人员定时、定路线地对防区进行巡查,按照预先编制的保安人员巡查程序,通过信息识读器或其他方式对保安人员巡查的工作状态(是否准时、是否遵守顺序等)进行监督、记录,并能对意外情况及时报警。巡查系统分在线式巡查系统和离线式巡查系统两类。

1. 电子巡查系统的功能设计要求

(1) 应编制巡查程序,应能在预先设定的巡查路线中用信息识读器或其他方式对人员的巡查活动状态进行监督和记录,在线式电子巡查系统应在巡查过程发生意外情况时能及时报警。

(2) 系统可独立设置,也可与出入口控制系统或入侵报警系统联合设置。独立设置的电子巡查系统应能与安全防范系统的安全管理系统联网,满足安全管理系统对该系统管理的相关要求。

(3) 巡查点的数量根据现场需要确定,巡查点的设置应以不漏巡为原则,安装位置应尽量隐蔽。

(4) 宜采用计算机产生巡查路线和巡查间隔时间的方式。

(5) 在规定时间内指定巡查点未发出"到位"信号时,应发出报警信号,宜联动相关区域的各类探测、摄像、声控装置。

(6) 当采用离线式电子巡查系统时,巡查人员应配备无线对讲系统,并且到达每一个巡查点后立即与监控中心作巡查报到。

(7) 在线式电子巡查系统的信息采集点(巡查点)与监控中心联网,计算机可随时读取巡查点登录的信息。对于基本型和提高型安防工程,其电子巡查系统可选用离线式;先进型的电子巡查系统应选用在线式,以便系统能对巡查人员进行实时跟踪。

2. 在线式电子巡查系统

在线式巡查管理系统也称为实时巡查系统,如图 9-32 所示。其特点是:在各巡查地点上安装标识地点的读卡机,所有读卡机通过通信网络联网到监控中心的巡查管理计算机上。巡查人员携带标识卡(IC 卡、钥匙扣卡、电子标签等),巡查到某地点后,在该地点的读卡机上刷读标识卡。读卡机通过网络即时把读卡数据上传到监控中心,在巡查管理计算机上实时显示巡查地点的巡查人员、巡查状态以及未巡查报警等。

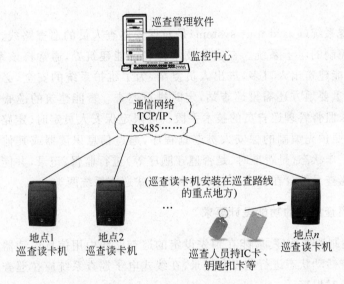

图 9-32 　在线式电子巡查系统结构图

在线式巡查系统需要在每一巡查点安装巡查读卡机,而且必须供电、联网、防护,系统造价高,安装维护困难,这是其缺点所在。在线式巡查系统可以利用原有的出入口控制系统中的读卡机、控制器和连线系统等硬件设备进行巡查刷卡数据读取。

采用 RFID 技术的在线式电子巡查系统具有 LPS(Local Position System,本地定位系统)功能。它不是一个只考察保安人员是否忠于职守的管理、监督工具,而是一种运用先进技术为保安人员服务、协助保安人员工作、强化保安人员作用的人性化的安全防范系统。LPS 在线式电子巡查系统具有的功能特点如下:

(1) 保安人员巡逻巡查时,不必找安装在建筑物上的读卡机设备去“报到”,可由系统自动进行。

(2) 能在监控中心巡查管理计算机上实时看到保安人员的行踪:何时到达某地点,何时离开某地点,现在又进入何地点。

(3) 系统利用电子标签还能实时监管防区内重要物品、设备的位置变化情况。

3. 离线式电子巡查系统

离线式电子巡查系统主要由信息采集器(巡更机)、通信器、信息纽扣和巡查管理计算机组成,如图 9-33 所示。其工作原理是:在各巡查点设置信息纽扣,巡查人员手持可标识人员的巡更机(图 9-34),当巡查人员按设定的路线时间到达各个巡逻点时,用巡更机读取该地点的信息纽扣数据。每次巡查结束,巡查人员将巡更机与巡查管理计算机连接,将巡更机中的数据上传到管理计算机中。这样巡查管理软件就能够显示和管理巡查数据,但在时间上没有实时性的特点。

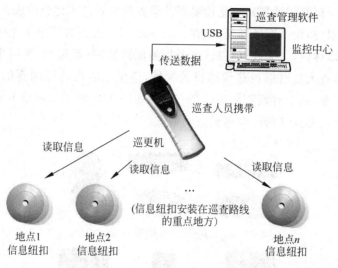

图 9-33 离线式电子巡查系统结构图

信息纽扣有一个出厂时就已注册的 12 位十六进制的序列号,这号码是独一无二的、不可改变的,因而可以辨别各纽扣。信息纽扣的安装非常简单方便,可用强力胶或双面胶进行表面布点,所以巡查点的增减非常方便。离线式巡更器信息纽扣实物图如图 9-34 所示。

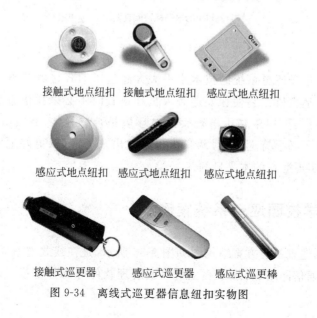

图 9-34 离线式巡更器信息纽扣实物图

　　感应式电子巡更机的技术原理是利用射频感应技术,巡更机和信息纽扣不用接触就可以读取信息。信息纽扣(感应卡)还可以嵌入墙内。离线式巡查系统安装时无须布线,读取数据无须接触,机具使用寿命长,安装施工更方便,克服了在线式巡查系统的缺陷,在实际工程中应用广泛。

　　应用射频识别(RFID)技术的离线电子巡更系统由无线信息纽扣(电子标签)、无线巡更机(电子标签阅读器)、信息传输器及巡查管理软件4部分组成。信息纽扣(电子标签)有防水、防化学腐蚀外壳,能在$-40\sim+85℃$的恶劣环境下工作。可安放在隐蔽部位(如墙体内)。无线巡更机(电子标签阅读器)外形轻巧,可佩带在巡查人员的腰间。当巡查人员沿巡更路线巡查的时候,巡更机能自动探测到信息点的信息,并自动记录下来,通信有效距离长达$2\sim30m$,如图9-35所示。记录下来的信息还包括巡查人员到达和离开每一个巡更点的信息。

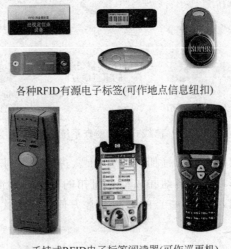

各种RFID有源电子标签(可作地点信息纽扣)

手持式RFID电子标签阅读器(可作巡更机)

图9-35　离线式RFID巡更器信息纽扣实物图

　　这种无线电子巡更系统的技术水平大大超过了旧式接触式电子巡更机或近距离感应式电子巡更机。它使保安巡查人员在巡查时不必以找信息点打点为主要工作内容,而是可以更集中精力于观察周边环境是否有异常,有没有不安全因素等。保安巡查人员不必手持巡查机,两只手也解放出来了,可以更好地发挥人的主观能动性,更好地实现巡查的本来目的。

9.3.7　大学校园巡查系统案例

　　大学校园巡查系统方案结构图如图9-36所示,是在线式巡查系统,主要由前端巡更读卡器、通信网络、管理中心主机以及管理软件等部分组成。前端读卡器通过

RS485 方式连线至 RS485 集线器，再通过 RS485/TCP 转换器至交换机传输到监控中心。

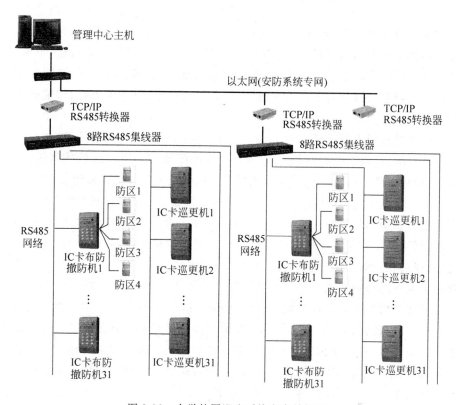

图 9-36　大学校园巡查系统方案结构图

IC 卡布防撤防是传统的通过键盘布防撤防方法的改进。它可有效防止密码的失窃和进行安保人员的流动管理，同时刷卡布防、撤防更方便快捷。

刷卡布防撤防系统与巡查系统有机集成为一体，赋有布防撤防功能的前端读卡器内有辅助开关量输出，利用它们去控制入侵报警系统主机的布防撤防，如图 9-37 所示。

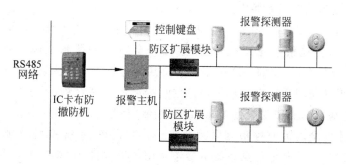

图 9-37　IC 卡布防撤防原理图

9.4　视频安防监控系统

视频安防监控系统(Video Surveillance & Control System,VSCS)是智能建筑的安全防范系统中的最后防线,它是为追溯和破案留下证据,也是构建"千里眼"的技术手段。视频安防监控系统涉及视频信息的获取、传输、显示、存储等方面的技术。视频监控系统已经有三代的发展历史,目前正向数字化、网络化、智能化的方向发展。

第一代是模拟视频监控系统(analog video surveillance system),这是一种在视频信息的获取、传输、显示、存储等环节完全采用模拟信号方式的监控系统,主要由摄像机、视频矩阵、监视器、磁带录像机组成。这种技术现在已经被淘汰。

第二代是基于 DVR(Digital Video Recorder,数字硬盘录像机)技术的模拟+数字混合监控系统。与第一代模拟技术相比,它主要是在后端的图像处理、存储方式上的改进,采用了数字频视压缩处理技术。前端摄像机采集的视频信号采用模拟方式传输,通过相应的线路(同轴电缆、光缆)连接到监控中心的 DVR 终端上,DVR 监控终端完成对图像的多画面显示、压缩、数码录像、网络传输等功能。

第三代是数字视频监控系统(digital video surveillance system)。这是一种在视频信息的获取、传输、显示、存储等环节采用数字信号处理方式的监控系统。由于使用数字网络传输,所以又称网络视频监控系统。它的主要原理是:摄像机采集的视频信号数字化后由高效压缩芯片进行压缩,然后通过内部处理后传送到网络或服务器上。网络上的用户可以通过专用软件或者直接用浏览器观看 Web 服务器上的摄像机图像,授权用户还可以控制摄像机云台镜头的动作或对系统进行设置。网络视频监控的代表产品就是网络视频服务器和网络摄像机。

ONVIF 协议和 GB/T 28181 标准是主要的视频监控行业标准。ONVIF(Open Network Video Interface Forum)是安讯士、博世、索尼 3 家公司在 2008 年共同成立的一个国际性开放型网络视频产品标准网络接口的开发论坛,以公开、开放的原则共同制定开放性行业标准,即 ONVIF 网络视频标准规范,简称为 ONVIF 协议,ONVIF 2.4 是当前的最新版本。

GB/T 28181—2011《安全防范视频监控联网系统信息传输、交换、控制技术要求》是由公安部科技信息化局提出,由全国安全防范报警系统标准化技术委员会(SAC/TC100)归口,公安部一所等多家单位共同起草的一部国家标准。该标准规定了城市监控报警联网系统中信息传输、交换、控制的互联结构、通信协议结构,传输、交换、控制的基本要求和安全性要求,以及控制、传输流程和协议接口等技术要求。该标准适用于安全防范监控报警联网系统的方案设计、系统检测、验收以及与之相关的设备研发、生产,其他信息系统可参考采用。该标准于 2012 年 6 月 1 日正式发布实施,在全国范围内的平安城市项目建设中被普遍推广应用。

视频安防监控系统设计的功能要求如下:

（1）应根据各类建筑物安全防范管理的需要，对建筑物内（外）的主要公共活动场所、通道、电梯及重要部位和场所等进行视频探测、图像实时监视和有效记录、回放。对高风险的防护对象，显示、记录、回放的图像质量及信息保存时间应满足管理要求。

（2）系统的画面显示应能任意编程，能自动或手动切换，画面上应有摄像机的编号、部位、地址和时间、日期显示。

（3）系统应能独立运行。应能与入侵报警系统、出入口控制系统等联动。当与报警系统联动时，能自动对报警现场进行图像复核，能将现场图像自动切换到指定的监视器上显示并自动录像。

（4）集成式安全防范系统的视频安防监控系统应能与安全防范系统的安全管理系统联网，实现安全管理系统对视频安防监控系统的自动化管理与控制。组合式安全防范系统的视频安防监控系统应能与安全防范系统的安全管理系统连接，实现安全管理系统对视频安防监控系统的联动管理与控制。分散式安全防范系统的视频安防监控系统应能向管理部门提供决策所需的主要信息。

9.4.1　视频安防监控系统的组成与结构

视频安防监控系统包括前端设备、传输设备、处理/控制设备和记录/显示设备 4 部分，其组成原理如图 9-38 所示。前端设备包括摄像机、镜头、防护罩、支架和电动云台，其作用是对被摄体摄像并转换成电信号。传输设备包括线缆、调制与解调设备、线路驱动设备，其作用是把摄像机发出的电信号传送到控制中心。记录/显示设备包括监视器、画面处理器和录像机等，其作用是把从现场传来的电信号转换成图像在监视设备上显示并录像。处理/控制设备则负责所有设备的控制和图像信号的处理。

图 9-38　视频安防监控系统的组成原理

根据对视频图像信号处理/控制方式的不同，视频安防监控系统结构分为以下模式：

（1）简单对应模式。监视器和摄像机简单对应（图 9-38）。

（2）时序切换模式。视频输出中至少有一路可进行视频图像的时序切换（图 9-39）。

（3）矩阵切换模式。可以通过任一控制键盘，将任意一路前端视频输入信号切换到任意一路输出的监视器上，并可编制各种时序切换程序（图 9-40）。

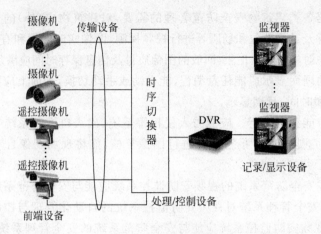

图 9-39　时序切换模式

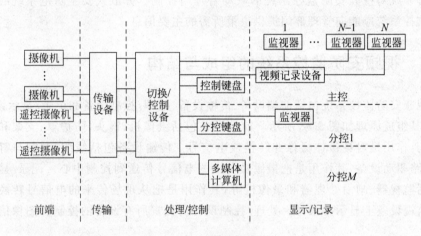

图 9-40　矩阵切换模式

（4）数字视频网络虚拟交换/切换模式。模拟摄像机增加数字编码功能,被称作网络摄像机,数字视频前端也可以是别的数字摄像机。数字交换传输网络可以是以太网和 DDN、SDH 等传输网络。数字编码设备可采用具有记录功能的 DVR 或视频服务器,数字视频的处理、控制和记录措施可以在前端、传输和显示的任何环节实施（图 9-41）。

9.4.2　前端设备

1. 摄像机

在闭路监控系统中,摄像机是采集图像信号的设备。被监视场所的画面被摄像机镜头收集,使其聚焦在摄像器件的受光面（靶面）上,通过 CCD（Charge Coupled Device,电荷耦合器件)将光信号变为电信号（图像信号）,再经过放大、整形等一系列信号处理,最终输出标准的视频信号。

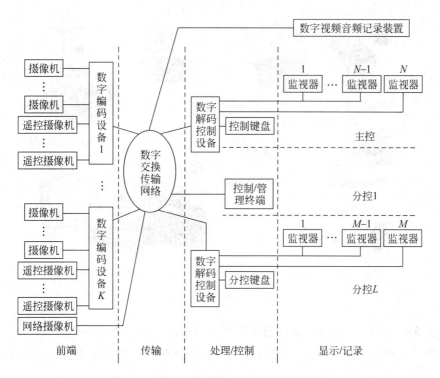

图 9-41 数字视频网络虚拟交换/切换模式

摄像机从信号处理与传输的角度有模拟摄像机和数字摄像机之分。从色彩的角度有黑白和彩色之分。由于黑白摄像机具有高分辨率、低照度等优点,特别是它可以在红外光照下成像,可以应用在微光或黑暗的场合,因此在电视监控系统中,黑白 CCD 摄像机仍有较高的应用占有率。摄像机从应用角度分为枪式摄像机、一体化高速球机、红外日夜型摄像机、一体化摄像机、半球式摄像机、烟感式摄像机等,如图 9-42 所示。

下面介绍摄像机的主要技术参数及选型参考。

1)灵敏度(最低照度)

灵敏度是指 CCD 正常成像时所需要的最暗光线,用照度表示。照度数值越小,表示摄像机需要的光线越少,摄像机也越灵敏。普通型摄像机正常工作所需照度为 1～3lx,月光型正常工作所需照度 0.1 lx 左右,星光型正常工作所需照度 0.01 lx 以下,红外型采用红外灯照明,在没有光线的情况下也可以成像。在应用中,为获得满意的图像,所选摄像机的灵敏度一般应为被摄物体表面照度的 1/10 为宜。

有很多监控场所要求在晚间没有照明的环境下也要实施监视,此时可采用下述方法:增设红外灯照射(特别是要求不能安装可见光源的场合),选用日夜两用彩色摄像头,在夜间会自动转成黑白模式,这样可得到满意的黑白图像。

2)水平清晰度

水平清晰度(分辨率)是用电视线(TV lines,简称线)来表示的,彩色摄像机的分

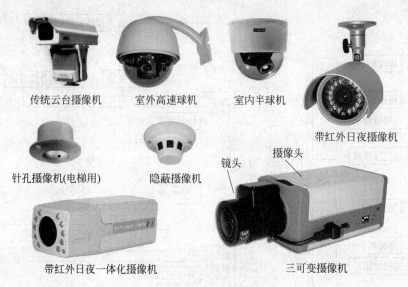

传统云台摄像机　　室外高速球机　　室内半球机

带红外日夜摄像机

针孔摄像机(电梯用)　　隐蔽摄像机

镜头　摄像头

带红外日夜一体化摄像机　　三可变摄像机

图9-42　各类摄像机实物图

辨率在330～600线之间。分辨率不但与CCD和镜头有关,还与视频信号的带宽直接相关。水平清晰度越高,图像越清晰,线数值越大,所需的视频信号传输带宽越大。

3) 图像分辨率

网络摄像机、DVR(数字硬盘录像机)用图像分辨率来表示图像的清晰度。目前监控行业中主要使用D1(704×576)、720P(1280×720)、960P(1280×960)、1080P(1920×1080)、3MP(2048×1536)、5MP(2592×1944)等几种分辨率标准。

4) 图像压缩方式

用于视频监控应用的主流图像压缩技术是H.263、H.264、MPEG-4标准。MPEG-4(ISO/IEC 14496)标准着眼于不同的应用领域,非常低的数码率(可小于64kbps)的活动图像编码技术,其编码方法基于模型的方法、形态学方法和分形方法等。在数字监控系统(DVR等)中得到了大量的应用。每传输一路D1格式(704×576)的视频数据流,MPEG-4编码标准传输速率大约需1.8Mbps的带宽,存储量在300MB/h左右。

H.264标准使运动图像压缩技术上升到了一个更高的阶段,在较低带宽上提供高质量的图像传输是H.264的应用亮点。在同等的画质下,H.264比上一代编码标准MPEG2平均节约64%的传输码流,比H.263要平均节约50%的传输码流,而比MPEG4要平均节约39%的传输码流。可以说,H.264是目前压缩率最高的视频压缩标准。采用H.264压缩编码标准传输一路HD1080P(1920×1080)的视频信号,带宽可下降到3.5Mbps。

5) CCD靶面尺寸

CCD芯片已经开发出多种尺寸,目前采用的芯片大多数为1/3英寸和1/4英寸。CCD 靶面尺寸关系到镜头的选配,它们将直接影响视场角的大小和图像的清晰度。1/3 英寸靶面尺寸为宽 4.8mm,高 3.6mm,对角线 6mm。1/4 英寸靶面尺寸为宽 3.2mm,高 2.4mm,对角线 4mm。

6) 镜头的安装方式

镜头的安装方式有 C 式和 CS 式两种,两者的螺纹均为 1 英寸 32 牙,直径为 1 英寸,差别是镜头距 CCD 靶面的距离不同,C 式安装座从基准面到焦点的距离为 17.562mm,比 CS 式距离 CCD 靶面多一个专用接圈的长度,CS 式距焦点距离为 12.5mm。

7) 摄像机的其他使用参数

摄像机有 PAL 和 NTSC 制式之分,应用时应根据系统所采用的制式加以选定。彩色摄像机要真实还原被摄物的原色,必须白平衡正常。彩色摄像机的自动白平衡就是实现自动调整作用的。此功能又分自动白色平衡或自动白色控制(AWB 或 AWC)和自动跟踪白色平衡(ATW)两种,在彩色摄像中常设有按钮 ATW ON(实现 ATW)和 OFF(实现 AWB 或 AWC)。在使用时可以根据实际加以选择。

2. 镜头

1) 镜头的分类

镜头的作用是收集光信号,并成像于摄像机的光电转换面上(CCD),常用镜头的分类如图 9-43 所示。根据摄像机的应用场合镜头大致可分为以下几类:

电动变焦镜头(三可变)　定焦手动光圈镜头　　　自动光圈镜头　　　针孔镜头

图 9-43　常用镜头的分类

(1) 广角镜头。视角在 90°以上,一般用于电梯轿厢、大厅等小视距、大视角场所。

(2) 标准镜头。视角在 30°左右,一般用于走道及小区周界等场所。

(3) 长焦镜头。视角在 20°以内,焦距的范围从几十毫米到上百毫米,用于远距离监视。

(4) 变焦镜头。镜头的焦距可从广角变到长焦,用于景深大、视角范围广的区域。

(5) 针孔镜头。用于隐蔽监控。

2) 镜头焦距的确定

镜头的焦距和被摄物体的大小、物距、CCD 靶面尺寸等因素有关,如图 9-44 所示,焦距的计算方法如下。

对 1/3 英寸靶面尺寸 CCD 有

$$f = 4.8 \times L/W \quad \text{或} \quad f = 3.6 \times L/H$$

对 1/2 英寸靶面尺寸 CCD 有

$$f = 6.4 \times L/W \quad \text{或} \quad f = 4.8 \times L/H$$

式中,W 为被摄物体的宽度,H 为被摄物体的高度,L 为镜头到被摄物体间的距离,f 为镜头焦距。

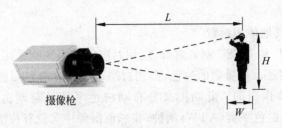

图 9-44　镜头焦距的确定

一般情况下,根据计算而得的焦距,在实际市场中不一定有相同参数的镜头。生产厂有一个系列参数,如 2.3mm,2.6mm,3.6mm,4mm,4.5mm,4.8mm,6mm,8mm,12mm,18mm,36mm,50mm。如计算的焦距与其不相等,一般选配比计算值小的一档产品。例如,计算值焦距是 3.8mm,则可选用焦距 3.6mm 的镜头。

3) 手动光圈及自动光圈的选择

光圈是镜头中控制通光量的部件,它的开闭大小用光圈指数 F 表示,是镜头焦距与通光孔径的比值。光圈 F 越大,通光量越小,F 越小,通光量越大。

通光量的控制直接关系到图像效果,在光线变化大的场合,通光量的控制尤为重要。影响通光量大小有两个因素:光圈 F 和快门,所以可以通过三种方式来控制:①调节光圈,固定快门;②调节快门,固定光圈;③调节光圈,调节快门。

在光线变化不大的场合,采用手动光圈加电子快门的方案较好。手动光圈价格低,工作可靠。但是对于光线变化大的监控点,如室外时,采用带自动光圈的镜头是必要的。自动光圈镜头分为两大类:①四线制直流电源驱动自动光圈镜头;②三线制视频信号驱动自动光圈镜头。电源驱动自动光圈镜头是通过镜头内的光感应点感应外部光源的照度来控制光圈的大小;视频驱动自动光圈镜头则是通过视频触发信号来控制光圈的大小。

4) 变焦镜头

变焦镜头即是能在成像清晰的条件下通过镜头焦距的变化来改变图像大小的镜头。在实际使用中,首先利用短焦来搜寻目标,在找到目标后,则把焦距调大,再看清目标细节。这对监视系统往往很有实用价值。常用的有 8、10、12 倍电动变焦镜头。

5) 摄像机镜头的选用

(1) 根据被摄物体的尺寸、被摄物到镜头的焦距和需看清物体的细节尺寸,决定采用定焦镜头或变焦镜头。一般来说,摄取固定目标,宜选用定焦镜头;摄取远距目标,宜用望远镜头。变焦镜头结构复杂,价格要比定焦镜头高出几倍,因此,对用户来说,在许多情况下考虑使用变焦镜头是可取的,但对大型监视系统,若变焦镜头用得过多,除大量增加造价外,还会增加系统的故障率。因此,要综合加以考虑。

（2）一般在室内光线变化不大的情况下,可选用手动光圈镜头;在室外往往需要选用自动光圈镜头。

（3）镜头的大小应与摄像机配合。一般来说,该镜头的尺寸应与摄像机尺寸一致,但大尺寸镜头可装在小尺寸摄像机上使用。

（4）为了使摄像机得到广阔的视野,可考虑采用广角镜头。但随着广角镜视角的扩大,图像的几何失真也会随之增大。

3. 云台

云台是监视系统中不可缺少的摄像机支撑配件,它与摄像机配合使用能达到扩大监视范围的目的。云台按用途分类,可分为通用型云台和特殊型云台。通用型云台又可分为遥控电动云台和手动固定云台两类。还可按使用环境的不同分室内型和室外型云台。在电动型云台中又可分为左右摆动的水平云台和左右上下均能摆动的全方位云台。在智能建筑的监视系统中,最常用的是室内外全方位高速球云台。图 9-45 为全方位电动云台外形。

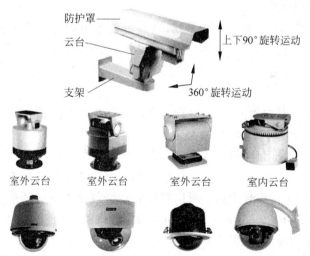

图 9-45　全方位电动云台外形

选择室内外全方位普通云台时的主要考虑是最大荷重、旋转角度、旋转速度、使用电源的电源消耗等,设计者可根据实际需要选定。

4. 防护罩及支架

摄像机的防护罩有室内型和室外型两种,如图 9-46 所示。室内外型防护罩的作用主要是保护摄像机免受灰尘及人为损害。在室温很高的环境下，室内型防护罩需要配置轴流风扇以帮助散热。室外型防护罩也称全天候防护罩，结构、材料要求比室内型的要复杂和严格得多。首先，外罩一般有双层防水结构，由耐腐蚀铝合金制成，表面还涂防腐材料。其次，要有防雨水积在前窗下的刮水器、防低温的加热器和通风的风扇等。在选用室外防护罩时除了防雨是必不可少的之外，其余各项则根据实际的环境条件选定。

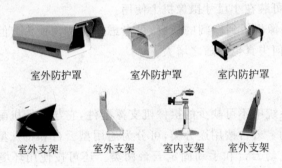

室外防护罩　　　室外防护罩　　　室内防护罩

室外支架　　室外支架　　室内支架　　室外支架

图 9-46　防护罩及支架外形图

5. 镜头和云台的控制

1）控制三可变镜头

"三可变"是指变焦、聚焦和变光圈，这是近年来生产的变焦镜头同时具有的特性。"三可变"中分别有长短（变焦）、远近（聚焦）和开闭（变光圈）控制，总共有 6 种控制。

2）控制云台

全方位云台有左右和上下 4 种控制，再加上自动巡视控制，共有 6 种控制。

3）通信编码间接控制方式

镜头和云台如采用直接控制的方式，每一个监控点大约需要 13～17 根控制线，如图 9-47 所示。由于镜头和云台远离控制中心，长距离直接传输控制信号不仅不经济，而且系统的操作可靠性降低。所以在智能建筑监控系统应用最多的是通信编码间接控制方式，采用 RS485 串行通信，用单根双绞线就可以传送多路编码控制信号，到现场后解码驱动控制，如图 9-48 所示。

4）解码器

解码器是视频监控系统中控制云台、镜头、电源、雨刷、灯光的一种前端控制设备，控制键盘、矩阵或计算机系统通过解码器可实现对云台、镜头、辅助功能的控制。解码器采用 RS485 通信控制方式，分室内型和室外型。

解码器一般支持多种控制协议、多种通信波特率选择，256 个地址设定。提供对云台的上、下、左、右、自动运动的驱动信号（云台电压可选择 AC 220V 和 AC 24V）。控制镜头的光圈、焦距、变倍。镜头电压可通过电路板上的电位器调整，调整范围 DC 6～12V，镜头电压越高，镜头的动作速度越快。解码器一般支持多种控制协议，

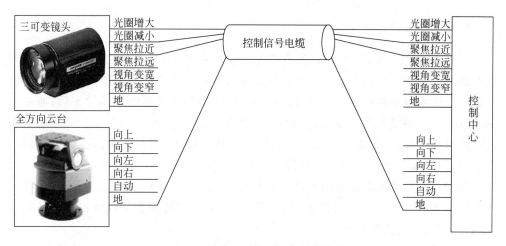

图 9-47　镜头和云台的直接控制方式

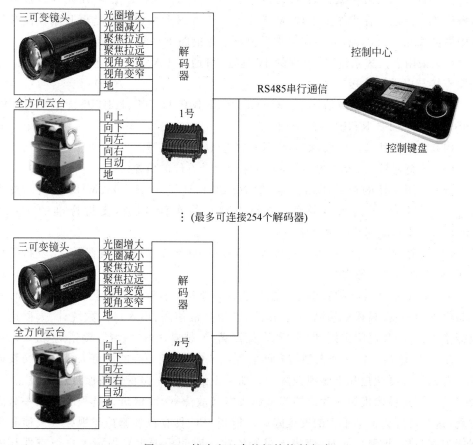

图 9-48　镜头和云台的间接控制方式

如 PELCO-D、PELCO-P、SAMSUNG、Panasonic 等。解码器与控制中心之间的通信
协议最常用的是 PELCO-D、PELCO-P 协议。

6. 网络摄像机

网络摄像机又称 IP camera(简称 IPC),是一种结合传统摄像机与网络技术所产生的新一代摄像机。除了具备一般传统摄像机所有的图像捕捉功能外,机内还内置了数字化压缩控制器和基于 Web 的操作系统,使得视频数据经压缩加密后,通过局域网、Internet 或无线网络送至终端用户。网络摄像机内置一个嵌入式芯片,采用嵌入式实时操作系统,完成图像采集、数字化、编码压缩、IP 网络传输、就地录像存储、智能分析、Web 服务等任务。网络用户可以直接用浏览器观看图像,授权用户还可以控制摄像机云台镜头的动作或对系统配置进行操作。另外,IPC 支持 WiFi 无线接入、3G 接入、POE 供电(网络供电)和光纤接入。IPC 已成为前端摄像机的市场主力军,它的主要应用特点如下:

(1) 高清晰度。就图像分辨率而言,网络摄像机的发展可以说是一日千里,除了市场已经普及的百万像素外,200 万像素、300 万像素、500 万像素、800 万像素的网络摄像机产品已经在市场上出现,甚至千万及千万以上像素的产品也开始在监控行业中展露头角。可以说,人们在追求看得更清楚的路上将永不止步。

(2) 采用嵌入式系统,有独立的 IP 地址,可通过 LAN、DSL 连接或无线网络适配器直接与以太网连接。

(3) 支持多种网络通信协议,如 TCP/IP、ICMP、HTTP、HTTPS、FTP、DHCP、DNS、DDNS、RTP、RTSP、RTCP 等。

(4) 支持多种接入协议,如 ONVIF、PSIA、GB2818 等。

(5) 支持对镜头、云台的控制,对目标进行全方位的监控。

(6) 采用了新的视频压缩技术,如 MPEG4、H.264、H.265、MJPEG 等。提供 32kbps~8Mbps 压缩输出码率。支持本地录像存储/回放,支持标准的 128GB Micro SD/SDHC/SDXC 卡存储。

(7) 支持 WiFi 无线接入、3G 接入、POE 供电(网络供电)和光纤接入,支持手机 APP、平板电脑、PC 等多种访问方式。

(8) 在 IPC 中实现的智能分析功能有视频遮挡与视频丢失侦测、视频变换侦测、视频模糊侦测、视频移动侦测、人脸侦测、音频异常侦测、出入口人数统计、人群运动及拥堵识别、物品遗留识别、网线断、存储器满错、越界侦测、区域入侵侦测等。

① 视频遮挡。在一个大型的安防监控系统中,监控中心的值班人员所能顾及或者查看的最大可能是几十路视频图像。如果系统中某一路视频图像被遮挡或丢失,大多是这一路摄像机被人为遮挡或破坏或本身故障等,而值班人员很难在第一时间发现,这有可能会带来重大的安全隐患。但当 IPC 具有视频遮挡与视频丢失侦测的智能识别与预/报警功能时,值班人员则能第一时间根据声光报警去进行查看与处理,从而可消除视频图像被遮挡或丢失所造成的安全隐患。

② 视频变换。在一般的网络安防监控系统中,当其中某一路视频图像变换了(即不是原设定的设防点的视频图像范围)时,这多半是罪犯想对原设防点实施犯罪

而移动了摄像机或摄像机受到较大的震动而移动等，值班人员在第一时间也很难发现。但当系统具有视频变换侦测感知的识别与预/报警的智能功能时，值班人员则能在第一时间根据声光报警进行查看与处理，从而可消除视频变换所造成的安全隐患。

③ 视频模糊。在智能安防监控系统中，当侦测到其中某一路视频图像模糊，即可能是摄像机镜头被移动（即焦距丢失）而引起的原设定的视频图像模糊不清等时，即可自动启动录像、定点显示与预/报警。这样，值班人员就能第一时间进行查看与处理，以消除安全隐患。

9.4.3　传输设备

前端设备和控制中心之间有两类信号需要传输：一类是由现场把视频信号传输到控制中心；另一类是由控制中心把控制信号传输到现场前端设备，控制镜头和云台的运动。

1. 模拟视频监控系统视频信号的传输

模拟视频监控系统视频信号的传输方式分为有线和无线两种，表 9-6 列出了视频信号的有线传输方式，如图 9-49 所示。在智能建筑中每路视频传输的距离多为几百米，一般采用同轴电缆传输，同轴电缆应穿金属管，且应远离强电线路。同轴电缆的屏蔽网应该是高编织密度的（例如大于 90%），市面上劣质的 CATV 同轴电缆不宜用在监视系统中。针对室外的监视点，宜采用光端机加光缆的传输方式，可提高系统的抗电磁干扰（雷电）的能力。

表 9-6　闭路电视系统视频信号的有线传输方式

分　类	传送距离/km	传输介质	特　点
视频基带	0～0.5	一般同轴电缆	比较经济，易受外界电磁干扰
	0.5～1.5	平衡对电缆	不易受外界干扰，易实现多级中继补偿放大传输，具有自动增益控制功能
视频信号调制（模拟）	0.5～20	电缆电报用同轴电缆	可实现单线多路传输，用普通电视即可接收，设备复杂
	0.5 以上	光缆	不受电气干扰，无中继可传 10km 以上

2. 数字视频监控系统视频信号的传输

数字视频监控系统的传输方式如图 9-50 所示。数字摄像机实际上就是一个计算机网络的终端设备，前端监控点的模拟图像经数字化压缩处理后可以基于宽带 IP 网络传输，因此，其传输技术就是局域网技术。

网络视频服务器是一种压缩、处理音视频数据的专业网络传输设备，主要提供视频压缩或解压功能，完成图像数据的采集或复原等，目前比较流行的基于 MPEG-4

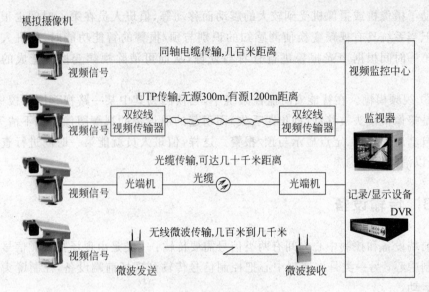

图 9-49　模拟视频监控系统的传输方式

或 H. 264 的图像数据压缩通过局域网、广域网、无线网络、Internet 或其他网络方式传输数据到网络所延伸到的任何地方，网络终端用户通过普通计算机就可以对远程图像进行实时的监控、录像、管理。

网络视频服务器经过近几年的发展，目前已经由单功能的视频传输发展成为带本地 SD 卡、USB 或 IDE 硬盘等存储功能，传输通道也从原来单路发展成为多路。通信方式也由原来单纯的有线网络发展成为有线与无线兼容。

网络视频服务器与模拟摄像机连接到一起就构成了数字摄像机，是从模拟摄像机向 IP 摄像机过渡的一种中间产品。有些网络视频服务器带有存储功能，此类产品与带有网络功能的硬盘录像机（DVR）在功能上已经十分接近了，有逐渐融合的趋势。

3. 控制信号的传输

对数字视频监控系统而言，控制信号与视频信号是在同一个 IP 网传输，只是方向不同。

在模拟视频监控系统中，控制信号的传输一般采用如下两种方式：

（1）通信编码间接控制。采用 RS485 串行通信编码控制方式，用单根双绞线就可以传送多路编码控制信号，到现场后再行解码，这种方式可以传送 1km 以上，从而大大节约线路费用。这是目前智能建筑视频监控系统应用最多的方式，如图 9-51 所示。

（2）同轴视控。控制信号和视频信号复用一条同轴电缆。其原理是把控制信号调制在与视频信号不同的频率范围内，然后与视频信号复合在一起传送，到现场后再分解开。这种一线多传方式随着技术的进一步发展和设备成本的降低，也是方向之一。

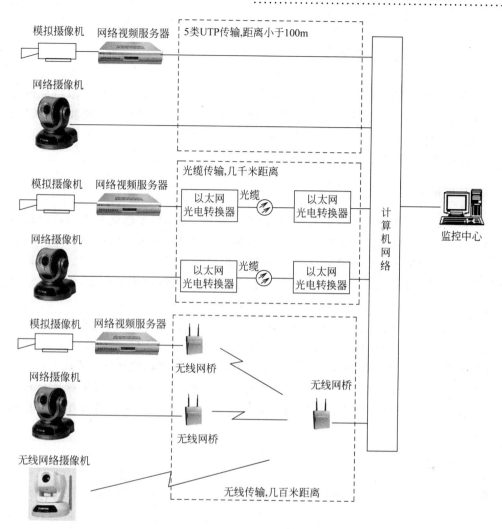

图 9-50　数字视频监控系统的传输方式

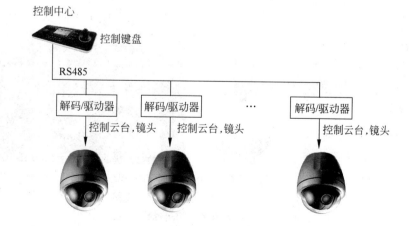

图 9-51　模拟视频监控系统的控制信号传输方式

9.4.4　显示与记录设备

视频监视系统的显示与记录设备完成图像的显示和记录功能,以便取得证据和分析案情。显示与记录设备通常与报警系统联动,即当报警系统发现哪里出现警讯时,联动装置使显示与记录设备跟踪显示并记录事故现场情况。显示与记录设备主要有监视器、NVR/DVR数字视频录像机等。

1. 监视器

监视器是视频监视系统的显示设备,有了监视器,人们才能观看前端摄像机传输过来的图像。监视器的清晰度高,如中清晰度的监视器的水平分辨率≥600线,高清晰度监视器的水平分辨率≥800线,均较一般电视机的400线高很多。监视器电磁屏蔽要求要高。这是由于控制中心的多台监视器、视频处理器均在一起,要求尽量减少相互之间的电磁干扰,因而监视器多装有金属外壳。

在选择监视器时,主要应根据实际应用需求作出选择。屏幕的大小应根据监视的人数、要求画面的分辨率和监视人员到屏幕间的距离来确定。一般采用17~21英寸的监视器。也可以是42英寸左右的等离子体平板显示器、液晶显示器或上百英寸的投影显示。在有特殊要求的情况下,可采用多画面、大屏幕投影或电视墙显示方式。在图像显示质量方面,有标准分辨率的监视器,也有追求高图像质量而采用的高分辨率监视器。

2. DVR

DVR(Digital Video Recorder,数字视频录像机)又称为数字硬盘录像机,已经完全取代传统的磁带录像机成为视频录像的主流设备。DVR实质上是一台功能强大的视频信号数字化处理计算机,如图9-52所示。

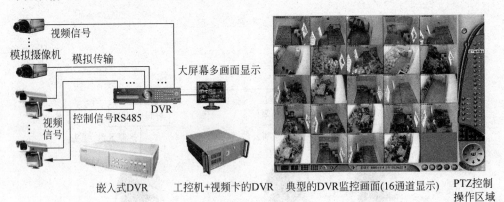

图 9-52　DVR数字视频录像机系统

DVR 系统中,中心部署 DVR,监控点部署模拟摄像机、音频设备(拾音器/麦克风)以及报警设备(温感/烟感)等,各个监控点设备与中心 DVR 分别通过 DVR 提供集中编码、录像以及监控信号回放。DVR 把模拟视频信号变成数字信号再经数据压缩后由计算机系统中的硬盘存储起来,需要时再将其调出还原为视频信号。它具有图像清晰(DVD 画质),可长期无失真保存,可通过网络传输图像,录像数据准确快速定位回放,可有报警输出、联动和控制等先进的功能。

DVR 从组成结构上可划分为基于工控机加视频卡的 DVR、基于 PC 架构的嵌入式 DVR、脱离 PC 架构的嵌入式 DVR。DVR 从实现监控的路数上划分有 4～8 路的低路数 DVR、8～16 路的中路数 DVR、16～24 路及以上的高路数 DVR。DVR 的功能如下:

(1) 高速高画质录像。单主机可支持 4～24 路摄像机音视频同步高画质录像(D1,704×576,25 帧/秒)。

(2) 图像压缩方式。采用 MPEG4、H.264 等高压缩比算法,同时兼容多种压缩格式。录像压缩比大,数据量在 60～290MB/h 之间。例如 500GB 硬盘容量下,16路摄像机同时激活录像,CIF 格式的图像平均可存储 20 天。

(3) 智能型动态侦测、报警功能。每台摄像机均可独立设定警戒区域,对区域内的图像作数字对比,一旦有变动即触发录像和警报,播放警告音,同时自动拍照存证,并可自动远程报警,拍照图像可立即传输至远程计算机等。

(4) PTZ 功能。PTZ 是 Pan/Tilt/Zoom 的简写,代表云台全方位(上下、左右)移动及镜头变倍、变焦控制。DVR 可在系统软件中直接操作摄像机云台(云台可上、下、左、右控制摄影机转动)、镜头放大缩小、焦距及光圈调整(即把图像拉近拉远,放大缩小)。控制信号通过 RS485 传输到前端设备。

(5) 图像搜寻功能。包括回放智能检索、快进/快退/快放/慢放功能。文件列表搜寻模式、警报记录搜寻模式、指定时间搜寻模式等。自定义界面,1/4/9/16/25 路全实时显示、录像、回放。

(6) 多任务功能。监视、录像、回放、传输、备份可同时工作。

(7) 网络功能。支持局域网、互联网、电话网等方式传输实时预览、远程实时监看、远程控制录像、回放功能。

3. NVR

NVR(Net Video Recorder,网络视频录像机)是针对网络摄像机时代的需求发展起来的新一代数字视频录像机,相对于 DVR 而言,其核心优势主要体现在网络化。NVR 系统中,中心部署 NVR,监控点部署网络摄像机,监控点设备与中心 NVR之间通过任意 IP 网络相连。监控点视频、音频以及告警信号经网络摄像机或网络视频服务器数字化处理后,以 IP 码流形式上传到 NVR,由 NVR 进行集中录像存储和管理,如图 9-53 所示。

传统嵌入式 DVR 系统为模拟前端,监控点与中心 DVR 之间采用模拟方式互

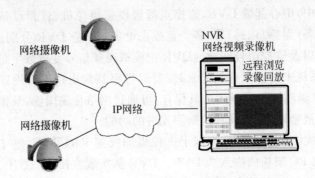

图 9-53　NVR 网络视频录像机系统

联，因受到传输距离以及模拟信号损失的影响，监控点的位置也存在很大的局限性，无法实现远程部署。而 NVR 作为全网络化架构的视频监控系统，监控点设备与 NVR 之间可以通过任意 IP 网络互联，并可在任意时间、任意地点对任意目标进行实时监控和管理。NVR 在部署、应用以及管理等各个方面提供了全数字、网络化的解决方案。

NVR 典型功能特性如下：

(1) 功能集成。集成存储、解码显示、拼接控制、智能分析等多种功能于一体，一机多用，部署简单，功能齐全。

(2) 稳定可靠。嵌入式软硬件设计、冗余电源、全插拔模块化设计，支持硬盘热插拔，支持 RAID0、RAID1、RAID10 和 RAID5，充分保障系统运行稳定、维护的便捷可靠。

(3) 全面高清。可支持 800 万像素高清网络视频的预览、存储与回放；支持 640/400Mbps 输入带宽，可接入 256/128 路高清网络视频。

(4) 支持接驳符合 ONVIF、PSIA 及众多主流厂商标准的网络摄像机。

(5) 支持多个 HDMI、VGA 口同时输出，且可分别标准预览或回放不同通道的图像。

(6) 可支持多个 SATA 接口，每个接口单盘最大支持 6TB 硬盘，可选配 miniSAS 高速扩展接口，充分满足高清存储所需硬盘空间。

(7) 多个千兆以太网口，多个千兆光口，可配置多网络 IP，充分满足网络预览、回放以及备份应用。

(8) 智能联动。支持 IPC 越界、进入区域、离开区域、区域入侵、徘徊、人员聚焦、快速移动、非法停车、物品遗留、物品拿取、音频输入异常、声强突变、虚焦以及场景变更等多种智能侦测接入与联动。

(9) 应用灵活。支持 IPC 集中管理，包括 IPC 参数配置、信息的导入/导出、信息的实时获取、语音对讲和升级等功能。

9.4.5　处理与控制设备

视频安防监控系统的处理与控制设备主要有视频矩阵、控制键盘等。

1. 视频矩阵

视频矩阵是指通过阵列切换的方法将 m 路视频信号任意输出至 n 路监视设备上的电子装置,一般情况下矩阵的输入大于输出即 $m>n$。例如 8 入 2 出、32 出 4 出、64 入 8 出等。有一些视频矩阵也带有音频切换功能,能将视频和音频信号进行同步切换,这种矩阵也叫做视音频矩阵。目前的视频矩阵就其实现方法来说有模拟矩阵和数字矩阵两大类。视频矩阵一般用于监控中心场合,可以把任意一路的摄像机信号送到任意一路的监视器上显示。此外,视频矩阵还具有 PTZ 控制功能,支持多个分控键盘控制,是先进的视频切换器。图 9-54 是某一视频矩阵的功能配置图。视频矩阵的发展方向是多功能、大容量、可联网以及可进行远程切换。

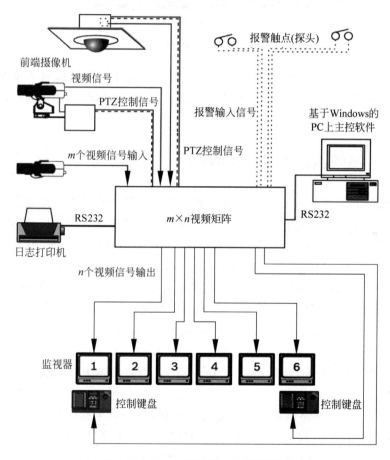

图 9-54　某一视频矩阵的功能配置图

2. 控制键盘

控制键盘是可控制矩阵、前端设备(PTZ)和 DVR 的电子装置,可独立使用,通常是与视频矩阵配合使用,能够进行系统控制和编程操作。它配有集成式变速摇摄/俯仰/变焦(云台)控制杆,并且采用了防泼溅设计,如图 9-55 所示。

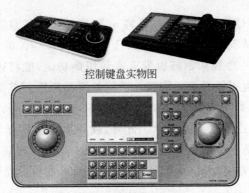

控制键盘实物图

典型控制键盘产品布置图

图 9-55　控制键盘实物图

控制键盘可进行用户密码输入、云台镜头控制、变速操纵杆控制变速球形摄像机、监视/摄像机选择、DVR 控制、报警布防撤防、报警联动设置、通过编程设定系统规模和控制范围等操作。

9.4.6　IP 视频监控的标准 ONVIF

随着数字视频监控市场的发展,数字视频监控系统中产品与产品之间的兼容性问题越来越严峻,为视频监控系统的应用带来了严重的阻碍,因此,标准化和开放性已经成为 IP 视频监控技术的核心问题。关于 IP 视频监控的标准,国际上主要有ONVIF、PSIA、HDCCTV 三大标准,国内则主要是 GB/T 28181 标准。早于 ONVIF成立的 PSIA 现在已基本销声匿迹,监控摄像机中难觅其身影。而 HDCCTV 的成员相对于 ONVIF 协议成员来说少之又少,难以与之抗衡。目前 ONVIF 组织的成员占据市场 3/4 的份额,已在北美、欧洲和亚洲地区拥有众多会员企业。除了三家发起公司外(安讯士、博世及索尼),佳能、松下、三星、思科、TI、海康威视、浙江大华、佳信捷、天地伟业、GE、Honeywell、Pelco、Pravis、ZTE 等有影响力的企业都参与到这个标准组织中。

ONVIF 开启了网络摄像机的标准协议时代,它的诞生标志着所有的前端 IPC设备和后端设备(平台软件、存储设备等)都将实现无缝连接。ONVIF 协议中设备管理和控制部分定义的接口均是以 Web Services 的形式提供,并涵盖了完全的XML 及 WSDL 的定义。每个支持 ONVIF 规范的终端设备都需提供与功能相应的Web Services。至于服务端与客户端的数据交互则采用了 SOAP 协议。

ONVIF 协议的出现解决了不同厂商之间开发的各类设备不能融合使用的难题,提供了统一的网络视频开发标准,实现了不同产品之间的集成。终端用户和集成用户也不需要被某些设备的固有解决方案所束缚。而其所采用的 Web Services

架构,也使得 ONVIF 协议更容易扩展。ONVIF 规范的发展是由市场来导向,由用户来充实的。每一个成员企业都拥有加强、扩充 ONVIF 规范的权利。ONVIF 规范所涵盖的领域将不断增大,门禁系统的相关内容也即将被纳入 ONVIF 规范之中。

9.4.7　视频安防监控系统方案

1. 中小型监控中心方案

在中小规模(视频监控点小于 24 路)的视频监控系统中,一般以 DVR 为核心来构建系统。图 9-56(a)为中小型模拟视频监视系统,图 9-56(b)为中小型数字视频监视系统。

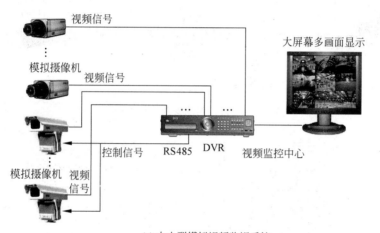

(a) 中小型模拟视频监视系统

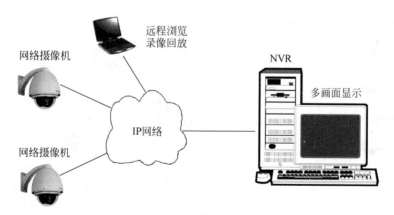

(b) 中小型数字视频监视系统

图 9-56　中小型视频监视系统

2. 大型监控中心方案

大型模拟视频监视系统如图 9-57 所示,大型数字视频监视系统如图 9-58 所示。

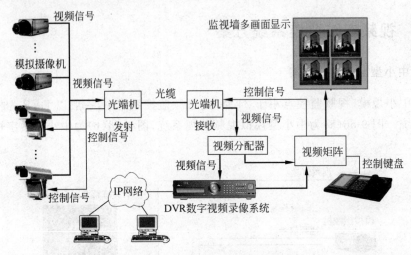

图 9-57　大型模拟视频监视系统

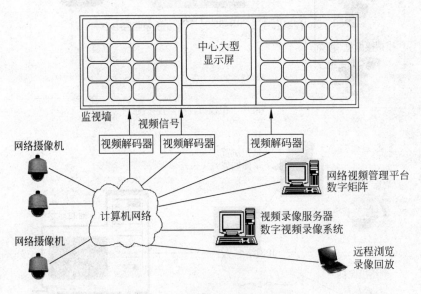

图 9-58　大型数字视频监视系统

9.4.8　大学校园视频安防监控系统案例

图 9-59 所示是某大学校园视频安防监控系统结构图。该系统主要监视各个教学楼、实验楼、工学馆、饭堂、学生公寓、教师公寓主要出入口和走廊等。系统由前端

设备(包括摄像机、镜头、防护罩、云台等辅件辅材)、传输器材/设备、视频服务器、网络交换机、视频解码器、存储服务器、中央控制管理 PC、监视墙视频显示设备、相关软件和其他辅助设备组成。

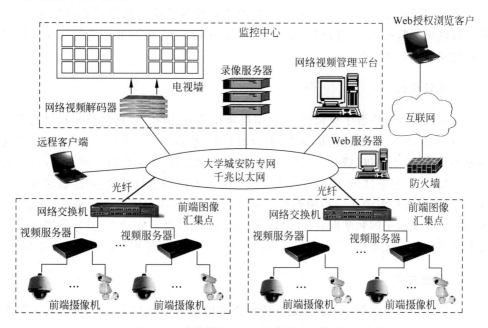

图 9-59 某大学校园视频安防监控系统结构

系统核心采用纯数字方式,所有监控图像数据在 IP 网络中传输,监控中心可以设置在网络的任何部位。系统的前端摄像机主要集中在各教学楼、实验楼、饭堂、学生公寓、教师公寓等处,所有前端信号直接接入视频服务器,经数字化后送到专用的安防 IP 网络;在本方案中采用 4 路全实时 MPEG4 视频服务器,即每 4 路摄像机信号接入 1 台视频服务器,图像数据通过安防专用网络进行传输。

校园保安监控中心是整个系统的"心脏"和"大脑",是实现整个系统功能的指挥中心。设置模拟监视墙,通过图像解码器还原网络上的数字图像,满足大屏幕监控的要求,通过管理服务器模拟键盘,能够切换前端各大楼的任意一路摄像机图像到监视墙上。另外,监控中心采用 4 台多媒体工作站,利用系统客户端软件在等离子显示 1/4/9/16 画面,也可以直接利用电子地图直观地监视前端每路图像。监控中心的功能包括在电视墙上所有摄像机图像信号的切换、摄像机、电动变焦镜头、云台控制,以完成对被监视场所全面、详细的监视或跟踪监视。监控中心的主要设备有:网络视频管理平台 PVG、集中录像存储服务器(共 5000GB)、Web 访问服务器、24 台视频解码器、24 台监视器、4 台 42 英寸等离子显示器、客户端工作站、客户端管理中心、核心交换机等。本系统也通过计算机网络与入侵报警系统实现联动控制,以形成完整的安全防范系统。

9.4.9 城市视频监控系统案例

城市视频监控系统是一个能将分散、独立的视频监控信息进行联网处理,实现跨区域的统一监控、统一管理及分级存储,满足远程监控、管理和信息传递需求的网络化视频监控业务平台。

1. 设计目标

本系统充分运用数字视频技术、模拟视频技术、通信技术、网络技术和相关系统及设备,采用实时动态监控、记录查询、分级控制、授权访问、资源共享等方式,实现对重要目标、重点单位、城际出入口、城区主干线、城区的繁华街道及重点路段、大型集贸市场、治安复杂区域、旅游点等重要部位的治安动态进行监控,并能根据地域管辖和需求,将监控图像实时传输到监控室和指挥中心,通过图像资源整合、共享,实时、清晰、直观地了解和掌握监控区域的三防、交通、社会治安动态,充分发挥电子监控和指挥网络系统在打击、预防犯罪,处置突发性事件,创建平安城市工作中的作用。

2. 系统方案

系统采用三级组网方式,以城市公安指挥中心为一级平台,公安分局、交警大队、区三防监控中心为二级平台,各派出所、街道监控中心为三级平台,留有与市应急指挥中心互联的接口,为市政府的"平安城市"提供服务。

系统信息(视频、控制信号)传输是整个系统建设的重要环节,本系统覆盖范围广,前端设备与监控中心距离长,为满足信号稳定有效地长距离传输、抗环境干扰的要求,本系统信号传输选用光纤网络。前端摄像机视频信号和控制信号分别通过视频电缆和通信控制电缆接入安装于立柱的电源箱内光端机后,通过光纤网络传输到各派出所、街道监控中心。监控点和监控中心的光缆链路采用点对点直接的方式,监控中心与指中心采用视频矩阵和 IP 网络联网的形式。

建成后的城市视频监控系统能进行多层分级联网,所有接入系统的单位都可以根据其管理权限进行远程图像的浏览、录像回放和云台镜头等的控制。

1)派出所监控中心

派出所监控中心方案图如图 9-60 所示。本监控中心除了实现对本辖区的监控外,还可通过区公安分局矩阵主机实现与边防、交警、三防、其他派出所之间的摄像机视频图像的相互调控,达到资源共享、协同作战的目的。

摄像机通过光端机及光纤网络接入本监控中心,视频信号接入视频分配器后分别分配给矩阵和 DVR,控制信号接入多通道码分配器,汇集后接入矩阵 RS422 通信口。

从区公安分局矩阵下传的多路视频信号和控制信号通过光端机及光纤网络接入本监控中心,视频信号接入矩阵视频输入口,控制信号接入设置在本中心的区公

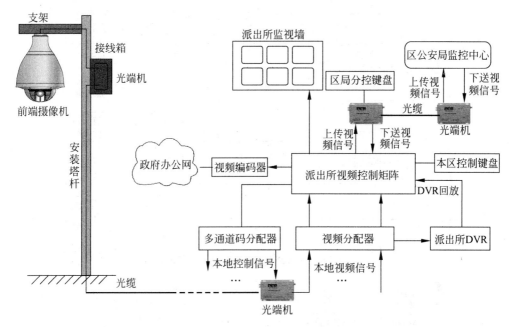

图 9-60　派出所监控中心方案图

安分局分控键盘,通过该分控键盘派出所操作人员,可根据区公安分局的授权自主地选择区公安分局下传的视频图像。

本地 DVR 输出的视频直接接入矩阵的输入端口,可通过键盘控制输出到监视墙的任意监视器上显示。

2) 区公安局监控中心

区公安局监控中心方案图如图 9-61 所示。区公安局监控中心给下属派出所、应急指挥中心、边防和交警的监控中心矩阵提供视频图像及其控制信号,各单位的授权用户通过本中心矩阵的协调监控到其他单位辖区的视频图像。视频数字编码可将接入区公安局矩阵的视频编码接入政府办公网。

本中心的图像均由下属派出所、边防和交警监控中心传送,而这些图像在各单位都有全天候的实时录像,所以不再重复录像,但利用 DVR 的网络功能,通过客户端软件可对其他单位的录像资料随时查看,并直接截取发生事件的录像片段,直接交给领导决策。

3) 城市公安指挥中心

城市公安指挥中心方案如图 9-62 所示,监控图像有两个来源:一是下属区公安局监控中心上传的实时图像,二是派出所数字编码上网的监控图像。

指挥中心配置一个控制键盘,可任意调控下属区公安局监控中心上传的实时图像输出到监视墙显示。指挥中心的监控客户端软件通过政府办公网可以观看到每个派出所、三防、交警监控中心共享部分、边防监控中心数字编码上传的任一路摄像机的图像。

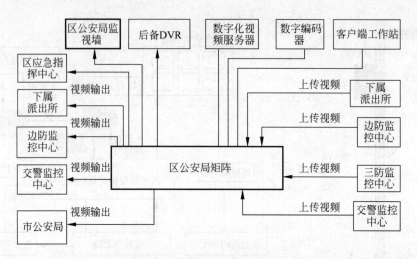

图 9-61　区公安局监控中心方案图

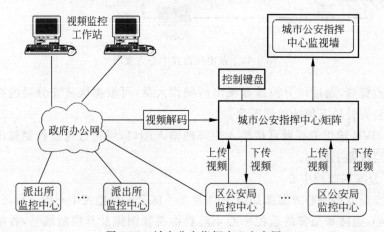

图 9-62　城市公安指挥中心方案图

设置网络视频解码器可接入政府办公网将数字视频硬解码,输出显示到监视墙上,在紧急指挥情况下,可将其安装到现场,组成数字视频指挥平台。

习题与思考题

1. 智能建筑对安全防范系统有哪些具体要求? 通常安全防范系统包含哪些内容?

2. 如何理解智能建筑的安防系统是一个有功能分层的体系?

3. 门禁系统的功能是什么? 有哪些组成部分?

4. 门禁系统有哪些辨识装置? 它们是如何工作的? 有什么特点?

5. 试述停车场管理系统的工作原理。

6. 试述楼宇可视对讲系统的工作原理。

7. 通道管制系统是如何通过计算机进行管理的?

8. 防盗报警系统的功能是什么? 有哪些组成部分?

9. 试述入侵探测器的种类和特点。

10. 什么是点控制入侵探测器? 举例说明。

11. 什么是线控制入侵探测器? 举例说明。

12. 什么是面控制入侵探测器? 举例说明。

13. 什么是空间控制入侵探测器? 举例说明。

14. 试述入侵探测器的选用原则。

15. 试述楼宇巡更系统的构成类型和选用原则。

16. 试述视频监控系统的组成原理及各部分的作用。

17. 第三代全数字化的网络监控方式有哪些特点?

18. 摄像机有哪些主要技术参数? 如何选用?

19. 镜头有哪些主要技术参数? 如何根据用途选配摄像机的镜头?

20. 云台的功能是什么? 有哪些主要技术参数?

21. 镜头和云台的控制方式有哪些? 有何协议标准?

22. 在视频监控系统中,有哪些常用的记录和显示装置?

23. 视频信号有哪些传输方式? 特点如何?

24. 试通过一个典型的案例说明视频监控系统的功能以及它是如何实现这些功能的。

25. 试用全数字化的网络监控方式组成一个中型(有 50 支摄像枪输入,其中 20 支摄像枪为带云台的)视频监控系统。

本章导读

对智能建筑的安全构成最大威胁的就是火灾,建筑物一旦发生火灾,后果将不堪设想。人的生命在火灾面前是极其脆弱的,所以,在进行智能建筑的消防系统设计时,应该将留给人们逃生的时间和逃生的环境条件放在首位。如何能做到这一点? 需要更加先进的火灾探测技术,更准确可靠的早期火灾报警,更有效的能延缓火势蔓延的自动化灭火装置。

本章着重讨论如何构建智能消防系统、火灾探测的技术、自动化灭火技术及与其他系统的联动控制技术。

10.1 概述

火灾是失去控制的燃烧,对人们的生命和财产的危害是巨大的,建筑物一旦发生火灾,后果将不堪设想。由于各种物质燃烧的机理非常复杂,客观而论,就当前的消防技术而言,人类在与火灾的斗争中尚处于下风。

人们首要面对的事实是:火灾大量消耗氧气会使人窒息;许多物质燃烧时所产生的烟雾和有毒有害气体对人体有窒息、麻醉、中毒等作用;燃烧产生的大量烟雾会大大影响人的视线,使人睁不开眼,给人们逃生、救援带来困难;燃烧产生的高温通过对流、辐射会对人体灼烫伤……

因此,在考虑消防系统设计时,必须坚持以人为本的原则。应该将留给人们逃生的时间和逃生的环境条件放在首位,智能化的消防系统应给建筑物内的人们多一些逃生的时间以及更好的逃生环境。如何能做到这一点? 需要更准确可靠的早期火灾探测和报警、更有效的能延缓火势蔓延的自动灭火装置。

对智能建筑的消防系统设计应立足于防患于未然,在尽量选用阻燃型的建筑装修材料的同时,其照明与配电系统、机电设备的控制系统等强电系统必须符合消防要求。再有就是建立起一个对各类火情能准确探测,快速报警,并迅速将火势扑灭在起始状态的智能消防系统。当然,这一切要建立在该建筑物大量采用优良的防火建材基础之上。

10.1.1 智能建筑对消防系统的要求

智能建筑多以高层和超高层建筑为主,且多为高级宾馆和高级办公大楼,对消防系统的要求很高。智能建筑应具有对火灾事故的应急及长效的安全技术保障体系,即火灾自动报警系统和应急联动系统。

本章所叙述的内容偏向于智能消防系统中火灾检测和应急联动控制部分,它综合应用了自动检测技术、现代电子工程技术及计算机技术等高新技术。火灾检测技术可以准确可靠地探测到火险所处的位置,自动发出警报,计算机接收到火情信息后自动进行火情信息处理,并据此对整个建筑内的消防设备、配电、照明、广播以及电梯等装置进行联动控制。火灾自动报警系统应符合下列要求:

(1) 建筑物内的主要场所宜选择智能型火灾探测器;在单一型火灾探测器不能有效探测火灾的场所,可采用复合型火灾探测器;在一些特殊部位及高大空间场所宜选用具有预警功能的线型光纤感温探测器或空气采样烟雾探测器等。

(2) 对于重要的建筑物,火灾自动报警系统的主机宜设有热备份,当系统的主用主机出现故障时,备份主机能及时投入运行,以提高系统的安全性、可靠性。

(3) 应配置带有汉化操作的界面,操作软件的配置应简单易操作。

(4) 应预留与 BAS 的数据通信接口,接口界面的各项技术指标均应符合相关要求。

(5) 应与安全技术防范系统实现互联,可实现安全技术防范系统作为火灾自动报警系统有效的辅助手段。在发生火灾情况下,视频安防监控系统可自动将显示内容切换成火警现场图像供消防监控中心室控制机房确认并记录,在线式电子巡查系统的巡查点可作为火灾手动报警的备份。

(6) 消防监控中心机房宜单独设置,当与 BAS 和安全技术防范系统等合用控制室时,各系统设备应占有独立的工作区,且相互间不会产生干扰。火灾自动报警系统的主机及与消防联动控制系统设备均应设在其中相对独立的空间内。

(7) 应符合现行国家标准《火灾自动报警系统设计规范》(GB 50116)等的有关规定。

(8) 因火灾自动报警系统的特殊性要求,BAS 应能对火灾自动报警系统进行监视,但不作控制。

火灾自动报警系统的设计工作应遵循安全第一、预防为主的原则,应严格保证系统及设备的可靠性,避免误报。同时系统应具有先进性和适用性。

10.1.2 智能建筑消防系统的构成

一个完整的消防体系构成如图 10-1 所示,由火灾自动报警设备、灭火设备及避难诱导设备组成。

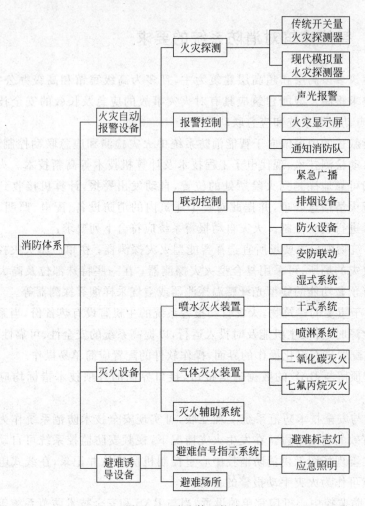

图 10-1　消防体系构成

消防体系的核心应该是火灾自动报警系统,由火灾探测、报警控制和联动控制 3 部分组成,如图 10-2 所示。

(1) 火灾探测与报警系统。它主要由火灾探测器和报警控制器等组成。火灾探测器是火灾自动报警系统的核心技术,传统火灾自动报警系统与智能型火灾报警系统之间的区别就在于探测器本身的性能。

(2) 报警、疏散与监视系统。由紧急广播系统(平时为背景音乐系统)、事故照明系统以及避难诱导灯等组成。

(3) 灭火控制系统。由自动喷洒装置、气体灭火控制装置、喷水灭火控制装置等构成。

(4) 防排烟控制系统。主要实现对防火门、防火阀、排烟口、防火卷帘、排烟风机、防烟垂壁等设备的控制。

需要特别指出的是,消防系统的供电属于一级用电负荷,消防供电应确保是高

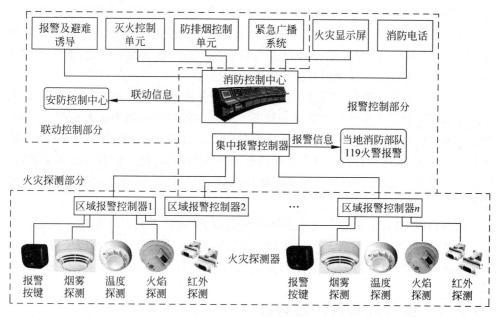

图 10-2　火灾自动报警系统的构成

可靠性的不间断供电。为做到万无一失,还应有一组备用电源作为消防供电的保障。

10.1.3　智能建筑消防系统的基本工作原理

智能建筑消防系统的基本工作原理是:当某区域出火灾时,该区域的火灾探测器探测到火灾信号,输入到区域报警控制器,再由集中报警控制器送到消防控制中心,控制中心判断了火灾的位置后立即向当地消防部队发出 119 火警,同时打开自动喷洒装置、气体或液体灭火器进行自动灭火。与此同时,紧急广播发出火灾报警广播,照明和避难诱导灯亮,引导人员疏散。此外,还可起动防火门、防火阀、排烟门、卷闸、排烟风机等进行隔离和排烟等。

10.2　火灾探测器

火灾探测器是能感知火灾发生时物质燃烧过程中所产生的各种理化现象,并据此判别火灾而发出警报信号的器件。严格意义上的火灾探测器是具有人工智能的,因为判别正常的燃烧与火灾是相对于人的控制能力而言的。在人的控制范围的燃烧是有用的火,超出人的控制范围的燃烧才是火灾。目前的火灾探测器实际上是"燃烧探测器",是通过检测燃烧过程中所产生的种种物理或化学现象来探测燃烧现象。

正是由于上述原因,当前的火灾探测器在实际应用中存在漏报、误报和迟报的现象,把火灾当成了火就发生漏报,把火当成了火灾就发生误报,火灾发生已经到了发展阶段才报警就是迟报。这三种现象直接反映了火灾探测器的可靠性。火灾自动报警系统的漏报、误报和迟报都会造成不可预计的严重后果。因此,增强火灾探测器可靠性是现代火灾探测报警技术的根本目标。

人们对于火灾探测器期望在于:首先要求能早期发现火灾,其次是消除误报和降低成本。智能型火灾探测器是一个发展方向。与传统的阈值型火灾探测器不同,智能型火灾探测器从火灾不同现象采集大量的火灾过程数据,再运用各类人工智能数据处理方法,从这些数据中寻出多样的报警和诊断判据,辨别虚假或真实火警,判断其发展程度。这种火灾探测器意味着具有较高"智能",可望能大幅度提高其可靠性。

应当指出,要真正实现火灾探测器研究的突破,需要人们对真正的火灾过程有深入的掌握,因为火灾不同于火,不同于受控的燃烧。需要建立一个能模拟火灾的实验室来验证和测试研究工作。要真正实现对火灾的探测还需要做许多研究工作。

10.2.1　室内火灾的发展特征

发生燃烧必须同时具备三个要素,俗称"火三角":可燃物、氧化剂、引火源。即使具备了燃烧的三要素,也不一定能发生燃烧。要发生燃烧,还必须具备以下两个条件:①可燃物与氧化剂作用并达到一定的数量比例;②要有足够能量和温度的引火源与反应物作用。

绝大部分火灾是发生在建筑物内,火最初都是发生在起火点,随着时间的增长,开始蔓延扩大直到整个空间、整个楼层甚至整座建筑物。室内火灾从起火到形成灾害是有个过程的,这个过程以火灾温度随着时间的变化来表示。其发展过程大致可分为 4 个阶段,即初起阶段、发展阶段、猛烈阶段和熄灭阶段,如图 10-3(a)所示。

1. 初起阶段

火灾初起阶段是从某一点或某件物品开始的,着火范围很小,燃烧产生的热量较小,烟气较少且流动速度很慢,火焰不大,辐射出的热量也不多,靠近火点的物品开始受热,气体对流,温度开始上升。此阶段的持续时间长短不同:如果起火物是易燃物质(如汽油、棉花类)则初起阶段持续时间短,约为几分钟;如果是烟头在沙发上阴燃到有火焰燃烧,则持续时间长,可达几十分钟。

火灾初起阶段如果能及时发现,是人员安全疏散和灭火最有利的时机,用较少的人力和简易灭火器材就能将火扑灭。此阶段的任何失策都会导致不良后果。比如,漏报警、灭火方法不当、不及时提醒和组织在场人员撤离等,都会错过有利的短暂时机,使火势得以扩大到发展阶段。因此,智能建筑消防系统的火灾探测和报警装置的重点应在此阶段,在初起阶段准确探测到火灾发生,不能漏报警,以利将火灾事故消灭在初起阶段。

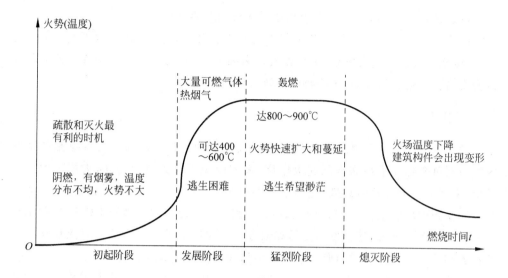

(a) 室内火灾发展特征曲线

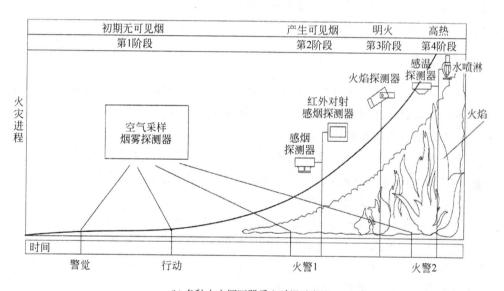

(b) 各种火灾探测器反应时间示意图

图 10-3 室内火灾发展特征和火灾探测器发应时间示意图

2. 发展阶段

发展阶段是指从起火点引燃周围可燃物到轰燃之间的过程。火焰由局部向周围物质蔓延,燃烧面积不断扩大,周围物品受热分解出大量可燃气体,从而加剧火势,热气对流加强,辐射热流强度也增大。热烟载热又很快传给周围物品,房间内温度上升很快,可达 400~600℃。这个阶段持续时间长短主要取决于可燃物的数量、燃烧性能以及通风条件。如果可燃物数量多,物质燃烧速度快,且通风良好,则持续时间较短,约 5~10min。发生轰燃后就进入猛烈阶段。

在此阶段,载温达 500℃的热烟气不仅加速了火灾的蔓延,而且很不利于人员疏散,直接威胁人员的生命安全,必须投入较多的人力、物力才能扑灭火灾。此阶段如果公安消防队赶不到火场,火势将很快转入猛烈燃烧阶段。

3. 猛烈阶段

猛烈阶段是指从轰燃发生后到火灾衰减之前的过程。所谓轰燃现象是指房间内的所有可燃物几乎瞬间全部起火燃烧,火灾面积扩大到整个房间,火焰辐射热量最多,房间温度上升并达到最高点,整体温度可达 800~900℃。火焰和热烟气通过开口和受到破坏的结构开裂处向走廊或其他房间蔓延。建筑物的不燃材料和结构的机械强度大大下降,甚至发生变形和倒塌。此阶段的重要特点之一是火势快速向外扩大和蔓延。持续的时间取决于建筑结构和可燃物的数量。

这个阶段,如果火场有被困人员,则救人的难度非常大,不仅需要很多的人力和器材扑救火灾,而且还需要用相当多的力量堵截控制火势以保护起火房间周围的建筑物,防止火势进一步扩大蔓延。

4. 熄灭阶段

熄灭阶段是指从火灾衰减到燃烧熄灭的过程。该阶段的前期,火灾仍然猛烈。火势被控制以后,可燃物数量逐渐减少,火场温度开始下降。由于燃烧时间长,建筑构件会出现变形或倒塌破坏现象。

由上述火灾发展阶段来看,初起阶段的火灾由于燃烧速度慢,火焰小,燃烧面积小,易于扑灭和控制。因此,尽早发现起火,立即采取措施扑灭,同时报警,组织在场人员迅速疏散是消防安全的关键。

目前工程中应用的火灾探测器实际上是"燃烧探测器",是通过检测燃烧过程中所产生的种种物理或化学现象来探测燃烧现象。正是由于上述原因,当前的各种火灾探测器在实际应用中均有一个"发应时间",如图 10-3(b)所示。早期火灾探测的主要手段是空气采样探测和烟雾探测。

10.2.2　火灾探测器的分类

火灾发生时,会产生出烟雾、高温、火光以及可燃性气体等理化现象,火灾探测器按其探测火灾不同的理化现象可分为感烟探测器、感温探测器、感光探测器、可燃性气体探测器等,如图 10-4 所示。按探测器结构可分为点型和线型。按探测器输出信号类型可分为阈值开关量和参数模拟量两类。火灾探测器算法分类如表 10-1 所示,应用分类如表 10-2 所示。

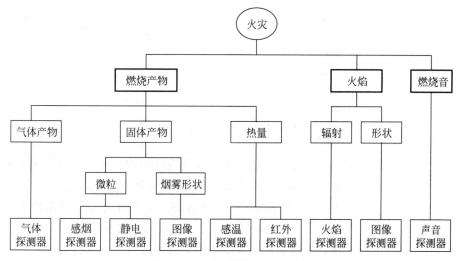

图 10-4　火灾探测器的原理分类

表 10-1　火灾探测器算法分类

算 法 分 类	算 法 名 称
基本处理算法	阈值法
	变化率检测法
	趋势算法
	斜率算法
	持续时间算法
统计检测算法	功率谱检测算法
	复合传感器信号算法
人工智能算法	神经网络算法
	机器视觉算法

表 10-2　火灾探测器应用分类

分　类	子　类		
感烟探测器	离子感烟型		
	光电感烟型	线型	红外光束型
			激光型
		点型	散射型
			逆光型
感温探测器	线型	差温 定温	管型
			电缆型
			半导体型
	点型	差温 定温 差定温	双金属型
			膜盒型
			易熔金属型
			半导体型

续表

分　类	子　类
感光探测器	紫外光型
	红外光型
可燃性气体探测器	催化型
	半导体型
复合式火灾探测器型	感温感烟、感光感烟、感光感温等

（1）线型火灾探测器。这是一种响应某一连续线路周围的火灾参数的火灾探测器，其连续线路可以是"硬"的，也可以是"软"的。如空气管线型差温火灾探测器，是由一条细长的铜管或不锈钢管构成"硬"的连续线路。又如红外光束线型感烟火灾探测器，是由发射器和接收器二者中间的红外光束构成"软"的连续线路。

（2）点型探测器。这是一种响应某一点周围的火灾参数的火灾探测器。大多数火灾探测器属于点型火灾探测器。

（3）感温火灾探测器。这是一种响应异常温度、温升速率和温差的火灾探测器。又可分为以下3种：定温火灾探测器，温度达到或超过预定值时响应的火灾探测器；差温火灾探测器，升温速率超过预定值时响应的感温火灾探测器；差定温火灾探测器，兼有差温、定温两种功能的感温火灾探测器。感温火灾探测器由于采用不同的敏感元件，如热敏电阻、热电偶、双金属片、易熔金属、膜盒和半导体等，又可派生出各种感温火灾探测器。

（4）感烟火灾探测器。这是一种响应燃烧或热解产生的固体或液体微粒的火灾探测器。由于它能探测物质燃烧初期所产生的气溶胶或烟雾粒子浓度，因此，感烟火灾探测器为"早期发现"探测器，也是目前应用最多的火灾探测器（占总量90%以上）。感烟火灾探测器根据其工作原理又可分为离子型、光电型、电容式和半导体型等几种。其中光电型感烟探测器按其动作原理的不同，还可以分为减光型（应用烟雾粒子对光路遮挡原理）和散光型（应用烟雾粒子对光散射原理）两种。

（5）感光火灾探测器。又称为火焰探测器。这是一种响应火焰辐射出的红外、紫外、可见光的火灾探测器，主要有红外火焰型和紫外火焰型两种。

（6）气体火灾探测器。这是一种响应燃烧或热解产生的气体的火灾探测器。在易燃易爆场合中主要探测气体（粉尘）的浓度，一般调整在爆炸下限浓度的$1/5\sim1/6$时动作报警。用作气体火灾探测器探测气体（粉尘）浓度的传感元件主要有铂丝、黑白元件和金属氧化物半导体（如金属氧化物、钙钛晶体和尖晶石）等几种。

（7）复合式火灾探测器。这是一种响应两种以上火灾参数的火灾探测器。主要有感温感烟火灾探测器、感光感烟火灾探测器、感光感温火灾探测器等。

（8）由开关量探测器改为模拟量传感器是火灾探测一个质的飞跃，将烟浓度、上升速率或其他感受参数以模拟值不断传给控制器，控制器用适当算法辨别虚假或真实火警，判断其发展程度和探测受污染的状态。使系统确定火灾的数据处理能力和智能化程度大为增加，减少了误报的概率。

（9）火灾探测器的发展。有通过图像识辨技术的机器人视觉型火灾探测器,有通过对温度变化的模式与火灾特征的比对等处理的智能型火灾探测器,还有应用人工智能原理和数据融合技术对多种数据进行分析处理的新型智能火灾探测器。

10.2.3　火灾探测器的系统组成方式

往往需要在一个区域安装多个火灾探测器来组成一个无盲区的探测网,这就涉及众多火灾探测器如何连接到火灾控制器组成一个火灾探测系统的组成方式问题。火灾探测器与控制器的接线方式有总线制和多线制两种方式。

1. 多线制系统的结构

多线制系统的特点是火灾控制器采用信号巡检且火灾探测器和火灾控制器之间采用硬线对应连接关系,如图 10-5 所示。多线制系统由于设计、施工和维护复杂,已逐步被淘汰。

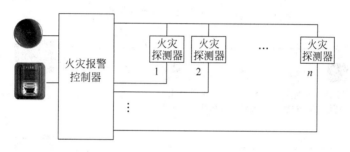

图 10-5　多线制系统的结构

2. 总线制系统的结构

总线制方式使用数字脉冲信号巡检和信息压缩传输,采用编码及译码逻辑电路来实现探测器与控制器的协议通信,大大减少了总线数,工程布线变得非常灵活,并形成树枝形和环形两种典型布线结构。二总线制和四总线制是常用的两种总线制,如图 10-6 所示。探测器与控制器、功能模块与控制器之间都采用总线连接,称为全总线制,可模块联动或硬线联动消防设备,抗干扰能力强,误报率低,系统总功耗小。

3. 区域火灾自动报警系统的结构

区域火灾自动报警系统的结构一般采用总线制和通用控制器,如图 10-7 所示。特点是火灾探测器仅完成火灾参数的有效采集、变换和传输,控制器采用计算机技术实现火灾信号识别、数据集中处理储存、系统巡检、报警灵敏度调整、火灾判定和消防设备联动等功能,并配以区域显示器完成分区声光报警,可以满足智能建筑的分区火灾自动报警需求。

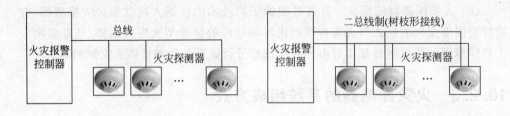

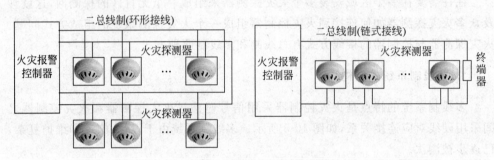

图 10-6　总线制系统的结构

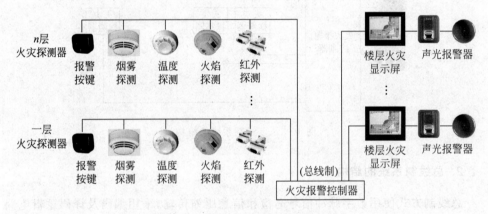

图 10-7　区域火灾自动报警系统结构

10.2.4　常用火灾探测器

1. 感烟式探测器

这是一种能探测物质燃烧所产生的气溶胶或烟雾粒子浓度的探测器。可分为根据散射光、透射光原理工作的光电感烟探测器和根据电离原理工作的离子感烟探测器,是一种点型火灾探测器。图 10-8 所示是一些感烟式探测器实物图。

在火灾的初期,由于温度较低,物质多处于阴燃阶段,所以在起火点的附近会产生大量的烟雾和少量的热,很少或没有火焰辐射。所以大多数的场所都选用感烟火灾探测器,为"早期发现"式探测器。

图 10-8　感烟式探测器实物图

1）离子感烟探测器

离子感烟火灾探测器主要由电离室、外壳及电路组成，其电离室结构和电气特性如图 10-9 所示。

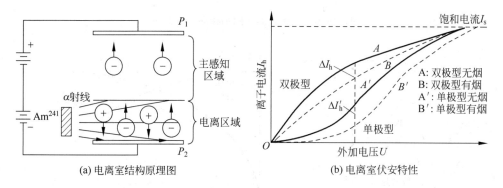

(a) 电离室结构原理图　　　　(b) 电离室伏安特性

图 10-9　电离室结构和电气特性

电离室两极间的空气分子受放射源 Am^{241} 不断放出的 α 射线照射，将电离室内部的空气电离成正负离子。在电离室的两个极板之间加一电压，使极板间形成稳定的电场，在该电场作用下，正负离子会分别向负正极板运动，从而形成离子电流。此时，若有烟雾离子进入电离化区域时，由于烟雾离子的直径大小超过被电离的空气离子的直径，会对空气离子产生阻挡作用，同时也会因"电荷异性相吸"原理而与异性空气离子相结合产生吸附作用，最后导致的结果就是离子电流减小，当电流低于预定值时，探测器便会发出警报信号。

显然，烟雾浓度大小可以以离子电流的变化量大小进行表示，从而实现对火灾过程中烟雾浓度这个参数的探测。

（1）双源式离子感烟探测器。这是一种双放射源双电离室结构的感烟探测器，其原理如图 10-10 所示。一室为检测用开室结构电离室 M；另一室为补偿用闭室结构电离室 R。这两个室反向串联在一起。无烟时，探测器工作在 A 点。有烟时，由于检测室 M 中离子减少且离子运动速度减慢，相当于其内阻变大。离子电流从正常状态的 I 减小到 I'，探测器工作点移至 B 点。A 点和 B 点间的电压增量 ΔV 即反映了烟雾浓度的大小。通过检测 V_1 或 V_2 的变化量实现对烟雾浓度参数的探测。

（2）单源式离子感烟探测器。单源式离子感烟探测器原理示意图如图 10-11 所示。其检测电离室和补偿电离室由电极板 P_1、P_2 和 P_m 等构成，共用一个放射源。其检测室和补偿室都工作在非饱和灵敏区，极板 P_m 上电位的变化量大小反映了烟雾浓度的大小。

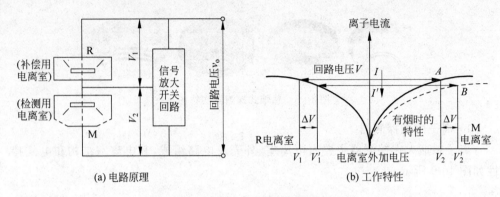

(a) 电路原理　　　　　　　　　　(b) 工作特性

图 10-10　双源式离子感烟探测器原理图

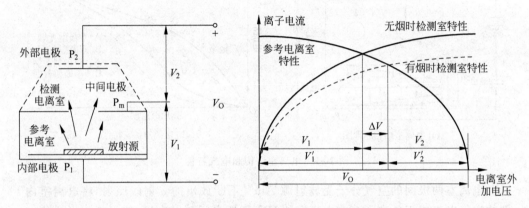

图 10-11　单源式离子感烟探测器原理示意图

单源式感烟探测器的检测室和补偿室在结构上都是开室,两者受环境温度、湿度、气压等因素的影响均相同,可以相互抵消,因而提高了对环境的适应性。

2) 光电感烟式探测器

光电感烟式探测器的基本原理是,利用烟雾粒子对光线产生遮挡和散射作用来检测烟雾的存在。下面分别介绍遮光型感烟探测器和散射型感烟探测器。

(1) 点型遮光感烟探测器。这种探测器的结构及原理示意图如图 10-12 所示。其中的烟室为特殊结构的暗室,外部光线进不去,但烟雾粒子可以进入烟室。烟室内有一个发光元件及一个受光元件。发光元件发出的光直射在受光元件上,产生一个固定的光敏电流。当烟雾粒子进入烟室后,光被烟雾粒子遮挡,到达受光元件的光通量减弱,相应的光敏电流减小,当光敏电流减小到某个设定值时,该感烟探测器发出报警信号。

(2) 线型遮光感烟探测器。这种探测器在原理上与点型探测器相似,但在结构上有区别。点型探测器中发光及受光元件同在一暗室内,整个探测器为一体化结构。而线型遮光探测器中的发光元件和受光元件是分为两个部分安装的,两者相距一段距离,其原理及实物图如图 10-13 所示。

光束通过路径上无烟时,受光元件产生一个固定光敏电流,无报警输出。而当

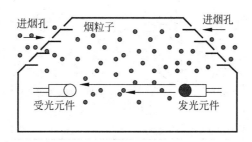

图 10-12　点型遮光感烟探测器的结构及原理示意图

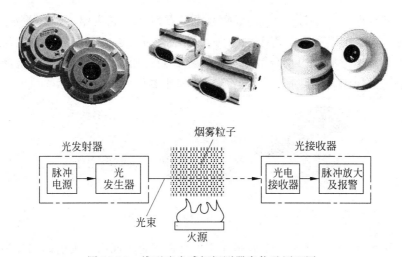

图 10-13　线型遮光感烟探测器实物及原理图

光束通过路径上有烟时,则光束被烟雾粒子遮挡而减弱,相应的受光元件产生的光敏电流下降,当下降到一定程度时,探测器发出报警信号。

线型光束探测器在一个长达 100m 的路径上可代替若干个点型感烟探测器,具有保护面积大、安装位置较高、在相对湿度较高和强电场环境中反应速度快等优点,适宜保护较大的室内、外场所,例如大型的展览场馆、体育场馆等。

(3)散射型感烟探测器。其原理如图 10-14 所示。其中的烟室也为一个特殊结构的暗室,进烟不进光。烟室内有一个发光元件,同时有一个受光元件,与遮光感烟探测器不同的是,发射光束不是直射在受光元件上,而是与受光元件错开。这样,无烟时受光元件上不受光,没有光敏电流产生。当有烟进入烟室时,光束受到烟雾粒子的反射及散射而到达受光元件,产生光敏电流,当该电流增大到一定程度时则感烟探测器发出报警信号。

2. 感温式探测器

物质在燃烧过程中释放出大量的热,使环境温度升高,通过检测环境温度及其变化量可以探测火灾发生。与感烟及其他类型探测器相比,其可靠性高但灵敏度略低,反应时间滞后,不太适宜早期火灾的探测。由于热敏元件种类繁多,因而按其感

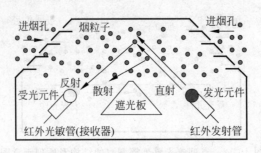

图 10-14　散射型感烟探测器原理

热效果和结构形式可分为点型、线型两大类。点型又分成定温、差温、差定温 3 种。线型又分为缆式定温和空气管差温两种。将差温和定温火灾探测器有机组合的差定温探测器是一种常用的复合型火灾探测器。而采用热敏电阻作温度检测元件的电子式差定温探测器是目前的主流。感温式探测器如图 10-15 所示。

图 10-15　感温式探测器实物图

（1）点型定温式探测器。定温式探测器是在规定时间内火灾引起的环境温度达到或超过预定值时便产生报警信号。可利用双金属片、易熔金属、热电偶、热敏电阻等热敏元件。

（2）线型定温式探测器。这种探测器的温度检测元件是感温电缆,如图 10-16 所示,其导线外层覆盖负温度系数热敏绝缘材料,相互绞合后外加护套形成线缆,能够对沿着其安装长度范围内任意一点的温度变化进行探测。

感温电缆中心导体外面是负温度系数热敏绝缘材料。温度上升时,感温电缆线芯之间的电阻减小。当温度上升至响应值时,感温电缆线芯的热敏绝缘材料导通,导体相互短路,因而产生报警信号。额定动作温度等级分为 70℃、85℃、105℃、138℃、180℃。根据安装场所的不同,用不同的塑料外护套将感温电缆封装起来,为提高产品的电磁兼容性和爆炸场所的安全需要,在感温电缆的外面可以编织金属护套。

应用计算机实时检测感温电缆线芯之间的阻值变化,按照先进的算法进行处理,当阻值变化的曲线符合火灾模型时,发出火灾报警信号,这样的线型定温火灾探测器更加可靠。

线型定温火灾探测器能够对在其敷设的整个长度范围内任何一点进行火灾探测,并能够显示火灾发生点距离感温电缆敷设起始点的距离。

线型感温电缆探测范围大,灵敏性高,具有优越的环境干扰抵御能力,在湿度

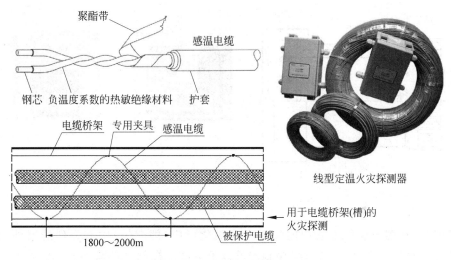

图 10-16 线型定温式探测器

大、粉尘大、腐蚀性强的环境下仍然能可靠地工作,广泛应用在各种工业环境中,适宜保护电缆隧道等工业建筑或特殊的应用场所。

（3）差温式探测器。这种探测器是在规定时间内环境温度上升速率超过预定值时报警响应。它也有线型和点型两种结构。线型是根据广泛的热效应而动作的,主要感温器件有按探测面积蛇形连续布置的空气管、分布式连接的热电偶、热敏电阻等。点型则是根据局部的热效应而动作的,主要感温器件是空气膜盒、热敏电阻等。

（4）差定温式探测器。顾名思义,这种探测器结合了定温和差温两种工作原理,并将两者组合在一起。差定温式探测器一般多为膜盒式或热敏电阻等点型的组合式感温探测器。

3. 感光式火灾探测器

感光式火灾探测器又称火焰探测器,主要对火焰辐射出的红外、紫外、可见光予以响应。常用的有红外火焰型和紫外火焰型。

（1）红外式火焰探测器。这种探测器是利用火焰的红外辐射和闪烁现象来探测火灾。红外光的波长较长,烟雾粒子对其吸收和衰减远比紫外光及可见光弱。所以,即使火灾现场有大量烟雾,并且距红外式火焰探测器较远,红外式火焰探测器依然能接收到红外光。为区别背景红外辐射和其他光源中含有的红外光,红外式火焰探测器还要能够识别火焰所特有的明暗闪烁现象,火焰闪烁频率在 $3\sim30\mathrm{Hz}$ 的范围。

图 10-17 是红外式火焰探测器的结构。为了保证红外光敏元件只接收红外光,在光传输路径上还要设置一块红玻璃片和一块锗片,以滤除红外光之外的其他光。该红外式火焰探测器对于 $0.3\mathrm{m}^2$ 的火焰能在相距 45m 处探测到并发出报警信号。

（2）紫外式火焰探测器。对易燃、易爆物(汽油、酒精、煤油、易燃化工原料等)引

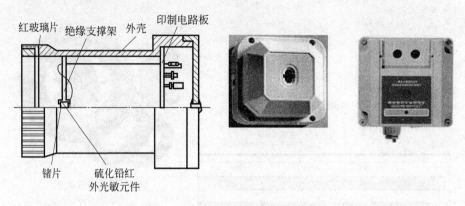

图 10-17　红外式火焰探测器的结构

发的燃烧,在燃烧过程中它们的氢氧根在氧化反应(即燃烧)中有强烈的紫外光辐射。在这种场合下,紫外式火焰探测器可以很灵敏地探测这种紫外光。紫外式火焰探测器的检测元件是紫外光敏管,其工作原理如图 10-18 所示。

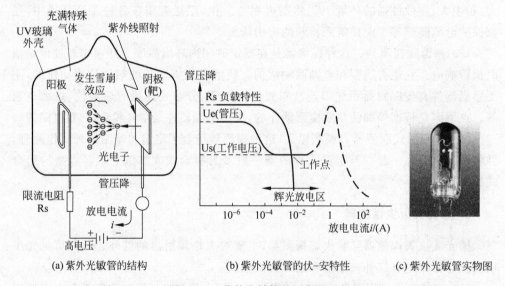

(a) 紫外光敏管的结构　　　　(b) 紫外光敏管的伏-安特性　　　(c) 紫外光敏管实物图

图 10-18　紫外光敏管的工作原理

　　紫外光敏管玻璃罩内是两根高纯度的钨丝或钼丝电极,罩内充满氢、氦气体。当阴极受到紫外光辐射时即发出光电子,并在两电极间的高压电场中被加速,这些高速运动的电子与罩内的氢、氦气体分子发生撞击而使之离化,最终造成"雪崩"式放电,相当于两电极导通。图 10-19 所示是紫外式火焰探测器的电路原理。紫外式火焰探测器具有灵敏度高以及反应时间极快的特点。对无烟燃烧类的蓝色火焰极其敏感,常用来探测易燃易爆气体和液体的早期火源。

　　(3) 红外紫外复合式火焰探测器。这是结合了红外和紫外两种火焰探测原理,并将两者复合在一起的组合探测器。

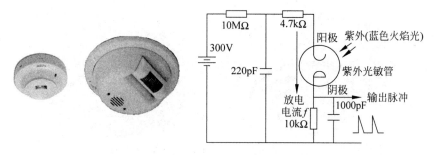

图 10-19　紫外式火焰探测器电路原理

4. 可燃气体探测器

可燃气体探测器是对单一或多种可燃气体浓度响应的探测器。对可燃气体可能泄漏的危险场所应安装可燃气体探测器,这样可以更好地杜绝一些重大火灾的发生。可燃气体探测器有催化型和半导体型两种。

催化型可燃气体探测器是利用难熔金属铂丝加热后的电阻变化来测定可燃气体浓度。当可燃气体进入探测器时,在铂丝表面引起氧化反应(无焰燃烧),其产生的热量使铂丝的温度升高,而铂丝的电阻率便发生变化。

半导体可燃气体探测器采用灵敏度较高的气敏半导体元件,它在工作状态时,遇到可燃气体,半导体电阻下降,下降值与可燃气体浓度有对应关系。

5. 火灾探测器的发展

(1) 多参量多判据复合探测技术。现代火灾探测器发展的一个方向是多参量/多判据技术,多个传感器从火灾的不同现象获得多个信号,并从这些信号寻出多样的报警和诊断判据。例如,探测器中装有 3 只传感器:光学、热敏和化学传感器。所有传感器信号均通过内部评估电子元件进行连续分析,并相互链接。传感器之间的链接意味着此组合型探测器可适用于正常工作会产生薄烟、蒸汽或灰尘的环境中。只有当信号组合与在编程期间选定的安装位置特征图相对应时,报警才会被自动触发。这可防止误报,进一步提升了安防级别。此外,还具有火灾的时间曲线分析和传感器故障检测功能,从而提高了每个传感器检测的可靠性。光学/热敏/化学多传感器探测器如图 10-20(a)所示。

(2) 空气采样感烟探测技术。这是一种通过管道抽取被保护空间的空气样本到中心检测室,以监视被保护空间内烟雾存在与否的火灾探测器。该技术在探测方式上突破了被动式感知火灾烟气、温度和火焰等参数特性的传统,主动进行空气采样,快速、动态地识别和判断可燃物质受热分解或燃烧释放到空气中的各种聚合物分子和烟粒子,具有很高的灵敏度,用于早期火灾智能预警,如图 10-20(b)所示。

由于火灾发生时空气中的 CO 含量变化早于烟雾和火焰的生成,如增加对空气样本 CO 含量的检测,其灵敏度更高,并能提供甚早期火灾探测。

光学/热敏/化学多传感器探测器　　　四合一智能探测器(集成语音、闪灯功能)

(a) 新型智能化火灾探测器

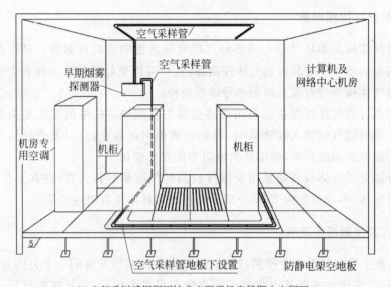

(b) 空气采样感烟探测技术应用于机房早期火灾探测

图 10-20　火灾探测器的发展

（3）多功能复合探测器。将多种探测与报警功能复合在一体，内置 CPU 分析数据，真正分布智能，是一个发展趋势。例如，四合一智能探测器包括双光电烟温复合探测器带声音、语音及闪灯报警。内置 CPU 分析数据，将报警摘要、探测器参数及受污染程度等信息存储在探测器数据库中，以便随时查阅。主机瘫痪时，探测器仍能准确报警，每个探测器可选择探测、闪灯、发声和语音 4 种功能形式的不同组合，同时还具备同步发送警报的功能，语音报警支持多国语言，如普通话、英语等，适合不同地区以及各种场所使用，每一个探测器的各种警报功能均可独立设置，而且共用一个地址，如图 10-20(a)所示。

（4）多探测器协同探测。每一只探测器在进行其模拟量报警判定时，要参照相邻探测器的读数，可用于抑制某些误报现象，并对真实的火灾作出较快的响应。

10.2.5　火灾探测器的选用及设置

1. 火灾探测器的选用

火灾探测器的选择应符合下列要求：

（1）对火灾初期有阴燃阶段，产生大量的烟和少量的热，很少或没有火陷辐射的场所，应选择感烟探测器。

（2）对火灾发展迅速，可产生大量热、烟和火焰辐射的场所，可选择感温探测器、感烟探测器、火焰探测器或其组合。

（3）对火灾发展迅速，有强列的火焰辐射和少量的烟、热的场所，应选择火焰探测器。

（4）对火灾形成特征不可预料的场所，可根据模拟实验的结果选择探测器。

（5）对使用、生产或聚集可燃气体或可燃液体蒸气的场所，应选择可燃气体探测器。

2. 探测器设置要点

（1）火灾探测区域一般以独立的房间划分，探测区域内的每个房间内至少应设置一只探测器。一个探测区域的面积不宜超过 $500m^2$；从主要入口能看清其内部，且面积不超过 $1000m^2$ 的房间，也可划为一个探测区域。在敞开或封闭的楼梯间、消防电梯前室、走道、坡道、管道井、闷顶、夹层等场所都应单独划分出探测区域。

（2）探测器的设置一般按保护面积确定，每只探测器保护面积和保护半径的确定要考虑到房间高度、屋顶坡度、探测器自身灵敏度 3 个主要因素的影响，但在有梁的顶棚上设置探测器时必须考虑到梁突出顶棚影响。

（3）在设置火灾探测器时，还要考虑智能建筑内部走道宽度、至端墙的距离、至墙壁梁边距离、空调通风口距离以及房间隔情况等的影响。

（4）探测器总数确定

首先确定一个探测区域所需设置的探测器数量，其计算公式为

$$N = \frac{S}{KA}$$

式中，N 为探测器数量（只），取整数；S 为该探测区域的面积（m^2）；A 为探测器的保护面积（m^2）；K 为修正系数，特级保护对象取 $0.7 \sim 0.8$，一级保护对象取 $0.8 \sim 0.9$，二级保护对象取 $0.9 \sim 1.0$。

全部探测区域所需探测器数量的总和即为该建筑需要配置的探测器总数量。

3. 探测器的定期试验和清洗维护

火灾自动报警系统经过一段时间的运行后，火灾探测器可能会由于各种环境因素如空气污染或积累灰尘的影响而出现漏报和误报现象，有的甚至导致整个系统运

行混乱,不能发挥其应有的作用。所以需要对火灾自动报警系统进行定期检查和试验,火灾探测器投入使用两年后,应每隔三年全部清洗一遍,并作响应阈值及其他必要的功能试验,合格者方可继续使用。

火灾探测器要由符合一定条件的专业机构清洗,以免损伤探测器部件和降低灵敏度。目前,国内采用的清洗方法主要有超声含氟溶剂清洗方式、超声汽相清洗方式和超声纯水溶剂清洗方式 3 种。这 3 种方法都是采用超声波清洗工艺,但因第三种方法以纯水溶剂代替含氟溶剂,符合国际上限制和停止氟利昂生产和应用公约,故是较先进的清洗方式。

10.3　火灾报警控制器及火灾报警系统

10.3.1　作用与类型

火灾自动报警控制器给火灾探测器供电,接收来自探测器的火灾信号,采用声光报警并将火灾信息传送到上一级监控中心,同时能自动输出控制指令到其他联动设备,控制它们做出相应动作。

根据工程规模的大小,火灾自动报警系统分为区域报警系统、集中报警系统和控制中心报警系统 3 种基本形式,如图 10-21 所示。

区域报警系统(local alarm system)应用于小区域的火灾报警(几十个报警点),由区域火灾报警控制器和火灾探测器等组成,或由火灾报警控制器和火灾探测器等组成,是功能简单的火灾自动报警系统。

集中报警系统(remote alarm system)应用于中等区域的火灾报警(几百个报警点),由集中火灾报警控制器、区域火灾报警控制器和火灾探测器组成,或由火灾报警控制器、区域显示器和火灾探测器等组成,是功能较复杂的火灾自动报警系统。

控制中心报警系统(control center alarm system)应用于大区域的火灾报警(成千上万个报警点),由消防控制室的消防控制设备、集中火灾报警控制器、区域火灾报警控制器和火灾探测器等组成,或由消防控制室的消防控制设备、火灾报警控制器、区域显示器和火灾探测器等组成,是功能复杂的火灾自动报警系统。

相应的火灾报警控制器也有 3 种类型:区域报警控制器、集中报警控制器和通用报警控制器。区域报警控制器是接收火灾探测器发来报警信号的多路火灾报警控制器。集中报警控制器是接收区域报警控制器发来的报警信号的多路火灾报警控制器。通用报警控制器是既可作区域报警控制器又可作集中报警控制器的多路火灾报警控制器。

火灾报警控制器性能好坏直接关系到火灾的早期发现和扑救的成功与否,对于能否将火灾带来的损失限制在最小范围起着决定性作用。它的主要技术性能包括以下一些内容:确保不漏报;减少误报率;自检和巡检,确保线路完好,信号可靠传输;火警优先于故障报警;电源监测及自动切换,主电源断电时能自动切换到备用

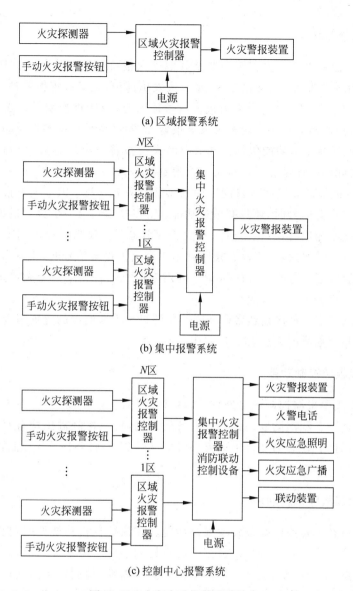

图 10-21　火灾自动报警系统结构

电源上,同时具备电源状态监测电路;具有控制功能,能驱动外控继电器,以便联动所需控制的消防设备;兼容性强,调试及维护方便;工程布线简单、灵活。

10.3.2　火灾报警控制器功能

　　火灾报警控制器的功能包括火灾报警功能、火灾报警控制功能、故障报警功能、屏蔽功能、监管功能、自检功能、信息显示与查询功能、系统兼容功能、电源功能、软件控制功能等。

1. 火灾报警功能

（1）控制器接收来自火灾探测器及其他火灾报警触发器件的火灾报警信号，应在 10s 内发出火灾报警声、光信号，指示火灾发生部位，记录火灾报警时间，并予以保持，直至手动复位消除，当再有火灾报警信号输入时，应能再次启动。当有手动报警信号输入时，控制器应在 10s 内发出火灾报警，并明确指示该报警是手动火灾报警。

（2）火灾报警显示功能包括：显示当前火灾报警部位的总数，最先火灾报警部位，按报警时间顺序连续显示后续火灾报警部位等。

（3）当控制器需要接收来自同一探测器(区)两个或两个以上火灾报警信号才能确定发出火灾报警信号时，还具有下述功能：①在接收到第一个火灾报警信号时，仅发出信号并指示相应部位，但不进入火灾报警状态；②仅当在接收到第一个火灾报警信号后的 60s 时间内，控制器又接收到第二个火灾报警信号时，才发出火灾报警并进入火灾报警状态；③控制器在 30min 内仍未接收到后续第二个火灾报警信号时，对第一个火灾报警信号自动复位。

（4）当控制器需要接收到来自不同部位两只火灾探测器的火灾报警信号才能确定发出火灾报警信号时，其功能与(3)相类似。

2. 火灾报警控制功能

除了声/光警报器控制输出外，控制器可设置其他控制输出(应少于 6 点)，用于火灾报警传输设备和消防联动设备等设备的控制，每一控制输出均有对应的手动直接控制按钮(键)。控制器在发出火灾报警信号后 3s 内启动相关的控制输出(有延时要求时除外)。

3. 自检和故障报警功能

（1）控制器应具备自检和故障报警功能。在执行自检功能期间，受其控制的外接设备和输出接点均不应动作。控制器的自检功能应不影响非自检部位、探测区和控制器本身的火灾报警功能。当控制器检测到其内部、控制器与其连接的部件间发生故障时，应在 100s 内发出与火灾报警信号有明显区别的故障声、光报警信号，故障报警信号应能手动消除。再有故障信号输入时，应能再启动报警，故障报警信号应保持至故障排除。

（2）控制器应能显示下述故障的部位：①控制器与火灾探测器、手动火灾报警按钮及完成传输火灾报警信号功能部件间连接线的断路、短路(短路时发出火灾报警信号除外)和影响火灾报警功能的接地，探头与底座间连接断路；②控制器与火灾显示盘间连接线的断路、短路和影响功能的接地；③控制器与其控制的火灾声/光警报器、火灾报警传输设备和消防联动设备间连接线的断路、短路和影响功能的接地。

（3）控制器应能显示下述故障的类型：①给备用电源充电的充电器与备用电源间连接线的断路、短路；②备用电源与其负载间连接线的断路、短路；③主电源欠电压。

（4）任一故障均不应影响非故障部分的正常工作。当控制器采用总线工作方式时，应设有总线短路隔离器。短路隔离器动作时，控制器应能指示出被隔离部件的部位号。当某一总线发生一处短路故障导致短路隔离器动作时，受短路隔离器影响的部件数量不应超过 32 个。

4. 信息显示与查询功能

控制器信息显示按火灾报警、监管报警及其他状态顺序由高至低排列信息显示等级，高等级的状态信息应优先显示，低等级状态信息显示不应影响高等级状态信息显示，显示的信息应与对应的状态一致且易于辨识。当控制器处于某一高等级状态显示时，应能通过手动操作查询其他低等级状态信息，各状态信息不应交替显示。

5. 系统兼容功能

区域控制器应能向集中控制器发送火灾报警、火灾报警控制、故障报警、自检以及可能具有的监管报警、屏蔽、延时等各种完整信息，并应能接收、处理集中控制器的相关指令。集中控制器应能接收和显示来自各区域控制器的各种完整信息，进入相应状态，并应能向区域控制器发出控制指令。集中控制器在与其连接的区域控制器间连接线发生断路、短路和影响功能的接地时应能进入故障状态并显示区域控制器的部位。

6. 电源自动切换功能

控制器应具有备用电源自动切换装置。当主电源断电时自动切换到备用电源供电，当主电源恢复时自动恢复到主电源供电。备用电源的容量应可提供控制器在监视状态下工作 8h 后，并且在下述条件下再可工作 30min：①控制器容量不超过 10 个报警部位时，所有报警部位均处于报警状态；②控制器容量超过 10 个报警部位时，1/15 的报警部位（不少于 10 个报警部位，但不超过 32 个报警部位）处于报警状态。

10.3.3　火灾报警控制系统结构

1. 区域火灾报警系统

区域火灾报警系统应用于小区域的火灾报警，如住宅、营业所等。其系统结构图如图 10-22 所示。无线火灾探测器应用在难以布线的场合，如大理石墙面的建筑、文化遗产、博物馆、图书馆等，如图 10-23 所示。

2. 集中火灾报警系统

集中火灾报警系统是将若干个区域报警控制器连成一体，组成一个更大规模的火灾自动报警系统。集中火灾报警系统应用于中大型区域的火灾报警，如校园、住宅小区等。其系统结构图如图 10-24 和图 10-25 所示。

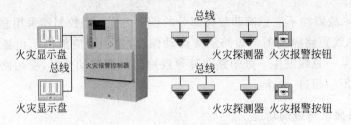

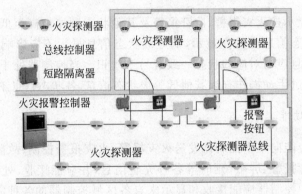

图 10-22　区域火灾报警系统结构图

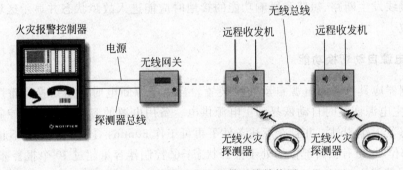

图 10-23　无线火灾报警系统结构图

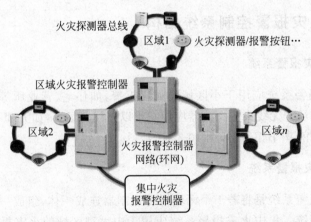

图 10-24　环网式集中火灾报警系统结构

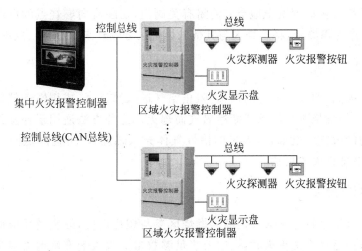

图 10-25　总线式集中火灾报警系统结构

集中火灾报警控制系统除了具有声光报警、自检及巡检、计时和电源等主要功能外,还具有扩展了的外控功能,如消防设备联动控制、火警广播、火警电话、火灾事故照明等。

10.4　自动灭火系统

10.4.1　灭火的基本原理

灭火的基本原理就是破坏燃烧必须具备的条件。不管采用哪一种方法,只要能去掉一个燃烧条件,火就可被扑灭。灭火的方法有冷却灭火法、隔离灭火法、窒息灭火法、抑制灭火法等。

1. 冷却灭火法

冷却灭火法是向火场的燃烧点喷水或喷射灭火剂,使可燃物的温度降低到燃点以下,从而使燃烧停止。用水扑灭火灾,其主要作用就是冷却灭火。对着火物表面喷射 CO_2 泡沫也起冷却作用。

在灭火时除了用喷水冷却法直接灭火外,还经常使用水冷却尚未燃烧的可燃物质,防止其达到燃点而着火;还可用水冷却建筑构件、设备或容器等,以防止其受热变形或爆炸。

2. 隔离灭火法

将燃烧物与附近可燃物隔离或者疏散开,从而使燃烧停止,这就是隔离灭火法。其灭火机理是中断可燃物的供给,破坏燃烧持续必需的要素,而使燃烧终止。采取隔离灭火的具体措施很多。例如,将火源附近能够成为火势蔓延媒介的易燃、可燃或易爆物质尽快转移到安全地点;关闭有关阀门,切断流向燃烧点的可燃气体和液体;用水幕作为隔离带,将燃烧区与其他未燃烧区分隔开来,以阻隔、控制火势等。

3. 窒息灭火法

窒息灭火法,即采取适当的措施,阻止空气进入燃烧区,或用惰性气体稀释空气中的氧含量,使燃烧物质缺乏或断绝氧气而熄灭。这种方法适用于扑救封闭式的空间及容器内的火灾。例如,将大量的惰性气体充入燃烧区,迅速降低空气中氧的含量,以达到窒息灭火的目的。

4. 抑制灭火法

抑制灭火法是将化学灭火剂喷入燃烧区参与燃烧反应,终止链反应而使燃烧反应停止。采用这种方法灭火时,一定要将足够数量的灭火剂准确地喷射在燃烧区域内,使灭火剂参与和阻断燃烧反应,否则将起不到抑制燃烧反应的作用。同时还要采取必要的冷却降温措施,以防复燃。

在火场采取哪种灭火方法,应根据燃烧物质的性质、燃烧特点、火场的具体情况以及灭火器材装备的情况进行选择,或综合运用几种灭火方法。在一般的民用建筑中,经常使用的是水消防系统、气体灭火系统、泡沫灭火系统。而在所有的灭火系统中,水消防系统仍是目前应用最普遍和系统投资相对最为低廉的。而气体灭火系统、泡沫灭火系统、化学干粉灭火系统等则都是局限在特定的场所使用,应该属于特殊的灭火系统。

10.4.2　自动喷水灭火系统

自动喷水灭火系统(sprinkler system)由洒水喷头、报警阀组、水流报警装置(水流指示器或压力开关)等组件以及管道和供水设施等组成,如图10-26所示。

凡发生火灾时可以用水灭火的场所,均可采用自动喷水灭火系统。而不能用水灭火的场所,包括遇水产生可燃气体或氧气,并导致加剧燃烧或引起爆炸,以及遇水产生有毒有害物质时,则不适用。

自动喷水灭火系统已有一百多年的历史,是当今世界上公认的最为有效的自救灭火系统,也是应用最广泛、用量最大的自动灭火系统。国内外应用实践证明:该系统具有安全可靠、经济实用、灭火成功率高等优点。

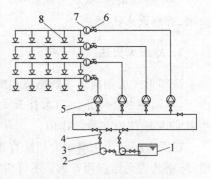

图 10-26　自动喷水灭火系统

1—水池;2—水泵;3—闸阀;4—止回阀;5—报警阀组;6—信号阀;7—水流指示器;8—闭式喷头

自动喷水灭火系统类型包括湿式、干式、预作用及雨淋自动喷水灭火系统和水幕系统等。用得最多的是湿式系统，占已安装的自动喷水灭火系统总数的 70%以上。

湿式系统由闭式洒水喷头、水流指示器、湿式报警阀组以及管道和供水设施等组成，由于该系统在报警阀的前后管道内始终充满着压力水，故称湿式喷水灭火系统。湿式系统必须安装在全年不结冰及不会出现过热危险的场所内，该系统在喷头动作后立即喷水，其灭火成功率高于干式系统。

干式自动喷水灭火系统在处于戒备状态时配水管道内充有压气体，因此使用场所不受环境温度的限制。它与湿式系统的区别在于：采用干式报警阀组，并设置保持配水管道内气压的充气设施。该系统适用于有冰冻危险与环境温度有可能超过 70℃并使管道内的充水汽化升压的场所。干式系统的缺点是：发生火灾时，配水管道必须经过排气充水过程，因此推迟了开始喷水的时间，对于可能发生蔓延速度较快火灾的场所，不适宜采用此系统。

预作用系统采用预作用报警阀组，并由火灾自动报警系统启动。系统的配水管道内平时不充水，发生火灾时，由比闭式喷头更灵敏的火灾报警系统联动雨淋阀和供水泵，在闭式喷头开放前完成管道充水过程，转换为湿式系统，使喷头能在开放后立即喷水。预作用系统既兼有湿式、干式系统的优点，又避免了湿式、干式系统的缺点，在不允许出现误喷或管道漏水的重要场所，可替代湿式系统使用；在低温或高温场所中替代干式系统使用，可避免喷头开启后延迟喷水的缺点。

雨淋系统的特点是采用开式洒水喷头和雨淋报警阀组，并由火灾报警系统或传动管联动雨淋阀和供水泵，使与雨淋阀连接的开式喷头同时喷水。雨淋系统应安装在发生火灾时火势发展迅猛、蔓延迅速的场所，如舞台等。

水幕系统用于挡烟阻火和冷却分隔物。系统组成的特点是采用开式洒水喷头或水幕喷头，控制供水通断的阀门。可根据防火需要采用雨淋报警阀组或人工操作的通用阀门，小型水幕可用感温雨淋阀控制。水幕系统包括防火分隔水幕和防护冷却水幕两种类型。利用密集喷洒形成的水墙或水帘阻火挡烟、起防火分隔作用，称为防火分隔水幕；防护冷却水幕则利用水的冷却作用，配合防火卷帘等分隔物进行防火分隔。

1. 湿式自动喷水灭火系统

湿式自动喷水灭火系统应用于环境温度不低于 4℃、不高于 70℃的建筑物或场所。其灭火系统原理图如图 10-27 所示。发生火灾时，火焰或高温气体使闭式喷头的热敏元件动作，喷头开启喷水灭火。此时管网中的水由静止变为流动，使水流指示器动作，并通过报警总线将状态信号送至火灾报警控制器，在火灾报警控制器上指示某一区域已在喷水。由于喷头持续喷水泄压，造成湿式报警阀的上部水压低于下部水压，在压力差的作用下，原来处于关闭状态的湿式报警阀就自动开启，压力水通过湿式报警阀流向灭火管网，同时通向水力警铃和压力开关的通道也被打开，水流冲击水力警铃和压力开关,压力开关动作。信号直接作用于启动喷淋泵,并通过报警总线将状态信号送至火灾报警控制器。为了保证可靠启泵,通常在报警阀前的管道上设置低压压力开关,这样在报警阀开启后,系统管网压力降低,低压压力开关动作,即可直接启动给水泵。

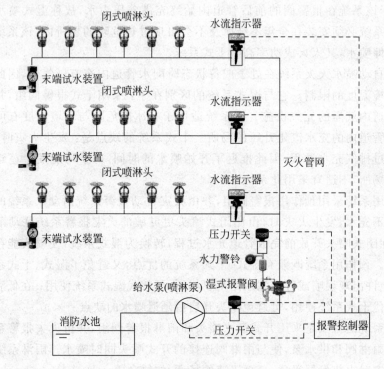

图 10-27　湿式自动喷水灭火系统原理图

闭式喷头是自动喷水灭火系统的主要部件。闭式喷头实际上是一种由感温元件控制开启的常闭喷头,由喷头本体、感温元件、溅水盘等组成,如图 10-28 所示。当环境温度上升到足以引起感温元件动作而破裂时,管网里的压力水冲开喷口的密封片,水束冲击到溅水盘上,形成抛物面状均匀洒水、灭火。闭式喷头一经开启便不能恢复原状(保持常开)。喷头的开启温度(公称动作温度)用感温工作液色标表示。最常用的是 68℃喷头,其他温度等级的喷头数据如表 10-3 所示。

表 10-3　常用闭式喷头色标和公称动作温度值

工作液色标	喷头公称动作温度/℃	使用环境最高温度/℃
橙色	57	27
红色	68	38
黄色	79	49
绿色	93	63
蓝色	141	111

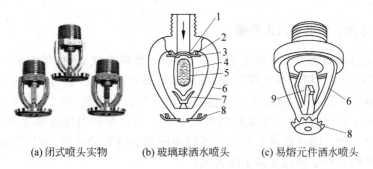

(a) 闭式喷头实物　　　(b) 玻璃球洒水喷头　　　(c) 易熔元件洒水喷头

图 10-28　闭式喷淋头原理图

1—阀座；2—填圈；3—阀片；4—玻璃球；5—色液；6—支架；7—锥套；8—溅水盘；9—锁片

2. 干式自动喷水灭火系统

干式自动喷水灭火系统由闭式喷头、管道系统、干式报警阀、报警装置、充气设备、排气设备和供水设备等组成。其管路和喷头内平时没有水，只处于充气状态，故称之为干式系统。其主要特点是在报警阀后管路内无水，不怕冻结，不怕环境温度高。因此，该系统适用于环境温度低于 4℃ 和高于 70℃ 的建筑物和场所，如不采暖的地下停车场、冷库等。

干式自动喷水灭火系统原理图如图 10-29 所示。火灾发生时，火源处温度上升，使火源上方喷头开启，首先排出管网中的压缩空气，灭火管网压力下降，干式报警阀阀前压力大于阀后压力，干式报警阀开启，水流向配水管网，并通过已开启的喷头喷水灭火。

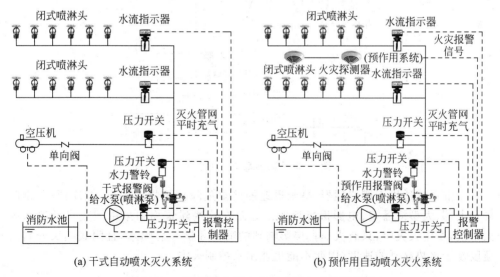

(a) 干式自动喷水灭火系统　　　(b) 预作用自动喷水灭火系统

图 10-29　干式/预作用自动喷水灭火系统原理图

干式系统平时报警阀上下阀板压力保持平衡，当系统管网有轻微漏气时，由空压机进行补气，安装在供气管道上的压力开关监视系统管网的气压变化状况。

3. 预作用自动喷水灭火系统

预作用自动喷水灭火系统主要由闭式喷头、管网系统、预作用阀组、充气设备、供水设备、火灾探测报警系统等组成,其工作原理如图 10-29 所示。火灾发生时,由火灾探测器探测到火灾,通过火灾报警控制箱开启预作用阀,或手动开启预作用阀,向灭采管网充水,使管道充水呈临时湿式系统。当火源处温度继续上升时,喷头开启迅速出水灭火。因此要求火灾探测器的动作先于喷头的动作,而且应确保当闭式喷头受热开放时管道内已充满了压力水。

发生火灾时,若火灾探测器发生故障,没能发出报警信号启动预作用阀,而火源处温度继续上升,使得喷头开启,于是管网中的压缩空气气压迅速下降,由压力开关探测到管网压力骤降的情况,压力开关发出报警信号,通过火灾报警控制箱可以启动预作用阀,供水灭火。因此,即使火灾探测器发生故障,预作用系统仍能正常工作。

4. 雨淋系统

雨淋系统为开式自动喷水灭火系统的一种,系统所使用的喷头为开式喷头。其工作原理如图 10-30 所示。雨淋系统反应迅速,它是由火灾探测报警控制系统来开启的。雨淋系统灭火控制面积大,用水量大。发生火灾时,系统保护区域上的所有喷头一起出水灭火,能有效地控制住火灾,防止火灾蔓延。

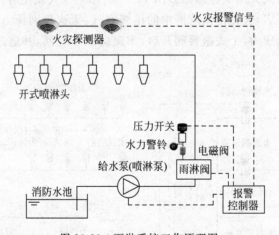

图 10-30　雨淋系统工作原理图

雨淋系统适用于燃烧猛烈、蔓延迅速的严重危险建筑物或场所,如炸药厂、剧院舞台上部、大型演播室、电影摄影棚等。如果在这些建筑物中采用闭式自动喷水灭火系统,发生火灾时,只有火焰直接影响到的喷头才被开启喷水,且闭式喷头开启的速度慢于火势蔓延的速度,因此不能迅速出水控制火灾。

10.4.3　气体灭火系统

有些场所不能采用水来灭火,这是因为在这些场所中放置的设备和物品是忌水的,如大型计算机房、通信机房、图书资料档案库、博物馆文物保管库等。此时就只能改用其他更合适的灭火系统,如气体灭火系统。而气体灭火系统都是采用一些特定的气体,如二氧化碳气体、七氟丙烷气体、烟烙尽气体等作为灭火介质。气体灭火系统所采用的气体不含水分,有良好的绝缘性,不会导电,也不会残留在所保护的对象的表面或内部,因而不会在灭火的同时对所保护的对象造成更大的损失。因此,绝大多数不适宜用水来灭火的场所都可以改用气体灭火系统。图 10-31 是气体灭火系统的结构,图 10-32 是其工作原理图。

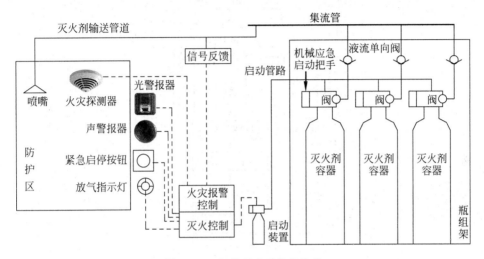

图 10-31　气体灭火系统的结构

当气体自动灭火系统的火灾探测器探测到火情时,即向火灾报警控制器发出报警信号,同时灭火控制器自动关闭防火门、窗,停止通风空调系统等,然后起动压力容器的电磁阀,放出灭火气体至喷嘴释放。与此同时,管道上压力继电器动作,通过控制器显示气体放出信号,警告人们切勿入内。气体自动灭火系统在报警和喷射阶段应有相应的声光信号,并能手动切除声响信号。

气体灭火系统根据其所使用的灭火剂的不同来区分,常用的灭火剂有 CO_2、七氟丙烷、烟烙尽 IG541 等。禁止使用卤代烷灭火剂,因为它会破坏臭氧层。

1. CO_2 气体灭火系统

CO_2 的灭火机理是通过向一个封闭空间喷入大量的 CO_2 气体后,将空气中氧的含量由正常的 21% 降低到 15% 以下,从而达到窒息中止燃烧的目的。然而,CO_2 的这种窒息作用对人体有致命危害,其最小设计灭火浓度(34%)大大超过了人的致死浓度,危险性极大,故在经常有人的场所不宜使用。如须使用,在气体释放前,人员必须迅速撤离现场。

2. 烟烙尽气体灭火系统

虽然烟烙尽的灭火机理与 CO_2 一样,也是把药剂喷放到封闭空间内,降低氧的

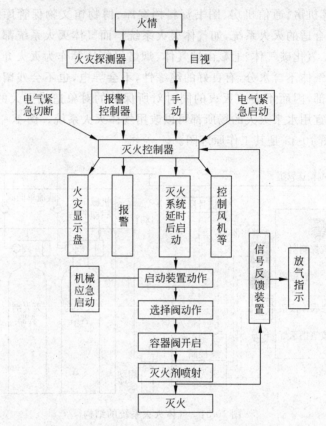

图 10-32　气体灭火系统的工作原理图

浓度,窒息燃烧扑灭火灾,但是烟烙尽药剂是由 52％氮气、40％氩气和 8％的 CO_2 气体组成的,它掺入了合适的气体混合物,使得人们在缺氧的气氛中能呼吸,它实际上增强了人吸收氧气的能力。通常状况下,房间内空气中氧气含量为 21％,CO_2 的含量约为 1％。当喷入烟烙尽灭火剂之后,其房间内氧气的浓度降至约 12.5％,而 CO_2 的浓度则上升至 2％～5％,通过人本身更深更快的呼吸来补偿环境中氧气浓度的降低,对未及时撤离的人来说是没有危害的。

3. 七氟丙烷气体灭火系统

七氟丙烷在常温常压下为无色、几乎无味、不导电的气体,其密度大约是空气的 6 倍。在其自身压力下为无色透明的液体,无毒不燃,无腐蚀性,具有良好的热稳定性和化学稳定性。七氟丙烷灭火剂灭火后无固体和液体的残留物,灭火效能高,设计灭火浓度低,喷射到防护区内能立即闪发成蒸气态,并在封闭空间内各向分布迅速均匀。作为全淹没灭火剂,属于可液化储存的气体,是一种清洁气体灭火剂。

七氟丙烷的灭火机理主要为冷却灭火和化学灭火共同作用。七氟丙烷在气化过程中要吸收大量的热量;同时它由大分子组成,在火焰高温中一些化学键断裂,需要能量,导致冷却。因此,七氟丙烷对未及时撤离的人来说是没有危害的。但是七氟丙烷灭火剂在高温中会分解而产生有毒物质,灭火装置动作前,所有工作人员必须在延时期内撤离现场,灭火完毕后,必须首先启动风机,将七氟丙烷气体排出后,工作人员才能进入现场。

图 10-33 是一体化气体灭火系统实物图。

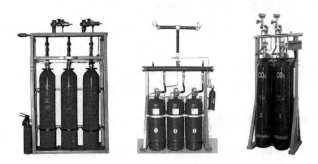

图 10-33　一体化气体灭火系统实物图

10.5　智能建筑的消防联动控制

10.5.1　消防联动控制

不具备消防设备联动的火灾报警系统远不能满足智能消防的需要。在智能建筑的消防控制中心均设有消防设备联动控制装置,它接收来自火灾报警控制器的报警点数据,根据已输入的控制逻辑数据及火灾发生、发展的情况,完成对相应消防设备发送消防联动控制指令。消防联动控制装置有手动/自动转换功能,既能按设定程序自动操作,也能在其手动操作键盘上手动操作。消防水泵、防排烟风机和电动排烟窗等重要消防设备,除可通过总线编码模块控制外,还受手动直接控制装置手动控制。

消防联动控制应包括:联动开启报警区域的应急照明;联动开启相关区域的应急广播;视频监控系统将报警区域画面切换到主监视器,火灾所在分区的其他画面同时切换到副监视器;门禁系统将疏散通道上的门禁联动解锁,供人员紧急疏散;车库管理系统将提示并禁止车辆驶入,抬起出入口的自动挡车道栏杆,供车辆疏散等。

1. 消防联动控制系统的功能需求

(1) 显示气体灭火系统状态、动作反馈信号。

(2) 可燃气体报警控制系统的消防联动控制与信号反馈指示。

(3) 停止空调送风的消防联动控制与信号反馈指示。

(4) 正压送风机的消防联动控制与信号反馈指示。

(5) 排烟系统的消防联动控制与信号反馈指示。

（6）电动排烟窗的消防联动控制与信号反馈指示。

（7）防火卷帘门的消防联动控制与信号反馈指示。

（8）应急照明灯、疏散指示灯的消防联动控制与信号反馈指示。

（9）强制解除门禁的消防联动控制与信号反馈指示。

（10）火灾声/光警报器的消防联动控制。

（11）水灭火系统(消防水泵、湿式报警阀、水流指示器、闸阀开关等)的消防联动控制与信号反馈指示。

（12）电梯的消防联动控制与信号反馈指示。

（13）切除非消防电源的消防联动控制与信号反馈指示。

2. 消防联动控制中心的组成方式

构成最简单的消防联动控制系统是专用功能的气体灭火控制装置和水灭火控制、火警事故广播通信柜等。大多数消防控制中心有两种组成方式(图10-34)。一是由火灾探测器与报警控制器单独构成火灾自动报警系统,然后再配以单独的联动控制系统,形成消防控制中心。系统中的火灾自动报警系统和联动控制系统之间,可以在现场设备或部件之间相互联系,也可以在消防控制中心组成联动。这种方式组成灵活,工程适用性强,便于不同厂家的火灾报警系统和联动控制系统之间互配。二是以带联动控制功能的火灾报警系统为控制中心,既联系火灾探测器,又联系现场消防设备,联动关系是在报警控制器内部实现的,系统构建简单,联动功能强大。

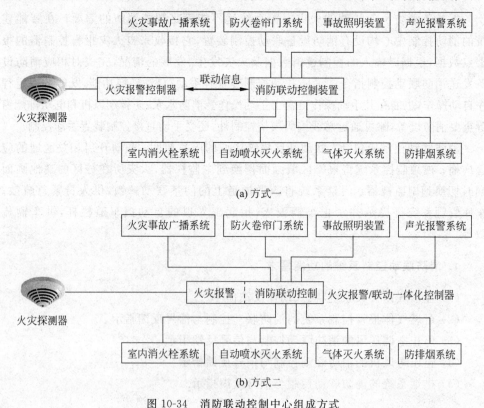

图 10-34　消防联动控制中心组成方式

10.5.2　消防应急广播系统

集中报警系统和控制中心报警系统应设置消防应急广播,在消防控制室应能手动或按预设控制程序联动控制选择广播分区,启动或停止应急广播系统,并应能监听消防应急广播,在通过传声器进行应急广播时,应自动对广播内容进行录音。紧急广播应优先于业务广播、背景广播。

1. 消防应急广播系统简介

消防应急广播系统又称火灾应急广播系统,主要在发生火灾及其他灾难事故时用于发布警报、指导人群的疏散、事故警报的解释、警报解除和统一指挥等。紧急广播系统通常由公共广播系统兼任,通过自动切换装置和紧急广播控制系统来实现正常广播与火灾紧急广播之间的相互切换。火灾紧急广播能自动或人工播放。自动时能报出火灾楼层、地点等信息。紧急广播应能用汉语、英语播放,火灾广播录音由广播系统完成。

2. 火灾应急广播强切控制

图 10-35 为火灾紧急广播强切示意图,背景音乐信号处于常闭状态,火灾广播信号处于常开状态。当强切继电器 K 接到来自消防中心的指令通电后,其辅助接点 K1 断开,K2 合上,从而完成火灾状态下的紧急广播信号切换。强切音控的功能是打开那些被现场音控器关闭了的扬声器,火灾状态下强切音控继电器动作,令 R 线同 N 线短接,使音量控制器旁通,扬声器正常广播。紧急广播系统应在消防控制室(中心)控制,并能实现自动播音(与火灾自动报警系统联动,分区播发预定的录音)和手动播音两种方式。

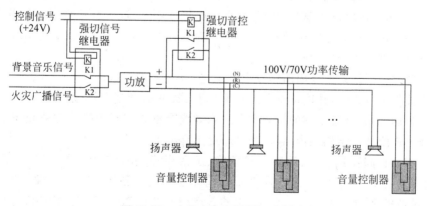

图 10-35　火灾应急广播强切示意图

3. 紧急广播的电源

对于紧急广播设备的用电,一类建筑应按一级负荷要求供电,二类建筑应按二级负荷的要求供电。此外还应设有直流备用电源(蓄电池),备用电源的容量应能保证网络在最大负荷下紧急广播10~20min。

10.5.3　智能消防应急照明系统

智能消防应急照明系统又称智能消防疏散指示系统,主要用于各类建筑物,在发生火灾等灾难性突发事件时,以外部信息为依据,根据预设的避烟避险疏散方案进行局部疏散路径优化调整,为建筑内的人员疏散提供更安全、准确、迅速的疏散指引,使现场人员能够在最短时间内沿最短路线尽快逃离至安全地带,是避免造成群死群伤的重要安全措施,如图10-36所示。

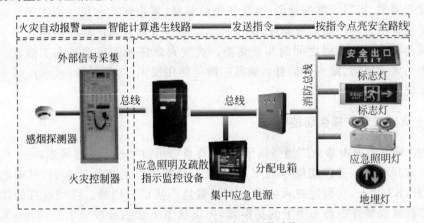

图10-36　智能消防应急照明系统

建筑的大型化、多功能化以及地下空间的开发利用对疏散应急指示提出了更高的要求。近年来,大型购物场所、大型博物馆、科技馆、展览馆等场所的规模显著增大,而这些场所疏散路径较长,内部路径较复杂,给人员疏散行动带来一定的难度。而火灾烟气在大空间区域蔓延较快,当疏散时间过长时,导致火灾危险性增大,给人员安全疏散带来了严峻的威胁。

应急照明系统采用专用回路双电源配电,并在末端互投;部分应急照明采用区域集中式供电(UPS),其连续供电时间不小于120min。应急照明系统的布线应符合消防设计的要求(具备足够的抗火灾能力),导线穿钢管或经阻燃处理的硬质塑料管暗埋于不燃烧体的结构层内,且保护层厚度不宜小于30mm。

所有楼梯间及其前室、消防电梯前室、疏散走道、变配电室、水泵房、防排烟机房、消防控制室、通信机房、多功能厅、大堂等场所设置备用照明。变配电室、水泵房、防排烟机房、消防控制室、通信机房的备用照明照度值按不低于正常照明照度值设置。多功能厅、大堂等场所的备用照明按不低于正常照明照度值的50%设置。

在大空间用房、走道、安全出口、楼梯间及其前室、电梯间及其前室、主要出入口等场所设置疏散指示照明。保证疏散通道的地面最低水平照度不应低于0.5lx,人员密集场所内的地面最低水平照度不应低于1.0lx,楼梯间内的地面最低水平照度不应低于 5.0lx。

　　应急照明平时采用就地控制或由建筑设备监控系统统一管理，火灾时由消防控制室自动控制强制点亮全部应急照明灯。

10.5.4　消防系统的智能化

　　消防系统智能化的关键是早期火灾检测技术以及火灾自动报警/联动系统的数字网络化和标准化。同时也要关注智能消防系统与 BAS 的系统集成技术。将人工智能、模式识别、图像处理、微弱信号分析、数据融合、化学分析检测等新的科技成果应用于早期火灾探测是当前的一个研究热点，可望能更加可靠地发现早期火灾，既不能漏报和迟报，也减少误报。

1. 火灾探测信号处理方法的发展

　　传统火灾探测器通常使用阈值比较方法进行信号数据的处理，给出开关量输出，结果常出现反应要么迟钝（迟报和漏报），要么过于灵敏而误动作。火灾探测器的可靠性较低。

　　信号处理方法的发展是把探测器中模拟信号不断送到控制器评估或判断，控制器用适当算法辨别虚假或真实火警，判断其发展程度和探测受污染的状态。由开关量探测器改为模拟量传感器是信号处理方法一个质的飞跃，不但能够实现阈值报警的功能，而且能够根据探测信号的变化过程进行信号分析处理，可以获取更多的火灾信息，例如，能实现对影响火灾探测器精度的环境温度、湿度、风速、污染等因素的自动补偿或人工补偿。将烟浓度上升速率或其他感受参数以模拟值传给控制器，能进行火灾发展的模态识辨。使系统确定火灾的数据处理能力和智能化程度大为增加，减少了误报警的概率。

2. 复合火灾探测技术

　　火灾探测智能化发展的另一方面是应用多传感器/多判据探测器技术的复合探测器。多个传感器从火灾不同现象获得信号，并从这些信号寻出多样的报警和诊断判据。例如，将常用的离子感烟探测器改进为用 CO 传感器组合的复合探测器，由于空气中的 CO 含量变化早于烟雾和火焰的生成，因此，复合探测器灵敏度更高。双光电烟温智能探测技术具有最高的错误报警防护性能，能最有效地降低各种误报几率。它装置了具有不同散射角度的两个集成光电感烟传感器，因此对黑烟和白烟、灰尘甚至明亮的蒸汽烟雾都能进行可靠识别。附加的热传感器提供在轻烟燃烧场地的最佳探测，防止触发错误报警。

3. 新型火灾探测技术

　　高灵敏抽气式激光粒子计数型火灾报警系统、分布式光纤温度探测报警系统、计算机火灾探测与防盗保安实时监控系统等新技术已问世并获得应用,如图10-37所示。

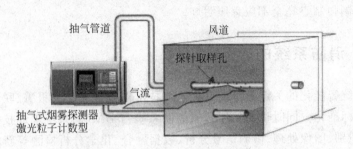

图 10-37　抽气式激光粒子计数型火灾报警系统

空气采样感烟探测技术突破被动式感知火灾烟气、温度和火焰等参数特性的传统,通过管道抽取主动对防护区进行定时的空气采样,快速、动态地识别和判断可燃物质受热分解或燃烧释放到空气中的各种聚合物分子和烟粒子。探测器能通过测试空气样本了解烟雾的浓度。目前,高灵敏度抽气式感烟火灾探器按其探测原理可分为浓度计数式和激光计数式两种。

4. 分布智能方式

分布智能方式的探测器内置 CPU 微处理器,能根据所在环境自动分析,设定最佳的个性化报警模式及参数。它采用了完全分散化的技术,智能探测器本身即可识别火情并发出报警信号,即使主机失效,仍能就地发出警报,避免了探测器和控制屏之间大量的物理值数据交换,大大提高了数据传输的可靠性和效率。数据诊断结果存储在探测器的内存中,随时可从计算机中读取。采用分布智能方式的智能消防系统能够迅速发现初期火灾,杜绝误报警。在组合使用多种类型火灾探测器的时候,分布智能方式的上述优点更为突出。

分布智能方式的探测器具有以下功能:

(1) 灵敏度自动调整功能。可按照实际需要及配合现场情况,针对个别或整个区域探测器上的某一警报单元灵敏度进行调整或者将其关闭。探测器本身可以对探测信号进行连续的智能模拟量处理,当灵敏度阈值超出允许范围时,自动进行干扰参数计算,调整报警灵敏点,做到自适应所处的环境。

(2) 自动诊断功能。采用综合诊断方式进行预防性维护,通过自动修正检测值,确保对探测器电气性能进行诊断,确定探测器的老化程度。

(3) 探头污染自动报警功能。通过自动修正灵敏度,补偿环境条件变化,消除干扰和灰尘积累所带来的影响,可在相当长时间内做到免维护运行。一旦自动修正已无法满足灵敏度要求时,发出过脏报警信号,提醒人们进行清洁处理。

(4) 探测时段控制功能。探测器能在预设的时间段内暂时关闭或打开个别探测单元,以配合在不同环境下使用。例如,在日间,探测器只打开感烟探测;而在晚间,则启动光电烟及感温复合探测。

5. 模式识别方式

火灾模式识别的主要思想是,在火灾报警控制器的计算机内存中存入各种火灾和非火灾性燃烧的特征值,由探测器探测各类表征火灾的特征参数(烟浓度、温度等),送入火灾报警控制器或在智能探测器中进行初级智能处理。把火灾探测器的测量值与计算机内存储的火灾特征值进行多级比较分析,对火灾的真实性作出正确判断。

6. 自动报警联网监控技术与城市应急响应

火灾自动报警监控联网技术是消防安全报警技术的组成部分,是对现有火灾探测报警技术及功能的延伸和拓展,实现消防监管部门对各建筑物内火灾探测报警系统的城市规模大区域监控管理,将火灾探测报警和消防监管、通信指挥、灭火救援有机结合起来,最大限度减少火灾造成的人民生命和财产损失。

应急响应系统以火灾自动报警系统、安全技术防范系统为基础。对各类危及公共安全的事件进行就地实时报警。采取多种通信方式对自然灾害、重大安全事故、公共卫生事件和社会安全事件实现就地报警和异地报警,管辖范围内的应急指挥调度,紧急疏散与逃生紧急呼叫和导引。

随着平安城市建设规模不断扩大和消防安全意识不断增强,火灾自动报警监控联网技术必将得到进一步发展。

10.5.5　智能消防系统与 BA 系统的集成

智能消防系统与 BA 系统集成,可使建筑物配电、照明、灯光、音响与广播、电梯实现联动控制,还进一步与整个建筑物的通信、办公和保安系统联网,实现建筑物的综合自动化。智能消防系统与 BA 系统集成的高低程度分 3 级:①最高程度的集成,消防系统与中央信息管理子系统联网,以实现火灾参数动态监测和综合自动消防管理能力;②中等程度的集成,消防系统作为 BA 系统的一个子系统,实现自动报警、灭火、消防联动等各项功能;③最低程度的集成,消防系统为单独系统,仅留有接口,使其与 BA 系统联网。

智能消防系统作为 BA 系统的一部分,通过网络实现远端报警和信息传送,向当地消防指挥中心及有关方面通报火灾情况,并可通过城市信息网络与城市管理中心、城市电力供配调度中心、城市供水管理中心等共享数据和信息。在火灾报警之后,综合协调城市供水、供电和道路交通等方面的运作状况,为有效灭火提供充足的供水和供电,为消防人员及消防车的及时到场提供交通畅通的保障,确保及时有效地扑灭火灾,最大限度地减小火灾的损失,其重要性不言而喻。

火灾报警控制器实现数据通信标准化是火灾自动报警系统与 BA 系统数据共享和有机联系的基础。智能建筑的火警信息数据共享可改变火灾自动报警系统自成封闭体系现状,促进相应技术和产品发展,实现楼宇集中管理系统直接采集火灾参数、监测火灾状况和联动控制消防设备。

消防指挥系统、防火管理系统和城市信息系统联网,为消防指挥提供了更多的手段和条件。通过计算机网络分级管理,有线通信结合无线通信以及卫星全球定位系统(GPS)的应用,使得消防车辆、消防人员有效合理调配及其火灾信息的更新都可以及时进行,确保火灾被迅速扑灭,并最大限度地减少人员的伤亡和财产的损失。

习题与思考题

1. 智能建筑的消防系统是由哪些部分组成的?它是如何工作的?
2. 通常火灾探测器有哪几种?各有哪些主要参数?
3. 如何理解消防系统设计时必须坚持以人为本的方针?
4. 室内火灾有哪些发展过程?各自的特点是什么?
5. 什么是火灾探测器的迟报、漏报和误报?
6. 如何合理选用和维护火灾探测器?
7. 目前的火灾探测器存在哪些问题?有何解决思路?
8. 简述早期火灾探测的意义和主要技术手段。
9. 简述灭火的基本方法。
10. 气体灭火系统有何特点?有哪些种类?
11. 智能消防的自动灭火系统有哪些种类?有何特点?
12. 火灾报警控制器有何作用?常用的有哪几种类型?
13. 试述总线制火警报警控制器的工作原理。
14. 试述微机火警报警控制器的工作原理。
15. 试述消防联动控制的必要性和工作原理。

第11章

智能建筑声频应用技术

>>>>

本章导读

在智能建筑内有许多声频技术的应用,如向建筑物内公共场所提供音乐节目和公共广播信息的公共广播系统、紧急广播系统、桌面型会议扩声系统、多语种同声传译扩音系统、各种音乐类娱乐设施等。合理设置这些系统,就成了实现智能建筑"安全、健康、舒适宜人和能提高工作效率的办公环境"必不可少的条件。

本章着重叙述声音响度的扩大,声音的加工美化以及它们应用于室内扩声系统、公共广播系统和会议系统的技术。

11.1 扩声系统

11.1.1 扩声系统的基本组成

由于自然声源(如演讲、唱歌和乐器演奏等)发出的声音能量十分有限,其声压级随距离的增大而迅速衰减,再加上环境噪声等的影响,使声源的传播距离减至更短。因此在许多场合(如礼堂、歌剧院、体育场、会议厅),必须使用扩声系统来增强声音信号,提高听众区的声压,以保证每位听众能获得适当的声压级,清晰地听到声源发出的声音。

扩声系统(sound reinforcement system)属于应用声学范畴,简单来说就是一种将讲话者声音进行实时放大的系统。扩声系统包括音源、调音台、功率放大器、扬声器及其声学环境4部分。

图11-1是一个典型的扩声系统组成框图,声源部分包括传声器、录音卡座、激光唱机等节目源设备,调音台包括前置放大、混合、编组、均衡(一般为每路均衡)、调音和监听等的组合。此外,还要根据实际需要在上述的基本结构中插入压缩/限幅器、声反馈抑制器、声音激励器、延迟器、均衡器、分频器等周边设备。调音台是整个系统控制及处理中心,主系统是听众区的扩声系统,它是扩声的主要部分,监听及返送系统都是为调音师或演员准备的,也是扩声系统的一部分。

应该指出,这里所说的扩声系统不单是指扩声设备,还包括设备所处的声学环境在内。例如,声源的声学环境影响了声源的特性,扬声器的声学环境实际上是扬声器的声负载,对声场特性影响甚大。同时,绝大多数扩声系统的扬声器与传声器处于同一空间,因而扩声系统本身就是一个通过声反馈的闭环系统。此时的声学环境已成为该闭环系统的反馈元件。

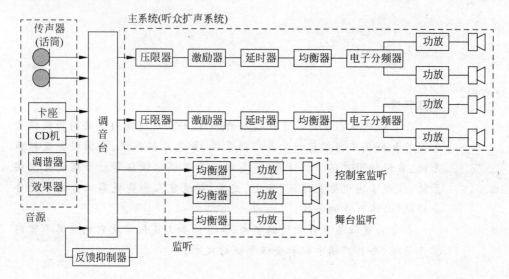

图 11-1　典型扩声系统组成框图

11.1.2　扩声系统的主要技术指标

扩声系统最终是给人听的,因而衡量一个扩声系统的质量好坏应该从"听得见"和"听得清"两方面考虑。其评价标准可用两把"尺子"衡量,一是音质主观评价(将在下面介绍),二是客观测量。客观测量是指依据国际或国家颁布的技术指标规范,用声学仪器可测量的声学特性指标,包括最大声压级、频率特性、传声增益、声场不均匀度和语言清晰度等。

(1) 最大声压级。声场中某一点的声压级 SPL(Sound Pressure Level)是指该点的声压 P 与基准声压 Po 的比值取以 10 为底的对数乘以 20 的值。其结果用分贝(dB)表示,也可以用符号 Lp 表示:

$$Lp = 20lg(P/Po)$$

声压级是反映声信号强弱的最基本的参量,可以通过数字声压计来测量。

最大声压级是指厅堂内空场稳态时的最大压级。它的大小直接影响听众听到的声音的响度。没有一定的响度就根本谈不上音质的好坏。此外,在具有一定的噪声背景的厅堂中,它的值直接影响到听音的清晰度和动态等指标。最大声压级取决于扩声系统所用功率放大器的功率、扬声器系统的配置和声学环境等,一般要求为 80~110dB。

(2) 传输频率特性。指厅堂内各测量点稳态声压级的平均值本身对于扩声设备输入端电压的幅频响应特性。系统传输频率特性直接涉及扩声系统的还音音质和声音清晰度,是一项重要的声学特性指标。

(3) 传声增益。如果传声器与扬声器处在同一声场中,扬声器的部分声音会反馈到传声器,这个反馈声再经系统放大后又送到扬声器。如果这个反馈声足够大,形成一个连续循环过程,就会发生啸叫(系统振荡)。因此扩声系统的增益必须受到声反馈啸叫的限制,这个限制称为传声增益。传声增益是说明用传声器(一个或多个)扩声时,系统稳定工作(临界反馈状态时的最大系统增益再降低 6dB 即为稳定工作状)能获得的最大可用声学增益。听众区的平均声压级总是低于传声器处的声压级(否则系统一定会啸叫),因此传声增益总是负值。最好的系统的传声增益约为 −6dB。

传声增益是扩声系统的重要声学特性指标,它与扬声器与传声器的相对方位及其间距、扬声器与传声器的指向特性、电声系统采用抑制声反馈的技术措施和厅堂的建筑声学环境等因素直接有关。一般情况下,传声增益的值在 −4～−10dB 之间。

(4) 声场不均匀度。厅堂内听众区各测量点稳态声压级的差值。它与扬声器的布置、扬声器的特性和建筑声学条件密切相关。一个优良的扩声系统在整个听众区的最大和最小声压级差值不应大于 8dB。

(5) 总噪声。扩声系统的总噪声是指扩声系统达到最高可用增益,且无有用声信号输入时,听音区各测点处噪声声压级的平均值,一般要求为 35～50dB。

(6) 系统失真。扩声系统的系统失真是指扩声系统由输入声信号到输出声信号全过程中产生的非线性畸变。一般室内扩声系统要求系统失真为 3%～8%。

(7) 语言清晰度指标。评价房间中语言清晰的指标为音节清晰度,用下式计算:

$$音节清晰度 = \frac{听众正确听到的单音节(字音)数}{测定用的全部单音节(字音)数} \times 100\%$$

对音节清晰度的评价一般为:85% 以上——满意;75%～85%——良好;65%～75%——需注意听,并容易疲劳;65% 以下——很难听清楚。从讲话者到听众之间的传输途径中,有多种因素会降低语言清晰度,主要影响因素有背景噪声、混响时间和回声等。一般要求语言清晰度大于 80%。

11.1.3　扩声系统技术指标要求

音频扩声系统主要实现语言信号传播的清晰、明亮以及音乐信号精确的重现。扩声系统设计的声学特性指标标准如表 11-1 所示。

表 11-1　扩声系统技术指标标准

分类特性	音乐扩声系统一级	音乐扩声系统二级/语言和音乐兼用扩声系统一级	语言和音乐兼用扩声系统二级/语言扩声系统一级	语言和音乐兼用扩声系统三级/语言扩声系统二级

最大声压级(空场稳定准峰值声压级)/dB	0.1～6.3kHz 范围内平均声压级≥100dB	0.125～4.0kHz范围内平均声压级≥95dB	0.25～4.0kHz范围内平均声压级≥90dB	0.25～4.0kHz范围内平均声压级≥85dB
传输频率特性	在 0.05～10kHz 范围内(以 0.1～6.3kHz 的平均声压级为 0dB)声压级允许偏差为+4～-12dB,且在 0.1～6.3kHz 内允许偏差≤±4dB	在 0.063～8.0kHz范围内(以 0.125～4.0kHz 的平均声压级为 0dB)声压级允许偏差为+4～-12dB,且在 0.125～4.0kHz内允许偏差≤±4dB	在 0.1～6.3kHz 范围内(以 0.25～4.0kHz 的平均声压级为 0dB)声压级允许偏差为+4～-10dB,且在0.25～4.0kHz 内允许偏差为+4～-6dB	在0.25～4.0kHz范围内(以其平均声压级为0dB)声压级允许偏差为+4～-10dB
传声增益/dB	在 0.1～6.3kHz范围内的平均值,戏剧演出要求不低于-4dB,音乐演出要求不低于-8dB	在 0.125～4.0kHz范围内的平均值≥-8dB	在 0.25～4.0kHz范围内的平均值≥-12dB	在0.25～4.0kHz范围内的平均值≥-14dB
声场不均匀度/dB	在 0.1kHz 范围内≤10dB,在 1.1～6.3 kHz 范围内≤8dB	在 1.0～4.0kHz范围内≤8dB	在 1.0～4.0kHz范围内≤10dB	在 1.0～4.0kHz范围内≤10dB

11.1.4　音质主观评价简介

对音质的评价常指的是用人耳对声音质量的一种主观的评价。目前虽然能用仪器测试出放音设备(放大器、音箱)的许多技术指标,但是事实表明,一套测试指标很好的放音设备重放声音时的音质音色并不一定好(当然,如果一套放音设备的电声技术指标很差,那么它的音质一定不好),且不同的人对同一套音像设备得出的音质评价可能也相差很大,因此就出现了客观测试与主观听音之间、主观听音者之间的差距。音质的主观评价确实"主观",因此目前音质的主观评价方法有多种,至今还没有统一的方法。

下面仅简单介绍一些音质评价术语。音质评价术语就是用特定的语言描述人对声音的感觉,常用的术语如下。

清晰:指声音中对言语的可懂度高,音乐层次分明,反之则模糊、浑浊。

平衡:指音乐各声部的比例协调,左、右声道的一致性好,反之则不平衡。

丰满:指声音的中音充足,高音适度,响度合适,听感温暖、舒适、有弹性,反之则单薄、干瘪。

力度：指声音坚实有力，能有呼之欲出感，同时能反映出音源的动态范围，反之则力度不足。

圆润：指声音优美动听，有光泽而不尖噪，反之则粗糙。

柔和：指声音松弛不紧，高音不刺耳，听感悦耳、舒服，反之则尖、硬。

融合：指声音能整个交融在一起，整体感、群感好，反之则散。

真实感：指声音能保持原始声音的特点。

临场感：指重放声音时使人有身临其境的感觉。

音质的主观评价是与一定的电声技术指标相互对应的，表 11-2 就反映了常用音质评价对应的音频信号特性及电声技术指标。

表 11-2　音质评价与电声技术指标对应关系

音质评价	对应的音频信号特性及电声设备指标
声音发劈	严重谐波畸变及互调畸变，通常＞10％
声音发涩	动态范围窄
声音无力	音量感不足，声压低
声音发硬	有谐波及互调畸变，通常 3％～5％，高频成分过多
声音狭窄	频率特性狭窄
声音轻飘	中频段有低谷，音量感不足
声音发干	缺乏混响声，缺乏中、高频
声音发闷	缺乏中、高频，或指向性太尖而偏离轴线
声音发尖	高频段抬起，有谐波畸变及互调畸变
声音发散	中频分量欠缺，瞬态特性不好，混响过多
声音混浊	高频段噪声和失真较大
声音轰鸣	扬声器谐振峰突起，有谐波畸变、瞬态响应失真
声音有层次	频率特性平坦，瞬态响应好
声音丰满、厚实	频带宽，中、低频好，混响适度
声音柔和	中、低频好，畸变很小
声音谐和	频率特性平衡
声音有气魄、有力度	中、低段音量感增长
声音清澈、明亮	中、高频响应平坦，混响适度，噪声及失真小
声音纤细	高频分辨能力好，高频段平坦延声
声音有透明度	中、高频畸变小，瞬态好
整体感强，临场感好，有包围感	对整个频段、混响比较满意的总体评价

11.1.5　扩声系统的主要设备

1. 扬声器及扬声器系统

扬声器是一种把电信号转变为声信号的换能器件。扬声器系统，即平常所说的音箱，是将一个或多个扬声器单元组装在专门设计的箱体内进行放音的装置。扬声器单元安装在箱体内后,可以利用箱体内部的声音的传播特性,扩展扬声器低频重放范围,使重放声产生较宏大的声场。

2. 扬声器的主要技术特性

(1)灵敏度。扬声器灵敏度就是在扬声器加上 1W 粉红噪声电功率时,轴向 1m 处各频率声压有效值的平均值。灵敏度高的扬声器可达到 100dB 以上,而较低的只有 80 多分贝。在同等电功率输入条件下灵敏度高的扬声器发出的声音更大。如果甲乙两个扬声器的灵敏度相差 3dB,要想获得相同的声压级输出,那灵敏度较低的扬声器就要增加一倍的电功率输入,或可减少灵敏度高的扬声器一半的电功率输入。

(2)额定承受功率、最大承受功率和最大瞬时功率。在长时间使用不致因过热而损坏的情况下允许输入到扬声器的最大低频电功率称额定功率,或称额定承受功率。在规定的短时间内不因过热而损坏的情况下允许输入到扬声器的最大低频电功率为最大承受功率。在不超过允许非线性畸变条件下扬声器输入的最大电功率称最大瞬时功率。

一般所说的多人功率的音箱,应该是指额定承受功率。扬声器的承受功率是一个重要参数,它和灵敏度就决定了声场可能最大的声压级。

(3)最大输出声压级。以额定最大功率输入的扬声器,在扬声器轴向 1m 处产生的声压级称为最大输出声压级 SPL_{max}。它受灵敏度 L_M 和最大承受功率 P 决定:

$$SPL_{max} = L_M + 10 \lg P$$

例如,灵敏度为 100dB 扬声器,若最大承受功率为 1200W,那么它的最大声压级 SPL_{max} 约为 130.8dB。

(4)频率响应。在恒定电压作用下,测得的扬声器声压级随频率变化的特性称为扬声器频率响应特征,如图 11-2 所示。它表示对输入信号能以怎样的高低频平衡重放的特性,是扬声器重要的特性之一。理想的频率响应曲线应该在一定频率范围内是平直的,但由于种种原因,曲线上会出现大小不等的峰和谷。

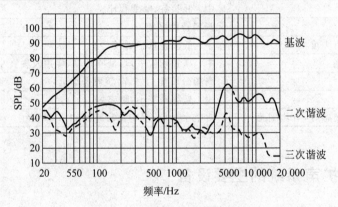

图 11-2　扬声器频率响应曲线图

(5)阻抗特性。扬声器的阻抗随频率变化的特性称阻抗特性。在阻抗频率曲线上,由低频到高频第一个共振峰后的最小值称为扬声器的额定阻抗,它接近一个纯电阻。

　　扬声器的阻抗是功率放大器和扬声器匹配的主要依据,一般扬声器的阻抗为 $4\sim16\Omega$,扬声器标称阻抗则规定选择 4Ω、8Ω、16Ω 数值中的一个。

　　(6) 指向特性。扬声器的指向特性是指扬声器向空间各方向发声的声压分布状况。将指向性系数画在极坐标上称为指向性图,如图 11-3 所示。一般来说,扬声器发声总是有一定的指向性的,而且随频率的变化会有很大的变化,通常在低频段(低于 200Hz)的声音是无方向性的,而在高频段,声音的传播则呈较强的方向性,其余频段的声音在各方向均匀传播。扬声器在各频率下的辐射角大小由扬声器的纸盒决定,不能任意改变。而在相同频率时,直径大的扬声器要比直径小的扬声器更具指向性。

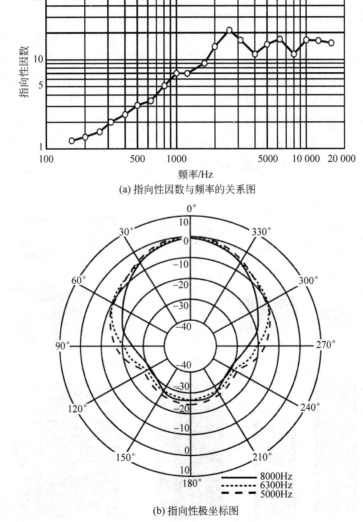

(a) 指向性因数与频率的关系图

(b) 指向性极坐标图

图 11-3　扬声器的指向特性图

　　(7) 失真。包括非线性失真、互调失真以及瞬态失真等。

3. 扬声器的类型和应用

从使用的角度出发,扬声器主要分为以下几种:

(1) 组合扬声器。由多个单元装在同一箱体内,通常有两大类。当把多个相同单元按竖直方向排列,利用声干涉原理,使其具有良好的指向性(水平宽,垂直窄),这种组合扬声器称作声柱。当把高音单元、低音单元互相配合加上分频网络组装在同一箱体内,这种具有宽频响(通常频宽可达 50Hz～20kHz)的组合扬声器通常称为全频音箱。

(2) 低音和超低音扬声器。通常是用大口径扬声器单元安装在较大的箱体内,低频(通常频宽 30～200Hz)功率大(通常在几百瓦以上)。低音和超低音音箱主要是用于文艺演出,以配合其他音箱加强低音和超低音。

(3) 号角高音扬声器。号角高音扬声器的特点是频率高而频带窄(通常在几百赫至十几千赫),其振动辐射面做成号角形,以控制其指向性。大功率(例如 100W 以上)的号角高音扬声器主要是用于文艺演出或大型会议,利用其恒指向性,配合全频音箱加强观众席的高音并提高其均匀度和清晰度。小功率(例如从 10W 至几十瓦)的号角高音扬声器,其频率稍宽(通常为 100Hz 至十几千赫),主要用于室内外广播系统。号角扬声器形状除矩形外,还有圆形和球形等。

此外,还有数字扬声器、同轴扬声器、平板扬声器等。图 11-4 为各种扬声器外观图。

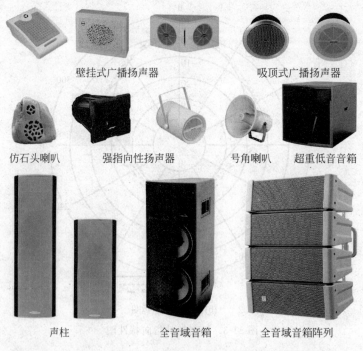

壁挂式广播扬声器　　　　吸顶式广播扬声器

仿石头喇叭　　强指向性扬声器　　号角喇叭　　超重低音音箱

声柱　　　　　　全音域音箱　　　全音域音箱阵列

图 11-4　各种扬声器外观

4. 传声器

传声器是一种将声信号转换为电信号的换能器件,俗称话筒、麦克风。传声器的好坏将直接影响声音的质量。图 11-5 为各种传声器的外观图。

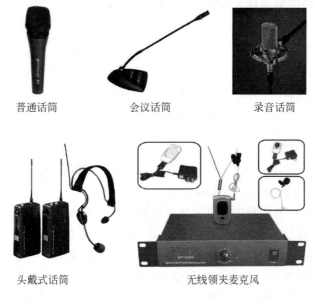

普通话筒   会议话筒   录音话筒

头戴式话筒   无线领夹麦克风

图 11-5 各种传声器外观图

1) 传声器的性能指标

传声器的性能指标是评价传声器质量好坏的客观参数,也是选用传声器的依据。传声器的性能指标主要有以下几项:

(1) 灵敏度。传声器灵敏度是在 1kHz、0.1Pa 正弦信号声压从正面 0°主轴上输入时的开路输出电压,单位为 mV/Pa。有时以分贝表示,并规定 1V/Pa 为 0dB。灵敏度高,表示传声器的声-电转换效率高,对微弱的声音信号反应灵敏。动圈式多为 −56dB 左右,电容式 −40dB 左右。分贝数为负值,数值越小灵敏度越高。

(2) 频率特性。传声器在不同频率的声波作用下的灵敏度是不同的。一般在中音频(如 1kHz)时灵敏度高,而在低音频(如几十赫)或高音频(十几千赫)时灵敏度降低。以中音频的灵敏度为基准,把灵敏度下降为某一规定值的频率范围叫做传声器的频率特性。频率特性范围宽,表示该传声器对较宽频带的声音有较高的灵敏度,扩音效果就好。理想的传声器频率特性应为 20Hz~20kHz。

(3) 输出阻抗。传声器的输出阻抗是指传声器的两根输出线之间在 1kHz 时的阻抗。有低阻(如 50Ω、150Ω、200Ω、250Ω、600Ω 等)和高阻(如 10kΩ、20kΩ、50kΩ)两种。由于低阻传声器不易引入干扰电压,且易与放大器输入级匹配,因而目前多用低阻抗传声器。

(4) 方向性。方向性表示传声器的灵敏度随声波入射方向而变化的特性。如单方向性表示只对某一方向来的声波反应灵敏,而对其他方向来的声波则基本无输出。无方向性则表示对各个方向来的相同声压的声波都能有近似相同的输出。按声源方向的灵敏度,传声器可分为全向、双向和单向(心形指向)3种,如图 11-6 所示。不论哪种方向特性的传声器,当声源对准它的中心线(声轴)时,灵敏度最高,失真最小;两者之间的偏角越大,高音损失越大。

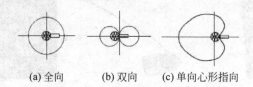

(a) 全向　　　(b) 双向　　　(c) 单向心形指向

图 11-6　传声器的方向特性

2) 传声器的类型

根据构造的不同,传声器可分为动圈式、晶体式、铝带式、电容式等多种;根据使用方式,传声器还可以分为有线式和无线式两种。

(1) 动圈式传声器。利用磁电换能原理制成的声电换能器。动圈传声器结构简单,稳定可靠,使用方便,固有噪声小,广泛用于扩声系统中。

(2) 电容式传声器。利用极化的电容极板随入射声波而产生电压相应变化的原理所制成的声-电换能器。因极板电压变化量很小,故电容式传声器还内藏前置放大器。电容式传声器需外加 12~48V 直流工作电压,驻极体电容式传声器需外加 1.5~9V 直流工作电压。电容式传声器在整个音频范围内具有很好的频率响应特性,灵敏度高,失真小,多用在要求高音质的扩音、录音工作中。

(3) 无线传声器。通常称为无线话筒,由动圈式或电容式传声器加上发射电路、发射天线和电池仓等构成。

3) 传声器的选用

选择传声器,应根据使用的场合和对声音质量的要求,结合各种传声器的特点,综合考虑选用。例如,高质量的录音和播音主要要求音质好,应选用电容式传声器、铝带传声器或高级动圈式传声器;作一般扩音时,选用普通动圈式即可;当讲话人位置不时移动或讲话时与扩音机距离较大,如卡拉 OK 演唱,应选用单方向性、灵敏度较低的传声器,以减小杂音干扰等。

5. 调音台

调音台(audio mixing console)在扩声系统和影音录音中是一种经常使用的设备。图 11-7 为调音台实物图。

调音台具有多路输入,每路的声信号可以单独进行处理,例如,可放大,作高音、中音、低音方面的音质补偿,给输入的声音增加韵味,对该路声源作空间定位等;还可以进行各种声音的混合,混合比例可调;拥有多种输出(包括左右立体声输出、编辑输出、混合单声输出、监听输出、录音输出以及各种辅助输出等)。调音台在声频

图 11-7　调音台实物图

系统中起着核心作用,它既能创作立体声,美化声音,又可抑制噪声,控制音量,是声音艺术处理必不可少的设备。

市场上调音台的品牌和种类很多,选用何种品牌和型号规格的调音台主要是根据如下两点:

(1) 根据实际使用功能的要求选取合适的调音台。首先,根据输入音源的多少和系统需独立调整的扬声器组数的多少决定调音台输入路数和输出的组数。在智能建筑中,中小型会议厅可采用 12 路输入、2 路输出的调音台,表示为 12/2。大型国际会议厅往往需要采用 16 路输入、4 路编组输出、2 路总输出的调音台,表示为 16/4/2。在选择输入路数时,应该留有一定备用的通道。

(2) 在满足功能要求的情况下,要选择性能价格比高的品牌和型号规格。

6. 功率放大器

功率放大器(功放)是扩声系统中最基本的设备,它的任务是把来自信号源(或是调音台)的微弱电信号进行放大以驱动扬声器发出声音。图 11-8 为功放实物图。

图 11-8　功率放大器实物图

功放的主要性能指标:

(1) 额定输出功率。功率放大器的额定输出功率是指接上额定负载时在一定失真度(例如<0.1%)以内的最大输出功率。

(2) 频率响应特性图。功率放大器对声频的幅频特性。专业的功率放大器的频率特性一般都应优于 $20\mathrm{Hz}\sim20\mathrm{kHz},1\pm\mathrm{dB}$。

(3) 失真。由于功率放大器中的非线性元件引起的非线性失真称谐波失真。专业功率放大器谐波失真是指在额定输出时的值。一般谐波失真都很少,通常优于 0.1%。此外,还有互调失真、瞬态失真和交越失真等也是功率放大器的指标。

（4）输出阻抗。功率放大器的输出阻抗是指功率放大器能长期工作,并能使负载获得最大输出功率的匹配阻抗。由于专业功率放大器绝大多数都是采用固体器件,因而输出阻抗低而范围大,一般可为 $2\sim8\Omega$。

（5）瞬态响应。由于功率放大器本身惯性元件和分布参数的影响,功率放大器也存在瞬态响应问题,通常用输出特性的电压转换速率 $V/\mu s$ 来表示。专业功率放大器的转换速率一般应大于 $10V/\mu s$。

（6）信噪比。指功放输出的信号电平 (S) 与各种噪声电平 (N) 之比,用 dB 表示,这个数值越大越好。专业功率放大器的 S/N 值要求大于 100dB。计算公式如下:

$$S/N = 20\lg\frac{额定输出电压}{噪声电压}$$

7. 声频信号处理设备

通常,在声频系统中加入声频信号处理设备有两种作用:一是对声频信号进行修饰,使音色得以美化或取得某些特殊效果;二是改进传输通道质量,减少失真和噪声等。

最常用的声频信号处理设备有压限器、频率均衡器、延时器与混响器、声音激励器、反馈抑制器和电子分频器等。

（1）压限器。它的作用是对输入信号的幅值进行压缩和限制,从而防止信号削波失真以及保护功效与扬声器的安全。

（2）均衡器。用来调校幅频特性的设备。由于扩声系统的调音台都设有参量均衡器,它可以对话筒、前置放大器和中间放大器进行均衡,因而在扩声系统的功放前应设置均衡器,以便对扬声器频率特性和房间声学特性进行均衡。

（3）延时器。将声音信号延迟一段时间以后再传送出去,使声音从不同方向传达到听众耳中的时差基本相同。在扩声系统中,延时器主要是用来克服回声和多重声、提高清晰度和解决音源与声像统一的重要设备。

（4）声音激励器。声音信号通过声音激励器后产生足够的谐波激励功率,再经过功放,可使输出声音信号有了丰富的可调的谐波(泛音)。

（5）反馈抑制器。主要用来抑制声反馈(啸叫)现象。

（6）电子分频器。在电声重放系统中,特别是在大功率和要求高的情况下,只有将全频带的节目信号按频率高低分成两个或两个以上的频段,分别作为频段(例如高音、中音和低音)的扬声器重放,才能取得互调失真小、音域宽广、调节方便等完美的效果。完成分频段作用的就是分频器。

11.1.6　智能建筑扩声系统设计

1. 确定扩声系统的声学特性参数指标

各种建筑的音响系统几乎都需要设计扩声系统。扩声系统的质量主要表现为声学特性指标。目前扩声系统的声学特性指标仍无国家标准。但有《厅堂扩声系统的声学特性指标要求》《歌舞厅扩声系统的声学特性指标与测量方法》和《厅堂扩声特性的测量方法》等行业标准。在设计扩声系统时,应充分了解这些标准的内涵。然后,根据用户需求和投资预算,确定规模及指标要求。

2. 建筑声学设计

扩声系统的设计应该从环境分析开始,因为环境状况决定了扩声系统工作声场的性质。扩声系统设计时应注意如下一些建筑声学方面的问题。

(1) 混响时间。指声源停止发声后,声强衰减 60dB 所需的时间。混响时间过长会使讲话中连续的几个音节模糊不清,清晰度下降;过短会使声音干涩、呆板、没有明亮感;适当的混响时间会使声音明亮、圆润、有光泽。直达声与反射声融合起来,听起来和谐、优美。表 11-3 是不同厅堂用途的一些推荐混响时间值。从实践中可得出,在一定范围内,混响时间越短,语言清晰度越高。

表 11-3　混响时间推荐值(500Hz)

厅 堂 用 途	混响时间/s	厅 堂 用 途	混响时间/s
电影院、会议厅	1.0～1.2	电影同期录音摄影棚	0.8～0.9
立体声宽银幕电影院	0.8～1.0	语言录音(播音)	0.4～0.5
演讲、戏剧、话剧	1.0～1.4	音乐录音(播音)	1.2～1.5
歌剧、音乐厅	1.5～1.8	电话会议、同声传译	～0.4
多功能厅、排练室	1.3～1.5	多功能体育馆	<2
声乐、器乐练习室	0.3～0.45	电视、演播室、室内音乐	0.8～1

现代声频技术的飞速发展使得控制混响时间的长短已经不是大问题。可以采用混响器来弥补房间混响时间的不足。但是混响设备的使用必须取决于原有厅堂的混响特点,所以在建筑声学设计时最好能充分考虑到这一点。

(2) 声反馈。用扩声设备对声反馈进行一定抑制,常用的方法有以下几个:

① 尽量选用频率特性比较平直的传声器和扬声器系统,特别是歌手使用的传声器,尽量使用指向性的,使它只接收来自声源方向的声音。并采用有指向性的扬声器。

② 在拾音技术和技巧方面,尽量拉开传声器与扬声器系统的距离,使传声器远离扬声器系统的覆盖角。讲话人缩短与传声器之间的距离,以增大直达声,减少扩音机的放大倍数。

③ 在传声器附近加吸声处理,减少反射到传声器的反射声。

④ 减少同时工作的传声器数量。使用多个扬声器系统时,对靠近传声器的扬声器系统少馈给一些功率。

⑤ 在扩声系统中插入移频器,将重放的整个频段进行几赫兹的偏移,但由于移频器对音质影响大,一般只用于语言扩声中。对于音乐扩声,使用移相器,可以使厅堂内声压级提高 4dB。另外,还可以使用均衡器,均衡器是由一组以频程为单位的增

益可调的窄带滤波器构成,可以用来调节扩声系统的频率响应中某一或若干频点的增益大小,使整个传输频率特性得到改善,防止声反馈的发生。

⑥ 使用专用的反馈抑制器。

3. 扬声器系统的选用与布置

扩声工程设计中,扬声器系统的选用与组合是很重要的。一般厅堂用扬声器系统不同于监听扬声器或是高质量的发烧级扬声器。它要求高效率、承受大的功率和需要的指向性。在选用扬声器系统时,要考虑的技术参数主要有频率响应、功率、灵敏度、指向性等。

1) 扬声器布置原则

扬声器系统的布置取决于厅堂的功能和体型,一般应遵循以下原则:

(1) 在任何情况下,扬声器的布置应保证所有听众接收到均匀的声能,即声压均匀分布。

(2) 扩声系统应有良好的声音自然感,并尽量做到视听一致。

(3) 在建筑上扬声器的布置应是合理的,而且有利于抑制声反馈。

2) 扬声器布置方式

扬声器布置主要有集中式、分散式和混合方式 3 种。

(1) 集中布置方式。在观众席的前上方(一般是指在台口上部或两侧)设置适当指向性的扬声器或扬声器组合,将扬声器的主轴指向观众席的中、后部。其优点是方向感好,观众的听觉与视觉一致,射向天花、墙面的声能较少,直达声强,清晰度高。集中式布置如图 11-9 所示。

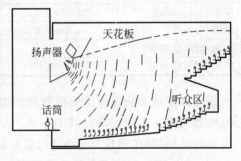

图 11-9　集中式布置示意图

(2) 分散布置方式。在面积较大、天花很低的厅堂,用集中式布置无法使声压分布均匀时,将多个扬声器(一般是直射式扬声器)分散布置在顶棚上(图 11-10)。这种方式可以使声压在室内均匀分布,但听众首先听到的是距自己最近的扬声器发出的声音,所以方向感不佳。如设置延时器,将附近的扬声器的发声推迟到一次声源的直达声后,方向感就可以明显改善,但在这之后还会有远处的扬声器的声音陆续到达,使清晰度降低,为此必须严格控制各个扬声器的音量与指向性。

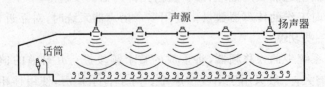

图 11-10　分散式布置示意图

（3）混合布置方式。近年来,混合布置方式是用得较多的一种方式。在观众厅中,采用集中与分散混用方式,在集中方式布置之外,在观众厅顶棚、侧墙以至地面上分散布置扬声器。这些扬声器用于提供电影、戏剧演出时的效果声或接混响器,增加厅内的混响感。

表 11-4 列出了各种布置方式的特点和设计注意点。此外,还要注意考虑不同用途厅堂的特点。

表 11-4　扬声器各种布置方式的特点和设计考虑

布置方式	扬声器的指向性	优缺点	适宜使用场合	设计注意点
集中布置	较宽	① 声音清晰度好; ② 声音方向感好,且自然; ③ 有引起啸叫的可能	① 设置舞台并要求视听效果一致; ② 受建筑体型限制不宜分散布置者	应使听众区的直达声较均匀,并尽量减少声反馈
分散布置	较尖锐	① 易使声压分布均匀; ② 容易防止啸叫; ③ 声音清晰度容易变坏; ④ 声音从旁边或后面传来,有不自然感觉	① 大厅净高较低、纵向距离长或大厅可能被分隔几部使用; ② 厅内混响时间长,不宜集中布置者	应控制靠近讲台第一排扬声器的功率,尽量减少声反馈;应防止听众区产生双重声现象,必要时采取延时措施
混合布置	主扬声器应较宽;辅助扬声器应较尖锐	① 大部分座位的声音清晰度好; ② 声压分布均匀,没有低声压级的地方; ③ 有的座位会同时听到主、辅扬声器两方向的声音	① 眺台过深或设楼座的剧院等; ② 对大型或纵向距离较长的大厅堂; ③ 各方向均有观众的视听大厅	应解决控制声程差和限制声级的问题;必要时应加延时措施,避免双重声现象

4. 扬声器总功率的计算

（1）可以根据听众席所需的最大声压级计算出扬声器所需的总输入电功率。扬声器所需的总输入电功率为

$$\text{SPL}_{pm} = E + 10 \lg P_i - 20 \lg r$$

式中：SPL_{pm}——在轴向距离为 r 的受声点的最大声压级(dB);

E——扬声器轴向灵敏度(dB/(m·W));

P_i——扬声器输入电功率(W)。

（2）根据经验,可按室内有效容积估算扬声器总输入功率。即对于一般要求的室内扩声系统,用作语言扩声时,可按每立方米有效容积 0.3W 估算扬声器总功率;

用作音乐扩声时,可按每立方米有效容积 0.5W 估算扬声器总功率。显然,这只能作为粗略的估算。

5. 功率放大器输出功率的确定

在扬声器的电功率已确定后,推动扬声器的功放输出功率随之可定。若按最大声压级计算扬声器功率,则功放的输出功率应较扬声器的电功率增加(15%~50%)作功率储备,对语言扩声时取下限,对大型管弦乐扩声时取上限,一般音乐扩声取中值。当按平均声压级计算扬声器功率时,则功放所对应的功率储备在作语言扩声时应为 3 倍以上,作音乐扩声时应为 10 倍以上(对大型管弦乐的扩声以不少于 15 倍为宜)。

扩声系统功放设置备用单元,其数量应该视重要程度而定。在与火灾事故广播兼容的公共广播系统中,备用功放容量不应小于火灾事故广播扬声器容量最大的 3 层中扬声器容量总和的 1.5 倍。多功能国际会议厅应增加一台与主声道相同的功率放大器作备份。

6. 扩声控制室设置

扩声控制室的设置应根据工程实际情况具体确定。一般说来,剧院、礼堂类建筑宜设在观众厅的后部。控制室面积一般应大于 $15m^2$,且室内作吸声处理。对体育场观类建筑,控制室宜设在主席台侧;会议厅、报告厅类建筑宜设在厅的后部。

11.1.7　会议室扩声系统

1. 会议扩声系统的特点

会议室主要进行的是演讲、讨论等的言语交谈,因此应按语言扩声标准进行设计,表 11-5 是语言扩声的特性指标。扩声增益量和语言清晰度是最主要的技术参数。

表 11-5　语言扩声系统特性指标

级别	最大声压级	传声频率特性	传声增益	声场不均匀度	总噪声级
一级	0.25~4.0kHz 范围内平均声压级≥90dB	在 0.1~6.3kHz 范围内(以 0.25~4.0kHz 的平均声压级为 0dB)声压级允许偏差为 +4~-10dB,且在 0.25~4.0kHz 内允许偏差为 +4~-6dB	在 0.25~4.0kHz 范围内的平均值 ≥-12dB	在 1.0~4.0kHz 范围内≤8dB	≤NR30
二级	0.25~4.0kHz 范围内平均声压级≥85dB	在 0.25~4.0kHz 范围内(以其平均声压级为 0dB)声压级允许偏差为 +4~-10dB	在 0.25~4.0kHz 范围内的平均值 ≥-14dB	在 1.0~4.0kHz 范围内≤10dB	≤NR35

会议室的体型及会议室内席位布置往往是多种多样的,例如大型会议室有主席台,听众席一致朝向主席台;中、小型会议有的主席台在中间,两边或两头布置席位;有的不设主席台,四周围绕中间布置席位等。

2. 会议室扩声系统的设计

有许多人认为会议扩声系统很简单,不用考虑电声系统、建筑声学设计,只要随便加几只音箱、话筒即可。可结果往往是不开扩声系统听不见,一开就会产生啸叫,产生很大的本底噪声,使会议室变得像嘈杂的歌舞厅。下面简单介绍设计该类型扩声系统的一些基本原则。

(1) 会议扩声系统好坏很大程度取决于系统使用的扬声器和其布置方式。一般会议厅应选择品质高、体积小,在 100Hz～10kHz 频响范围内,有较严格的方向控制(特别是垂直方向最好小一些)的扬声器。为缩短扩声距离,较好的方式是多只小扬声器随着会议桌的外形以环形布置加重点覆盖,只求有效座席的语言清晰度,不追求全场均匀度。安装扬声器时要注意扬声器覆盖范围和传声距离,原则有两个:一是覆盖听众,减少有害和无用声覆盖;二是远离话筒声轴正向,提高系统增益。

(2) 话筒选择与安装。会议室一般采用串联式话筒,最好能选择心型或超心型话筒,中低档次用进口、国产手拉手话筒,高档次可选择专业会议话筒,利用系统连接器座话筒串联系统。摆放时尽量使话筒声轴与扬声器声轴反向。

(3) 声反馈是扩声系统的一大困扰,在会议扩声系统中比较好的方法是接入移频器。实践证明,使用移频器后,可有效抑制声反馈,使室内扩声增益提高 6～10dB。同时系统还必须装备压限器和均衡器,压限器对降低系统噪声很有效果。

11.1.8 多功能厅扩声系统

一个完整的多功能厅一般用于会议、报告、新闻发布及小型文艺演出等。因此,多功能厅扩声系统与会议室扩声系统相比,除了要具备足够的音量和语言清晰度外,还要满足良好的音质、声像定位和尽可能均匀的声场等要求。根据中华人民共和国广播电影电视部标准《厅堂扩声系统声学特性指标》,多功能厅要满足语言和音乐兼用标准的要求,如表 11-6 所示。

表 11-6 语言和音乐兼用的多功能扩声系统的声学特性指标

级别	最大声压级	传声频率特性	传声增益	声场不均匀度	总噪声级
一级	125～40000Hz 范围内平均声压级≥98dB	在 0.063～8.0kHz 范围内(以 0.125～4.0kHz 的平均声压级为 0dB)声压级允许偏差为 +4～−12dB,且在 0.125～4.0kHz 内允许偏差≤±4dB	在 0.125～4.0kHz 范围内的平均值≥−8dB	在 1.0～4.0kHz 范围内≤8dB	≤NR30

续表

级别	最大声压级	传声频率特性	传声增益	声场不均匀度	总噪声级
二级	250～4000Hz范围内平均声压级≥93dB	在0.1～6.3kHz范围内(以0.25～4.0kHz的平均声压级为0dB)声压级允许偏差为＋4～－10dB,且在0.25～4.0kHz内允许偏差为＋4～－6dB	在0.25～4.0kHz范围内的平均值≥－12dB	在1.0～4.0kHz范围内≤10dB	≤NR35

图 11-11 是某酒店大型多功能厅扩声系统原理图。该多功能厅面积为 $1040m^2$,天花板高度约 5.1m,设有 1000 个座席,舞台宽 16m,深 8.5m。主要的功能以会议为主,并满足一般的中小型文艺演出的要求。

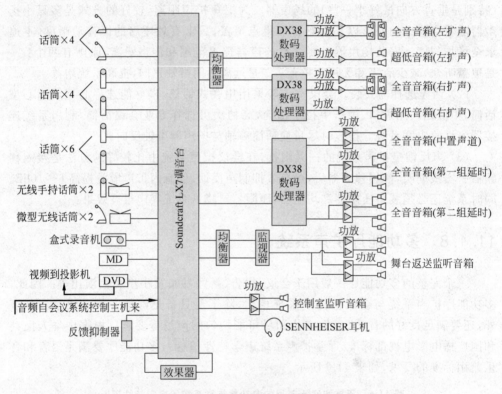

图 11-11　多功能厅扩声系统原理图

根据其建筑特点,该多功能厅扩声系统包含左、中、右扩声,同时为提高整个声场均匀度,在观众席的中后部设置了两组延时扬声器组。左、中、右扬声器组安装在声桥内,左右扬声器组由全音音箱和超低扬声器组成,由于多功能厅净空高小,声桥的高度低,中置扬声器选用宽度小的扬声器作横放置在声桥内。两组延时扬声器组也选用宽度小的扬声器,放置在观众席的中后场,用以提高整个声场的均匀度。舞台监听扬声器服务于会议时的主席台成员或文艺演出时演员的监听。调音台则选用 16 路调音台。全部采用具有良好稳定性的功放,使整个扩声系统具有很高的适配性。音频处理器采用 3 台数码处理器,它具有滤波、压缩限幅、相位调整、延时、分频、参数均衡、频率补偿、电平控制等功能。

11.2　智能建筑的公共及紧急广播系统

智能建筑中的广播系统用于发布新闻和内部信息、发布作息信号、提供背景音乐以及用于寻呼和强行插入灾害性事故紧急广播等,它们是实现智能建筑"安全、健康、舒适宜人和能提高工作效率的办公环境"必不可少的条件。目前,在智能建筑中,数据和语音信息交换系统应用了较为成熟的综合布线技术,采用了 ANSI/TIA/EIA 568 国际标准,有较强的通用性和可管理性。而广播系统普遍采用模拟信号经功放放大后进行传输的模拟工作方式,用音频矩阵切换器来进行有限的分区控制。智能建筑的广播系统向智能化和网络化方向发展是一个主流趋势,并已经取得了一定的成果。基于 IP 网络的数字化广播系统充分利用综合布线、多协议共容的特点,发挥数字化、网络化、智能化的优势,最终构建的是一个新型的智能广播系统。

11.2.1　公共广播系统的特点及其组成

1. 公共广播系统技术特点

智能建筑的公共广播系统简称 PA(Public Address)系统,包括背景音乐、业务和事故紧急广播等。公共广播的终端——扬声器往往分布在整个建筑物的各个地方。公共广播通常有特定的功能,例如背景音乐的连续播放、业务广播的定时播放、事故紧急广播和自动播放等等。这些特点决定了公共广播要特别考虑它的传输方式、功能要求和可靠性。公共广播也是一个扩声系统,但人们往往对音质的要求就不如扩声系统那么高。然而从智能建筑的观点出发,其播放的背景音乐应该是失真小、音质优美的。

(1) 由于扬声器往往是分布在整个建筑物的各个地方,点数多,分布广,因此公共广播系统的技术难点就在于信号传输方面。

(2) 从广播业务需求方面,需要对整个建筑物进行广播分区,即需要对扬声器进行分组控制。

(3) 事故紧急广播应享有最高级别权利,保证在任何状态下均能清晰无误地播放事故紧急信息。

(4) 公共广播系统原则上不是立体声系统,并不需要为营造具有方向属性的声音而建立多声道。通常公共广播系统只有一个声道,尽管公共广播系统中可能有许多扬声器,但它们只播放同一个声音。

2. 公共广播系统的组成

图 11-12 为一个基本满足现在要求的公共广播系统框图。CD、卡座、调谐器（收音机）等设备可用于广播背景音乐、发布录音。分区是由分区选择器管理的，可随时打开或关闭任何一个广播区，但警报信号可通过联动口强行打开所有广播区。可编程定时器可用于定时受控设备（如扬声器）的启闭，定时有关音源设备播放选定的背景音乐和定时广播系统的启闭。

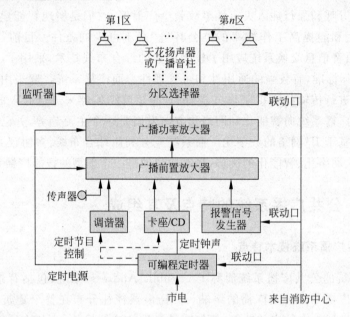

图 11-12　基本公共广播系统框图

3. 公共广播系统信号传输方式

公共广播系统信号的传输方式如图 11-13 所示，有如下两种：

（1）高电平功率传输方式。即机房的功率放大器到扬声器采用高电平传输，一般为 100V 或 70V。其优点是线路损耗少、负载连接方便，只要把带变压器的扬声器并接在线路上即可。在这种情况下，当所接扬声器的阻抗相同时，其分配到的功率也相同。它是智能建筑中广为采用的传输方式。一般传输距离不应超出 300m。每一条线路所并联接入的扬声器的功率总和不能超出功放的额定值。

（2）低电平信号传输方式。在这种方式中，传输线路只向终端（含一组扬声器）传送约等于 1V 的线路信号到扬声器组附近的功率放大器（分机柜），经功放后再以低电平方式送到扬声器组。这种方式可避免大功率音频电流的远距离传输。它只适用于控制室距终端远，而终端各个区域的扬声器又相对集中的情况。这实际上是声信号的传输而不是功率的传输，通常主机房把声频信号通过总线方式控制，实现把信号（含模拟及数字信号）传输到指定的分区扬声器组的目的。

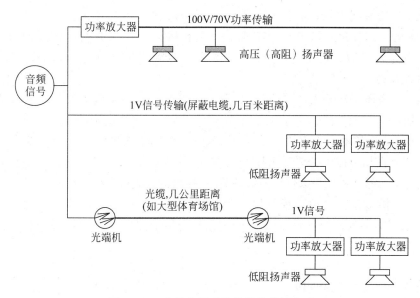

图 11-13　公共广播系统信号的传输方式

4. 公共广播系统中的功率容量计算

公共广播系统功率总容量：

$$P = k_1 k_2 \sum_{i=1}^{n} P_i K_i$$

式中：

P——功率输出总电功率；

k_1——线路衰耗补偿系统，线路衰耗 1dB 时取 1.26，线路衰耗 2dB 时取 1.58；

k_2——老化系数，一般取 1.2～1.4；

P_i——第 i 分路扬声器的额定容量；

K_i——第 i 分路的同时需要系数，背景音乐系统 $K_i = 0.5～0.6$，业务性广播 $K_i = 0.7～0.8$，火灾事故紧急广播 $K_i = 1.0$；

$P_i K_i$——每分路同时广播时的最大电功率。

5. 扬声器的选择与设置

（1）作为公共广播系统中使用的扬声器，一般分为吸顶式、壁挂式两大类。吸顶式扬声器在工程中使用较为普遍，其主频率在 500Hz～10kHz 之间，具有足够的灵敏度和功率，指向性良好，有优良的环境特性和寿命。在装修讲究、顶棚高阔的厅堂，宜选用造型优雅、色调和谐的吊装式扬声器。在防火要求较高的场合，宜选用防火型的扬声器，这类扬声器是全密封型的，其出线口能够与阻燃套管配接。

（2）火灾事故紧急广播扬声器设置在走道、大厅、餐厅等公共场所，其数量应能保证从本楼层任何部位到最近一个扬声器的步行距离不超过 25m；在走道交叉处、拐弯处均应设置扬声器;走道末端最后一个扬声距墙不大于12m。

(3) 若采用吸顶式扬声器,扬声器的间距按层高(吊顶高度)的2.5倍左右考虑,选用功率为3~5W。在建筑装饰和室净高允许的情况下,对大空间的场所宜采用声柱或组合音箱。

(4) 广播扬声器原则上以均匀、分散的原则配置于广播服务区。其分散的程度应保证服务区内的信噪比不小于15dB。通常,高级写字楼走廊的本底噪声约为48~52dB,超级商场的本底噪声约58~63dB,繁华路段的本底噪声约70~75dB。考虑到发生事故时现场可能十分混乱,因此为了紧急广播的需要,即使广播服务区是写字楼,也不应把本底噪声估计得太低。照此推算,广播覆盖区的声压级宜在80~85dB以上。

(5) 广播覆盖区的声压级可以近似地认为是单个广播扬声器的贡献。声压级SPL(单位dB)同扬声器的灵敏度级E、馈给扬声器的电功率P、听音点与扬声器的距离r等有如下关系:

$$SPL = E + 10 \lg P - 20 \lg r$$

天花扬声器的灵敏度级在88~93dB之间;额定功率为3~10W。以90dB/8W估算,在离扬声器8m处的声压级约为81dB。以上估算未考虑早期反射声群的贡献。在室内,早期反射声群和邻近扬声器的贡献可使声压级增加2~3dB。

根据以上近似计算,在天花板不高于3m的场馆内,天花扬声器大体可以互相距离5~8m均匀配置。如果仅考虑背景音乐而不考虑紧急广播,则该距离可以增大至8~12m。

11.2.2　紧急广播系统的特点及其组成

1. 紧急广播系统简介

紧急广播系统(emergency address system)又称火灾应急广播系统,主要在发生火灾及其他灾难事故时,用于发布警报、指导人群的疏散、事故警报的解释、警报解除和统一指挥等。紧急广播系统通常由公共广播系统兼任,通过自动切换装置和紧急广播控制系统来实现正常广播与火灾紧急广播之间的相互切换。火灾紧急广播能自动或人工播放。自动时能报出火灾楼层、地点等信息。紧急广播应能用汉语、英语播放,火灾广播录音由广播系统完成。

紧急广播系统可分为专用广播系统和兼容性广播系统两类。专用紧急广播系统由于平时使用机会极少,缺少动态维护保养,往往试验时没有问题,突然使用时又成了"哑巴",因此系统的可靠性不高。目前提倡把紧急广播系统纳入公共广播系统,前端扬声器是一套系统,紧急情况下强切其他广播,实现紧急广播优先播发。兼容性系统始终处于完好的正常工作状态,又可节省大量投资。

2. 火灾应急广播强切控制

图11-14为火灾紧急广播强切示意图,背景音乐信号处于常闭状态,火灾广播信

号处于常开状态。当强切继电器 K 接到来自消防中心的指令通电后,其辅助接点 K1 断开,K2 合上,从而完成火灾状态下的紧急广播信号切换。强切音控的功能是打开那些被现场音控器关闭了的扬声器,火灾状态下强切音控继电器动作,令 R 线同 N 线短接,使音控器旁通,扬声器正常广播。

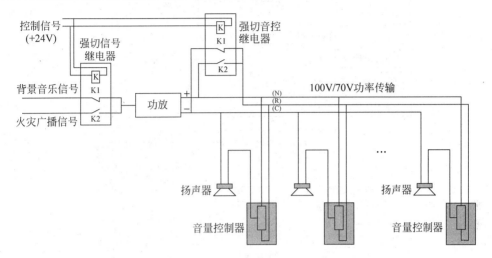

图 11-14　火灾应急广播强切示意图

3. 紧急广播的电源及布线要求

紧急广播设备的用电,一类建筑应按一级负荷要求供电;二类建筑应按二级负荷的两回线路要求供电。此外还应设有直流备用电源(蓄电池),备用电源的容量应能保证网络在最大负荷下紧急广播 10～20min。

当火灾发生时,火场温度很高,容易烧断系统缆线而致使紧急广播无法顺利播出。因此,为避免此种情形发生,系统敷线应采取防火保护措施:沿电缆托盘或线槽敷设的缆线穿过水平防火分区时,用阻燃材料将穿越孔洞紧密封堵,并将贯穿防火分区的缆线两侧 2m 范围内涂刷防火涂料;也可以采用耐热绝缘缆线穿行于金属管内暗敷等。

11.2.3　多功能公共广播系统

所谓多功能广播系统就是涉及业务性、服务性和火灾应急三方面的多兼容性广播系统。多功能广播系统在平时状态下用于语言广播和播放背景音乐,一旦发生紧急情况(如火灾)将自动强切到紧急广播状态,进行统一指挥疏散。

图 11-15 为某小区多功能广播系统框图。它增加了报警矩阵、分区强插、分区寻呼、电话接口以及主/备功放切换器、应急电源等环节,系统的连接也作了相应的调整。

报警矩阵是与消防中心连接的智能化接口,可编程。当消防中心发出某分区火

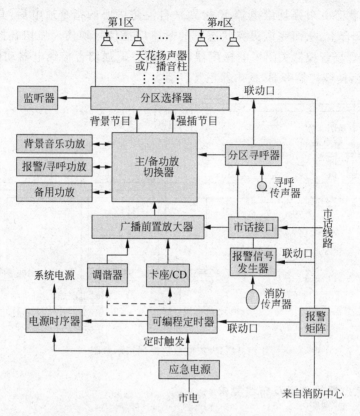

图 11-15　多功能广播系统框图

警信号时,报警矩阵能根据预编程序的要求,自动地强行开放警报区及其相关的邻区,并插入紧急广播;无关的广播区将继续如常运行(例如继续播放背景音乐)。在警报启动时,报警信号发生器也被激活,自动地向警报区发送警笛或预先固化的语音文件(如指导公众疏散的录音)。如有必要,可用消防传声器实时指挥现场运作,因它具有最高优先权,能抑制包括警笛在内的所有信号。

主/备功放切换器可提高系统的可靠性。当主功放发生故障时能自动切换至备用功放。图中有两台主功放,分别支持背景音乐和寻呼/报警。备用功放一台,随时准备自动接管发生故障的任一台功放。

分区寻呼器可强行开启分区选择器管理的任一个(或任几个)分区,插入寻呼广播。它优先于背景广播。

电话接口是与公共电话网连接的智能化接口。当有电话呼叫时能自动摘机,向广播区播放来话,使得主管人员可在机房以外(乃至外地)通过电话发布广播。当电话主叫方挂机时,系统也会自动挂机。

应急电源能在市电停电后支持系统运行 30~120min(视蓄电池容量而异)。另外,图中还配置了“电源时序器”,该时序器相当于 1 组(通常有 10 个)自动按序接通的电源接口。

11.2.4 公共及紧急广播系统的数字化技术

公共广播系统数字化技术有两个方面的内容：其一是音频信号处理和管理的计算机化，把整个公共广播系统全盘置于计算机管理之下；其二是传输的数字化和网络化，最终构建一个新型的智能化公共广播系统。图 11-16(a)所示是数字化公共广播系统结构图，从麦克风采集到的音频数据在服务器端进行压缩编码打包，通过 IP 网络传输，在数字化的网络扬声器端解码播放。

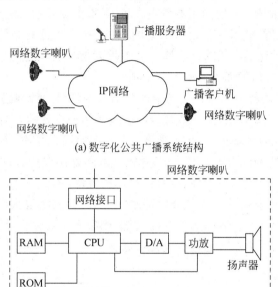

(a) 数字化公共广播系统结构

(b) 网络数字喇叭结构

图 11-16 公共广播系统数字化技术

应该指出，数字化公共广播系统目前还处在研发和实践阶段，还没有相应的国家或国际标准。IP 网络技术的成熟及表现出来的诸多优势，在未来的智能建筑中，IP 技术将处于主导的核心地位。因此，基于 IP 网络的数字广播系统充分利用其综合布线、多协议共容的特点，发挥数字化、网络化、智能化的优势是目前和将来一段时间内的趋势。

1. 公共广播系统传输的数字化和网络化

用模拟信号传输方式的广播系统在应用上存在许多缺点和局限性：

（1）模拟信号经较远距离传输后，肯定会产生信号的衰减和噪音问题。除了使音质受到严重的损害以外，声场的分布也不理想。

（2）同一总线内的广播信息完全相同，无法实现动态分组广播或单点广播。

（3）对重复的信息、文本信息、邮件信息的处理均需有播音员的人工介入，智能程度差。

(4) 布线缺乏灵活性,无法通过简单的管理设备改变线路的功能。且必须铺设专用的音频线路,无通用的可遵循的标准。

公共广播系统传输的数字化和网络化思路就是改变以往的广播系统通过模拟信号传输的模式,使其通过网络音频传输技术来实现。这样做的优势有以下几点:

(1) 以太网在传输音频信号的同时,还可同时传输控制信号,从而对系统的分组模式和重复信息、文本信息、邮件信息等进行智能化管理。如在大厦的火警广播时,为了实现人群的分批疏散,应采用分层告示。传统的广播系统一般采用多组总线分别对各层进行控制的模式,增加了布线的复杂性和安装成本,而且只能实现固定分组,灵活性较差。如果采用智能化网络音频设备,则可通过控制信号实现动态分组广播或单点广播,提高了系统的灵活性。对于重复信息、文本信息、邮件信息的处理则可通过计算机直接播发而不需要人工干预。

(2) 安装、维护便捷。基于网络传播的广播系统作为一种网络终端设备,可方便地嵌入到原有的网络系统中,从而省却线缆敷设和传输设备的安装,使安装便捷;另外,由于系统采用双向传输模式,可方便地定位故障设备的位置,使维护简便。

(3) 以太网系统的综合布线技术、传输模式和传输协议均有可遵循的国际标准,从而保证了系统的可靠性、灵活性、兼容性和可扩展性。

(4) 低成本。目前局域网和广域网都基于以太网构建,以太网设备大量应用于生产和生活,价格很低。将其引入到广播系统,则很多原有的网络设备可直接使用,不存在兼容问题,使广播系统的造价大为降低。

2. 网络数字喇叭

网络数字喇叭是一个能从网络接收音频数据流并解码播放的数字终端。它由网络控制、CPU(解压解码)、D/A、功放、扬声器等几部分组成,如图11-16(b)所示。

3. 音频信号处理和管理的计算机化

用广播服务器完全替代传统的主机系统,可以实现以下功能:

(1) 用软件实现广播系统中除功放机以外的所有功能环节,无须周边设备支持。

(2) 内置数码广播矩阵,多个音频输入通道、多个虚拟分区输出通道可互不干扰地自由组合切换。

(3) 内置数码电声节目源,具有一个星期连续、不重复播放的背景音乐容量;还有一个内置CD,不需外设CD和卡座的支持。

(4) 可通过远程传声器进行遥控分区寻呼,实现智能化的调度广播等。

(5) 服务器设常规节目表,一般情况下根据节目表播放背景音乐(包括指定时间播报录制的通用广播信息)。当需要广播时,切换到广播界面,进行实时广播。广播前,可对各楼层的广播进行设置,来进行特定楼层的广播或广播音量的控制、测试连通情况等。

（6）广播客户机可根据权限对节目表做改动，对服务器进行广播留言等。

（7）通过 TTS(Text To Sound，文本到语音)引擎，搭建支持文本广播等功能要求的服务器架构，实现多语种文字直接广播功能。

4. IP 网络广播系统的组成方案

IP 网络广播系统是一套基于 TCP/IP 协议的公共广播系统，将音频信号以标准 IP 包形式在局域网和广域网上进行传送，是一套纯数字网络传输的音频扩声系统。解决了传统广播系统存在的音质不佳、维护管理复杂、内容局限、空间局限和缺乏互动性等问题。在传播内容方面，模拟音频广播系统只能使用和传送由卡座、CD 机、麦克风等设备输出的模拟信号，对于大量的以数字格式存储于网络服务器和各种载体上的音频资源无法直接应用。网络广播系统支持各种模拟音源的数字化转换，同时作为数字化的音频广播系统，直接应用数字格式的音频资源和网络上的音频资源。

由于采用了数字网络传输技术，使音频信号无传输干扰及失真。采用了 MP3 压缩算法占用网络带宽低(8～128kbps)，又能保证音质保真度，经测试采用 44.1kHz/16b 采样 128kbps 速率压缩通频带(线路输出)20Hz～16kHz，失真度≤3%。

图 11-17 为校园 IP 网络广播系统的组成方案，在终端分区采用了模拟方式。

IP 网络广播系统功能与特点如下：

（1）涵盖传统广播系统所有功能，包括自动打铃、课间音乐播放、领导讲话、播送通知和转播电台节目等。

（2）自由点播。教师通过遥控器控制分布在每个教室的数字广播终端完成音频服务器中资料库的任意点播。

（3）实时采播。将外接音频(卡座、CD、收音机、话筒等)接入音频服务器软件实时压缩成高音质数据流，并通过计算机网络发送广播数据，数字广播终端可实时接收并通过自带音箱进行播放。

（4）定时播音。数字广播终端具有独立 IP 地址，可以单独接收服务器的个性化定时播放节目。教师将需要使用的教材或课件存储在服务器硬盘上，并使用专门软件编制播放计划，系统将按任务计划实现全自动播出。

（5）多路分区播音。系统可设定任意多个组播放指定的音频节目，或对任意指定的区域进行广播讲话；服务软件可远程控制每台终端的播放内容(划定区域播放)和音量等。

（6）领导网上讲话。领导通过网络上的任意一台计算机，接上话筒，即能实现广播讲话，可指定全体广播或局部广播，支持通过 Internet 远程广播。

（7）消防报警联动紧急广播。系统与消防联动，支持一路紧急广播优先。系统内的设备无论处于何种状态，只要有紧急广播信号输入，就会自动强行广播，并自动调到最大音量。

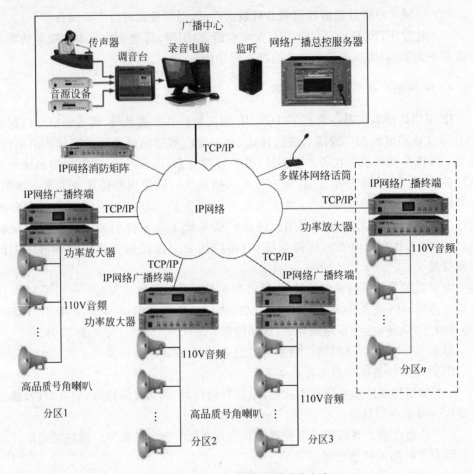

图 11-17　校园 IP 网络广播系统方案

11.3　智能建筑的会议系统

11.3.1　基本会议系统

　　会议是人们进行共同讨论、交流的一种方式。随着社会的进步和时代的发展，会议正逐步成为人们工作生活中的一项重要内容，会议系统也在不断地发展和创新。

　　图 11-18 是最简单的会议讨论系统，简称会议系统。它由主席机(含话筒和控制器)、控制主机和若干部代表机(含话筒和登记申请发言按键)组成。主席机和代表机采用链式连接后接到控制主机上(又称为手拉手会议讨论系统)。在基本会议系统的基础上，在主席机、代表机和控制器上增加相应功能及显示器，就可以实现带有表决功能的会议系统。主席机上的 LCD 显示发言人的资料、表决结果，代表机上可

以登记请求发言、听发言和通过表决按键进行议会式表决,并把表决结果由控制主机输出给大厅大屏幕显示装置。

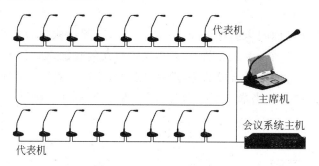

图 11-18　基本会议系统

每位正式代表面前都有一个代表机,通过自己面前的话筒进行发言,通过操作代表机面板上的按键来控制自己的话筒开关状态,实现申请发言、表决、选择收听语种等功能。

主席台位置设置主席机,会议主席有优先权,可以管理和控制会议进程。会议主席的话筒可随时通过自己控制面板上的开关键打开和关闭,不受其他发言代表的影响。此外,主席机可通过主席优先面板上的优先键随时中断其他代表发言的话筒,同时主席话筒自己打开。通过控制主机可以设置会议发言模式。

(1) 一人轮流发言方式。代表席如需要发言,先按代表机上的请求发言键,如此时无其他人发言,控制面板的指示灯变为红色,代表可发言;如此时有其他代表发言,控制面板上的指示灯变为闪动的绿色,控制主机会根据现有请求进行排队,在前面的代表先发言完毕后,申请发言代表即可发言,此时控制面盘上的指示灯为红色。

(2) 多人轮流发言模式。这种模式基本与一人轮流发言模式功能相同,但可允许多名代表同时开启话筒。

主席机和代表机集发言功能、投票表决功能于一体,具有内置平板扬声器及耳机插口,音质清晰,并可自由调节音量。具有抑制啸叫功能,当话筒打开时,内置的扬声器会自动关闭,防止声音回输而产生啸叫。主席机单元带液晶显示屏,可以查看译员机的操作信息、本机监听的语种信息、投票表决的操作信息和结果等。

一般系统主机可连接 128 台发言单元,通过扩展口接入扩展主机(多个扩展主机之间采用"手拉手"连接方式),最多可接入 4096 台发言单元,且相互无干扰。除了起系统的控制作用外,系统主机一般还提供电源和内置均衡器,可以对系统输出的音频信号进行高、低音调节,以适应不同的听觉要求。内置移频器,可以有效抑制啸叫。如有需要,这种系统也可以通过话筒耦合器与外地的话筒相连,实现远程电话会议的功能。

11.3.2　同声传译系统

同声传译系统又称同声翻译系统,它是在使用不同国家语言的会议等场合,将发言者的语言(原语)同时由译员翻译,并传送给听众的装置,如图 11-19 所示。同声传译系统是会议系统的一个组成部分,通常从信号输送方式考虑可分为有线和无线两种,从语言和传译方式考虑又可分为直接翻译和二次翻译两种。

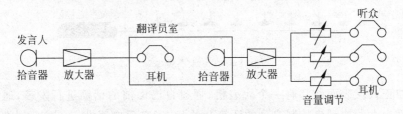

图 11-19　基本同声传译系统

1. 多语种同声传译系统

多语种同声传译系统按语言翻译方法分为直接翻译(一次翻译)和二次翻译两类,如图 11-20 和图 11-21 所示。在多语言的会议中,要求译员能精通多种语言。为便于小语种的翻译,系统中都设有二次翻译系统。

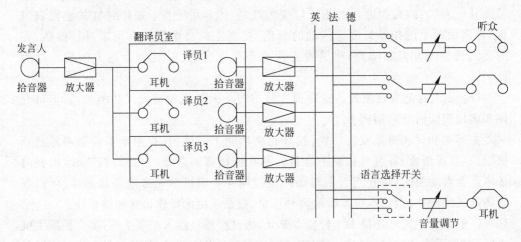

图 11-20　直接翻译系统

2. 有线同声传译系统

图 11-20 是有线传输同声传译系统框图。译音室译员将传声器送来的原语翻译成英、法、德三国语言,分别经放大单元和分配网络同时送到每个听众的座位上。每个听众可通过座位上的语言选择开关选听不同的语种。

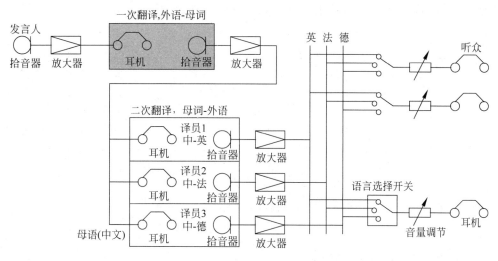

图 11-21　二次翻译系统

　　有线传输的优点是声音清晰,没有外界干扰,既可选择收听,又可直接发言参加讨论;缺点是传输网络复杂,代表不能离开座位自由活动。无线传输系统的优点是代表可在任何位置选择收听自己熟悉的语种,传输系统结构简单;缺点是存在若干可能的干扰而且不能供代表发言。因此,在有线和无线共存的系统中,有线代表机可作为正式代表(有发言权)使用。无线接收机作为旁听代表(如记者或列席代表)使用,这样既可节省投资,又可扩大使用范围。

3. 红外线无线同声传译系统

　　无线传输系统分为 3 类:长波电磁感应传输、红外传输和射频传输。射频无线传输受电波传播衰落的影响和易受外界干扰等原因,音质较差,此外它的发射范围大,不便于保密,因此很少采用。应用最广泛的是红外传输系统。

　　红外传输具有很强的保密性(红外光不能穿透墙壁,只在同一室内空间传播),它不会受到空间电磁波和工业设备的干扰,从而杜绝了外来恶意干扰及窃听。同时,红外传输传递信息的带宽较大,可同时传输十多路不同语种的信号。

　　红外同声传译系统的基本组成如图 11-22 所示。各通道译出的语言信号经放大后,由多通道红外发射机送到红外辐射器,适当选择红外辐射器,并藏在天花板或墙上,使辐射的红外线均匀布满会场。会议参加者可在会场任何位置通过红外接收机和耳机选择任一通道(语种)收听会议的报告。红外发射机与接收机的通道数可根据同声传译语种数加以选用;红外辐射器可根据会议厅的容积去选取每块的功率和总的数量。小功率(如 $2\sim5W$)可覆盖约 $5\sim7m$ 距离以及 $30\sim50m^3$ 以上的容积,大功率的辐射器覆盖可达 $30\sim40m$ 距离以及 $1000m^3$ 以上的容积。

　　红外接收机位于听众席上,其作用是从接收到的已调红外光中解调出音频信号。红外接收机设有波道选择,以选择各路语言,由光电转换器检出调频信号,再经混频、中放、鉴频，还原成音频信号由耳机传送给听众。

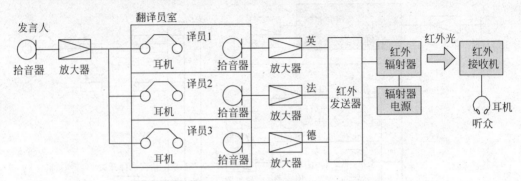

图 11-22　红外同声传译系统基本组成框图

11.3.3　智能会议系统

智能会议系统就是将计算机技术、通信技术、多媒体技术、控制技术、声学音响技术等应用到会议中，从而实现会议的数字化、网络化、智能化、模块化及多功能化的专业型综合会议系统。

《智能建筑设计标准》(GB/T 50314—2015)对甲级智能建筑中设置的多功能会议厅的音、视频设备配置要求是：配置双向传输的视像会议系统、多语种同声传译系统、桌面型会议扩声系统、带有与计算机接口互联的大屏幕投影电视系统、有线电视(含闭路电视)系统、公共广播系统兼紧急广播系统，并要求设置综合布线系统和预留多个 VAST 卫星通信系统的安装空间等。

图 11-23 是一个完整的智能会议系统示意图。从图中可看出，智能会议系统由音频集中控制系统、音频扩声系统、大屏幕投影系统、数字会议系统(包括同声传译系统、发言系统、投票表决系统、签到系统)、远程视频会议系统、灯光系统、智能集中控制系统等有机地组合在一起而形成的。

从技术发展的进程来看，会议系统已经历了 3 代：

第一代会议系统是全模拟技术的会议讨论系统，采用"手拉手"连接的话筒、噪声门和小功率扬声器。使用者只需要按动一个开关即可发言，不需要操作人员控制，不需要使用调音台，操作非常简单。

第二代会议系统产品引入了数字控制技术，实现了会议签到、发言管理、投票表决、同声传译和视像跟踪等功能，第二代会议系统产由于采用了数字控制技术，大大扩展了会议系统的使用功能，提高了会议效率。但是音频传输仍使用模拟方式，传输线缆不仅昂贵、复杂，而且音频信号的衰减、串音使信噪比随着传输距离的增加越来越差。在大型会议系统中，接地问题引入的干扰(如照明设备、工业电器设备和广播通信设备等)一直是难以解决的另一个问题。

第三代产品是全数字会议系统，其核心技术是多通道数字音频传输技术。这种

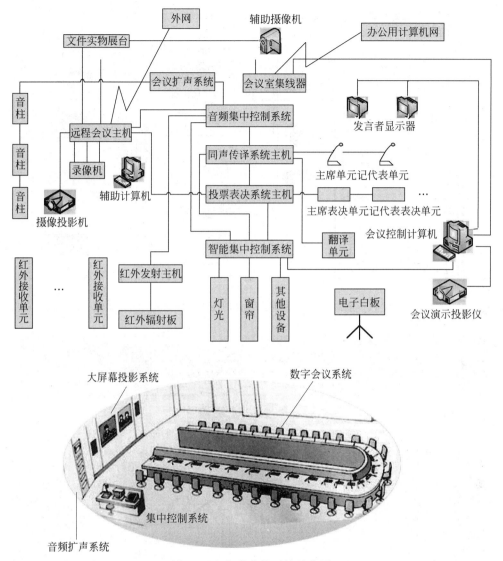

图 11-23　智能会议系统示意图

技术从根本上解决了多芯线缆模拟音频传输存在的接地噪声、设备干扰、通道串音、长距离传输等问题,声音保真度极高,接近 CD 音质,同时大大方便了施工布线,提高了系统的可靠性。

　　图 11-24 所示是一个集发言、投票表决及同声传译功能于一体的数字会议系统,可以满足国际性会议的要求,配置管理软件模块可实现投票表决、话筒管理及多语种的同声传译功能。与会代表可以进行投票表决及发言,配合红外线接收单元选择语种。会场也可容纳更多的旁听者参与会议,在红外线覆盖的范围内,接收单元的数量不受限制。

　　(1) 话筒管理功能。对分布在会场各个角落的话筒进行统一的管理,如图 11-25 所示。只要单击话筒的图标便可以控制话筒的开启或者关闭;对发言者的发言申请

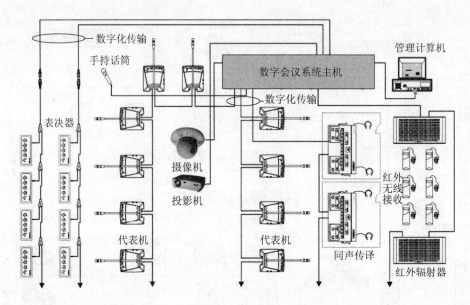

图 11-24　集发言、表决及同声传译功能于一体的数字会议系统

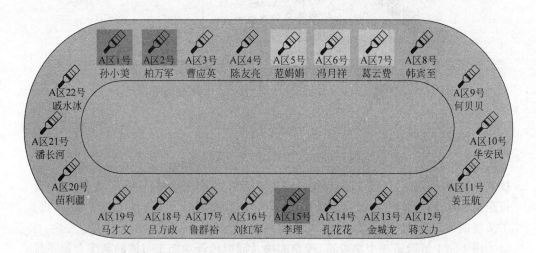

图 11-25　话筒管理功能

在线进行同意或者否决；同时可以利用计时功能对发言者的发言时间进行控制；也可以针对会议的性质调整话筒的开启模式，可以非常直观地了解到每一个话筒图标所对应的代表是谁；可以清晰地了解到发言申请的次序以便于控制。

（2）电子表决功能。随着国家民主化进程的不断发展，电子投票表决系统在会议中的运用也越来越多。与会代表只需在座位上按键，便可以对任何一项议案进行投票或表决，无须排着长长的队伍将选票投入票箱。也无须花费任何人力对选票进行烦琐的统计，一切都可以通过计算机快速、准确地将结果统计出来，如图 11-26 所示。

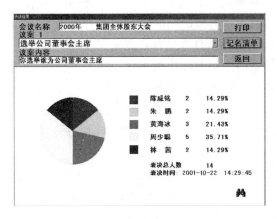

图 11-26　电子表决管理

（3）签到管理功能。主要是应用 IC 卡进行签到管理，利用软件系统对与会出席人员进行统计，能直观显示代表的座位图。而且还能详细记录与会代表的资料以及能使用设备的权限等，如图 11-27 所示。

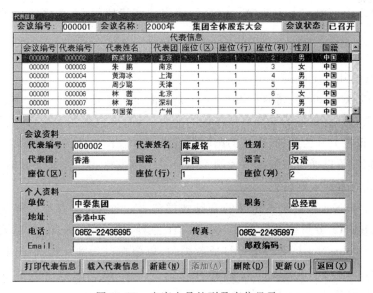

图 11-27　出席人员签到及座位显示

11.4 智能建筑的网络声频技术

11.4.1 网络声频系统的特点

网络声频技术是指扩声系统和公共广播系统利用网络(以太网)及其相关设备(硬件和软件)对声频信号进行数字化处理、数字传输和数字控制的技术,因此网络声频技术又称为数字声频技术。与传统方式相比,网络声频技术具有以下特点:

(1) 以太网在传输声频信号的同时还可传输控制信号,从而对系统的分组模式和重复信息、文本信息、邮件信息等进行智能化管理。

(2) 基于网络传输的广播系统作为一种网络终端设备,可方便地嵌入现有的网络系统中,从而省却线缆敷设和传输设备的安装。另外,由于系统采用双向传输模式,可方便地定位故障设备的位置,使维护简便。

(3) 以太网系统的综合布线技术、传输模式和传输协议均有可遵循的国际标准,从而保证了系统的可靠性、灵活性、兼容性和可扩展性。

(4) 低成本。目前局域网和广域网都基于以太网构建,以太网设备大量应用于生产和生活,价格很低。将其引入到广播系统,则很多原有的网络设备可直接使用,不存在兼容问题,使扩声、广播系统的造价降低。

11.4.2 网络声频系统解决方案

网络声频系统的核心技术是能满足声频信号在网络中传输和分配的专用声频网络,该网络应该由一个为业内厂商公认的声频网络协议、支持该协议的硬件和软件所组成。

在网络声频系统中,各种声频设备,如声源设备、声频处理器、调音台、功率放大器等均应能适用于上述的专用声频网络。

美国 Peak Audio 公司的 CobraNet 正是为满足上述要求而开发的专用声频网络技术。由于它具有良好的支持声频传输的能力,因而被越来越多的音频设备厂商和机构认可,正在上升为新的、公认的国际标准之一。CobraNet 完全兼容以太网,网络声频的数据流可以通过双绞线以太网 10BASE-T 标准格式和快速以太网 100BASE-T 标准格式的方式入网传输。

(1) CobraNet 数据是不压缩的音频数据流,CobraNet 在音频采样速率上支持 48kHz 和 96kHz,分辨率支持 16b、20b 和 24b 三种,默认是 48kHz/20b,音质可以达到广播级。CobraNet 把音频信号打成数据包,以便在以太网上传输,这种数据包被称为 Bundle。一个 Bundle 的数据量可以包含 8 路 20b 的数字音频数据。1 个 Bundle 的数据流达到 8Mbps 左右。

（2）在 100Mbps 快速以太网上，CobraNet 可以支持 64 路音频信号。也就是说在 100Mbps 以太网上能传输 8 个 Bundle，如果需要传输更多音频通道，只需要提高网络带宽。如果工作在千兆以太网上，CobraNet 可搭载 640 路音频数据。

（3）有些 CobraNet 设备具有两个以太网接口。尽管这些接口不能同时工作来增加有效带宽，但却是提高系统冗余度和容错性的好方法。如果主用的以太网口出现问题，比如网线故障，或者是交换机上的相应端口出了故障，备用的以太网口就能自动启用，保证网络传输不会中断。

（4）所有遵循 CobraNet 协议制造的设备都能接入 CobraNet，它们之间可以互连传递信息，具有很好的互操作性。因此，工程设计人员可以自由地选择各个厂家生产的 CobraNet 协议设备，组成一个完整的系统。但生产这些设备必须首先取得美国 Peak Audio 公司认证。目前有多家公司能提供多种 CobraNet 声频设备，如美国的 QSC、CROWN、PEAVEY、RANE、EAW、SYMETRIX、IVIE、EV 和日本的 YAMAHA、TOA 等。

（5）CobraNet 数据包并不遵循以太网 CSMA/CD 机制，如果与计算机网络混合使用，当网络中出现数据对传、视频流数据等大数据流时，CobraNet 数据会与计算机网络数据互相影响，音频数据包会大量丢包，播放出来的声音断断续续，所以建议 CobraNet 系统不要与计算机网络混合使用。如果要混合使用，可以通过虚拟局域网 VLAN(IEEE 802.1q)、流量优先级划分(IEEE 802.1p)技术来解决 CobraNet 网络与计算机网络争流量的问题。先用 VLAN 技术把局域网上的 CobraNet 设备与其他计算机设备在逻辑上划分成两个不同的网段，从而有助于控制流量。之后，还需要使用流量优先级划分(IEEE 802.1p)，使 CobraNet 数据保持最高的优先级，这样当网络流量过大时，音频数据优先传输，保证音频信号的实时性，以确保播放出来的声音不会出现断断续续的现象。

图 11-28 为 CobraNet 网络声频系统示意图。图中声频信号的传输不仅可实现点对点传输，也可实现点对多点的传输。为了管理上述多种信号的传输以及防止信号阻塞和丢失，网络中将有一个设备来扮演指挥者的角色，它将向所有的接口设备发送时钟信号及控制信息。此外，为了实现远程管理（例如开关、音量调节、设备切换和故障检测等），网络上还必须传输控制信息以及相应的软件指令来实现所需的功能。

与其他数字声频技术相比，CobraNet 技术解决了以太网传送数字声频的固有缺陷，使以太网成为声频设备赖以共存的基础。相比其他技术，CobraNet 技术以其良好的互通性、低成本的造价、可靠稳定的测试、可预见的发展速度以及良好的商业运作机制，被越来越多的声频设备厂商和机构认可，已成为业界公认的标准之一。

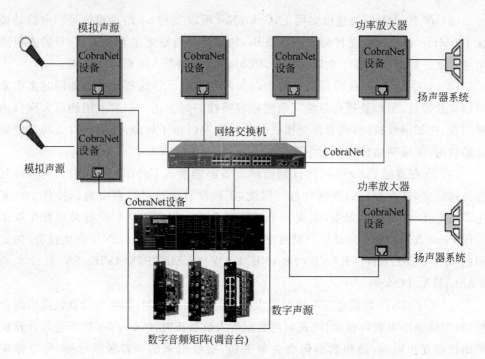

图 11-28　CobraNet 网络声频系统示意图

习题与思考题

1. 为什么在所有声频系统中扩声系统是最基本的？

2. 扩声系统由哪些基本部分组成？

3. 扩声系统有哪些主要技术指标？它们有何实际意义？

4. 为何对音响系统除了测试其技术指标外还要进行主观评价？主观评价有哪些主要术语？其具体含义是什么？

5. 在扩声系统中有哪些主要设备？它们在系统中起何种作用？如何理解和掌握其主要技术指标？

6. 如何根据室内厅堂的体型和声学条件以及用户的需求拟定扩声系统的工程方案？

7. 如何根据室内厅堂的体型和声学条件以及用户的需求正确选定扩声系统扬声系统的类型和功率以及确定其安装位置？

8. 如何合理配置扩声系统的各种设备？

9. 如何理解会议室扩声系统的设计原则？

10. 公共广播系统有哪些特点？它由哪些部分组成？

11. 紧急广播系统有哪些特点？它由哪些部分组成？

12. 如何组成一个多功能的公共广播系统？

13. 如何实现火灾应急广播强切控制？

14. 如何理解数字化技术是公共广播系统发展的必然趋势？

15. 试述会议系统及同声传译系统的构成和工作原理。

16. 试述全数字会议系统的构成和工作原理。

17. 试述 CobraNet 专用网络声频技术要点。

第12章

智能建筑有线电视及视频应用技术

本章导读

有线电视及视频应用技术与现代智能建筑密切相关,在很大程度上表现了建筑的智能化程度。本章基于有线电视及视频应用技术的基本原理,以实际应用为重点,就智能建筑中的有线电视系统和视频应用系统的技术特性、功能特性、应用特性作具体的讨论。

12.1 概述

电磁波传播的原理告诉我们,电视信号在空中是以视距传播的。基于这一基本特性,在电视信号的无线传输中,要满足对不同地形、不同空间位置的信号覆盖是困难的。特别是对趋于大型化复杂化的现代建筑中的任意位置进行有效的电视覆盖更是不可能的。有线电视的出现很好地解决了这个难题。因此,有线电视系统作为一种电视信号的传输手段渗透到现代建筑中,成为智能建筑的重要组成部分。

随着科技的迅速发展,智能建筑中的有线电视系统的功能也进一步拓展,电视技术从模拟发展到数字,系统也从单向传输逐渐向双向传输过渡,采用双向传输技术使系统可以成为交互式信息网络,进而实现视频点播(VOD)、视频会议、远程教育、网上购物以及与互联网相联的、更加富于智能化功能的网络系统,同时也为现代建筑增加了更丰富的智能色彩。

12.1.1 智能建筑对有线电视系统的要求

现代建筑智能化系统中的有线电视系统通常为接入系统,即城市或区域性有线电视网络的继续和延伸。同时兼顾建筑自身的特殊要求,即要求具有能够独立接收来自卫星的电视信号和独立自办视频节目的功能。因此要求系统能够将接入信号、卫星直收信号、自办节目信号等混合在一起,利用建筑内的传输、分配网络为终端提供各种视频信号。

为此,各种信号的标准必须统一到有线电视的相关国家标准上,传输分配网络也应适应双向传输要求,以便满足视频点播(VOD)、视频会议、远程教育、网上购物以及与互联网相联的要求。

12.1.2　有线电视系统的一般构成

图 12-1 给出了有线电视系统基本组成示意图。主要分为接收天线、前端设备、干线以及分配网络。

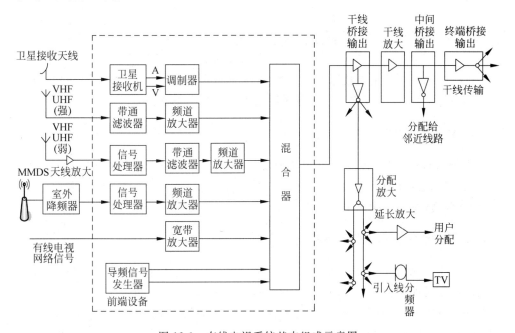

图 12-1　有线电视系统基本组成示意图

根据不同的无线传输类型,电视信号将采用不同类型的天线接收系统。对 VHF、UHF 电视信号和调频信号采用八木天线,对于微波电视信号及卫星电视信号采用抛物面天线。

前端设备主要由天线放大器、频道放大器、信号处理器、解调器、调制器、混合器和导频信号发生器等组成。也可以把自办节目制作设备归类到前端设备中去。

由电视台发射的 VHF/UHF 电视信号通过单频道的八木天线接收。信号较强时,可直接进入带通滤波器滤除干扰信号,然后通过频道放大器进行放大,再送入混合器。信号较弱时,还应加装天线放大器,让电视信号先经过天线放大器放大,再送入带通滤波器及频道放大器。

在许多有线电视系统中都附加调频广播(FM)的节目信号,通过 FM 天线将 FM 节目信号接收下来,送至 FM 接收机进行放大,然后送入混合器。

接收微波电视信号需采用抛物面天线。这时要先把微波电视信号解调成视频信号和音频信号,再通过调制器将视频和音频信号调制到所需的电视频道上,通过混合器、放大器、分配分支器输往用户终端。卫星电视信号也采用抛物面天线接收，其信号处理过程与微波电视信号的处理类同。

自办节目制作设备应具备 3 种功能：播放录像带和视盘；进行现场实况转播；自己编辑制作的节目。相关设备包括高质量的录放像机、高质量的影碟机、切换器、监视器、编辑器、同步器、摄像机、特技切换器、字幕机、时基校正器、导演控制台等。

较大规模的有线电视系统中配置有导频信号发生器，它可以为系统提供自动电平控制和自动频率控制的基准信号。

12.1.3　有线电视系统的技术指标

有线电视系统的主要技术参数在部颁标准 GY/T 106—1992《有线电视广播系统技术规范》中有明确规定。以下就重要技术指标作扼要介绍。

1. 载噪比(C/N)

载噪比定义为载波功率与噪声功率之比。在 CATV 系统中，所有设备的连接都是 75Ω，因此也可以看作是载波电压与噪声电压之比。当该指标低于 43dB 时，画面中会觉察出雪花点干扰噪声。

2. 与非线性失真相关的指标

在有线电视系统中，信号要经过放大器、混频器等许多电路，这些电路都程度不同地存在非线性失真，同时又由于系统中同时传送多套节目，由此而产生的非线性失真产物急剧增多，如果不对这类失真进行抑制，电视信号的质量将严重恶化。

(1) 载波互调比(IM)。定义为在系统指定某点载波电平有效值与互调产物有效值之比。产生互调干扰时，画面上将出现斜网状干扰。

(2) 交扰调制比(CM)。定义为在被测频道需要调制的包络峰-峰值与在被测载波上转移调制包络峰-峰值之比。其中所谓转移调制就是别的频道串进来的无用调制信号。产生交扰调制时，屏幕上会出现缓慢移动的白色竖条，严重时会有两幅或多幅图像同时出现在屏幕上。

(3) 载波组合三次差拍比(CTB)。定义为在多频道传输系统中被测频道的图像载波电平与落入该频道的组合三次差拍产物的峰值电平之比。其中组合三次差拍指的是多频道传输系统中由设备非线性传输特性中的三阶项引起的所有互调产物。

(4) 载波组合二次差拍比(CSO)。定义为在系统指定某点(频道)被测频道的图像载波电平与落入该频道的组合二次差拍产物的峰值电平之比。

(5) 微分增益(DG)。彩色图像信号由于受系统内设备的非线性影响，使迭加在亮度信号上的色度信号其电压增益随亮度信号电平的变化而变化。显然，这种失真的现象是电视画面的色饱和度随亮度的变化而变化。

(6) 微分相位(DP)。在从黑电平到白电平间变化的亮度信号上迭加一个规定的小幅度的副载波，以消隐电平处的副载波相位为基准，最大的副载波相位变化数值为微分相位。该失真的现象是电视画面的色调随亮度变化而变化。

3. 与线性失真相关的指标

这一类失真不会产生新的频率分量。与之相关的技术指标如下：

（1）色度/亮度时延差（$\Delta\tau$）。其定义为色度信号到达屏幕与亮度信号到达屏幕的时间之差。该失真严重时会产生明显的彩色镶边现象。

（2）频道内幅频特性。频道内系统输出口电平随频率变化而变化的特性称为频道内幅频特性。该指标不好时将导致图像质量变差。

4. 载波交流声比

其定义为基准调制与峰-峰值交流声调制之比。这种交流声来自电源中 50Hz（或 100Hz）纹波干扰，在屏幕上表现为有横条在上下滚动。

5. 信号电平

这是有线电视系统中最基本的技术指标，失真、噪声干扰等指标的好坏与之密切相关。

（1）用户端电平。指终端信号电平（dB）。该电平过低会在电视机屏幕上产生雪花点噪声干扰。该电平过高会超出电视机动态范围，使电视机的 AGC 失控而产生非线性失真和不同步。

（2）系统工作电平。指传输网络中的信号电平。信号在系统中传输时，在不同的位置有不同的电平要求，如在分配网络中，由于延长放大器后面一般串接有大量分支器，放大器输出电平一般设计值较高，有利于提高分支器的使用效率，称为高电平工作。在干线系统中，为减小非线性失真，输出电平控制得较低，称为低电平工作。

6. 系统输出口相互隔离度

该指标反映了各输出口之间相互影响的程度，用衰减量表示。显然，衰减量越大，则各输出口之间的隔离性能越好，产生相互干扰的可能性越小。

12.2　有线电视系统的设备和部件

12.2.1　放大器

有线电视系统中有多个环节上要用到放大器，在不同的环节采用不同性能的放大器，下面对这几种放大器分别进行简要说明。

（1）天线放大器。天线所接收的电视信号有强有弱，对于弱场强电视信号，为了提高接收质量并且改善信噪比，需在接收天线端加装天线放大器，用来放大微弱信号。噪声系数是天线放大器的重要技术指标,通常小于3dB,要求高时可小于1dB。

(2) 频道放大器。只针对单频道电视信号进行选频放大,因此选择性和抗干扰性都较好。为了保证频道放大器输出的信号电平基本不变,设置了自动增益控制电路(AGC电路)。

(3) 干线放大器。主要用于干线信号放大,以补偿干线电缆的损耗,增加信号传输的距离。干线放大器一般少至几个,多至几十个级联在干线中,每个放大器的增益应与对应电缆对信号的衰减相等,因此放大器的增益必须是可调的。另一方面,电缆的衰减量对不同频率的信号是不同的,高频衰减大,低频衰减小。因此,干线放大器的增益应该是高频段高,低频段低,幅频特性为一条斜线,这种增益特性的实现称为自动斜率控制(ASC)。即对于干线放大器要求能够调整其增益,控制其频响的斜率。干线放大器的典型技术参数如下:①工作频率:$45 \sim 860 MHz$(或分频段覆盖)。②频率响应:在工作频段内起伏$\leqslant \pm 1 dB$。③输出电平:$110 \sim 120 dB \cdot \mu V$。④增益:$20 \sim 26 dB$。⑤斜率调节范围:$6 \sim 20 dB$。⑥CTB:不低于65dB。⑦CSO:不低于65dB。⑧交流哼声:不低于66dB。

(4) 分支放大器。用在干线或支线的末端,具有主路输出和分支输出两路信号或两路以上的输出端口,且端口输出电平有差别。分支端输出电平小于主路输出端。分支端信号是通过接在放大器末级的定向耦合器取得的。

(5) 分配放大器。它与分支放大器在系统中所处位置和作用类同,不同的是,分支放大器中一路为主输出,其他为电平不等的分支输出;而分配放大器的所有输出均为电平相等的分路输出。

(6) 线路延长放大器。该放大器用在干线或支线上,其放大作用是补偿线路的损耗和分支器的插入损耗。与干线放大器不同的是,线路延长放大器没有AGC和ASC功能。

(7) 双向放大器。双向传输是指从前端用规定的频段向下传输电视节目和调频广播节目给用户,用户端用另一规定频段向上传输各种信息给前端。双向放大器是为满足双向传输而设计的。双向传输一般有两种方法。一种是采用两套各自独立的电缆和放大器系统,分别组成上行和下行传输系统。另一种是使用同一根电缆和两套放大器,经双向滤波器进行频率分割,按上行、下行频率分别对信号进行放大,这时双向放大器分别叫反向放大器和正向放大器。通常是将这两个独立的放大组件装在一个放大器中,其原理如图12-2所示。典型技术参数如下:①频率范围:正向最高为860MHz;反向最低为5MHz(分割频率可选)。②频响平坦度:正向$\leqslant \pm 1 dB$;反向$\leqslant \pm 1 dB$。③反射损耗:正向$\geqslant 16 dB$;反向$\geqslant 16 dB$。④最小增益:正向26dB;反向14dB。⑤噪声系数:正向$< 8 dB$;反向$\leqslant 8 dB$。⑥哼声调制:$\geqslant 66 dB$。

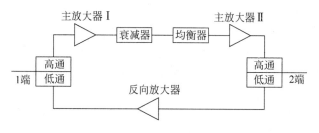

图 12-2　双向放大器原理框图

12.2.2　信号处理器

信号处理器实质上就是频道转换器,但又比传统的频道转换器功能要全面,性能要优良得多。图 12-3 为信号处理器原理框图。其中包括射频-中频变频器(即下变频器)、图像中放、伴音中放、中频-射频变频器(即上变频器)、射频放大等电路。信号经过了两次频率变换以后频率隔离效应十分明显,将有效地克服来自信号接收端的干扰。信号处理器是系统中重要的前端设备。

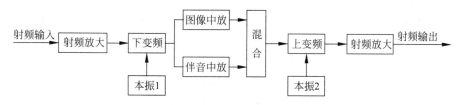

图 12-3　信号处理器原理框图

信号处理器典型技术参数如下:①输入频率:45～860MHz 范围内任一频道。②输出频率:45～860MHz 范围内任一频道(输入和输出不能为同一频道,需相隔两个频道以上)。③频率响应:在工作频段内起伏≤±1dB。④CTB:≥75dB。⑤CSO:≥75dB。

12.2.3　自办节目制作设备

自办节目包括播放视盘或录像带、实况转播、播放自己录制的电视节目。主要的设备有以下几种:

(1)录像机和影碟机。这是播放录像和转录电视节目必须有的设备。

(2)摄像机。摄制自办录像节目,进行实况转播等。

(3)自动编辑机。实际上是一个小型信息处理控制系统。在进行节目剪辑时自动编辑机可以很快找到编辑点并储存编入点和编出点,按照存储的编辑点,编辑机可以控制两台录像机自动完成磁带剪辑工作。

(4)电子特技机。可以使画面做多种变化,从而丰富电视节目制作的表现方法。

(5) 电影电视转换机。是把电影、幻灯片通过摄像机转换到录像磁带上的设备。

(6) 节目选择器。能对多个节目源进行选择,在实况转播和节目编辑时广泛使用。

(7) 字幕添加器。可以把黑白摄像机拍摄的黑白字符以视频形式送到电子特技机中,使字符按要求显示在画面上的某个位置。

(8) 照明灯具。

12.2.4　调制器

对于来自自办节目的摄像机或录像机的视频信号以及来自卫星接收机和微波接收机解调出来的视频信号和音频信号,需要用调制器将它们调制成某频道的射频信号再进入干线进行传输。调制器通常分为两类,即射频调制方式和中频调制方式。在要求较高的系统中选择中频调制方式。

射频调制方式也称为直接调制方式,它是用视频信号和音频信号直接调制射频载波信号而得到射频信号输出。中频调制方式与射频调制方式的不同之处是,中频调制方式中图像信号先对 38MHz 图像中频载波进行调幅,得到图像中频信号;伴音信号先经过 6.5MHz 调频振荡电路得到伴音调频信号,然后与 38MHz 图像中频载波进行混频得到 31.5MHz 伴音中频信号;图像中频信号与伴音中频信号在相加器中相加,然后再送入上变频器,得到某频道的射频电视信号。

12.2.5　混合器

混合器能将多个输入端的电视信号馈送给一个输出口,即将多个电视频道信号混合成一路,用一根同轴电缆传输,以达到多路复用的目的。混合器分为滤波器式和宽带传输线变压器式。滤波器式混合器的优点是插入损耗较小,但互换性差,调整困难,在信号较多的系统一般不采用。

变压器式混合器相当于分配器或定向耦合器反过来使用,不用调整就可以进行任意频道的混合,比滤波器式混合器使用方便。其插入损耗较大,这一损耗可通过前级电路中输出电平较高和抗干扰特性优良的信号处理器来补偿。因此,变压器式混合器在有线电视系统中得到更多采用。

混合器在进行信号的混合过程中要消除无用频率信号的干扰,需保持各频道信号通过混合器时达到阻抗匹配,各端子间信号相互隔离。这就要求混合器能满足以下一些主要性能指标:①工作频率:覆盖所需频道的信号频率范围。②隔离度:其范围为 20～40dB。③带外衰减:大于 20dB。④带内平坦度:通频带内电平幅度起伏变化范围为 ±1dB。

12.2.6　分配器

分配器能将一路输入的信号功率平均分配成几路输出。分配器的基本类型为二分配器和三分配器,在此基础上可扩展派生出四分配器、六分配器等。分配器的理想分配损失与分配路数有关,二分配器为 3dB,三分配器为 4.8dB,四分配器为6dB。由于能量泄漏、传输损耗等原因,分配器的实际分配损失总大于理想分配损失。分配器的主要技术参数如下:①各分配端口间隔离度≥22dB,邻频传输时≥30dB。②端口的驻波比为 1.1~1.7(具有双向传输特性的分配器则要求其正、反向传输电平损耗相同)。③分配输出端口间相互隔离度≥25dB。

12.2.7　分支器

同分配器一样,分支器也是一种进行信号功率分配的装置。但与分配器不同的是,分配器平均分配功率,而分支器是从干线中取出一小部分信号功率分送给用户,大部分功率继续沿干线向下传输。分支器是串接在线路中的,分支输出有一路、二路、四路等。

分支器各输出端信号应互不影响,分支端输出信号大小取决于定向耦合器的耦合量。双向传输中分支器作反向使用时要求分支器正、反向特性一致。主输出端口至分支端口的反向隔离度一般为 25~40dB,主输出端口至主输端入口的反向传输损耗与正向插入损耗相同。

12.2.8　机顶盒

机顶盒(Set Top Box,STB)的概念是比较广泛的。从广义上说,凡是与电视机连接的网络终端设备都可称为机顶盒,从基于有线电视网络的模拟频道增补器、模拟频道解扰器到将电话线与电视机联系在一起的上网机顶盒、数字卫星的综合接收解码器(Integrated Receive Decoder,IRD)、数字地面机顶盒以及有线电视数字机顶盒都可称为机顶盒。从狭义上说,可以将模拟设备排除在外,按主要功能将机顶盒分为上网机顶盒、数字卫星综合接收解码器、数字地面机顶盒以及有线电视数字机顶盒。数字电视机顶盒是一种能够让用户在现有模拟电视上观看数字电视节目以及具有交互功能的机顶盒。

有线电视数字机顶盒的信号传输介质是有线电视广播所采用的全电缆网络或光纤/同轴混合网。由于有线电视网络较好的传输质量以及电缆调制解调器技术的成熟,使得该类机顶盒可以实现各种交互式应用。在智能建筑中普遍接入有线电视信号,因此有线电视数字机顶盒将自然成为楼宇 CATV 系统中的必需部件之一。

事实上,该类机顶盒可以支持几乎所有的广播和交互式多媒体应用,如数字电视广播接收、电子节目指南(EPG)、准视频点播(NVOD)、按次付费观看(PPV)、软件在线升级、数据广播、Internet 接入、电子邮件、IP 电话和视频点播等。

　　有线电视数字机顶盒的基本原理如图 12-4 所示,调谐模块接收射频信号并下行变频为中频信号,然后进行 A/D 转换为数字信号,再送入 QAM(Quadrature Amplitude Modulation,正交幅度调制)解调模块进行 QAM 解调,输出 MPEG(Moving Picture Experts Group,活动图像专家组)传输流的串行或并行数据。解复用模块接收 MPEG 传输流,从中抽出一个节目的 PES(Packed Elementary Stream,带有包头的基本码流)数据,包括视频 PES、音频 PES 以及数据 PES。解复用可在传输流层和 PES 层对加扰的数据进行解扰,其输出是已解扰的 PES。视频 PES 送入视频解码模块,取出 MPEG 视频数据,并对 MPEG 视频数据进行解码,然后输出到 PAL/NTSC 编码器,编码成模拟电视信号,再经视频输出电路输出。音频 PES 送入音频解码模块,取出 MPEG 音频数据,并对 MPEG 音频数据进行解码,输出 PCM 音频数据到 PCM 解码器,PCM 解码器输出立体声模拟音频信号,经音频输出电路输出。

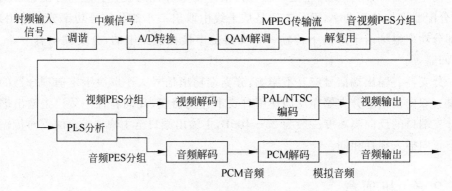

图 12-4　有线电视数字机顶盒原理框图

　　图 12-5 为有线电视数字机顶盒的硬件逻辑结构框图。该机顶盒由以下几部分组成:数字电视广播接收前端、MPEG 解码、视音频和图形处理、电缆调制解调器、CPU、存储器以及各种接口电路。数字电视广播接收前端包括调谐器和 QAM 解调器,该部分可以从射频信号中解调出 MPEG 传输流。MPEG 解码部分包括解复用、解扰引擎和 MPEG 解压缩,其输出为 MPEG 视音频基本流以及数据净荷。视音频和图形处理部部分完成视音频的模拟编码以及图形处理功能。电缆调制解调模块由一个双向调谐器、下行 QAM 解调器、上行 QPSK/QAM 调制器和媒体访问控制(MAC)模块组成,该部分实现电缆调制解调的所有功能。CPU 与存储器模块用来存储和运行软件系统,并对各个模块进行控制。接口电路则提供了丰富的外部接口,包括通用串行接口(USB)、高速串行接口 1394、以太网接口、RS232 和视音频接口等。

　　有线电视数字机顶盒可以通过内置的电缆调制解调器方便地实现 Internet 接入功能,并可以提供以太网接口,用来连接 PC。使用电缆调制解调器的速度与电话调

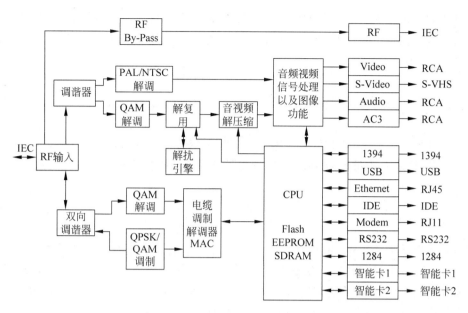

图 12-5　有线电视数字机顶盒硬件逻辑结构框图

制解调器相比大大提高,最高可达到 10Mbps,所以非常具有竞争力。

12.2.9　电缆调制解调器

电缆调制解调器又名 Cable Modem,是一种将数据终端设备(计算机)连接到有线电视(CATV)双向传输网,以使用户能进行数据通信,访问 Internet 等信息资源的设备。

电缆调制解调器的主要功能是将数字信号调制到射频(RF)以及将射频信号中的数字信息解调出来。除此之外,电缆调制解调器还提供标准的以太网接口,部分地完成网桥、路由器、网卡和集线器的功能,因此,要比传统的电话拨号调制解调器更为复杂。

电缆调制解调器与以往的调制解调器在原理上都是将数据进行调制后在电缆的一个频率范围内传输,接收时进行解调,传输机理与普通调制解调器相同,不同之处在于它是通过有线电视 CATV 的某个传输频带进行调制解调的;而普通调制解调器的传输介质在用户与交换机之间是独立的,即用户独享通信介质。电缆调制解调器属于共享介质系统,其他空闲频段仍然可用于有线电视信号的传输。

电缆调制解调器提供双向信道:从计算机终端到网络方向称为上行(upstream)信道,从网络到计算机终端方向称为下行(downstream)信道。上行信道带宽一般为 200kbps～2Mbps,最高可达 10Mbps。上行信道采用的载波频率范围为 5～40MHz,由于这一频段易受家用电器噪声的干扰,信道环境较差,一般采用较可行的 QPSK 调制方式。下行信道的带宽一般为 3～10Mbps,最高可达 36Mbps。下行信道采用的载波频率范围为 42～750MHz,一般将数字信号调制到一个 6MHz 的电视载波上,典型的调制方式有 QPSK 和 QAM64 等,前者可提供 10Mbps 带宽,后者可提供 36Mbps 带宽。

12.2.10　光端设备

光纤传输在 CATV 的信号传输中起到越来越重要的作用,因此光端设备也就成为 CATV 系统中的重要部件。光端设备主要有光发射机、光接收机、光放大器等设备。

1. 光发射机

在光纤传输系统中,光发射机的作用是将来自前端的电视信号转换成光信号,并使之在光纤上进行传输。根据电视信号的传输特性,在系统中通常使用多路调幅式光发射机。CATV 系统光发射机的工作带宽通常为 550MHz、750MHz 或 1GHz。光发射机的激光器工作波长为 1310nm 或 1550nm。发射机输入电平为 80～95dB·V;输出功率大于 20mW,调制带宽为 10～75MHz。

2. 光接收机

光接收机的作用是将光纤传来的光信号转变(复原)为电视信号,送入用户分配系统进行分配。光接收机由光电检测电路、输入放大器、宽带均衡电路、可变衰减器、输出放大器、AGC 电路、数据采集与控制电路等组成,如图 12-6 所示。由光发送端送来的光信号经光电检测器(由光电二极管和前置放大器组成)处理变为电信号,此信号经输入放大器放大,由均衡电路对其幅频特性进行补偿,然后经过可变衰减器的衰减和输出放大器的放大后送往用户分配网络网。其中,可变衰减器和 AGC 电路使得输出电平保持规定值。RF 测试的作用是对接收机的输出特性进行监测。较高级的光接收机还设置数据采集与控制电路,利用微处理器对光接收机的各项参数进行调整和控制。

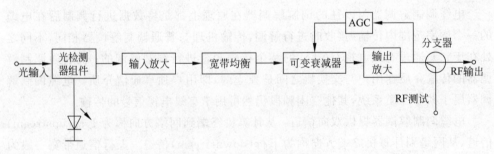

图 12-6　光接收机基本原理

考虑到双向传输的需要,目前多数光接收机中都预留了装配上行光发射机的位置。当然,只要装配了上行光发射机、双向滤波器及其他相关的反向器件或设备,便可通过光缆(或电缆)进行上行信号的传输和处理。

3. 光放大器

光放大器的作用是增加发送端的光源功率、补偿传输线路的损耗和提高接收端的灵敏度,也就是对光信号进行放大。通常,光放大器可分为光纤放大器和半导体激光放大器两种。其中,光纤放大器是有线电视系统中常用的光放大部件。根据掺入元素的不同,光纤放大器又分为掺铒光纤放大器(EDFA)与掺镨光纤放大器(PDFA),可根据实际需求选用。

除上述主要设备外,在光纤传输系统中还有无源器件,如光分路器、光隔离器、光衰减器、光耦合器、光复用器、光活动连接器等。与有源器件共同构成光纤传输系统。

12.3　有线电视接收系统

12.3.1　卫星电视信号接入

卫星电视接收的功能是将来自卫星的电视信号经过适当的处理,使之与其他电视信号一起进入系统的传输通道。卫星电视接收可以分为模拟信号接收和数字信号接收。就信号接收方式和传输方式而言,模拟信号和数字信号基本相同,都采用抛物面天线,主要的差别在于模拟信号和数字信号的处理过程不同。

有线电视系统中的卫星电视信号接入如图 12-7 所示。抛物面天线接收来自卫星的 3.7~4.2GHz(C 波段)的电视信号(数字接收机为 Ku 波段,11~14GHz),经高频头变为 950~1450MHz 的信号,然后送入卫星电视接收机。经过卫星电视接收机的处理,送出的是标准视频信号和音频信号。再经过调制器将其调制成系统中某个频道的射频信号。进入混合器后,与其他频道电视节目一起被送到传输干线上,最后,经分配网络送到各个终端电视用户。

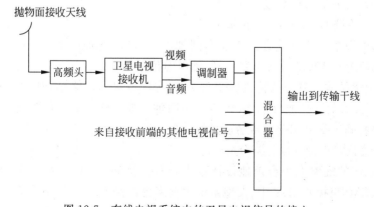

图 12-7　有线电视系统中的卫星电视信号的接入

12.3.2　有线电视接收系统

　　智能建筑中的有线电视接收系统一般与外部有线电视系统相连接。另外,考虑到一些特殊要求,还可直接接收卫星电视信号,直接接入自办节目信号、录像放送信号等。系统由信号处理前端和传输分配系统两部分组成。信号处理前端的作用是将来自卫星接收、外部有线电视接入的电视信号、自办节目电视信号以及调频广播信号等进行适当的信号处理(包括频率变换、电平处理等),然后经统一混合后以一个输出端口的形式输出信号;传输分配系统的作用是将前端送来的信号进行传输和分配,向终端提供信号。在信号传输过程中,若传输距离过长,可在传输线路中加干线放大器以延长传输距离。系统的基本组成可参见图 12-1。

　　在智能建筑中,有线电视接收系统还应考虑构建双向传输系统,与外部有线电视系统接轨,以满足视频点播、视频会议、电子商务等各种功能的要求。

12.3.3　智能建筑有线电视系统的设计

1. 技术方案设计

　　1) 方案制定的依据

　　电视系统必须严格按国家现行规范所规定的各项技术指标来进行设计,如现行的国家广播电视标准有 GY/T 106－1999《有线电视广播系统技术规范》、GY/T 121—1995《有线电视系统测量方法》以及与系统相关的其他各种标准,并考虑与其他系统的关联因素等。

　　2) 确定系统模式和信号接入模式

　　根据系统的规模、功能、用户的经济承受能力等因素,首先要确定采用什么模式的系统。是采用 450MHz 系统,还是采用 550MHz 或 750MHz 系统;是采用全频道系统,还是标准 VHF 邻频传输系统等。或直接引入城市有线电视信号以及卫星电视信号接入、自办节目信号接入和其他信号接入。

　　3) 确定系统的网络结构和传输方式

　　目前,电视系统的传输方式主要有同轴电缆传输、同轴电缆—光缆—同轴电缆传输、同轴电缆—AML(放大链路)—同轴电缆传输等方式。同轴电缆传输等方式一般为树状网络结构。其余的传输方式常为星-树状或星形网络结构。当传输距离小于 3km 时,按目前的性能价格比,大多采用同轴电缆传输方式。此外还要根据系统的长远规划,确定是采用单向传输还是双向传输系统。

　　4) 系统技术指标的设计与分配

　　根据系统的规模大小合理地设计技术指标。例如,小系统主要考虑的是 C/N(载噪比)、CM(交扰调制);中、大型系统主要考虑的是 C/N、CTB(复合三次差拍),也可考虑 CM;采用光缆的系统需要考虑 C/N、CTB、CSO(复合二次差拍)等。此外,还要确定整个系统的总体技术指标(参照国家标准)。

2. 设备选型

根据系统的技术要求选择性价比优的设备和部件。

3. 绘制系统图

系统图包括前端、干线和分支分配部分所有器件的配接方式,设备型号指标要求,各放大器的输入、输出电平,各分支点、分配点的电平,放大器、电缆等的型号等。另外,还应提供有代表性的用户电平的计算值。

4. 其他图纸

技术方案设计还应包括前端机房平面布置图,干线平面布置及路线图,干线上器件的平面位置,重要的建筑场所、线路的走线方式、距离等,施工平面图,布线管线的暗敷方式、走向、预留箱体,施工说明,设备材料表,技术计算书,图例等。

5. 技术方案设计的组成

具体可分成系统前端设计、传输线路设计和分支分配系统设计。

1) 前端设计

前端的主要任务是对各类电视信号进行处理,最终变成具有一定电平、载噪比高及交调小的射频电视信号。前端设计非常重要的工作是使各类不同的电视信号的电平值比较平均,无论是采用混合-放大方式还是放大-混合方式,只有使各信号电平平均一致,才能保证系统的交扰调制指标满足要求。另外,前端输出电平的设计要适当,一般前端系统输出电平为 $100\sim120\mathrm{dB}\cdot\mu\mathrm{V}$。

2) 传输线路设计

多路电视信号的传输占用很宽的频率,信号在传输中会产生一定的损耗,特别是在传输频率高端信号损耗会更大。因此,传输线路设计特别要考虑对信号传输过程中的损耗进行补偿。如选择适当的干线放大器、均衡器串接于传输线路中,用于对信号损耗的补偿以及对高端频响的补偿。

3) 分支、分配系统设计

分支、分配系统设计主要考虑合理应用分支、分配器,为终端提供适当的信号电平。同时还要特别考虑要使整个系统各个终端电平基本相同。

6. 设计实例

基本要求:正在建设中的某住宅楼群已完工 3 幢,楼之间相隔距离为 50m,需要在这 3 幢楼中安装有线电视系统。每幢楼需要 96 个终端,要求直收卫星电视节目、影碟节目、录像节目、城市有线电视公共网络的多路电视节目。

设计方案如图 12-8 所示。

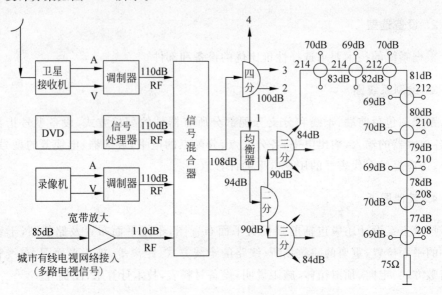

图 12-8 楼宇有线电视接入系统设计图

(1) 前端。设置卫星电视直接接收装置,为了确保信号质量,采用卫星接收机 A (音频)V(视频)输出信号加调制的方式构成卫星信号接收通道。调制器输出电平为 110dB;DVD 信号的射频(RF)输出经过信号处理器电平为 110dB;录像机输出信号 也经调制后输出,电平为 110dB;城市有线电视网络的多路信号由于端口电平只有 85dB,所以在线路中接入了宽带放大器,使得其电平也达到 110dB。几路信号都以相 同的电平进入信号混合器,信号混合器输出电平为 108dB。

(2) 传输分配。根据有线电视的相关国家标准,本系统的工作频率范围可设计 为 50~750MHz 即可满足要求。鉴于楼间相隔距离 50m,可采用同轴电缆(75-12)作 传输介质。终端电平设计值为 70dB。信号通过四分配器分为 4 路。1、2、3 路为已 完工的 3 幢楼提供信号,第 4 路信号为扩展系统预留。查阅有关同轴电缆技术手册 可知,75-12 同轴电缆 50M/50MHz 时衰减为 1dB,50M/750MHz 时衰减为 6dB,因 此在传输线路中接入 -6dB 均衡器使全频带的频率响应保持平坦,以利于信号分配。 设计电平标示在设计图上。设计图上只画出了其中一路信号的具体分配,其他 3 路 与此完全相同。

(3) 器件电平值。四分配器分配衰减 8dB;三分配器分配衰减 6dB;二分配器 分配衰减 4dB;均衡器均衡衰减 6dB;二分支串接单元插入损耗 -1dB;分支端衰减 如下:214 衰减 14dB,212 衰减 12dB,210 衰减 10dB,208 衰减 8dB。

(4) 系统技术特性。系统中采用的各种部件、器件均满足相关国家标准,系统技 术特性可应用有关仪器按国家标准规定的测试方法进行测试、调整、验证。

12.4　有线电视网络的双向传输技术

12.4.1　双向传输

双向传输技术是构建 VOD 系统、视讯宽带网系统、视频会议系统的信息传输基础。所谓双向传输,指的是系统既可以从前端向用户发送信息,即下行传输,又可以从用户向前端发送信息,即上行传输。双向传输主要有以下 3 种实现方式。

1. 频率分割双向传输方式

频率分割双向传输方式是用不同的载波频率分别传送上行和下行信号。根据上、下行传输内容的不同,可以采用不同的上行频带和下行频带,但中间必须有一个保护频带(既不传输上行信号,又不传输下行信号的空闲频带),以减小由于滤波特性不陡峭而造成的频带交叉影响。

按照 GY/T 106—1999 规定,用 5～65MHz 频带传送上行信号,110～1000MHz 传输模拟电视、数字电视和数字业务,65～87MHz 为过渡频带。频率分割实现的原理框图如图 12-9 所示。

图 12-9　频率分割双向传输方式

由于上行信号和下行信号安排在不同的频段上,因此,信号可以通过一根传输线来传输,而信号的分离用不同的滤波器即可解决。这种方式的特点是技术简单、成熟,只要用一般的滤波器就可方便地分离上、下行信号。

针对不同的应用,按照分割频率的高低不同,频率分割又可分为 3 种方式:

(1) 低分割,分割频率为 30～40MHz。

(2) 中分割,分割频率为 100MHz 左右。

(3) 高分割,分割频率为 200MHz 左右。

高、中、低 3 种分割方式的选取主要取决于传输的信息量。一般情况下,对于节点规模较小,上行信息量较少的应用系统(如点播电视、Internet 接入、数据检索等)可采用低分割方式。对接点规模较大,上行信息较多的应用(如可视电话、会议电视等)则采用中、高分割方式。

2. 空间分割双向传输方式

空间分割是采用不同的线路分别传输上行和下行信号。在光纤传输系统中,大多采用这种方式,利用两芯光纤分别传输上行和下行信号。但在电缆传输系统中,通常不采用这种方式,因为成本太高。这种方式的优点是技术简单,上行信号和下行信号之间不存在干扰问题,但空间分割传输实际上是采用两套单向传输系统,是两个单向传输系统的组合,不能真正称为双向系统。

3. 时间分割双向传输方式

时间分割则是利用时分复用技术来分离上、下行信号,即把系统传输信号分为若干个时间段,分时交替传送上、下行信号。

数字通信系统中采用这种方式,即传输上行或下行信号的时间由一个脉冲开关进行控制,在一个脉冲周期内传送下行信号,在紧邻的另一个脉冲周期内传送上行信号。这种方法的优点是上、下行信号交叉传输,不产生相互干扰,但要求信号的发送端和接收端的开关准确同步,信号的处理比较复杂。

12.4.2　双向传输电缆电视系统

1. 双向传输的两种组成方式

第一种方式是一套电缆、一套放大器的频率分割双向传输系统。图 12-10 是该方式的组成框图。这种方式的优点是放大器数量少,成本低。但在设计中仍存在不少问题,主要有:①上、下回路分别调整放大器增益不方便,对自动电平控制则更困难;②线路均衡调整困难,而自动斜率控制则更困难;③需要倍程较大的宽带放大器;④放大器较难满足交扰调制、相互调制的要求。

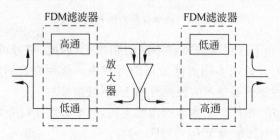

图 12-10　一套电缆、一套放大器的系统

由于上述原因,这种方式在有线电视中很少采用,但在电话线路中应用较多。

第二种方式是一套电缆、两套放大器的频率分割双向传输系统。该方式的原理框图如图 12-11 所示。

由于采用两套放大器,因而该系统就克服了第一种方式的缺点,所以该方式在有线电视中应用较多。在频率分割方式中,除了用到放大器以外,还用到滤波器,该滤波器称为频率分割多路传输滤波器(即 FDM 滤波器)。在 FDM 滤波器的公共端,整个频谱(上、下行频率范围内的信号)都能通过。高频端是高通滤波器的输出端口,由于高通滤波器对低频信号具有高阻特性,出现在公共端的低频信号由于高通滤波器的阻止而不能到达高频端;同样,公共端的高频信号由于受到低通滤波器的

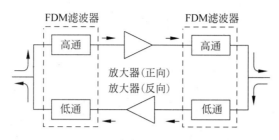

图 12-11　一套电缆、两套放大器的系统

阻止而不能到达低频端。高频信号可自由地通过高通滤波器,低频信号可自由地通过低通滤波器,因而 FDM 滤波器也称为双向滤波器。

由图 12-10 可知,高频分量在双向滤波器的公共端出现,经第一个高通滤波器后送入高频放大器放大,然后再进入第二个双向滤波器的高频端,被放大了的高频信号由与双向滤波器公共端相连的同轴电缆送到下一级设备;低频信号以同样的方式在低频信号通道的单元中自由地通过并放大。所以,双向放大器被插入到单线同轴电缆中,对两个同时传送的、不同频谱的双向信号进行放大。由此可见,下行传输正向信号,上行传输反向信号。

双向滤波器除了具有上、下行通道的作用外,还具有隔离上、下行通道的作用。双向滤波器用于频率分割时,应具有以下特性:

(1) 保护带。在上、下行方向的传输频带之间设置保护带,一般为 20MHz。根据频率分割所用滤波器需要的衰减量、时延失真及便于制作等条件来选定。

(2) 衰减量。计算公式如下:

$$L = 0.5 \times (40 + G + 20 \lg n)$$

其中,G 为放大器增益,n 为串接的放大器个数,L 为滤波器的衰减量(单位 dB)。

(3) 带内幅度波动。要求带内幅度波动≤1dB,避免信号互调干扰。

(4) 单级滤波器时延。要求单级滤波器的时延为 100ns,以减小信号相位失真。

2. 双向传输电视系统的组成

1) 双向电视系统的组成

图 12-12 给出了单缆树枝形双向有线电视的基本组成。对下行信号的处理与一般有线电视的处理基本一样,而对上行信号的处理则比较复杂。

在系统的输出端口,上行信号的加入是靠上行调制器把上行信号调制到某一上行频道由双向滤波器送入用户端,经支线、干线传回前端,经前端处理后再传给用户。

前端对上行信号的处理主要是将其变换到某一选定频道上,并与前端其他信号相混合,作为下行信号传输给用户。

2) 双向传输系统的指标要求

下行传输系统的指标要求与传统的单向传输的情况基本相同,主要是对上行传输系统的指标要求有所不同。上行信号传输的指标有载噪比、交调失真、互调失真、

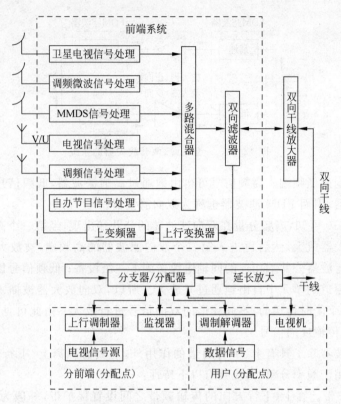

图 12-12　双向传输电视系统基本组成

微分增益、微分相位、输出口射频信号电平等。

　　上行信号传送到前端后,都要经过处理再加入到下行通道中。双向传输的载噪比是上行和下行传输载噪比的总和。当然,这一总的载噪比仅对上行信号及其变换到下行通道的信号而言,而不涉及其他单纯的下行信号。要求有线电视系统的载噪比为 43dB,双向系统的总载噪比也应为 43dB。上、下行通道的载噪比可按 1∶4 分配。这样,上行系统的载噪比应为 50dB,下行系统的载噪比应为 44dB。

　　上行干线系统的载噪比应考虑上行放大器频响的影响,同时根据上行信号源、干线和前端处理部分载噪比指标的分配(一般按 2∶6∶2 分配),上行干线系统的载噪比应不低于 52dB。

　　使用上行放大器数目最多的上行支路的交调即为上行干线系统总的交调。上行传输系统的交扰调制比应大于等于 60dB。上行传输系统的互调比应大于 66dB。输出口射频信号电平小于 80dB。微分增益应小于等于 5%。微分相位应小于等于 6°。

12.4.3　视频点播系统

　　所谓视频点播(Video on Demand,VOD)就是按照用户的要求随时提供视频服务的业务。用户可以通过它随时看到自己最喜欢的影视节目。视频点播是建立在双向传输技术基础上的。视频点播按照其交互性的程度可分为真视频点播（TVOD）、准视频点播（NVOD）和利用 Internet 进行视频点播等。

1. 真视频点播(TVOD)系统

TVOD 系统具有双向对称的传输容量，人们能够完全实现独立收视，可实时地控制节目播放，并在收视过程中像使用录像机那样控制节目的快进、快退、暂停等。但它对前端、网络及终端都有严格的要求。为了保证足够的频道和传输质量，必须采用数字压缩方式传输节目，网络要有双向传输功能，在终端要加机顶盒以解决数字信号的还原及用户指令的回传等问题。

图 12-13 是视频点播的原理示意图。在前端部分需要增加用户管理计算机系统、视频服务器、数字信号处理系统、播出系统、加扰调制系统等。在用户端主要需要增加一个机顶盒，负责进行点播和点播节目的解压、解码、解扰与播出。

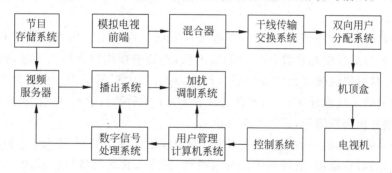

图 12-13　视频点播的原理示意图

用户根据电视机屏幕上的选单提示，利用机顶盒选择自己所喜爱的节目，并向前端发出点播请求指令。在具有双向传输功能的有线电视系统中，利用频率分割方式将用户点播的请求信息通过系统的上行通道传输到前端子系统的控制系统。控制系统将点播的节目和主系统的电视信号混合后，由有线电视系统的下行通道传输到用户终端，经机顶盒解调后观看。

1）前端部分

视频服务器本质上是一台高质量的计算机，负责点播节目的存储、备份和检索。它可以提供对电影、音乐等的随机、即时的访问，并能将其中的资料分布到适当的存储设备和物理介质上。它要求传送的数据流非常平稳，并有较好的交互性、可靠性和可扩展性。除了存储必要的节目以外，它的主要任务是进行节目检索和服务，提供快速的传输通道。有的视频服务器能同时传送一千多个独立的视频流，上千人可以同时观看同一资源的电影。

为了向用户提供尽可能多的节目，满足不同用户的不同需求，节目存储系统（它可以在视频服务器内，也可单独自成一体）的存储容量一定要大。一般应由磁带库、VCD 或 DVD 库、磁盘阵列等组成。

数字信号处理系统包括编码器、压缩卡等部分,对用户点播的节目进行编码、压缩、打包和数据流合成,并在信息包上加传输地址、信息类别和检错、纠错方式等。

播出系统管理点播节目的播出和用户计费数据的产生。一般采用计算机进行自动管理。加扰调制系统的任务是把点播节目的基带数字信号加扰,并调制到一定频率的高频载波上,变为高频调制信号,送入有线电视台前端的混合器,与其他高频模拟信号混合输出。

用户管理计算机系统负责用户的开户、点播、自动计费以及用户信息的查询、统计等,控制系统对前端各个部分的工作进行控制。

混合器把视频点播的数字信号与普通模拟电视节目混合,一起送入干线传输交换系统传输。

2) 干线传输交换系统

干线传输交换系统是由 SDH 干线网、HFC 用户网和 ATM 交换系统组成的双向有线电视系统,在这里主要负责传输、交换用户点播节目的信息和控制信息。

3) 机顶盒

机顶盒一般用遥控器操作。机顶盒要向有线电视前端发出点播请求和账户密码等信息。当有线电视台收到用户的请求后,先要进行用户资格的认证,向用户发送密钥,再对用户点播节目的数字信号加密,沿有线电视网下传。机顶盒若识别该信号的地址与本机地址相一致,就把它接收下来;然后进行解调、解扰、解压缩、解码和纠错,恢复成模拟信号,送往电视机显示。

遥控器除了完成一般电视机的功能,例如频道选择及音量、亮度、色彩、对比度的调整外,还有点播键、电视键等。按电视键,则进入普通的电视收看状态;按点播键,则进入视频点播状态。这种点播也可以采用所谓的录像机方式,即用户在观看时可以随意快进、快退、倒带、定格。如果用户在观看时来了电话,也可以使影片暂停,接完电话后再继续观看。点播节目收看完毕后,按电视键,即可返回普通的电视收看状态。

开展真正的视频点播需要有性能优良、覆盖范围较广的 SDH 光纤环形网和具有传送功能的 HFC 用户网,需要采用 ATM 或 IP 交换技术,需要有众多的视频服务器和海量存储器,需要采用数字视频压缩技术,这些问题还需要在技术上和工程上加以解决。

2. 利用 Internet 进行视频点播

利用因特网的多媒体技术,很容易在实现了计算机联网的双向有线电视网上采用客户/服务器方式进行视频点播。为此,在前端需要增加多媒体图像压缩、录入系统和多媒体视频服务器,在用户端需要采用计算机或加装了机顶盒的电视机进行点播。多媒体图像压缩、录入系统负责对电影、电视片等点播素材进行编码、压缩,并录入到计算机硬盘、光盘等存储媒体中。多媒体视频服务器中存储经常点播的热门节目,负责具体的点播和对用户点播的管理。当一个用户向服务器提出请求,用户所需的视频流就会从服务器传输给用户端,通过软件或硬件解压,实现实时播出。

利用计算机网络进行视频点播主要是采用软件方式来实现的。相应的数据库管理系统对数据流进行管理和调节,根据用户对带宽的需求分配给不同的带宽,保证高质量的视频图像的实时点播。它具有灵活的查询方式,使用户能迅速方便地找到所需的目标,并在授权的条件下修改、更新数据库,用户在点播节目时,还能同时访问网络上的其他文件和服务器。

3. 准视频点播(NVOD)系统

尽管视频点播非常具有吸引力,但由于经济方面的原因,真正的视频点播目前还不容易实现。实际上,80%的观众喜欢的电视节目只占全部节目的20%,80%的观众最常用的录像机功能只占全部录像机功能的20%。因此,可以先发展准视频点播业务,用20%的精力即可满足80%观众的要求,等到以后经济条件成熟时再开展真正的视频点播。准视频点播是有线电视台或者信息中心根据用户要求,使用户通过一个窄带或者码率的信道(比如电话线)便可向有线电视台检索和索取电视节目,它备有很小的上行容量,只供节目预订用,用户对节目没有任何编辑控制权,而有线电视台或者信息中心通过宽带网络向用户提供电视节目,因此是一种非对称双工通信方式。它解决了用户主动收看电视节目的问题,同时也解决了有线电视台向收看点播节目的用户收费的问题。

准视频点播的原理较简单,实现起来也较容易。任何一个有线电视网,不管它是单向系统还是双向系统,只要具有足够的频道数量,有加扰解扰设备,就可以立即开展这种业务。NVOD采用的几种方式如下:

(1)在某一频道循环播放节目,用户收看此频道时,通过一个计数器进行时间统计。计数器采用机顶盒的方式放在用户终端。当用户收看计费频道时,计数器开始计时,按收看时间付费。

(2)充分利用频道资源,采用多次重放方式,在多个频道中,按一定时间间隔(例如每隔10min)播放同一节目,用户可以随时从头收看节目。

(3)利用计算机网络实现NVOD。在计算机网络中,终端用户可以在网络数据库中提取信息,根据这一原理,可以把节目存放在服务器中,利用CATV网开通计算机服务,终端用户可以通过网络从服务器中提取所需要的节目进行观看,其构成如图12-14所示。

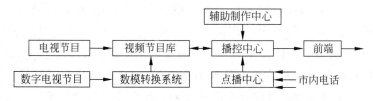

图 12-14　利用计算机网络实现 NVOD 示意图

12.4.4　视讯宽带网技术

视讯宽带网的目标是集通信、电视、控制管理以及其他服务功能于一网,以共同的传输介质传输各种不同的信息,向终端用户提供综合性的信息服务。它相对于传统的窄带的电信网以及电视传输网络有更快的传输速度和更多的功能。各种网络都在向宽带多功能方面发展,智能建筑也对网络带宽和功能不断提出新的要求。在这种背景下,视讯宽带网技术为满足智能建筑的新要求提供了有力的技术支持。视讯宽带网技术在楼宇中的应用关键是电缆调制解调器宽带网接入技术,它是利用闭路电视同轴电缆进行宽带接入的技术。

电缆调制解调器允许用户通过有线电视网(CATV)进行高速数据接入(如接入Internet),它最大的优势在于速度快,占用资源少:通常下行速率最高可达36Mbps,上行速率也可高达10Mbps;在实际运用中,电缆调制解调器只占用有线电视系统可用频谱中的一小部分,因而上网时不影响收看电视和使用电话。计算机可以每天24小时停留在网上,不发送或接收数据时不占用任何网络和系统资源。

利用电缆调制解调器和HFC进行组网在稳定性、可靠性、供电以及运行维护体制上都存在一些问题。此外,由于其网络线路带宽是共享的,在用户达到一定规模后实际上无法提供宽带数据业务,用户分享到的带宽受到用户数量的影响。电缆调制解调器的特点如下:

(1) 传输速率高,其速率可达10Mbps。

(2) 属于共享介质系统,空闲频段可用于有线电视信号的传输。

(3) 其传输数据的HFC网(混合光纤同轴网)连接用户端的传输频宽可高达750MHz。

(4) 由于CATV是一个树状网络,因此极容易造成单点故障,如电缆的损坏、放大器故障、传送器故障都会造成整个节点上的用户服务的中断。

(5) 电缆调制解调器的前期用户一定可以享受到非常优质的服务,这是因为在用户数量很少的情况下线路的带宽以及频带都是非常充裕的。但是,每一个电缆调制解调器用户的加入都会增加噪声,占用频道,减少可靠性以及影响线路上已有的用户服务质量。这将是电缆调制解调器迫切需要解决的一大难题。

HFC网是电缆调制解调器接入方式的典型应用之一。图12-15为HFC宽带网原理示意图。主干线分别采用两根光纤(共缆分纤方式)拉到路边的综合光网络单元和光结点。其中一根光纤用来传输交互式数字业务(如数字电视、话音和数据信号),将这些信息传送到光网络单元;另一根光纤用来传输单向模拟电视信号,将信号送到光结点,由光接收机将光信号变为电信号,然后此信号通过同轴电缆与供电电源一起,经分配器分配给各综合光网络单元。综合光网络单元不同于普通的光网络单元,它的功能更多,不仅可以将FTTC的光信号转换为电信号,还可复合来自单向HFC中的模拟电视信号,然后分解出模拟电视信号、话音、数据和交互式数字视

频信号分别送入同轴电缆、双绞线和机顶盒。其中,模拟电视信号直接送往用户的
模拟电视机即可收看;而交互式数字视频信号需要经过机顶盒(或解码器)处理,变
为模拟电视信号后,方可为模拟电视机所接收。

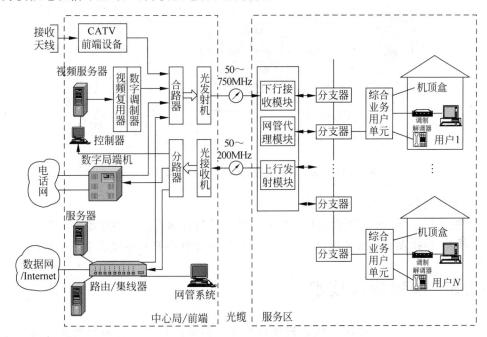

图 12-15 HFC 宽带网构成原理示意图

利用这些网络还可实现如个人计算机接入、电视购物、远程业务、视频监控等多
种功能。

12.4.5 基于有线电视网络双向传输技术的实际应用

某酒店 VOD 视频点播系统解决方案。

1. 功能要求

在酒店客房以及会议室、办公室使用 PC 或 TV 等终端设备收看有线电视系统
传输的节目,实现电影点播、视频节目点播、交互式视频游戏、交互式电视新闻、远程
多媒体服务、浏览因特网等功能。

2. 系统组成及设备

系统由视频工作站、视频服务器、网络交换机、VOD 服务器、数据服务器、Web
服务器、存储器、多路复用器、双向传输放大器、机顶盒以及播放管理软件组成
(图 12-16)。

VOD 服务器负责输出影片,能播放 VCD、SVCD、DVD、EVD、MPEG4、Flash 等

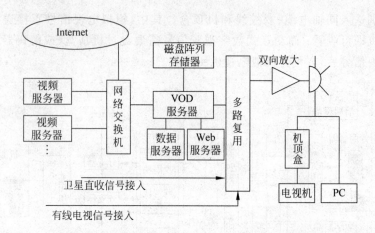

图 12-16　基于有线电视网络的 VOD 视频点播系统

各种类型的影片及进行系统管理。

　　视频服务器:经常更换的热门影片或视频节目存储在服务器硬盘中。影片的输入、编辑、编排在视频服务器进行,VOD 系统数据库在必要时可接多个服务器。

12.5　视频会议技术

　　视频会议系统是利用现代音视频技术和通信技术在两个或多个地点的用户之间举行会议,实时传送声音、图像的通信方式。它同时还可以附加静止图像、文件、传真等信号的传送。参加电视会议的人可以通过电视发表意见,同时观察对方的形象、动作、表情等,并能出示实物、图纸、文件等实拍的电视图像或者显示在黑板、白板上写的字和画的图,使在远地点参加会议的人感到如同和对方进行"面对面"的交谈,在效果上可以代替现场举行的会议。

　　视频会议的各种交互信息的传输媒介是各种通信网络,如电信网、Internet、有线电视网等。在这些网络中,视频会议能够顺利进行,不仅要依赖于网络和会议电视系统的硬件设备,还要依赖于各种网络通信协议以及与这些协议相适应的视频会议标准,即软件。为此,国际电信联盟(ITU-T)制订了一系列的会议电视标准,适用于不同的网络。H.320 系列标准,规范了 ISDN 网上的会议电视系统的主要技术环节,为会议电视的国际互通以及不同公司产品之间的互联提供了技术保证;H.321 系列标准用于 ATM 网络的视频会议;H.322 和 H.323 系列标准用于计算机局域网上的会议电视标准;H.324 系列标准用于公共电话网和无线网络上的会议电视标准。这一系列标准基本覆盖了目前常用的通信网络,为会议电视在各种通信网上全方位的推进打下了良好的基础。在每一套 H.3×× 标准中都包括一系列各种不同用途的标准,具体规范了图像和语音编码、网络接口、多点联网、数据传输、码流复用、通信控制等方面的技术要求。就目前的发展趋势来看,基于 IP 的 H.323 会议电视系统必将随着计算机通信和 Internet 的迅猛发展而得到普遍的应用。

电视会议系统主要由会议终端、多点控制单元(MultiPoint Control Unit,MCU)和通信网络组成,如图 12-17 所示。除此之外,还应有相应的软件支持,才能使整个系统有效地运行起来。

图 12-17　视频会议系统组成

12.5.1　视频会议系统的设备

在视频会议系统中,通信网络提供了一个连接各种设备并使各设备之间建立联系的平台。各种设备主要表现在会议终端及中心控制部分。

1. 终端

1) 终端功能

会议电视终端属于用户数字通信设备,在视频会议系统中处在用户的视听、数据输入输出设备和网络之间,如图 12-18 所示。会议电视终端的主要作用就是对终端处会议点的实况图像信号、语音信号及用户的数据信号进行采集、压缩编码、多路复用后送到传输信道上去,同时把从信道接收到的会议电视信号进行多路分解、视音频解码,还原成对方会场的图像、语音及数据信号输出给用户的视听数据设备。与此同时,会议电视终端还将本会议点的会议控制信号(如建立通信、申请发言、申请主席控制权等)送到 MCU,同时接收 MCU 送来的控制信号,执行 MCU 对本会议点的控制指令。

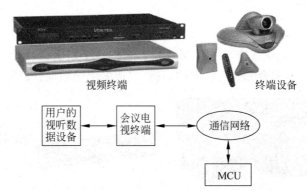

图 12-18　会议电视终端设备在系统中的位置

2) 终端设备

终端设备包括摄像机、话筒、监视器、扬声器、回波抵消器、终端处理器、会议控制器(或终端后台)和一些必要的附属设备。

摄像机、话筒是会议电视系统的输入设备,把会场的图像与声音转换成电信号,送入终端处理器进行处理。

监视器和扬声器是系统的输出设备,用来显示会场的声音和图像。10人以下的会议室可采用74cm或86cm的监视器。会场人数较多时,可采用电视墙或投影机。为了同时显示其他会场和本会场的画面,可以采用画中画技术,大窗口显示其他会场的场面,小窗口显示本会场的情景。

回波抵消器用来抑制回声。因为在第一会场中输入话筒的声音信号除了有本会场发言人A的声音外,还会有其他会场(例如第二会场)发言人B通过第一会场的扬声器发出的声音,它经过终端处理器和通信链路传到第二会场后,就会在第二会场形成发言人B的回声。接入回波抵消器使第一会场中由扬声器进入话筒的电信号与原来输入扬声器的电信号反相叠加,使第一会场送入通信线路的信号中发言人B的声音信号被抵消,即消除了回声。

终端处理器是会议电视终端设备的核心,它把本会场由摄像机和话筒输入的视频、音频模拟信号变为数字信号,并进行编码、压缩和复接,送往通信链路;又把其他会场经过通信链路送来的数字信号经过解码、解压缩和分接送往监视器和扬声器,变成声音和图像。

会议控制器(或终端后台)用于完成会议过程中对终端的操作、控制和管理。例如摄像机的转动和切换,话筒音量的调整,主席会场对其他会场的控制以及系统的设置、管理和维护等。

除了上述必要的终端设备外,有时在会场上还需要放置计算机、传真机、扫描仪、录像机、幻灯机等附属设备,向参会人员提供录像、幻灯和其他资料。有时还需要电子白板、书写机、打印机等,供与会人员讨论问题时写字、画图,形成会议文件时使用。

2. 多点控制单元

多点控制单元(MCU)是电视会议系统中的中心控制部分,如图12-19所示,其作用类似于电话通信系统中的程控交换机。它把3个以上会场的终端设备连接起来,实现音频信号的混合和视频信号的切换,完成多个终端设备信号的汇接和处理。

大型多点控制单元　　　　　　小型多点控制单元

图12-19　多点控制单元

多点控制单元还可提供多种会议控制方式。主席控制方式中,主席可选看其他任一会场的场景,其他会场则收看主席会场或发言人会场的场景,也可向主席申请发言;语音激励方式、强制显像控制方式和演讲人控制方式都是把发言人所在的会场作为主会场,其中语音激励方式按照声音电平的大小来确定主会场,向其他会场传送声音信号电平最大的发言人的声音和所在会场的图像;强制显像控制方式由与会人员向多点控制单元申请发言,被接受后即可发言,所在会场成为主会场;演讲人控制方式则由上一发言人指定下一发言人,主会场也随之转移。

每个多点控制单元可以有 4、8、12、16、32 个端口,即最多可控制 32 个会场。一个 MCU 同时可控制几个独立的分组会议,只要参加会议的总点数不超过这个 MCU 的最大端口容量。例如,一个 8 端口的 MCU 同时可支持两个独立的小会议网,其中一个会议由 3 点组成,另一个会议由 5 点组成。若采用两级 16 端口的多点控制单元互联,最多可控制 $15 \times 15 + 1 = 226$ 个会场;若采用三级多点控制单元互联,则可控制数千个会场。

在每个电视会议系统中,必须设置一个唯一的主 MCU,作为系统的时钟标准,其他 MCU 和各终端设备的时钟必须与它同步,才能使各终端设备全部同步,所传输的数字信号能够被有效地接收。多点控制单元由计算机工作站进行管理,实现对多点控制单元的配置和测试,安排会议日程、统计和记录计费信息等。

由于 MCU 最大端口数是有一定限制的,因此,在遇到会议点特别多的情况时,可以将多个 MCU 级联使用,这样就可以增加会议电视系统的场点容量,如图 12-20 所示。一般情况下级联的层数不超过 2。即一个终端最多只能经过一个从 MCU 转接到主 MCU,而不能经过两个或更多的 MCU 转接到主 MCU 上。对 8 端口的 MCU 在 2 级级联的情况下,最多可支持 $7 \times 8 = 56$ 个点的会议电视网络。最近,有些一些新投入市场的 MCU 产品的级联层数已经超过 2,进行 3 级级联使用,以便组成更大规模的会议电视网。

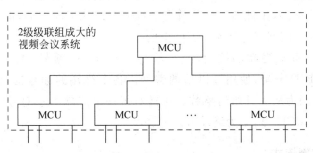

图 12-20　多个 MCU 级联使用

在 MCU 的简单连接方式中,相连接的两台 MCU 是对等的,仅把对方看成另一个编解码器,这种方式宜采用导演控制;在具有多台 MCU 的网络中,MCU 之间则必须另按 H.243 定义的主从关系连接,其中一台为主 MCU,其余均为从 MCU,此时宜采用主席控制方式或语音控制方式。

12.5.2　视频会议系统的通信网络技术

视频会议是现有的通信网络的业务拓展,因此有线电视网、数字电话网、数字数据网(DDN)、综合业务数字网(ISDN)以至 Internet 都能成为承载会议电视系统的网络。目前,在 ISDN 网上的 H.320 视频会议网技术是比较成熟的,基于 TCP/IP 网络的 H.323 视频会议网络系统正在走向成熟。

1. 传输网络

目前,国内大型视频会议系统的传输信道主要采用 PCM 数字线路,终端设备的码流以 PCM 帧结构、2.048Mbps 速率与传输信道接续。这样的会议电视网可以是固定连接,也可以是在需要时连接而成。这种类型的视频会议系统信道速率较高,所获得的图像和语音的质量较好,网络和终端设备连接方便,易于增加或减少会议点。

2. MCU 的设置

用 MCU 组成的多点会议系统的网络结构呈星形,每个 MCU 可接若干个会议电视终端。为了增加网点的容量,可以通过级联 MCU 的方式来实现,但级联一般不多于 2 级。原则上说,这种级联方式可以无限扩展下去,但是由于 MCU 对会议电视信号的处理存在延迟,当级联层数大于 3 时,对整个会议的召开将产生严重的影响。ITU-T 有关多点会议电视的标准只允许采用两层级联的组网模型,这样就可以满足传输延时、话音图像同步以及网络控制的要求。图 12-21 就是一个二级星形会议电视网组成示意图,处在最上面一层的 MCU1 是主 MCU,下面一层的 MCU2、MCU3 和 MCU4 是和 MCU1 相连接的从 MCU,它们都受控于 MCU1。根据需要,网络内的会议电视终端既可以连接在从 MCU 上,也可以连接在主 MCU 上。图中的小圆圈代表会议电视终端,虽然图中的终端是直接连接到 MCU 上的,但在实际中,它们往往是通过各种通信网络连接到 MCU 上的。

为了实现对每个终端的控制,必须给终端和 MCU 编号,主 MCU 号为 1,从 MCU 号由主 MCU 分配,使用 2 以后的编号。各个终端的编号由与它直接连接的 MCU 来分配号码为从 1 开始的整数。这样对每一个终端由一对号码$<M><T>$唯一确定,M 为 MCU 号,T 为终端号。

3. MCU 控制模式

MCU 具备对视频会议网进行有效控制以及对视频会议系统进行有效管理的功能。目前 MCU 所承担的会议控制方式主要有 4 种:

(1) 主席控制模式。该模式是 H.243 建议中规定的一种视频会议控制方式。在这种方式中,主会场主席享有会议的控制权,他掌握行使主席权力的"令牌",该"令牌"得到主 MCU 的承认。主席可以点名让某分会场发言,并与它对话,其他分会

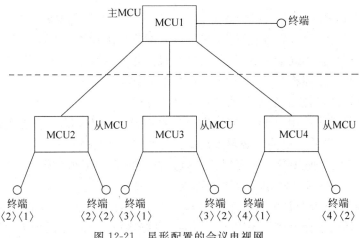

图 12-21　星形配置的会议电视网

场收听它们的发言,收看发言人图像。若分会场的人想发言,则需向主席申请。若主 MCU 收回"令牌",则原主席将失去会议主席的权力,他所在的会场成为分会场之一。

(2) 语音激励(控制)模式。该模式是一种全自动的会议控制模式。在会议过程中,当同时有多个会场要求发言时(或是几个会场的人同时说话时),MCU 从这些会场终端送来的信号中提出音频信号,在语音处理器中进行电平比较,选出电平最高的音频信号,将声音最高的发言人的图像与声音信号广播到其他的会场。为了避免不必要的干扰引起的切换错误,MCU 的切换过程应有一定的时延:切换前的发言时间应为 1~3s,两次切换之间的时间间隔应为 1~5s。

这种控制方式仅适于参加会议的会场不多的情况。因为参加会议的会场越多,语音信号的路数就越多,背景噪声也就越大,MCU 的语音处理器已很难选出最高电平的语音信号。为可靠起见,以一个 MCU 控制十几个会场终端数目为限,会场数目更多时就不适于采用语音控制模式了。

(3) 演讲人控制模式。在这种模式下召开多点会议时,演讲人通过桌面上的触摸屏或遥控器发出指令,编译码器便发给 MCU 一个请求信号 MCV(多点强制显像指令)。如果 MCU 认可,便将它的图像、语音信号播放到所有与 MCU 相连接的会场,同时 MCU 给发言会场终端一个已播放的指示 MIV(多点显像指示),使发言者知道他的图像、语音已被其他参加会议的会场收到。当发言者讲话完毕,MCU 将自动恢复到语音激励方式。

(4) 导演控制模式。该模式是一种带外控制方式,它不通过端对端的信令进行控制,而是由网管系统来决定哪个会场的人发言。在会议进行的过程中,由主 MCU 或网络管理中心的管理员(导演)来对电视会议进行控制。他可以指定广播某会场,可以批准某会场的广播请求并通过 VCB(主席或导演的视频广播控制命令)命令广播该会场,也可以指定将某会场的情况回传给正在广播的会场。

4. 传输和接口

视频会议要借助通信网络的通信线路进行信息传输,而现实的通信网络多种多样,有公共电话网(PSTN)、综合业务数字网(ISDN)、数字数据网(DDN),有各种专网,有LAN(包括以太网、令牌环网、快速以太网等),还有各种无线信道。因此,视频会议系统必须根据不同信道、网络的传输特性来进行多种媒体数据的传输。会议电视终端或MCU必须将自己的复合码流转换成传输网络所能接受的数据帧格式、信号格式和互控协议,然后经过网络接口送到传输网络。

视频会议系统的用户-网络接口为用户终端设备或MCU设备进入通信网络提供方便,进入不同的通信网络必须采用不同的用户-网络接口。

(1) 公共电话网接口。在模拟公用电话网的话音通道里传输数字信息,必须使用符合V系列建议接口标准的调制解调器(modem)。

(2) ISDN和B-ISDN用户-网络接口。ISDN用户通过一个标准的用户-网络接口用普通电话线连接上网。B-ISDN的用户-网络接口与ISDN的参考配置相同。

(3) 高速用户线接入。用户线宽带接入的最终技术是光纤到户(FITH),在目前阶段可采取高速数字用户线(HDSL)或不对称数字用户线(ADSL)等过渡性的技术。

(4) 计算机网的接入。用户接入计算机网必须符合一定的网络协议,用于计算机局域网的H.322和H.323系列标准中都具体规范了图像、语音编码、网络接口、多点联网、数据传输、码流复用、通信控制等方面的技术要求。就目前的发展趋势来看,基于IP的H.323会议电视系统必将随着计算机通信和Internet的迅猛发展而得到普遍的应用。

(5) 视频I/O接口。为视频设备的接入提供连接,如接入摄像机、监示器、录放像机以及视频处理单元和视频编、解码器等。视频编解码器的视频输入和输出的电视信号标准可以是复合的或分量的形式。

(6) 音频I/O接口。提供音频设备接入连接,主要包括话筒、扬声器以及回声抑制器等音频处理单元及音频编码器等。输入模拟音频信号的频率范围为50Hz~3.5kHz(标准质量)或50Hz~7kHz(较高质量),编码后数字音频信号可为16kbps、48kbps、56kbps、64kbps等不同速率。

为了保持口形与声音同步,还需接入"音频通道的延时单元"补偿视频编码器的延迟,它是终端必须考虑的一个重要问题。由于视频的编码和解码器会引入相当大的时延,因此在音频编码器和解码器中心必须对编码的音频信号增加适当的时延,以使解码器中的视频信号和音频信号同步。

12.5.3　视频会议系统组成

1. H.320会议电视系统

H.320会议系统是基于PSTN/ISDN网络的多媒体会议系统,如图12-22所示,其终端及外围设备结构如图12-23所示。H.320视频会议系统的终端设备由以下几部分组成:

(1) 视、音频输入输出模块。这一模块负责完成对视、音频信号的数字化处理。

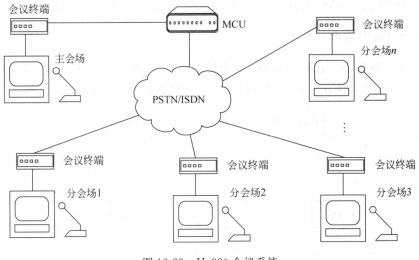

图 12-22　H.320 会议系统

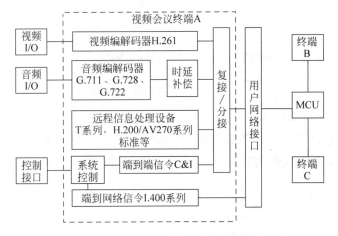

图 12-23　H.320 会议系统终端及外围设备组成

对于来自摄像机的视频信号,经过 A/D 变换、亮色分离后形成一路 CIF 格式的数字视频送入 H.261 视频编码电路进行编码;对于来自麦克风的语音信号,经过低通滤波、A/D 变换后送入音频编码电路编码。

(2) 视音频编、解码模块。这一部分是视频会议终端设备的核心,它完成对视、音频信号的压缩编码和解码。对视频信号采取带有运动补偿的帧间 DPCM＋二维 DCT 变换编码＋熵编码。对语音信号进行 G.711、G.722 或 G.728 标准的压缩编码。

(3) 复用单元。在视频复用单元中,由于压缩后的视频数据(DCT 系数)及相应的辅助信息采用了变长编码(VLC)技术,因而输出得数据为不均匀的数据流。为了能在通信网中以恒定速率传输,需要采用缓冲器对输出视频数据的速率进行平滑处理。对于音频信号,压缩后的语音信号在复用前要经过一定的延时以保证语音同步。完成上述处理后,视音频信号、数据信号和控制信息按照行 H.221 规定的时隙合成一路数字信号,再经过接口电路形成标准的传输码送入信道传输。

2. H.323视频会议系统

H.323视频会议系统是基于计算机网络的,它具有功能多、控制灵活的特点,可以很好地和其他媒体在计算机中进行融合。其网络拓扑结构如图12-24所示。

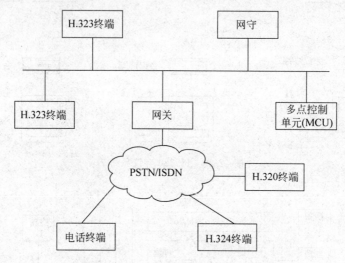

图12-24　H.323的网络拓扑结构

1) H.323的终端设备

图12-25给出了H.323终端设备的结构框图。H.323标准规定了终端采用的编码标准、包格式、流量控制等内容,包含了视频、音频、数据控制等模块。

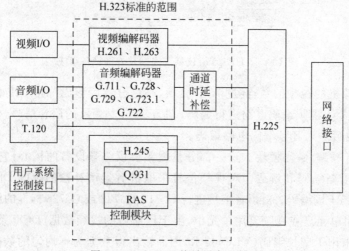

图12-25　H.323终端设备及接口

视频模块负责对视频源(如摄像机)获取的视频信号进行编码以便于传输,同时对接收到的数据进行解码,将其还原成视频信号以便显示。视频通道至少应支持

H. 261 QCIF 标准,它可以提供分辨率为 176×144 的画面。该通道还可以支持其他质量更高的编码标准(如 H. 263)和画面尺寸(如 CIF 为 352×288)。

音频模块负责对音频源(如话筒)获取的音频信号进行编码以便于传输,同时对接收到的数据进行解码,将其还原成音频信号以便播放。

数据通道支持的服务有电子白板、文件交换、数据库访问等。

控制模块为终端设备的操作提供信令和流量控制。用 H. 245 标准来完成终端设备的功能交换、通道协商等。

H. 225 层将编码生成的视频、音频、数据、控制流组成标准格式的 IP 包发送出去,同时从接收的信包中检出视频、音频、数据和控制数据转给相应模块。收发 IP 包均使用标准的实时传输协议(Real Time Protocol,RTP)和实时控制协议(Real Time Control Protocol,RTCP)来进行。

2) H. 323 的网守

网守在 H. 323 系统中是一个可选项,它向 H. 323 终端和网关单元提供呼叫控制服务。网守逻辑上与端点分离,但其物理实现可能存在于一个终端、MCU、网关单元、服务器或其他相关设备中。网守具有如下功能:

(1) 域管理。域中所有的设备都要在网守上注册,网守提供对整个域(包括终端、网关、MCU、MC 以及非 H. 323 设备)的管理功能。

(2) 许可控制。为网络管理员提供了一种控制网络视频借频流量的体制,终端必须获得网守的允许才能发送或接收一次呼叫。

(3) 地址翻译。网守也提供地址翻译服务,这项功能是将外部地址(如电话号码)和别名地址(如姓名)翻译成网络地址。

(4) 带宽控制。根据带宽管理的原则对域中带宽使用情况进行控制。

3) H. 323 的网关

H. 323 网关实际上是一个功能强大的计算机或工作站,它负责电路交换网,如电话网和分组交换网、因特网之间的实时双向通信以及相应的协议转换。

4) H. 323 的多点控制单元

H. 323 建议规定 MCU 由多点控制器(Multipoint Control,MC)和多点处理器(Multipoint Processing,MP)两个部分组成。

(1) 多点控制器(MC)通过 H. 245 在参加会议的多个终端之间进行通信能力的协商,确定会议采用的音频、视频编码参数并建立媒体信道。如果参加会议的某个终端只支持 QCIF 格式的图像,而其他终端却可支持 QCIF 和 CIF 图像格式,那么 MCU 将要求参加会议的所有终端采用 QCIF 图像格式。

(2) 多点处理器(MP)的主要功能是混合和交换音频、视频和数据流。比如 MP 可将多个与会者的声音混合起来送给所有的与会者,增强会议过程的现场感。

事实上,MCU 只有在进行多点会议时才需要,而在点对点的会议中可以不使用 MCU 设备。

5) H. 323 会议模式

与其他不定义会议类型的 ITU-T 建议不同,H. 323 标准对其可以支持的会议模式有比较明确的规定。所谓的会议模式规定了根据参加会议的终端数目而确定的会议开始方式以及信息的收发方式。H.323 规定了 3 种会议模式:

(1) 点到点模式。这是一种两点之间的会议模式。两个端点可以都在 LAN 上,也可以一个在 LAN 上,另一个在电路交换网上,会议开始时为点到点模式,会议开始后可以随时加入多个点,从而实现多点会议。

(2) 多点模式。这是 3 个或 3 个以上端点之间的会议模式。在这种模式中必须要有 MC 设备对各端点的通信能力进行协商,以便选择公共的参数启动会议。

(3) 广播模式。这是一种一点对多点的会议模式。在会议过程中一个端点向其他端点发送信息,而其他端点只能接收,不能发送。

此外,H.323 还规定了 3 种不同的会议类型:

(1) 集中型。所有参加会议的端点均以点对点模式与一个 MCU 通信。各个端点向 MCU 传送其数据流(控制、音频、视频和数据)。MC 通过 H.245 集中管理会议,而 MP 负责处理和分配来自各端点的音频、视频和数据流。若 MCU 中的 MP 具有强大的变换功能,那么不同的端点可以用不同的音频、视频和数据格式及比特率参加会议。

(2) 分散型。在分散型会议中,参加会议的端点将其音频和视频信号以多点传送方式传送到所有其他的端点而无须使用 MCU。此时 MC 位于参加会议的某个端点之中,其他端点通过其 H.245 信道与 MC 进行功能交换,MC 也提供会议管理功能,例如主席控制、视频广播及视频选择。由于会议中没有 MP 设备,所以各端点必须自己完成音频流的混合工作,并需要选择一种或多种收到的视频流以便显示。

(3) 混合型。顾名思义,在混合型会议中,一些端点参加集中型会议,而另一些端点则参加分散型会议。一个端点仅知道它自己所参加的会议类型,而不了解整个会议的混合性质。一个混合的多点会议可包括:集中式音频端点将音频信号单地址广播给 MP,以便进行混频和输出(并将视频信号以单地址广播给其他端点);集中式视频端点将视频信号单地址广播给 MP,以便进行混频、选择和输出(并将音频信号以单地址广播给其他端点)。

从 H.323 规定的会议模式和会议类型来看,只有集中型的会议才需要 MP,而一个 MCU 可以包含一个 MC 和一个或多个 MP,当然也可以没有 MP。

3. 桌面交互式会议电视系统

桌面型视频会议系统将视频会议与个人计算机融为一体,一般由一台个人计算机配备相应的软硬件构成(摄像头、麦克风、用于编解码的硬件或软件),在多个地点进行多方会议时还应设置一台多点控制设备进行图像语音的切换、控制。这样的系统可在公共交换电话网(PSTN)、综合业务数字网(ISDN)、局域网(LAN)上实现其功能。与会者在办公室桌前或家中就可以通过自己的终端设备或计算机参与电视会议,他们可以发表意见,观察对方的形象和有关信息,同时双方(多方)还可以共享应用程序,利用电子白板(软件)进行书面交流。

　　基于 H.323 标准的桌面会议系统,将多媒体计算机与通信网络技术相结合,使用灵活、广泛,在局域网上运行非常方便。系统构成如图 12-26 所示。

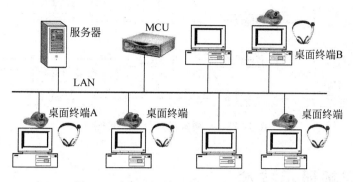

图 12-26　基于局域网桌面会议系统框图

　　当终端 A 要与终端 B 开会时,可由终端 A 直接呼叫终端 B 的 IP 地址,当 B 应答后视频会议就可开通。如需要查询终端 B 的 IP 地址,可向服务器内的数据库查询。在该系统中需采集和重现每个与会者的图像和声音,每台桌面终端的配置如图 12-27 所示。

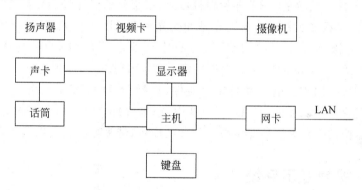

图 12-27　桌面会议终端配置

4. 广播式视频会议系统

　　广播式视频会议系统是一种主会场控制方式的会议系统,一般用于组织较大规模的会议。根据会议规模需要将多点控制单元(MCU)互联,以形成更大规模的会议系统。其组成如图 12-28 所示。

　　广播式视频会议系统集电视、数字压缩、数字传输、数字通信等相关技术的应用于一体,对各种传输通道有良好的适应性,如对 LAN、PSTN、ISDN、VSAT、ATM 以至有线电视网络等都具有良好的支持能力。因此,在建筑中只要具有一种上述通信网络,都能方便地应用此系统。并且可以方便地按会议电话的习惯进行多种会议控制操作,即不仅限于广播方式(主会场发言,其余会场听讲),还可以对其他方式进行控制。

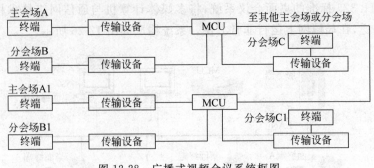

图 12-28　广播式视频会议系统框图

12.6　视频显示技术

12.6.1　视频显示器件

　　视频显示器件的多样化使传统的显示器件受到挑战,同时也推动了视频显示技术迅速发展。除了传统的 CRT 显示器件以外,平板显示器件(FPD)表现出十分强劲的发展势头。平板显示器件分为发光型和受光型两大类。受光型 FPD 按工作原理的不同可分为液晶显示器件(LCD)、电致变色显示器件(ECD)、电泳显示器件(EPID)、铁电陶瓷显示器件(PLZT)等。发光型 FPD 按工作原理的不同可以分为等离子体显示器件(PDP)、电致发光显示器件(包括 ELD 和 LED)、场发射显示器件(FED)、真空荧光显示器件(VFD)等。其中,LCD、PDP、LED 在视频显示的应用方面日趋成熟,特别是在大屏幕显示技术方面的应用,越来越受到人们的欢迎。

12.6.2　视频显示系统

1. 投影显示

1) 投影分类

投影显示大致可分为 CRT 投影、LCD 投影、DLP 投影、LCOS 投影、光阀投影。

　　CRT 投影显示技术历史最悠久,技术最成熟,而且还在不断发展与完善。其工作原理是通过红绿蓝 3 个阴极射线管成像,经光学透镜放大后,在投影屏或幕上汇聚成一幅彩色图像。其优点是图像细腻,色彩丰富,逼真自然,分辨率调整范围大,几何失真调整功能强;缺点是亮度低,亮度均匀性差,体积大,重量大,调整复杂,长时间显示静止画面会使管子产生灼伤。

　　透射式 LCD 投影机将光源发出的光分解成红绿蓝三色后,射到一片液晶板的相应位置或各自对应的三片液晶板上,经信号调制后的透射光合成为彩色光,通过透镜成像并投射到屏幕上。其优点是体积小,重量轻,操作简单,成本低;缺点是光利用率低,像素感强。

反射式 LCD 投影机将透射式电极换成反射膜,调制光经液晶反射后,通过透镜投射到屏幕上。由于控制电路位于液晶板下,而光线在液晶板上反射,因此控制电路不影响亮度,提高了光的利用率。

DLP(Digital Light Processor,数字光处理器)是一种全数字的反射式投影技术,DLP 投影机以 DMD(Digital Micromirror Device,数字微镜)作为成像元件,完成了显示数字的最终环节。DLP 投影机的数字化优势使图像灰度等级达 256～1024 级,色彩达 256～1024 色,图像噪声消失,画面质量稳定,精确的数字图像可不断再现,而且历久弥新。其次是反射优势。反射式 DMD 器件的应用使成像器件的总光效率达 60% 以上。很多用户希望在观看投影的同时拥有明亮的环境,与传统的模拟投影机相比,DLP 投影机将更多的光线打到屏幕上,这样投影的演示效果在光亮中将同在黑暗中一样好。DLP 投影机通常分为单片 DMD 机(主要应用在小型投影机产品)、两片 DMD 机(应用于大型拼接显示墙)、三片 DMD 机(应用于超高亮度投影机)。

2) 投影机的主要技术指标

(1) 分辨率及其兼容性。衡量投影机显示图像细节的能力。

(2) 亮度及亮度均匀性。投影机亮度的标准单位是 ANSI 流明。亮度均匀性是指显示图像中心与边缘或四角的亮度差异,对展示效果起着重要作用,尤其是在多屏拼接时。

(3) 对比度。指图像中最亮部分与最暗部分的比值,对比度越高,图像的层次感越强。

(4) 色平衡。表示重现色彩(肤色、深红色)的自然程度。

3) 各类投影机的一般应用场合

一般来说,CRT 因其出色的动态显示特性和自然的色彩广泛用于以视频显示为主的家庭影院、娱乐场所、博物馆等,而顶级 CRT 投影机则因其超高分辨率用于各种控制指挥中心。便携式 LCD 投影机和单片以及双片 DLP 投影机的亮度、分辨率能满足一般计算机显示的要求,价格便宜,携带和使用方便,因此,适用于小型会议、报告、教学等场合。小型和大型光阀投影机以及三片 DLP 投影机的亮度和分辨率指标都较高,一般用于单屏和多屏拼接的超大屏幕显示领域,如仿真中心、控制中心等。

2. 大屏幕显示

大屏幕显示方式应用较多的有 CRT、LCD 构成的电视墙及 LED 点阵构成的显示屏。

1) LED 显示屏

LED 显示屏分为单色和彩色系统,单色系统采用单色显示单元组成显示阵列,通常用于图文显示;彩色系统采用双基色(红、绿)或三基色(红、绿、蓝)显示单元组成显示阵列,配以灰度及视频控制系统,可构成不同层次的 LED 视频显示系统。彩色显示系统可显示图文、动画及电视图像等丰富的内容。室内 LED 显示屏技术参数示例见表 12-1。

表 12-1 室内 LED 显示屏技术参数示例

规格	Φ3.0			Φ3.75		Φ5.0			Φ8.0
直径/mm	3.0			3.75		5.0			8
间距/mm	4			4.75		7.62			10
像素密度点/m²	62 500			44 321		17 500			10 000
显示基色	单色	双基色	全彩色	单色	双基色	单色	双基色	全彩色	全彩色
像素配比	1R	1R1G	1R1PG1B	1R	1R1G	1R	1R1G	1R1PG1B	1R1PG1B
显示颜色数	1	2^{16}	2^{24}	1	2^{16}	1	2^{16}	2^{24}	2^{24}
单点亮度	15mcd	30mcd	60mcd	15mcd	30mcd	15mcd	30mcd	60mcd	80mcd
灰度等级	1024(各基本色)								
显示模式	VGA、UGA 支持后台运行								
刷新速率	240Hz								
扫描格式	1/16 或静态								
伽马校正	每色逐点非线性视觉校正								
亮度调节	手动/自动 256 级								

图 12-29 是一个 256 色 LED 显示系统原理框图。256 色 LED 显示单元是由红、绿两种颜色发光二极管组成，每种颜色都具有 16 级灰度，这样就可以形成 256 种颜色。显示控制系统由专用视频卡、信号采集发送卡（信号采集卡与长线发送卡的集成）、信号接收控制卡（长线接收卡与控制卡的集成）、信号传输线及显示单元模块构成。系统像素点最大可达 800×600 点，既可播放电视录像，也可播放计算机动画以及任何可在计算机屏幕上播放的图形方案、图像信息。

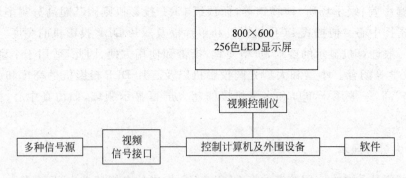

图 12-29　256 色视频显示系统框图

图 12-30 是一个多用途的 LED 信息显示引导系统，能实时显示高速度、高解析度、色彩丰富的动态图像，广泛适用于商场、宾馆、体育馆等要求性能比较高的场所。本系统能够实时显示监视器上的图像和文字。同时还可以利用视频控制软件播放各种图形图像及计算机动画以及实时电视节目。

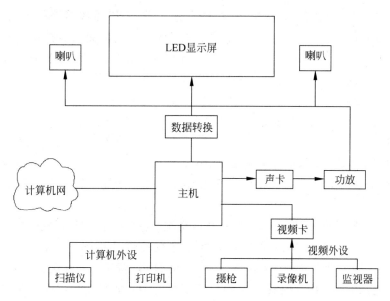

图 12-30　LED 室内视频显示系统

2）CRT 电视墙

CRT 电视墙系统通常采用先进的图像处理技术及先进的三枪投影技术，以数字技术支持的 CRT 大屏幕显示器拼接构成。可产生较好的视频及计算机图像画面。新型 CRT 背投大屏幕电视墙系统具备寿命长、色彩鲜艳逼真、不受自然光干扰、可以连续不间断长期使用等优点。

图 12-31 为一个 4×4 CRT 电视墙系统原理。在系统中图像处理器是一个核心设备，所有接入的信号都通过图像处理器进行处理，然后进入显示屏显示。图像处理器具有显示效果控制，视频信号分割，自动识别输入信号模式，动态捕捉图像（即定格效果），任意图像位置调整及拼接，将计算机显示输出的数据、图像信号直接投影在屏幕上，数字图像信号的压缩、解压缩，图像叠加等功能。同时，通过 RS232 通信接口实现远程控制。

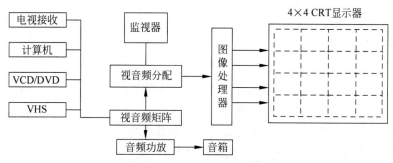

图 12-31　CRT 显示屏构成电视墙

CRT 电视墙具有高的亮度、对比度及显示分辨率，可从各角度观看到完美画面，可产生各种图像特技效果及各种图像组合画面。CRT 电视墙适用于各种公共场合，如机场、车站、商场、酒店、展览中心、各种营业厅等,用以播放精美的图像、广告、业务宣传及各种信息发布。也常用于各种监控中心,如城市交通监控中心等,可实现多路信号实时监控及实时放大显示功能。还可用于电视台直播室、演播厅、大型晚会现场等,播放各种节目源、多媒体制作及回放。

3) LCD 显示屏

LCD 显示屏也是大屏幕显示技术的典型应用。根据不同的应用有独立屏显示系统和拼接屏显示系统。其构成方式与其他大屏幕显示系统的构成原理基本相同,所不同的在于 LCD 显示系统采用 LCD 作显示单元,以此作为追求显示效果的手段。在 LCD 显示系统中可采用一般的 LCD 显示屏作显示终端,也可采用投影式显示屏作显示终端。

图 12-32 是一个 LCD 投影拼接电视墙系统,支持多路视频信号、计算机信号、网络信号的显示;计算机基色(RGB)信号和音视频信号矩阵切换;采用 0.7 英寸 DMD 数字微镜处理器芯片;采用 12 度偏转角 DMD 微镜片;采用数字色域补偿电路使色彩更均匀;采用光路补偿技术使亮度更均匀;采用先进的屏幕拼接技术,拼缝更小;采用内置式控制器,控制灵活可靠。

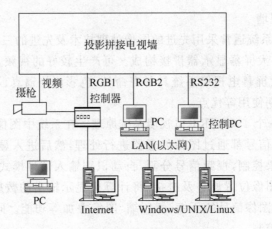

图 12-32　LCD 投影拼接电视墙系统

习题与思考题

1. 智能建筑共用天线电视系统的技术要求有哪些?
2. 智能建筑电视系统的信号源有哪些?
3. 采用机顶盒技术的楼宇电视系统能实现什么功能?
4. 描述 ADSL 宽带网与 HFC 宽带网的区别。
5. 怎样理解数字卫星电视接收和模拟卫星电视接收?
6. 描述双向放大器在系统中的作用以及其工作原理。
7. 描述双向传输系统中的频率分割双向传输方式,举例说明。

8. 比较宽带网的接入方法,考虑怎样将一个实际楼宇接入宽带网。

9. 视频点播是否还有其他途径? 试说明其原理。

10. 视频会议系统中 MCU 的功能是什么? 怎样用 MCU 组织视频会议系统?

11. 哪些传输网络可以满足视频会议系统的要求?

12. 举例说明大屏幕显示系统的应用。

第13章 智能建筑系统集成技术

本章导读

  智能建筑的系统集成包括功能集成、网络集成及操作界面集成等,是将智能化系统从功能到应用进行开发及整合,从而实现对智能建筑全面和完善的综合管理。本章的重点是深刻理解系统集成技术的必要性、系统性和技术内涵,对当前的主要集成方法和技术路线进行了介绍。本章最终通过几个典型的案例来帮助读者加深对建筑智能化系统集成以及工程设计的理解。

13.1 智能建筑系统集成基本概念

13.1.1 系统集成的功能要求

  系统集成技术是构建建筑智能化集成系统(Intelligent Integrated System,IIS)的相关技术。在《智能建筑设计标准》GB/T 50314—2015 中,对智能化集成系统(IIS)给出如下定义:"为实现建筑物的运营及管理目标,基于统一的信息平台,以多种类智能化信息集成方式,形成的具有信息汇聚、资源共享、协同运行、优化管理等综合应用功能的系统"。建筑智能化集成系统的功能应符合下列要求:以实现绿色建筑为目标,应满足建筑的业务功能、物业运营及管理模式的应用需求;采用智能化信息资源共享和协同运行的架构形式;具有实用、规范和高效的监管功能;适应信息化综合应用功能的延伸及增强;顺应物联网、云计算、大数据、智慧城市等信息交互多元化和新应用的发展需求。

  系统集成通俗地理解就是把构成智能建筑的各个主要子系统从各自分离的设备、功能、信息等集成在一个互联互通互操作的、统一的和协调的系统之中,使资源达到充分地共享,来实现智能建筑的总体目标。

  系统集成是一个涉及多学科、多技术的综合性应用领域,它从设计到实施是一个复杂的应用系统工程观点的全过程。必须在工程建设规划开始就要明确系统集成的目标、平台和技术,在工程建设的各个阶段必须贯彻执行,各个子系统的功能和技术方案必须满足系统集成的要求,只有这样,才能够水到渠成,才能够达到总体目标。在实施方法上,应该是"总体规划,优先设计,从上向下,分步实施"。

可以这样认为,没有系统集成的建筑不是真正意义上的智能建筑,因此对其应有全面和深刻的认识,并将这种观点运用到智能建筑设计的各个环节之中。

13.1.2 智能建筑系统集成的必要性

1. 系统集成是建筑智能化学科的关键

系统集成就是解决各应用子系统的信息互通共享和互操作性,说它是建筑智能化学科的关键技术,是因为只有在建筑智能化工程中才会遇到这一复杂问题,如图 13-1 所示。

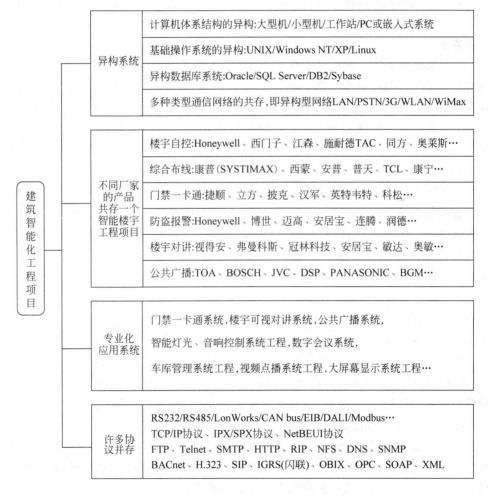

图 13-1 建筑智能化工程中面对的复杂局面

建筑智能化工程的复杂局面表现为以下几点：

(1) 建筑智能化工程中存在许多异构系统。

(2) 建筑智能化工程中存在许多不同厂家的产品所构建的应用系统。

(3) 建筑智能化工程中存在许多为适应不同建筑使用功能的专业(私有)化应用系统。

(4) 建筑智能化工程中存在许多协议并存的局面。

这些问题的出现导致智能建筑的子系统各自操作、相互分离、信息不通的局面，当然就谈不上子系统间的互联互通互操作。因此，需要系统集成技术来解决各应用子系统的信息互通共享和互操作性。

2. 智能建筑系统集成的必要性

智能建筑系统集成的必要性体现在：它是实现建筑的"智能化功能"的唯一技术手段，或者说，不应用系统集成技术，就不能实现"智能化功能"。可以从以下几个方面来理解：

(1) 系统集成技术能实现许多的联动功能。例如，在多伦多皮尔森国际机场，把航班信息数据库与每个登机通道的供热、灯光和空调系统集成起来，如果某个通道没有使用，无谓的能源消耗将减少到最少。又如，对智能化学校教室的用电管理与课程表及作休时间的联动控制；防盗探测器动作后联动灯光和闭路电视摄像机控制，等等。系统集成技术实现的许多联动功能使建筑对环境、应用等的响应具备智能化的特征。

(2) 系统集成技术能实现许多测控管一体化的功能。例如，对设备运行的数据进行统计分析，可以得到有关该设备的工作状态评价数据，进而可预先制定维修保养计划。系统集成使得楼内的系统除了可以与各种业务系统共享信息，也可以相互之间共享信息。这种信息的共享提高了工作的效率，也有利于控制运营成本。

(3) 系统集成技术能实现集中管理的功能，提高了效率。例如，可以将许多子系统的操作管理集成到一个中心、一个桌面、一个显示窗口下，既减少了设备和场地，又减少了管理人员。

(4) 系统集成技术能够在软件层面上进行功能开发，不但可以新增功能，也可以"硬件软化"，优化系统方案，减少投资成本。例如，在闭路电视监控系统上，应用图像识别技术，可以开发出诸如"重点车牌出入控制""保安巡更图像监控""早期火灾识别报警""可疑人员自动识别及报警"等应用功能。

系统集成完全可以使建筑中的各种系统都可以实现信息共享，从人身安全到电梯控制。来自楼宇自动控制系统的数据将能与各种业务系统(如财务系统)实现信息共享。一旦开发出的系统能利用这些整合的数据和对数据实时访问，建筑物将变得更节能，效率也更高。因此，无论从各功能子系统技术的发展要求，还是从整个智能化系统技术的发展要求来看，为了向业主提供一个投资合理、舒适、安全的建筑环境,通过系统集成实现信息资源和任务的综合共享,提高服务和管理的效率是必要的。

13.1.3　智能化集成系统架构规划

关于智能化集成系统的架构规划、信息集成、数据分析和功能展示方式等,应以智能化集成系统功能的要求为依据,以智能化集成系统构建和智能化集成系统接口的要求为基础,确定技术架构、应用功能和性能指标规定,实现智能化系统信息集成平台和信息化应用程序的具体目标。

智能化集成系统架构规划如图 13-2 所示。这是一个层次化结构的工程建设架构,包括集成系统平台和集成信息应用系统。各层配置相应的应用软件模块,实现智能化系统信息集成平台和信息化应用程序运行的建设目标。在具体的工程设计中,应根据项目实际状况采用合理的架构形式和配置相应的应用程序及应用软件模块。

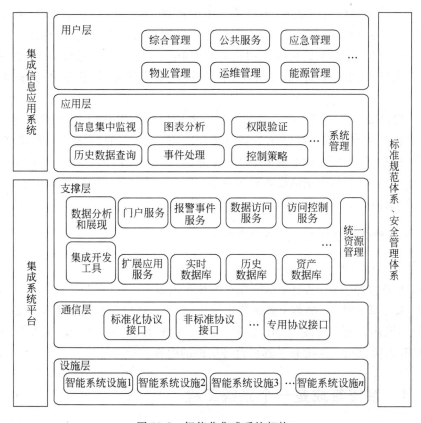

图 13-2　智能化集成系统架构

1. 集成系统平台

集成系统平台包括设施层、通信层、支撑层。

(1) 设施层。包括各纳入集成管理的智能系统设施及相应运行程序等。

(2) 通信层。包括采取标准化、非标准化、专用协议的数据库接口,用于与基础设施或集成系统的数据通信。

(3) 支撑层。提供应用支撑框架和底层通用服务,包括数据管理基础设施(实时数据库、历史数据库、资产数据库)、数据服务(统一资源管理服务、访问控制服务、应用服务)、基础应用服务(数据访问服务、报警事件服务、信息访问门户服务等)、基础应用(集成开发工具、数据分析和展现等)。

2. 集成信息应用系统

集成信息应用系统包括应用层、用户层。

(1) 应用层。是以应用支撑平台和基础应用构件为基础,向最终用户提供通用业务处理功能的基础应用系统,包括信息集中监视、事件处理、控制策略、数据集中存储、图表查询分析、权限验证、统一管理等。管理模块具有通用性、标准化的统一监测、存储、统计、分析及优化等应用功能,例如电子地图(可按系统类型、地理空间细分)、报警管理、事件管理、联动管理、信息管理、安全管理、短信报警管理、系统资源管理等。

(2) 用户层。以应用支撑平台和通用业务应用构件为基础,具有满足建筑主体业务专业需求功能及符合规范化运营及管理应用功能,一般包括综合管理、公共服务、应急管理、设备管理、物业管理、运维管理、能源管理等,例如面向公共安全的安防综合管理系统、面向运维的设备管理系统、面向办公服务的信息发布系统、决策分析系统等,面向企业经营的 ERP 业务监管系统等。

3. 系统整体标准规范和服务保障体系

系统整体标准规范和服务保障体系包括标准规范体系、安全管理体系。

(1) 标准规范体系,是整个系统建设的技术依据。

(2) 安全管理体系,是整个系统建设的重要支柱,贯穿于整个体系架构各层的建设过程中,该体系包含权限、应用、数据、设备、网络、环境和制度等。运维管理系统包含组织/人员、流程、制度和工具平台等层面的内容。

13.1.4　系统集成是一个系统工程

系统集成涉及项目开发和实施的整个过程,是一个系统工程。从系统规划、系统生成到系统维护,从系统的功能模型设计到技术的实现,从系统的立项、建设中的管理到系统的验收,系统集成可以分为功能结构、技术实现、过程组织和管理决策 4

个方面的内容。

1. 功能结构的集成

智能建筑系统总体功能通常划分为 3 个层次：设备级集成、系统级集成和经营管理级集成。设备级集成完成系统的硬件资源连接，实现最底层设备的联动和各种基本控制功能等；系统级集成完成各分、子系统内部的集成及各分、子系统间的互联，实现系统间的数据通信和资源共享，同时在互联的基础上完善它们之间功能上的协调控制；经营管理级集成是面向用户的高层次功能集成，是在实现系统基本功能的基础上，满足建筑物综合服务管理的需要，使系统的楼宇设备控制管理、信息通信和信息管理等基本功能与建筑物的经营管理有机地融合为一体，最终实现智能建筑的最优化目标。

2. 技术实现的集成

系统集成的技术是以实现信息采集、传输、交换、处理与利用的集成化为目标，相应发展的实现各种物理集成的设备集成互联技术，实现信息集成的软件集成技术和数据集成技术。为此，系统集成工作承担者必须掌握计算机系统、通信系统、机电管理自动化系统以及工程施工技术等各方面的技术能力和集成能力。

3. 过程组织的集成

智能建筑包含的系统多，技术含量高，工程内容、种类十分复杂，施工队伍来自不同单位，各子系统、各工种的工程进度互有先后、并迭，工作内容互为条件、基础。这就要运用系统工程的思想和观点，合理地组合和规范智能建筑系统开发的各个阶段先后次序和进度安排。过程组织的集成包括系统集成分析、系统集成设计、集成系统实施、集成系统评价 4 个阶段。

4. 管理决策的集成

在系统集成的工程实施中有两个并行的内容：一个是工程技术，另一个是工程技术的控制过程。工程技术的控制过程包括：系统立项、系统规划与组织、工程进度与质量的控制以及前后期对方案的分析、比较、决策和评价，统称为管理决策。管理决策在系统集成中体现了综合管理的作用，对目标系统的按期保质完成有着十分重要的意义。

目前，智能建筑的核心系统包括楼宇自动化系统（BA）、火灾报警系统（FA）、综合安防系统（SA）、通信自动化系统（CA）、办公自动化系统（BA）、综合布线系统（GCS）、综合管理系统（IBMS）。系统集成技术就是要在以上的各个子系统中搭建起横向的桥梁，在各个子系统中完成功能上、技术上、过程上、管理上的集成，使得各个子系统的各种软硬件平台、网络平台、数据库平台等按照业主的要求组织成为一个满足业主功能需要的完整的智能建筑系统，如图 13-3 所示。

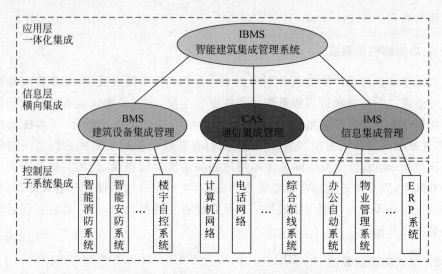

图 13-3　智能建筑是一个分层的集成系统

13.1.5　智能建筑系统集成的技术

系统集成实现的关键在于解决系统之间的互联性和互操作性问题,这是一个多厂商、多协议和面向各种应用的体系结构。系统集成是一个涉及多学科、多技术的综合性应用领域,它从设计到实施是一个复杂的应用系统工程观点的全过程。

1. 通信的集成技术是标准化

通信的集成是智能建筑系统集成的基础。通信的集成目标是实现多种设备业务相互能交换数据,有通路而不能通信就谈不上数据的共享和子系统之间的联动。通信集成所面临的主要问题是各类设备、子系统之间的接口、协议。通信的集成技术主要采用面向协议的集成,通过各类通信控制器、网关等实现互通,如图 13-4 所示。

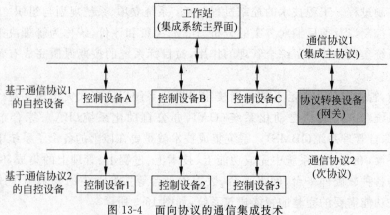

图 13-4　面向协议的通信集成技术

根本的解决方案是在规划阶段制定通信网络所遵守的标准。楼宇自控系统应采用开放协议（如 LonWorks 和 BACnet）来实现设备级的通信，现场控制层采用现场总线，但以太网和 TCP/IP 在控制系统的应用正在逐步增多。有些系统，如楼宇安全系统，已经支持端到端的 IP 应用。管理信息层网络采用以太网和 TCP/IP，而 Web 服务不仅为楼宇系统之间的集成提供了极大的方便，而且也为它们与应用系统之间的集成打下了基础，如图 13-5 所示。

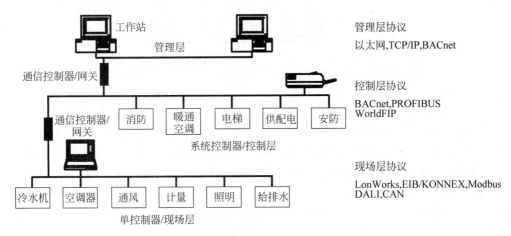

图 13-5　智能建筑的通信标准化

2. 控制的集成技术

控制的集成目标是希望将所有的监控单元纳入一个系统框架内。目前还不可能将所有的子系统综合设计成一个大型的集散控制系统，究其原因，其一是各子系统的功能有其个性特点（如供配电监控、智能消防系统、智能安防系统、智能照明系统等），导致其解决方案之间的差异；其二是几乎没有一个品牌的产品能包纳所有的系统。

现实的情况是，系统往往由分散的各子系统构成，并且各子系统往往采用不同厂家的设备和方案。控制的集成就是要解决子系统之间的互通和联动，构建统一的实时监控系统。这样的实时监控系统需要解决分散子系统间的数据共享，各子系统需要统一协调相应控制指令。考虑到实时监控系统往往需要升级和调整。就需要各子系统具备统一的开放接口。目前有一种解决方案：OPC（OLE for Process Control，用于过程控制的 OLE）规范正是这一思维的产物，如图 13-6 所示，图中的 OPC 服务器将作为所有提供 OPC 接口的服务器的同义词，如 OPC 数据访问服务器、OPC 报警和事件服务器、OPC 历史数据服务器等。

OPC 是一个工业标准，它是许多世界领先的自动化和软、硬件公司与微软公司合作的结晶。这个标准定义了应用 Microsoft 操作系统在基于 PC 的客户机之间交换自动化实时数据的方法。

OPC 按照面向对象的原则，将一个应用程序（OPC 服务器）作为一个对象封装

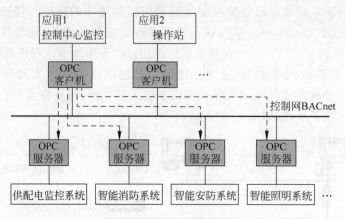

图 13-6　控制系统集成的 OPC 技术

起来，只将接口方法暴露在外面，客户以统一的方式调用这个方法，从而保证软件对客户的透明性。利用 OPC 的集成系统由以下几部分构成：按照应用程序（客户程序）的要求提供数据采集服务的 OPC 服务器，使用 OPC 服务器所必需的 OPC 接口，以及接受服务的 OPC 应用程序。OPC 服务器是按照各个供应厂商的硬件所开发的，使之可以屏蔽各个供应厂商硬件和系统的差异，从而实现不依赖于硬件的系统构成。同时利用一种叫作 Variant 的数据类型，可以不依赖于硬件中固有的数据类型，按照应用程序的要求提供数据格式。

OPC 实现了远程调用，使得应用程序的分布与系统硬件的分布无关，便于系统硬件配置。OPC 规范了接口函数，不管现场设备以何种形式存在，客户都以统一的方式去访问，从而实现系统的开放性，易于实现与其他系统的接口。采用 OPC 规范，便于系统组态，使系统复杂性大为简化，可以大大缩短软件开发周期，提高软件运行的可靠性和稳定性，便于系统的升级与维护。

OPC 服务器对象提供了对数据源进行存取（读/写）或通信的方法，而数据源可以是现场的 I/O 设备，也可以是其他的应用程序。通过接口，OPC 客户应用程序可以同时连到由一个或多个厂商提供的 OPC 服务器上，如图 13-6 所示。OPC 服务器封装了与 I/O 控制设备进行通信和访问数据的类型与名字及进行设备操作的代码。

可以使用 Visual Basic、Delphi、PowerBuilder 等编程语言开发 OPC 服务器的客户应用。OPC 服务器可以使用 Visual Basic、C++ 等编程语言开发。OPC 现已成为工业界系统互联的默认方案。优秀的自动化系统解决方案供应商都能全方位地支持 OPC 技术。

现在，将控制系统融入 IP 网络的呼声很高。通常，BAS 包括一个传感器网络、与控制器相连的其他设备、大厦或者校园的主控制器、监控建筑内各种系统的 Web 服务器前台、存储历史数据的后台数据库。但是，随着执行器、冷却器、监控摄像头、传感器和建筑物的其他设备越来越智能，这些设备正在作为一个节点通过 Web 服务进行通信，从而使 BAS 可以更灵活，也可以更好地与其他系统进行集成。

3. 管理信息的集成技术

随着建筑系统变得更加集成化和复杂化,控制算法则可以用外部的数据优化它们的目标,例如其他建筑子系统、历史数据、天气预报以及实时地能源报价等。管理信息的集成目标是在实现各类数据共享的基础上构建智能建筑的信息管理系统和信息发布系统,最终实现数字城市、数字国家、数字地球。

管理信息的集成技术以数据库为核心,C/S 和 B/S 计算模式为功能实现手段,解决方案如图 13-7 所示。

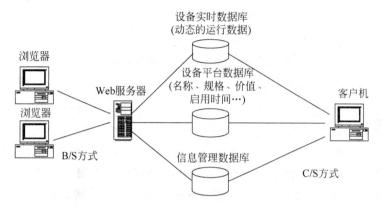

图 13-7　以数据库为核心的管理信息的集成方案

设备实时数据库的建立方法是,在通信集成和控制集成的支撑下,将各个设备及子系统的运行数据以设定的时间间隔不断地送入实时数据库中。以数据库作为信息集成的核心,可以有效地解决异构的各个子系统进行信息集成和协同工作的问题。

1）ODBC 数据接口

ODBC(Open DataBase Connectivity,开放式数据库互联)是一种用来在相关或不相关的数据库管理系统中存取数据的标准应用程序接口(API)。ODBC 为应用程序提供了一套高层调用接口规范和基于动态链接库的运行支持环境。目前,常用的 C/S 应用开发的前端工具如 PowerBuilder、Delphi 等都通过 ODBC 接口来连接各种数据库系统,如图 13-8 所示。而多数数据库管理系统(如 Oracle、Sybase、SQL Server 等)都提供了相应的 ODBC 驱动程序,使数据库系统具有很好的开放性。ODBC 解决了异构数据库相互访问的问题,以统一的方式处理所有数据库。一个基于 ODBC 的应用程序对数据库的操作不依赖任何 DBMS,不直接与 DBMS 打交道,所有的数据库操作由对应的 DBMS 的 ODBC 驱动程序完成。也就是说,使用 ODBC 开发数据库应用程序时,应用程序调用的是标准的 ODBC 函数和 SQL 语句,然后由各个数据库的驱动程序执行底层操作,这样即使对于不直接支持 SQL 语言的数据库,用户仍然可以发出 SQL 语句。因此,基于 ODBC 的应用程序具有很好的适应性和可移植性,并且具备同时访问多种数据库系统的能力,从而克服了传统数据库应用程序的缺陷。

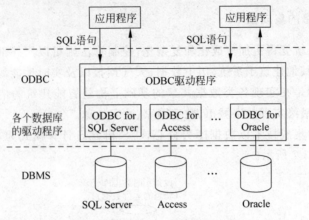

图 13-8　ODBC 实现数据库互联

2) B/S 与 C/S 的混合结构

B/S 与 C/S 的混合结构如图 13-9 所示。满足大多数访问者请求的功能界面(如信息发布查询界面)采用 B/S 结构。后台只需少数人使用的功能应用(如数据库管理维护界面)采用 C/S 结构。组件位于 Web 应用程序中,客户端发出 HTTP 请求到 Web 服务器。Web 服务器将请求传送给 Web 应用程序。Web 应用程序将数据请求传送给数据库服务器,数据库服务器将数据返回 Web 应用程序,然后再由 Web 服务器将数据传送给客户端。对于一些特殊的功能,如插入 Excel 图表、与客户端互动、播放动画等,需要在传统的 HTML 网页中插入 ActiveX 控件,由 ActiveX 控件来实现这些功能。

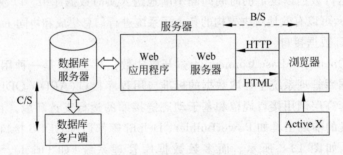

图 13-9　B/S 与 C/S 的混合结构

B/S 应用的开发技术主要有两类:微软架构下的用于开发 B/S 应用的技术是 ASP(Active Server Pages,活动服务器页面);Linux/UNIX 架构下的用于开发 B/S 应用的技术是 J2EE(Java 2 Enterprise Edition,Java 2 企业版),J2EE 是使用 Java 技术开发企业级应用程序的一种事实上的工业标准。

采用这种结构的优点在于:

(1) 充分发挥了 B/S 与 C/S 体系结构的优势,弥补了二者的不足。充分考虑用户利益,保证浏览查询者方便操作的同时也使得系统更新简单,维护简单灵活,易于操作。

（2）信息发布采用 B/S 结构，保持了"瘦客户端"的优点。装入客户机的软件可以采用统一的 WWW 浏览器，而且由于 WWW 浏览器和网络综合服务器都基于工业标准，可以在所有的平台上运行。

（3）数据库端采用 C/S 结构，通过 ODBC/JDBC 连接。

（4）对于原有基于 C/S 体系结构的应用，只需开发用于发布的 WWW 界面，可以保留原有的 C/S 结构的某些子系统，充分地利用现有系统的资源，使得现有系统或资源无须大的改造就可以连接使用，保护了用户以往的投资。

（5）通过在浏览器中嵌入 ActiveX 组件可以实现在浏览器中不能实现或实现起来比较困难的功能。

（6）将服务器端划分为 Web 服务器和 Web 应用程序两部分。Web 应用程序采用组件技术实现三层体系结构中的商业逻辑部分，达到封装源代码、保护知识产权的目的。

3）OBIX 标准

OBIX（Open Building Information eXchange，开放式建筑信息交换）标准是基于 XML/Web Service 技术的系统集成和互操作应用方案，OBIX 的目标是发展一个 Web 服务界面规范，从而简单而安全地从 HVAC、出入口控制、公用设施和其他楼宇自动化系统中获得数据。OBIX 还具备能与机械系统、电力系统等进行信息交换的能力。

OBIX 是一种面向服务的体系结构（Service-Oriented Architecture，SOA），它将应用程序的不同功能单元（称为服务）通过这些功能单元之间定义良好的接口和契约联系起来。接口是采用中立的方式进行定义的，它独立于实现服务的硬件平台、操作系统和编程语言。通过使用 XML（eXtensible Markup Language，可扩展标记语言）来描述接口。OBIX 是应用层的一种集成技术，这种具有中立性的接口定义是服务（应用程序）之间的松耦合。因此它有两个特点：其一是它具有灵活性（没有强制绑定到特定的实现上）；其二，当组成整个应用系统的每个服务程序的内部结构和实现发生改变时，应用系统能够继续存在。

Web Service 是基于 XML 和 HTTPS 的一种服务，其通信协议主要基于 SOAP（简单对象访问协议），服务的描述通过 WSDL（Web 服务描述语言）来描述，使用者应用 UDDI（统一描述、发现和集成协议）来发现和获得服务的元数据。Web Service 应用架构如图 13-10 所示。

现在，除了最简单的程序之外，所有的应用程序都需要与运行在其他异构平台上的应用程序集成并进行数据交换。这样的任务通常都是由特殊的方法，如文件传输和分析、消息队列以及仅适用于某些情况的 API 等来完成的。在以前，没有一个应用程序通信标准是独立于平台、组建模型和编程语言的。只有通过 Web Service，客户端和服务器才能够自由地用 HTTP 进行通信，不论两个程序的平台和编程语言是什么。从功能上看，Web Service 就是一个应用程序，它向外界暴露出一个能够通过 Web 进行调用的 API。Web Service 平台是一套标准，它定义了应用程序如何在

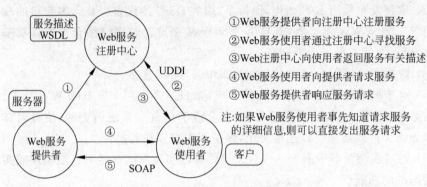

①Web服务提供者向注册中心注册服务
②Web服务使用者通过注册中心寻找服务
③Web注册中心向使用者返回服务有关描述
④Web服务使用者向提供者请求服务
⑤Web服务提供者响应服务请求

注:如果Web服务使用者事先知道请求服务
的详细信息,则可以直接发出服务请求

图 13-10　Web Service 应用架构

Web上实现互操作性。可以用任何语言在任何平台上开发 Web Service,可以通过 Web Service 标准对这些服务进行查询和访问。

XML/Web Service 技术体系结构如图 13-11 所示,有 3 种主要的用于 Web 服务的 XML 标准:SOAP、WSDL、UDDI。

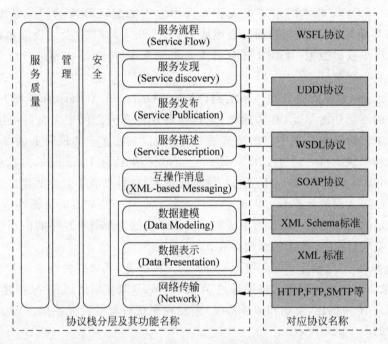

图 13-11　XML/Web Service 技术体系结构图

SOAP(Simple Object Access Protocol,简单对象访问协议)是一种简单的、基于 XML 的标准消息传递协议,通常是 Web Service 的事实标准。SOAP 消息格式是由 XML Schema 模式定义的,通过 XML 命名空间使 SOAP 具有很强的扩展性。用一个简单的例子来说明 SOAP 使用过程:一个 SOAP 消息可以发送到一个具有 Web Service 功能的 Web 站点,例如,一个含有天气预报信息的数据库,消息的参数中标明这是一个查询消息,此站点将返回一个 XML 格式的信息,其中包含了天气预报查询结果。由于数据是用一种标准化的可分析的结构来传递的,所以可以直接被第三方站点所利用。

WSDL(Web Service Description Language,Web 服务描述语言)是一个用来描述 Web 服务和说明如何与 Web 服务通信的 XML 语言。WSDL 文件中的信息描述了 Web 服务的名称、它的方法的名称、这些方法的参数和其他详细信息等。

UDDI(Universal Description Discovery and Integration,统一描述、发现和集成)协议提供了一组基于标准的规范用于查询注册中心和发现 Web 服务及其 WSDL 文件,将 Web 服务描述添加至注册中心。

图 13-12 是 OBIX 标准的体系结构。信息模型是以对象和合同为基础的对象模型,互操作方式是在对象模型之上的,以 Read/Write/Invoke 为基础的 REST 方式,网络传输采用 SOAP 绑定或 HTTP 绑定。

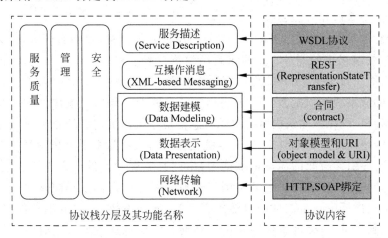

图 13-12　OBIX 标准体系结构图

OBIX 标准利用 XML/Web Service 技术,成为不兼容系统间共享数据、响应远程指令的优选方案,并且成为商务信息结构的一个组成部分。

4. 系统集成的方法学

系统集成要遵循科学的方法来进行,就是“总体规划,优先设计,从上向下,分步实施”。

“总体规划,优先设计”是指必须是在工程建设规划开始就要明确系统集成的目标、平台和技术,作为工程建设的各个阶段的目标和设计指导。

“从上向下,分步实施”是指各个子系统的功能和技术方案必须满足系统集成的目标和设计指导,先完成子系统的集成,只有这样,才能够达到总体目标。

13.1.6　智能建筑系统集成与绿色城市管理联成一体

智能建筑是现代城市的基础,是绿色城市的“信息岛”或“信息单元”,智能建筑系统集成与绿色城市管理有机地联系起来,将会给城市管理带来真正的信息化和智能化。例如,将智能建筑的安防和消防应急响应系统与城市的应急响应指挥中心联成一体,可形成一个全城市的数字化安全保障体系,对于突发案情的响应和处置会更加快速有效。

随着信息化建设的不断推进,公共安全事件应急响应指挥系统作为重要的公共安全业务应用系统,将在与各地区域信息平台互联,实现与上一级信息系统、监督信息系统、人防信息系统的互联互通和信息共享等方面发挥重要的作用。因此,应急响应系统是对消防、安防等建筑智能化系统基础信息关联、资源整合共享、功能互动合成,形成更有效地提升各类建筑安全防范功效和强化系统化安全管理的技术方式之一,已被具有高安全性环境要求和实施高标准运营及管理模式的智能建筑采用。以统一的指挥方式和采用专业化预案(丰富的相关数据资源支撑)的应急指挥系统是目前在大中城市和大型公共建筑建设中需建立的项目。

由于总建筑面积大于 20 000m² 的公共建筑人员密集,社会影响大,公共灾害受威胁突出,建筑高度超过 100m 的超高层建筑在紧急状态下不便人流及时疏散,因此,总建筑面积大于 20 000m² 的公共建筑或建筑高度超过 100m 的超高层建筑所设置的应急响应系统必须配置与建筑物相应属地的上一级应急响应体系机构的信息互联通信接口,确保该建筑内所设置的应急响应系统实时、完整、准确地与上一级应急响应系统全局性可靠地对接,提升当危及建筑与人员生命重大风险发生时及时预警发布和有序引导疏散的应急抵御能力,由此避免重大人员伤害或缓解危机、减少经济损失,同时,使建筑物属地的与国家和地方应急指挥体系相配套的地震检测机构、防灾救灾指挥中心监测到的自然灾害、重大安全事故、公共卫生事件、社会安全事件、其他各类重大、突发事件的预报及预期警示信息通过城市应急响应体系信息通信网络可靠地下达,起到启动处置预案更迅速的响应保障。

13.2　智能建筑集成管理系统

对智能建筑集成管理系统(IBMS)有两种理解:其一是智能建筑管理系统(Intelligent Building Management System);其二是建筑集成管理系统(Integrated Building Management System)。本书倾向于第二种理解,IBMS 的含义是智能建筑集成管理系统。IBMS 是系统集成技术在每一个建筑智能化工程项目中的具体应用实现。IBMS 同时也是代表一种技术产品,在不同功用的建筑平台上可能有不同的名称或叫法,但其本质都是 IBMS 的一类应用系统,就如 OS(操作系统)于计算机一样,虽说有 DOS 6.0、Windows XP、Windows NT、红旗 Linux、HPUX 等不同的软件,但其本质上都是操作系统。

IBMS 是智能建筑的核心,因为智能化的功能是通过它实现的。IBMS 是一个一体化的集成监控和管理的实时系统,它综合采集各智能化子系统信息,强化对各子系统的综合监控,构建跨子系统的一系列的综合管理和应急处理功能,在信息共享基础上实现信息的综合利用。

IBMS 又是一个强大的开发平台,可以与企业资源计划(ERP)系统集成,完成管理控制一体化工作。IBMS 更为突出的是管理方面的功能,即如何全面实现优化控制和管理、节能降耗、高效、舒适、环境安全。IBMS 正使建筑成为一种 IT 基础设施,特别是当它把 Web 服务等技术吸纳进来以后,IBMS 把设备管理人员作为客户,为他们提供服务。

IBMS 具有内部管理和外部延伸的特性,即在建筑物内部可实现对整个建筑物各个子系统的管理和控制,对外部可提供与其他系统进行扩展的接口。

IBMS 是以系统一体化、功能一体化、网络一体化和软件界面一体化等多种集成技术为基础,运用标准化、模块化以及系列化的开放性设计,实现集中监视、控制和管理。同时将这些系统的信息资源汇集到一个系统集成平台上,决策层通过对资源的收集、分析、传递和处理,从而对整个智能建筑进行最优化的控制和管理,达到高效、经济、节能、协调运行状态,并最终与建筑艺术相结合,创造一个舒适、温馨、安全的工作环境。

13.2.1 IBMS 的结构和功能

1. IBMS 系统集成层次模型

IBMS 系统集成层次模型如图 13-13 所示。IBMS 是在 BMS(Building Management System,建筑设备管理系统)、CAS(Communication Automation System,通信自动化系统)、IMS(Information Management System,信息管理系统)集成的基础上构建的。

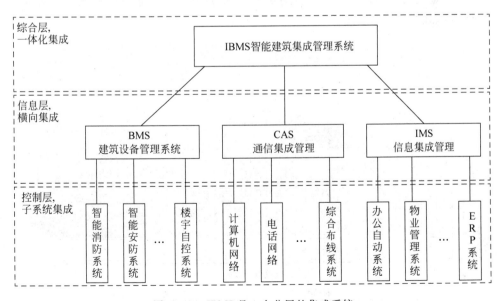

图 13-13 IBMS 是一个分层的集成系统

最低层是控制层子系统的集成，主要采用OPC、BACnet、ODBC和分布式数据库等技术实现子系统的集成。在此基础上，IBMS依托于楼内Intranet（提供高达千兆的内部传输带宽）使整个建筑（群）中的各子系统实现互联，最终运行在同一个计算机网络支撑平台上，并采用统一的运行操作界面的综合管理系统，通过开放的Internet接口实现远程的授权监控和管理。因此，IBMS的实质是智能建筑的一体化集成，即在横向集成的基础上，实现网络集成、功能集成、软件界面集成。

从技术层面而论，IBMS基于子系统平等模式进行系统集成是一种先进的解决方案。这种系统集成方式的核心是：将各子系统视为下层现场控制网并以平等模式集成；系统集成管理网络运行系统集成高性能实时数据库（系统集成数据库），各子系统的实时数据通过开放的工业标准接口转换成统一的格式，存储在系统集成数据库中；系统集成管理网络通过IBMS系统核心调度程序对各子系统实现统一管理、监控及信息交换。图13-14是基于OPC和ODBC的集成技术模型。

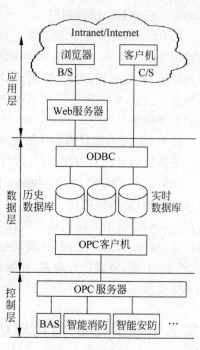

图13-14　基于OPC和ODBC的集成技术模型

从工程技术层面而论，IBMS是建筑在众多分项目和专业应用系统之上的综合管理系统，如图13-15所示。

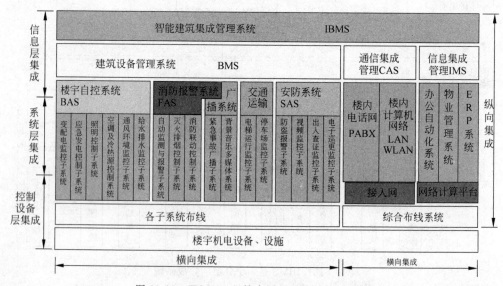

图13-15　IBMS工程技术层面系统结构示意图

2. 建筑设备管理系统

建筑设备管理系统(BMS)是对建筑设备监控系统和公共安全系统等实施综合管理的系统,也被称为弱电系统集成。BMS主要包括下列子系统:建筑设备监控系统、火灾自动报警系统、安全防范系统、车库管理系统、公共广播系统等,如图13-16所示。

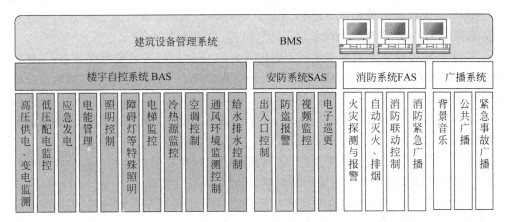

图13-16 BMS集成构架图

BMS系统其是以BAS为核心的一种实时域系统集成,它最大的特点就是将原来独立的SAS(安全防范系统)和FAS(火灾自动报警系统)与BAS系统有机地集成起来,实现了系统联动控制和整个建筑的全局响应能力。整个建筑的设备和安全防范、火警等实时信息都反馈到BMS工作站以便于集中监视和控制。为了实现BMS的高效率和可靠集成,各子系统之间还包含一些的横向关系,即实时域的联动响应并不完全依靠BMS的网络交换设备。如火警的报警带来的电气设备自动断电(空调、照明等),安全防范报警和照明系统的联动等(图13-17)。正是有了这些有机的纵横交织的功能管理,使建筑具备了较高智能化的集成度。

BMS集成系统应按层次分步进行,首先实现每个纵向子系统信息及功能的集成(例如,BAS集成系统包括机电设备自动化、安防自动化、火灾报警与联动控制、停车场管理等子系统);再实现上述各子系统之间的信息共享与功能集成,最终实现功能集成的目标。

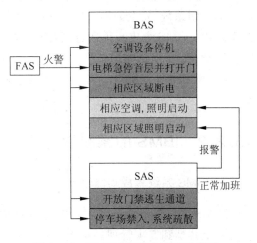

图13-17 BMS系统横向联动示意图

3. BMS 应具备的功能

(1) 应用服务软件应能实现实时对象管理,将采集的实时数据传输到相应的工作站,使用户能监视设备状态,也可监控设备的启动、停止,还可设定各种参数值等。

(2) 建筑设备监控系统(BAS)的基本运行参数包括:室内室外温、湿度设定值和实际值,主要设备(空调、供电、给排水、电梯等)运行状态,能耗统计数据等。

(3) 火灾自动报警系统(FAS)的基本运行参数包括:报警及灭火系统工作状态,到点报警信息,重要联动设备状态(泵、电梯、空调设施、广播设施等)。

(4) 通道控制系统的基本运行参数包括系统工作状态、各通道启闭状态、工作时间片与工作时间出入人员统计、非法闯入企图的记录、非正常方式通过(如电磁门锁失效)记录。

(5) 集成系统 BMS 网络作为 Intranet 的组成部分,为内部企业管理提供信息服务。

(6) 各子系统必须都是开放的,必须遵循国际标准并具备使系统升级和兼容的能力,以保证该集成系统今后能不断扩容、升级和可持续发展。

(7) 建筑自动化系统(BAS)通常包括建筑设备监控管理系统、消防报警与联动控制系统、安全防范与联动控制系统及停车场管理系统等,其中安全防范与联动控制系统又由入侵报警、电视监控、出入口控制、巡更、周界防范等子系统组成。BMS集成管理系统的重点是包括上述火灾自动报警系统、安全防范系统及建筑机电设备监控系统在内的所有建筑机电设备跨子系统之间的信息共享、联动与协调控制和优化管理,其最终目的是提供安全、舒适、健康、高效的生活与工作环境。

(8) 按我国管理体制的特点,建筑机电设备监控系统包括冷水机组、空调机、新风机、变配电装置、停车场、公共广播系统与电梯等机电设备的自动化。而消防报警与联动控制系统、安全防范与联动控制系统另立为独立系统,不包括在建筑设备监控系统中。BMS 集成系统通过网关或网桥及相关软件,与建筑中的机电设备进行直接联网通信,并提供集成软件,以实现与诸如冷水机组、空调机、新风机、变配电装置、停车场与电梯等机电设备的直接数字通信,并在此基础上实现节能优化等集成功能。

13.2.2　IBMS 的系统设计

1. IBMS 系统集成功能设计

IBMS 系统集成设计与它的实现功能要求有关,IBMS 集成系统主要实现智能建筑的两个共享和 5 项管理的功能。

(1) 信息的共享。信息包括内部产生的实时监控信息、业务应用和办公自动化用的各类信息(如数据和图文、声像等),还有来自外部各类信息。这种信息的共享提高了工作的效率,也有利于控制运营成本。可以预期,今后的智能建筑技术可以使多种建筑物自动响应恶劣天气情况、能源短缺、附近的火灾或当地刑事案件。

（2）设备资源共享。它包括内部网络设备的共享、对外通信设施的共享以及许多公共设备的共享等。

（3）集中监视、联动和控制的管理。它包括 BAS、安防系统、火灾自动报警系统、一卡通系统、车库管理等系统的集中监控与管理、系统间的联动控制等。

（4）通过信息的采集、处理、查询和建库的管理,实现 IBMS 的信息共享。

（5）全局事件的决策管理。对于在建筑内发生影响全局的事件（如发生火灾时如何进行救灾）的决策管理。

（6）各个虚拟专网配置、安全管理。对集成在 IBMS 上的各个子网的管理系统,如宾馆管理系统、商场管理系统、物业管理系统、办公自动化系统等,除了共享信息和资源外,还要对建立的各个虚拟专网进行配置和安全管理。

（7）系统的运行、维护和流程自动化管理。例如空调机和冷、热源设备的最佳启停和节能运行控制,电梯、照明回路的时间控制等,这些流程的自动化控制和管理不但可以简化人员的手动操作,而且可以使建筑机电设备运行处于最佳状态,达到节省能源和人工成本的目的。

2. IBMS 系统的运行管理模式设计

IBMS 按照集中管理、分散控制的基本思想来构造,在中央管理控制室的各个管理控制席位上,通过 IBMS 系统对整个智能建筑进行管理控制。所以中央控制室各个席位的具体功能和作用与确定的 IBMS 系统运行管理模式、席位配置多少和系统的规模以及功能设计有关。

（1）运行管理"一体化"思路。"一体化"是指在一个统一的软件平台上使用统一的操作界面实现对各智能化子系统的监控管理。这样就把原来分散在建筑物内各个地方的监控管理工作集中在一个地方完成,不但可以减少管理人员的工作量,提高管理效率,而且可以对智能化设备的故障和报警进行及时处理,从而提高工作效率,降低运行成本。

（2）运行管理"用户化"应用。"用户化"应用主要是指在操作上,根据不同用户的实际工作内容来设置其相应的工作菜单和页面,使得不同用户均可以按照自己的操作习惯来管理系统。

在一般大、中规模的系统中,设置两个席位：一个为综合监控席,另一个为分监控席。综合监控席主要负责全局事件的处理和整个网络的运行监控,并兼任数据库管理责任,负责信息的共享的管理。分监控席主要负责建筑内实时系统监控管理,如 BAS、FAS、停车场系统、一卡通门禁系统等实时信息及联动和监视。

3. IBMS 设计原则

（1）开放性。集成系统是一个完全开放性的系统,通过编制各个子系统的接口软件解决不同系统和产品间接口协议的"标准化"问题,以使它们之间具备"互操作性"。集成系统可以通过建筑物局域网以浏览器方式实行监控和管理,在数据接口上能提供多种与第三方系统衔接的工具,如 OPC、DDE 等。

(2) 可扩展性。IBMS 的总体结构是结构化和模块化。IBMS 具有很好的兼容性和可扩充性,既使不同厂商的系统可以集成到一个管理平台中,又使系统在日后得以方便地扩充。

(3) 安全性。为了确保系统硬件和信息的高安全性,采用系统安全措施,设立系统密码,设立防火墙,使系统受到非法攻击时对系统的破坏性降到最低。

(4) 可靠性。集成系统是一个可靠性和容错性极高的系统,系统能不间断正常运行并且有足够的延时来处理系统的故障,确保在发生意外故障和突发事件时,系统都能保持正常运行。

(5) 人机界面的友好性。系统采用图形方式来显示信息点的状态,设备选型时操作简单,维护方便。

IBMS 是更深层次的信息共享和优化管理策略。所管理的主要目标不是对设备,而是对整个建筑经营体系的物流、人流、资金流和信息流的统一管理。它不是一成不变的,对不同的用户有不同的配置和相应的解决方案。IBMS 不是技术的简单堆砌,而是技术服务于管理的应用。

13.2.3　面向设备的集成管理

在智能建筑集成管理系统中,按照所服务的对象不同,可以分为面向设备的集成管理系统和面向客户的集成管理系统。前者主要是以硬件设备作为服务对象的集成管理,包括楼宇自动化系统、火灾报警系统、综合安防系统等。而后者则是以客户作为服务对象,包括物业管理系统、智能卡管理系统、办公自动化系统等。两者互相之间存在着联系,共同构成智能建筑集成管理系统 IBMS。

在面向设备的集成管理系统中,主要有 3 个子系统需要集成管理,分别是楼宇自动化系统(BAS)、火灾报警系统(FAS)、安防系统(SAS)。智能建筑的每一个子系统都能够独立工作,IBMS 并不取代任何一个子系统,而是在横向集成的基础上,实现每个子系统之间的第二次集成,实现每个子系统之间综合管理和联动控制。

1. 楼宇自动化的集成管理需求

(1) 在空调及通风、冷/热水、给排水(包括消防给水系统)、电力(包括变压器监测与自备柴油发电机监控)、照明、电梯、停车场等本身自控的基础上,实现相互之间的联动控制、协调和节能管理,并提供与防火与安防系统联动控制和管理的条件。

(2) 为能源计量、计费管理与优化节能控制以及空调等设备能耗的联网计量提供收费统计功能,实现节能管理和服务。

(3) 通过累计每台设备的运行时间,并根据运行时间和实际负荷,实现设备的优化配置与运行管理。

（4）在 BMS 集成管理系统的管理计算机上，能以平面图、系统图、透视图和表格等多种方式，显示所有 BAS 监控系统的构成与设备的实时运行、故障、报警状态。

（5）在 BMS 管理计算机上，操控者在控制权限内可直接监控任何一台设备，并可实施远程参数设定与超驰控制。所谓超驰控制就是当自动控制系统接到事故报警、偏差越限、故障等异常信号时，超驰逻辑将根据事故发生的原因立即执行自动切手动、优先增、优先减、禁止增、禁止减等逻辑功能，将系统转换到预设定好的安全状态，并发出报警信号。

（6）准确报警。能以图像或声音等方式实时向管理者发出警示信息，直至管理者作出反应。

（7）从硬件环境保证生成自动运行及维护报告等功能，为管理者提供很强的建筑设备维护和管理功能。

2. 安全防范系统的集成管理需求

BMS 集成系统通过网关或网桥及相关硬件，与安全防范系统直接联网通信，并提供集成软件，并在此基础上实现信息共享、联动控制等集成功能，以提高建筑安全性。通过密钥硬件与口令数据加密等软件手段，确保数据流及系统的安全性。通信必须遵循 BACnet 标准的规定，应提供与当地保安监控中心互联所必须的标准通信接口和特殊接口协议。安全防范系统集成后的主要功能需求：

1）入侵报警集成系统

（1）在 BMS 管理计算机上，可与安全防范控制中心同步实时监视安全防范系统与入侵报警系统主机、各种入侵探测器/报警探头和手动报警器等的运行、故障、报警、撤防和布防状态，并以动态图像报警平面图和表格等形式实时显示。

（2）实现信息共享，并与门禁等相关子系统之间自动完成联动控制。

（3）发生入侵时，能准确报警，并以图像或声音等方式实时向管理者发出警示信息，直至管理者作出反应。

（4）BMS 管理计算机上，经授权的操作者可以向入侵报警系统发出控制命令，进行保安设防/撤防管理，同时存储记录。

2）闭路电视监控集成系统

（1）在 BMS 管理计算机上，可实时监视闭路电视监控系统主机、按规范要求安装的各种摄像机的位置与状态以及图像信号的闭路电视平面图。

（2）当发现入侵者时，能准确报警，并以报警平面图和表格等形式显示。

（3）报警时，立即快速将报警点所在区域的摄像机自动切换到预制位置及其显示器，同时进行录像，并弹现在 BMS 管理计算机上。

（4）门禁等子系统之间实现联动控制，并以图像或声音等方式实时向管理者发出警示信息，直至管理者作出反应。

（5）BMS 管理计算机上，操作者可操控权限内的任何一台摄像机或观察权限内的显示画面，还可利用鼠标在电子地图上对电视监控系统进行快速操作。

3) 出入口控制(门禁)系统

(1) 在 BMS 管理计算机上,可实时监视出入口控制(门禁)系统主机、各种入侵出入口(门禁)的位置和系统运行、故障、报警状态,并以报警平面图和表格等方式显示所有门禁点的运行、故障、报警状态。

(2) 在 BMS 管理计算机上,经授权的用户可以向门禁系统发出控制命令,操纵权限内任一扇门门禁锁的开闭,进行保安设防/撤防管理,同时存储记录。

(3) 能实现信息共享,并自动与消防等相关子系统联动,如当消防系统出现报警时,门禁子系统接到救灾指令后,自动解除该火灾区域疏散通道上的门禁,开启相关电磁门,以利于人员的逃离和消防员的救火。

(4) 当发生事故时,准确报警,并以图像或声音等方式实时向管理者发出警示信息,直到管理者作出反应。

3. 火灾报警系统的集成管理需求

BMS 集成系统通过网关或网桥及相关硬件,与消防报警系统直接联网通信,并提供集成软件,并在此基础上实现信息共享、联动控制等集成功能,以提高建筑安全性。

(1) 在 BMS 管理计算机上,与消防控制中心同步实时监视消防报警系统主机、各种消防报警探头和手动报警器等的运行、故障、报警等相关信息,并以动态图像报警平面图和表格等形式实时显示。

(2) 通过密钥硬件与口令数据加密等软件手段,确保数据流及系统的安全性,遵守中国行业管理规定,消防控制命令必须由消防报警系统实施。

(3) BMS 与消防报警系统通信必须遵循 BACnet 标准的规定,应提供与当地消防报警监控中心互联所必需的标准通信接口和特殊接口协议。

(4) 与 BA 系统的联动。发生火灾报警时,相应楼层的空调设备被强行关闭,切断非消防电源,开启排烟设备,所有电梯停归首层,同时通过相应楼层空调系统的温度传感器监视发生火患区域的温度变化情况,通过给排水系统监视水池和水箱的供水情况。

(5) 与闭路电视监控系统的联动。发生火灾报警时,闭路电视监控系统自动将火警相近区域的摄像机的摄像画面切向保安中心主监视屏,并提示有火警发生,值班人员可以确认火警发生的情况和监视人员疏散情况,并及时通知相关人员进行处理。在夜间时,联动楼控系统打开该区域的灯光照明,可以通过监视图像清楚判断火警灾情。

(6) 与门禁系统的联动。发生火灾报警时,门禁系统中与火警有关的各管制门应自动处于开启状态,以便内部人员疏散和消防人员进入。

(7) 与公共广播系统的联动。发生火灾报警时,广播系统自动切换到应急广播状态,并根据报警区域向广播分区自动播放相关内容,以便内部人员疏散。

4. 公共广播系统集成管理

公共广播管理系统与消防报警紧急广播系统联合设置,在 BMS 平台上应能实时获得相关信息,并具备如下集成管理功能:

(1) 在 BMS 管理计算机上,能与消防管理中心同步实时监视该系统主机及其广播等实时信息,并以动态图像报警平面图和表格等形式实时显示。

(2) 实现背景音响及应急广播系统间的自动控制以及与消防报警及门禁等系统的联动控制和集成管理。

(3) 在 BMS 管理计算机上,经授权的操作者可以发出参数设定与广播指令等命令,同时存储记录。

(4) 当发生事故时,能准确报警,并以图像或声音等方式实时向管理者发出警示信息,直到管理者作出反应。

13.2.4 面向客户的集成管理

在面向客户的集成管理系统中,主要是智能卡集成管理系统、物业管理系统、办公自动化系统、通信系统的集成管理。

1. 物业管理系统

物业管理系统是 IBMS 的一个重要组成部分。通过物业管理系统,可以实现设备的台账管理和检修管理、楼宇内平面空间管理、租赁管理、停车场管理、消防管理、安防管理、三表抄送和投诉管理等。例如,从物业管理系统得知某用户用电欠费,通过 IBMS 的数据共享,可以自动产生追缴费通知单;用户通过电话向物业管理中心提出用电使用申请,IBMS 能马上为其开通。

(1) 物业信息的全面管理,提供各种设备报表与工作计划表,能自动生成维修通知单,记录维修过程,自动联网通信并完成财务结算。

(2) 能查询与物业有关的资料、统计数据、图形表格等,可浏览建筑概况、平面图、水电气配套设施等各种资料,还可显示或定期打印输出。

(3) 能直接向用户提供职工考勤、会场设施预定管理、电子广告版及多媒体查询、通信服务、停车场泊位及计费、自动计量与收费、出入控制、车辆运用、客饭预订和票务管理以及其他特殊服务管理等。

2. 办公自动化系统

在智能建筑中,OAS 系统与用户业务关系密切,构成繁杂,种类多,生命周期短,投资大,故办公自动化系统的集成应按实际需求分步实施。一般办公自动化集成管理系统的功能需求如下:

(1) 智能大厦应能提供多种层次和不同类型的办公自动化系统,其中包括提供广泛电子商务、远程教育、电视会议等网络服务的事务型办公自动化系统,也包括高层次的信息管理与服务系统(MIS)以及将来尚需提供更高层次的辅助决策支持系统。

(2) 大厦建成时,首先提供营业所必需的基础自动办公功能,一般包括基本事务型办公自动化系统、数字会议、大屏幕显示及触摸屏引导等系统,同时又能适应信息时代的发展,满足办公自动化系统远期向 MIS 与决策支持系统发展所需的必要条件。

(3) 在 IBMS 集成管理计算机上,能显示 OAS 主要设备的运行、故障、报警状态,并提供增值集成服务所需的大量弱电系统数据资料。

(4) 基本事务型办公自动化系统要求如下:

① 基本事务型办公自动化系统应与建筑物同步建成,以保证智能建筑的正常运行。

② 能为用户提供智能建筑正常运行所必需的办公自动化环境、车船与飞机票的预订、计费与收费服务以及前台与后台等各种人性化服务。

③ 现代化建筑服务类别越来越多,收费种类变得越来越复杂,与财务系统联网与集成后,使水电、空调、专用电梯、消费及停车费等数据都可以在集成系统中提取,并可直接网上划拨。

④ 个人信息管理。可向用户提供报警管理、特定事件时的电话呼叫、按照个人规定的工作流程组织接收信息的程序与方法等个人事务服务功能。

⑤ 时间调度服务。在有效的安全许可控制下,可按用户要求确定时间表、实施多个灯光、空调等设备的调度及负荷分配,亦可按天、周、月和/或假日时间调度表,完成设备的自动控制功能,以节省开支和提供方便。

⑥ 提供大量重要的数据资料,为建筑管理系统发展集成增值应用服务,以及现代化企业将来向 MIS 管理系统与决策支持系统发展,提供基础环境。

(5) 数字会议系统。主要由会议系统、远程视频会议、同声传译、语种分配、会议代表席位机、红外发射扩声与接收、视频自动跟踪、高清晰度投影电视、台式会议送话器、中央控制器、音响、综合控制、多功能视频设备与专用软件模块等组成。

(6) 大屏幕显示及触摸屏引导系统。在高档写字楼与饭店的首层大堂、商场等处,利用大屏幕显示及触摸屏引导系统来显示公共信息和实现查询业务等多种功能。大屏幕显示系统可用做各种资讯、新闻及物业通知等公共信息的显示。在高档写字楼的总服务台附近,应设置包含触摸显示、对讲式话务查询等功能的互动式信息查询机。

13.3　基于物联网的应用系统集成技术

13.3.1　物联网原理

1. 物联网的定义和内涵

物联网(The Internet of Things)又名传感网,它把所有物品通过射频识别等信息传感设备与互联网连接起来,实现智能化识别和管理。国际电信联盟曾描绘了物联网时代的图景:当司机出现操作失误时汽车会自动报警;公文包会提醒主人忘带了什么东西;衣服会"告诉"洗衣机对颜色和水温的要求等。

物联网的通常定义是:通过射频识别(RFID)、红外感应器、全球定位系统、激光扫描器等信息传感设备,按约定的协议,把任何物体与互联网相连接,进行信息交换和通信,以实现对物体的智能化识别、定位、跟踪、监控和管理的一种网络。

欧盟对物联网的定义是:物联网是一个动态的全球网络基础设施,它具有基于标准和互操作通信协议的自组织能力,其中物理的和虚拟的"物"具有身份标识、物理属性、虚拟的特性和智能的接口,并与信息网络无缝整合。物联网将与媒体互联网、服务互联网和企业互联网一道构成未来的互联网。

我国对物联网的定义:物联网指的是将无处不在的末端设备和设施,包括具备"内在智能"的,如传感器、移动终端、工业系统、楼控系统、家庭智能设施、视频监控系统等,和"外在使能"的,如贴上 RFID 的各种资产、携带无线终端的个人与车辆等等"智能化物件或动物"或"智能尘埃",通过各种无线/有线的长距离/短距离通信网络实现互联互通,应用大集成以及基于云计算的营运等模式,在内网、专网/互联网环境下,采用适当的信息安全保障机制,提供安全可控乃至个性化的实时在线监测、定位追溯、报警联动、调度指挥、预案管理、远程控制、安全防范、远程维保、在线升级、统计报表、决策支持、领导桌面等管理和服务功能,实现对"万物"的"高效、节能、安全、环保"的"管、控、营"一体化。

与其说物联网是网络,不如说物联网是业务和应用,物联网也被视为互联网的应用拓展。物联网有 3 个重要特征:

(1) 全面感知。利用 RFID、传感器、二维码等随时随地获取物体的信息。

(2) 可靠传输。通过各种电信网络与互联网的融合,将物体的信息实时准确地传递出去。

(3) 智能处理。利用云计算,模糊识别等各种智能计算技术,对海量的数据和信息进行分析和处理,对物体实施智能化的控制。

2. 物联网的基础

物联网的前提是必须赋予物品独一无二的地址或编码,物联网的基础是 EPC(Electronic Product Code,产品电子代码)和 IPv6。

IPv6 支持 2^{128}(约 3.4×10^{38})个地址,这相当于在地球上每平方英寸有 4.3×10^{20} 个地址(每平方毫米有 6.7×10^{17} 个地址),丰富的地址资源使得物联网成为可能。

EPC 的载体是 RFID 电子标签,并借助互联网来实现信息的传递。EPC 可对每个单品都赋予一个全球唯一编码。96 位的 EPC 码可以为 2.68 亿公司赋码,每个公司可以有 1600 万个产品分类,每类产品有 680 亿个独立产品编码,形象地说可以为地球上的每一粒大米赋一个唯一的编码。

通过 EPC 和 IPv6 可以给物品一个唯一的编码:人工制造物品赋予一个 EPC(RFID 标签、二维码);自然物品通过密集的传感器网络感知,传感器网络的每一个节点赋予一个 IPv6 地址。由于 EPC 和 IPv6 海量的编码空间,使得物联网的应用有了坚实基础。

3. 无线射频识别技术(Radio Frequency Identification,RFID)

RFID 作为构建物联网的关键技术,是一种无线通信技术,可以通过无线电讯号识别特定目标并读写相关数据,而无须在识别系统与特定目标之间建立机械或者光学接触。如图 13-18 所示。RFID 进入电磁场后,接收阅读器发出的射频信号,凭借感应电流所获得的能量发送出存储在芯片中的产品信息(Passive Tag,无源标签或被动标签),或者主动发送某一频率的信号(Active Tag,有源标签或主动标签);解读器读取信息并解码后,送至中央信息系统进行有关数据处理。标签包含了电子存储的信息,数米之内都可以识别。

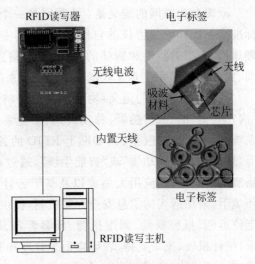

图 13-18　RFID 无线射频识别技术

电子标签是 RFID 的俗称,是产品电子代码(EPC)的物理载体,附着于可跟踪的物品上,可全球流通,物联网对其进行识别和读写。许多行业都运用了射频识别技术。美国食品与药品管理局(FDA)建议制药商利用 RFID 跟踪常被仿制的药品。将标签附着在一辆正在生产中的汽车,厂方便可以追踪此车在生产线上的进度。射频标签也可以附于牲畜与宠物上,方便对牲畜与宠物的识别。射频识别的身份识别卡可以使员工得以进入锁住的建筑部分,汽车上的射频应答器也可以用来征收收费路段与停车场的费用。RFID 技术应用于身份证件和门禁控制/电子门票、供应链和物流和供应管理、汽车收费、文档追踪/图书馆管理、生产制造和装配、运动计时、道路自动收费等众多领域。

某些射频标签附在衣物、个人财物上,甚至于植入人体内。由于这项技术可能会在未经本人许可的情况下读取个人信息,会有侵犯个人隐私之忧。

4. 云计算

云计算(cloud computing)是分布式处理(distributed computing)、并行处理(parallel computing)和网格计算(grid computing)的发展,或者说是这些计算机科学概念的商业实现。云计算的实质是信息服务模式的重大创新:以公共服务的方式

（类似城市的水、电服务方式）提供高质量的信息服务。云计算＋网络＝信息服务。云计算服务的设施是数据中心，提供 3 种服务方式：①基础设施作为服务（IaaS，提供按需使用的虚拟服务器，例如 Amazon 的 EC2）；②Web 服务或称"平台作为服务"（PaaS），提供 API 或开发平台供客户在云中创建自己的应用，例如八百客 CRM；③软件作为服务（SaaS），例如 Salesforce.com 的 CRM 软件。

　　云计算是物联网应用的关键技术，因为在一个全球范围内识别、定位、跟踪、监控的应用必须构建在能向全球范围内用户提供数据服务的基础上，如图 13-19 所示。

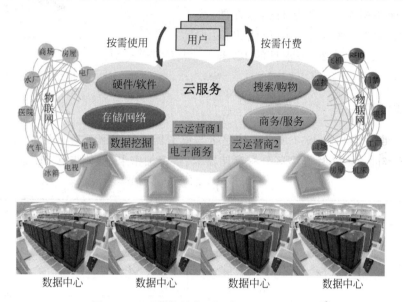

图 13-19　云计算是物联网应用的关键技术

5. 物联网与建筑智能化

　　物联网的技术早就在建筑智能化工程中得到应用：如门禁一卡通等。楼宇自控、视频监控、防盗报警、智能消防、门禁、智能家居等系统中无不涉及传感器、传输网络以及控制（物联网技术），而在数字城市、智能交通等领域也广为应用。

　　物联网对智能建筑总体构架产生影响，但基础构架不会发生变迁。应用了物联网架构，智能建筑与数字城市进一步融合，物联网技术会在不同的智能建筑内（家居、医院、体育、文博等）产生新的功能或服务。在建筑内环境下，物联网应该成为一个服务网，由各行业的应用驱动，能提供创新的应用或功能。这种应用可能是新技术解决了老问题，可能是新技术产生了新功能。

13.3.2　IC 卡基础原理

　　IC 卡"一卡通"是一种典型的物联网集成应用，同时实现门禁管理、巡更管理、停车管理、身份管理、考勤管理、电子消费（银行信用卡）等多项功能，具备身份认证、节点认证、交易数据认证、加密传输、数据鉴别等系列作用。

IC(Integrated Circuit)卡又称集成电路卡、智能卡。它将具有存储、加密和数据处理能力的微处理器及大容量存储器的集成电路芯片嵌入到一块与信用卡同样大小的不易折叠的塑料基片上,是能够相对独立地进行信息处理和信息交换的一种卡片式的现代化信息负载工具。图 13-20 是常见的 IC 卡及读写器。

接触式IC卡

非接触式IC卡

接触式IC卡读写器

非接触式IC卡读写器

图 13-20　常见的 IC 卡及读写器

1. IC 卡的分类

IC 卡的分类如表 13-1 所示。按是否与读卡器接触来区分有接触式和非接触式 IC 卡,按卡内所嵌芯片类型区分有存储器卡、逻辑加密卡、智能卡(CPU 卡)。

表 13-1　IC 卡分类

按是否与读卡器接触区分	按卡内所嵌芯片类型区分
接触式	存储器卡
	逻辑加密卡
	智能卡(CPU 卡)
非接触式	存储器卡
	逻辑加密卡
	智能卡(CPU 卡)

(1) 存储器卡。卡内的集成电路是电可擦除的可编程只读存储器 EEPROM,仅具有数据存储功能,没有数据处理能力;存储卡本身无硬件加密功能,只在文件上加密,很容易被破解。

(2) 逻辑加密卡。卡内的集成电路包括加密逻辑电路和 EEPROM,加密逻辑电路可在一定程度上保护卡中数据的安全,但只是低层次防护,无法防止恶意攻击。

(3) 智能卡(CPU 卡)。卡内的集成电路包括中央处理器 CPU、EEPROM、随机存储器 RAM 和固化在只读存储器 ROM 中的卡内操作系统 COS(Chip Operating System)。卡中数据分为外部读取和内部处理部分,确保卡中数据安全可靠。

(4) 接触式 IC 卡虽然发展较早,但其使用寿命短,系统维护难,主要有加密存储器卡、非加密存储器卡、预付费卡、CPU 卡等。

(5) 非接触式 IC 卡又称射频卡或感应卡,主要有射频加密卡、射频存储卡、射频 CPU 卡。它成功地将射频识别技术和 IC 卡技术结合起来,将 IC 芯片和感应天线封装在一个标准的 PVC 卡片内,解决了无源(卡中无电源)和免接触这一难题。非接触式 IC 卡具有使用寿命长、可靠性高、使用方便快捷、安全防冲突、加密性能好的优点。

非接触式 IC 卡读卡器采用兆频段和磁感应技术,通过无线方式对卡中的信息进行读写,有效读写距离一般为 $100\sim200$mm,最远读写距离可达数米(应用在停车场管理系统)。

2. IC 卡的读写器

为了使用 IC 卡,还需要有与 IC 卡配合工作的读写设备。接触式 IC 卡的读写器可以是一个由微处理器、显示器与 I/O 接口组成的独立系统。读写器通过 IC 卡上的 8 个触点向 IC 卡提供电源并与 IC 卡相互交换信息。读写器也可以是一个简单的接口电路,IC 卡通过该电路与通用计算机连接。无论是磁卡或者是 IC 卡,在卡上能存储的信息总是有限的,因此大部分信息需要存放在读写器或计算机中。

非接触式 IC 卡与读写器之间通过无线电波来完成读写操作,两者之间的通信频率为 13.56MHz。非接触式 IC 卡本身是无源卡,当读写器对卡进行读写操作时,读写器发出的信号由两部分叠加组成:一部分是电源信号,该信号由卡接收后,与本身的 L/C 产生一个瞬间能量来供给芯片工作;另一部分则是指令和数据信号,指挥芯片完成数据的读取、修改、储存等,并返回信号给读写器。

3. IC 卡的特点

(1) 可靠性高。IC 卡是用硅片来存储信息的,由于硅片体积小,并且里面有环氧层的保护,外面有 PCB 板和基片的双重保护,因此抗机械和抗化学破坏能力很强。IC 卡的读写次数高达 100 000 次以上,一张 IC 卡的使用寿命至少在 10 年以上。

(2) 安全性好。IC 卡使用信息验证码(MAC),在识别卡时,由卡号、有效日期等重要数据与一个密钥按一定的算法进行计算验证。IC 卡可提供密钥个人识别(PIN)码,用户输入密码后,与该 PIN 码进行比较,防止非法用户。

(3) 灵活性强。IC 卡本身可以进行安全认证、操作权限认证;可以进行脱机操作,简化了网络要求;可以一卡多用;可为用户提供方便,例如为用户修改 PIN 码、个人数据资料、消费权限以及查询余额等。

4. 应用 IC 卡的设备

除了通用的 IC 卡读写器之外,应用 IC 卡的设备目前已遍及各个应用领域,如图 13-21 所示。这为构建所谓的"一卡通"系统提供了硬件基础。

(1) 用于门禁管理,如 IC 卡门锁、IC 卡门禁等。

(2) 用于考勤管理,如 IC 卡考勤机。

(3) 用于消费管理,如 IC 卡售饭机、IC 卡水控机、IC 卡热水器、IC 卡电能表等。

(4) 用于巡更管理,如 IC 卡巡更机。

(5) 用于停车场管理,如 IC 卡自动出卡机、IC 卡进出收费机。

(6) 用于电梯控制管理,如 IC 卡电梯门控机。

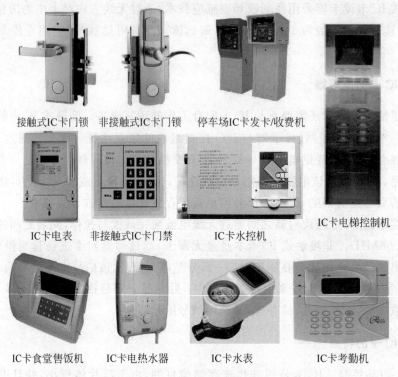

接触式IC卡门锁　非接触式IC卡门锁　停车场IC卡发卡/收费机

IC卡电梯控制机

IC卡电表　非接触式IC卡门禁　IC卡水控机

IC卡食堂售饭机　IC卡电热水器　IC卡水表　IC卡考勤机

图 13-21　常见的 IC 卡应用产品

13.3.3　一卡通系统

一卡通系统是通过一张卡实现多种不同功能的集成管理。一张卡通用于很多的设备，而不是不同功能有不同的卡，不同的卡在不同的设备上使用。多种不同的设备都挂在一条数据线上，通过一条数据线与管理计算机通信，在同一套系统软件、同一台计算机、同一个数据库内进行不同数据的信息交换，实现卡的发行、取消、报失、卡的资料查询等。一卡通广泛应用于城市公共交通、高速公路自动收费、智能大厦、各种公共收费、智能小区物业管理、考勤门禁管理、校园和厂区一卡通系统中。

1. 一卡通系统结构及组成

真正意义上的一卡通系统可用三个"一"来概括：

（1）一卡多用。同一张卡可用于门禁、考勤、消费、巡更、停车、电梯控制、通道门控制、图书借阅、医疗保健、会议签到等。

（2）一个数据库。各子系统的数据采用同一个数据库管理，采用统一的管理界面、统一的资料录入、统一的卡片授权、统一的数据报表，使各子系统数据达到共享。

（3）一个发卡中心。基于 TCP/IP 协议和 Socket 通信方式，使得所有 IC 卡在管理中心授权(发卡、挂失)后,无须再到各子系统进行任何授权操作便可使用,真正实现"一卡在手,通行无阻"。

图 13-22 和图 13-23 为一卡通系统的硬件和软件结构图。一卡通系统由主控计算机、网络通信卡、多种不同功能的 IC 卡设备以及一卡通系统软件组成,整个系统配置灵活,可根据实际需求任意组合。

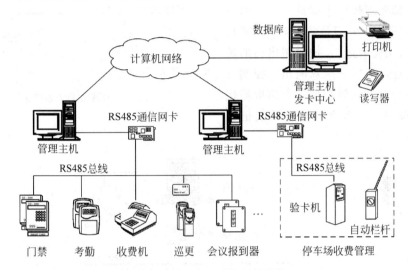

图 13-22　一卡通系统硬件结构

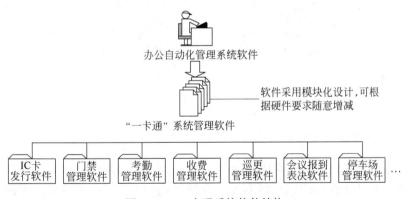

图 13-23　一卡通系统软件结构

一卡通系统的通信网络结构由低速、实时控制网和高速的信息管理网两部分组成。低速、实时控制网络采用 RS485 或 LonWorks 现场总线,作为分散的多种不同功能的 IC 卡设备之间的通信连接。各智能卡分系统的工作站和管理主机则采用高速的以太网互联。

一卡通系统的数据处理方式为:读卡器读取用户卡的信息,应用程序执行相应语句完成对服务器端数据库的访问,对数据进行转换和操作,然后将执行结果返回客户端,完成相应的管理或控制。

考勤子系统由非接触式 IC 卡、发卡机、考勤机(也可由指定门禁实现)、考勤管理软件等组成。一卡通考勤子系统框图如图 13-24 所示。

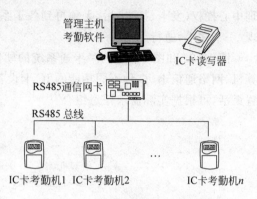

图 13-24　一卡通考勤子系统框图

门禁子系统由非接触式 IC 卡、发卡机（又称读写器）、感应器（又称感应天线、感应头）、控制器、电控锁、网络通信卡、门禁管理软件等组成。一个网络通信卡可带 64 个门禁控制器，门禁控制器可采用凭卡进门、按按钮出门的控制方式，也可采用凭卡双向出入控制方式，此时可在门内侧增加一个感应器代替出门按钮。一卡通门禁子系统框图如图 13-25 所示。

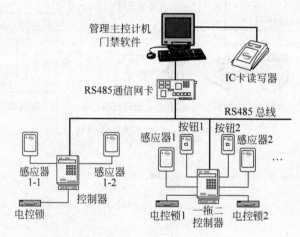

图 13-25　一卡通门禁子系统框图

2. 一卡通系统在智能建筑中的应用

一卡通系统在智能建筑中的应用十分广泛，尤其在智能校园、大学城等建筑的系统集成中更是首选，如图 13-26 所示。非接触式一卡通是一种典型的系统集成应用，同时实现门禁管理、巡更管理、停车管理、身份管理、考勤管理、电子消费（银行信用卡）等多项功能，具备身份认证、节点认证、交易数据认证、加密传输、数据鉴别等系列作用。一个人只需持有一张 IC 卡，就可以在智能建筑中方便地进行各种活动。

目前，智能建筑一卡通系统的功能主要如下：

（1）IC 卡发行。对 IC 卡进行登录、授权、挂失、激活、退卡、换卡、密码权限修改等。

（2）门禁管理。用 IC 卡实现出入口控制、进出信息记录、报警输出等。

（3）考勤管理。用 IC 卡实现建筑内部人员的出勤记录、统计、查询。

（4）消费管理。用 IC 卡作为建筑内部信用卡使用，代替现金流通，实现建筑（大

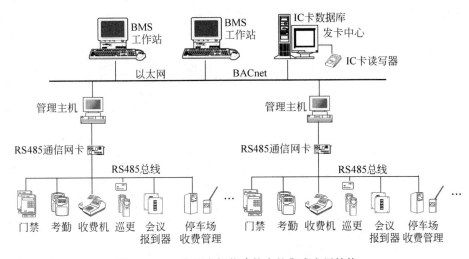

图 13-26　一卡通在智能建筑中的集成应用结构

厦、小区、校园)内部消费电子化。

(5) 巡更管理。用 IC 卡实现保安、巡逻人员的签到管理,增强保安防范措施。

(6) 停车场管理。用 IC 卡实现停车场的车辆进出控制、收费等自动化管理。

(7) 电梯控制管理。用 IC 卡实现电梯门、楼层自动化控制管理。

(8) 图书管理。用 IC 卡实现图书借阅和收费管理。

(9) 医疗保健管理。用 IC 卡实现医疗收费和药品管理。

(10) 会议报道。用 IC 卡实现实时统计出席人数、出席比率等。

有了一卡通系统,在智能化建筑内可以实现"一卡在手,全楼通行"。一卡通系统随时随地都在为持卡人提供便利,提高管理人员的工作效率。

13.4　智能化居住区系统集成方案

智能化居住区是指配备智能化系统的居住区,实现建筑结构与智能化系统有机结合,并能通过高效的管理与服务,为住户提供一个安全、舒适与便利的居住环境。

13.4.1　居住区智能化系统

居住区智能化系统是将现代高科技领域中的产品与技术集成到居住区的一种系统。它由安全防范子系统、管理与监控子系统和通信网络子系统组成。

1. 居住区智能化系统结构

居住区智能化是以信息传输通道(可采用宽带接入网、现场总线、有线电视网、电话网与家庭网等)为物理平台,连接各个智能化子系统,为物业管理和住户提供多种功能的服务。居住区内可以采用多种网络拓扑结构(如树形结构、星形结构或混合结构)。图 13-27 为居住区智能化系统总体框图。

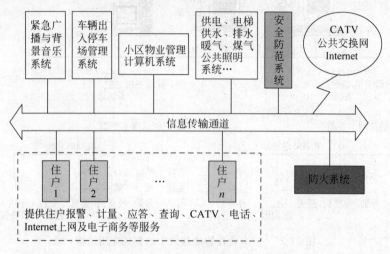

图 13-27　居住区智能化系统总体框图

2. 居住区智能化系统功能

居住区智能化系统由安全防范子系统、管理与监控子系统和通信网络子系统组成,系统功能框图如图 13-28 所示。

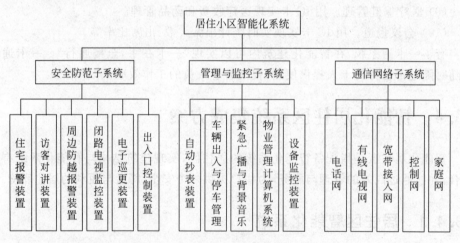

图 13-28　居住区智能化系统功能框图

3. 居住区控制网

居住区控制网把各个分散在不同位置的控制设备、传感器及执行装置用通信线路联络在一起,以实现实时的信息交互、管理和控制。居住区智能化系统控制网络的架构如图 13-29 所示。

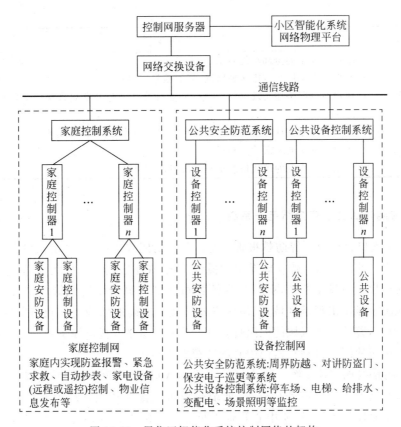

图 13-29 居住区智能化系统控制网络的架构

13.4.2 智能居住区系统集成设计

1. 智能化居住区功能需求

住房和城乡建设部住宅产业化促进中心根据技术的全面性和先进性把智能化居住区分为普及型(一星级)、先进型(二星级)、超前型(三星级)3 类。星级越高,其自动化程度越高,功能也越完善,如表 13-2 所示。

表 13-2 智能化居住区的等级

等 级	功 能 要 求
普及型	• 住宅小区设立计算机自动化管理中心 • 水、电、气、热等自动计量、收费 • 住宅小区封闭,实行安全防范系统自动化监控管理 • 住宅小区实行火灾、有害气体泄漏自动报警系统 • 住宅设置楼宇对讲机和紧急呼叫系统 • 对住宅小区关键设备、设施实行集中管理,实现对其运作状态的远程监控

续表

等　级	功 能 要 求
先进型	• 实现普及型的全部功能要求 • 实现住宅小区与城市区域联网,互通信息,资源共享 • 住户通过网络端实现医疗、文娱、商业等公共服务和费用自动结算(或具备实施条件) • 住户通过家庭计算机阅读电子书籍和出版物等(或具备实施条件)
超前型	• 实现先进型的全部功能要求 • 实施住宅小区的现代信息集成系统(HI-CIMS)

2. 智能化居住区安全防范子系统

(1)出入口管理及周界防越报警系统。建立封闭式小区,加强出入口管理,防止区外闲杂人员非法进入;建立周界防越报警系统,在小区内安装探测器,防止非法翻越围墙或栅栏。当发生非法翻越时,探测器可立即将警情传送到管理中心,中心将在电子地图上显示出翻越区域,以便保安人员及时准确地处理。夜间与周界探照灯联动,报警时,警情发生区域的探照灯自动开启;与闭路电视监控系统联动,报警时,警情发生区域的图像自动在监控中心的监视器上显示。

(2)闭路电视监控系统。对小区的主要出入口、主干道、周界围墙或栅栏、停车场出入口及其他重要区域进行监视,前端摄像机图像传送到管理中心,中心对整个小区进行实时监控和记录,使中心管理人员充分了解小区的动态;与周界防越报警系统联动,进行图像跟踪及记录,当监控中心接到报警时,监控中心的监视器上立即显示与报警相关的摄像机图像信号。

(3)对讲与防盗门系统。在各单元入口安装防盗门和对讲装置,以实现访客与住户对讲/可视对讲。住户可遥控开启防盗门,有效地防止非法人员进入住宅楼内;可以利用密码、钥匙或感应卡开启防盗门锁;高层住宅在火灾报警时可自动开启楼梯门锁;高层住宅具有群呼功能,一旦发生灾情,可向所有住户发出报警信号。

(4)住户报警系统。通过在住宅内安装各种探测器进行监测。主要有红外探测、门磁窗磁、火灾和煤气泄露探测等。当监测到警情时,通过住宅内的报警主机传输到管理中心的报警接收机,接收机将准确显示发生警情的住户名称、地址和所遭受的入侵方式等,提示保安人员迅速确认警情,及时赶赴现场,以确保住户人身和财产安全。同时住户也可以通过固定式紧急呼救报警系统或便携式报警装置,在住宅内发生抢劫案件和病人突发疾病时,向管理中心呼救报警,中心可根据情况迅速出警。

(5)巡更管理系统。在小区内各重要区域制定保安人员巡更路线,并安装巡更站点。保安人员携带巡更记录机按指定的路线和时间到达巡更点并进行记录,将记录信息传送到智能化管理中心。管理人员可调阅、打印各保安人员的工作情况,加强保安人员的管理,从而实现人防和技防的结合。

3. 智能化居住区信息管理子系统

(1) 远程自动抄表系统。通过采集、抄收各种类型的耗能表(包括水、电、煤气表)数据,实时传输到物业管理中心,实现住户各耗能表数据的录入、费用的计算以及收费账单的打印,并及时将相关数据传送到相应的职能部门,避免入户抄表扰民和人为读数误差。

(2) 公用机电设备监控管理系统。对小区内变配电、给排水、电梯等主要设备进行工作状态的实时监控,从而实现公共设备的最优化管理并降低故障率。同时,利用传感器技术和网络通信控制技术,根据自然光亮度和使用要求,采用智能开关方式和定时自动控制方式实现公共照明和环境灯光的自动控制,从而达到优化整个小区灯光照明、延长灯具寿命和节约能源的目的。

家电远程控制系统,尤其是家庭集中供冷供热系统的远程控制,是将来智能化住宅的发展方向之一。但目前对单体空调、电饭煲、窗帘、洗衣机等家电进行远程控制的需求还不十分明确。

(3) 停车场管理系统。通过对小区停车场出入口的控制,完成对车辆进出及收费的有效管理。功能要求如下:车辆进出及停放时间的记录、查询;外来车辆收费的管理;区内车辆停放的管理。

(4) 广播与背景音乐系统。在小区广场、道路交汇等处设置音箱、音柱等放音设备,由管理中心集中控制,平时播放音乐节目,在特定分区可插入业务广播、会议广播和通知等。也可以播放一些公共通知、科普知识、娱乐节目等。当发生火灾或其他紧急事件时,可切换至火灾报警广播或紧急广播。

(5) 物业管理系统。通过对物业管理中的房产、住户、服务、公共设施、工程档案、各项费用及维修信息等资料进行数据采集、传递、加工、存储、计算等操作,反映物业管理的各种运行状况。

4. 智能化居住区信息网络子系统

网络是智能化居住区实现各种功能的传输通道和进行系统集成的基础。因此,网络的选择和建设是智能化居住区建设的关键。传统住宅小区的通信网络通常分为计算机网、电话网和有线电视网 3 种,智能住宅小区的网络系统还要成倍增加。如果这些网络由不同的管理部门分别组网,互不干涉,势必造成管线设备多、工程量大、造价高的问题。而"多网合一"无论是经济性、开放性还是扩展性都是"多网并存"所无法比拟的。

13.4.3　居住小区安防和智能化系统方案实例

1. 系统结构

居住小区安防和智能化系统结构如图 13-30 所示,它是以 LonWorks 控制网为基础而建立的一个多参量协同配合的统一平台,在控制中心形成以总控主机为中心的智能网络。LonWorks 系统的开放性又使得本系统可以与不同厂家的设备连接,更加强化了系统的兼容性。

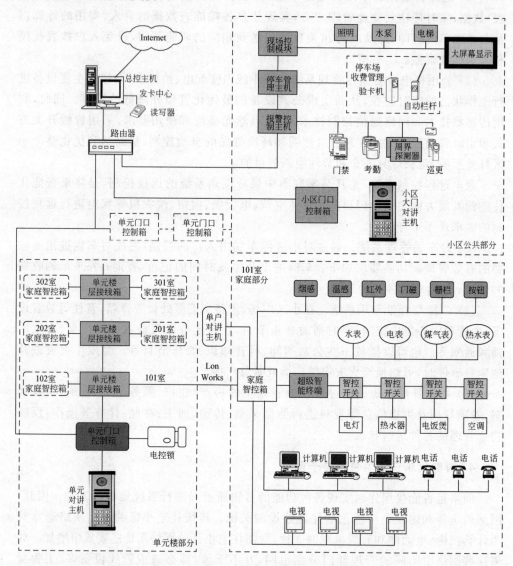

图 13-30　居住小区安防和智能化系统结构

总控主机通过 LonWorks 总线与小区家庭智控节点等设备联网,可实现用户告警信息接收与处理、计量表具数据采集和统计收费、用户信息(通知)发布等管理;总控主机与现场控制器结合,可以对小区内的道路照明及环境灯光、给排水、变配电、电梯、绿化灌溉等实行集中管理与监控,设备的运行状态可以在总控主机上监测,控制命令可以发给相关设备,系统维护也都有记录。还可以对单元门口机、停车场管理设备、大屏显示设备等进行统一管理,实现小区智能化各子系统的高度集成。系统在统一平台上将小区各子系统融为一体进行管理与控制,方便物业管理的统计等数据处理功能,提高物业管理效率,也为联网管理共享数据提供了保证,真正实现在软硬件层面上的高度集成化。

2. 家庭智能化系统联网功能

家庭智能化系统结构框图如图 13-31 所示,通过家庭智控箱,对整个家居设备及家电设备进行控制管理。小区保安人员根据电子地图与报警信息指示的住户地址出警,及时与住户联系,并可实现报警与电视监控联动功能。通过中心对讲主机,与单元数字主机或住户通话,遥控开门。通过小区总控主机将从住户处采集的有关数据传送至管理中心,经计算机对传送的数据进行统计、换算、记录、打印,供查阅和付费使用。

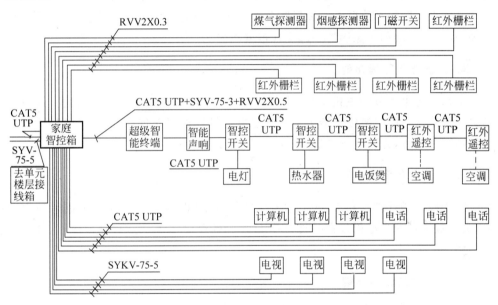

图 13-31　家庭智能化系统结构框图

小区总控主机可以发布短信息(如天气预报、通知等)到各家各户数字信息键盘。住户可以向中心机发送信息代码,实现住户与中心的信息交换功能。同时接收数字信息键盘发出的紧急求救信号。

家庭智能化系统可以实现下述具体功能:

(1) 外出及夜间有人入侵时会现场报警,并自动拨出电话语音报警。

(2) 厨房煤气泄露会报警,可选择联动关闭煤气阀或打开排气扇。

(3) 厨房或客厅发生火情会报警,同时可以选择联动切断电源。

(4) 出现紧急情况可以按紧急按钮报警求救。

(5) 可以在楼上或楼下与门外来访者对讲并遥控开门。

(6) 可以在异地(另一房间或外地)用电话遥控灯具开关、空调、电热水器等家用电器,并可以查询相关电器的开关状态。

(7) 可以在床头设撤防或控制灯光及电器。

(8) 可以定时打开或关闭电器,如电饭煲等。

(9) 可以将各种状态组合成场景模式,如外出时自动设防、关闭空调、关闭电源、关闭阀门等,回来时自动撤防并打开相关设备。

(10) 可以集中管理家庭计算机、电话、电视及控制线缆。

(11) 多台计算机可以同时上网。

3. 小区周界防范功能

住宅区围墙安装主动红外对射探测器实现对周界布防,报警区域可以在总控主机软件电子地图上显示,以便处理。主机同时可联动控制模块,实现报警与周界灯光联动或保安监控系统联动。周界防范系统主机等同于一个家庭设备,安装在小区管理中心,与前端周界探测器一起实现报警功能。

4. 小区巡更管理功能

本系统与单元数字主机复用,不需额外投资,方便实现在线巡更功能。通过现场总线方式将各门口机读卡器采集到的巡更信号传送回管理中心,小区总控主机实时显示巡更信息,并可进行排班、统计与实时管理。

5. 小区停车管理功能

由于停车场管理主机是一个小区网络节点,可以与小区总控主机进行数据交换,实现数据查询与远程控制功能。中心读卡机授权发卡,实现开门、停车、巡更一卡多用。

6. 小区大屏显示功能

小区的大屏显示器一般位于小区入口处或中心绿地,也是一个标准的小区网络节点,中心总控主机可以像发短消息一样,将显示信息与显示模式发送到大屏显示器上进行显示。

7. 小区设备智控功能

小区总控主机与现场控制器结合,可以对小区内的道路照明及环境灯光、给排水、变配电、电梯、绿化灌溉等实行集中管理与监控,设备的运行状态可以在总控主机上监测,控制命令可以发给相关设备,系统维护也都有记录。

8. 小区物业管理功能

小区总控主机实际上已经包含了如下信息:小区住户信息、小区设备信息、小区电子地图、住户三表信息、通知发布信息、保安巡更信息、安防报警信息、停车管理信息。上述信息即构成了小区物业管理信息的主要部分,可与小区服务器、小区 Internet 网站等共同组成物业管理系统。

13.4.4　三表自动抄表系统

1. 三表自动抄表系统的必要性

在现代生活中,水、电、燃气等是人们日常生活中必不可少的东西。然而,水表、电表和燃气表的抄录是城市生活的一个大问题。目前,除了电表之外,水表和燃气表都安装在居民室内,传统的入户抄表的方式给物业管理者和用户带来极大的不便,而且,抄表误差大,时效性差,统计工作量大。

采用自动抄表系统实现远程抄表功能,由小区服务器对住户各表的数据进行统一管理,避免了传统抄表方式时效性差、统计工作量大、漏抄、错抄等诸多弊端,省去了抄表员的手工抄表工作,取而代之的工作仅仅是对小区服务器进行简单的操作。自动抄表系统使小区的住户和物业管理能够享受到信息化社会与知识经济时代所带来的益处,促进小区的物业管理向着智能化和现代化方向发展。

2. 三表自动抄表系统的功能

三表自动抄表系统具有以下功能:

(1) 实时抄表,数据准确可靠。通过总线将多个表连接起来,由控制器进行数据采集,并通过网络传送到小区数据库管理系统,抄表速度快,数据准确可靠。

(2) 集中管理,远程控制。物业管理员可以通过任何一台接入 Internet 的计算机进行物业管理,对终端进行配置和对各表进行操作。

(3) 计算机统计管理,准确迅速。电力公司、煤气公司、自来水公司可以通过 Internet 获得小区的信息,并对这些信息进行分析、统计、处理、保存等操作。

(4) 各种用户报表输出功能。用户交费清单、用户使用情况、费用催缴单等都可以打印输出,无须手工填写。

(5) 防止费用拖欠。定期检查用户的费用交纳情况,根据拖欠情况给予警告催缴、切断供应等处罚形式。

(6) 操作权限设置,安全性高。水表、电表、燃气表等的操作是独立的,使各个部门的管理不互相干扰。抄表时间设置、费用查询、用户信息修改等操作也是有权限的,避免了破坏性操作,同时也保证了个人信息的安全。

3. 三表自动抄表的工作原理

实现三表自动抄表有两种方式:电子脉冲计数式和图像直读式。

1) 电子脉冲计数式

水、电、燃气三表都要利用电子或传感器技术改造成数字脉冲式仪表。现场采集器采集水、电、燃气表的脉冲并送入信号集中器(区域管理器)中进行计数。远传表具需不断地发出脉冲信号,然后用采集器对脉冲进行采集、累加、存储和传送,这类表具又统称为有源发讯表具或有源脉冲表。有源表在实际的计量工作过程中一个最基本、最重要的条件是必须维持稳定、可靠、不间断的供电。有源表存在的问题如下:

(1)初始化及维护工作量大。由于有源表的工作方式是脉冲累加方式计量,因此必须为系统数据采集器建立一个初始值,这个过程称为初始化。有源抄表系统运行的前提条件是必须先进行初始化。系统一旦掉电或因其他原因引起误差后,都必须重新进行初始化,这种维护的工作量非常巨大,而且很难预测。

(2)易被盗用。

① 供电线先剪后接。每月自来水公司抄表完后,将供电线剪断,15天后再接通,有源表继续正常计量,自来水公司本月同样能抄到采集器内存储的水表数据。而在供电线被剪断的15天内,没有供电的有源表是不工作的,水表照转,计量脉冲信号丢失,则用户盗用了15天的水。

② 磁铁强磁场干扰。霍尔型、干簧管型有源表内的核心部件是永磁铁,外加磁铁产生的强大吸引干扰了计数转盘的正常力矩,导致一次表产生计量误差,特别是对干簧管型有源表而言,其干簧管则会处于长期的吸合状态,脉冲输出全部丢失,自来水同样被盗用。

③ 许多有源自动抄表系统都具有防剪、防磁干扰等监测、报警功能,但这种功能的提供必须相当有效和完善,对系统来说,增加了成本。

(3)电能耗费。有源表不间断的供电采集系统所产生的电能消耗,对整个城市以年度计算,维持费用可观。

有源脉冲表存在的以上缺陷极大地阻碍了自动抄表系统进入实用化阶段。

2)图像直读式

图像直读式是在普通的水、电、气等表具上安装图像传感器,应用图像识辨技术得出数据,实现数据远传,无须改动原表具的结构,如图13-32所示。

图像传感器

图13-32　图像直读式三表自动抄表

该系统平时不工作,抄表时图像传感器逆向加电后通过光电变换技术将水表的指针示值读取传输到数据集中显示器,数据经逻辑判断进入存储器内。无源直读式表有以下优点:

(1)自动记忆码轮位置,不是脉冲累加式计量,无须初始化。系统在首次开通及出现故障维修重新启动后都无须对表初始化,维护的工作量得到极大的降低,在自动抄表系统的实际应用中具有极大的推广价值。

（2）无源远传表直接传送数码而非脉冲信号。它不仅不受机械震动影响，同时对电磁干扰也具有极高的抗干扰性，所以在复杂的使用环境下能稳定、准确、可靠地实现计量。

（3）无源远传表日常工作无须供电，这是具有革命意义的技术进步，避免了由于供电不稳定或故障引起的计量误差及大量的维护工作。

（4）由于无源远传水表记忆的是码轮位置（而非脉冲），因此水表发生倒转情况时，自动抄表数据与一次表具的读数保持一致。

4. 三表自动抄表系统的实现方式

三表自动抄表系统主要由数字式仪表、住户采集器、区域管理器、传输系统和物业管理系统主机等设备组成，如图 13-33 所示。水、电、燃气三表都利用电子或传感器技术改造成数字式仪表。住户采集器对前端仪表进行实时采集，并对采集结果进行长期保存。当物业管理系统主机发出读表指令时，住户采集器立即向管理系统传送各表数据。物业管理系统主机负责各表数据采集指令的发出、数据的接收、计费、统计、查询、打印以及将收费结果分别传送到相应的职能部门。

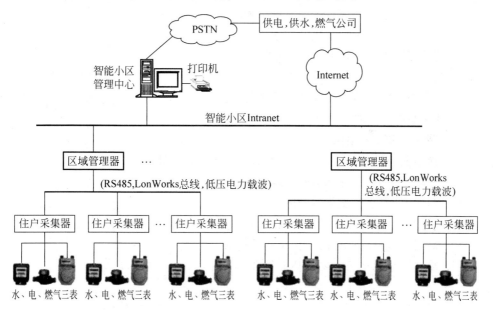

图 13-33　三表自动抄表系统组成及网络结构

实现三表自动抄表系统信息传输的方式主要包括以下几种：

（1）电力载波方式。通过电力载波，并结合自适应控制等技术，解决了信号隔离等技术问题，实现将各表数据传送到相应的职能部门。

（2）电力载波＋有线传播方式。将同一个小区的所有用户的各表数据汇集到一个区域管理器，各区域管理器再由调制解调器通过电话网传送到相应的职能部门。采用低压电力载波和电话线相结合的自动抄表系统是一种较好的方式，受到国内外供电部门和房地产开发公司的重视。这种方式利用电话网实现远距离传输,从而避免了电力载波远距离传输中的技术困难。

(3) 现场总线＋局域网＋城域网。这是现场总线技术在自动抄表领域的应用。通过在小区内建立底层的现场总线网,将住户各表数据传送到物业管理中心,并进行费用结算,再通过小区局域网和城域网将数据传送到相应的职能部门。

(4) GSM ＋ GPRS。基于移动数据传输网络的自动抄表系统将数据集中器与 GPRS 数据传输终端连接,各表数据经过协议封装后发送到中国移动的 GPRS 数据网络,通过 GPRS 数据网络将数据传送到相应的职能部门,实现各表数据和数据中心系统的实时在线连接。

习题与思考题

1. 什么是智能化集成系统?
2. 如何理解系统集成是建筑智能化学科的关键技术?
3. 简述智能建筑系统集成的必要性。
4. 如何理解系统集成是一个系统工程?
5. 简述智能建筑系统集成的技术路线。
6. 简述控制系统集成的 OPC 技术。
7. 简述 OBIX 标准的应用意义。
8. 什么是 BMS? 简述 BMS 应具备的功能。
9. 什么是智能建筑综合管理系统?
10. 简述 IBMS 的结构。
11. 简述面向设备和面向客户的综合管理系统的区别。
12. 简述基于 BAS 系统集成的两种主要技术。
13. 简述 IC 卡在系统集成中的应用。
14. 简述一卡通的系统结构及组成。
15. 简述三表自动抄表的系统结构及组成。
16. 简述智能化小区主要的功能特征。

第14章 建筑智能化项目管理方法

>>>

本章导读

俗话说,"行有行规",本章的内容就是介绍有关建筑智能化工程建设行业的行规。总的来说,本行业已是一个管理高度规范的领域,从业单位需要经相关的资质认证后方可经营,从业人员也需要得到相关的职业资格认证后方可上岗。项目建设全过程有规范的流程,各类专业系统有相应的国家标准和规范指引。了解本行业的管理规范,无论对于求职还是创业均有指导作用。

14.1 建筑智能化项目实施流程

建筑智能化项目实施流程是指项目建设全过程中各项工作必须遵循的先后顺序。它是由建设项目本身的特点和客观规律决定的。进行建筑智能化项目建设,坚持按科学的程序办事,就是要求项目实施必须按照符合客观规律要求的一定顺序进行,正确处理项目实施工作中从需求的建立、智能化总体方案设计、方案评审、招标、评审、深化设计、施工管理、调试、试运行直到竣工验收交付使用等各个阶段、各个环节之间的关系,达到提高投资效益的目的。

应坚决杜绝以下做法:不经过调查论证就仓促上马;用想当然的方法处理问题,碰到问题不认真研究,缺乏科学咨询;不按科学办事,工作急于求成,目标管理紊乱,准备工作马虎,边研究,边设计,边施工,致使某些工程虎头蛇尾,投资不少,见效甚微,甚至无法通过验收,开通很不理想。实践使人们认识到,搞建筑智能化项目工程必须着眼于技术特点,尊重科学规律,按程序办事。

14.1.1 项目实施流程

建筑智能化项目工程实施的一般程序有用户需求的建立、需求论证、设计院进行智能化总体方案设计、方案评审、招标文件的编制、项目招标、招标评审及定标、工程承建商进行深化设计、施工计划管理、调试、试运行、总结评估及验收、运行维护等阶段。实施的一般流程框图如图 14-1 所示。

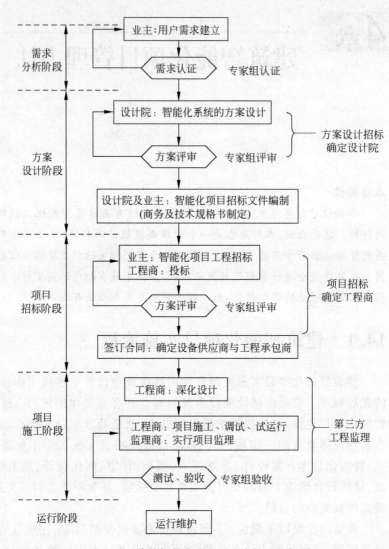

图 14-1　建筑智能化项目工程实施流程框图

1. 需求分析论证

需求分析论证是用证据来证明项目需求的必要性、可能性、实用性和经济性,在此基础上得出系统需求书,要在其中明确项目的功能和应用需求。系统需求书是业主(建设方)委托设计院进行智能化总体方案设计的任务书,同时也是对设计方案进行评审的重要依据。

2. 方案设计

我国制定的《建筑智能化系统工程设计管理暂行规定》指出:建筑智能化系统工程的设计应由该建筑物的工程设计单位总体负责,鉴于智能化系统的先进性、复杂性,此类工程的设计工作必须由具有甲级设计资质或专项设计资质的设计机构承担,系统集成商应按专项设计管理的要求进行资格认证和市场管理。

智能化系统工程设计按其设计深度可分为建筑设计院的总体设计和系统集成商的深化设计两个层次。设计院的总体设计深度比传统施工图浅,仅给出系统原理图与设备的布置,不提供管线标注,但在技术规格书中则对系统、设备、器材、施工、验收有详细的技术性能指标、标准、规定及限定。这种做法比较规范,尤其是当设计单位对智能化系统建设有较深的认识和丰富的工程经验时,可以大大减少工程质量与投资的不确定性。

设计院的智能化总体设计方案需经专家组评审通过后,方可作为项目招投标及项目施工深度设计的技术规格依据。

3. 项目招标及评审

建筑智能化系统工程的招标评审是一项技术性很强的工作,同时又具有技术与工程实施相结合的特点。招标的目的是要能正确地、科学地通过招标的方式选择一个合格的系统工程承包商。

4. 项目施工建设

建筑智能化系统工程项目是一项技术先进、涉及领域广、投资规模大的建设项目,目前主要有以下工程承包模式:

(1) 工程总承包模式。这种模式中,工程承包商将负责所有系统的深化设计、设备供应、管线和设备安装、系统调试、系统集成和工程管理工作,最终提供整个系统的移交和验收,这种模式也称交钥匙工程模式。

(2) 系统总承包、安装分包模式。这种模式中,工程承包商将负责系统的深化设计、设备供应、系统调试、系统集成和工程管理工作,最终提供整个系统的移交和验收。而其中管线、设备安装将由专业安装公司承担,这种模式有助于整个建筑工程(包括土建、其他机电设备安装)管道、线缆走向的总体合理布局,便于施工阶段的工程管理和横向协调,但增加了管线、设备安装与系统调试之间的界面,在工程交接过程中需业主和监理按合同要求和安装规范加以监管和协调。

(3) 总包管理、分包实施模式。这种模式中,总包负责系统深化设计和项目管理,最终完成系统集成,而各子系统设备供应、施工调试由业主直接与分包商签订合同,工程实施由分包商承担,这种承包模式可有效节省项目成本,但由于关系复杂,工作界面划分、工程交接对业主和监理的工程管理能力提出了更高要求,容易产生责任推诿和延误工期。

(4) 全分包实施模式。这种模式中,业主将按设计院或系统集成公司的系统设计对所有智能化系统分系统实施(有时系统集成也作为一个子系统实施),业主直接与各分包商签订工程承包合同,业主和监理负责对整个工程实施工程协调和管理。这种工程承包模式对业主和监理技术能力和工程管理经验提出更高要求,但可有效降低系统造价,适用于系统规模相对较小的项目。

分阶段多层次验收方式因系统验收工作分阶段、分层次地具体化,可在每个施工节点及时验收并作工程交接,故能适合上述工程承包模式,有利于形成规范的随工验收、交工验收、交付验收制度,便于划清各方工程界面,有效地实施整个项目的工程管理。

总之,智能化系统工程的实施必须规范操作,才能保证工程质量、控制投资与进度。

5. 工程监理

实行工程建设监理制度是提高建设水平、确保工程项目优质高效的重要措施。建筑智能化系统工程的技术含量高,涉及专业广,分支系统多,鉴于这些特点,更加需要加强监督管理,强化工程监理。

(1) 充分认识到建筑智能化系统工程监理的重要性。

(2) 监理单位也要通过招投标来选定,和选择设计、施工单位一样,具有重要意义。选择监理单位要看它的资质水平、监理业绩、专业配套能力和技术人员素质。要着重了解监理单位是否配备有智能化系统的监理工程师,是否持有国家注册证书,是否有智能化系统工程的监理业绩。

(3) 要按监理制度落实各项把关措施,确保工程优质高效。建设单位在授权中,要明确智能化系统的器材设备不经监理工程师质量检验不付款;工程量不经监理工程师审核签认不付款;集成商的任何工程变更必须经建筑设计院专业设计人员和监理工程师认可,由设计院签发变更通知方能实施等。通过以上办法,加强工程管理,严把工程质量关。

14.1.2　招标

建筑智能化项目招标可采取公开招标、邀请招标和议标的方式进行。公开招标应同时在一家以上的全国性报刊和相关的网站上发布招标通告,邀请潜在的有关单位参加投标;邀请招标,应向有资格的 3 家以上的有关单位发出招标邀请书,邀请其参加投标;议标主要通过一对一协商谈判方式确立中标单位,参加议标的单位不得少于两家。

1. 招标方式

项目的设计、安装和监理以及主要设备、材料采购的招标必须采取公开招标或邀标方式,符合以下条件之一的,可采用议标方式:

(1) 只有少数几家具备资格的投标单位可供选择的。

(2) 涉及专利保护或受自然地域环境限制的。

(3) 招标费用与项目价值相比不值得的。

(4) 采购价格事先难以确定的。

(5) 国家另有规定的。

2. 投标单位

参加项目的设计、安装和监理以及主要设备、材料供应等投标的单位必须符合下列条件：

(1) 具有招标文件要求的资质证书，并为独立的法人实体。

(2) 承担过类似建设项目的相关工作，并有良好的工作业绩和履约记录。

(3) 财务状况良好，没有处于财产被接管、破产或其他关、停、并、转状态。

(4) 在最近三年内没有与骗取合同有关以及其他经济方面的严重违法行为。

(5) 近几年有较好的安全记录，投标当年内没有发生重大质量和特大安全事故。

3. 招标及评审

(1) 招标文件的编制。起草招标文件首先要以需求论证为依据，以建筑设计院的方案为蓝本。对于建设规模、技术性能、设备配置、品牌档次、控制点数等都要提出明确的要求。在有条件的情况下，初稿可交技术专家进行评议，提出修改建议，以使招标文件更加完善。

(2) 进行投标资格预审。在正式投标之前，先进行投标商资格的预审工作。预审工作的主要内容集中在工程资质、工程能力和经验、工程业绩、工程合作伙伴以及投标商技术特点等。通过预审工作，可以选择多家相对合格的投标商进入正式投标程序。

(3) 投标方案的评审。根据建筑市场管理的有关规定，招投标工作应在各地方招标办公室组织指导下进行。根据智能化系统的特点和要求，邀请有关专家组成评标委员会，进行公开开标、专家阅标、投标单位答辩、专家评议、评分投票，得出排名顺序，给出结论性意见。

投标方案评审的目的，是本着公平、公正、公开的原则，评选出"产品质量好、方案设计先进、价格合理、技术力量强"的智能化系统工程的承包商。评审要对投标单位的资质信誉、技术实力、工程业绩、设计水平、选用产品、技术方案、工程报价、施工组织、工程工期、系统验收、测试装备、售后服务等因素进行综合评估，对方案的先进性、完整性、开放性、可靠性、实用性、经济性、安全性、可扩展性等项目进行综合对比，量化评议，使评审工作更加科学严谨。

14.1.3　项目法人责任制

项目法人责任制是指经营性建设项目由项目法人对项目的策划、资金筹措、建设实施、生产经营、偿还债务和资产的保值增值实行全过程负责的一种项目管理制度。

改革开放以来，我国先后试行了各种方式的投资项目责任制度。但是，责任主体、责任范围、目标和权益、风险承担方式等都不明确。为了改变这种状况，建立投资责任约束机制，规范项目法人行为，明确其责、权、利，提高投资效益，依照《公司法》，国家发展计划委员会于 1996 年 4 月制定颁发了《关于实行建设项目法人责任制的暂行规定》。根据该规定要求,国有单位经营性基本建设大中型项目必须组建项目法人,实行项目法人责任制。

14.1.4　工程建设监理

　　工程建设监理是指监理单位受项目法人的委托,根据国家批准的工程项目建设文件、有关工程建设的法律、法规和工程建设监理合同及其他工程建设合同,对工程建设实施的监督管理。

　　工程建设监理是建设领域的一种特殊行业。就某个工程项目而言,监理方既不是投资者,也不是承包者,而是工程建设的第三方。三方之间的关系如图 14-2 所示。

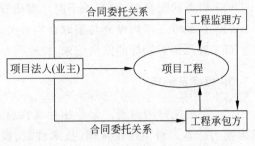

图 14-2　工程建设三方的关系

1. 工程建设监理的性质

　　工程建设监理与其他工程建设活动相比有着明显的区别和特点,它是一种特殊的工程建设活动。工程建设监理的性质主要表现在委托性、服务性、独立性、公正性和科学性 5 个方面。

　　1) 委托性

　　工程建设监理主要发生在工程项目的实施阶段。业主可以将立项、论证、设计、施工等整个实施阶段都委托给监理单位实行监理,也可以限定在某个阶段,如委托在施工阶段进行监理。设计、施工等工程承包单位必须接受监理单位的监理,并为其开展工作提供方便。监理单位不得超越工程设计合同、施工合同和工程建设监理合同所确认的权限。项目业主与监理单位之间是委托与被委托关系,监理单位与承包商之间是监理与被监理关系。监理单位维护业主的合法权益。

　　2) 服务性

　　工程建设监理单位在工程项目建设过程中,利用自己的工程建设方面的科学技术和工程经验,为工程建设提供高智能监督管理服务。因此,工程建设监理单位是一种智力密集性组织,它拥有一批长期从事工程建设工作、具有丰富实践经验、精通技术管理、通晓经济与法律方面的专业人才。

　　3) 独立性

　　工程建设监理单位的独立性是建设监理制度的要求,是监理单位在工程项目建设中的第三方地位所决定的。它与业主、承建商之间的关系是平等的、横向的关系。监理受业主之聘,根据国家法律、法规和合同条款去履行职责,相对于承包商、制造商、供应商,必须保持其行为的绝对独立性。监理单位和监理工程师不得与相关行业或单位存在人事上的依附关系,更不得从事某些行业的工作。

　　4）公正性

　　公正性是开展监理工作的基本条件。监理在某种意义上扮演了"裁判员"的角色，也就是说，在提供监理服务的过程中，当业主和承包方发生利益冲突或矛盾时，监理能以事实为依据，以有关法律、法规和工程建设合同为准绳，排除各种干扰，以公正的态度处理和解决问题，做到公正地证明、决定或行使自己的处决权，维护合同双方的合法权益。监理单位和监理工程师只有公正地处理问题，才能得到人们的尊重和信任。

　　5）科学性

　　工程建设监理的科学性是由它的服务使命所决定的。当今工程结构日趋复杂，投资规模越来越大，技术要求越来越高，新技术、新材料、新设备、新工艺不断涌现，在这种形势下，监理单位要完成业主所赋予的任务，必须具备较高的科技水平。因此，按照科学性的要求，监理单位应该成为高智能结构、知识密集型的企业，它具有一套科学管理制度和检测设备，一批能紧跟时代发展的专业配套的技术人才和能驾驭复杂工程组织指挥的骨干。只有这样，才能适应工程建设监理现代化的要求。

2. 监理工程师与承包商之间关系

　　监理工程师与承包商之间是监理与被监理关系，两者不存在经济法律关系。监理工程师要按监理制度落实各项把关措施，确保工程优质高效。

　　承包商按照承包合同的要求和监理工程师的指示施工，在施工过程中，承包商要随时接受监理工程师的监督管理，而监理工程师则是按照业主所委托的权限，在这个权限的范围内指导检查承包商是否履行合同的职责，是否按合同规定的技术要求、质量要求、进度要求和费用要求组织施工。监理工程师要正确公正处理好工程变更索赔和款项的支付问题。如果监理工程师不公正，承包商可以向有关部门提出申诉，经调查属实，可将监理工程师或有关人员调离现场。

3. 工程建设监理的程序

　　工程建设监理的主要程序如下：

　　(1) 编制工程建设监理规划。

　　(2) 按工程建设进度分专业编制工程建设监理细则。

　　(3) 按照建设监理细则进行建设监理。

　　(4) 参与工程竣工预验收，签署建设监理意见。

　　(5) 建设监理业务完成后，向项目法人提交工程建设监理档案资料。

14.2　建筑智能化项目的招标、投标

14.2.1　制定标书

　　标书是建筑智能化项目招投标的纲领性文件，标书的编制是一项具有严肃性、权威性的工作，标书一般由业主委托具有相关资质的工程咨询公司或业主主持编写。

　　标书编写依据包括：本行业国家及地方的智能化系统设计规范以及相关法规、规定；用户需求；初步设计及总体设计。

　　标书编写的一般方法是：根据建筑智能化项目的专业设置，分为综合布线系统、楼宇自控系统、消防系统、物业管理、系统集成等，各系统专业人员撰写初稿后由相关的专家小组审稿、定稿，以便统一格式，统一技术、经济及内容深度要求，使各专业功能协调、档次一致、相互呼应。标书中的有关技术要求是标书的核心内容，应努力做到重点突出，量化各项技术指标，尽量少用模糊的定性的语言，所有的附图、数据表格要准确无误。另外，标书对报价所包括的内容要明确具体，以防投标者漏项，日后追加工程款项。

　　标书的具体内容一般包括工程概况、投标资格要求（相关资质、财务状况及信用等级、工程业绩等）、功能要求、技术性能指标、售后服务要求等。有的标书中还说明了评标的方法和评分标准等。表 14-1 为某信息网络系统工程项目招标文件内容目录。

表 14-1　"信息网络系统工程项目招标文件"内容目录

第一部分　投标须知	第二部分　项目技术要求	第三部分　附件
第 1 章　关于定标方式	第 1 章　总体要求	第 1 章　合同要求说明
第 2 章　关于招标文件	1.1　系统建设目标	第 2 章　评标原则与方法
第 3 章　关于投标方	1.2　本期建设内容	第 3 章　样表格式
第 4 章　关于投标文件	第 2 章　需求说明	附件 1-1　投标书
4.1　投标文件的组成和格式	2.1　结构化综合布线系统需求说明	附件 1-2　开标一览表
4.2　投标文件的编写	2.2　局域网网络	附件 1-3　设备详细价格单
4.3　投标文件的签署和印刷规定	2.3　服务器系统	附件 1-4　集成与售后服务价格单
4.4　投标文件的装订、密封	2.4　网络应用系统	附件 1-5　培训费用价格单
4.5　投标文件的递交	2.5　硬件设备	附件 1-6　设备指标要求与投标方建议表
4.6　投标文件的有效期	2.6　机房装修要求	附件 1-7　项目管理、工期进度表
第 5 章　关于投标保证金	第 3 章　系统集成、验收与售后服务要求	附件 1-8　近两年完成的相关集成和 OA 项目一览表
第 6 章　关于投标费用	3.1　系统集成	附件 1-9　售后服务情况表
第 7 章　关于开标	3.1.1　安装地点	附件 1-10　项目实施和售后服务主要技术人员情况表
第 8 章　关于评标	3.1.2　调试环境	
第 9 章　关于定标	3.1.3　系统安装要求	
第 10 章　关于废标和招标失败	3.2　测试验收	附件 1-11　项目经理简历表
第 11 章　关于中标服务费	3.2.1　系统测试要求	附件 1-12　主要施工和检测仪器设备表
第 12 章　名词解释	3.2.2　产品验收要求	附件 1-13　线缆和设备生产厂商确认函
	3.2.3　系统验收要求	附件 1-14　投标保证金银行保函
	3.3　售后服务	
	3.3.1　保修期内售后服务要求	
	3.3.2　保修期后设备维护服务要求	
	3.3.3　售后服务要求	
	第 4 章　培训要求	
	4.1　培训总则	
	4.2　培训内容与课程要求	
	4.3　培训费用	
	第 5 章　到货要求说明	
	第 6 章　报价要求	

14.2.2　投标

作为工程承包商,要取得项目承建的合约,必须在项目招标中中标。那么工程承包商该如何参与投标并获得成功呢?

1. 筛选项目

要想参加投标,就必须及时通过各种途径获得投标信息,以争取更多的时间充分准备投标,从而达到中标的目的。对已获得的招标信息,不能盲目地都进行投标,要进行筛选,了解一些项目的具体情况,如项目名称、建设地点、工程量、设备情况、工期、申请投标手续及有关规定等,从而决定是否参与投标或判断自己是否有能力递交具有竞争力的标书。

参加投标活动必须具备一定的条件,不是所有感兴趣的工程承包商都可能参加投标。投标人通常应当具备下列条件:①与招标文件要求相适应的人力、物力和财力;②招标文件要求的资质证书和相应的工作经验与业绩证明;③法律、法规规定的其他条件。《招标投标法》第二十八条规定,投标人应当在招标文件要求提交投标文件的截止时间前将投标文件送达投标地点。在招标文件要求提交投标文件的截止时间后送达的投标文件,招标人拒收。

2. 准备标书

经过充分的准备以及报价决策后,编制投标文件。投标文件是投标人正式参加投标竞争的证明,是供货商或工程承包商向买方或业主发出的书面报价。投标人供货或承包工程的质量与技术的优势,投标人参与国际竞争的能力大小,全部体现在标书中。因此,投标人应全力组织本企业技术、财务、法律方面的人员共同编好标书。

3. 制定策略

一是把握全局,抓住要害。虽然招标是一个综合评价的过程,但每一次招标都有其核心的要求,参与大型项目的投标不仅要充分研究招标的每个细节,还要重视"标外"的有关信息,才能正确把握招标的实质要求。

二是利益共享,出奇制胜。投标中要充分研究利益问题,不仅要考虑自己的利益、获利水平,还要关注招标方(业主或用户)的利益,不能把一般贸易中的获利水平标准用在投标中。一般来说,在投标中有开拓市场的低价策略、常规报价策略、不平衡报价策略、综合报价策略、"最后一分钟"报价策略,但核心应把握好利益共享的原则。

三是推陈出新,周密设计。制定大型项目的投标方案有很深奥的学问和技巧,全面周到、细致入微、巧妙设计是基本要求,但能否做到有新意、有创举却不是一般人所能做到的。

　　四是适时实行联合投标,提高竞争力。如果投标人在选准投标项目后对单独投标没有把握,就应积极寻找同行中有竞争力、产品质量上乘的企业组成联合体进行投标。联合投标的作用是扩大投标人的实力,分散风险,减少损失,这也符合国际招标的要求。进行联合投标,投标联合体还可以根据项目的具体情况,除保证产品质量和性能外,免费增加供货范围和服务项目,延长产品和服务保证期及扩大售后服务范围,同时降低产品价格,采用薄利保本策略争取中标。

4. 投标文件的送达

　　投标人必须按照招标文件规定的地点,在规定的时间内送达投标文件。投递投标书的方式最好是直接送达或委托代理人送达,以便获得招标机构已收到投标书的回执。在截止时间后(即已经过了招标有效期)送达的投标文件,招标人应当原封退回,不得进入开标阶段。

5. 塑造形象

　　投标人应经常加强同外界的联系,宣传、扩大本企业的影响,沟通投标人与招标人的感情,以争取中标。目前,境外的国际招标中这种场外活动比较普遍,采取的手段多种多样,常用的有家访、会谈、宴会等比较亲切的交际方式与招标人、用户以及有关单位建立联系;与当地国政府官员、社会名流联络感情,寻找机会宣传、介绍投标人的能力等等。

14.2.3　开标和评标

　　招标人收到标书后应当签收,不得开启。为了保护投标人的合法权益,招标人必须履行完备的签收、登记和备案手续。签收人要记录投标文件递交的日期和地点以及密封状况,签收人签名后应将所有递交的投标文件放置在保密安全的地方,任何人不得开启投标文件。

　　开标由项目法人主持,邀请投资方、投标单位、政府有关主管部门和其他有关单位代表参加。

　　项目法人负责组建评标委员会,评标委员会由项目法人、主要投资方、招标代理机构的代表以及受聘的技术、经济、法律等方面的专家组成,总人数为5人以上单数,其中受聘的专家不得少于2/3。与投标单位有利害关系的人员不得进入评标委员会。评标委员会须依据招标文件的要求对投标文件进行综合评审和比较,并按顺序向项目法人推荐二至三个中标候选单位。项目法人应当从评标委员会推荐的中标候选单位中择优确定中标单位。

1. 开标

　　(1)招标方按招标通告或招标方通知中规定的时间和地点公开开标。

（2）开标时，投标方须由法人代表或委托代理人（具有授权书）参加，并签名报到，证明其出席开标会议，否则视为自动弃权。

（3）开标时，检查投标文件密封情况，确认无误后拆封唱标，唱正本"开标一览表"内容以及招标方认为合适的其他内容并记录。

（4）开标时，投标文件中开标一览表（报价表）内容与投标文件中明细表内容不一致的，以开标一览表（报价表）为准。若文字大写表示的数据与小写表示的数字有差别，则以文字大写表示的数据为准，单价与数量乘积与合计有差别的以单价为准，投标方不得提出异议，否则作弃标论。

2. 评标

（1）开标后，招标方将组织审查投标文件是否完整，是否有计算错误，要求的保证金是否已提供，文件是否恰当地签署（含法人代表签章和投标方公章）。

（2）在对投标文件进行详细评估之前，招标方将依据投标方提供的资格证明文件审查投标方的财务、技术和维修能力。

（3）招标方将确定第一投标是否符合招标文件的所有条款、条件和规定。

（4）招标方判断投标文件的响应性仅基于投标文件本身而不靠外部证据。

（5）招标方将拒绝被确定为非实质性响应的投标方，投标方不能通过修正或撤销不符之处而使其投标成为实质性响应的投标。

（6）招标方允许修改投标中不构成重大偏离的微小的、非正规、不一致或不规则的地方。

（7）为了有助于对投标文件进行审查、评估和比较，招标方有权向投标方质疑，请投标方澄清其投标内容。投标方有责任按照招标方通知的时间、地点指派专人进行答疑和澄清。

（8）评委会进行评审打分，按照综合因素打分的结果，由高到低确定中标候选人。

（9）评标是招标工作的重要环节，评标工作在评委会内独立进行。在开标、投标期间，投标人不得向评委询问情况，不得进行旨在影响评标结果的活动。

（10）评委会不向落标方解释落标原因，不退还投标文件。

（11）项目法人从评标委员会推荐的中标候选单位中择优确定中标单位，向中标商发出中标通知书，向落选投标方发出落选通知书。

14.3　项目实施

14.3.1　制定项目实施方案

项目实施方案是工程承包商在项目合同签订后首先要完成制定的实施计划文

件,也是后续工作的行动指南。项目实施方案需经业主和监理审查通过,然后才能开工。项目实施方案的内容包括:工程执行进度计划,项目管理及组织机构设置,设计与设计联络,系统安装及调试,测试、检验及验收,质量保证体系,培训建议书,售后服务等。表 14-2 是某智能化工程项目的实施方案书目录内容。

表 14-2　某工程实施方案书目录

1　工程执行进度计划	3　设计与设计联络	7　培训建议书
1.1　合同执行总体进度计划	3.1　设计联络与响应	7.1　培训计划和内容
1.2　设计联络进度计划	3.2　设计联络成果	7.2　培训材料
1.3　深化设计	3.3　设计控制	7.3　授课人员姓名、职称
1.4　订货供货	4　系统安装及调试	8　技术文件及资料
1.5　设备和材料仓储计划	4.1　系统安装	8.1　图纸
1.6　线缆敷设及设备安装	4.2　运输及现场保管	8.2　手册
1.7　软件安装调试	4.3　调测试方案	8.3　技术文件
1.8　系统试运行	5　测试、检验及验收	8.4　图纸、手册和技术文件的确认与交付
1.9　图纸文件	5.1　试验	8.5　图纸文件批复实施程序
1.10　培训计划	5.2　检验	9　售后服务
1.11　系统验收计划	5.3　验收	
1.12　质量保证服务计划	5.4　试运行	
2　项目管理及组织机构设置	6　质量保证体系	
2.1　项目管理内容	6.1　控制检查程序	
2.2　项目管理人员的职能与职责	6.2　设计控制	
2.3　项目工程人员配置	6.3　文件控制	
2.4　项目工程人员简历	6.4　采购	
2.5　人力资源投入	6.5　生产过程控制	
2.6　管理流程	6.6　出厂试验	
2.7　与业主及监理的协调措施	6.7　现场控制	
	6.8　改正措施	
	6.9　工程质量的检验与验证	
	6.10　装卸、储存、包装和发运质量管理	
	6.11　质量记录	
	6.12　质量保证期	

14.3.2　项目实施流程

项目实施流程如图 14-3 所示。

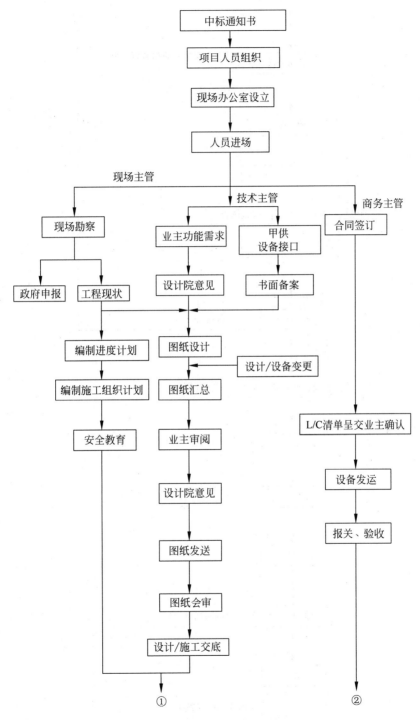

图 14-3　项目实施流程图

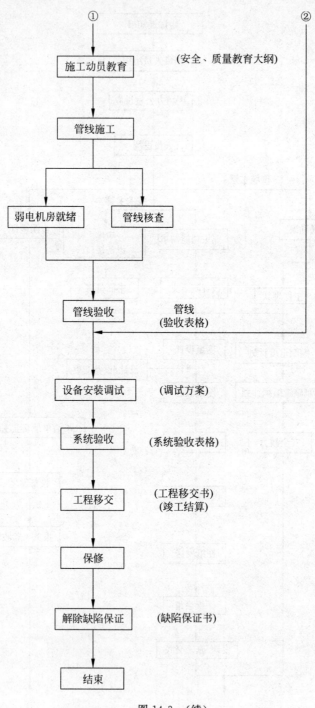

图 14-3 (续)

14.4 行业标准与资质认证

14.4.1 行业标准

1. 智能化系统设计标准

《智能建筑设计标准》(GB/T 50314—2015)

《绿色建筑评价标准》(GB/T 50378—2014)

《智能建筑及居住区数字化技术应用》(GB/T 20299—2006)

《民用建筑电气设计规范》(JBJ/T 16—2008)

《公共建筑节能标准》(GB 50189—2015)

2. 结构化布线系统设计标准

《综合布线系统工程设计规范》(GB/T 50311—2007)

《综合布线系统工程验收规范》(GB/T 50312—2007)

《国际商务布线标准》(ISO/IEC 11801)

《光纤总规范》(GB/T 15972.2—1998)

《商务楼通用信息建筑布线标准》(EIA/TIA568A)

《民用建筑通讯通道和空间标准》(EIA/TIA569)

3. 信息及网络系统设计标准

《信息技术系统间远程通信和信息交换局域网和城域网》(GB 15629.11—2003)

《信息处理系统光纤分布式数据接口》(ISO 9314—1：1989)

《光纤分布式数据接口(FDDI)高速局域网标准》(ANSIX3T9.5)

4. 机房工程系统设计标准

《电子信息系统机房设计规范》(GB 50174—2008)

《电子计算机场地通用规范》(GB/T 2887—2000)

《防静电活动地板通用规范》(SJ/T 10796—2001)

《电信专业房屋设计规范》(YD 5003—1994)

5. 火灾报警系统设计标准

《高层民用建筑设计防火规范》(GB 50045—2001)

《建筑设计防火规范》(GB 50016—2006)

《火灾自动报警系统设计规范》(GB 50116—2013)

《火灾自动报警系统施工及验收规范》(GB 50166—2007)

《自动喷水灭火系统设计规范》(GB 50084—2001)

《自动喷水灭火系统施工及验收规范》(GB 50261—2005)

《城市消防远程监控系统技术规范》(GB 50440—2007)

《火灾报警控制器通用技术条件》(GB 4717—2005)

《点型感烟火灾探测器技术要求及试验方法》(GB 4715—2005)

《点型感温火灾探测器技术要求及试验方法》(GB 4716—2005)

《线型光束感烟火灾探测器技术要求及试验方法》(GB 14003—2005)

《点型红外火焰探测器性能要求及试验方法》(GB 15631—1995)

6. 综合安防系统设计标准

《视频安防监控系统工程设计规范》(GB 50395—2007)

《入侵报警系统工程设计规范》(GB 50394—2007)

《安全防范工程技术规范》(GB 50348—2004)

《出入口控制系统工程设计规范》(GB 50396—2007)

《安全防范系统验收规则》(GA 308—2001)

《广播电影电视系统重点单位重要部位风险等级和安全防护级别》(GA 586—2005)

《安全防范报警系统设备安全要求和试验方法》(GB 16796—1997)

《防盗报警控制器通用技术条件》(GB 12663—2001)

《银行营业场所安全防范工程设计规范》(GB/T 16676—1996)

《文物系统博物馆安全防范工程设计规范》(GA 166—1997)

7. 防雷与接地系统设计标准

《建筑物防雷设计规范》(GB 50057—1994)

《建筑物电子信息系统防雷技术规范》(GB 50343—2004)

《建筑物的雷电防护》(IEC 61024：1990—1998)

8. 工程及设备质量验收规范

《建筑电气工程施工质量验收规范》(GB 50303—2002)

《智能建筑工程质量验收规范》(GB 50339—2003)

《建筑及住宅小区智能化工程检测验收规范》(DB11/T 146—2002)

《建筑工程施工质量验收统一标准》(GB 50300)

9. 其他相关标准

《厅堂扩声系统声学特性指标》(GY J125)

《剧场建筑设计规范》(JGJ 57—2000)

《会议电视系统工程设计规范》(YD 5032—1997)

《识别卡物理特性》(GB/T 14916—2006)

《集成电路(IC)卡读写机通用规范》(GB/T 18239—2000)

《通信管道与管道工程设计规范》(GB 50373—2006)

《数字程控自动电话交换机技术要求》(GB/T 15542—1995)

以上所列的主要技术标准和规范如未能达到国际或国家最新标准时,建设方应使系统的设计、施工及选用的设备和材料符合最新颁布的国际标准或国家标准,并提供采用的国际标准、国家标准、规范和所应用的最新版本的有关技术依据资料。

14.4.2　建筑智能化系统工程设计单位资质及认证

系统工程设计和系统集成是为了使建筑及建筑群实现智能化。为了保障系统工程设计和系统集成的质量、水平与效益,必须建立规范有序的市场准入机制。国家设立系统工程设计和系统集成专项资质证书并统一纳入全国勘察设计证书的管理。凡从事系统工程设计及系统集成的单位,必须取得专项资质证书后方能开展系统工程设计及系统集成业务。凭此项资质证书可在全国范围内承接相应的设计任务,同时可以承担与工程项目相应的咨询和调试等技术服务。

1. 建筑智能化系统工程设计资质申请条件

(1) 必须具有建筑甲级工程设计资格。

(2) 在设计技术上,具备建筑智能化系统工程设计总体负责与组织协调、实施的实力。

(3) 有固定的设计场所,有较先进的设计技术装备手段,具有用 CAD 技术完成设计全过程的能力。

(4) 已完成 3 项以上具有相应智能化功能和建筑智能化系统工程设计项目,运行良好,验收合格。

(5) 具备设计质量管理体系,建筑智能化系统设计服务体系完善有效,有健全的计划、技术、经营、财务等管理制度。

(6) 从事智能化系统工程设计的各种专业人员的总数不少于 30 名。各种专业子系统(自控、通信、广播音响、消防、保安、卫星接收闭路电视、综合布线、网络等)中人员齐全,结构合理。其中每种专业子系统至少有两名主持过该专业子系统单项工程设计的高级工程师。必须配备两名以上智能化系统集成总体设计师。

(7) 注册资本不少于 500 万元人民币。

2. 承担任务范围

持有建筑智能化系统工程设计资质证书的工程设计单位可以承担建筑物或建筑群的智能化系统工程总体设计和各子系统深化设计,对工程整体负责。

14.4.3　建筑智能化系统集成商资质及认证

凡从事建筑智能化系统集成的单位必须取得专项资质证书后方能开展系统集成业务。凭此项资质证书可在全国范围内承接相应的设计任务,同时可以承担与工程项目相应的咨询和调试等技术服务。

1. 系统集成商资质申请条件

(1) 凡在国内注册,并从事智能化系统工程业务达 3 年以上的单位有申报资格;新成立的单位在相应条件具备的情况下,可先申报暂定资质。

(2) 具有实施两个 500 万元以上智能化系统工程项目的成功实例,5 个以上子系统工程项目的设计、安装、调试并经过一年以上的运行,并证明质量优良的工程实例。

(3) 具有至少 5 个以上子系统(其中必须具备网络专业)专业的技术人员,其中每个子系统必须有两名以上经过专业培训的主持过该专业单项工程设计的高级工程师或工程师;必须配备至少一名智能化系统集成总体设计师;还应具有相应的工程管理人员和预决算人员。

(4) 专职从事智能化系统工程的技术人员总数不少于 30 名,各种专业人员的结构合理。

(5) 有固定的工作场所,有健全的技术、经营、财务管理制度和质量保证体系。

(6) 注册资金不少于 500 万元人民币,有良好的技术装备,具有用 CAD 完成设计过程的能力。

2. 子系统集成商

仅执业单项专业子系统承包的单位申请子系统集成商资质,其技术人员总数不少于 20 名;有 3 个以上该专业子系统优良工程业绩;注册资金不少于 300 万元人民币;其他条件与系统集成商相同。

3. 承担任务范围

(1) 持有系统集成商资质证书的单位应在系统工程设计单位指导与协调下,作深化系统集成设计或系统工程实施。

(2) 持有子系统集成商资质证书的单位应在系统工程设计单位指导与协调下,作深化子系统工程设计或子系统工程实施。

14.4.4　消防设施专项工程设计证书资质及认证

消防设施专项工程设计范围包括火灾自动报警及其联动控制系统、自动喷水灭火系统、气体灭火系统、固定和半固定泡沫灭火系统、干粉灭火系统、防烟排烟系统等自动消防系统。公安部是消防设施专项工程设计证书的专业审查部门。

消防设施专项工程设计证书分为甲、乙两级。使用全国工程勘察设计资格审定委员会统一印制的专项工程设计证书，统一由住房和城乡建设部颁发。

1. 消防设施专项工程设计甲级证书申请条件

（1）资历和信誉。单位从事消防设施专项工程设计5年以上，且有良好的社会信誉。

（2）技术力量。单位从事设计的技术人员总数不少于20人，高级工程师不少于3人；其中电气、自控、给排水、暖通等主要技术专业人员各不少于3人；且各主要技术专业有不少于2人从事自动消防设施专项工程设计5年以上，并通过有关消防专业考核，具备较强的消防专业技术能力。

（3）技术水平。单位承担过3项以上含火灾自动报警及其联动控制系统、自动喷水灭火系统、气体灭火系统、泡沫灭火系统和防烟排烟系统的大型工程的消防设施专项工程设计，并已建成，质量优良。

（4）管理和装备水平。单位内部已建立运行有效的质量体系。配有计算机、绘图仪等必需的设备和通用设计、消防专业设计软件，具有较高应用水平。

2. 消防设施专项工程设计乙级证书申请条件

（1）资历和信誉。单位从事消防设施专项工程设计2年以上，且有良好的社会信誉。

（2）技术力量。单位从事设计的技术人员总数不少于15人，高级工程师不少于2人；其中电气、自控、给排水、暖通等主要技术专业人员各不少于2人；且各主要技术专业至少1人从事自动消防设施专项工程设计5年以上，并通过有关消防专业考核，具备一定的消防专业技术能力。

（3）技术水平。单位承担过3项以上含火灾自动报警及其联动控制系统、自动喷水灭火系统、防烟排烟系统的中型工程的消防设施专项工程设计，并已建成，质量优良。

（4）管理和装备水平。单位内部已建立运行有效的质量体系。配有计算机、绘图仪等必需的设备和通用设计、消防专业设计软件，具有一般应用水平。

3. 承担任务范围

（1）持有甲级消防设施专项工程设计证书的单位可以承担各类工程项目中的火灾自动报警及其联动控制系统、自动喷水灭火系统、气体灭火系统、固定和半固定泡沫灭火系统、干粉灭火系统、防烟排烟系统等自动消防系统的设计。

（2）持有乙级消防设施专项工程设计证书的单位可以承担总建筑面积不超过10 000m² 的民用建筑和火灾危险性为丙类的厂房、库房中的火灾自动报警及其联动控制系统、自动喷水系统、防烟排烟系统的设计。

14.4.5　工程监理企业的资质及认证

工程监理企业的资质等级分为甲级、乙级和丙级,并按照工程性质和技术特点划分为若干工程类别。工程监理企业取得相应等级的资质证书后,方可在其资质等级许可的范围内从事工程监理活动。企业应当按照其拥有的注册资本、专业技术人员和工程监理业绩等资质条件申请资质。

1. 甲级工程监理企业的资质申请条件

(1) 企业负责人和技术负责人应当具有15年以上从事工程建设工作的经历,企业技术负责人应当取得监理工程师注册证书。

(2) 取得监理工程师注册证书的人员不少于25人。

(3) 注册资本不少于100万元。

(4) 近3年内监理过5个以上二等房屋建筑工程项目或者3个以上二等专业工程项目。

2. 乙级工程监理企业的资质申请条件

(1) 企业负责人和技术负责人应当具有10年以上从事工程建设工作的经历,企业技术负责人应当取得监理工程师注册证书。

(2) 取得监理工程师注册证书的人员不少于15人。

(3) 注册资本不少于50万元。

(4) 近3年内监理过5个以上三等房屋建筑工程项目或者3个以上三等专业工程项目。

3. 丙级工程监理企业的资质申请条件

(1) 企业负责人和技术负责人应当具有8年以上从事工程建设工作的经历,企业技术负责人应当取得监理工程师注册证书。

(2) 取得监理工程师注册证书的人员不少于5人。

(3) 注册资本不少于10万元。

(4) 承担过两个以上房屋建筑工程项目或者一个以上专业工程项目。

4. 承担任务范围

甲级工程监理企业可以监理经核定的工程类别中一、二、三等工程;乙级工程监理企业可以监理经核定的工程类别中二、三等工程;丙级工程监理企业可以监理经核定的工程类别中三等工程。工程监理企业可以根据市场需求开展家庭居室装修监理业务。

14.4.6　个人的资质认证

目前我国已经实施了多项个人的资质认证制度,与建筑智能化系统行业相关的资质认证有注册建筑师、注册自动化工程师、注册电气工程师、注册监理工程师等。

习题与思考题

1. 建筑智能化项目的实施流程有哪些内容? 在建设全过程中为什么要必须遵守实施流程?

2. 建筑智能化系统工程项目有哪些工程承包模式? 其特点是什么?

3. 建筑智能化项目需求分析论证的目的是什么?

4. 建筑智能化项目有哪些招标方式? 各有什么特点?

5. 什么是项目法人责任制?

6. 什么是工程建设监理? 工程建设监理有哪些性质?

7. 监理工程师有哪些职责?

8. 建筑智能化项目的标书是什么? 它包括哪些内容? 如何编写?

9. 建筑智能化项目开标时有哪些注意事项?

10. 什么是建筑智能化项目实施方案?

11. 建筑智能化系统工程领域有哪些主要技术规范及标准?

12. 建筑智能化行业的从业单位有哪些资质认证管理?

13. 建筑智能化行业的从业个人有哪些资质认证管理?

参 考 文 献

[1] 许锦标，张振昭.楼宇智能化技术.3版.北京：机械工业出版社,2010.

[2] 程大章.智能建筑工程设计与实施.上海：同济大学出版社,2001.

[3] 全国智能建筑技术情报网,等.建筑智能化技术招标书范本.北京：中国电力出版社,2005.

[4] 高传善,毛迪林,曹袖.数据通信与计算机网络.2版.北京：高等教育出版社,2004.

[5] 戴瑜兴.建筑智能化系统工程设计.北京：中国建筑工业出版社,2005.

[6] 陈在平,岳有军.工业控制网络与现场总线技术.北京：机械工业出版社,2006.

[7] 孙晓豪.智能建筑系统集成.北京：中国电力出版社,2005.

[8] 中元国际工程设计研究院.电气设计50.北京：机械工业出版社,2005.

[9] 中元国际工程设计研究院.暖通空调设计50.北京：机械工业出版社,2005.

[10] 秦兆海,周鑫华.智能楼宇技术设计与施工.北京：清华大学出版社,2003.

[11] 华东建筑设计研究院.智能建筑设计技术.上海：同济大学出版社,1996.

[12] 张端武.智能建筑的系统集成及其工程实施(上).北京：清华大学出版社,2000.

[13] 刘泽祥.现场总线技术.北京：机械工业出版社,2005.

[14] 高阳.计算机网络原理与实用技术.北京：电子工业出版社,2005.

[15] 关桂霞,周淑秋,徐远超.网络系统集成教程.北京：电子工业出版社,2004.

[16] 刘军明.弱电系统集成.北京：科学出版社,2005.

[17] 陈龙.智能建筑安全防范及保障系统.北京：中国建筑工业出版社,2003.

[18] 张勇.智能建筑设备自动化原理与技术.北京：中国电力出版社,2006.

[19] 冯冬芹,黄文君,等.工业通信网络与系统集成.北京：机械工业出版社,2005.

[20] 曲丽萍,王修岩.楼宇自动化系统.北京：中国电力出版社,2004.

[21] 韩江洪,等.智能家居系统与技术.合肥：合肥工业大学出版社,2005.

[22] 沈晔.楼宇自动化技术与工程.北京：机械工业出版社,2005.

[23] 谢秉止.建筑智能化系统监理手册.南京：江苏科学技术出版社,2003.

[24] 郎禄平.建筑自动消防工程.北京：中国建筑工业出版社,2006.

[25] 张公忠,郭维钧,等.现代智能建筑技术.北京：中国建筑工业出版社,2004.

[26] 董春利.建筑智能化系统.北京：机械工业出版社,2006.

[27] 杨连武.火灾报警及联动控制系统施工.北京：电子工业出版社,2006.

[28] 秦兆海,周鑫华.智能楼宇安全防范系统.北京：清华大学出版社,2005.

[29] 戴绍基.建筑供配电技术.北京：机械工业出版社,2005.

[30] 蔡皖东.Windows NT Server 4.0(中文版)组网技术.西安：西安电子科技大学出版社,1998.

[31] 张振昭,谷刚,曾珞亚.建筑影音应用系统.北京：机械工业出版社,2004.

[32] 中国建筑设计研究院机电院,等.智能建筑电气技术精选.北京：中国电力出版社,2005.

[33] 王行刚.计算机网组网技术.北京：科学出版社,1993.

[34] 王常力,等.集散型控制系统的设计与应用.北京：清华大学出版社,1993.

[35] 黄步余.集散控制系统在工业过程中的应用.北京：中国石化出版社,1994.

[36] 赵德申.建筑电气照明技术.北京：机械工业出版社,2005.

[37] 胡道元.智能建筑计算机网络工程.北京：清华大学出版社,2002.

[38] 段培永,齐保良.智能建筑计算机网络.北京：人民交通出版社,2002.

[39] 王波.智能建筑办公自动化系统.北京：人民交通出版社,2002.

[40] 马海武,张继荣,任庆昌.智能建筑通信系统与网络.北京:人民交通出版社,2002.

[41] 程大章.智能住宅小区化工程建设与管理.上海:同济大学出版社,2003.

[42] 罗国杰.智能建筑系统工程.北京:机械工业出版社,2000.

[43] 胡崇岳.智能建筑自动化技术.北京:机械工业出版社,1999.

[44] 王波.智能建筑基础教程.重庆:重庆大学出版社,2002.

[45] 杨志,邓仁明,周齐国.建筑智能化系统及工程应用.北京:化学工业出版社,2002.

[46] 陕西省广播电视局.现代广播电视网络技术及应用.西安:西安电子科技大学出版社,2001.

[47] 刘修文.卫星数字电视接收机的使用与维修.北京:人民邮电出版社,2002.

[48] 李学明.远程教育系统及实现.北京:人民邮电出版社,2002.

[49] 黄孝健.有线电视交互式电视与多媒体接入.北京:人民邮电出版社,1999.

[50] 朱秀昌.会议电视系统及应用技术.北京:人民邮电出版社,1999.

[51] 王坚.智能建筑综合管理.北京:中国电力出版社,2005.

[52] 段振刚.智能建筑安保与消防.北京:中国电力出版社,2005.

[53] 潘瑜青,孙晓荣.智能建筑综合布线.北京:中国电力出版社,2005.

[54] 徐樑,胥布工,王清阳.BACnet 路由器的关键技术及软件实现.智能建筑与城市信息,2006 (6):94-96.

[55] 林粤生,胥布工,王清阳,等.BACnet 软网关在安防系统的应用.智能建筑与城市信息,2005 (1):43-45.

[56] 曾明,陈立定,胥布工.基于 Web 的建筑管理系统集成方法研究.计算机应用研究,2004,21 (12),79-81.

[57] 肖莉,任庆昌,纪加木.智能建筑系统集成模式及其管理优化.电气 & 智能建筑,2006(7).

[58] 金久炘,张青虎.楼宇自控系统——智能建筑设计与施工系列图集.北京:中国建筑工业出版社,2002.

[59] 程大章.智能建筑楼宇自控系统.北京:中国建筑工业出版社,2005.

[60] 马飞虹.建筑智能化系统工程设计与监理.北京:机械工业出版社,2003.

[61] 智能建筑设计标准(GB/T 50314—2015).

[62] 智能建筑及居住区数字化技术应用(GB/T 20299—2006).

[63] 综合布线系统工程设计规范(GB/T 50311—2007).

[64] 火灾自动报警系统设计规范(GB 50116—2013).

[65] 入侵报警系统工程设计规范(GB 50394—2007).

[66] 视频安防监控系统工程设计规范(GB 50395—2007).

[67] 出入口控制系统工程设计规范(GB 50396—2007).

[68] 安全防范工程技术规范(GB 50348—2004).